增訂五版

成本與管理會計

Cost and Management Accounting

2021年補充資料

王怡心／著

第 16 章
新興議題的發展

· 學習重點 ·

1. 認識組織永續經營的環境、社會、治理
2. 了解永續會計準則的觀念架構
3. 了解內部控制三線模型
4. 分析金融區塊鏈函證
5. 敘述存貨評價與品質管理

IFRS

依據最新國際財務報導準則修訂

三民書局

成本與管理會計 CONTENTS

第 16 章　新興議題的發展

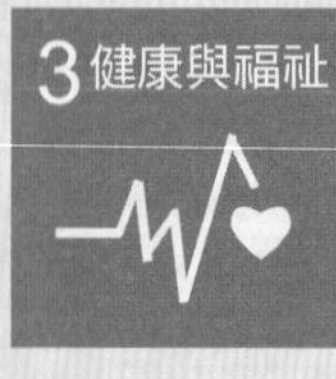

新興議題的發展

學習目標

1. 認識組織永續經營的環境、社會、治理
2. 了解永續會計準則的觀念架構
3. 了解風險管理的新模型—三線模型
4. 分析金融區塊鏈函證
5. 敘述存貨衡量與品質成本

呼應聯合國永續發展目標

財團法人中華民國會計研究發展基金會成立於 1984 年，以提高我國會計學術水準，促進會計準則發展及工商企業健全會計制度為宗旨；為協助各界編製或閱讀允當表達之財務報表，設有專業委員會負責制定、公布及推廣財務會計、審計、評價準則及可延伸企業報導語言 (XBRL) 分類標準，並與各界合作來普遍推廣準則規範與實務應用。

對聯合國永續發展目標之呼應，會研基金會提供知識及創新觀點，與相關專業機構團體協同合作，舉辦高品質之專業課程及研討會，並向利害關係人倡導終身學習，此與聯合國永續發展之目標 4「教育品質」呼應，此目標追求確保有教無類、公平及高品質的教育，以及提倡終身學習。作為我國唯一會計專業準則制定單位，會研基金會致力於發布專業準則，引領會計實務發展，以期協助提升會計專業職場之價值，此與聯合國永續發展之目標 8「就業與經濟成長」呼應，此目標追求促進包容且永續的經濟成長，達到全面提升會計人就業生產力。

此外，為維持有效的管理後勤機制與營運模式，會研基金會透過專案承接、課程舉辦及向外募款，以支持研發及公益活動，並積極參與國內外活動、國際準則制定機構會議及對國際準則制定機構回饋意見，藉此提升本會專業形象及價值，俾提供更優質之服務，進而達到永續發展，此與聯合國永續發展之目標 17「全球夥伴」呼應，追求強化永續發展執行方法及活化永續發展全球夥伴關係。

財團法人中華民國會計研究發展基金會 https://www.ardf.org.tw

引　言 introduction

為提升企業永續發展，並營造健全永續發展的環境、社會、治理 (Environmental Social Governance，簡稱 ESG) 生態體系，以強化我國資本市場國際競爭力，於 2020 年 8 月 25 日，金管會宣布「公司治理 3.0–永續發展藍圖」正式啟動。本次「公司治理 3.0– 永續發展藍圖」以「強化董事會職能，提升企業永續價值」、「提高資訊透明度，促進永續經營」、「強化利害關係人溝通，營造良好互動管道」、「接軌國際規範，引導盡職治理」及「深化公司永續治理文化，提供多元化商品」等 5 大主軸為中心，合計 39 項具體推動措施。

其中，在強化資訊揭露透明度方面，考量國際投資人及產業鏈日益重視環境、社會及治理 (ESG) 相關議題，參考國際相關準則「氣候相關財務揭露規範 (TCFD)、永續會計準則理事會 (SASB) 發布之準則」強化永續報告書揭露資訊；另將要求實收資本額達 20 億元之上市櫃公司自 112 年起應編製並申報永續報告書，及擴大現行永續報告書應取得第三方驗證之範圍；另為進一步推動財務資訊揭露之及時性，將要求實收資本額達 100 億元之上市櫃公司分別自 111 年及 112 年於年度終了後 75 日內公告前一年度自結財務資訊及財務報告等規定，以進一步提升資訊揭露透明度。

因此，我國上市櫃公司需要延攬了解環境、社會、治理 (ESG) 報告、氣候相關財務揭露規範、永續會計準則相關知識的專業人才，並搭配良好的內部控制機制來增進營運與財務資訊的正確性，以及善用資訊科技和國際財務報導準則 (IFRS) 來提升財務報告編制的及時性。本章介紹一些新興議題，包括環境、社會、治理 (ESG)、永續會計準則、三線模型、金融區塊鏈函證、存貨衡量與品質成本等，本書作者以親自參與這些新興議題計畫的經驗，來說明每個主題和相關議題。針對我國上市櫃公司要遵循「公司治理 3.0– 永續發展藍圖」，本章介紹相關規範與觀念。

章節架構圖

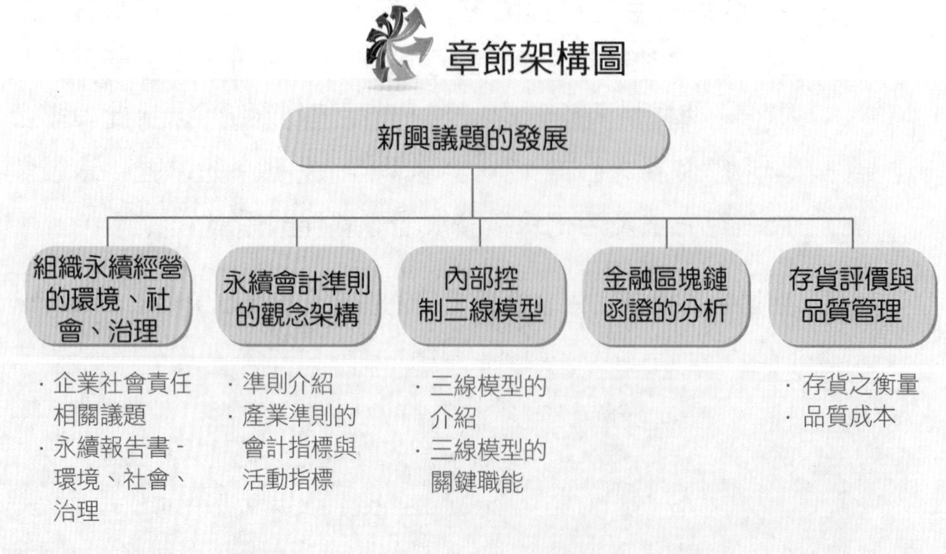

16.1 環境、社會、治理

聯合國於 2014 年採納**永續發展目標** (Sustainable Development Goals, SDGs) 決議，作為後續制定**聯合國後 2015 年發展議程**之用；永續發展目標包含 17 項目標 (Goals) 及 169 項細項目標 (Targets)。隨著**企業社會責任** (Corporate Social Responsibility, CSR) 的概念逐漸擴展，許多相關原則及標準相繼地出現，例如**聯合國責任投資原則** (Principles for Responsible Investment, PRI)，**環境、社會和公司治理原則** (Environmental, Social and Corporate Governance, ESG) 以及**社會責任投資** (Social Responsible Investment, SRI) 等等；其中，ESG 為許多責任投資原則中的重點注意事項。

全球五大永續領導機構一碳揭露專案 (CDP)、氣候揭露標準委員會 (CDSB)、全球永續性報告協會 (GRI)、國際整合性報導委員會 (IIRC) 和永續會計準則理事會 (SASB)，曾經在 2020 年 9 月簽署合作意向書，同意致力於朝向整合企業永續資訊揭露的架構前進。IIRC 與 SASB 於美國舊金山時間 2020 年 11 月 25 日正式宣告合併，並預計於 2021 年成立一個新的國際報導架構組織「價值報導基金會」(The Value Reporting Foundation)，以加速全球永續資訊揭露的效益。此次的合作代表國際性永續組織合作期程，向前邁進一大步。

16.1.1 企業社會責任相關議題

根據**世界企業永續發展協會** (World Business Council for Sustainability and Development, WBCSD) 的定義，所謂的企業社會責任係指：「企業承諾持續地遵守道德規範，為經濟發展作出貢獻，並且改善員工及其家庭、當地整體社區、社會的生活品質。」**企業社會責任**的定義，係指企業對社會的行為是符合道德倫理的行為，尤其企業須對其所有的利害關係人 (stakeholders) 負責，不是僅對股東 (stockholders) 負責。至今歐美地區等已開發國家，非常重視企業社會責任，很多企業倡議與落實永續發展理念。

社會責任型投資的觀念起源於十九世紀初期，美國衛理教派首先倡議退休養老基金的投資，要求所選擇投資標的公司，就應排除煙草、酒類、武器的製造、經營或販賣或博奕等從事不道德業務的公司。隨著企業社會責任的發展，在國際金融投資的領域興起所謂**永續經營與社會責任型投資**（Sustainable & Responsible Investment 或 Socially Responsible Investment, SRI）的觀念；亦即，藉由投資過程中，著重於社會及環境的考量，選擇投資標的是具有永續發展前景的企業。如此，不僅投資者可因投資報酬受惠，亦使環境、社會與經濟領域皆得受益。

在 2005 年聯合國邀請全球大型機構投資人，參與制定並簽署責任投資原則，將環境、社會與公司治理 (ESG) 之永續議題整合到投資策略。聯合國推動的責任投資原則 (PRI)，環境、社會和公司治理原則 (ESG) 以及社會責任投資 (SRI) 等，讓企業社會責任的相關概念逐漸發酵，許多相關原則及標準相繼出現；其中，環境、社會和公司治理 (ESG) 是責任投資原則主要關注的項目。

此外，氣候變遷對世界各國影響很大，天災對人類和企業帶來的損失也日益嚴重，例如新冠肺炎病毒 (COVID-19) 對全球的影響。由國際金融穩定委員會 (Financial Stability Board, FSB) 所成立於 2015 年，成立**氣候相關財務揭露** (Task Force on Climate-related Financial Disclosures, TCFD) **工作小組**，其任務為擬定一套具一致性的自願性氣候相關財務資訊揭露建議，協助投資者與決策者瞭解組織重大風險，並可更準確評估氣候相關之風險與機會。

如表 16.1，TCFD 工作小組的建議適用於所有機構，其中金融機構包括銀行、保險公司、資產管理公司和資產擁有人等。尤其，投資鏈頂端的大型資產擁有人和資產管理公司，可以對於所投資的組織發揮重要的影響力，更有必要優化氣候相關財務資訊揭露，可高度專注於與低碳經濟轉型相關的風險與機會。同時，TCFD 工作小組建議氣候相關財務資訊揭露的編製者，尤其是在資本市場公開發行公司，可將氣候相關財務資訊揭露在其所申報的主要年度財務報告。

表16.1 TCFD 工作小組建議重點

1. 所有機構均可採用
2. 可納入所申報的財務報告
3. 著重收集有助於投資決策且有前瞻性的財務影響資訊
4. 高度專注於與低碳經濟轉型相關的風險與機會

有關氣候相關財務資訊揭露的核心元素，TCFD 工作小組透過組織營運核心的四項元素，來建立報告架構，包括治理、策略、風險管理、指標和目標，如圖 16.1；此四大元素成為一個資訊架構，讓投資人和其他各界更瞭解申報機構如何評估氣候變遷影響的相關風險與機會。

圖16.1　氣候相關財務資訊揭露的核心要素

氣候相關財務資訊揭露的核心要素，全面的介紹潛在的氣候相關財務影響。「治理」表示該組織針對氣候相關風險與機會的治理；「策略」涉及氣候相關風險與機會對於組織的業務、策略，以及和財務規劃相關的實際和潛在衝擊；「風險管理」重點在於組織鑑別、評估和管理氣候相關風險的流程；「指標和目標」用以評估和管理與氣候相關風險與機會的指標和目標。針對現在及未來可能受氣候變遷影響的財務揭露資訊，TCFD 工作小組希望能提升揭露資訊品質，並讓投資人、董事會成員和公司高階主管，能投入更多心力於氣候變遷影響相關議題。

實務應用　企業社會責任榜樣

2020 年，台達電子成立了防疫指揮中心，讓全球的工廠都能有共同的依循準則防範 COVID-19，保護員工健康及維護廠區績效。

2019 年，台達電子以電動車零組件事業群為案例，試行如何貨幣化氣候風險與機會，具體對應到財務報表欄位，模擬氣候因子對報表的影響，更建立初步的評估系統，並且逐步建立台達專屬的 TCFD 方法論。同年獲得由台灣永續能源研究基金會主辦的 2019 台灣企業永續獎共八項大獎，以及 2019 全球企業永續獎的世界級報告書獎。

2018 年，台達電子成為全球科技製造業第一家 TCFD supporter 的企業，導入氣候相關財務揭露建議書。2017 年，台達電子成為台灣第一家、全世界第 87 家通過科學減碳目標的企業。

2005 年開始，台達電子每年出版企業社會責任（Corporate Social Responsibility，簡稱 CSR）報告書，社會參與、環保節能、員工關係及公司治理等企業社會責任的活動及具體績效。

參考資料：2019 台達電子企業社會責任報告書

16.1.2 永續報告書—環境、社會、治理

企業永續報告書(Corporate Sustainability Reports, CSR 報告書),或稱企業社會責任報告書,兩者意涵相似,旨在揭露企業於環境 (E)、社會 (S)、治理 (G) 的績效表現,是企業和利害關係人溝通的重要管道之一,並有助於檢視企業策略執行與內部管理成效。

早期**金融業推動赤道原則** (Equator Principles, EPs),最早出現在 2002 年 10 月,由世界銀行下屬的國際金融公司和全球主要金融機構,在倫敦召開的國際性銀行會議,提出的一項對環境和社會風險專案融資的銀行業構架。赤道原則於 2003 年 6 月正式被提出,是銀行自願性行為規範,主要是適用在銀行辦理授信融資時,納入借款戶在環境保護、企業誠信經營和社會責任等授信審核條件。如果企業未達標準,金融機構可以緊縮融資額度,甚至列拒絕往來戶;希望透過赤道原則,促進企業對環境保護及社會發展發揮正面作用。但是,赤道原則具有的客觀評鑑指標不足。

為提升永續報告書的**非財務資訊**揭露品質 ,隸屬**全球報告倡議組織** (Global Reporting Initiatives ,**以下簡稱** GRI) 之準則制定單位**全球永續性標準理事會** (Global Sustainability Standards Board, GSSB) 於 2016 年 10 月 19 日發布全新的 **GRI 準則** (GRI Standards),並於 2018 年 7 月 1 日起取代現行 G4 永續性報告指南。基本上,GRI 準則仍納入現行 G4 主要概念和揭露指標,但改變 G4 之架構與格式,並透過更簡單易懂之說明,使得資訊使用者更容易理解。

臺灣證交所表示,GRI 所發布指南受到全球多數大型企業採用,臺灣強制上市櫃公司編製 CSR 報告,也規定需採 2016 年版 GRI 準則指南。GRI 準則並以模組化架構呈現,內容包含 3 個通用準則及 33 個特定主題準則。準則內容分為三個區塊,第一部分是強制性揭露要求,標題名稱為「報導要求」;第二部分則是非強制性但鼓勵企業揭露內容,標題名稱為「報導建議」;最後一部分則是「指引」,目的是幫助組織理解和應用該準則。模組化呈現方式也有利於未來 GRI 更容易更新及納入新發展的永續報告議題及內容,以及將可降低編製者的衝擊與所需投入的成本。企業應正視全球面臨的永續議題,確立長期目標、策略,並發展多元績效衡量指標。GRI 準則讓報告編撰者更聚焦於企業關注的重大主題,並深入揭露公司在該特定議題的永續管理機制,除能提升報告書揭露內容與品質,也強化企業永續競爭力。

近年來,ESG 投資在國外投資界逐漸受重視;在臺灣也愈來愈多投資者能認同

ESG 投資。ESG 意謂著採用環境永續、社會參與、公司治理，以及著重人才培育與幸福職場的企業承諾等績效分數，可視為全方位檢視企業的社會責任表現。ESG 在 GRI《全球報告書倡議組織》中，將其視為企業之永續管理精神，認為一個組織要報導永續績效，可從「經濟（公司治理）」、「社會」、「環境」，這三個維度架構，來評估一個公司是否永續經營的績效評估模式。「全球報告書倡議組織」GRI 指標納入「CSR 報告書」稱作「**永續報告書**」，可以更清楚地顯示報告書的內容。

隨著永續報告書來臨，企業為達到妥善地與投資人和社會大眾溝通，永續報告書已進入數位化時代；同時，報告編排方式，需對不同溝通對象納入「分眾溝通」的概念，最好善用數位打造 ESG 永續平台，以靈活滿足不同報告閱讀者的需求。以今日投資人來說，透過企業所出版的企業永續報告書，來檢視企業的 ESG 表現。因此，永續報告書是各企業的利害關係人，據以評價企業的永續表現之重要依據。

不同利害關係人其所關注的焦點不同，因而企業在出版永續報告書時，必須篩選出利害關係人優先次序以及這些利害關係人最關心重大性議題，並以此為核心來撰寫永續報告書。一般來說，企業出版永續報告書大致有 2 種目的：(1)展現「ESG 績效」，(2)建立「品牌形象」。若是以投資者和 ESG 評分機構等為主要溝通對象的報告書，公司著重於 ESG 績效展現的重要性；對於這類企業而言，永續報告書應具備索引功能，同時應該揭露各類重要的 ESG 指標。相對地，若是以顧客、員工為主要溝通對象的企業永續報告書，主要目的是在建立企業良好形象，因此報告書的內容應以質化資料或故事為主；此外，企業可以提供一些令人有感且影響力深遠的社會永續故事，或是拍攝影片來幫助顧客和員工理解企業文化以及建立良好商譽。

實務應用 2020 台糖公司企業永續發展報告書

台灣糖業股份有限公司自 2010 年起每年出版「永續發展報告書」，2020 報告書為台糖發行第 11 本「永續發展報告書」。台糖 2020 年永續發展報告書以「成為健康及綠色產業的標竿企業」為主軸，辨識利害關係人及關注主題，歸納 22 項重大永續主題，加強揭露「管理方針」(Management Approach) 來回應各項關鍵主題對台糖的重要性；並努力實踐聯合國永續發展目標 (SDGs)，讓社會大眾瞭解台糖在推動永續發展所努力的成果。

2020 報告書以台糖企業文化結合未來永續經營願景所代表的意義編排，章節分為「政策與溝通」、「台糖永續治理」、「循環經濟」、「資源與環境保護」、「滿足民生、社會需求」、「管理革新」與「投資與外部合作」等 7 大主題，揭露台糖於經濟、產品責任、環境、社會參與、勞工照顧與人權關注面等永續發展指標的努力與成果；並彙整相關數據提供詳細說明，期望藉由本報告書的發行，盤點台糖 2019 年於企業永續各方面的表現，並讓社會大眾能更瞭解台糖與信任台糖。

參考資料：https://www.taisugar.com.tw/CSR/Movie_detail.aspx?p=24&n=11192&s=499

16.2 永續會計準則

隨著**永續會計準則理事會** (Sustainability Accounting Standards Board, SASB) 所發布的永續會計準則廣受各界接受，責任投資原則 (Principles for Responsible Investment; PRI) 更是成為顯學。由於投資人認為永續報告書內容，可以幫助評估對企業的環境、社會、治理 (ESG) 投資決策，尤其 SASB 發布的準則能特別提供投資人相關訊息，讓其看到各產業別對財務有重大性影響的永續面向指標揭露。因此，SASB 所倡議的架構，隨著投資人的推動，已逐漸成為 ESG 揭露的主流架構之一。

全球報告書倡議組織 (GRI) 準則與永續會計準則理事會 (SASB) 準則，彼此有互補功能，分別提供不同企業利害關係人不同訊息，讓投資人可自取所需。由於 GRI 與 SASB 目的不太相同，GRI 準則是對所有利害關係人，所列揭露資訊涵蓋範圍廣闊；然而，SASB 準則則是針對投資者制定，所以聚焦在財務上具重大性的永續議題。

 *16.2.1*　SASB 準則介紹

永續會計準則理事會 (SASB) 將產業歸類為 11 個產業類型，再細分為 77 個產業，SASB 為每一個產業訂定永續會計準則，所以有 77 個 SASB 產業準則。有關 SASB 的 11 個產業類型，參見圖 16.2。這 11 個產業類型分別為：消費品業、提煉和礦物加工業、金融業、食品與飲料業、衛生保健業、基礎設施業、可再生資源與替代能源業、資源轉化業、服務業、技術與通訊業、運輸業。每個產業類型，再細分到各個產業；例如，金融業包括 7 個產業，分別為資產管理與信託活動、商業銀行、消費金融、保險、投資銀行與經紀商、抵押金融、證券和商品交易所。

圖16.2　SASB 的 11 個產業類型

此外，**永續會計準則理事會** (SASB) 考慮對企業有長期影響的五個永續發展面向—環境 (Environment)、社會資本 (Social Capital)、人力資本 (Human Capital)、商業模式及創新 (Business Model & Innovation)、領導及公司治理 (Leadership & Governance)，參考圖 16.3。ESG 原則強調企業評價不宜僅就財務方面表現進行評估，

也應將環境、社會和公司治理等因素，納入投資決策或者企業經營管理之考量。在環境層面，考慮包括如生物多樣性、環境污染防治與控制等面向；在社會考量層面，則可能包括如勞工工作條件、工安、社區健康與安全、與受產業影響之利害關係人的關係維繫、土地的占用與非自願性遷徙、對於當地原住民之補償與照料、文化遺產之保存等等；並且強調公司治理的透明度與公開度。

起始點：永續發展的五大面向
SASB 的研究先從ESG議題的整體著眼，而後聚焦於產業方面

環境
- 溫室氣體排放
- 空氣品質
- 能源管理
- 水和廢水管理
- 廢物及有害物質管理
- 生態影響

領導與治理
- 商業道德
- 競爭行為
- 法令規範環境的管理
- 重大事件風險管理
- 系統風險管理

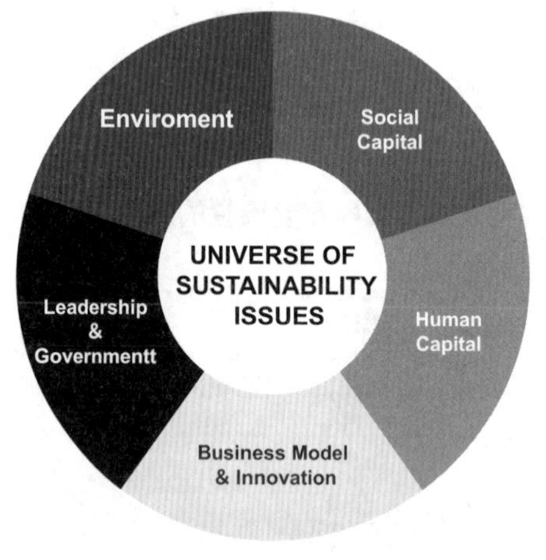

社會資本
- 人權與社區關係
- 客戶隱私
- 資訊安全
- 可連結性及負擔能力
- 產品品質與安全
- 客戶福利
- 銷售規範和產品規範

人力資本
- 勞動行為
- 員工健康與安全
- 員工參與性、多元性和包容性

商業模式與創新
- 商業道德
- 競爭行為
- 法令規範環境的管理
- 重大事件風險管理
- 系統風險管理

圖16.3　永續發展的五大面向

16.2.2　SASB 產業準則的會計指標與活動指標

至於 SASB 準則三大特色為：(1)**指標有可比性**；(2)**產業特定會計指標**；(3)**揭露常態性活動指標**。因此，資本市場投資人除閱讀公司財務報告外，更需要關注具有領先指標的永續報告。此外，投資人越來越需要數位化、視覺化、即時性的資訊，可用來客觀評估公司永續經營價值；相對的，較不喜歡僅看財務報告的落後指標。SASB 產業準則的績效衡量指標，係依據個別產業的機會及風險，制定能反映該產業財務重大影響的一致性指標，包括會計指標 (Accounting Matrix) 與活動指標 (Activity Matrix) 兩大類型，提供投資人數據可比性，以利分析和做出投資決策。為使讀者清楚了解 SASB 運輸業—汽車業的會計指標與活動指標，請參考表 16.2 運輸業 (TR)—汽車業 (AU)—永續揭露主題與會計指標，以及表 16.3 運輸業 (TR)—汽車業 (AU)—永續揭露活動指標。

在表 16.2 運輸業 (TR)—汽車業 (AU)—永續揭露主題與會計指標，分為 5 個主題，分別為產品安全 (Product Safety)、勞工條例 (Labor Practices)、燃油經濟性和使用階段排放 (Fuel Economy & Use-phase Emissions)、原料來源 (Materials Sourcing)、原料效率與再生 (Materials Efficiency & Recycling)。接著，每個主題項下有幾個會計指標，以「產品安全」主題為例來說明，包括三個會計指標：⑴按地區劃分，被歐盟新車安全評鑑協會 (NCAP) 計畫評定為總體 5 星級安全等級車型的百分比 (Percentage of the vehicle models rated by NCAP programs with an overall 5-star safety rating, by region)，⑵與安全相關的缺陷投訴數量，已調查過的百分比 (Number of safety-related defect complaints, percentage investigated)，⑶召回車輛數 (Number of vehicles recalled)。針對每一個會計指標，明確規定「指標類型」是量化 (Quantitative) 或是討論與分析 (Discussion and Analysis)；至於「衡量單位」只有百分比 (%)、數目 (number)、無法提供 (N/A)，或是明確列式衡量單位，例如勞工條例中「**總閒置天數**」就要列出「**閒置天數**」。

表16.2　運輸業 (TR)—汽車業 (AU)—永續揭露主題與會計指標

主題（5 個）	會計指標	指標類型	衡量單位	應用指引代碼
Product Safety 產品安全	Percentage of the vehicle models rated by NCAP programs with an overall 5-star safety rating, by region 按地區劃分，被歐盟新車安全評鑑協會 (NCAP) 計畫評定為總體 5 星級安全等級車型的百分比	量化	百分比 (%)	TR-AU-250a.1

	Number of safety-related defect complaints, percentage investigated 與安全相關的缺陷投訴數量，已調查過的百分比	量化	數目，百分比 (%)	TR-AU-250a.2
	Number of vehicles recalled 召回車輛數	量化	數目	TR-AU-250a.3
Labor Practices 勞工條例	Percentage of active workforce covered under collective bargaining agreements 集體談判協議所涵蓋的在職員工百分比	量化	百分比 (%)	TR-AU-310a.1
	(1) Number of work stoppages and (2) total days idle (1)停工數 (2)總閒置天數	量化	數目，閒置天數	TR-AU-310a.2
Fuel Economy & Use-phase Emissions 燃油經濟性和使用階段排放	Sales-weighted average passenger fleet fuel economy, by region 按地區劃分，銷售額加權平均乘客車隊燃油經濟性	量化	Mpg, L/km, gCO2/km, km/L Mpg，升／公里，克二氧化碳／公里，公里／升	TR-AU-410a.1
	Number of (1) zero emission vehicles (ZEV), (2) hybrid vehicles, and (3) plug-in hybrid vehicles sold (1)零排放汽車 (ZEV)，(2)混合動力汽車和(3)插電式混合動力汽車的銷售數量	量化	數目	TR-AU-410a.2
	Discussion of strategy for managing fleet fuel economy and emissions risks and opportunities 討論管理車隊燃油經濟性和排放風險與機會的策略	討論與分析	N/A 無法提供	TR-AU-410a.3
Materials Sourcing 原料來源	Description of the management of risks associated with the use of critical materials 描述與使用關鍵原料有關的風險管理	討論與分析	N/A 無法提供	TR-AU-440a.1

Materials Efficiency & Recycling 原料效率與再生	Total amount of waste from manufacturing, percentage recycled 生產中產生的廢物總量，回收百分比	量化	Metric tons(t), Percentage % 公噸 (t) 百分比 %	TR-AU-440b.1
	Weight of end-of-life material recovered, percentage recycled 回收報廢原料的重量，回收百分比	量化	Metric tons(t), Percentage % 公噸 (t) 百分比 %	TR-AU-440b.2
	Average recyclability of vehicles sold 所售車輛的平均可回收性	量化	Percentage(%) by sales-weighted metric tons(t) 按銷售加權公噸計算的百分比 (t)	TR-AU-440b.3

表16.3　運輸業 (TR)—汽車業 (AU)—永續揭露活動指標

活動指標	類型	衡量單位	應用指引代碼
汽車生產量	數量	輛數	TR-AU-000.A
汽車銷售量	數量	輛數	TR-AU-000.B

表 16.3 運輸業 (TR)—汽車業 (AU)—永續揭露活動指標，只有兩個指標為「汽車生產量」、「汽車銷售量」。至於「應用指引代碼」(Code)，以運輸業 (TR)—汽車業 (AU)—永續揭露主題「產品安全」的會計指標「召回車輛數」，這是量化指標，衡量單位是數目「實際召回車輛數目」，「應用指引代碼」(Code) 是 TR-AU-250a.3。可參考 SASB 於 2018 年 10 月發布「永續會計準則—汽車業」(Sustainability Accounting Standard: AUTOMOBILES, INDUSTRY STANDARD | VERSION 2018–10)，如表 16.4 所示運輸業 (TR)—汽車業 (AU)—「召回車輛數」應用指引 (TR-AU-250a.3. Number of vehicles recalled)。

表16.4　運輸業 (TR)—汽車業 (AU)—「召回車輛數」應用指引

1. 該企業應揭露自願或自願召回的車輛總數。 (1.1) 自願召回是汽車製造商發起召回車輛。 (1.2) 自願召回是受美國國家公路交通安全管理局 (NHTSA) 委託或同等規例所規管的車輛。當(a)汽車或機動車輛均等物品不符合政府汽車安全標準時，或(b)當車輛或設備出現與安全有關的缺陷時。

2.該企業可揭露召回率(1)自願性，以及(2)非自願性。

TR-AU-250a.31 注意事項：

1.企業應描述一些值得注意的召回事件，如影響某型號車輛數量的召回事件，或與嚴重傷害或死亡事件有關的召回事件。如召回行動在《國家衛生福利協會月度回收報告》中提及，可引起關注。

2.就召回行動而言，企業可提供：

(2.1) 糾正措施

(2.2) 回收問題的說明和原因

(2.3) 召回車輛總數

(2.4) 糾正有關問題的成本

(2.5) 召回事件是自願還是非自願

(2.6) 任何其他重要結果（如法律程序或乘客死亡）。

（英文原稿供參考）

1. The entity shall disclose the total number of vehicles that were subject to a voluntary or involuntary recall.

(1.1) Voluntary recalls are those initiated by the vehicle manufacturer.

(1.2) Involuntary recalls are those mandated by the U.S. National Highway Traffic Safety Administration (NHTSA) or by an equivalent regulatory authority or agency when (a) a motor vehicle or item of motor vehicle equipment does not comply with a governmental motor vehicle safety standard, or (b) when there is a safety-related defect in the vehicle or equipment.

2. The entity may disclose the percentage of recalls that were (1) voluntary and (2) involuntary.

Note to TR-AU-250a.3

(1) The entity shall describe notable recalls such as those that affected a significant number of vehicles of one model or those related to serious injury or fatality.
A recall may be considered notable if it is mentioned in the NHSTA's monthly recall reports.

(2) For such recalls the entity may provide:

(2.1) Corrective actions

(2.2) Description and cause of the recall issue

(2.3) The total number of vehicles recalled

(2.4) The cost to remedy the issue

(2.5) Whether the recall was voluntary or involuntary

(2.6) Any other significant outcomes (e.g., legal proceedings or passenger fatalities)

實務應用　NIKE 重視環境永續性

NIKE 公司的使命是驅使 NIKE 盡一切可能擴大人的潛力。通過創造突破性的運動創新，使 NIKE 產品更具可持續性，建立富有創意的多元化全球團隊以及在 NIKE 生活和工作的社區中產生積極影響來實現這一目標。

NIKE 公司重視企業的永續發展，倡議 MOVE TO ZERO 是 NIKE 踏上實現零碳排放和零廢棄的旅程；NIKE 希望藉此保護運動的未來。跟隨 NIKE 旅程中的每一步，探索你我如何攜手以嶄新的方式實現 MOVE TO ZERO。

尤其，NIKE 在材質的採購、處理和製造上邁出大步，因為產品的成分至關重要。NIKE 標示「永續材質」的服飾至少採用 50% 的再生材質，標示「永續材質」的鞋款在重量上則至少有 20% 的再生材質。

資料來源：https://www.nike.com/tw/sustainability

16.3 風險管理新模型—三線模型

國際稽核協會 IIA 推出新的「**三線模型**」(Three Lines Model)，可說是企業風險管理的新模型，用來協助企業達成更強的公司治理與風險管理；但是，這並沒有對「三道防線」(Three Lines of Defense) 作出顛覆性的改變，而是在三道防線模型基礎上，作進一步的發展和進化。三線模型強調治理機構的職責和作用，清晰地定義治理單位、管理階層和內部稽核的個別角色，以及每個角色應履行的職責。藉此，讓企業的公司治理、風險管理、內部控制與內部稽核，可以發揮整體綜效，做好防禦與進攻的策略行動，可同時顧及防弊與興利的兩個層面，有助於增強組織整體競爭能力。

16.3.1 三線模型的介紹

如圖 16.4 所示「**三線模型**」架構，也採用與原來「三道防線」模型的「第一道線」、「第二道線」和「第三道線」的說法。但是，「線」並非意指結構性元素，而是一項用於區分職能。**治理單位、管理階層、內部稽核**三者維持彼此互動的機制；治理單位不列入「第一道線」，以避免出現混淆。各線的數位命名（第一、第二、第三）並不代表三者按數位順序工作；相反地，各項職能是同步運行的。在三線模型中的第一道線，既包括「前線職能」也包括「幕後職能」部門；第二道線則涵蓋關注風險相關領域的支援性活動；第三道線的職能，如監督、洞察、調查、評估和糾正等，這些屬於內部稽核職能部分。

「**三線模型**」強調能夠有力地支持組織的價值保護和價值創造，從風險管理的「進攻」和「防禦」兩方面來進行相輔相成的策劃，以改善三道防線過於注重「防禦」（價值保護），不利於興利的功能。三線模型與三道防線最大的差異，在於「**三線模型**」基礎的六項關鍵原則：

原則 1

組織治理需要恰當的結構和流程，才能支援課責、行動和確認。

原則 2

治理單位負責確保為組織建立合理的結構和流程，從而實現治理的有效性。

原則 3

管理階層履行第一道線和第二道線的職責，負責實現組織目標。第一道線職責主要包括向組織的客戶交付產品、服務，以及相關的支援性職能；第二道線職責包括協助執行風險管理。

原則 4

內部稽核履行第三道線的職責，針對組織治理和風險管理的適當性和有效性，開展獨立客觀的確認性和諮詢業務。為此，內部稽核需要充分應用有系統且有規範的工作流程、專業知識和正確概念。必要時，需要將其他內部和外部單位提供的確認報告，一併納入考慮決策考量。

原則 5

內部稽核保持相對於管理階層的獨立性，如此對於確保內部稽核的客觀性、權威性和信賴度非常重要。

原則 6

各項職能之間相互配合，並把利害關係人的利益放在第一位，才能共同努力為組織創造價值並加以維護。

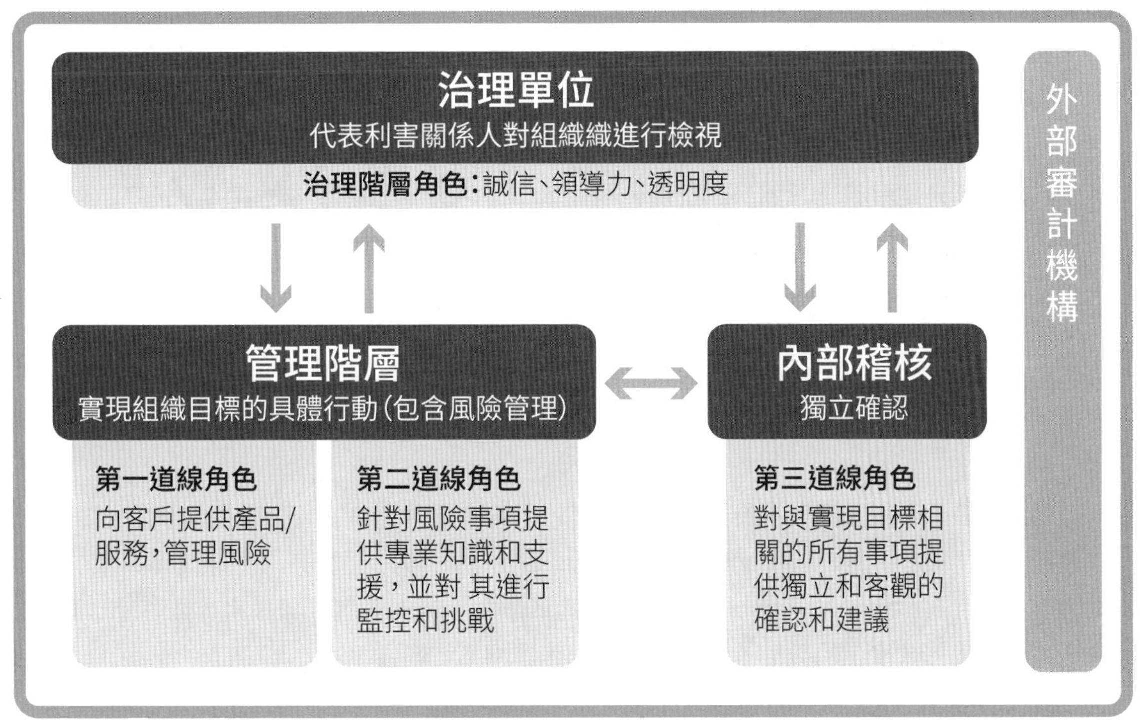

圖16.4　三線模型架構

組織還需要根據自己需求和優先任務，考慮對「**三線模型**」進行合適的調整與運用。例如，第一線和第二線的界限訂定，可能會受到一些因素的影響，包括組織規模和工作複雜程度、其所屬的產業特性和單位性質，以及外部監管的嚴格程度等因素。「**三線模型**」強調，內部稽核應當與管理階層保持定期的互動，因為管理階層的第一、二線職能部門和內部稽核之間，彼此需協同合作與保持溝通。

實務應用 善用大數據 做好風險管理

2020 即將畫上句點，今年肆虐全球的 COVID–19 反映了社會與經濟的斷層，但也展現了新型態的鏈結及合作模式。後疫情時代，為企業形塑了以數位轉型為優先策略的發展情境，以數據的分析及預測技術，來即時有效應對具高度不確定性且跨域擴散的風險，便顯得至關重要。

在巨觀的產業供應鏈層次上，焦點應該在如何預防風險衝擊的產生，並預先採取對策，達到風險管理的有效性及商業模式的可持續性。在風險管理上，企業決策者已無法獨自應對各種高度不確定性，而諸如「雲平台」的數位科技與服務，便是在協助業者串連各利益關係方，透過廣泛、跨領域的參與及協作，提升企業的分析與反思能力。

再加上數位科技影響著各行業的商業模式，尤其跨領域的串聯，催使「連接性」成為採取創新商模的核心，例如：Airbnb 與 Uber Eats 以平台連結供、需方，使生產方與消費方皆從中獲利；以及 Banana Republic 的「Style Passport」線上女裝訂閱服務，透過分析消費數據，除了優化後續產品設計，更可提供客戶未想到的客製需求。

後疫情時代下，企業的探討重點已逐漸在風險管理中，加入對創新商業模式的建立，借助自動數據處理與分析的科技服務，增加「價值創造」與競爭優勢。數位浪潮下，更即時、準確地投入資源，將是企業未來的標配能力。

參考資料：洪毓祥（資策會地方創生服務處長），〈趨勢觀察／善用大數據 做好風險管理〉，經濟日報 https://money.udn.com/money/story/8944/5128459

16.3.2 三線模型的關鍵職能

針對**三線模型**的關鍵職能，在職責分配方面，各個組織可能存在較大差異。所謂三線模型的關鍵職能，包括**治理單位**、**管理階層**、**內部稽核**、**外部審計**四個部分，主要著重於治理單位、管理階層、內部稽核三個關鍵職能；依據下面方式對相關職責進行劃分，可以滿足「三線模型」各項原則的要求。

㈠**治理單位**

⑴受利害關係人的委託，監督組織運行情況。

⑵與利害關係人一起監督其利益，並就實現組織目標，與利害關係人保持公開透明的溝通。

⑶建立一個鼓勵職業道德行為和課責性的組織文化。

⑷建立組織治理的結構和流程，其中還包含根據需要建立輔助性委員會。

⑸將職責分配給管理階層，並為其提供達成組織目標所需的各種資源。

⑹確定組織的風險偏好，並監督組織風險管理工作，包括內部控制等。

⑺保持對法令遵循工作的監督，確保各項工作符合法令、規定和道德規範的要求。

⑻建立一個獨立、客觀、適任的內部稽核部門，並對其進行監督。

㈡**管理階層**

1. **第一道線職責**

⑴領導並指揮各項業務（包括相關的管理風險），運用各種資源，達成組織目標。

⑵與組織治理機構之間保持溝通，並向其報告與實現組織目標相關的計畫、實際情況和預期的差異分析，以及相關風險管理。

⑶為組織的營運和風險管理（含內部控制）工作，建立適當的結構和流程，並對其進行維護。

⑷確保各項工作符合法令、規定和道德規範的要求。

2. **第二道線職責**

⑴提供補充性的專業知識，發揮支援或監督作用，並對風險管理相關工作提出合理質疑，其中包括：(1.1) 在工作流程、系統和整個組織層面上部署、實施，並持續改進風險管理工作（含內部控制）。(1.2) 實現風險管理目標，如遵循法令、規定和職業道德規範的要求、內部控制、資訊技術安全、可持續性以及品質確認。

⑵對風險管理（含內部控制）的準確性和有效性進行分析和報告。

㈢**內部稽核**

⑴內部稽核負責**第三道線**，保持主要對組織治理機構負責的狀態，獨立於管理層的各項職能之外。

⑵為管理層和治理機構就組織治理和風險管理工作（含內部控制）的準確性和有效性提供獨立客觀的確認和諮詢，支援組織實現目標，推動並協助組織不斷完善。

⑶將有損內部稽核獨立性和客觀性報告給治理機構，並根據要求採取保護措施。

㈣**外部審計機構**

⑴提供外部的確認服務，進而滿足有關保護利害關係人權益的法令和規定之要求。

⑵作為內部稽核確認性服務的補充確信報告，滿足管理階層和組織治理單位的需求。

在三線模型運作下，治理單位、管理階層和內部稽核，每個有各自的職責。有效的治理要求適當地分配職責，並透過協同合作和溝通來使營運活動緊密結合，確保所有活動運作都與組織的目標保持一致，才有助於目標的達成。

16.4 金融區塊鏈函證

基於區塊鏈技術的崛起與可延伸商業報導語言 (eXtensible Business Reporting Language, XBRL) 的新應用，財團法人會計研究發展基金會（簡稱會研基金會）董事長王怡心教授，在民國 106 年偕同會研基金會研究人員，與財金資訊股份有限公司（簡稱財金公司）專業人士，共同成立研究團隊，在民國 107 年 2 月與相關單位共同訂定「銀行詢證函格式」。藉此，透過雙方的專長能將區塊鏈技術及 XBRL 落實在金融區塊鏈函證，請參考圖 16.5 金融區塊鏈函證發展重要里程碑。

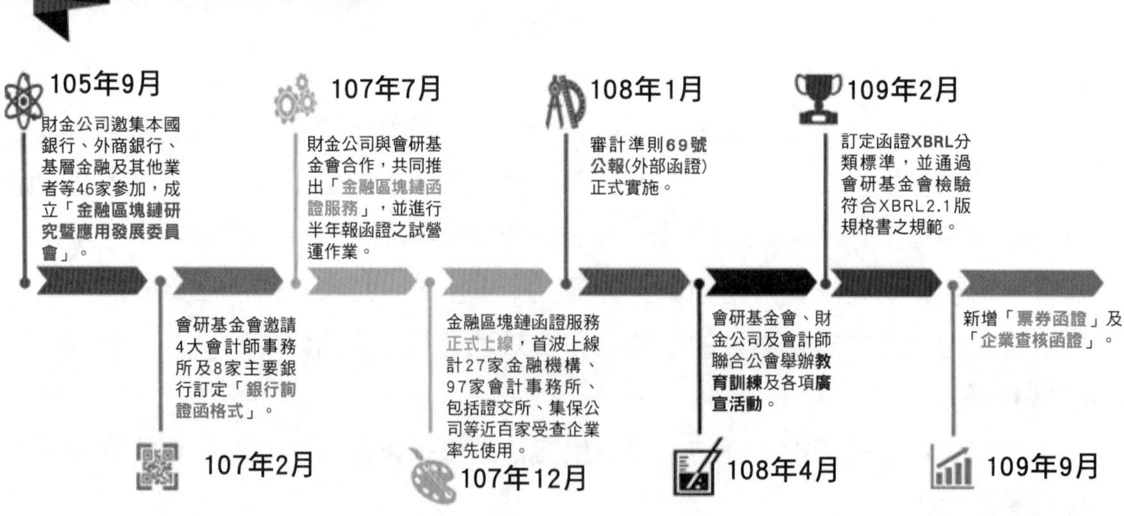

圖16.5　金融區塊鏈函證發展重要里程碑

這項計畫是應用金融區塊鏈函證係採用區塊鏈及 XBRL 技術，將外部函證作業數位化。基於區塊鏈技術不易竄改及不可否認之特性，使會計師事務所、回覆銀行受查企業減少過去紙本作業可能產生的無效率及舞弊等缺失；進而，可提升審計品質及效率，促進資本市場資訊透明度。此外，將 XBRL 的應用場域，從過去財務報表申報延伸至銀行函證，有助於提升審計證據之價值。如圖 16.6 所示，金融區塊鏈函證計畫參與者包括六大類，分別為主管機關（金管會、中央銀行）、會研基金會、財金公司、會計師事務所、金融機構、受查企業，大家各司其職且協同合作，共同為達成目標努力。

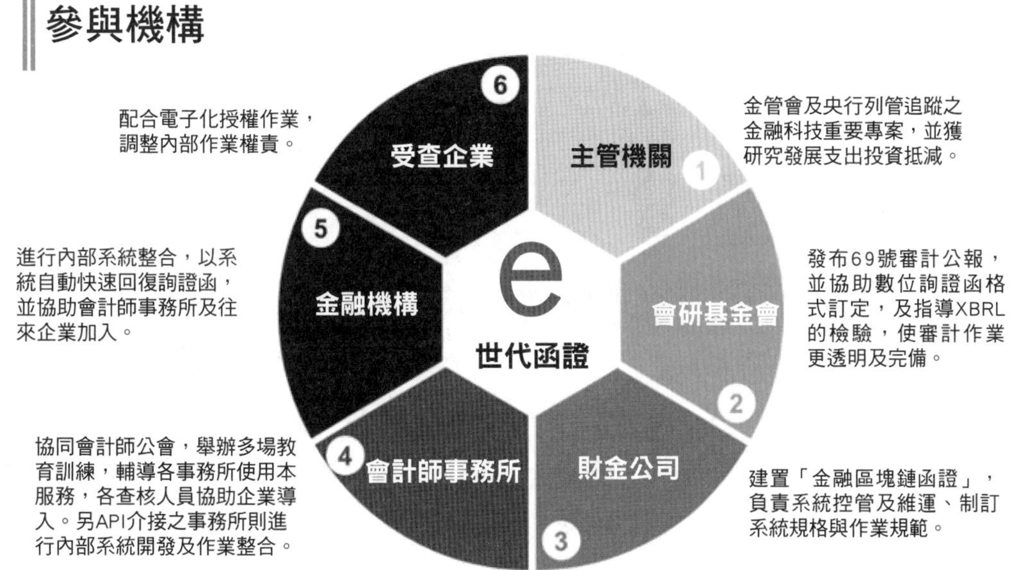

圖16.6　金融區塊鏈函證計畫參與者

實務應用　金融區塊鏈函證適法性

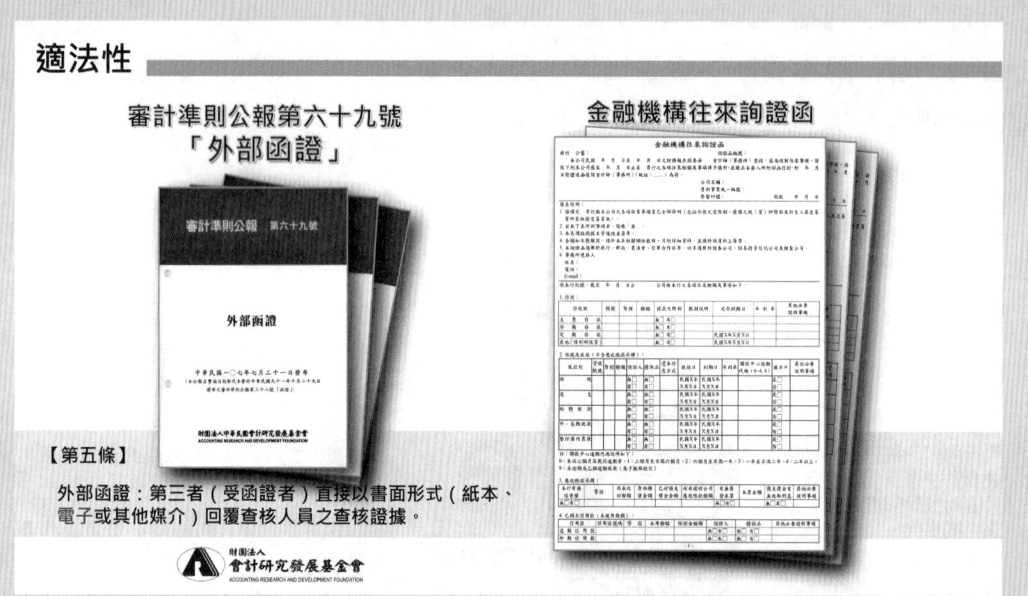

依據審計準則公報第六十九號「外部函證」之規定，會計師於查核財務報表時，可採用外部函證程序。所謂外部函證程序係指會計師發函至與受查企業往來之交易方，並要求其回覆受查企業與其所有交易之資料，以確認所有交易於受查企業之會計帳上正確地被記錄。其中，銀行函證是會計師發函至與受查企業往來之金融機構，以驗證受查企業於該金融機構相關交易之正確性。

如圖 16.6 所示，傳統銀行函證作業之詢證函，多以人工填覆及紙本郵寄，通常會耗時費力且常有填寫錯誤、遺失及偽造等風險，易造成查核單位和回覆銀行之困擾，相關問題分別敘述如下：

㈠函證作業成本高

由於每年金融機構相關之函證總件數超過數百萬件，實務上單一紙本函證之寄送成本，全國郵資年度總成本需逾億元，其中以銀行函證佔所有函證總件數的最大宗。至於最大的作業成本，則在於大量人工資料整理及跟催、資料錯誤而需再次函詢等。

解決紙本函證痛點-耗時+舞弊

郵寄過程易發生資料遺失及竄改、變造之風險，查核人員亦無法確認回函的真實性。

人力 貴　銀行以人工方式填覆，回覆時間、格式及品質不一，會計師需進行資料整理及跟催，易因資料錯誤而需補函證。

郵費 多　每年函證數超過百萬件，如以掛號寄送，每件成本需56~112元（往返2~4次）計算。

回覆 久　函證回收時間約2~3週，因會計師無法掌握回函進度，需多次電詢銀行，且每年度函證作業時間過度集中，造成銀行作業極大困擾。

圖16.7　紙本銀行函證作業流程

㈡銀行函證處理效率低

目前各金融機構對銀行函證處理流程不一，有部分金融機構未於總行設立統一銀行函證回覆處理中心，常造成回覆時間冗長且繁雜。

㈢函證過程易發生錯誤風險

紙本函證於郵寄過程中，可能存有資料的遺失、截取、竄改，或受查企業與金融機構承辦人員達成協議故意延遲回覆等錯誤風險。

㈣審計效率事倍功半

就傳統情況，由於各金融機構回函之格式、品質及時效不一，會計師無法掌握回函進度，需投入大量時間及人力，進行資料整理、繕打及跟催等查核工作。此外，當函證回覆比率偏低或無法對金融機構往來等必要科目進行外部函證程序時，會計師事務所人員須再透過其他程序以驗證其正確性。

針對上述問題，需要採用新方法與新科技來改善。「金融區塊鏈函證」服務作業，對於「外部函證」查核的影響，以及提升審計作業效率和保護投資人的權益。再者，運用區塊鏈不可竄改性之特性，有下列功能：⑴藉由結合數位憑證與數位簽章之應用，降低資料竄改、偽造及遺失等風險，以合理確保回函之可靠性；⑵掌握詢證函回覆狀況，進而提升回函率；(3)運用電子資料保存，有利勾稽查詢，若進階能與會計師事務所的查帳系統整合，將更可提升查核效率與效果；(4)大幅節省因函證資料交換，所需耗用的人力、物力與時間。

16.5 存貨衡量與品質成本

依據國際會計準則第 2 號「**存貨**」，存貨係指符合下列任一條件之資產：(1)持有供正常營業過程出售者；(2)正在製造過程中以供前述銷售者；或(3)將於製造過程或勞務提供過程中消耗之原料或物料（耗材）。再者，依據財務會計準則公報第十號「存貨之會計處理準則」，存貨成本計算方法有先進先出法、加權平均法、個別認定法三種方法。存貨評價所採存貨之項目，原則應採逐項比較；惟符合限定條件得分類比較，勞務存貨應個別項目比較。

16.5.1 存貨之衡量

有關存貨之原始衡量，存貨成本為使存貨達到可供銷售或可供生產之狀態及地點，所發生之必要支出。在製造業方面，製成品及在製品存貨之成本，應包括直接原料、直接人工及製造費用。製造費用應依合理而有系統之方法予以分攤，固定製造費用應按生產設備之正常產能來分攤。若實際產量與正常產能差異不大，企業亦得按實際產量分攤。然而，因產能較低或設備閒置導致之未分攤固定製造費用，應於發生當期認列為銷貨成本。如果實際產量異常高於正常產能，企業應以實際產量分攤固定製造費用；變動製造費用應以實際產量為分攤基礎。

至於勞務供應商存貨之成本，主要為直接提供勞務者之人工成本，以及可歸屬之製造費用。銷售或管理相關之人工成本及其他成本，則應於發生時認列為費用，不得納入存貨成本；再者，勞務供應商存貨之成本，不包含預期利潤及其他無法直接歸屬之費用。

有關存貨之續後衡量，存貨應以成本與淨變現價值孰低來衡量。存貨之成本應逐項與淨變現價值比較；但同一類別之存貨，亦得分類比較。至於存貨自成本沖減至淨變現價值之金額，應認列為銷貨成本。製成品之淨變現價值，若預期等於或高於成本，則供該製成品生產使用之原物料不得沖減至低於成本。當原物料之價格下跌，而且製成品之成本超過淨變現價值時，該原物料應沖減至淨變現價值。企業應於各續後期間，重新衡量存貨之淨變現價值。若先前導致存貨淨變現價值低於成本之因素已消失，或有證據顯示經濟情況改變而使淨變現價值增加時，企業應於原沖減金額之範圍內，迴轉存貨淨變現價值增加數，並認列為當期銷貨成本之減少。

企業在存貨相關資訊的揭露，應包括下列項目：

⑴存貨衡量所採用之會計政策（包括存貨成本計算方法）。

⑵存貨總帳面價值及各類別存貨之帳面價值。存貨通常分類為商品、原料、物料、在製品及製成品等類別；與勞務相關之存貨得歸屬為在製品。

⑶當期認列之存貨相關費損。

⑷將存貨自成本沖減至淨變現價值，而認列之當期銷貨成本。

⑸因存貨之淨變現價值回升，而認列為當期銷貨成本減少之金額。

⑹導致存貨淨變現價值回升之事件或情況。

⑺作為負債擔保品之存貨帳面價值。

 *16.5.2* 品質成本

品質成本管理是企業為衡量和提高產品或服務品質，所發展出來的一種以品質為核心的管理系統。**品質成本** (Cost of Quality) 係指企業為確保與提高產品或服務品質而支付的一切費用，以及產品或服務品質未達到標準而造成一切損失的總和。以品質為核心的企業文化，與以品質成本為衡量基礎的管理系統，是企業界已積極導入的管理工具，因為做好品質管理才是企業永續經營的根本。品質成本類型分為：⑴預防成本 (prevention cost)；⑵鑑定成本 (appraisal cost)；⑶內部失敗成本 (internal failure cost)；⑷外部失敗成本 (external failure cost) 等四類。

實務應用 台積電品質成本管理

台積電總裁魏哲家於 2021 年 1 月 14 日宣布，台積電資本支出預計介於 250 億美元到 280 億美元，連兩年創高，且較去年大增 45%–62%，遠高於外資原先預期的 210 億美元左右。魏哲家表示，當先進製程資本支出因製程複雜度而持續增加時，預期透過持續強調公司的價值，包含所提供的技術、服務、品質，產能支援以及致力成本優化，能夠得到相對應的報酬。台積電表示，2021 年度資本支出，80% 會使用在先進製程，包含 3 奈米、5 奈米及 7 奈米技術等；10% 用於先進封裝及光罩製作；另外 10% 用於特殊製程。

參考資料：連兩年創高！台積電大幅上調資本支出至 280 億美元　法人驚豔 | ETtoday 財經雲 | ETtoday 新聞雲

預防成本係指有關預防不良產品或服務發生的成本，以減少不良品發生的機率所產生的種種成本。通常預防成本包括品質管理活動費、品質評審費、供應商與協力廠的評估與輔導、教育訓練費、品質改進費、獎勵措施等相關費用。預防勝於治療，預防成本是品質成本中最重要的一環；預防成本是預防不良品質發生所需支付的成本，發展出可行的因應措施，並將其納入基本管理系統中，以達成預防效果，且避免相同或類似的錯誤再度發生。

鑑定成本可區分為 3 個主要項目：(1)品質管理系統的鑑定；(2)產品銷售許可證明；(3)產品品質的檢驗；前面二項(1)、(2)項要合理化，但是「不能省」的品質成本。品質管理系統的鑑定，是確認企業品質管理體系的有效性。至於產品銷售許可證明，屬於產品的法規或技術規範的認證，是產品銷售許可之證明，企業要認真的去執行。另外，產品品質檢驗是值得討論，以及檢討的品質成本改善項目。

內部失敗成本即表示系統有缺失或執行不正確；一旦發生就只有努力善後，將損失與傷害降至最低，並徹底追查原因，來根本解決問題，避免讓事情再發生。一般發生外部失敗成本，即表示品質系統有漏洞，品質問題無法在企業內部發現或處理，而至客戶與市場才發現。此時，最大損失是企業的商譽與客戶的信賴，可能是無法以金錢來衡量的，可說是最大的損失。

外部失敗成本係指產品出廠後，顧客發現不良所造成的成本。由於在產品保固期間內，所更換材料和服務而無法向客戶收取；還有產品或服務的抱怨處理成本或損失，包括處理工時費、差旅費、郵電費等，甚至有折讓損失等。有時發生延長保固損失，例如公司規定的保固期是一年，但因品質問題導致客戶要求延長保固期間。此外，產品拒收退貨、更換新產品或重新提供服務、逾期交貨賠償等項目，都屬於外部失敗成本。

本章彙總

在資本市場發達的國家，上市櫃公司自願公布企業永續報告書 (CSR)，以揭露企業於環境、社會、治理的績效表現，因此 ESG 資訊揭露是企業和利害關係人溝通的重要管道之一，並有助於外界檢視企業在環境、社會、治理方面的策略執行與內部管理成效。這方面資訊揭露規範，逐漸成為 21 世紀先進國家金融監理機構的重要金融政策。

全球五大永續領導機構亦在 2020 年 12 月 22 日發表聯合聲明，發布與氣候相關的財務揭露原型，並由 ESG 投資者 (ESG Investor) 發布；主要以全球報告書倡議組織 (GRI)、指標氣候相關財務揭露 (TCFD) 和 SASB 所發布的永續會計準則為基礎，並支持國際財務報導準則 (IFRS) 的非財務報告諮詢。這是五大組織結合其現有準則架構，建立一個通用系統，以報告永續因素對企業價值的影響；五大永續組織亦重申，對國際財務報導準則 (IFRS) 基金會所提議的諮詢予以支持。關於 SASB 產業準則的績效衡量指標，係依據個別產業的機會及風險，制定能反映該產業財務重大影響的一致性指標，包括會計指標 (Accounting Matrix) 與活動指標 (Activity Matrix) 兩大類型。

隨著經營環境的巨大改變，尤其 2020 新冠肺炎病毒 (COVID-19) 對全球的影響，風險管理受到高度重視。國際稽核協會 IIA 推出新的「**三線模型**」(Three Lines Model)，可說是企業風險管理的新模型，用來協助企業達成更強的公司治理與風險管理。藉此，讓企業的公司治理、風險管理、內部控制與內部稽核，可以發揮整體綜效，增強組織整體競爭能力。

善用科技來提升工作效率，財團法人會計研究發展基金會與財金資訊股份有限公司，共同推出金融區塊鏈函證，透過雙方的專長結合審計準則公報、區塊鏈技術與 XBRL 應用，提升銀行函證作業績效。此外，針對企業的主要資產「存貨」，在製造業、賣賣業、服務業的存貨衡量與揭露，依據相關會計準則提出範例；同時，對於存貨品質成本的四種類型—預防成本、鑑定成本、內部失敗成本、外部失敗成本，進行逐項討論。

關鍵詞

環境、社會、治理 (Environmental Social Governance)

永續發展目標 (Sustainable Development Goals)

企業社會責任 (Corporate Social Responsibility)

責任投資原則 (Principles for Responsible Investment)

社會責任投資 (Social Responsible Investment)

價值報導基金會 (The Value Reporting Foundation)

世界企業永續發展協會 (World Business Council for Sustainability and

Development)
利害關係人 (stakeholders)
股東 (stockholders)
永續經營與社會責任型投資（Sustainable & Responsible Investment 或 Socially Responsible Investment）
國際金融穩定委員會 (Financial Stability Board)
氣候相關財務揭露 (Task Force on Climate-related Financial Disclosures)
赤道原則 (Equator Principles)
全球報告書倡議組織 (Global Reporting Initiatives)
永續會計準則理事會 (Sustainability Accounting Standards Board)
環境 (Environment)、社會資本 (Social Capital)、人力資本 (Human Capital)、商業模式及創新 (Business Model & Innovation)、領導及公司治理 (Leadership & Governance)
會計指標 (Accounting Matrix)
活動指標 (Activity Matrix)
產品安全 (Product Safety)、勞工條例 (Labor Practices)、燃油經濟性和使用階段排放 (Fuel Economy & Use-phase Emissions)、原料來源 (Materials Sourcing)、原料效率與再生 (Materials Efficiency & Recycling)。
三線模型 (Three Lines Model)
可延伸商業報導語言 (eXtensible Business Reporting Language)
品質成本 (Cost of Quality)
預防成本 (Prevention Cost)
鑑定成本 (Appraisal Cost)
內部失敗成本 (Internal Failure Cost)
外部失敗成本 (External Failure Cost)

作　業

一、選擇題

(　) 1. 請問「永續發展目標（Sustainable Development Goals，簡稱 SDGs）是由哪一個機構發布？ (A)聯合國　(B)世界衛生組織　(C)世界永續聯盟　(D)國際會計準則理事會。

(　) 2. 有關氣候變遷財務揭露，TCFD 工作小組的建議可適用哪些組織？ (A)金融機構　(B)於所有機構　(C)政府單位　(D)製造業。

(　) 3. 請問永續會計準則是由哪一個機構發布? (A)國際財務報導準則理事會 (IFRS)　(B)永續會計準則理事會 (SASB)　(C)國際稽核協會 (IIA)　(D)國際會計師聯合會 (IFAC)。

(　) 4. SASB 產業準則的績效衡量指標的兩大類型，請問是哪兩大類型指標？ (A)會計指標與經濟指標　(B)績效指標與活動指標　(C)會計指標與活動指標　(D)財務指標與量化指標。

(　) 5. 針對三線模型的關鍵職能，包括治理單位、管理階層、內部稽核、外部審計四個部分，主要著重於三個關鍵職能。請問下面哪一項目，沒有列入三個主要關鍵職能？ (A)治

理單位 (B)管理階層 (C)內部稽核 (D)外部審計。

( ) 6. 請問下列哪一項敘述不正確？ (A)新的三線模型 (Three Lines Model)，可說是企業風險管理的新模型 (B)管理階層負責第一道線與第二道線 (C)管理階層只負責第一道線 (D)第三道線的職能，如監督、洞察、調查、評估和糾正等，這些屬於內部稽核職能部分。

( ) 7. 有關金融區塊鏈函證，下列敘述哪一個不正確？ (A)採用機器人流程自動化技術 (B)應用區塊鏈加密學功能 (C)外部函證作業數位化 (D)採用 XBRL 分類標準。

( ) 8. 有關金融區塊鏈函證適法性，請問主要是依據哪一個準則？ (A)國際財務報導準則 (B)評價準則 (C)審計準則 (D)內部控制處理準則。

( ) 9. 產品保固成本屬於下列何種品質成本？ (A)內部失敗成本 (B)外部失敗成本 (C)預防成本 (D)鑑定成本 【109 年公務人員高等考試三級考試】

( ) 10. 有關品質衡量指標的敘述，下列正確者有幾項？①外部失敗成本是衡量客戶滿意度的財務性衡量指標②預防成本、鑑定成本與內部失敗成本是衡量內部績效的財務性衡量指標③不良率及生產前置時間是衡量內部績效的非財務性衡量指標④客戶等候時間及抱怨次數是衡量客戶滿意度的非財務性衡量指標 (A)僅一項 (B)僅二項 (C)僅三項 (D)四項 【108 年專門職業及技術人員高等考試】

二、練習題

E16–1 請問企業永續報告書的主要揭露項目有哪些？

E16–2 請列示對企業有長期影響的五個永續發展面向。

E16–3 針對三線模型，針對負責第三道線的內部稽核，請說明內部稽核的主要工作項目為何？

E16–4 請問金融區塊鏈函證有哪些功能？

E16–5 請說明企業在存貨相關資訊的揭露，應包括哪些項目？

作業簡答

【第 16 章】

一、選擇題

1.(A) 2.(B) 3.(B) 4.(C) 5.(D)
6.(C) 7.(A) 8.(C) 9.(B) 10.(D)

二、練習題

E16–1

企業永續報告書 (Corporate Sustainability Reports，簡稱 CSR 報告書)，或稱企業社會責任報告書 (Corporate Social Responsibility Reports，簡稱 CSR 報告書)，兩者意涵相似，旨在揭露企業於環境 (E)、社會 (S)、治理 (G) 的績效表現，是企業和利害關係人溝通的重要管道之一，並有助於檢視企業策略執行與內部管理成效。

E16–2

永續會計準則理事會 (SASB) 考慮對企業有長期影響的五個永續發展面向 - 環境 (Environment)、社會資本 (Social Capital)、人力資本 (Human Capital)、商業模式及創新 (Business Model & Innovation)、領導及公司治理 (Leadership & Governance)。

E16–3

1. 內部稽核負責第三道線，保持主要對組織治理機構負責的狀態，獨立於管理層的各項職能之外。
2. 為管理層和治理機構就組織治理和風險管理工作（含內部控制）的準確性和有效性提供獨立客觀的確認和諮詢，支援組織實現目標，推動並協助組織不斷完善。
3. 將有損內部稽核獨立性和客觀性的情況報告給治理機構，並根據要求採取保護措施。

E16–4

金融區塊鏈函證有下列功能：(1)藉由結合數位憑證與數位簽章之應用，降低資料竄改、偽造及遺失等風險，以合理確保回函之可靠性；(2)掌握詢證函回覆狀況，進而提升回函率；(3)運用電子資料保存，有利勾稽查詢，若進階能與會計師事務所的查帳系統整合，將更可提升查核效率與效果；(4)大幅節省因函證資料交換，所需耗用的人力、物力與時間。

E16–5

企業在存貨相關資訊的揭露，應包括下列項目：

(1)存貨衡量所採用之會計政策（包括存貨成本計算方法）。
(2)存貨總帳面價值及各類別存貨之帳面價值。存貨通常分類為商品、原料、物料、在製品及製成品等類別；與勞務相關之存貨得歸屬為在製品。
(3)當期認列之存貨相關費損。
(4)將存貨自成本沖減至淨變現價值，而認列之當期銷貨成本。
(5)因存貨之淨變現價值回升，而認列為當期銷貨成本減少之金額。
(6)導致存貨淨變現價值回升之事件或情況。
(7)作為負債擔保品之存貨帳面價值。

彩色印刷

增訂五版

成本與管理會計

Cost and Management Accounting

王怡心／著

IFRS

依據最新國際財務報導準則修訂

三民書局

國家圖書館出版品預行編目資料

成本與管理會計／王怡心著. ——增訂五版一刷.
——臺北市: 三民, 2018
面;　公分

ISBN 978-957-14-6448-0　(平裝)
1. 成本會計 2. 管理會計

495.71　　107011509

 成本與管理會計

著作人	王怡心
發行人	劉振強
發行所	三民書局股份有限公司 地址　臺北市復興北路386號 電話　(02)25006600 郵撥帳號　0009998-5
門市部	(復北店) 臺北市復興北路386號 (重南店) 臺北市重慶南路一段61號
出版日期	初版一刷　2006年9月 增訂五版一刷　2018年9月
編號	S 493660

行政院新聞局登記證局版臺業字第○二○○號

ISBN　978-957-14-6448-0　(平裝)

http://www.sanmin.com.tw　三民網路書店

增訂五版序 PREFACE

隨著數位時代發展，人工智慧與資訊科技不斷地創新，促使會計人員面臨很多的挑戰和機會。現今利害關係人的權益逐漸受到重視，每個組織要努力為其利害關係人提供價值主張。因此，會計人員更需學習新理論與技能，並善用資訊科技，來滿足利害關係人的需求。

社群媒體普及使用後，個人可以把自己的想法分享在網路上，包括 Facebook、Line、WeChat 等。我很高興藉著社群媒體，更能與本書的教師、同學和業界人士們，就成本與管理會計不同的各種主題，進行意見交流。我重視您們的意見，並將很多新觀念納入本書的第五版內容。

本書的基本架構為基礎、規劃、控制、決策四篇。在第五版中，您可看到許多新內容，章節由 12 章增加為 15 章。新增章節有控制篇的第 11 章〈公司治理與風險管理〉、第 12 章〈內部控制與內部稽核〉，以及決策篇的第 15 章〈數位科技決策考量〉。尤其在第 15 章，內容有知識管理系統、人工智慧、區塊鏈、金融科技四個章節，也提出知識創造 (creation of knowledge) 和數位三角 (digital triangle) 的新觀念。

本書內容涵蓋成本會計、管理會計、IFRS、COSO、公司治理、風險管理以及數位金融相關議題。本書的目標是為讀者提供基本概念、實務應用、習題練習。課文內容清楚敘述成本與管理會計的主題，以及實務應用情況；每章作業有很多題目，取自近三年的會計師考試、高考、普考、地方特考、特種考試等選擇題，讓讀者在熟讀課本內容後，可以自我複習。

在增訂五版的過程中，非常感謝我的家人和團隊。首先謝謝立法委員費鴻泰，在數位科技政策提供新看法；也感謝行動科技專家費聿嵩提供行動科技與應用的新知識；金融科技專家費聿安提供很多人工智慧、區塊鏈的實例分享；還要謝謝費聿德、謝依潔幫忙資料收集與整理，以及許詩朋小姐協助校對。在此，非常感謝我的父母王君宜先生與王張美雲女士、我的先生費鴻泰教授，我的妹妹王怡中小姐，以及我的三個兒子費聿嵩、費聿安、費聿德，給我最大的鼓勵和支持來完成此書的撰寫。於此，特別感謝本書的讀者，歡迎您與我分享您的評論和建議。

王怡心

於國立臺北大學會計學系

2018.8

trenddw@gmail.com

Facebook: 王怡心

Line ID: trenddw

自 序 PREFACE

從多年的教學及研究經驗中，發現國內欠缺著能與實務界配合的成本與管理會計教科書。因此，學生不易了解實務界的現況，實務界更難明瞭學術界的新知。這種會計教育之學習無法與產業需求配合的現象，促使我撰寫一本能將會計理論與實務相結合之教科書的念頭。

隨著科技的進步和國際性競爭的壓力，使企業經營團隊不得不重新評估其營運方式、會計作業、資訊系統。為提供管理者各種決策所需的訊息，會計人員必須要重新設計會計資訊系統，以因應經營環境變遷的資訊需求。尤其是電子商務的盛行，使企業經營方式產生很大的衝擊，傳統的帳務處理方式，幾乎完全由電腦作業代工。如此一來，會計人員的專業能力，演變成必須善用資訊科技來處理營運資訊，包括財務面與非財務面的資料。

為因應時代變遷所需，成本與管理會計的教材，朝向會計、資訊、管理三方面整合型的應用。本書的重點是加入新的成本與管理會計理論和方法，包括企業資源規劃、供應鏈管理、顧客關係管理、平衡計分卡、內部控制與內部稽核等。特別是在相關的章節，引用 ERP 整合系統，來說明企業 e 化環境下電子表單的範例。藉此，讓讀者充份了解成本與管理會計理論，如何應用在企業管理資訊系統，以提高會計人員在組織所扮演的角色，期望能從財務報表編製者，轉型為營運資訊提供者。

為了以企業真實例子說明成本會計觀念的實施，並採用類似實務個案方式來敘述會計方法的應用。本書將每個企業的成本會計應用實例，以實務應用的方式，安排於適當的章節之中。這種理論與實務相結合的編排方式，不僅可增加讀者的學習興趣，同時亦有助於學習效果。這是一本能與實務界密切配合的成本與管理會計學教科書，不僅可適用於一般大學會計學系所或其他商學相關系所，作為成本與管理會計學課程的教科書，同時亦可作為企業界財務主管及會計人員在職訓練的教材。

要感謝多年來教導我的師長，亦要感謝本書的研究團隊——許詩朋、費聿瑛、胡麗君等，使本書能順利完成。此外，十分感謝我的父母、我的先生費鴻泰教授與三個可愛的孩子們，給予我無限的支持與鼓勵。匆匆付梓，若有疏漏，祈多包涵。懇請諸位先進不吝指正，並請將您的寶貴意見告知，以作為日後改寫的參考。

王怡心

於國立臺北大學會計學系

2006.8.20

trenddw@ms26.hinet.net

成本與管理會計 CONTENTS

第一篇

基礎篇

1 成本與管理會計概論

學習目標

1. 了解企業的組織與管理工作
2. 敘述成本與管理會計的發展與定義
3. 辨別管理會計與財務會計的異同
4. 分析企業環境的變遷情況
5. 說明會計資訊的新功能

提供便捷的運輸服務

臺北大眾捷運股份有限公司的願景是「一流捷運、美好臺北」，期望在大臺北都會區，提供給乘客便捷、舒適的大眾運輸工具，以符合現代交通服務的需求。

臺北捷運以「提供乘客安全、可靠、親切的運輸服務，及追求永續發展」為使命，與公車和悠拜克 (U-bike) 單車服務形成交通網接駁的整合服務 ， 以達成臺北市便捷的交通運輸網。此外，北捷公司有效率的管理制度、健全財務規劃與積極經營相關附屬事業等工作 ， 讓臺北捷運公司成為台北市民主要交通服務者。

北捷公司為善盡企業社會責任 ， 與利害關係人共同發展捷運站附近的社區，結合社區資源與人文藝術，營造多元化的捷運新文化。公司藉由積極參與多項學習計畫，建立有關鍵績效指標的標竿制度，來激勵員工提供優質服務。除此之外，更致力達成「零事故率」目標，實現「臺北捷運、世界一流」願景。

臺北大眾捷運股份有限公司 https://www.metro.taipei/Default.aspx

引言 introduction

企業經營環境隨著科技進步而改變，逐漸重視公司治理、風險管理、內部控制、企業社會責任、資訊透明等議題。因此，經營管理者需要與營運決策攸關又即時的成本與管理會計相關資訊，以便於規劃、執行、控制機構整體和單位個體的營運活動。尤其，上市上櫃公司依據法令要向資本市場投資人定期公布財務與非財務資訊，因此經營管理者需要了解成本與管理會計和財務會計的主要差異，在於二者的資訊使用者不同。成本與管理會計報告提供給內部管理者使用；財務會計報告的主要使用者為投資人、債權人、政府單位等外界利害關係人。

本章說明成本與管理會計報告的使用目的，基於滿足管理階層在決策過程中所需要的資訊，內容需具有攸關性和適時性，並且報告的編製方式會因使用者需求而不同。因此，會計人員需運用各種不同的方法，來蒐集、整理、分析各個組織的營運資訊，才能滿足多元化經營環境的決策資訊需求。

章節架構圖

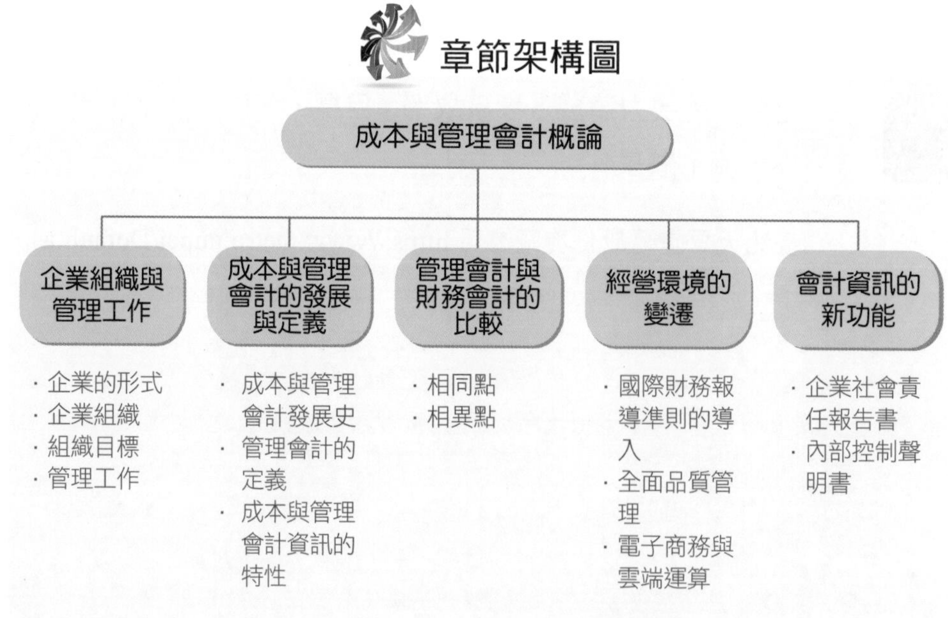

1.1 企業組織與管理工作

企業的整體目標需要各階層主管與組織內的成員，一起努力完成；各單位的子目標需要和組織總目標相配合，才能提升整體競爭力。本節的討論重點為企業組織的形式，主要是討論**分權化** (decentralization) 的組織，和組織內直線單位與幕僚單位的功能。

1.1.1 企業的形式

公司的組織型態，會隨著業務的擴展性和複雜性而改變。世界上一些大型組織的發展，早期為個人公司，隨著業務增加而促使組織成為擁有多家公司的集團企業。從表 1.1 的國際麥當勞發展簡史，可以看出自 1948 年的麥當勞兄弟自創了第一家餐廳，到今天世界各主要城市都有麥當勞 (McDonald's) 的大 M 標誌。

表1.1 國際麥當勞發展簡史

1948	麥當勞兄弟創立第一家餐廳
1954	麥當勞創始人 Ray A. Kroe 初遇麥當勞兄弟
1955	Ray A. Kroe 成為麥當勞第一位加盟經營者，第一家麥當勞在美國芝加哥 Elk Grove Village 成立
1961	Ray A. Kroe 向麥當勞兄弟購買商標，經營麥當勞餐廳事業
1965	麥當勞股票正式上市
1967	美國以外第一家，加拿大麥當勞成立
1978	全世界第 5,000 家麥當勞成立
1984	臺灣第一家麥當勞成立，座落於臺北市松山區民生東路
1990	隨著中國的改革開放和經濟發展，深圳開設第一家麥當勞
2005	麥當勞過 50 歲的生日
2008	麥當勞在亞太、中東和非洲地區有 37 個市場
2009	臺灣麥當勞過 25 歲的生日
2010	在全球 117 個國家中，共有 32,737 家麥當勞餐廳
2012	榮獲《財富》雜誌 (*Fortune*)「全球最受讚賞企業」排名第 11 名
2013	強調品質、服務、衛生、價值 (QSC & V) 及「100% 顧客滿意」為經營理念
2014	臺灣麥當勞首創「麥麥辦桌」，把麥當勞經典漢堡、炸雞食材，融入台式辦桌料理
2015	推出「新超值全餐 – 自由配任你選」全新點餐方式，改採先選主餐再選副餐的方式，提供消費者更多元的選擇
2016	臺灣麥當勞推出全新「麥當勞報報 APP」，可依照使用者需求定時派送優惠券
2017	全球已有 36,000 多家麥當勞成立，遍及超過 100 個國家地區

從 1955 年世界第一家麥當勞由創始人 Ray A. Kroe 在美國芝加哥 Elk Grove Village 成立，金黃拱門下的美味漢堡和親切服務，立刻受到各界人士的歡迎。為全世界各國人士提供超值美味的麥當勞漢堡，一家一家連鎖店在世界各個角落誕生。由於擴展的驚人速度，使得在全世界各大洲，幾乎都可以看到代表快速服務餐飲業領導者的金黃拱門。

麥當勞本著全球一致的「品質、服務、衛生與價值」及「100% 顧客滿意」的經營理念，已使「全球品牌、社區服務」的目標成功地開花結果。麥當勞是全力推廣「彈性打工制度」的企業，因此創造出很多的就業機會，所聘用員工包括各階層人士以及身心障礙人員，至今約有八成多連鎖店由在地人負責營運與服務顧客，以善盡企業回饋社會的責任。麥當勞全球一貫化的品質、服務與衛生水準，歸功於標準化的生產品管流程、規格化的工作站服務守則，以及完整的員工訓練課程。

藉著專業訓練與督導工作，消費者感受到標準化的餐飲品質水準，更使其他餐飲業者開始學習麥當勞的經營管理方式。麥當勞創造商圈繁榮的神奇魅力，來自其開發作業團隊的集體努力。特別是店面地點的選擇，以科學性的方法分析商店附近環境，正確地選擇商圈，分析範圍包括地理環境、人口結構、交通流量、居民所得、消費型態及未來建設等多方面的因素。隨著組織營運的擴展，管理者必須隨時參考每日營運報告，以因應日常營運決策所需。如同麥當勞出版《全球牛肉永續報告》(*2017 Global Beef Sustainability Report*)，內容包括財務性與非財務性的資訊，使得成本與管理會計的角色日趨重要。

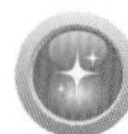 *1.1.2* 企業組織

一般所稱的**組織圖** (organization chart)，每一個部分代表每位主管的權責範圍，每一條直線代表主管與部屬之間的督導關係，通常分為集權式和分權式兩種。多角化經營的公司，為有效控管各個事業單位，一般較趨向於分權化的組織。高階主管將企業整體目標，規劃到組織內各個單位，授予單位主管適當的授權，同時也賦予相當的責任。因此，公司的重要決策需由下屬部門主管擬訂，再送權責主管核准後執行。

分權化組織的特色，是使各單位的主管對其所管轄的範圍適時作決策，所產生的問題由直屬主管立刻處理，充分發揮分工合作的精神，使得企業目標由全體人員共同達成；每個年度結束時，總經理將全公司的營運總成果向董事會、股東會報告。組織圖目的是要明確劃分各單位主管的責任，以及提供組織內正式的報告與溝通管道。然而，在一般組織運作方面，非正式組織有時也扮演一些意見溝通的功能，例如工會是代表員工的意見發言單位。

在組織圖上有直線和幕僚兩種單位，**直線單位** (line unit) 是指與達成企業基本目標直接有關之單位，例如對製造業工廠而言，製造產品是主要任務，所以生產部門的主管即為直線人員。**幕僚單位** (staff unit) 在本質上是協助直線單位來達成企業基本目標。所謂基本目標，亦即與銷售和生產有關的目標，使企業收入增加和成本降低，以達到營業利潤最大化的終極目標。

一般公司而言，屬於幕僚單位的管理部門，主要任務是使公司的人力和資金作最有效的運用，藉著各種制度來掌握組織內的活動和資訊，並且適當地協調各單位意見，使彼此之間的衝突降到最低。與會計、財務相關的主管職位為**會計長** (controller) 和**財務長** (treasurer)，二者皆屬於幕僚人員。會計長的主要任務是負責提供滿足利害關係人所需的財務報導，和管理階層所需的財務報告和營運資料。至於財務長的工作重點，在現金收支、授信政策、理財規劃和財務投資等項目。

實務應用　成功的管理會計人員

麥當勞財務長敘述成功的管理會計人員特性，需有能力了解下列事項：(1)稅務影響；(2)成本資訊；(3)市場資訊；(4)公司資訊系統功能；(5)各部門工作特性；(6)各單位與公司整體的營運流程；(7)在預算會議中提出預期盈餘。能夠有效掌握上述七項資訊，才能算是一個成功的管理會計人員。

隨著時代的進步，企業的發展由傳統的單一組織型態，走向多角化營業的模式，使得組織圖有很大改變。圖 1.1 為第一金融控股股份有限公司的關係企業組織圖，此為典型的分權化組織。在第一金融控股股份有限公司底下設有不同類型的子公司，分別負責不同的業務營運，並且第一金控內各公司、各事業部的總經理皆為專業經理人；在自主營業與充分授權的架構下，各子公司總經理扮演日常營運最高領導人、最高決策者及最高監督者的角色。

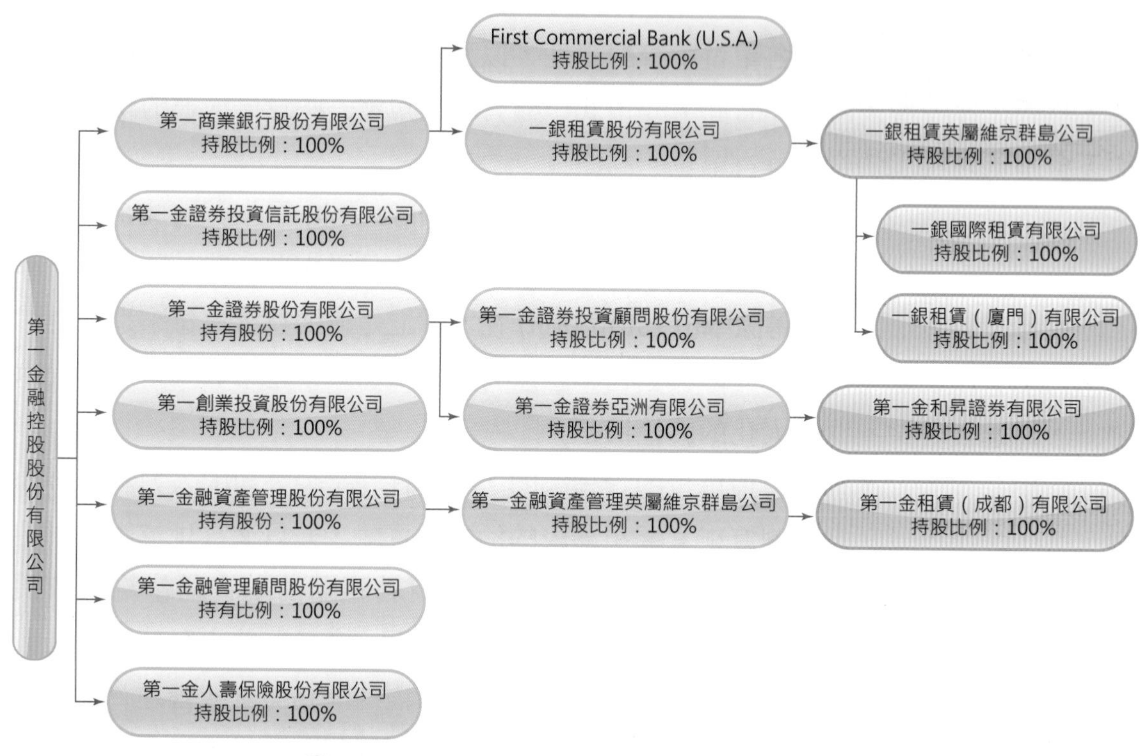

圖1.1　第一金融控股股份有限公司組織圖

以第一金控集團的第一商業銀行為例，其下有 First Commercial Bank (U.S.A.)、一銀租賃等子公司，分別負責銀行業務、租賃業務等不同類別的金融業務，並直接向金控集團董事長負責。在每個年度結束時，全公司的營運總成果向該公司的董事會和股東會報告，讓利害關係人了解整個集團的營運情形。

 1.1.3　組織目標

一個組織必須有管理機制才能運轉順利，**目標** (objectives) 為組織所欲達成之共同目的。為配合組織的整體目標，每個單位有不同的部門目標。對一般公司而言，追求營業利潤為主要目標，因為股東對投資公司的最高期望是得到合理的報酬。例如，生產單位的目標為成本最小化，銷售單位的目標為收入最大化；此外，公司還希望維持良好的社會形象，對國家經濟成長有正面的影響。為使讀者進一步了解企業的營業目標，以下所列為一般公司的營運目標：

⑴以市場行銷導向的方式，提供產品和勞務給顧客。

⑵以有效率的方式，製造低成本、高品質的產品。

⑶達到較高的投資報酬率，和維持正常的每股盈餘成長率。

⑷維持員工對公司的向心力，並減少人員流動率。

⑸保持良好的企業形象。

實務應用　追求新環保目標

可口可樂公司 (The Coca-Cola Company) 與世界自然基金會 (WWF) 擴大合作項目，共同設立全球環保新目標，為永續性管理努力。可口可樂公司董事長兼首席執行長 Muhtar Kent 表示：「可口可樂公司致力與合作夥伴共同因應全球環境挑戰。全球面臨著資源緊張局面，對於食物和水的需求逐漸增加，因此必須找出解決方法，可口可樂公司努力做到企業、社會與大自然的互惠互利境界。」

由於一般股東無法直接參與公司日常的營運活動，所以選出董事長和董、監事們來督導管理階層，以確保達成企業的主要目標。如圖 1.2 的公司治理與公司管理，總經理扮演重要角色，需要善用管理會計系統與企業資源規劃系統，蒐集並分析資料做好風險管理與內控內稽。公司管理者必須作適當的目標規劃，以達成既定的目標。這種長期目標的規劃與執行，稱之為**策略性規劃** (strategic planning)。對一般營利事業單位而言，策略性規劃主要著重於二方面：⑴決定製造何種產品或提供何種勞務；⑵決定生產和行銷策略，以便將所生產貨品再銷售給合適的對象。在策略性規劃的過程中，管理者制定了很多有關生產和銷售的方案。如此，公司可生產最迎合市場需求的產品，並且將生產成本降至最低，再加上良好的銷售通路和有效的促銷活動，使公司達到營業利潤最大化的目標。

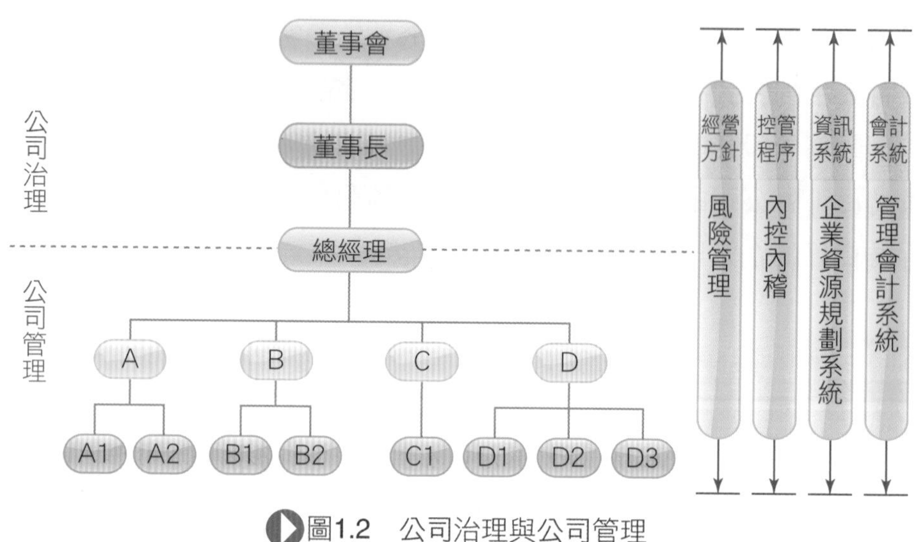

圖1.2　公司治理與公司管理

1.1.4 管理工作

會計資訊系統的重點是提供營運資訊，有助提高決策品質，藉此提升組織價值，所以管理會計人員在決策過程中，有必要主動參與決策，成為管理團隊的一員；平日衡量組織內各項活動、單位、經理人及其他員工的績效，藉著績效評估來衡量組織的競爭力，以確保組織的長期競爭力。因此，管理會計人員不再是被動的資訊提供者，而是扮演內部顧問師來積極提供營運資訊。

傳統會計系統提供的是財務資訊，現在要進一步提供非財務資訊，以支持管理當局的決策需求，來有效管理組織活動。現代的管理會計系統愈來愈注重組織中各單位所產生的活動，並且持續地衡量、管理及改進營運活動，對一個組織的永續經營是非常重要的。任何組織的績效要維持一定水準，需要一套管理控制系統，定期將營運結果與預期目標相比較；同時找出差異之處，再採取因應之道來改善績效。

把企業所訂定的目標轉變成有系統的策略，作為未來營運的指導方針，即所謂規劃。一般企業訂定長期、中期、短期計畫三種類型，計畫的形式可隨各組織而不同，也會隨著期間長短而不同。理想上，是將短期計畫配合公司長期發展計畫來擬訂，並且隨時注意環境的變遷，將計畫作必要性的修正，以促進企業目標的達成。

管理程序 (management process) 所涵蓋的三個要項分別為規劃 、 執行和控制；成本控制係針對各種不同作業活動成本，不再只是針對不同部門或產品的成本。控制成本之責任應指派給專人，此人同時亦應負責規劃營運活動和編製預算，且此項責任應僅限於可控制成本的部分。藉著過去經驗與相關資訊，會計人員可設定直接原料、直接人工及製造費用之預計成本；企業運用這些成本資料，採用標準成本制度，將實際成本與標準成本作比較。

內部會計系統 (internal accounting system) 其主要內容為成本會計和管理會計兩個系統，以原始憑證蒐集和交易行為的價值衡量，作為資料的來源，再經過帳程序，將日記帳的金額登載到分類帳和總帳；然後再依管理者的需求，將實際結果與預算目標相比較，以準備績效評估報告。在圖 1.3 上，可看出預算編列係屬規劃工作，在營運作業執行的過程中，隨時把交易資料記錄下來，再過帳到各個會計項目，最後內部會計系統所提出的績效評估報告，可作為組織控制工作的依據。同時，當期績效衡量的結果，可作為下一期規劃工作的參考。

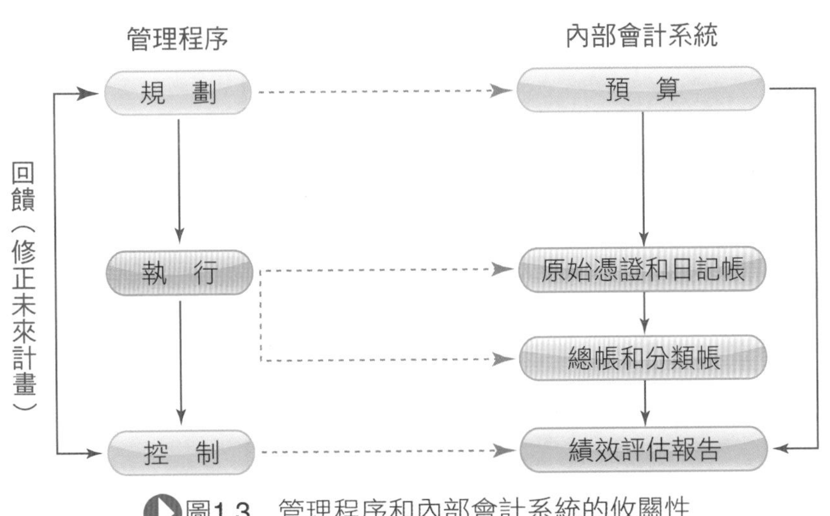

圖1.3　管理程序和內部會計系統的攸關性

企業組織營業目標的形成有一定的程序，通常由董事會成員經過審慎的研討而制定出目標。至於非營利組織方面，組織目標由董事會或理事會決定，作為組織運作方針。針對不同組織目標，管理階層的任務是要監督目標的執行情況，以確定目標的達成。因此，管理者於日常營運所參與的主要活動可分為四大類：決策、規劃、執行與控制。如表 1.2 所示，管理者在營運活動的規劃、執行與控制各個層面，都會涉及決策過程，在各階段所需的管理會計資訊不同。例如，在規劃階段是參考預算；執行階段要看每日管理性報表；控制階段需以績效報告為評估重點。

表1.2　管理工作與會計資訊

管理工作		會計資訊
決　策	規劃	預算報告
	執行	每日管理性報表 例如：銷售日報表、生產日報表
	控制	績效報告

管理工作包括決策、規劃、執行與控制四方面，彼此之間的關係列示在圖 1.4，為一個循環系統：從長、短期計畫的訂定，將計畫實際執行，再與預期成果相比較以找出差異處，控制程序完成後又回到規劃的階段。決策過程與規劃、執行與控制有互動關係，可說是這三方面活動的中樞。如圖 1.4 的規劃與控制循環圖，在每一階段皆要作好決策，才能提高整體績效。所謂策略成本管理 (strategic cost management) 即成本管理特別聚焦在策略議題。

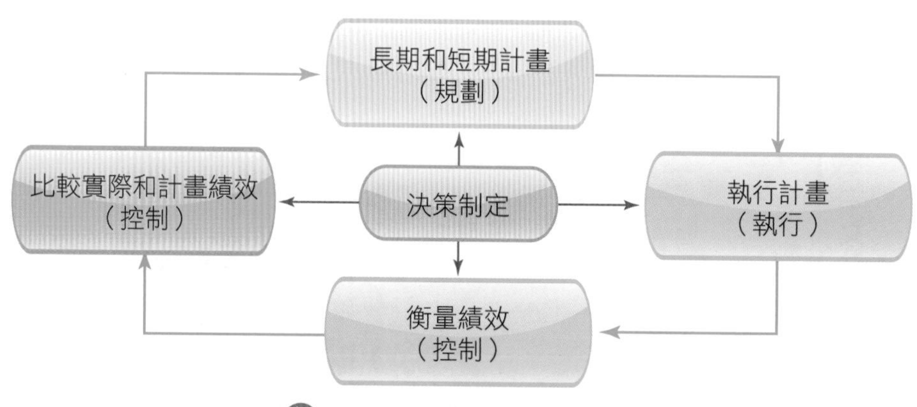

圖1.4　規劃與控制循環圖

實務應用　全方位的決策思考

在快速變遷以及高度競爭的環境中，一個企業想要成功的永續經營，管理者就必須思考各種經營可能面臨的問題。如同遊樂園公司，經營團隊必須考慮公司的營運重點及娛樂服務的成本與效益問題，期望持續掌握顧客的需要。

評估顧客對於遊樂園公司所提供服務的喜好類型，也必須思考財務投資的問題。此外，營運團隊需思考其他問題，如在流行文化與科技方面，評估公司提供的娛樂項目是否一直跟得上時代？公司需重視各方對未來的成功發展提供的新建議。

1.**決　策**

管理人員從各種方案中選擇出最理想者，這個過程不是一個單獨的程序，而是與規劃、執行、控制等活動息息相關。在**決策** (decision making) 過程中，常會涉及未來不確定因素的存在，所以決策者對相關因素未來變化的掌握程度，會直接影響到決策的結果。

如同組織機構，個人也經常要作各種決策。例如，每次出門前決定是否帶雨具，可行方案為帶雨傘或不帶雨傘二種。帶雨傘的優點是在路上遇到大雨不會淋溼，但缺點為較不方便；不帶雨傘的優缺點正好與帶雨傘相反。影響這個決策的主要因素為今天是否會下雨，所以決策者需要蒐集各種與天氣變化相關的資料，如氣象預測和個人觀察等，再以個人經驗來判斷是否攜帶雨傘。

所有決策之決定都是根據相關的資訊作判斷，也就是說管理決策的品質，反映出管理者所使用的管理會計和其他相關資訊之品質。正確與即時的資訊，能幫助管理者作出理想的決策。因此，管理部門的人員對成本管理會計學愈了解，愈會善用營運資訊來提升決策品質。

實務應用　生產 5G 智慧型手機的評估決策

管理者進行 5G 智慧型手機未來銷售預測時，需要謹慎評估其被取代與淘汰的可能性。假設管理者預測該市場很快將被更新的智慧型手機取代，則廠商很有可能決定不大量生產 5G 智慧型手機。

如果管理者預估 5G 智慧型手機需求看好，則需進一步判斷未來幾年間的需求量及其能持續的期間。在面對新、舊型產品交替期間，為避免發生供過於求的情形，管理者需特別謹慎衡量各種狀況，以作為生產決策的參考依據。

2.**規　劃**

為達到企業既定的目標，在**規劃** (planning) 的過程中，管理者列出各種所需的計畫與步驟，這些步驟和計畫可分為長、短期二種，短期計畫配合長期計畫來規劃。為協助管理者的規劃工作，會計人員提供各種計畫執行後所產生的可能結果之財務資料。

實務應用　新廠投資的規劃

合興公司為一電腦製造商，董事會決定興建一座符合綠建築的新廠，實施全面自動化來生產不同型式的電腦產品和周邊設備。管理階層首先要決定建廠的地點、所需的廠房和設備、資金的運用、工程師的招募、銷售的預測與生產的估計等各項計畫。為完成新廠投資計畫，「規劃」是實施整體目標的必要過程。

3. 執　行

在**執行** (operating) 的過程中，管理階層要決定如何支配既有的資金、人力和資源，以有效率的方式來執行既定的計畫，使每日的營運活動在有計畫的情況下順利進行。例如，合興公司在建造新廠的規劃階段，已完成廠房與設備的設計工作，管理者在此階段的主要任務，是把規劃階段所訂的計畫，監督員工依其步驟予以執行，促使計畫達到預期目標。此時，會計部門可提供資金來源與財務資訊，使管理者了解公司的財務狀況，以免發生資金周轉不靈的危機。

4. 控　制

要確定組織是否依預定的計畫進行，並達到既定的目標，即是**控制** (controlling) 工作的重點。在此階段管理者所重視的，是組織內各單位的執行成果是否與預期成果有差異。這種評估也就是所謂的**績效評估** (performance evaluation)，一般可分為效果和效率二方面來衡量。假設合興公司的新廠開始營運後，如果管理者偏重於效果方面績效評估，則所在意的是既定目標的達成情形。例如，生產部門的生產量是否達到預測的銷售量？

如果管理者重視效率方面，則其重點在成本與效益分析，要求成本最小化和收益最大化。此時合興公司所關心的問題則為：「每單位產品的生產成本是否為最低？原物料的採購是否來自於合格供應商所提出的最低價格？產品的售價是否為顧客可接受範圍內的最高價格？」

為評估各個單位的效果和效率，管理者將實際結果與預期成果相比較，因此需要會計人員提供執行結果、預期目標和二者差異數的資料。如果所產生的差異很大，管理者要採用適當方法，以減少未來的差異。再者，將實際數與預期數相比較，所得結果作為下期規劃的參考資料，如此可使過去的錯誤不會在未來重複出現，即所謂的**回饋** (feedback)。在有效率的組織管理中，資訊回饋為一很重要的程序。

1.2 成本與管理會計的發展與定義

義大利的數學家帕希羅 (Paciolo) 於 1494 年建立了**借貸分錄系統** (double entry system)，使商業交易行為得以會計分錄來記載，這就是會計記錄的開始。自從工業革命以後，企業家開始投入資金來建造廠房設備，直到二十世紀初期，數種成本會計與管理會計方法紛紛產生，當時的重點在於計算產品成本與評估經營績效。大部分成本會計方法，也就是所謂的管理會計的傳統方法，雖然在前三個世紀已發明，但「管理會計」的名詞，直到 1958 年，美國會計學會 (American Accounting Association, AAA) 所設立的管理會計委員會 (Committee on Management Accounting, CMA)，才開始正式訂定「管理會計」的名詞與定義。

 1.2.1　成本與管理會計發展史

綜觀成本與管理會計發展史，各種方法的產生主要是來自實務需要。自十八世紀至二十世紀初期，傳統成本與管理會計方法的主要貢獻者，分別列於表 1.3 上。首

表1.3　管理會計史上的主要貢獻者

成本管理會計方法	主要貢獻者	年　代
分批成本制度 (Job Order Costing)	J. Dodson L. Mezieres	1750 1857
分步成本制度 (Process Costing)	W. Thompson M. Godard	1777 1827
預算 (Budgeting)	De Cazaux H. Hess	1825 1903
成本習性 (Cost Behavior)	D. Lardner	1850
製造費用分攤 (Overhead Allocation)	T. Batterby H. Roland A. Church W. Kent	1878 1898 1901 1916
標準成本制度 (Standard Costing)	G. Norton Garcke and Fells	1889 1908
損益平衡點分析 (Breakeven Analysis)	H. Hess J. Mann	1903 1904
差異分析 (Variance Analysis)	G. Harrison W. McHenry	1909 1914

資料來源：參考 David Solomons 所著的 *Studies in Cost Analysis*。

先，分批成本制度是由道森 (Dodson) 在 1750 年所創，他當時僅是為了計算出每批鞋子的單位成本，並以鞋子尺寸作為分批生產的標準，據此分別算出每批鞋子的生產成本，進而算出產品的單位成本，即分批成本的早期版本。在十九世紀的中期，梅滋瑞爾斯 (Mezieres) 把分批成本制度推廣到製造業，並且把各種成本計算的程序與方法，解釋得十分清楚。

由於市場需求量的增加，需要大量的生產產品，以滿足市場的需求，並且達到規模經濟的效益。湯姆森 (Thompson) 和高達 (Godard) 分別在十八世紀後期和十九世紀前期，把單一產品大量生產的成本計算過程，予以明確的解說，可說是分步成本制度的主要貢獻者。

接著，拉得勒 (Lardner) 把鐵路公司的製造成本分為固定成本和變動成本。這二種成本分類的標準，是依成本與生產數量的關係而定，也就是所謂的成本習性。拉得勒把固定成本定義為不隨生產數量的增減而變動的成本；變動成本則被定義為會隨生產數量增減而變動的成本。

很多企業走向大量生產的方式，使得製造費用的重要性大增，因此管理者需要會計方法，來估計和分攤製造費用。在十九世紀後期，貝特白 (Batterby) 和羅廉 (Roland) 先後提出以原料成本為基礎，並且估計製造費用。接著，確曲 (Church) 在 1901 年提出一套產品成本與售價之關係的模式，在圖 1.5 以流程圖的方式來說明。

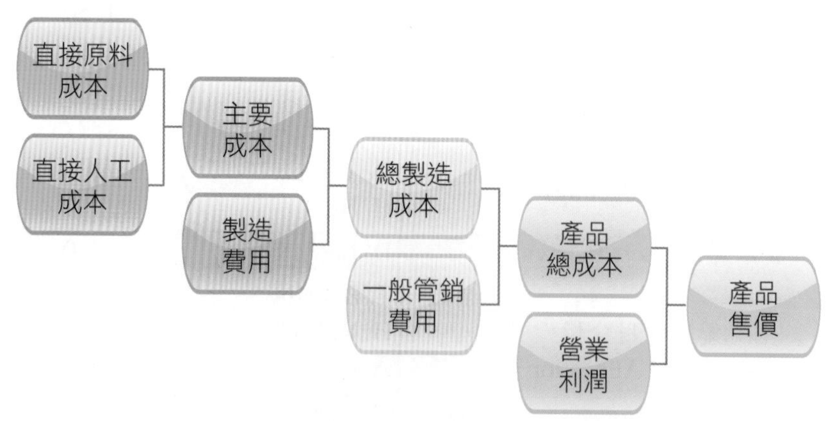

圖1.5　產品成本與售價間關係之模式

直接原料成本、直接人工成本和製造費用的總和，稱之為總製造成本；其中直接原料成本加上直接人工成本，即為**主要成本** (prime cost)。至於產品總成本，除包括總製造成本外，再加上管銷費用，也就是廠商將產品出售之前所花費的全部成本。營業利潤一般由管理者依市場需求與競爭的情況來決定。產品總成本加上營業利潤，即為產品售價。確曲所提出的模式，至今仍是管理會計上，產品成本與訂價的基本概念。

除此之外，對製造費用分攤基礎之選擇標準，確曲建議採用與生產程序相關的因素為基礎。例如，以人工為主要生產因素的工廠，即採用人工小時或人工成本為分攤基礎。肯特 (Kent) 在 1916 年，也提出四種分攤基礎供製造商作參考，其分別為人工小時、機器小時、生產訂單次數與原料使用量四種；肯特認為管理者可依生產性質的不同，針對各個單位採用合適的分攤基礎，不需全部工廠都採用同一分攤基礎。

在二十世紀的初期，黑思 (Hess) 和緬恩 (Mann) 先後提出損益平衡點的觀念，企業在此平衡點上不賺也不賠。管理者由此觀點來計算出最低的銷售額，以保持總收入與總成本的均衡。黑思同時也提出了損益平衡點分析的觀念，以說明銷售量超過或低於損益平衡點時，對企業營運結果的影響。

狄卡札克斯 (De Cazaux) 是成本管理會計史上，第一位把歷史資料用來預測未來的活動，產生所謂預算的觀念。黑思提出對於不同的產量水準，應有不同的生產成本預算。也就是說，企業除了有固定預算外，還可有彈性預算。在十九世紀末期和二十世紀初期，挪爾頓 (Norton)、卡爾克 (Garcke) 和菲爾絲 (Fells) 認為，可以歷史資料來計算產品的標準成本，更可細分為原料成本、人工成本和製造費用三部分。自從標準成本制度建立後，海瑞遜 (Harrison) 和麥克亨利 (McHenry) 提出了差異分析法，將實際費用支出數與標準成本或預算相比較，找出差異之處，以改善各單位的績效。

 *1.2.2* 管理會計的定義

成本管理會計史雖然源自於十八世紀，但是在前三世紀中，未曾有人對管理會計給予明確的定義，直到二十世紀的中期，**管理會計** (management accounting) 的名詞與定義才由會計權威團體正式予以訂定。

首先，美國會計學會在 1958 年組成管理會計委員會，該委員會的主要任務之一，是依管理會計的重要性和使用性，給予明確的定義。委員會將管理會計定義為：「管理會計是運用適當的方法和觀念，處理一個實體之歷史性和預測性的經濟資料，來協助管理階層建立合理、經濟的目標計畫，進而協助管理階層作各種理性的管理決策，以達到既定經濟目標。」

由上述的定義看來，管理會計報告的主要使用者是組織內部管理階層，因其運用各種必要的方法和觀念，作有效地營運規劃，並在多種方案中選擇最好的方案，同時藉著績效的評估以達到控制目的。美國會計學會於 1966 年出版的《基本會計理論聲明書》(*A Statement of Basic Accounting Theory*) 中，採用 1958 年管理會計委員會的定義，並且在聲明書中詳細的解說該定義的內容。

美國會計人員學會 (National Association of Accountants, NAA) 於 1981 年發布管理會計公報第 1 號 (Definition of Management Accounting)，將「管理會計」定義如下：「管理會計是一個辨識、衡量、累積、分析、準備、說明和溝通的營運活動之財務資訊，以確保有效地運用組織的資源。管理會計工作也可應用於非管理階層團體，例如股東、債權人、證券管理單位和稅捐機關，用以編製財務報告。」

美國會計人員學會之定義，將管理會計視為一種規劃和控制營運活動的過程，並且把過程中的步驟解釋得很清楚，促使管理階層運用會計資訊，使有限的資源發揮最大的效益。NAA 與 AAA 定義的主要不同點，在於 NAA 之定義偏重於財務資訊的應用，對未來的情況沒有預測其發展。綜合二個定義來看，AAA 之定義把管理會計的範圍訂得較為廣泛；NAA 定義則把管理會計的過程解說得較為詳細。

1.2.3 成本與管理會計資訊的特性

在成本管理會計學上，通常把成本的記錄和累積視為資料；特定管理報告和成本分析視為資訊。例如傳票上各種收入與成本支出資料，經過會計系統的整理與分析，在每期的綜合損益表列出收入與成本的金額。一般而言，成本管理會計資訊對管理者具有價值者，必須有下列特性：

1. **攸關性 (relevance)**

攸關性是會計資訊所具備的一個非常重要的特性，資訊一定要與決策相關，才具有價值。尤其在資訊科技時代，管理者每天接收到大量的資訊，所以會計人員要有能力來判斷何種資訊可作為決策之參考，並且把不相關者予以排除，以免造成管理者有**資訊超載** (information overload) 的負擔。

2. **適時性 (timeliness)**

因為歷史資料不能適用於現在或未來的營運情況，所以管理者需要即時的資料以推測未來的發展。例如，速食店銷售部門經理需要知道每天的銷售額報表，一方面評估前期所投入的媒體廣告費之效果，另一方面作為未來廣告費預算的參考。

3. 正確性 (accuracy)

會計人員應該考慮所有的相關資訊，評估其正確性後，才決定採用何種資訊。即使在時間緊迫的情況下，正確性的確認是不可避免的。

4. 可被了解性 (understandability)

所有的會計資訊必須能被使用者了解，才具有價值。如果資訊使用者不懂得報表所表示的意義，反而以猜測的方式來作決策，可能會造成不良的後果。因此，管理會計資訊要以清楚的方式來表達，以免造成使用者的誤解。

5. 符合成本與效益原則 (cost-effectiveness)

所有成本管理會計資訊的提供，要符合成本與效益原則。也就是從資訊所得的效益，要超過準備該資訊所投入的成本。例如，電腦列出一疊管理報表，卻只提供一個人決策參考使用，以評估例行活動的成果，可能就不符合成本與效益原則。

實務應用　符合決策需求的財務報告

公司的會計人員需要隨時注意管理者決策的需求變化，提供適時和相關的資訊。因此，現代的企業資源規劃系統，至少需要提供下列三種報告：

1. 內部經常性報告：與日常營運的規劃和控制有關之資料。
2. 偶發性報告：非經常性事件發生的報告，主要是隨著管理者作特殊決策所需。
3. 對外的財務報告：係指為提供給投資者、債權人和政府等單位的財務報告資料。

運作企業資源規劃系統的成本管理模組可提供各種不同的資訊，以因應各種需求，所以資料準備與分析工作可說是相當重要。因此，公司的會計人員在設計成本與管理會計模組時，須作全方位的考量，對企業內部作業流程要有一定程度的了解，並且熟悉資訊設備和系統，設計出「一次輸入，多重使用」的資訊系統，才能發揮事半功倍的效果。

1.3 管理會計與財務會計的比較

組織內的會計人員要提供會計資訊報告給管理階層，同時也提供財務報表給外界投資者作投資決策的參考。前者為管理會計的範疇，後者則為財務會計的領域，二者之間有其相似和差異之處，本節先討論相同點，再詳細列出二者不同之處。

1.3.1 相同點

管理會計與財務會計的相同點，主要在於二方面：(1)資料蒐集系統；(2)績效報告功能。二種會計資訊都是來自於相同的原始資料，也就是在一般會計循環系統中，以資料蒐集的部分作為資訊分析的基礎，此系統可稱之為成本會計系統。管理會計、財務會計和成本會計之間的關係如圖 1.6。管理會計與財務會計資訊來自相同的資料庫，可避免資料蒐集成本之重複支出。

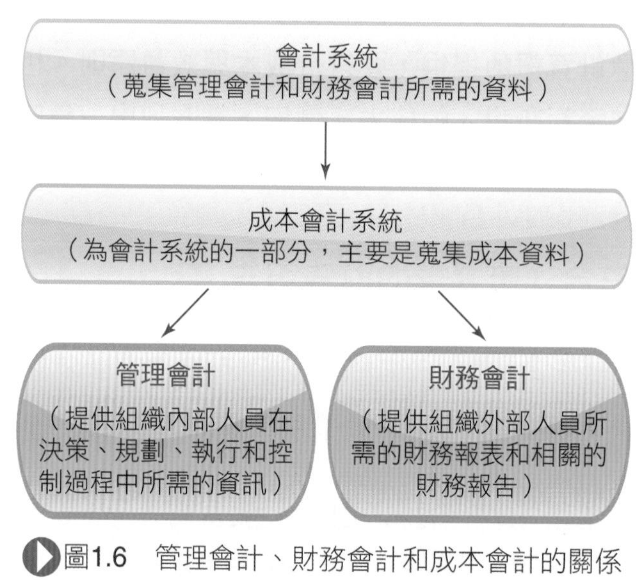

圖1.6 管理會計、財務會計和成本會計的關係

因此，一般公司在設計資料蒐集系統時，都考慮系統的彈性運用，希望能夠彙整各個資訊系統的資料。管理會計和財務會計資訊可提供資訊使用者訊息，使其了解公司的資源運用情況，以及營運目標達成程度。所以這二種會計系統的終極目的，在於提供企業績效報告資訊。

1.3.2 相異點

管理會計與財務會計雖有上述二點相同之處，但仍有九個方面的差異如下：(1)資訊的主要使用者；(2)所著重的時間層面；(3)報告編製準則的適用；(4)資訊揭露方式；(5)所包含的資料範圍；(6)報告個體；(7)報告編製的頻率；(8)資訊可被驗證性；(9)與其他學科的相關程度。表 1.4 列出這九點相異之處。

表1.4　管理會計與財務會計的相異點

		管理會計	財務會計
1.	主要使用者	組織內部人員	組織外部人員
2.	時間層面	未來導向	過去分析
3.	報告編製準則	沒有規定	商業會計法／國際財務報導準則
4.	資訊揭露	非強制性	強制性
5.	資料範圍	財務性和非財務性	財務性
6.	報告個體	單位或整體皆可	組織整體
7.	報告編製頻率	隨需要而定	定期公布
8.	可被驗證性	主觀決定	客觀認定
9.	其他攸關性	較多	較少

1. **主要使用者**

管理者需要很清楚地了解每日的營運狀況，以掌握營運成果。因此，管理階層需要很詳細的相關資訊，以規劃未來目標，指導組織內的人員同心協力達成既定目標，並且隨時衡量各單位績效，以改進缺失之處。然而，一般外界利害關係人包括投資人或債權人，他們只需有財務報表來評估公司獲利能力。投資人藉此資訊來決定出售或再買進公司股票；債權人可經由財務報表分析來決定是否可再借錢給公司。

2. **時間層面**

管理會計所強調的是預測未來；財務會計主要在報導過去所發生的營運成果。在管理會計的應用方面，過去績效的評估可作為未來預測的基礎；除此之外，還要考慮環境的改變，例如經濟的成長和科技的進步，消費者嗜好的改變以及競爭者策略的改變等因素。

3. **報告編製準則**

由於管理會計報告不必遵守一定的編製準則，所以報告型式較財務會計報告有彈性。相對地，為避免報表閱讀者產生誤解，所有公司編製財務報表時，要遵守我國的商業會計法，上市上櫃公司也要遵循**國際財務報導準則** (International Financial Reporting Standards, IFRS)。依金融監督管理委員會（以下簡稱金管會）

公布之「我國企業採用國際會計準則之推動架構」，上市上櫃公司自 2013 年起採用 IFRS 編製財務報表，公開發行公司則自 2015 年起適用。

4. 資訊揭露

對於各種交易行為應採用何種會計處理方法以及資訊揭露方式，管理者可依不同情況和需要，自行作專業判斷。基本上，決策者由報告所得資訊的效益，要超過為準備報告所花費的成本。至於財務報告編製時，對各種交易行為可採用的會計方法，要遵守政府單位的規定，上市上櫃公司還要遵循 IFRS 的規範，所以財務會計人員不能隨個人意願來選擇會計處理方法和資訊揭露方式。

5. 資料範圍

管理者需要財務性資訊外，還需要其他非財務性方面的資訊。以製造業為例，管理者除需要製造費用資料，還要了解一些非財務性資訊，例如原料使用量、產能利用率、產品損壞率、員工離職率、市場占有率、環境保護指標等資料，才有助於了解造成生產成本增減的原因。

6. 報告個體

在規劃、執行、控制的過程中，管理者需要有攸關性高且十分詳細的內部資料。因此，管理會計報告的涵蓋範圍很廣，同時內容很詳盡，也就是除了針對全部組織的營運活動作全面性報告外，還可以部門別來分別予以編製報告，由此可了解各個單位的營運成果。財務報告主要是提供投資人和債權人有關公司的營運成果，其報告以公司整體為主，因為投資人和債權人的興趣著重於全面績效，對公司內各單位的個別績效情形較不瞭解。

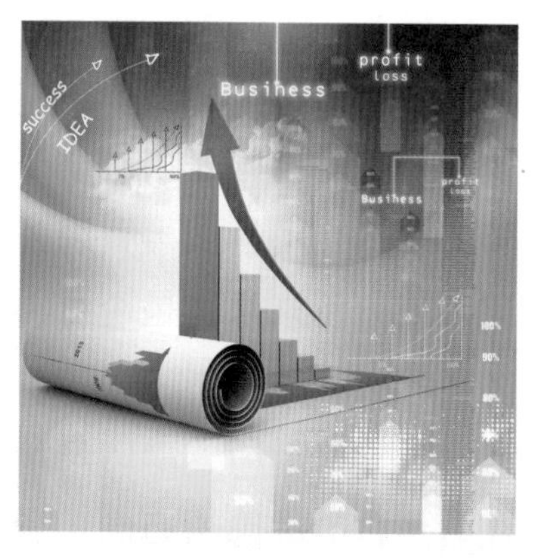

7. 報告編製頻率

在競爭激烈的時代，管理者需要隨時掌握所發生的商情資訊，並擬定不同的策略，使公司有足夠的能力在國際市場上競爭。因此，管理階層隨時需要各種不同的管理會計報告，以作為日常決策的參考。尤其在科技發達的時代，管理者可即時得到相關的資訊。會計人員需定期編製綜合損益表、資產負債表和現金流量表等主要報表並予以公布，使外界投資人和債權人了解公司每個期間的營運成果。

8. **可被驗證性**

管理會計資訊的可被驗證性，比財務會計資訊為低。財務報表是衡量過去的交易行為，依據國際財務報導準則或一般公認會計原則來編製報表，所以報表上的資訊有較高的精確度和客觀性。管理會計資訊常被管理者用來規劃組織未來的目標，所以含有預測性和估計性的資料。因此，管理會計資訊會因不確定性因素的存在和管理者的主觀判斷，使其精確度較以歷史資料為主的財務會計資訊為低。

9. **其他攸關性**

管理會計所涵蓋的範圍，除了與財務會計相同的會計系統外，還與其他學科有關聯，以便運用各種不同的理論與方法，來蒐集、整理和分析有關組織營運活動的資料。這些學科包括經濟學、財務管理學、管理學、數學、統計學、作業研究、組織行為學、行銷學等。

1.4 經營環境的變遷

企業管理者需要充分了解經營環境的變遷 ， 因為每天所面臨的決策環境影響管理者會計資訊需求；尤其在科技進步的時代，管理者愈需要掌握因應環境變化的即時資訊。

1.4.1 國際財務報導準則的導入

為加強國內企業及國際企業間財務報告之比較性，提升我國資本市場之國際競爭力，並吸引外資投資國內資本市場，同時降低國內企業赴海外籌資之成本，我國採用國際財務報導準則；促使財務報導揭露影響企業的利害關係人，包括投資人（如股東）、金融機構、競爭對手、顧客、往來廠商等，所以不可忽視採用 IFRS 後所帶來的影響，有關 IFRS 的影響對象如圖 1.7 所示。

隨著全球逐漸採用單一財務報導準則，國內公開發行公司之主管機關——金融監督管理委員會，於 2009 年 5 月 14 日提出我國採用國際財務報導準則推動藍圖 (IFRS roadmap)；並規定自 2013 年起，國內上市上櫃公司採用 IFRS。

採用 IFRS 會對公司會計制度及資訊系統、會計師查核簽證、政府機關監理、投資人使用及分析財務報告產生影響。政府主管機關、會計師事務所、企業界等皆積極投入 IFRS 之導入及轉換工作。相較於亞洲其他國家，我國政府提供了更多的資源，指導企業如何導入 IFRS，除了於網站上設立 IFRS 專區，並持續的舉辦宣導會等。

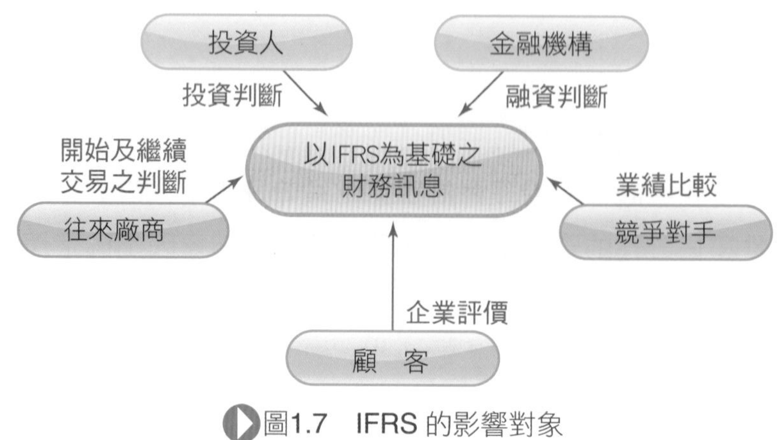

圖1.7　IFRS 的影響對象

IFRS 係屬**原則基礎** (principle-based) 之會計準則，著重於觀念架構，沒有太多細部規定，企業需提出較多的經濟實質分析及專業判斷對交易進行會計處理，而非僅單純之會計部門帳務處理，並宜將專業判斷過程書面化。再者，企業財務報表必須輔以相關資訊作充分揭露，以使報表使用者了解整體交易之經濟實質。

企業進行 IFRS 之轉換工作，除涉及會計制度，更涉及資訊系統、內部作業流程、員工職務內容、營運管理模式，甚至牽涉財務調度及籌資計畫等方面。所以企業更應落實內部控制制度，確保相關資訊完整匯集以供會計判斷及財務報導之決策，確保產生正確的財務報告。其中，強化企業內部的自我監督機制，以加快企業成功轉換 IFRS 之時程。亦即，企業應將 IFRS 相關轉換工作納入內部控制作業，並適時調整內部稽核作業流程，檢視在轉換 IFRS 各階段的執行情形，達成主管機關推動「2013 年如期產製 IFRS 財務報告」的目標。

實務應用　財務長面對 IFRS 時代的挑戰

在 IFRS 時代，財務長必須開始學習在企業經營決策的第一線扮演重要角色，而非只是提供財務資料。財務長除專精財務會計，也必須要能掌控公司各部門、各層級詳細營運情況，蒐集並分析攸關資訊來提供公司經營者進行決策。

 *1.4.2*　全面品質管理

企業要根本改善產品品質，員工的職前和在職訓練非常重要，因為預防勝於治療。有計畫地培養員工專業知識與技術，一方面有助於員工操作技術的提升，另一方面則加強了員工對公司的向心力。**全面品質管理** (Total Quality Management, TQM) 即是創造組織人員全面參與持續改進程序之規劃與執行的一種結構化方法。

全面品質管理是一項持續性執行的工作，要能隨時注意品質的穩定性，也要把顧客抱怨的意見納入考量。針對不同的問題，要研擬適度的矯正措施，有效地執行各種計畫，並且需要定期檢查矯正措施的執行成果。至於教育訓練的內容，除了為矯正現有問題的部分外，還可以增加一些新知識，使生產線上的作業人員對產品品質可達到自我點檢的目標。

全面品質管理強調管理者應注意內部產品或服務的產生過程，以及和外部顧客之間售後處理的關係，所以全面品質管理要求公司辨識與了解他們的顧客群。在分析顧客群的過程中，有些公司可能需要停止服務一些對公司不具效益的顧客群。在決定具有附加價值的顧客群之後，公司需要進一步知道他們的需求。雖然不同的人有不同的需求，但服務品質是最重要的。有不少研究結果顯示，大部分的顧客會因公司員工的服務態度不佳而與該公司斷絕生意往來，只有少部分的顧客會因價格或產品品質因素而與該公司停止交易。

全面品質管理實施的結果，使成本的結構改變，最終的效益為降低成本，同時藉由消除無附加價值活動和改善生產過程的效率，促使生產力增加。成本下降意味著公司的獲利空間變大，而且顧客可以相同價格或更低價格購買到更高品質的產品，公司實施全面品質管理的品質效益循環如圖 1.8 所示。

由圖 1.8 可推論出公司提高產品或服務品質後所產生的各項良性循環，藉著有效率的生產方式促使成本下降、生產力提高，連帶使得產品的單位售價降低，增加公司在市場上的競爭能力，擴大了市場占有率以及提高生產利潤。公司將所賺得的利潤再投入新產品的開發與員工訓練中，使產品品質不斷提升，再進入另一個良性的效益循環。如此不斷延續下去，自然使得公司能因為實施全面品質管理，而帶來了許多有形與無形的效益，這也是越來越多公司採用全面品質管理的原因。

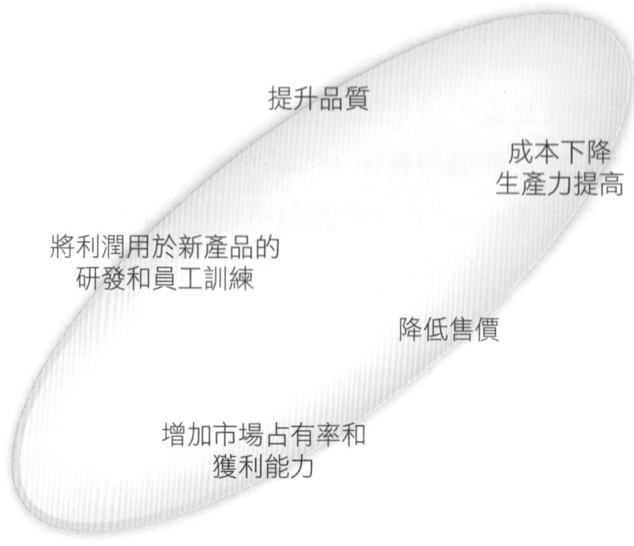

圖1.8 品質效益循環

實務應用 全面品質管理

品質改善的第一步，就是把問題凸顯出來；除此之外，亦須有矯正措施，來控制現有的缺失。在採用矯正措施以前，需要先分析錯誤的原因，再判斷是人為或非人為因素所造成。

若是非人為因素，可進一步討論是否為機器老舊或是製造方法不良，以便未來改善硬體或變更製程；如果是人為因素造成，則有必要研究如何減少既有錯誤再發生，採取必要的矯正措施。我國自 1980 年代末期設立「國家品質獎」，獎勵推行全面品質管理具有卓越績效的企業及個人，鼓勵得獎者之外，也使其成為標準學習的對象。

限制理論 (Theory Of Constraints, TOC) 係指發現企業的績效會受到內外部限制的影響之事實，進而發展出特殊的方法來管理這些限制，以期達到持續改善的目標。根據限制理論的觀點，企業如欲改善績效，則必須找出其所面臨的內外部限制，短期內改善這些限制，進而長遠地克服這些限制。

限制理論強調組織績效有三項衡量指標：總處理能力、存貨周轉率與營運費用。總處理能力係指組織藉由營運活動來賺取金錢的速度。總處理能力就是銷貨收入與單位水準的變動成本（例如，原料與電力等）之間的差額；直接人工一般都被視為固定單位水準費用，因此通常不屬於總處理能力定義的範圍。存貨周轉率是企業存貨在一段期間的周轉次數。營運費用則定義為企業花費在將存貨轉換為銷售狀況的所有支出。根據前述三項指標，管理階層的目標可以定義為提高總處理能力、降低存貨量以及減少營運費用。

企業如能提高總處理能力、降低存貨量、減少營運費用，則淨利率和投資報酬率會提高，而且現金流量能夠獲得改善。提高總處理能力與減少營運費用，經常被視為改善前述三項績效的財務指標之重要因素，以往企業界往往比較重視總處理能力和營運費用，較為忽略降低存貨周轉率對於改善績效的影響。

與傳統觀點比較起來，限制理論和及時存貨制度都賦予存貨管理更重要的角色。限制理論發現降低存貨量可以減少持有成本，進而減少營運費用、改善淨利；限制理論也認為降低存貨量能夠生產更好的產品、降低成本，更快速地回應顧客的需求，有助於企業創造競爭優勢。

TQM 所追求的目標是全面提高品質水準和客戶滿意，企業需要花很長的時間和很高的成本之後，才可能看到一些成效；但即使達到了目標，也無法確保企業的經營從此就可獲利以及永續經營。為解決 TQM 所面臨的問題，TOC 則提供了另一套管理哲學和原則。當結合 TOC 和 TQM 二者之後，可以增強彼此的優點，而提高經營成功機會。

實務應用　生產量受限於機器產能

每一臺機器的最大產能，每年為每天運轉 24 小時，且 365 天全年無休。因此，每一條生產線的最大生產量，可用全部機器運轉時間總數除以製造每一種產品製程所需時間，即可得到每臺機器的製造數量限制。然而，實務上不可能全年無休的狀態，至少要有機器的基本保養和維修時間，避免造成無法預期的當機情況發生。

1.4.3 電子商務與雲端運算

電子商務 (e-commerce) 交易是一種即時、全球性的交易方式，交易速度很快且可發生在任何時間與地點。無論是一般人或是公司行號，均可從網路上透過訂購系統訂貨，待訊息確認後即輸入信用卡號碼以完成付款手續，再透過物流體系將產品送至買方手中，即完成此次交易。

一套完整的電子交易系統所需包括的主要功能，大致上可分為交易面和非交易面兩種。交易面部分涵蓋的範圍很廣，從電子網路行銷開始以吸引買方上門，然後買方將所要購買的物品圈選下來，待所需物品皆放入購物車後，即確認訂單上所有資訊的正確性，此時買方完成必要的程序。接著賣方要將訂單上訊息傳送到接單系統，規劃完成訂單所需的各項配合項目，即準備貨品再安排物流配送系統，使得買方能在約定期間內收到貨品，賣方才算履行應盡的義務。此外，可提供買方訂單處理查詢系統，使買方隨時可了解所訂貨品目前的處理狀況，也有助於存貨庫存管理。

導入電子商務的效益，主要是藉著營運成本降低和流程效率提高的綜效，來提升企業整體利潤，如同亞馬遜 (Amazon) 和阿里巴巴採用網路經營策略以爭取商機。在網路新世紀，會突破傳統大企業吃小企業的局面，取而代之是快企業戰勝慢企業的情景。換句話說，企業能運用資訊科技來掌握即時市場訊息，快速回應買方需求，提供客製化的產品或服務，自然會擁有一定的市場占有率。由於經營訊息資料庫大數據 (big data) 的建立，經營者很容易了解買方需求，落實市場導向的經營模式，讓資源分配可著重於生產替公司帶來較高價值的產品。

網際網路的發達和關連性資料庫的建立，促使跨地區經營或員工人數百人以上的公司，紛紛導入**企業資源規劃** (Enterprise Resource Planning, ERP) 系統。希望藉 ERP 系統整合企業內各部門的資訊，讓管理階層能適時取得決策所需的訊息。

產業發展趨勢將走向全球化、客製化、數位化及速度化，企業不能以傳統產業社會的想法與作法，因應網路世界的遊戲規則。相對地，更要重視自己的核心能力、組織學習與彈性，並將企業營運嵌入價值鏈中的重要環節內，以作好網路管理與知識管理的工作，才能提升企業整體競爭力。**價值鏈** (value chain) 係指組織內會增加產品或勞務之有用性的一連串職能，藉著各階段增加產品價值後，客戶就願意付出較高價格購買。價值鏈包括六個職能：(1)研究發展、(2)產品、勞務或程序之設計、(3)製造、(4)行銷、(5)配送、(6)顧客服務。

透過網際網路和企業內網路進行公司營運知識管理，並以最快速度、最佳效能和優質服務為顧客創造價值，以達到企業整體競爭力的提升。知識管理所涵蓋的範圍是由需求鏈、供應鏈與支援鏈所構成的價值鏈。需求鏈著重於顧客的訂購、收帳、銷售、服務和不同關係管理；供應鏈則著重於供應商體系的建構、管理、強化，及訂單後的產銷、流通、配送等的自動化運作；支援鏈則包括標準與政策訂定、科技與人才培育、商業和環保法令及資訊與通訊基礎建設等。在這一支援鏈的基礎上，業界競爭的重點，在於將衛星工廠到顧客的價值鏈簡化為最短、最快、最經濟的模式。

近年來，**雲端運算** (cloud computing) 概念興起，代表的是利用網路使電腦能夠彼此合作，或使服務更無遠弗屆。所謂雲端其實就是泛指網路，名稱來自工程師在繪製示意圖時，常以一朵雲來代表網路。因此，雲端運算指的就是網路運算。舉凡運用網路溝通多臺電腦的運算工作，或是透過網路連線取得由遠端主機提供的服務等，都可以算是一種雲端運算。

如今，企業開始接受雲端商務行動化，把業務活動工作內容結合科技工具，運用智慧型手機、行動上網及平板電腦，透過雲端技術平臺進行約會行事曆、客戶資料查詢、行程資料、工作記錄報價單作業、庫存查詢、應收帳款資訊，可幫助企業提升工作效率。

實務應用　電子發票雲端服務

財政部近年來大力推廣電子發票，設立手機條碼行動申辦中心；民眾只要提供 1 組手機號碼及電子郵件信箱，即可申請有專屬的手機條碼，消費即可向店家索取電子發票。電子發票好保存、好兌獎；如果買到問題產品，不到一天就查得清清楚楚，透過電腦還可自動兌獎。財政部在 2018 年初，新增境外電商導入電子發票資訊專區，提供「電子發票資料交換標準訊息建置指引」及「電子發票整合服務平台 Turnkey 使用說明書」英文版。

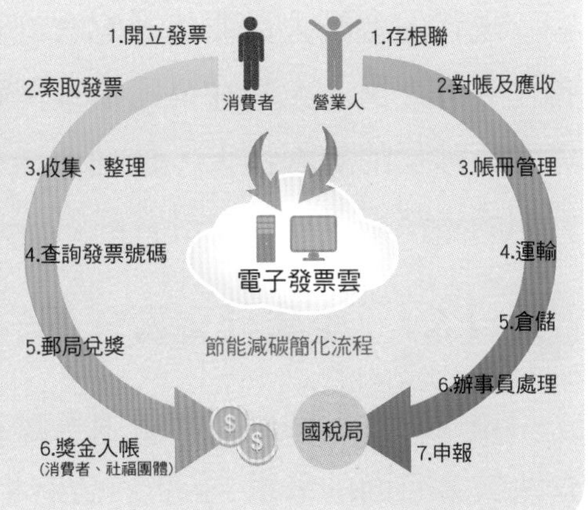

實務應用 善用電子商務提高門市銷量

時尚服裝業巨頭 Zara 公司的網路平台策略，就是鼓勵消費者在網上電子下單，通路實體取貨。為了提升網路購貨的效率，Zara 推出機器人加入工作行列，讓整個過程全面自動化。

電子商務對實體店面的衝擊是不爭的事實，Zara 的衣服零售業務因採用正確的策略，而有亮眼業績。該公司最值得稱道的，就是將線上電子商務平台與線下零售實體結合，讓消費者在線上下單，到門市取貨。藉此，Zara 有效地將數千家衣服零售店，轉變成便捷的電子商務領貨門市，這策略吸引線上購物的消費者進入零售門市，增加實體店面的來客數。為了加速線上下單、門市取貨體系的效率，Zara 在 2018 年初宣布使用機器人來進行訂單處理和配送服務。

1.5 會計資訊的新功能

會計制度要能顧及經營管理者日常決策所需的會計資訊，應包括績效考核、內部控制及資訊系統等要件，才能成為即時決策資訊的參考依據。因此會計制度更新時，要與公司高階主管溝通意見，了解其在規劃、執行、控制營運活動的過程中，需要哪些會計資訊來做為決策參考。如此讓公司經營者能適時掌握營運狀況，即時處理各種問題，有助於企業整體績效的提升。所以會計制度內要明定一些管理性報表的處理程序，如此才能顧及公司外部與內部財務報表使用者的需求。

現代的會計人員要能了解會計資訊的意義，知道需準備哪些資訊是提供給管理者作參考之用。尤其在公司治理與資訊透明逐漸受各國資本市場重視的時代，會計專業所涉及的範圍擴大，包括企業社會責任、內部控制等領域，非財務資訊與財務資訊兩者都很重要，會計資訊對管理者決策品質的影響力逐漸提高。

1.5.1 企業社會責任報告書

現代的會計制度設計必須考慮多種層面，要同時顧及政府機關、資本市場、經營決策多方面的需求。因此，政府相關法規、產業特性、公司經營特色等種種資訊，自然成為編製會計資訊所需參考的資料。

企業應該主動向外界揭露正確且完整的財務性與非財務性資訊，讓利害關係人有足夠資訊，來評估企業的誠信道德與經營績效。所以公司定期公布企業社會責任 (Corporate Social Responsibility, CSR) 報告書，內容須涵蓋經濟、環境、社會三個層面的指標與訊息，希望公司據以制定相關政策與因應措施，再將誠信道德與經營績效完整呈現給利害關係人。藉此，讓外界可以檢驗企業是否善盡社會責任。

有關 CSR 報告書編製指引，世界多數國家主要參考全球報告倡議組織 (GRI) 所發佈《永續發展報告指南》，最新版本為 GRI 4 於 2013 年 5 月發布；前一版本 GRI 3，可以延用到 2015 年 12 月 31 日。GRI 4 要求企業對實質性資訊揭露外，同時要求企業對每項實質性的管理方針進行揭露。由於 GRI 4 要求企業對實質性資訊揭露，使得 CSR 報告書所揭露的訊息，逐漸變成企業社會責任要實踐後，相關重要資訊逐項揭露。如此，對公司年報編製和會計師查核等方面，都會有顯著的影響。

實務應用　第一金控的企業社會責任報告書

第一金控長期以來關注經濟、社會和環境的脈動，履行企業社會責任，獲得各界的支持與認同，2012 年企業社會責任報告書獲得「英國標準協會」(The British Standards Institution，以下簡稱 BSI) 專業驗證，第一金控接續出版 2013 年企業社會責任報告書，全數揭露「全球永續性報告第三代綱領 (GRI G3.1)」各項指標，遂由 B+ 等級提升為 A+ 等級，並獲得 BSI 專業驗證，已然成為國內公股金融機構履行企業社會責任之領頭羊。BSI 出具予第一金控之「獨立保證意見聲明書」(Independent Verification Statement) 指出，第一金控企業社會責任報告書已反映出對利害關係人之承諾，且對於達成有責任且具策略性的永續性回應仍持續進行。此外，報告中已公正地報告與揭露經濟、社會和環境的訊息，足以支持適當的計畫與目標設定。

1.5.2 內部控制聲明書

依據金管會「公開發行公司建立內部控制制度處理準則」第 24 條規定，公開發行公司每年自行評估內部控制制度後，聲明內部控制制度設計及執行均有效，遵循法令部分採全部法令均聲明；其內容重點為本公司確知建立、實施和維護內部控制制度係公司董事會及經理人之責任，本公司業已建立此一制度。內部控制 (internal control) 目的係在對營運之效果及效率（含獲利、績效及保障資產安全等）、報導之可靠性及相關法令之遵循等目標的達成，提供合理的確認。內部控制聲明書業經公司董事會通過，並且要求董事長和總經理簽名，金融業還要求總稽核和法令遵循主管一併簽名，表示公司合理確保達成內部控制三大目標。

於 2014 年 9 月 22 日所發布「公開發行公司建立內部控制制度處理準則」，參考 2013 COSO「內部控制整合架構」報告，普遍適用於世界 130 多個國家，其實用性廣受各界認同；該版包含「三大目標、五大要素、十七項原則」，並且每個原則有關注點、方法及參考範例，適合用來作為內部控制評估工具之參考。

有關 COSO 的由來，美國「反對虛假財務報告委員會」(National Commission on Fraudulent Reporting)，所屬的內部控制專門研究委員會發起機構委員會（Committee of Sponsoring Organizations of the Treadway Commission，COSO 委員會)，在 1992 年進行專門研究後提出專題報告：《內部控制——整合架構》(*Internal Control—Integrated Framework*)，稱為 1992 COSO 報告。根據 COSO 委員會《內部控制——整合架構》報告的定義，內部控制是受公司董事會、管理階層和其他人員影響，為達到營運活動的效率與效果、報導的可靠性、遵循相關法律規定等三大目標，提供合理確認的過程。依據 2013 COSO 內部控制整合架構，內部控制的三大目標為營運、報導、遵循，還有五大要素和十七個原則。

內部控制構成要素應該連接管理階層經營方式，並與管理的過程相結合，五大要素說明如下：

1. 控制環境 (control environment)

任何企業的核心是企業的人及其活動。人的活動在環境中進行，人的品性包括操守、價值觀和能力等，是構成環境的重要要素之一，又與環境相互影響與相互作用。控制環境要素是推動企業發展內部控制的引擎，也是其他要素的核心。

2. 風險評估 (risk assessment)

企業制定目標，該目標必須和銷售、生產、行銷、財務等作業相結合，再闡述風險為達不到目標的可能性。為此，企業也必須設立可辨認、分析和管理相關風險的機制，以了解自身所面臨的風險，並適時作好風險管理。

3. **控制作業 (control activity)**

企業必須制定控制的政策及程序，並予以執行，以幫助管理階層「為合理確保其內部控制目標的實現，和用以辨認和處理風險所必須採取的行動業已有效落實」。

4. **資訊與溝通 (information and communication)**

圍繞在控制作業周圍的是資訊與溝通系統，這些系統使企業內部的員工能取得他們在執行、管理和控制企業經營過程中所需的資訊，並溝通這些資訊給適當的對象。

5. **監督作業 (monitoring activity)**

整個內部控制的過程，必須施以適當的監督作業；在必要時，透過監督作業，對偏差加以修正。

本章彙總

任何組織型態皆會因應經營環境而改變，為有效達成整體目標。每個整體和個別單位皆有其短、中、長期目標，管理者需要各種不同的資訊，來從事規劃、執行與控制營運活動的工作，以確保達成既定的目標。為因應經營決策的需求，成本與管理會計的範疇逐漸擴大，用以提供管理者與決策者所需攸關資訊。

成本與管理會計和財務會計在資料蒐集過程和終極目的方面很類似，皆由會計資訊系統中得到各種資料，經過各種的整理與分析，提供報表使用者評估各單位經營所需的資訊。除此之外，管理會計與財務會計有幾點差異之處，主要原因為報表使用者的決策資訊需求不同。

為求取長期的生存與成長，公司多致力於提高產品品質和降低製造成本，以滿足消費者需求和獲取合理的利潤。隨著資訊科技的進步，企業投入不少資金於電子化設備，來強化與供應商和顧客的互動，因此經營方式要顧及網路和實體的交易模式。尤其在電子商務經營環境下，傳統會計資訊系統已無法提供管理者即時、足夠的資訊來從事營運的規劃、執行與控制工作，以合理確保達成內部控制的目標。現在的會計資訊系統要能產出財務性與非財務性資訊，包括編製企業社會責任報告書與內部控制聲明書等所需的訊息，才能提供有助於經營決策的會計資訊。

關鍵詞

分權化 (decentralization)
組織圖 (organization chart)
直線單位 (line unit)
幕僚單位 (staff unit)
會計長 (controller)
財務長 (treasurer)
目標 (objectives)
策略性規劃 (strategic planning)
管理程序 (management process)
內部會計系統 (internal accounting system)
決策 (decision making)
規劃 (planning)
執行 (operating)
控制 (controlling)
績效評估 (performance evaluation)
回饋 (feedback)
借貸分錄系統 (double entry system)
主要成本 (prime cost)
管理會計 (management accounting)
資訊超載 (information overload)
國際財務報導準則 (International Financial Reporting Standards, IFRS)
原則基礎 (principle-based)
全面品質管理 (Total Quality Management, TQM)
限制理論 (Theory of Constraints, TOC)
電子商務 (e-commerce)
企業資源規劃 (Enterprise Resource Planning, ERP)

雲端運算 (cloud computing)
企業社會責任 (corporate social responsibility) 報告書
內部控制 (internal control) 聲明書
COSO 五大要素
控制環境 (control environment)
風險評估 (risk assessment)
控制作業 (control activity)
資訊與溝通 (information and communication)
監督作業 (monitoring activity)

作　業

一、選擇題

( ) 1. 在組織圖上，下列何者係屬幕僚單位人員？ (A)會計長 (B)廠長 (C)業務經理 (D)作業員。

( ) 2. 下列有關集權與分權組織的敘述，何者不正確？ (A)由部門經理傳遞資訊需花費時間，導致集權化決策較易時效落後 (B)在分權化的組織內，部門經理通常只重視自己部門的績效 (C)集權與分權的組織，均可實施責任會計制度 (D)在集權化的組織下，收集資訊成本可能提高。 【101 年身特】

( ) 3. 分權管理制度最主要的精神為何？ (A)公司的營運部門分布的地區很廣 (B)公司的營運跨多個國家 (C)公司的重要決策需由下屬 (sub-unit) 部門落實 (D)公司的重要決策需由下屬部門主管擬訂。 【104 年會計師】

( ) 4. 有關成本管理會計資訊的特性，不包括下列哪一項？ (A)攸關性 (B)適時性 (C)推測性 (D)符合成本與效益原則。

( ) 5. 有關現代成本會計系統的特點，下列何者不正確？ (A)提供策略規劃有關的資訊 (B)用來決定製程、計畫或產品單位成本 (C)單純的成本計算 (D)提供適時且與決策有關的資訊。 【101 年身特】

( ) 6. 管理會計係屬下列哪一項？ (A)包括組織的財務性歷史資料 (B)要遵守一般公認會計原則 (C)主要任務是提供組織內管理者各種與決策相關的資訊 (D)以歷史資料分析為主。

( ) 7. 關於策略性管理會計，下列敘述何者不正確？ (A)協助企業辨認競爭優勢的關鍵因素 (B)將競爭者也列入比較分析之範圍 (C)強調與企業策略結合 (D)僅考量企業內部資訊。 【101 年身特】

( ) 8. 下列哪一項是國際財務報導準則所採用的基礎？ (A)借貸法則 (B)原則 (C)清楚 (D)規則。

(　) 9. 主要的財務報表不包括下列哪一項？ (A)綜合損益表 (B)資產負債表 (C)現金流量表 (D)現金預算表。

(　) 10. 會計資訊系統之設計應能提供有用的資訊，有用的資訊係指哪一項？ (A)質化勝於量化 (B)有獨特性，即無法從其他來源取得 (C)量化勝於質化 (D)具攸關性及時效性。
【99 年普考】

二、練習題

E1–1　試指出下列各項決策為長期性或短期性，並加以說明。

1. 工廠經理正在評估購買一部高效率的新機器設備方案。
2. 公司正在評估新工廠擴建後的獲利情形。
3. 行銷經理試圖決定將哪些產品列在公司的促銷廣告活動中。
4. 工廠經理正在決定雇用一組保養人員或將保養工作委託外面的服務公司。
5. 面對公司的現金餘額急劇下降，董事會正在評估是否要發放本季的現金股利。
6. 公司在中西部工廠所生產的產品，其市場需要量急劇下降。總經理正在評估該工廠是否應關閉或者應生產新產品。
7. 公司的高階主管正在決定該公司研究發展計畫的範圍和預算。
8. 一家零售店正在考慮調低某些商品的價格，以增加其競爭能力。

E1–2　以下是 2018 年 12 月 31 日華得公司調整後的試算表。

華得公司
調整後試算表
2018 年 12 月 31 日

	借	貸
現　金	$ 2,400	
用品盤存	64	
生財設備	9,600	
累積折舊—生財設備		$ 2,640
預付保險費	150	
應付水電費		166
應付薪資		440
華得資本		10,864
華得往來	21,000	
服務收入		64,000
廣告費	1,660	
折舊費用—生財設備	860	
所得稅費用	4,776	
保險費	200	
雜項費用	130	
租金費用	13,000	
薪資費用	22,000	
用品費用	290	
水電及電話費	1,980	
合　計	$78,110	$78,110

試編製 2018 年度華得公司綜合損益表。

E1–3 以下是大安公司 2018 年 12 月 31 日調整後試算表。

大安公司
調整後試算表
2018 年 12 月 31 日

	借	貸
現　金	$ 46,800	
應收帳款	208,000	
商品存貨*	184,000	
店面設備	1,268,000	
累積折舊—店面設備		$ 792,000
應付帳款		86,000
應付債券		276,000
普通股股本（$10 面額）		240,000
保留盈餘		136,600
銷貨收入		2,642,000
管理費用	222,000	
運輸費用	264,000	
所得稅費用	63,400	
利息費用	22,400	
購　貨	1,202,000	
銷售費用	692,000	
合　計	$4,172,600	$4,172,600

* 此存貨帳戶代表 2017 年 12 月 31 日餘額，而 2018 年 12 月 31 日實地盤點存貨餘額為 $194,000。

試編製 2018 年度大安公司綜合損益表。

E1–4 請說明下列各項係屬內部控制的那一項要素？

1. 評估企業可能達不到既定目標的可能性。
2. 企業要落實內部控制，必須制定相關的政策和程序。
3. 內部控制五大要素的核心項目。
4. 圍繞在控制作業的訊息和傳達。
5. 為確保其他要素的正常運作，必須要有的控管機制。

Memo

2 成本的分類與計算

學習目標

1. 分析成本分類方式
2. 敘述生產作業流程
3. 說明主要成本的計算
4. 編製綜合損益表
5. 闡述其他成本的決策考量

智能機器人效率高

台達公司垂直多關節機器人 (DRV) 系列榮獲 2018 年 iF 產品設計大獎 (iF Design Award 2018)，是智能製造力與美的代表作。此機器人由台達自主研發設計，結合智慧功能吸睛外型，頗獲業界好評。

台達電子致力研發具良好品質及成本效益的產品，再輔以自動化服務，來協助合作夥伴提高產品使用品質及降低成本；特別注重產品是否能即時上市，並建立與消費者的信賴關係。台達電子會隨時注意最新的科技發展與技術應用，並重視產學合作關係以強化研發能力，使其產品更能符合時代潮流的需求。

在「智造」時代，台達應用機器人在生產線進行鎖螺絲、上下料、檢測等製程，再搭自動檢測系統，進行製造和品質管控。因此，台達的製造效率、成本控制和品質控管等功能才有顯著的提升。

台達電子工業股份有限公司 http://www.deltaww.com

引 言

introduction

物美價廉是顧客購買商品的重要考量，消費者會同時重視價格和品質，善用資訊來貨比三家。企業營運通常涉及經營活動的規劃、執行、控制及決策等過程，有賴於會計人員提供相關的財務與非財務資訊，以分析組織內所發生的經營績效。任何產品或勞務的提供，都會耗用原料、人工及製造費用等資源，所以衡量產品或勞務的價值時，必須先計算單位成本，再決定適當的價格，對銷售績效才有正面影響。

為做好成本管理，各個單位所需要的成本資訊不相同，所以管理階層有必要先了解各項成本的意義，才能有效應用於營運決策。在不同的經營環境下，決策者所需的成本資訊也不同，所以會計人員需了解不同的決策者需求，以提供不同的攸關資訊。本章的重點在說明各項成本的意義，讓讀者對成本有正確的認識，有助於編製各種行業的財務報告，以提升決策資訊品質。

章節架構圖

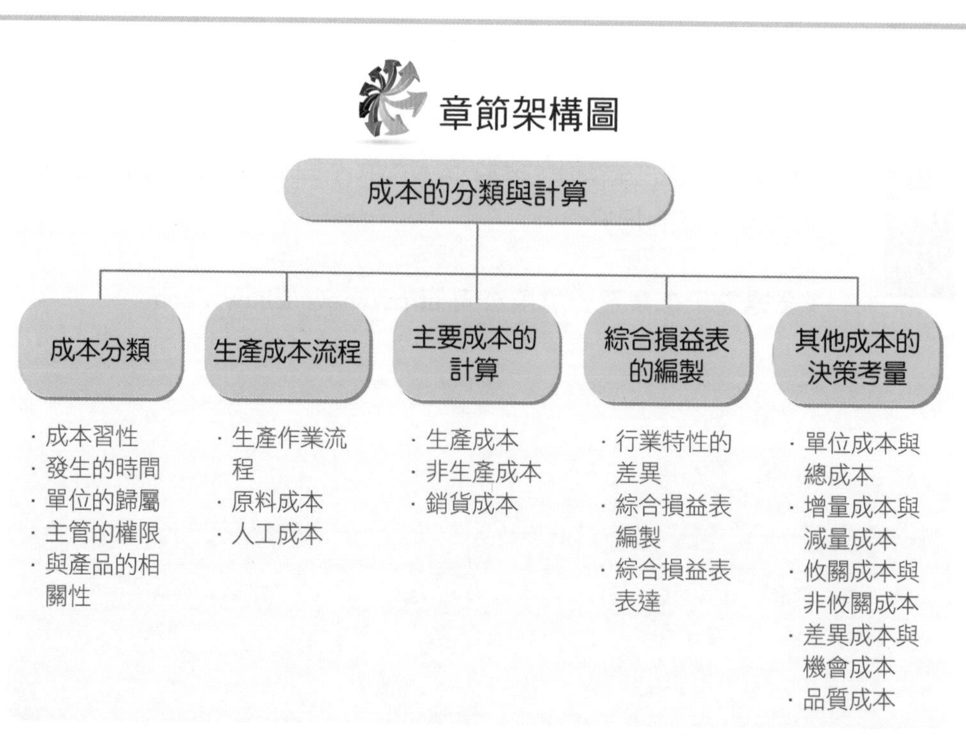

2.1 成本分類

在作成本分類之前，必須先對成本有基本的認識。首先，不宜將**成本** (cost) 與**費用** (expense) 視為同義詞，因為這種觀念不正確。所謂成本係指為達到特定目的（獲取貨品或勞務）所發生經濟資源的付出，其價值可以貨幣來衡量，且可能為資產項目或費用項目。所謂費用係指在營運過程中有相對效益產生的已耗用成本，例如銷貨成本和管銷費用。此外，**損失** (loss) 的定義也在此釐清，損失係指已耗用的成本，而無相對之效益產生者，亦稱為無效益成本，例如意外災害所造成的損失。上述三者的關係可以圖 2.1 表示，其中成本未耗用部分，具有未來經濟效益者，將視為資產並列於資產負債表中。至於成本已耗用部分，且依照對未來經濟效益情形，於綜合損益表中列為費用或損失。

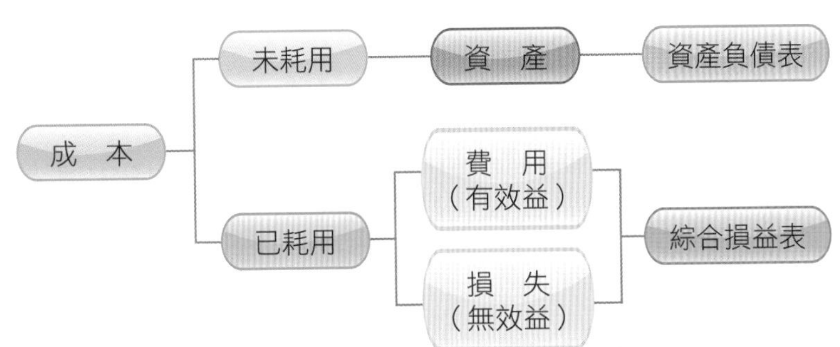

圖2.1　成本、費用與損失間的關係

成本的分類方式，可依據不同的目的或需求而改變，管理者依其需要，來選擇有助於規劃與控制營運活動的分類方式。本節在此介紹五種成本分類的方式：(1)成本習性；(2)發生的時間；(3)單位的歸屬；(4)主管的權限；(5)與產品的相關性。這五種成本分類方式，列示於表 2.1。每一種分類的方式並非完全互斥，且一項成本項目，可同時分別隸屬於幾種不同的成本類型。也就是說，依決策者的需求而定，例如原料成本屬於變動成本，也同時屬於產品成本。

表2.1　成本的分類

分類方式	項　目
成本習性	● 變動成本（總金額是變動的） ● 固定成本（總金額不變） ● 混合成本（部分變動，部分固定）
發生的時間	● 歷史成本（過去） ● 重置成本（現在） ● 預算成本（未來）
單位的歸屬	● 直接成本（可直接歸屬） ● 間接成本（不可直接歸屬）
主管的權限	● 可控制成本（單位主管可控制） ● 不可控制成本（單位主管無法控制）
與產品的相關性	● 期間成本（費用） ● 產品成本（存貨）{直接原料成本、直接人工成本、製造費用}

2.1.1　成本習性

依成本習性來作為分類標準時，成本可分為變動成本、固定成本和混合成本。若將時間範圍拉長，則每一種成本都可視為變動成本，因此要使用成本習性作為分類基礎時，時間的範圍必須確定，同時也應設定作業的範圍。這種所設定的作業範圍稱為**攸關範圍** (relevant range)，亦即某一作業在一定的範圍內，成本與成本動因之間保持一定關係。在攸關範圍內，總成本與作業活動呈線性關係（如圖 2.2），才能明確區分出變動成本和固定成本。

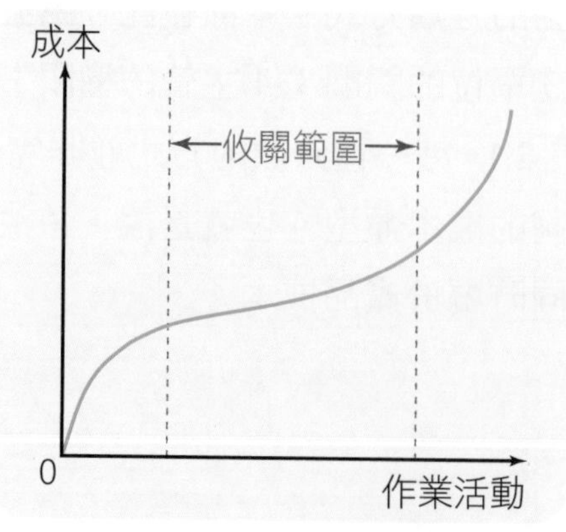

圖2.2　攸關範圍

所謂**變動成本** (variable cost) 係指在攸關範圍內，成本總額會隨著相關總作業 (activities) 數量呈正比例的變動，亦即作業量的減少（增加），會使得總變動成本減少（增加）。例如，直接原料成本就是變動成本，會隨著產品數量的增加而使直接原料的總成本呈正比例增加。作業量的形式可為生產量、銷貨量、原料使用量或工作時數等。

在作業量和成本之間存在一個比例關係，當作業量在一定範圍內，每一單位的變動成本是一定的，總變動成本隨著總作業量的增加呈正比例變動。總變動成本線的斜率，代表每單位的變動成本。圖 2.3 顯示出作業量增加對總變動成本和單位變動成本的影響。在這所考慮的是最單純的情況，即假設數量折扣不存在，則單位成本可能會因數量的增加而減少。

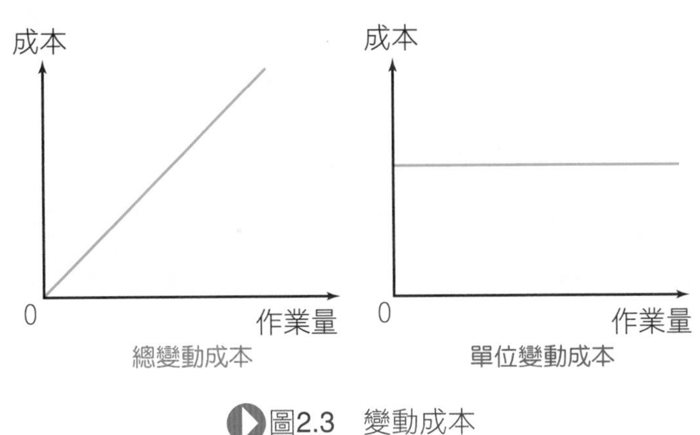

圖2.3　變動成本

固定成本 (fixed cost) 係指在攸關範圍內，當作業水準改變時，成本總額維持不變。固定成本通常以總額來表示，而不像變動成本一般用比率方式表達。例如設備折舊費用是以一個月或一年的期間來計算，而不是以每一產品單位或每一使用小時來表示。

從上述定義可知，總固定成本是不變的，但是每單位的固定成本是變動的。圖 2.4 表示固定成本在總成本和單位成本方面的成本線，總固定成本不會隨著作業量改變，因此呈現線性關係。當公司生產更多產品時，每單位的固定成本會下降；相反地，當公司生產量減少時，每單位的固定成本則會上升。固定成本可為折舊、房租、保險費、廠房主管的薪資等項目。

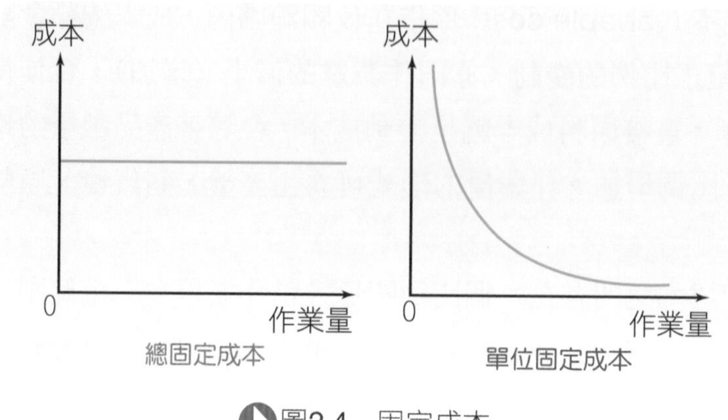

圖2.4 固定成本

由表 2.2 的資料看來，作業量改變對總變動成本、單位變動成本、總固定成本和單位固定成本的影響。當作業量增加時，總變動成本增加，單位固定成本減少；至於單位變動成本和總固定成本，在一定的攸關範圍內，保持一定不變。通常管理者在制定決策時，主要採行總成本而非單位成本為思考重點。

表2.2 作業量與成本的關係

作業量	總變動成本	單位變動成本	總固定成本	單位固定成本
200	$1,000	$5	$6,000	$30
300	1,500	5	6,000	20
400	2,000	5	6,000	15

固定成本的總數在性質上雖然不會隨著數量而改變，但某些固定成本則會隨著管理行為而改變，這就是**酌量性固定成本** (discretionary fixed cost) 或稱裁決性固定成本，有時亦稱為管理性成本 (managed cost)、計畫性成本 (programmed cost)。酌量性固定成本的支出與否係由管理者所決定，所以有二項特質：(1)起源於某一特定用途；(2)投入與產出之間並無明顯的因果關係存在。例如公司可能編列下一年度廣告製作費的支出為 $20,000，但在契約上註明公司可隨時取消該契約，此時管理者保有支出的決定權。如果契約是一份不可取消的顧問契約，且已簽署完成，則產生了**約束性固定成本** (committed fixed cost) 或稱為承諾性固定成本。所謂約束性固定成本，係指管理者在短時間內無控制支出的權力，也就是說這些成本必然會發生。

表 2.3 彙總變動成本和固定成本的成本習性，可加強讀者更了解兩種成本的習性。

表2.3　變動成本和固定成本的習性彙總表

成本習性（在攸關範圍內）		
成　本	總　額	每單位
變動成本	隨著作業量的改變，總變動成本呈正比例的變動。	每單位變動成本保持不變。
固定成本	固定成本總額不受作業量改變的影響，亦即當作業量變動時，固定成本總額保持不變。	當作業量上升時，每單位固定成本減少；當作業量下降時，每單位固定成本增加。

實務應用　控制成本以增加利潤

航空公司可降低成本的方法有下列三種：

1. 飛機餐食材的刪減：透過乘客對於餐點內食材的反應，做出相關應對的菜單。
2. 機上刊物和紙製品的印刷成本控制：例如西南航空公司採納空服員建議，不再為客艙垃圾袋印上公司的商標，而這個舉動大大降低航空公司每年約 30 萬美元的印刷成本。
3. 節省燃油開支：透過取消放置厚重的客艙雜誌、鋪設材質較為輕薄的地毯、以輕便的紙盒盛裝餐點、選擇輕型客艙座椅等方式，來減少運輸重量，以達到減少燃油開支的目標。

參考資料：中國時報 http://www.chinatimes.com/realtimenews/20160103001443-260405

理論上可將成本劃分為變動和固定兩大類，但在實務上，很多成本的習性，既不完全屬於變動成本，又不完全屬於固定成本。此種成本兼具了兩種成本的特性，稱為半變動成本 (semi-variable cost)、半固定成本 (semi-fixed cost) 或**混合成本** (mixed cost)。也就是說即使無產量時，也有一定的支出；當生產量開始時，成本會呈一定比率的增加。在此情況下，總成本的計算方式為總變動成本和總固定成本之總和，請參見圖 2.5。

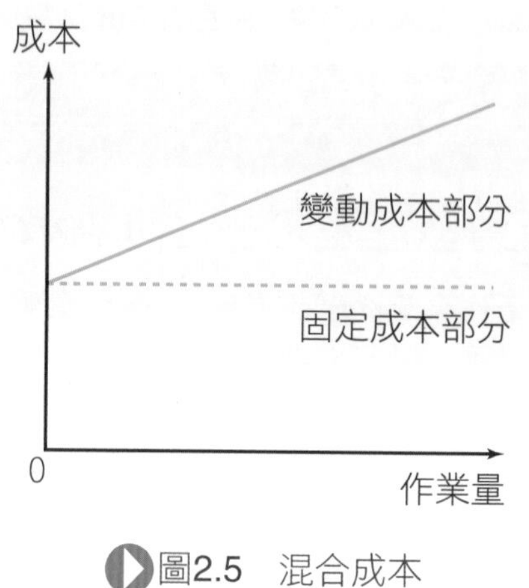

圖2.5 混合成本

實務應用 手機通話費為混合成本

每個月手機通話費的計算方式是基本月租費（固定成本），加上網內通話時間乘以單位費率（變動成本），與網外通話時間乘以單位費率（變動成本）。一般來説，各家電信公司會依通話量的多寡推出不同的資費類型，提供給消費者選擇；消費者可依混合成本的概念，統計出每個月的通話量，再選擇最適合自己的資費類型。

2.1.2 發生的時間

依發生的時間可將成本區分為歷史成本、重置成本及預算成本。歷史成本 (historical cost) 是過去發生的成本，在財務會計最常使用。當制定決策時，歷史成本的參考價值不高，因為未來情況可能有所改變。**重置成本** (replacement cost) 是指購買與既有資產功能相似的資產所需支付的金額，重置成本的資訊可由供應商或市場的報價得知，與資產之原始取得成本可能完全不同。

實務應用 土地價值的改變

工業區一筆土地的歷史成本為 $6,000,000，如果土地的周邊環境經過開發改善，則該土地的重置成本可能成為 $18,000,000；如果土地的周邊遭垃圾汙染，則其重置成本可能僅有 $2,000,000。

預算成本 (budgeted cost) 為預計的未來支出，它可能與重置成本相等或不相等。假定五年前機器的成本為 $70,000，現在需要重置一新機器。目前，有一臺產能相似機器，重置成本為 $96,000，而一部較新且產能較大的機器成本為 $120,000。如果預計要買相似的機器，則預算成本與重置成本相同，均為 $96,000；如果要買較新且產能較大的機器，則其預算成本為 $120,000，但相似機器的重置成本仍為 $96,000。

以財務會計的目的而言，歷史成本仍是不可或缺的；但以管理決策的目的而言，重置成本與預算成本較歷史成本具有攸關性。故歷史成本、重置成本及預算成本於不同目的下，各有其重要性。

2.1.3　單位的歸屬

管理會計的主要功用之一，是協助經營者控制成本。要使某個組織達到成本最小化目標，就必須控制組織內各個單位的成本。尤其在實施責任會計的機構，可將成本歸屬到各個單位，以加強對成本的控制。

成本標的 (cost object) 係指企業中用來累積及衡量成本的單位，例如部門、作業、產品等，再採用經濟可行的方法，將成本直接歸屬到某一成本標的者，此類成本稱為**直接成本** (direct cost)，或稱為可歸屬的成本，包括直接原料成本、直接人工成本。相對地，如果成本與成本標的之間的關係並不易觀察時，此類成本稱為**間接成本** (indirect cost)，包括間接原料成本、間接人工成本。直接成本與間接成本的區分，在於成本是否可直接歸屬到該成本標的。

同樣一項成本可同時歸屬到不同的成本標的，如圖 2.6 直接成本的歸屬，先將原料成本歸屬到製造部門，再將其分配到高級品和普通品兩種。在此情況下，第一個成本標的為部門；第二個成本標的為產品。

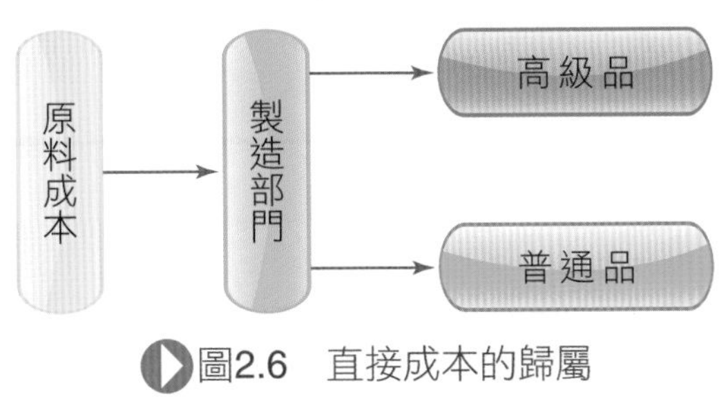

圖2.6　直接成本的歸屬

間接成本有時也稱為共同成本 (common cost)，共同成本所帶來的效益可使一個以上的企業活動或單位受惠，但缺乏客觀或合理的基礎作為分攤基礎，所以對任何一個成本標的都不能算是直接成本。

由於直接成本與間接成本的界定點在於單位歸屬問題，與變動和固定成本之間不一定存在相互的關係，也就是說直接成本不一定是變動成本，固定成本也可能為直接成本。例如生產單位的設備折舊費用是該單位的直接成本，也是一種固定成本。

此外，成本標的所涵蓋範圍的大小，也會影響成本的分類。基本上，成本標的所涵蓋的範圍愈大，直接成本的比例愈高。例如速食店的全國性電子媒體廣告費，對某一地區的分店而言，屬於間接成本；但對總公司而言，可歸屬為直接成本。針對管理功能來說，直接成本歸屬愈明確，則責任歸屬愈清楚。

實務應用　商場辦公室節省成本

運用現在的科技成立商務辦公室，讓人能夠在任何時候、任何地點辦公。商務辦公室又稱行動辦公室，或是服務式辦公室。隨著辦公型態的改變，愈來愈多人選擇在家工作，或是在咖啡廳工作。這樣的工作方式雖然可以省下租辦公室的費用，但是相對而言也帶來一些不便。例如住家地址無法用來登記公司，而咖啡廳跟住家也不是一個適合接待客戶的地方。商務辦公室則是為這些不便帶來解決方案。

商務辦公室的服務依照不同商務中心而有所不同，但大多包含了工商地址登記、信件管理、電話祕書、租借會議室、接待等服務。尤其，有些專業人士包括律師、保險代理人、資訊科技創新者等等，採用商務辦公室服務，可以在名片上印上辦公室地址；此外，秘書也都具有流利的中英文能力，為客戶提供秘書服務的事項，也有提供信件代收的服務。

2.1.4 主管的權限

可控制成本 (controllable cost) 與**不可控制成本** (uncontrollable cost) 之差別，在於該成本的發生是否可由某一特定的管理者控制。如果決策者可以控制就是可控制成本，例如生產部門的直接原料成本；決策者不可以控制就是不可控制成本，例如製造單位所分攤的一般行政管理費用，因此該特定人員需對其可控制成本負責。基本上，大多數的成本是可控制的，只是會隨管理階層不同而有不同的控制程度，主管的階層愈高，其管轄的權限愈大。

直接成本並不一定是可控制成本，有時某一成本雖可以直接歸屬到某部門，但可能不為該部門經理所控制的。例如部門經理的薪資對該部門是直接成本，但對部門經理則是不可控制成本，因為它是由高階主管所決定的。

有些固定成本是不可控制成本，例如廠房租金，對於生產部門經理而言是不可控制的；但對於有權去簽訂房租契約的管理者而言，是可控制的。如果由成本習性（變動或固定）來決定成本是否為可控制成本，這種方式可能會造成錯誤的決策，因為有些固定成本的支出可由單位主管完全控制，可歸屬於可控制成本。

2.1.5　與產品的相關性

在前面的章節中，曾討論未耗用成本（資產）和已耗用成本（費用）。在收入和費用配合原則下，為取得收益而使資產負債表上一部分未耗用成本，變成綜合損益表上已耗用成本。**期間成本** (period cost) 與產品無直接關係，為隨期間發生的成本，可說是綜合損益表上銷貨成本以外之所有成本。依成本與產品相關性來決定類型，與產品有關的成本稱為**產品成本** (product cost)。

未耗用的產品成本係指製造或取得產品所花費的成本，也可稱為存貨成本 (inventory cost)。對製造業而言，稱為產品成本；對買賣業而言，稱為商品成本。如果廠商自行製造產品，則產品成本內含有三大要素，即直接原料成本、直接人工成本及製造費用。直接原料和直接人工兩項生產要素的成本總和，稱為**主要成本** (prime cost)，其與產品數量多寡有直接相關。由於直接人工成本和製造費用的功用，在於將原料轉換為完成品，因此這兩項成本總和稱為**加工成本** (conversion cost) 或轉換成本。直接原料成本、直接人工成本和製造費用三者，與主要成本和加工成本的關係如圖 2.7。

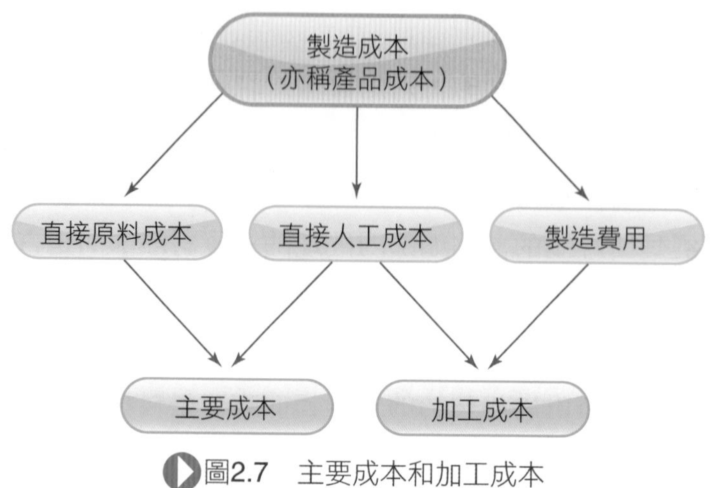

圖2.7　主要成本和加工成本

表 2.4 以財務報告分類方式將成本加以彙總，必須注意的是，廠房的保險費為製造費用的一種，屬於產品成本；辦公室的保險費是屬於管理費用，為期間成本。只有當產品出售時，廠房的保險費才會轉入已耗用成本，成為銷貨成本的一部分。

表2.4　依財務報告方式區分

分類方式／成本習性	產品成本	期間成本
變　動	直接原料成本 直接人工成本 變動製造費用	銷售佣金 辦公室租金（依銷貨金額計算）
固　定	固定製造費用	辦公室租金（以每月為基礎） 保險費 管理者薪資

圖 2.8 列示製造業產品成本與期間成本的關係，產品成本的未耗用部分，可列在資產負債表上的存貨項目和生產設備的帳面價值；已耗用部分，則列在綜合損益表上的銷貨成本。至於期間成本方面，未耗用成本包括預付費用和非生產性資產的帳面價值，已耗用成本係指營業費用內的各項支出。

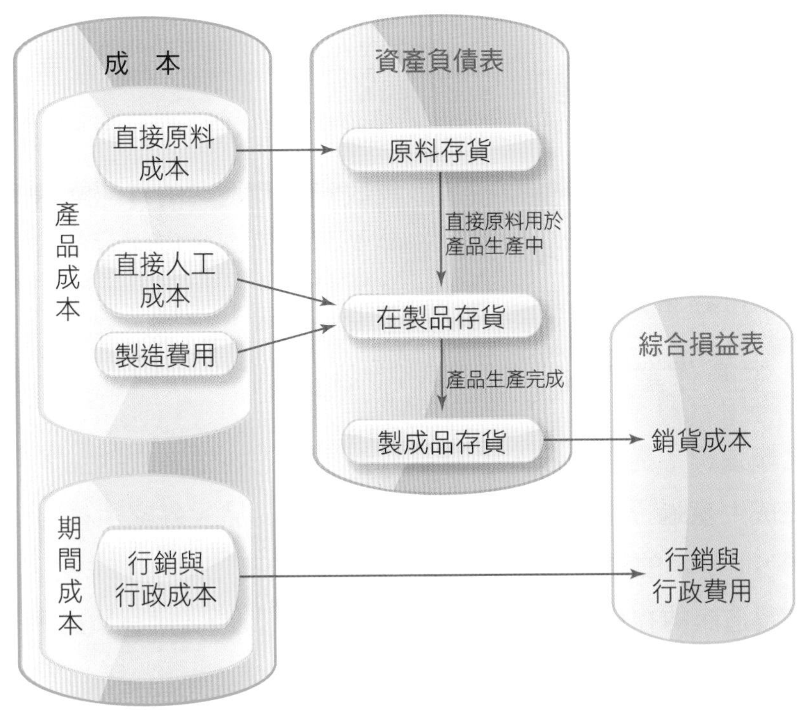

圖2.8　製造業產品成本與期間成本

實務應用　環保標章

環保標章係由我國行政院環保署所實施之計畫，為政府綠色採購標準之一，每項產品依照其規格標準，詳細規定耗電量、化學物質管理以及包裝等細節。依據「行政院環境保護署綠色消費暨環境保護產品推動使用作業要點」及各產品規格標準之標示規定，企業需要注意下列兩項規定：

1. 環保署向經濟部智慧財產局註冊之環保標章及第二類環保標章。
2. 標章顏色應以國際標準色卡 (Pantone Matching System) 色票系統之綠色標準色（3415C 號）單色印刷。

2.2 生產成本流程

自從利害關係人的意見受重視後，以及政府主管機關的資訊需求增加，使得產品成本計算更為複雜，所以需要更多的資訊。特別是生產程序有很大的變革，對於公司產品成本的計算產生極大的影響。

 2.2.1 生產作業流程

產品的生產過程，從原料投入生產線開始，經過各個階段的加工程序，原料成為在製品，完成生產過程中的所有程序，轉換為製成品。各家生產廠商的營運作業情況雖然不同，但基本的步驟類似，大致上可區分為三步驟：(1)未開工，(2)生產中，(3)完工。所以製造商的存貨種類，依前述三步驟來區分，有原料 (raw materials)、在製品 (work in process)、製成品 (finished goods)。

在未開工階段，採購部門依生產部門的原料需求，在生產作業正式開始之前，購進足夠品質、規格符合規定的原料，放在倉庫內備用；生產部門人員自倉庫領取所需的原料，投入生產線上，即進入生產階段。此時，會計人員即開始計算產品成本，首先把投入生產線上的原料耗用成本計算出來，再隨著生產線作業，將各個加工過程所投入的成本（直接人工成本和製造費用）逐步累加，直到完工階段的製成品。在這整個生產過程中，成本會計的重點在於提供各種方法來累積各個階段所發生的成本，並且採用合理的基礎，把成本分配到每個產品上，以算出每個單位的產品成本。

圖 2.9 列示生產成本的流程，投入直接原料成本、直接人工成本、製造費用，在未完成製造過程以前，即為在製品；當生產過程完成後，即轉入製成品，最後將產品出售，即轉入銷貨成本項目。生產作業的會計帳務處理，借方與貸方所代表的意義，與財務會計學的借貸方完全相同，例如原料購入後，即記入原料存貨項目的借方；當生產部門人員到倉庫領用原料，則被領用的存貨價值記在貸方。薪資方面的直接人工成本轉入在製品，間接人工成本則轉入製造費用。在生產過程中，所有間接成本的實際發生數都記在製造費用的借方，只將估計數轉入在製品項目。當產品生產完成，則轉入製成品的借方；當產品出售後，將轉入銷貨成本。

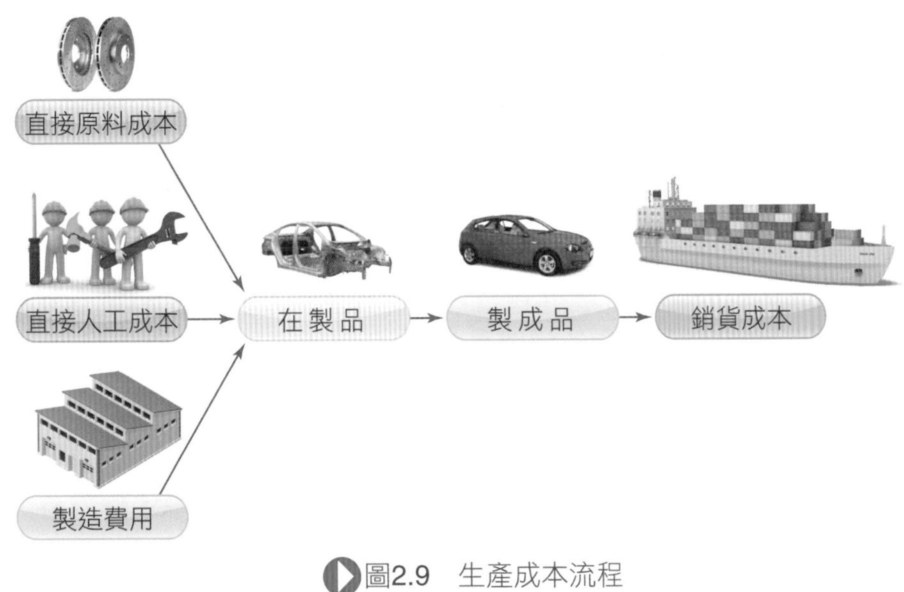

圖2.9　生產成本流程

2.2.2　原料成本

原料成本占產品成本的比例，隨行業特性而有所不同，有些資訊電子公司的原料成本占總成本的比例高達 60% 以上，由此可看出原料在企業的流動資產中占有相當高的比率。為避免存貨積壓或存貨不足的現象，使企業的資金不會閒置或生產不致於留滯，原料的管理原則為採購能達到適時且又適量的目標，同時原料的價格要低廉，品質要優良，即所謂的及時採購物美價廉的政策。

存貨控制的方法，可採用永續盤存或定期盤點的方法。永續盤存法要求所有的貨品入帳和出帳，皆要有詳細記錄，說明每次進貨或出貨的產品單價與數量，帳上隨時保持最新的存貨資料。定期盤點法並未要求每次貨品進出要記載，只要求記載期初存貨、每次進貨、期末盤點的數量。傳統上，為避免會計記帳的繁瑣，只對單位價值較高且數量較少的貨品採用永續盤存法；針對單位價值較低且數量較多的貨品偏向採用定期盤點法，以符合成本效益原則。在資訊科技發達時代，很多企業採用永續盤存法，以強化存貨控管。

此外，企業經營者逐漸認同內部控制制度的重要性，不少企業採用商品條碼制度和永續盤存制度，隨時掌握存貨的進出資料。再者，還採用隨時實地抽點存貨的方式，以核對帳冊上的記錄；當有異常現象產生時，立即採取糾正行動。

為確保原料存貨的品質，原料入庫以前，驗收部門人員在驗收時，要仔細查核所送到的貨品是否與原訂單相符。如果不符合規定，則立即辦理退貨，送還供應商；同時通知採購部門和會計部門，以保持資料的正確性。除此之外，倉儲人員要定期檢查是否有過時原料存貨的存在，只要發現過時存貨則立即處理。

對於公司經常使用的原料，管理者可依其經驗安排未來所需原料的數量與使用時間，來規劃與生產排程相配合的採購作業，此即所謂的**物料需求規劃** (Material Requirements Planning, MRP)，管理者依生產排程需要來安排生產所需的原料，以便能達到適時、適量的採購作業。

原料經由請購、訂購、驗收程序完成後，即應計算進貨成本，作為會計入帳的基礎。一般而言，原料進貨成本包括取得原料所需支付的成本，以及原料由供應商送達工廠以供使用所需耗費的成本，包括運費、裝卸費、保險費、稅金等項目。有些供應商會提供數量折扣 (quantity discount) 和現金折扣 (cash discount) 的條件，以鼓勵廠商大量進貨和盡早付款。

會計人員在正式登錄進貨日記帳分錄時，要先計算出各種折扣的金額，以求得實際支付供應商的金額。假設勝利公司在今年 1 月 1 日賒購一批原料，價值為 $100,000，付款條件為 2/10, n/30。目前勝利公司採用總額法 (gross method) 為入帳基礎，在 1 月份發生下列與原料採購有關的分錄：

1. **進料時**

原　料	100,000	
應付帳款		100,000

2. **十天內付款**

應付帳款	100,000	
現　金		98,000
進貨折讓		2,000

3. **十天後付款**

應付帳款	100,000	
現　金		100,000

當生產單位到倉庫領用原料時，會計人員需作分錄，生產線上所使用的主要原料成本，稱為直接原料成本；僅用於生產過程中的輔助性原料成本，稱為間接原料成本。例如，勝利公司生產單位領用原料 $30,000，投入生產線作為產品的主要原料，其分錄如下：

在製品	30,000	
原　料		30,000

如果生產部門所領用的原料為生產某產品的間接原料，則上述分錄的借方項目改為製造費用。

 *2.2.3*　人工成本

人工成本 (labor cost) 係指支付給直接從事或間接協助生產工作的薪資報酬，可分為直接人工成本 (direct labor cost) 和間接人工成本 (indirect labor cost)。所謂直接人工成本，主要為直接從事生產工作的人員薪資。間接人工成本即非直接從事生產工作的人員薪資。

人工成本是由人事部門核定工資率，生產部門決定工作時數。為確定每位工人每日在工廠的工作時數，企業通常採用計時卡 (clock card) 來記錄工人實際的上下班時間。為使工資計算容易清楚，計時卡上應將正常上班時數與加班時數分別列示，可減少計算錯誤。一般工廠在廠區進出口處，放置打卡鐘，工人在上、下班時，自行取卡插入打卡鐘列印時間，再將卡片放回原處。有些公司已將打卡作業與薪資計算作業電腦化處理，員工只要將個人識別卡在入門處刷卡機刷一下，時間自動輸入電腦。為避免舞弊，可派專人或加裝監視器監督打卡作業。

人工成本與原料成本的會計處理，流程大致上相同，主要差異在於原料未用完可當作存貨；但人工成本在當期發生，即認列費用，不能遞延到下個會計年度。每逢月底時，會計人員要計算每位員工的薪資，以編製薪資表 (payroll sheet)，再記入員工付薪分錄。接著，要作生產計工分錄，例如勝利公司本月份付給生產線上員工的薪資為 $240,000，代扣所得稅款 $14,400，相關分錄如下：

1. **付　薪**

薪資費用	240,000	
現　金		225,600
代扣所得稅		14,400

2. **生產計工**

在製品	240,000	
薪資費用		240,000

如果所付的薪資為間接人工成本，則第二個分錄的借方項目由在製品改為製造費用，其餘項目相同。在自動化的環境下，有些人工作業被機器所取代，造成人工成本占產品成本的比例逐漸下降。雖然如此，人工仍為生產過程中不可缺少的投入因素，所以管理者仍不能忽視其重要性。

在一般的工廠內，有時難免會有加班和閒置的情況產生。針對這兩種情形的會計處理程序，在此分別舉例說明。假若明泉公司雇用一位技工，每小時工資 $100，一週工作 40 小時；若有加班的情況，每小時工資增加至 $150。假設本週要趕製一些貨品，要求該技工加班 4 小時，這一週要支付的工資計算如下：

直接人工成本 $100 × (40 + 4)	$4,400
間接人工成本 ($150 − $100) × 4	200
	$4,600

由上式看來，加班費每小時比平時上班多付 $50，因為加班 4 小時，所以 $200 列為間接人工成本。

相對的，明泉公司在另一週訂單不多，該工人閒置了 6 小時，對此工人週薪的會計處理如下：

直接人工成本 $100 × 34	$3,400
間接人工成本 $100 × 6	600
	$4,000

由上面計算過程，可明確得知直接人工成本僅為 $3,400，閒置時間所付的工資，全部當作間接人工成本 $600。

2.3 主要成本的計算

在行業分類上，大致上分為製造業、買賣業和服務業三大類，其中製造業的成本管理可說是最複雜的，因此在本節說明生產成本、非生產成本與銷貨成本的意義。

2.3.1 生產成本

生產成本分為直接原料成本、直接人工成本和製造費用。使用在生產過程中的主要原料，稱為直接原料，例如木製椅子的直接原料成本是木材成本；直接人工成本是指在生產線上作業員的工資，例如從事鋸木頭和釘椅子等工作的人；至於製造費用方面，包括了很多項目，從間接原料成本、間接人工成本，到其他種種費用。在椅子生產廠內，釘子可說是間接物料，監工人員的薪資可說是間接人工成本。除此之外，折舊費用、保險費、電費等皆列為製造費用的一部分。

在製造成本的三個組成要素中，直接原料成本和直接人工成本的總和，稱為主要成本。直接人工成本和製造費用的總和，稱為加工成本。在傳統生產環境下，原料和人工為主要成本；在新的生產環境下，生產自動化使得製造費用的重要性提高，所以產品成本分為原料成本與加工成本兩項。

實務應用　成本增加造成漲價

世界麵包冠軍師傅吳寶春的麵包很獲消費者青睞，但是仍不敵麵包原物料及人事成本增加，很多產品都有不同的漲價幅度。例如，有 70 個品項分別漲 5 到 10 元，尤以蔥、紅豆和克林姆三款臺式麵包的漲幅最大，約為五成。吳寶春師傅指出，漲價是反應食材原料和工資漲價；為保持優質的麵包，不得不調整產品價格。

2.3.2 非生產成本

在非生產成本方面，所涵蓋的範圍很廣，包括行銷成本、行政成本、研究發展成本、財務成本等。這些成本主要發生在買賣業和服務業，管理者應善用各種成本與管理會計的方法，來控制各項成本的支出。商品成本為購買貨品成本，其他四種成本分別敘述如下：

1. 行銷成本

行銷成本 (marketing cost) 或稱為取得訂單成本 (order-getting cost)，包含銷貨人員的薪資、佣金和差旅成本，以及配銷成本和促銷成本。配銷成本 (distribution cost) 或稱之為履行訂單成本 (order-filling cost)，包含儲存、處理及裝運貨品的成本。因此行銷成本係指從取得客戶訂單、送貨給客戶，收到貨款的全部過程所發生的成本。為有效控管行銷成本，有不少公司善用網路行銷和社群媒體，可以快速得到顧客意見反應，更可即時回應市場需求，對銷售業績有很大影響。

2. 行政成本

行政成本 (administrative cost) 係指為管理組織整體正常運作的成本，包含一般行政作業與幕僚服務的成本。如同高階管理人員的薪資、法律顧問費、公共關係活動的成本等，都是行政成本的範例。

3. 研究發展成本

當國際競爭愈來愈激烈，以及高科技產品日新月異，企業就更需要投入大量資金於研究發展計畫，以提升企業競爭能力。**研究發展成本** (research and development cost) 包含為發展新的產品和勞務所發生的成本，實驗室的研究成本、新產品模型的建立及測試的成本，均屬於研究發展成本。

4. 財務成本

財務成本 (financial cost) 係指與企業理財相關的成本，在現今的社會，公司通常利用槓桿原理，以貸款方式為企業創造更多的資金。因此，與理財相關的成本在理財決策時需考慮，包括銀行手續費、利息費用等。

無論是哪一種行業，在財務報表上應明確的劃分產品成本和期間成本。產品成本表示製造或購買產品所支付的成本，在製造業則包括直接原料成本、直接人工成本和製造費用；在買賣業則為商品成本。在製品未出售以前，產品成本也可稱為存貨成本 (inventory cost)；在製品出售之後，產品成本則稱為銷貨成本 (cost of goods sold)。

在成本分類上，如果只區分為產品成本和期間成本二類，期間成本可說是除了產品成本以外的成本，其發生與產品的生產或銷貨活動的變動無關，只是隨時間的發生而增加。例如水電費、廣告費、電話費和折舊費用等，在每一段期間內都會發生，不論是否有生產量或銷貨量。

2.3.3　銷貨成本

銷貨成本的計算，在買賣業較為簡單，在製造業則較為複雜。本節先介紹銷貨成本在買賣業的計算方法，再說明在製造業的計算方式。

表 2.5 為海群公司 2018 年度的銷貨成本，該公司以銷售體育用品為主，所持有的貨品都是商品存貨，所以銷貨成本的計算公式如下：

期初存貨成本	+	本期進貨成本	−	期末存貨成本	=	銷貨成本
$100,000	+	$3,074,000	−	$80,000	=	$3,094,000

其中本期進貨成本包括了幾項成本：全部的購買成本扣除進貨退回與進貨折讓，再加上進貨運費。有一點要特別提醒讀者，銷貨運費 (transportation-out cost) 屬於管銷費用，不可列入銷貨成本的計算中。

表2.5　銷貨成本表：買賣業

海群公司 銷貨成本表 2018 年度		
期初存貨成本		$ 100,000
本期進貨成本：		
進貨成本	$3,000,000	
減：進貨退回	(40,000)	
進貨折讓	(6,000)	
加：進貨運費	120,000	3,074,000
可供銷貨貨品成本		$3,174,000
減：期末存貨成本		(80,000)
銷貨成本		$3,094,000

至於製造業銷貨成本的計算，在此以合歡公司為例，加以說明。由表 2.6 中算出合歡公司在 2018 年度所使用的直接原料成本，再代入表 2.7 中來計算製造業的銷貨成本。表 2.6 的計算方式與表 2.5 類似，唯一不同的是買賣業的貨品為商品，製造業是購買原料 (raw materials) 貨品。合歡公司將所購買的原料予以加工，尚未完成的部分稱為在製品 (work in process)，加工完成者稱為製成品 (finished goods)。比較表 2.5 和表 2.7 可以明確的看出製造業的銷貨成本計算較複雜，可以下列公式來表示：

期初製成品成本	+	本期製成品成本	−	期末製成品成本	=	銷貨成本
$460,000	+	$10,800,000	−	$260,000	=	$11,000,000

表2.6　直接原料成本表：製造業

合歡公司 直接原料成本表 2018 年度		
期初原料		$ 120,000
本期原料進貨：		
進貨成本	$2,000,000	
減：進貨退回與進貨折讓	(160,000)	
加：進貨運費	140,000	1,980,000
可供使用原料		$2,100,000
減：期末原料		(100,000)
本期直接原料成本		$2,000,000

表2.7　銷貨成本表：製造業

合歡公司 銷貨成本表 2018 年度			
期初製成品成本			$　460,000
本期製成品成本：			
期初在製品		$　100,000	
本期製造成本：			
直接原料成本	$2,000,000		
直接人工成本	3,000,000		
製造費用	6,000,000		
小　計		11,000,000	
減：期末在製品		(300,000)	10,800,000
可供銷貨貨品成本			$11,260,000
減：期末製成品成本			(260,000)
銷貨成本			$11,000,000

2.4 綜合損益表的編製

就行業的分類而言，可分為買賣業、服務業、製造業三大類型，彼此間共同特性為滿足顧客的需求，其主要差異在於各個行業的加工程度不同而已。

 2.4.1　行業特性的差異

如表 2.8，加工程度較低的行業特色是產品只需稍許的加工，即可將產品或勞務提供給顧客，買賣業和服務業比較有此現象。例如，便利商店將商品賣給顧客，商品購買成本即為產品成本，倉儲人員的薪資反而列為期間成本；相對地，在加工程度高的行業，包括服務業和製造業，加工成本的重要性十分明顯，所以直接人工成本和製造費用皆屬於產品成本的一部分。理論上，加工程度愈高者，成本計算的過程愈複雜，會計人員要先了解作業流程，才有助於成本的蒐集與整理，例如電腦製造商的成本計算程序，比便利商店的成本計算程序複雜，也愈需要用科學方法來作資料分析。

表2.8 加工程度分析

行業＼加工程度	低	中	高
買賣業	便利商店、商品賣場	咖啡店、速食店	
服務業	加油站、旅行社	修車廠、美容院	會計師事務所、餐廳
製造業			紡織廠、電腦製造商

買賣業、服務業和製造業三種行業的特性雖然不同，但都有產品成本和期間成本二個成本項目，只是所涵蓋的內容有所差異，如表 2.9 所示。就買賣業而言，未耗用的產品成本為商品成本，出售後即成為銷貨成本；未耗用的期間成本為預付費用，如預付房租、預付保險費、期間到則轉為管銷費用。三個行業的產品成本內容差異較大，期間成本則大同小異。服務業的產品成本，未耗用以前在資產負債表上有原料成本、未完的服務成本、完成的服務成本三項存貨項目；耗用以後即成為綜合損益表上的服務成本。製造業方面的存貨項目有三項，即原料成本、在製品成本、製成品成本；產品銷售出去以後，即成為銷貨成本。

表2.9 各行業產品成本與期間成本的比較

	資產負債表（未耗用成本）	綜合損益表（已耗用成本）
買賣業		
產品成本 — 商品存貨的購買成本	* 商品存貨成本	→銷貨成本
期間成本 — 與商品存貨不相關的成本	* 預付費用	→管銷費用
服務業		
產品成本 — 直接人工及攸關成本與提供的服務有關者	* 原物料成本 * 未完的服務成本 * 完成的服務成本	→服務成本
期間成本 — 與服務成本無直接關係的成本	* 預付費用	→管銷費用
製造業		
產品成本 — 直接原料成本、直接人工成本及製造費用	* 原料成本 * 在製品成本 * 製成品成本	→銷貨成本
期間成本 — 與生產無直接關係的成本	* 預付費用	→管銷費用

 2.4.2　綜合損益表編製

買賣業和製造業的綜合損益表，編排的基本架構類似，主要差別在於銷貨成本的計算方式不同。如表 2.10 的買賣業銷貨成本表，基本三要素為期初存貨、本期進貨、期末存貨。製造業則要另外計算本期總製造成本，取代買賣業的本期進貨。

表2.10　銷貨成本表：買賣業

忠孝公司 銷貨成本表 2018 年度		
期初存貨		$6,800
本期進貨：		
進　貨	$1,000,000	
減：進貨退回	(32,000)	
進貨折讓	(4,800)	
加：進貨運費	96,000	1,059,200
可供銷售商品		$1,066,000
減：期末存貨		(6,000)
銷貨成本		$1,060,000

如表 2.11，讀者可參考表 2.12 和表 2.13 的兩行業綜合損益表，報表內容十分相同，會計項目的編排順序也很一致。至於服務業的綜合損益表形式，如果公司服務項目單純，報表上只要有營業收入、營業費用、本期淨利（淨損）即可。如果營業範圍較廣，可分別列示各項的收入和費用，如表 2.14 的金融業信義銀行綜合損益表。

表2.11　銷貨成本表：製造業

仁愛公司 銷貨成本表 2018 年度			
直接原料：			
期初原料		$13,000	
本期購料		600,000	
可供使用原料		$613,000	
減：間接原料耗用	$120,000		
期末原料	3,000	(123,000)	
直接原料耗用			$490,000
直接人工成本			100,000
製造費用			740,000
總製造成本			$1,330,000
加：期初在製品			10,000
			$1,340,000
減：期末在製品			(4,000)
製成品成本			$1,336,000
加：期初製成品			12,000
減：期末製成品			(8,000)
銷貨成本			$1,340,000

表2.12　綜合損益表：買賣業

忠孝公司 綜合損益表 2018 年度		
銷貨收入總額		$1,800,000
減：銷貨退回	$120,000	
銷貨折讓	60,000	(180,000)
銷貨收入淨額		$1,620,000
銷貨成本		(1,060,000)
銷貨毛利		$560,000
營業費用		(300,000)
營業淨利		$260,000
營業外收入（支出）：		
處分固定資產利益	$120,000	
利息支出	(60,000)	
兌換損益（淨額）	(80,000)	(20,000)
稅前淨利		$240,000
減：所得稅費用 (17%)		(40,800)
本期淨利		$199,200

表2.13　綜合損益表：製造業

仁愛公司 綜合損益表 2018 年度		
銷貨收入總額		$1,980,000
減：銷貨退回	$20,000	
銷貨折讓	10,000	(30,000)
銷貨收入淨額		$1,950,000
銷貨成本		(1,340,000)
銷貨毛利		$610,000
營業費用		(500,000)
營業淨利		$110,000
營業外收入（支出）：		
處分固定資產利益	$60,000	
利息支出	18,000	
兌換損益（淨額）	20,000	98,000
稅前淨利		$208,000
減：所得稅費用 (17%)		(35,360)
本期淨利		$172,640

表2.14 綜合損益表：金融業

信義銀行 綜合損益表 2018 年度		
營業收入：		
利息收入	$30,000,000	
買賣票券收入	1,800,000	
手續費收入	4,000,000	
信託報酬收入	140,000	
兌換利益	200,000	
營業收入合計		$36,140,000
營業費用：		
利息支出	$18,000,000	
手續費支出	700,000	
營業費用	8,000,000	
兌換損失	180,000	
其它營業成本	16,000	
營業支出合計		(26,896,000)
營業利益		$9,244,000
營業外收入：		
處分固定資產利益		156,000
稅前淨利		$9,400,000
減：所得稅費用 (17%)		(1,598,000)
本期淨利		$7,802,000

2.4.3 綜合損益表表達

我國 2013 年全面採用國際財務報導準則 (International Financial Reporting Standards, IFRS)，有一些國際會計準則公報是一定會影響所有臺灣企業，IAS1「財務報表之表達」是其中之一。IAS1「財務報表之表達」就是一號規範財務報表「表達」的最基本原則，提供一套國際財務報表的架構。因此，IAS1 不管是對財務報表準備者或是對財務報表閱讀者而言，都是相當重要的一號公報。

國際會計準則理事會 (IASB) 於 2007 年 9 月發佈最新版本的 IAS1，並自 2009 年 1 月 1 日起開始生效實施，其主要內容，如同前段所述，係對財務報表目的、編製基礎以及主要報表及附註的最低揭露標準等，做出定義與說明。財務報表目的在於提供有用的資訊以供報表使用者作出經濟上的決策。IAS1 的發佈正是希望能建立一套標準，透過制定財務報表編製時應遵循之基礎以及對主要報表與附註表達的最低要求。如此企業與前期報表比較時，或是不同企業之間所發佈的財務報表，都能具有可比較性。

對於財務報表編製基礎是放諸四海皆準的，財務報表必須在繼續經營假設的前提下，以權責基礎來編製。另外，對於每年至少編製一次財務報表、一致性原則之遵循；除非有例外規定，否則資產負債或收入費用不得互抵等基本假設，IAS1 與我國現行規定都是一致的。

對於一套完整的財務報表應有之基本組成要素，國際財務報導準則的規定與我國規定有些不同，如表 2.15 所列。

表2.15　財務報表應有之基本組成要素

項目	國際財務報導準則	我國規定
一	資產負債表	資產負債表
二	綜合損益表	綜合損益表
三	所有者權益變動表	權益變動表
四	現金流量表	現金流量表
五	附註，包括重要會計政策的彙總與其它解釋性資訊	附註，包括重要會計政策的彙總與其它解釋性資訊

「綜合損益表」則是在名稱上及概念上都與我國「綜合損益表」有些不同，惟企業亦可以選擇將全部綜合損益項目以單張「綜合損益表」來表達，或選擇以兩張報表表達，分別是「損益表」(僅有「當期損益」項目) 及「綜合損益表」(包括當期損益項目總額以及「其他綜合損益」項目)。

依據國際會計準則第 1 號 (IAS1)「財務報表的表達」準則，規範財務報表之目的是為確保企業財務報表的表達，除了能與前期資訊作比較外，也能夠和其他企業的財務報表相互比較。IFRS 規定一套完整的財務報表，其組成要素包括：(1)四種報表：財務狀況表 (statement of financial positions，又稱為資產負債表 (balance sheet))、綜合損益表 (comprehensive income statement，也稱為綜合淨利表)、股東權益變動表、現金流量表，以及(2)附註揭露：個別項目對於收益及費損影響重大，應附註揭露說明，例如存貨跌價損失、重大會計處理改變等，以作為報表使用者評估公司價值的重要參考。

1. 綜合損益表的組成部分

GAAP 的損益表，在 IFRS 改為綜合損益表，係表達企業於特定期間的經營績效。綜合損益表的「綜合損益總額」係指某一期間來自與業主交易以外之交易及其他事項所產生之權益變動，其包括「當期損益」及「其他綜合損益」兩部分。

IFRS 只對於財務報表及其附註的內容，要求必須揭露的項目，但並沒有訂定制式的財務報表格式。企業管理階層可運用專業判斷來決定相關的表達格式，但是必須符合財務報表的表達和附註揭露之最低限度的要求。依據 2014 年 11 月 19 日公佈「商業會計處理準則」，綜合損益表得包括下列會計項目：

(1)營業收入。

(2)營業成本。

(3)營業費用。

(4)營業外收益及費損。

(5)所得稅費用（或利益）。

(6)繼續營業單位損益。

(7)停業單位損益。

(8)本期淨利（或淨損）。

(9)本期其他綜合損益。

(10)本期綜合損益總額。

2. 費用的表達

由於企業各種交易活動，其發生頻率、產生利益或損失之可能性及可預測性不同；因此，揭露財務績效之組成部分，有助於使用者辨識「企業已達成之財務績效」及「預測未來財務績效」。若要解釋財務績效之組成部分，企業應考量之因素，包括收益與費損項目之重大性、性質及功能。

以下將綜合損益表或單獨損益表之費用，進一步細分為可突顯財務績效之組成部分，有兩種分析方法，如表 2.16 所列示。

(1)費用性質法：企業按費用之性質將損益中之費用彙總，此類費用包括折舊、原料進貨、運輸成本、員工福利及廣告成本等，不再將其分攤至企業內各種功能中。此種方式無須按功能別分攤費用，因此較為容易。如表 2.17 所示，有些費用係由於資產項目的增減變動產生，例如「製成品及在製品存貨」的減少是代表費用的增加，作為收益的減項。

(2)費用功能法：或稱「銷貨成本法」，企業將費用按其功能分類，功能包括銷貨、運送、管理等活動，參考表 2.18 所示。與第一種方式相比較，此種方式能提供報表使用者更攸關之資訊，所以一般企業採用此方式。不過，「費用功能法」須將成本分攤至各種功能，企業需要擁有專業之判斷且可能採取武斷之分攤。

表2.16　依財務績效編製綜合損益表的方式

費用性質法			費用功能法	
銷貨收入		×	銷貨收入	×
其他收益		×	銷貨成本	(×)
製成品及在製品存貨之變動	×		銷貨毛利	×
耗用之原料及消耗品	×		其他收益	×
員工福利費用	×		運送成本	(×)
折舊及攤銷費用	×		管理費用	(×)
其他費用	×		其他費用	(×)
費用總計		(×)	稅前淨利	×
稅前淨利		×		

表2.17　費用性質法釋例

長江公司 綜合損益表 2018 年度	
銷貨收入	$780,000
其他收益	41,334
製成品及在製品存貨之變動	(230,200)
企業已執行並資本化之長期工程（費用減項）	32,000
耗用之原料及消耗品	(192,000)
員工福利費用	(90,000)
折舊及攤銷費用	(38,000)
不動產、廠房及設備之減損	(8,000)
其他費用	(12,000)
財務成本	(30,000)
所享有之關聯企業損益份額 *	70,200
稅前淨利	$323,334
所得稅費用 (17%)	(54,967)
本期淨利	$268,367

* 歸屬於關聯企業業主之關聯企業純益，亦即扣除所得稅及關聯企業之非控制權益後的部分。

表2.18 費用功能法釋例

長江公司 綜合損益表 2018 年度	
銷貨收入	$780,000
銷貨成本	(490,000)
銷貨毛利	$290,000
其他收益	41,334
運送成本	(18,000)
管理費用	(40,000)
其他費用	(4,200)
財務成本	(16,000)
所享有之關聯企業損益份額 *	70,200
稅前淨利	$323,334
所得稅費用 (17%)	(54,967)
本期淨利	$268,367

* 歸屬於關聯企業業主之關聯企業純益，亦即扣除所得稅及關聯企業之非控制權益後的部分。

2.5 其他成本的決策考量

除了上面三節所討論的成本分類與意義外，在成本與管理會計學還有一些成本名詞，在本節分別予以敘述。

2.5.1 單位成本與總成本

雖然管理者在作決策時，經常使用總成本 (total cost) 的觀點，但對於**平均成本 (average cost)** 與單位成本 (unit cost) 的使用也需注意，因為在某一些決策制定時仍會用到。

平均成本的計算是將總成本除以活動量，至於活動量的選擇需和總成本的發生具有密切的關係，如此才有意義。常見的活動量有產品數量和工時數。

例如將總製造成本除以總生產量就可得到每一產品的單位成本，如下所示：

生產 5,000 單位的總製造成本（分子）	$50,000
生產的單位數（分母）	5,000
單位製造成本 ($50,000 ÷ 5,000)	$ 10

假設本期賣 3,500 單位尚餘 1,500 單位於期末存貨數量中，則可利用平均成本的觀念，將總製造成本分成二部分：

銷貨成本（3,500 單位 × $10）	$35,000
期末製成品存貨（1,500 單位 × $10）	15,000
	$50,000

單位成本為平均數，解釋時須加以小心，主要問題在於單位化固定成本 (unitized fixed cost)。若只將其視為單位成本，忽略了固定成本的總額是不變的，可能會產生錯誤，因為單位固定成本會隨著數量而改變。如果單位成本包含單位變動成本和單位固定成本，在作決策時需將兩者加以區分。在攸關範圍內，活動水準的變動僅會影響總變動成本，而不會影響總固定成本。所以單位成本雖然很實用，但在解釋時要特別小心，尤其是以單位固定成本表示時更要謹慎。

2.5.2 增量成本與減量成本

增量成本 (incremental cost) 是指增加額外的活動，如銷量增加、成立一新部門，所發生的額外成本。有時會用邊際成本 (marginal cost) 來描述增量成本。邊際成本是指增加額外一產出單位或做額外一件事所發生的成本。增量成本經常是變動成本，但也包含因增加作業水準而增加的固定成本。因此這些額外的固定成本，就是增量固定成本。

增量成本的反義詞是**減量成本** (decremental cost)，其情形則與上述相反。減量成本是指減少一單位產品所減少的成本，通常也稱為可避免成本 (avoidable cost)。例如關掉一家連鎖分店，該店每月支出的水電費就不必再行支出，故水電費是可避免成本。

 2.5.3 攸關成本與非攸關成本

在做增量成本分析時，必須知道哪些成本是相關的，以及哪些成本是非相關的。**攸關成本** (relevant cost) 係指在各個不同方案中，成本會隨方案的選擇而改變。非攸關成本 (irrelevant cost) 的定義則相反，係指在各方案中無論選擇哪一個方案都不會改變的成本。非攸關成本並不是意謂著它可被忽視或不需要被評價，而是指它不是影響成本的因素。攸關成本必定具有現時或未來的價值，也就是可用現時市價或現金價值來評估所有的資產和負債之價值，付現成本 (out-of-pocket cost) 就是一種攸關的現金成本。

沉沒成本 (sunk cost) 是來自於過去決策的支出，且管理者不再擁有控制權。因為沉沒成本已不可改變，所以它對現在或未來的決策不具攸關性，在分析決策時可予以忽略。任何發生在過去的成本都是沉沒成本，即不可避免成本 (unavoidable cost)。

歷史成本雖是資產評價和損益衡量的基礎，但對經營分析的影響很小。過去的成本在決定資產是否繼續擁有或出售是沒有意義的，只有現時或未來的價值才有意義。另外，使用歷史成本可能會扭曲決策過程，而作出錯誤的決策。

 2.5.4 差異成本與機會成本

決策過程是要比較不同的方案，並從中選擇最好的，因此其焦點集中在成本差異上。**差異成本** (differential cost) 是指兩個方案其成本差異之所在。假如現有甲、乙兩個方案，將兩方案的增量收入和成本予以彙總並加以比較，就可得出差異成本。由上可知差異成本是增量成本與減量成本的合稱，正時為增量成本，負時為減量成本。

有時可找出一中間點或稱**無異點** (indifference point)，在此點上，管理者不論選擇哪一方案，其結果都是一樣的。例如甲方案的營業成本是固定成本 \$4,000 加每單位 \$20，乙方案的營業成本則是固定成本 \$2,000 加上每單位 \$40。

甲方案		乙方案
\$4,000 + \$20X	=	\$2,000 + \$40X
X	=	100 單位

當 X 為 100 單位時，選擇甲方案或乙方案對管理者皆一樣，因為兩方案的總成本皆為 $6,000。但在 100 單位以下時，選擇乙方案較有利；在 100 單位以上時，選擇甲方案較有利。

機會成本是差異成本的另一解釋。**機會成本** (opportunity cost) 是指選擇另一方案所需放棄的利得，一般是指放棄次佳選擇的價值。例如甲方案每年可帶來利潤 $20,000，乙方案為 $15,000，當選擇甲方案時，機會成本是 $15,000。一般的決策原則，認為機會成本不可超過所選擇方案的價值。

2.5.5　品質成本

品質成本包括品質保證成本 (cost of quality compliance) 和非品質保證成本 (cost of quality non-compliance) 兩大類，品質保證成本為鑑定成本和預防成本兩項。這些成本可消除目前的故障成本，並且可維持未來品質零缺點的水準，因此這兩項成本屬於事前的作業成本。非品質保證成本是因瑕疵品而發生的成本，等於內部與外部失敗成本的總和。為使讀者對品質成本的組成要素有所認識，表 2.19 以精典電腦股份有限公司為例，說明一般製造廠商所採用的品質成本型態。

預防成本 (prevention cost) 係指預防生產不符合規格產品時所發生的成本，例如設備定期維修、製程設計改良、評估供應商、人員訓練等。**鑑定成本** (appraisal cost) 係指檢查每一個產品是否符合規格時所發生的成本，例如檢驗進料、產品測試等。**內部失敗成本** (internal failure cost) 係指將產品送達顧客手中之前，發現瑕疵品後，予以修改所發生的成本，例如重新生產、測試、檢驗等。**外部失敗成本** (external failure cost) 係指產品送到顧客之後，發現瑕疵後所發生的相關成本，例如退貨成本、訴訟成本、零件更換成本等。每一種品質成本於生產過程中所發生的時點都不一樣。品質成本發生的順序為預防成本、鑑定成本、內部失敗成本、外部失敗成本。

如果企業想要實施品質管理，需將品質成本和其他成本分開記錄與報告，以協助管理者根據品質成本發生的原因，來規劃、控制、評估所需的品質改善活動。但是，只有品質成本資料仍無法提高品質，管理者和員工必須一起積極地努力，以所獲得的品質成本資料作為創造更佳品質的基礎，共同致力於品質水準的提升。

品質成本衡量並不像一般會計處理所採用的權責基礎，等到交易發生時將實際數目登入帳戶中；相對地，是利用公式推算而得，其中某些數字是估計值並非實際值。為及時提供品質成本資料給管理者，所以部分數字採估計值是必要的。

表2.19　品質成本型態

品質保證成本	非品質保證成本
預防成本 教育訓練成本 品質檢驗圈活動成本 統計製程管理課程訓練成本 方針管理訓練課程成本 防火措施成本 實驗器材設備成本 內部稽核成本 協力廠品質輔導成本	內部失敗成本 量試故障成本 重工成本 呆料成本 報廢成本 員工流動成本
鑑定成本 內部鑑定成本： 　檢驗設備折舊成本 　加工設備折舊成本 　檢驗設備維修成本 　加工設備維修成本 　檢驗人力成本 外部鑑定成本： 　檢驗設備儀器校正成本 　使用材料品質鑑定成本 　可靠度成本	外部失敗成本 退回品維修成本 銷售退回成本 運輸成本 貨物保險成本 貨物遺失成本 交貨延遲成本

實務應用　豐田品質管理

豐田生產系統 (Toyota Production System, TPS) 的出發點，在於降低成本和增加利潤。其基本概念是「徹底杜絕浪費」，項目包括過量製造的浪費、庫存的浪費、不良動作的浪費、次級品的浪費等。

為確保產品的品質水準，豐田公司採用全面品質管理 (TQM)，強調由生產中的品質管理來保證產品的最終品質。當在每個程序進行檢測時，發現品質問題就立即處理，培養每位員工的品質意識。如此一來，才能確保不合格產品不會繼續加工，以免讓有問題產品流入下一個流程。此外，透過持續改善措施，徹底地排除不必要的流程，以實現成本最小化。

本章彙總

本章介紹成本的基本概念及其分類方式，成本有耗用和未耗用兩種，所以費用與成本並非同義詞。費用屬於已耗用成本，成本則可以有各種不同的分類方式，本章介紹的分類方式有五種：(1)成本習性；(2)發生的時間；(3)單位的歸屬；(4)主管的權限；(5)與產品的相關性。

在攸關範圍內，依成本習性區分變動、固定、混合成本。在此範圍內，總變動成本會隨成本動因的變動而呈直線比例變動；總固定成本並不隨成本動因變動而變動；單位變動成本維持固定不變；單位固定成本隨作業水準呈反向變動。混合成本兼有固定及變動成本，為明確分析，應將變動部分及固定部分區分出來。

依與產品的相關性，成本可區分為產品成本和期間成本，未消耗的成本列入資產負債表，已消耗的成本則列入綜合損益表。產品成本是指製成品或商品的成本，列示在資產負債表上，待其出售再轉入綜合損益表。期間成本是指不計入產品的成本，於消耗當期列為費用。依是否可直接歸屬於成本標的，區分為直接成本與間接成本；直接原料及直接人工可以直接歸屬至產品中，二者合稱主要成本。其他與產品製造有關的成本但無法直接歸屬至產品者，稱為製造費用；直接人工與製造費用合稱為加工成本。

製造業、買賣業、服務業的性質不同，其綜合損益表的表達方式亦有所不同，以製造業的銷貨成本計算方式最為複雜。依據國際會計準則第 1 號 (IAS1) 規定，企業於綜合損益表、單獨損益表或附註中，不得將任何收益和費損項目認列為非常損益。此外，本章還討論一些其他成本的決策考量，管理者依據其決策的不同來考慮各式成本的意義。

關鍵詞

成本 (cost)
費用 (expense)
損失 (loss)
攸關範圍 (relevant range)
變動成本 (variable cost)
固定成本 (fixed cost)
酌量性固定成本 (discretionary fixed cost)
約束性固定成本 (committed fixed cost)
混合成本 (mixed cost)
重置成本 (replacement cost)
成本標的 (cost object)
直接成本 (direct cost)
間接成本 (indirect cost)
可控制成本 (controllable cost)
不可控制成本 (uncontrollable cost)
期間成本 (period cost)
產品成本 (product cost)
主要成本 (prime cost)

加工成本 (conversion cost)
物料需求規劃 (Material Requirements Planning, MRP)
人工成本 (labor cost)
行銷成本 (marketing cost)
行政成本 (administrative cost)
研究發展成本 (research and development cost)
財務成本 (financial cost)
平均成本 (average cost)
增量成本 (incremental cost)
減量成本 (decremental cost)
攸關成本 (relevant cost)
沉沒成本 (sunk cost)
差異成本 (differential cost)
無異點 (indifference point)
機會成本 (opportunity cost)
預防成本 (prevention cost)
鑑定成本 (appraisal cost)
內部失敗成本 (internal failure cost)
外部失敗成本 (external failure cost)

作 業

一、選擇題

( ) 1. 有關成本的分類方式，下列哪一種方式不是正確的方式？ (A)成本習性 (B)工作職掌 (C)單位歸屬 (D)主管權限。

( ) 2. 克利公司正在做產品別邊際貢獻分析，請問下列各項何者非為各產品之直接成本？ (A)各產品專用機器之折舊 (B)總經理之薪資 (C)可追溯至產品別之配銷成本 (D)依銷售績效為基礎之銷售獎金。 【102 年高考】

( ) 3. 下列哪一項不屬於生產成本？ (A)原料成本 (B)直接人工成本 (C)製造費用 (D)研究發展成本。

( ) 4. 下列何者係用以判定一項成本為直接成本或間接成本之主要基礎？ (A)作業層級 (B)成本分攤方式 (C)成本動因 (D)成本標的。 【104 年會計師】

( ) 5. 乙公司直接材料及間接材料都使用同一個材料帳戶，如果製造部門本月份領用直接材料 $80,000 及間接材料 $5,000，下列分錄何者正確？

		借	貸
(A)	在製品	80,000	
	材料		80,000
(B)	在製品	85,000	
	材料		85,000
(C)	製造費用	5,000	
	材料	80,000	
	在製品		85,000
(D)	在製品	80,000	
	製造費用	5,000	
	材料		85,000

【102 年地方特考】

(　) 6.成本抑減的最佳機會出現於價值鏈之何種階段中？ (A)產品設計階段 (B)產品生產製造階段 (C)產品行銷階段 (D)顧客抱怨階段。 【101 年普考】

(　) 7.乙公司十月份有關存貨成本資料如下：

	十月初	十月底
直接原料	$2,000	$3,000
在製品	4,800	3,900
製成品	2,800	2,500

十月份其他資料如下：

(1)直接原料進貨 $5,000

(2)直接人工成本 $3,500

(3)製造費用 $4,600

則乙公司十月份之製成品成本為多少？ (A) $4,000 (B) $12,100 (C) $13,000 (D) $13,300。 【106 高考】

(　) 8.高屏企業於六月份發生 $40,000 的直接人工成本，$60,000 的加工成本及 $70,000 的主要成本。如果當月份製成品成本是 $95,000，在製品月底存貨是 $15,000，試問在製品的月初存貨應是多少？ (A) $10,000 (B) $20,000 (C) $110,000 (D) $5,000。

【104 年會計師】

(　) 9.依據國際會計準則第 1 號 (IAS1) 規定，一套完整的 IFRS 財務報表有四種報表，下列哪一項不是其中的一種報表？ (A)銷貨毛利表 (B)資產負債表 (C)綜合損益表 (D)股東權益變動表。

(　) 10.甲公司本期製成品存貨增加 $1,507，在製品存貨減少 $770，銷貨成本為 $1,243，則該公司本期總製造成本為： (A) $506 (B) $1,034 (C) $1,980 (D) $3,520。

【101 年鐵路特考】

(　) 11.有關沉沒成本的敘述，何者為非？ (A)來自於過去的決策 (B)管理者不再擁有控制權 (C)成本日後可改變 (D)對未來的決策不具攸關性。

(　) 12.乙公司數年前以 $100,000 購入生產設備以為產品製造使用，該公司目前考慮是否以 $150,000 重新購置生產設備取代原有設備，原有設備目前之預估殘值為零。下列有關該重置決策之敘述，何者正確？ (A)增額成本為 $50,000 (B)可免成本為 $50,000 (C)不可控制成本為 $150,000 (D)攸關成本為 $150,000。 【104 年普考】

(　) 13.若 A 方案之總成本是 $500,000，B 方案之總成本是 $340,000，請問 $160,000 是什麼成本？ (A)機會成本 (B)沉沒成本 (C)付現成本 (out-of-pocket cost) (D)差異成本。

【104 年會計師】

(　) 14.有關「全面品質管制」觀念的說明，下列敘述正確者有幾項？①產品品質管制應於設計、開發、生產、銷售及售後服務之整體價值鏈中併同考量。②供應商需準時交貨，其原物料品質必須良好，且交易條件及價格合理。③產品品質是生產線員工的責任，於設計或研發部門無關。④必須編製品質成本報告，以進行品質控管績效評估。 (A)僅一項 (B)僅兩項 (C)僅三項 (D)四項。 【102 年會計師】

(　) 15.品質成本中，下列何者屬於內部失敗成本？①產品性能檢測成本②製程發生瑕疵之廢料成本③產品重製之製造費用④售後服務之維修成本 (A)僅①③ (B)僅②③ (C)僅①④ (D)僅②③④。 【106 年高考】

二、練習題

E2–1　以下為真誠公司的各項帳戶餘額。

購買直接原料成本	$168,000
直接原料使用成本	184,500
製造設備折舊	144,000
直接人工成本	100,500
間接人工成本	108,000
間接原料成本	40,500
其他製造成本	13,500
銷售人員薪資	174,000

試作：

1. 真誠公司主要成本金額。
2. 真誠公司加工成本金額。

E2–2　甲公司的中央廚房公司供應餐食給 A、B 及 C 三家餐飲公司。其銷售及成本資料如下：

餐飲公司	A 公司	B 公司	C 公司
銷售額	$189,000	$150,000	$160,000
直接成本：			
食材費	51,000	40,000	42,000
人事費（不含業務人員）	45,000	35,000	36,000
運輸費	20,000	15,000	16,000
其他加工費	15,000	10,000	11,000
業務人員薪資	45,000	45,000	45,000
間接成本：			
分攤管理處成本	10,000	6,000	6,000
利潤	$ 3,000	$ (1,000)	$ 4,000

該公司對 A、B 及 C 三公司均各派三位業務人員從事服務，每位人員剩餘聘期尚有三年。以下狀況各自獨立（無關聯）：

狀況一：

A 公司抱怨只派三位業務人員服務不夠，期望增派業務人員。

狀況二：

由於供餐 B 公司虧損，該公司考慮暫停供應 B 公司餐食。

請問下列選項何者錯誤？請說明理由。

(A)在狀況一下，若尚未增派業務員，則 A 公司之平均每一業務員直接獲利邊際貢獻最高，C 公司次之。

(B)在狀況一下，對 A 公司增派一業務員，則平均每一業務員之直接獲利邊際貢獻反而低於 B 公司平均每一業務員之直接獲利邊際貢獻。

(C)在狀況二下，暫停供餐，並非所有直接成本短期皆為可免。

(D)在狀況二下，隨著該公司進行成本調整之管理活動，可避免成本會愈來愈少。

【106 年會計師】

E2–3　甲公司本月份發生下列有關生產之資料：

1. 購買直接原料成本 $45,000。
2. 製成品成本為 $135,000。
3. 製造費用為直接人工成本的 60%，直接人工成本 $67,500。
4. 期初在製品存貨為期末在製品存貨的 80%。
5. 期末原料存貨為 $12,000。
6. 期初原料存貨為本期購料的 20%。
7. 期初製成品存貨為 $52,500，是期末製成品存貨的 70%。

試作：

1. 計算直接原料成本。
2. 計算期初原料存貨。
3. 計算期初在製品存貨。
4. 計算本月份銷貨成本。

【101 年地方特考】

E2–4　假設復興公司沒有期初存貨，且產品當期開始製造並完成，以下為 2018 年度的交易：

1. 直接原料購買成本	$700,000
2. 直接原料使用成本	600,000
3. 直接人工成本	320,000
4. 製造費用	400,000
5. 當期開始製造並完成的產品之成本	?
6. 銷貨成本（假設出售一半的製成品）	?

試作：列示直接原料、在製品及製成品之期末存貨總金額。

E2–5　請找出下列每個例子的遺失金額。

	例　一	例　二	例　三
製成品之期初存貨	$ 12,500	?	$ 6,250
當年度完工之製成品	118,750	$535,000	?
製成品之期末存貨	10,000	122,500	26,250
銷貨成本	?	506,250	380,000

E2–6　大甲工廠現生產 A 產品的收益為 $2,400，現擬改生產 B 產品，其收益為 $2,800，則該工廠決策的機會成本是多少？

Memo

3 分批成本制度

學習目標

1. 辨識成本制度的適用環境
2. 認識及時系統
3. 敘述分批成本制度的會計處理
4. 說明製造費用的分攤方式
5. 介紹非製造業的分批成本制度

精緻建築展現差異

冠德建設股份有限公司曾獲得「營建業模範生」的美譽，以「成為全國第一流營建專業團隊，發展多角化事業，邁向世界級企業」為願景，並堅持「誠信、品質、服務、創新」的經營理念。冠德建設不斷創新建築定義，在建築業界率先提出「永久售後服務」，為首家取得 ISO 品保認證和引進客戶服務系統的營建業廠商，持續推動建築新思維與生活觀。

建設公司與製造差異化產品的公司特性相似，都是依顧客需求而推出不同的建築作品，所以適合採用分批成本制度。會計人員將每個工地如同採用一張分批訂單，用來累積成本資料。藉此，建設公司可進行成本控制、資金規劃與建築物訂價等決策。

冠德建設股份有限公司 http://www.kindom.com.tw

引　言 introduction

產品成本系統的主要功用是累積生產過程中所有成本，再把這些成本分配到最終的產品。亦即，製造業需要產品成本資料才能正確地計算出財務報表存貨和銷貨成本。管理者需要產品成本資料，作為成本規劃與控制的依據，以提供產品訂價、產品組合和數量預測等決策的參考。

存貨計價的方法，採用一般的成本制度，可分為分批成本和分步成本兩種，分批成本制度適用於訂單生產型態的組織，原因是每批次的訂單需求不同；分步成本制度則適用於單一產品大量生產的情況。

本章討論重點為在分批成本制度之下的產品成本計算與會計處理方法，以計算每張訂單的產品成本。本章內容先說明分批成本制度與分步成本制度的適用環境，再解釋直接原料與直接人工的處理方式，然後說明計算製造費用的種種問題。此外，還敘述分批成本制度在非製造業的應用。

章節架構圖

3.1 成本制度的適用環境

產品成本的組成要素可分為三類，直接原料成本、直接人工成本及製造費用。在決定存貨價值與銷貨成本之前，必須計算出產品單位成本，存貨價值列在資產負債表上，銷貨成本則列在綜合損益表上。根據國際會計準則第 2 號 (IAS2) 規定，「存貨」係指符合下列任何一條件的資產：

⑴貨品持有為提供正常營業銷售者。

⑵正在製造過程中尚未完成以供前項銷售者，通常係指在製品。

⑶將於製造過程或勞務提供過程中，所耗用的原料或物料。

⑷存貨也包括購入且持有供再出售的產品，例如零售商購入且持有供再出售的商品；或持有供再出售的土地或其他不動產。

存貨於原始認列時以成本入帳，其成本包括進口關稅、不可退款之稅額、運輸與處理費用，以及其他可直接歸屬之成本，並扣除進貨折讓等類似之項目。存貨應以成本與淨變現價值孰低衡量。淨變現價值係指在正常營業情況下之估計售價減除估計至完工尚需投入之成本及估計之銷售費用後的餘額。

製造業存貨有原物料、在製品、製成品三種類型。存貨成本應包括購買原物料所支付的價格、進口稅捐與其他稅捐，以及可直接歸屬於取得原料、在製品、製成品和勞務所發生的運輸、處理等相關之成本；如有交易折扣、價格折讓或其他類似項目，應在決定購買價格之前扣除。至於有些支出項目要於發生當時認列為「費用」，不能列入存貨成本，如下所列：

⑴異常耗損之原料、人工或其他製造成本。

⑵製成品的儲存成本。

⑶對存貨達到目前之地點和狀態，並無貢獻之管理費用。

⑷銷售相關費用。

IAS2「存貨」規定，不可替換或是歸屬特定合約之產品，其成本應個別認定，其餘之存貨成本則可採用先進先出法 (FIFO) 或加權平均法；但不允許採用後進先出法 (LIFO)。企業對性質及用途類似之存貨，應採用相同成本計算方法；對性質或用途不同之存貨，得採用不同成本計算方法。值得注意，成本計算方法選定後，必須於各期一致使用。

成本計算方法可適用於製造業、買賣業以及服務業；即使是非營利事業，例如學校、教會等組織，亦可使用。不論組織的型態，產品成本可區分為**直接成本** (direct cost) 與**間接成本** (indirect cost) 兩類，前者指可以明確歸屬於某成本標的之成本；後者則為無法清楚確認其標的之成本，所以須用合理的基礎來分攤。

累積產品成本的方式，與生產過程特性及資訊需求目的，有非常密切的關係。一般企業所採用的產品成本計算方法，包括分批成本制度與分步成本制度。此兩種制度各有其適用環境，管理會計人員應了解企業的生產型態與加工程序，再謹慎選擇適當的方法。

 *3.1.1* 分批成本制度的適用環境

分批成本制度 (job order costing) 適用於每張訂單的規格和數量皆有顯著差異時，產品的製造或勞務的提供依訂單需求而不同，所以每張訂單的成本計算也不同。例如，印刷廠視每一種書的印刷為一張訂單，因為各種書有不同的內容。西裝店依個人尺寸來縫製西裝，因為每一件衣服的大小不一。每張訂單的成本計算過程大致相同，彙總所有因為要完成此張訂單所需耗用的成本，再除以該訂單的生產數量，即可得知每單位的產品成本。

分批成本制度又稱為訂單成本制度，在訂單上要填寫購買者所訂購貨品的規格、數量、送貨時間與地點等資料；生產部門依訂單上的規定來製造產品；等產品製造完成後，會計部門計算為完成該訂單所花費的成本。如果適合使用分批成本制度，企業製造產品或提供的服務有下列特性：

⑴每項產品或每種服務具有其獨特性，有必要按照顧客的特定要求，而以批次的方式生產。

⑵各種產品或服務之投入因素的差異性相當大，這裡所謂的投入因素包括直接原料成本、直接人工成本及製造費用。

具有上述特性的產品，有建築物、太空船、特製家具等；至於符合以上特性的服務，如個人健康檢查、會計師事務所的帳務查核、汽車修理等。產品或服務的獨特性決定相關作業的內容；不同的作業決定耗用直接原料成本、直接人工成本與製造費用的種類和多寡。由於投入因素的不同，單位成本也可能有很大的差異，此時適合應用分批成本制度，來計算各批次之產品或服務的成本。

實務應用　客製化少量生產

德國愛迪達 (Adidas) 採客製化小量的方式生產符合消費需求鞋款，以配合廣告行銷策略，預期個人化及特定用途尖端產品，比較符合高消費群的需求。愛迪達在 2018 年發表一個創新製造平台的概念 (Speed Factory)，其產品設計與生產模式，將成為大量生產與精品設計之間的絕佳橋樑，意謂著製鞋產業的未來方向。Speed Factory 運用機器人製造小批量的系列產品，取代全球製鞋的大量生產模式，更能靈活配合多樣化的市場需求。

3.1.2 分步成本制度的適用環境

分步成本制度 (process costing)，又稱為大量生產成本制度，適用於每項產品間同質性高且生產量大的廠商，例如煉油廠、人造纖維廠、清潔劑製造廠。當產品大量製造時，生產程序不會因顧客需求不同而有所差異。因此，會計部門只要將一段期間內，所花費的總成本除以總產量，即可得到每單位的產品成本。在此情況下，同一類的產品或服務，單位成本都一樣，不必明確區分各個批次成本的不同。分步成本制度具有下面的特色：

⑴產品之間完全相同或相似，以連續的方式生產。

⑵產品之間所耗用的直接原料、直接人工和製造費用的金額非常相近。

有些服務業如銀行業務、保險理賠處理與機場行李保管等，主要耗用的都是直接人工與製造費用。本章主要探討分批成本制度的會計處理與其相關問題，而分步成本制度則於下一章說明。

實務應用 擴大規模提高效能

健益汽車創立於 1973 年，是順益的關係企業。初期的營業項目主要以生產水泥預拌車、拖車第五輪與工作臺為主。為強化經營體質與提高競爭力，除了成立研發部門外，還積極找尋技術合作夥伴；陸續開發出臺灣第一臺無大樑高速巴士和壓縮式清潔車，更研發國內首創複合式傾卸車，結合傾卸車與油壓尾門設計，方便載貨及卸貨。健益汽車陸續與德國賓士 (Mercedes Benz)、日本三菱重工、日本富士重工等，簽訂合作契約生產商用車、特種車等產品，目前為臺灣規模最大的專業特種車體製造廠。

參考資料：健益汽車工業 http://www.gsic.com.tw/

 3.1.3 分批成本制度的作業流程

在分批生產作業中，可區分為三階段：(1)簽約完成後訂單正式生效；(2)依訂單規定進行製造；(3)產品製造完成。分批成本的作業流程，始於訂單簽訂，止於產品製造完成後，依照訂單送交客戶為止，如圖 3.1。由於訂單生產的特色在於每批貨品的規格、數量皆不相同，為避免發生錯誤，製造過程中以發布**製造通知單** (production order) 為起點，上面要註明一些基本資料，作為通知生產單位製造某一產品的書面通知，因此也有公司稱其為工令單。生產部門主管依據製造通知單的資料，作為原料領用、人員排班、製造排程等決策之參考。

分批成本制度的特色，在於對每一批次的產品，分別累積其直接原料成本、直接人工成本、製造費用至**分批成本單** (job cost sheet)，所有與該訂單有關的成本彙總在一起，可計算出每張訂單的總成本與單位成本。在分批成本單上，直接原料成本和直接人工成本皆是實際成本；至於製造費用是採用估計數，會計部門選定合適的分攤基礎，將預計分攤率乘上實際數量即成為製造費用金額。

總而言之，會計部門在製造通知單發布時，對每一批次產品設立分批成本單，根據領料單資料記入直接原料成本，由計工單上得到直接人工成本，製造費用則採用估計數。當訂單產品製造完成後，將該批次的分批成本單資料彙總，計算出產品單位成本，並且註明生產數量、已銷售數量和存貨數量。

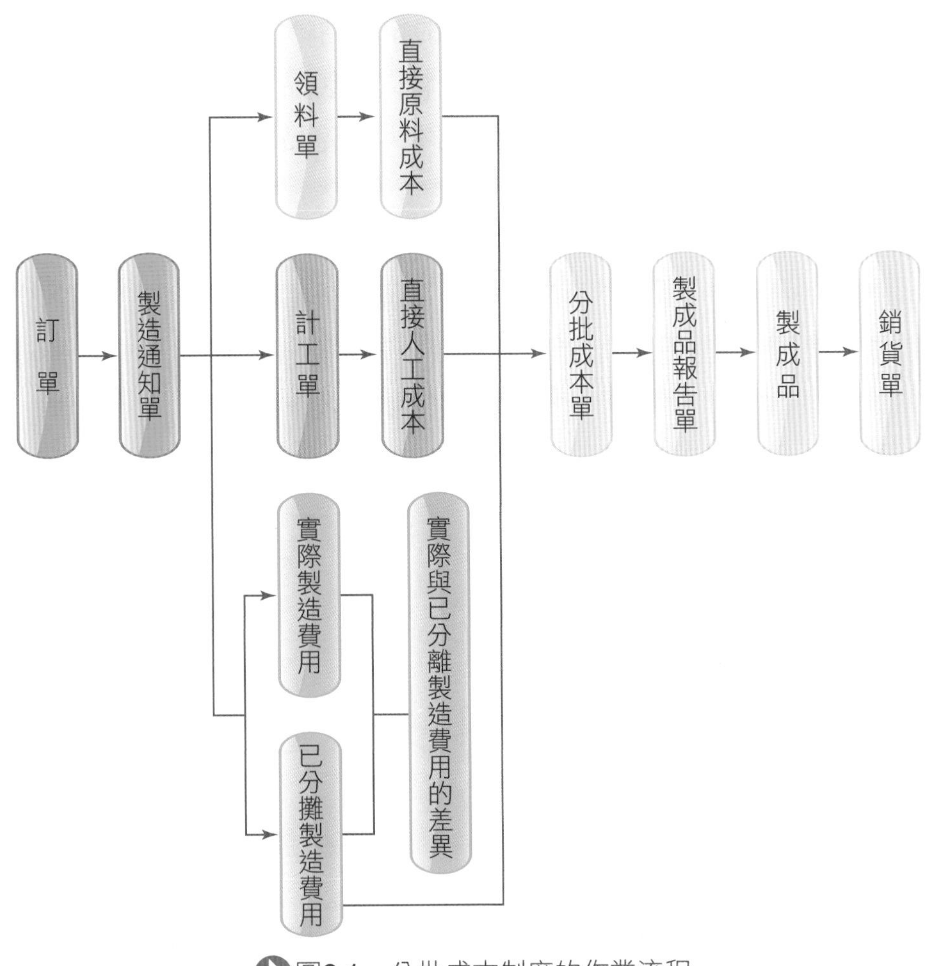

圖3.1　分批成本制度的作業流程

實務應用　採用分批成本計算電梯成本

由於電梯規格會隨著大樓結構的不同而改變，在正中公司的作業流程中，業務部門與客戶確定電梯的規格和數量後，便簽訂正式合約，此時訂單正式生效。製造部門在接到訂單後，即開始從事生產排程、領料、製造等工作；待生產作業完成後，電梯產品即送至倉庫，業務部門將其送給客戶，予以安裝完成。當客戶簽收電梯驗收單後，這張訂單即全部完成。

在分批成本作業流程中，各項成本項目的帳戶結轉流程如圖 3.2。本期所耗用的直接原料成本轉入在製品，直接人工成本也轉入在製品，再加上已分攤製造費用即成為在製品項目的借方餘額，亦即總製造成本。當產品製造完成，即轉入製成品；待銷售出去後，即轉到銷貨成本。

至於間接原料成本、間接人工成本和其他製造費用的總數為實際製造費用，與已分攤製造費用相比較，其差異數就是表示多或少分攤製造費用。當實際數小於分攤數時，即為多分攤製造費用的現象。在圖 3.2 上的資料登錄和所有轉帳程序，有些公司已採用電腦化處理，促使分批成本制度的作業效率提升。

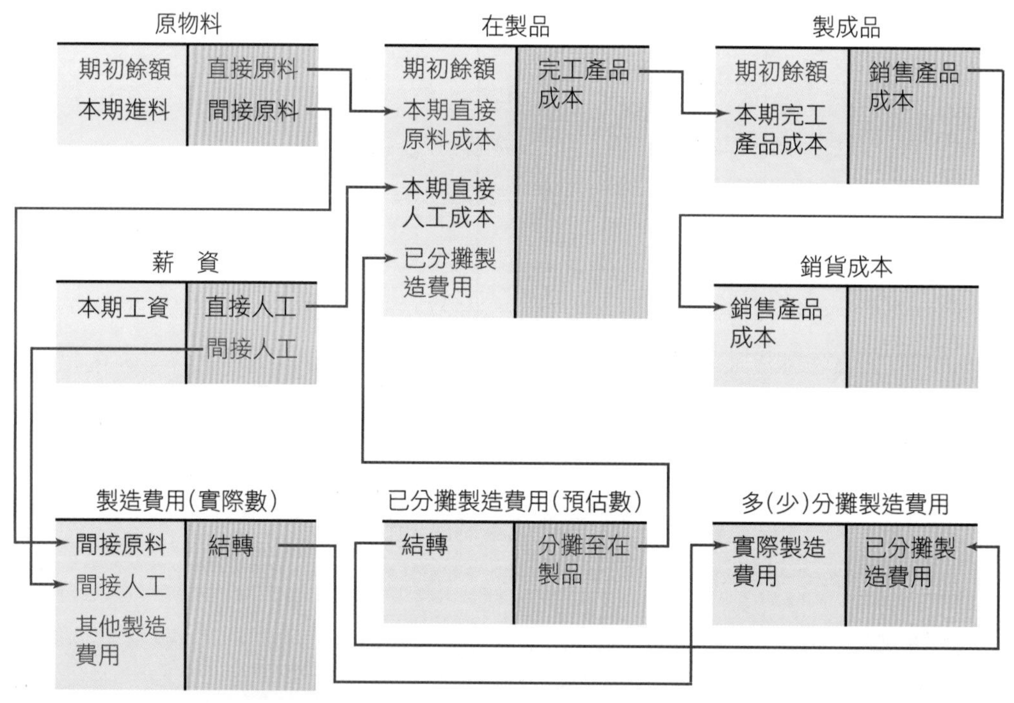

圖3.2　分批成本制度的會計項目轉帳流程

3.2 及時系統

及時系統具有兩項策略目標：提高獲利以及提升企業的競爭地位。企業如能控制成本，有利於價格競爭，進而提高獲利、改善交貨績效，並提升產品品質，即能達成前述兩項策略目標。為因應及時系統，在會計處理方面也發展出一種較簡略的會計分錄方法，詳細內容請參閱本章附錄。

及時系統 (Just In Time system, JIT system) 是一種需求帶動生產的模式，屬拉 (pull) 的系統，與推 (push) 的系統完全不同。及時系統不僅是一種要求存貨零庫存的管理技術，並且將「及時觀念」應用到採購、裝配、生產及運送方面，亦即有必要的時候，才生產需要的產品與數量。藉著及時存貨系統的實施，可消除浪費，持續改善生產效率，提升生產力與競爭能力。

實務應用　及時系統的應用

早在 1950 年代，美國的工程人員已提出 JIT 的觀念，但是當時在美國未受學術界和產業界的重視。直到 1953 年，日本豐田 (Toyota) 汽車公司的副社長大野耐一先生將及時系統的觀念引進日本，經過二、三十年不斷地改良。在 1970 年代初期，JIT 在豐田集團已廣泛實施，並且於 1970 年代後期，擴及日本的其他產業。後來，美國企業也開始實施及時存貨系統，以通用 (General Motor, GM)、福特 (Ford)、克萊斯勒 (Chrysler) 等汽車製造廠商率先實施。

3.2.1 及時系統特性

使浪費完全消除和生產效率發揮到極點，為及時系統下最理想的境界。因此及時系統又可稱為需求帶動生產系統 (Production As Needed system, PANS system)，最小存貨生產系統 (Minimum Inventory Production system, MIPS system)，或零存貨生產系統 (Zero Inventory Production system, ZIPS system)。基本上，及時系統具有下列十二項特性：

1. 穩定的生產率

每一項生產活動，必須有良好的規劃與協調系統，使生產排程與需求時間完全配合，以免造成供不應求的生產瓶頸，或供多於求的產能閒置問題。

2. 低的存貨量

存貨的減少可節省倉庫的空間，但要注意存貨太低可能造成的問題。例如倉庫中沒有足夠的原物料，造成生產線中斷，管理階層需要很快就注意到缺貨問題的癥結，並立刻採取補救的方法。

3. 較少的採購量與製造量

在及時系統下，每批產品數量少且生產排程常轉換，同時原料採購量也與產品製造量相配合。製造商為避免浪費，原料採購量和產品製造量皆維持最低量。

4. 整備的時間短和成本低

為配合產品少量多樣的製造，機器轉換時所花的整備時間要短且成本要低，才能使其完成。

5. 彈性的廠房佈置

生產線由單一整線作業，逐漸走上可生產類似產品的彈性工作站，一個工作站同時可完成幾項生產作業。

6. 預防性的維修計畫

為達到零存貨的境界，機器的運轉要正常，不能突然中斷而影響全部的生產活動。為避免偶發性當機的情況發生，應不時安排預防性的維修計畫，且有專人負責定期檢查機器狀況，並且定期保養設備。

7. 工人有較高的技術程度

多功能性工人 (multifunctional workers) 的概念廣為企業所喜愛，亦即一個工人會調整和維護各種不同功能的機器設備，也就是所謂的**彈性工人** (flexible workers)。

8. 高品質水準

要維持產品的品質，可從三方面來著手，首先將產品設計列入產品製造過程中，也就是說在設計階段即考慮產品易受損的部分；在生產過程中，設立適當的檢查點，並且將生產線上的工作盡量標準化，以提高品質。另外，原料供應商的選擇要嚴謹，以原料品質和運送時間為決策的主要考量因素，同時進料檢驗工作也要徹底執行，以免發生劣質原料所引起的生產中斷問題。

9. **團隊精神的發揮**

及時系統的成果，與生產單位有關人員之間的團隊合作精神有很大的關聯性。如果其中任何一個過程沒有配合好，作業流程會因此而中斷，便無法達到零存貨的境界。

10. **可信賴的供應商**

原料供應商提供適時適量的產品，是及時系統中的第一個要點。在選擇供應商時，需要作整體的考慮。理想上，供應商若能提供完全符合規定的原料，則進料檢驗程序可省略。

11. **拉的物流方式**

拉的系統為需求帶動生產的方式，也就是接到顧客訂單後，生產工令單才送達製造單位，同時向供應商購買原料。

12. **問題立即解決**

在及時系統下，可將生產線的各種作業資料隨時輸入電腦主機，使管理者可即時掌握製造過程的活動。有些工廠在各個工作站設有三色燈號誌來表示工作站的情況。綠燈表示沒問題；黃燈表示工作的進度緩慢，進度有點落後；紅燈表示有嚴重問題的產生，需要其他人員的支援。管理階層可依**例外管理** (management by exception) 的方式，來管理有差異的地方。

實務應用　看板管理

為了使產品的製造排程較容易，並與需求完全配合，有些公司在每一個工作站之間設置看板卡 (kanban card)，作為生產線上各個工作站之間的聯絡工具，生產線上每一項零件的移動指令，完全由看板卡來加以控制。看板管理的應用，以豐田汽車製造廠生產線的存貨管理為很好的典範。

實務應用　及時預防制度

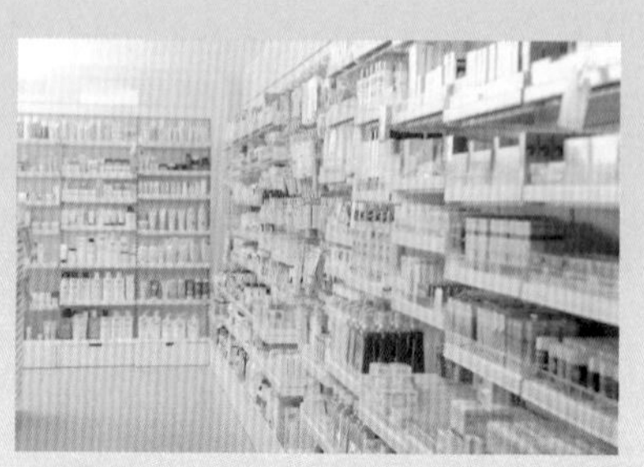

管理存貨的方法稱為及時預防制度 (just-in-case system)。在某些情況下，預防制度不失為理想的方法。但是，醫院必須隨時保存藥劑、藥品和其他緊急救護物品，以便及時處理危急狀況。如果當心臟病患病發的時候，才期望藥品能夠及時送達，似乎不太實際。因此，醫院可以依照過去經驗來決定各種藥品的最低庫存量，以免因缺乏藥品而耽誤救人的任務。

3.2.2　及時成本法

在及時系統下，由需求面帶動生產面，理想上是產銷完全配合，產品製造時間短，廠商不需要保留任何存貨。在帳務處理方面，會計分錄也因應及時系統而有較簡略的一種會計分錄方法，稱為**及時成本法** (just-in-time costing)，有時也稱為逆流成本法 (backflush costing)。由於原料是有需求才採購，且產品加工完畢後立即銷售，所以將傳統會計上的二個項目：原料 (raw materials) 和在製品 (work in process) 合併，產生一個新的會計項目，稱為「原料在製品」(raw and in process, RIP)。假設諾盧公司為生產 3,000 個櫃子給塔拉斯公司，當接到訂單時，馬上向原料廠商進貨 $300,000 的原料，其分錄如下：

原料在製品	300,000	
應付帳款		300,000

當原料投入生產線後，立即發生加工成本 $2,400,000，來完成加工程序，其分錄如下：

加工成本	2,400,000	
應付薪資		600,000
累積折舊		1,800,000

會計項目	借方	貸方
製成品	2,700,000	
原料在製品		300,000
加工成本		2,400,000

當貨品 $2,700,000 運送給顧客，且由對方簽收並收到現金 $4,500,000，完成了交易行為，其分錄如下：

會計項目	借方	貸方
銷貨成本	2,700,000	
製成品		2,700,000

會計項目	借方	貸方
現　金	4,500,000	
銷貨收入		4,500,000

在及時成本法下，製造業廠商可因「原料」與「在製品」存貨的合併，而減少一些會計分錄。有些公司把及時系統與物料需求規劃系統相結合，可使原料存貨量降到最低點。上述五個分錄與傳統製造業分錄的不同點，主要在於「原料在製品」會計項目。有些公司採取另一種分錄方式，稱為逆流成本法，為使讀者易於了解，只把上面例子更改一點。假設供應商送貨到工廠，原料立即投入生產線，加工成本在銷售量確定後才加入，其分錄如下：

會計項目	借方	貸方
原料在製品	300,000	
應付帳款		300,000

會計項目	借方	貸方
製成品	300,000	
原料在製品		300,000

會計項目	借方	貸方
銷貨成本	300,000	
製成品		300,000

會計項目	借方	貸方
加工成本	2,400,000	
應付薪資		600,000
累積折舊		1,800,000

銷貨成本 …………	2,400,000	
加工成本 …………		2,400,000

當產品製造完成後，銷售量為生產的 95%，也就是說產銷沒有完全配合，產生了期末存貨，其分錄如下：

製成品 …………	135,000	
銷貨成本 …………		135,000

上述的分錄比傳統產品製造到銷售過程的分錄簡略，在實務上可隨各公司的性質而作適度的調整，其基本原則是簡化會計作業。在我國，有些電子業製造廠商採用及時成本法，每個月可減少 10,000 筆以上的會計分錄。

實務應用　運用及時系統來控制成本

由日本 Skylark 餐飲集團投資的雲雀國際，「加州風洋食館」得以成功地在臺灣持續拓點展店，以「貼著水平面」的訂價策略，發展出一套降低成本策略，達到獲利極大化目標。經營者強調「這些省下來的成本，就是利潤」，定期更換新的季節性菜單，多樣化的套餐選擇，不同的價位滿足不同的需求，不斷地改進學習，讓客人都能感受到 Skylark 的用心。

為壓低食材進貨成本，雲雀國際採「少量採購、少量製造」的方式控制成本，採用及時進貨 (Just In Time, JIT) 策略，亦即透過銷售點系統 (Point Of Sale, POS) 與嚴密的預測管控機制，由店舖後勤支援廚房每天精準的訂貨、進貨。

參考資料：加州風洋食館 http://www.sky-lark.com.tw/

3.3 分批成本制度的會計處理

分批成本制度對於各批次產品或服務，分別累計其直接原料成本、直接人工成本與製造費用。每日、每週或每月的成本資訊，都可藉由會計資訊系統來產生。電腦給予每一批次一個彙總性質的「分批成本單」，以累計與該批次相關的成本；各批次的成本單集合起來，便是明細分類帳。當然，也可不用電腦，僅用人工來處理。一般常見的分批成本單格式，如表 3.1 所示。接著，再討論各批次的成本要素之會計處理，包括直接原料成本、直接人工成本與製造費用。

表3.1　分批成本單

佳美股份有限公司 分批成本單						
客戶名稱：______			批　　號：______			
產品名稱：______			開始日期：______			
規　　格：______			完成日期：______			
數　　量：______						
直接原料成本			直接人工成本			製造費用
日　期	領料單號	金　額	日　期	計工單號	金　額	
						應計工時：
						製造費用分攤率：
						分攤之製造費用：
						彙　總
						直接原料：
						直接人工成本：
						製造費用：
						總成本：
小　計			小　計			單位成本：

3.3.1　直接原料成本計算

需要直接原料用於製造時，便將原料從倉庫移至生產線。為了取得直接原料，生產部門的領班必須填寫「領料單」，交給倉庫管理員，而領料單的一份副本則交至成本會計部門。成本會計部門人員將領料單中所記載的成本，從原料存貨帳戶轉到在製品帳戶，並把直接原料的成本登錄到該批次的成本單中，表 3.2 列示領料單的格式。

表3.2 領料單

<table>
<tr><th colspan="5">佳美股份有限公司
領料單</th></tr>
<tr><td colspan="5">領料單編號：__________ 日　期：__________
歸 屬 批 號：__________ 部　門：__________
領 班 簽 名：__________</td></tr>
<tr><td>項　目</td><td>規　格</td><td>單位成本</td><td>數　量</td><td>金　額</td></tr>
<tr><td></td><td></td><td></td><td></td><td></td></tr>
</table>

在許多工廠裡，領料單資料是由領班直接輸入電腦，再自動傳到倉庫與成本會計部門的電腦中。如此的作業減少單據的簽發，避免人員填寫錯誤，更可加速成本資訊的處理作業。

管理者對於經常製造的產品，可以預先知道所需直接原料的數量與排程時間，即是所謂的**物料需求規劃** (Material Requirements Planning, MRP) 技術。物料需求規劃是一項物料管理的工具，幫助經理人員作生產排程規劃，使得每一製造階段所需要的原料與零件，都能及時取得。物料需求規劃通常都以電腦程式來處理，各製造階段所需要的原料及零件，都明確的標示在**物料清單** (Bill Of Materials, BOM) 上。

3.3.2 直接人工成本計算

直接人工成本的計算，主要依據員工所填寫的「計工單」，以記錄某員工花在各生產批次的時間。計工單是成本會計部門將直接人工成本記入在製品以及各批次成本單時，所根據的原始憑證。表 3.3 為計工單的一個範例。

如表 3.3 所示，大部分的員工每天都不只做一批工作。成本會計部門將每個員工花在各批次的人工成本，記入在製品與相對應的成本單。在表 3.3 中，該員工也花了 30 分鐘在清潔廠房方面，此部分的成本屬於間接人工成本，應歸入製造費用。

除了計工單之外，每位員工還有一張「計時卡」計算其工資。通常每週更換一張計時卡，一週結束後便加總工作時數，以核算各員工當期的工資。表 3.4 為一員工的計時卡。

表3.3　計工單

佳美股份有限公司 計工單			
員工姓名：王有福		日　　期：10/30	
員工編號：20		部　　門：組裝	
工 資 率：$120 /小時		會計帳户：在製品	
起始時間	停止時間	批　次	成　本
9:00	12:30	B97	$420
12:20	12:50	清潔	$ 60
14:00	18:00	D48	$480

表3.4　計時卡

佳美股份有限公司 計時卡							
員工姓名：王有福				日　　期：10/30～11/04			
員工編號：20				部　　門：組裝			
工 資 率：$150 /小時				加班津貼：$75 /小時			
日　期	早　上		下　午		加　班		總工時
	上班	下班	上班	下班	上班	下班	
10/30	8:52	13:02	13:59	18:03			8
10/31	8:59	13:03	13:57	18:02	18:30	22:30	12
11/1	8:55	13:01	13:59	18:00			8
11/2	9:00	13:04	13:58	18:02			8
11/3	8:54	13:00	13:56	18:01			8
11/4					8:56	13:01	4
正常時間	40 小時	一般工資	$150 /小時				$6,000
加班時間	8 小時	工資 + 津貼	$225 /小時				1,800
總　計							$7,800

3.3.3 製造費用成本計算

直接原料與直接人工的成本，都很容易地就能追溯至各批次的產品或服務，但是製造費用的歸屬就相當困難了。製造費用包括許多間接生產成本，例如間接原料成本、間接人工成本、折舊費用、電費、保險費、維修費及稅捐等。這些成本與各批次的產品或服務沒有明顯且直接的因果關係，但卻是生產所必須分攤的費用。為了正確計算產品或服務的成本，有必要把這些製造費用作適當的分攤。

製造費用的分攤，乃藉由成本動因與產品或服務相連結。通常製造費用之分攤所採的成本動因，為直接人工小時、機器小時或直接人工成本。每年對製造費用的總數作預算，並且估計成本動因的活動數量（直接人工時數、機器時數或直接人工成本），將前者除以後者，即得到製造費用分攤率。各產品或服務即用此分攤率乘以所耗用的成本動因活動數量，求得應分攤的製造費用。

實務應用　以機器小時為分攤基礎

選擇製造費用的成本動因時必須謹慎，成本動因需要與製造費用和產品兩者有緊密的關聯。如果某項生產作業十分倚賴機器，其製造費用包括潤滑油、機器維修、折舊、電費與其他和操作機器有密切關係的費用，對於這些費用的分攤基礎以機器小時來衡量比較適當。

3.3.4 損壞品、重做、殘料的處理

㈠損壞品

企業無論採分批成本制度或分步成本制度，在製造過程難免會發生損失或損壞品，通常只能報廢丟棄或降價求售。針對損壞品分為正常損壞和非常損壞，分別說明如下：

1. 正常損壞

每種行業不可避免之正常損失單位數發生，單位主管有必要決定可接受的正常損壞率，並有兩種處理方式如下：

⑴特殊訂單之正常損壞

在此情況下，可將該批次訂單損壞品之預計售價減處理費用後的淨變現價值來入帳，其分錄如下：

損壞品	×××（淨變現價值）	
在製品		×××

⑵一般訂單之正常損壞

在另一個情況下，損壞品發生在一般製程中，並且被視為正常現象，修復損壞品的成本被視為製造費用，由所有產品共同分攤，其分錄如下：

損壞品	×××（淨變現價值）	
製造費用	×××	
在製品		×××

2.非常損壞

在正常製造過程中，不被預期發生的非常損壞，損失成本將列為當期損失（期間成本），其分錄如下：

損壞品	×××（淨變現價值）	
損壞品損失	×××	
在製品		×××

㈡重做

在生產過程中製造出不符合顧客需求的產品單位，也就是瑕疵品要再重做，成為可接受的製成品再出售。

⑴特殊訂單之重做

在此情況下，可將該批次訂單瑕疵品重做成本，應歸屬到該批次訂單，其分錄如下：

在製品	×××	
原料存貨		×××
薪資費用		×××
製造費用－預估數		×××

⑵一般訂單之重做

在另一個情況下，損壞品發生在一般製程中，並且被視為正常現象，重做損壞品的成本被視為製造費用，由所有產品共同分攤，其分錄如下：

製造費用－實際數	×××	
原料存貨		×××
薪資費用		×××
製造費用－預估數		×××

再者，損壞品發生在一般製程中，但是被視為非正常現象，重做損壞品的成本被視為重做損失（當期損失），其分錄如下：

重作損失	×××	
原料存貨		×××
薪資費用		×××
製造費用－預估數		×××

㈢**殘料**

有時公司發生殘料價值很大，即可於生產時點認列為材料存貨，並以淨變現價值入帳，不須等到出售時才認列出售收入。可將殘料之預計售價減銷售費用後的淨變現價值來入帳，有下列兩種方式處理：

⑴若殘料為製造某一批次產品所發生的分錄：

存貨－殘料	××	
製造費用－批次號碼 NO.		××

⑵若殘料的價值是所有產品成本之減少的分錄：

存貨－殘料	××	
製造費用		××

當殘料於日後出售後，再沖銷「存貨－殘料」會計項目。

 3.3.5　分批成本制度的釋例

為了使讀者熟悉分批成本制度的應用，在這以莎莉佳公司的例子來說明每項成本支出時，會計部門對這些交易的帳務處理方式。假設莎莉佳公司在 2018 年 8 月份完成了兩筆訂單，訂單的號碼和內容分別敘述如下：

訂單	B17 號	80 臺電腦
訂單	R30 號	40 臺印表機

莎莉佳公司為了完成這兩批訂單的生產和銷售，在 8 月份產生了下列的交易行為。

1. 原料的購買

在 8 月 1 日，莎莉佳公司以賒帳的方式購買零件組，全部價格為 $15,000，其會計分錄如下：

科目	借方	貸方
原　料	15,000	
應付帳款		15,000

2. 直接原料的使用

在 8 月 2 日，生產部門向原料倉庫領取零件組，分別用在兩種不同的訂單。生產部門填寫了下面兩張領料單：

領料單	56 號	80 片晶片組耗用成本為 $12,000，完全使用於 B17 號訂單。
領料單	88 號	40 個印刷電路板耗用成本為 $6,750，完全使用於 R30 號訂單。

上述兩次領用零件組的分錄如下：

科目	借方	貸方
在製品	18,750	
原　料		18,750

3.間接原料的使用

在 8 月 15 日，生產部門向倉庫領取裝配零件，其價值為 $150。由於裝配零件在製造過程中屬於一種物料，所以當作製造費用的一部分，其分錄如下：

製造費用－實際數	150	
物　料		150

4.直接人工的投入

根據生產部門的統計資料顯示，B17 號和 R30 號訂單所使用的直接人工成本分別為 $6,750 和 $4,500。會計人員可從每張訂單的成本單得知人工成本資料，例如訂單 R30 號的成本單列在表 3.5。關於直接人工成本的會計分錄如下：

在製品	11,250	
應付薪資		11,250

5.間接人工的投入

由工人的計工單上得知，8 月份工人花了一些時間在清潔廠房，這部分的相關工資為 $7,500，為間接人工成本，屬於全廠的費用無法直接歸屬到那一張訂單，其分錄如下：

製造費用－實際數	7,500	
應付薪資		7,500

6.製造費用的實際發生

在 8 月份，莎莉佳公司除了投入上述的各項成本外，還投入下列各項支出：

房　租	$2,250
機器設備折舊費用	3,000
電　費	2,250
保險費	2,250
合　計	$9,750

會計人員可準備下列的分錄來記載 8 月份實際發生的製造費用。

製造費用－實際數	9,750	
應付房租		2,250
累積折舊－機器設備		3,000
應付電費		2,250
預付保險費		2,250

7. **製造費用的分攤**

莎莉佳公司用機器小時作為製造費用的分攤基礎，每一機器小時預計分攤 $15 的製造費用。根據生產部門的資料顯示，訂單 B17 號使用了 500 個機器小時，訂單 R30 號使用了 300 個機器小時，所以兩張訂單的製造費用預估數之計算過程如下：

訂單	B17 號	$15 × 500 = 7,500
訂單	R30 號	$15 × 300 = 4,500

以上的分錄是以製造費用的預估數代入在製品。

在製品	12,000	
製造費用－預估數		12,000

8. **管銷費用的發生**

在 8 月份，莎莉佳公司的業務部門和管理部門有下列的各項支出：

業務人員薪資	$ 7,500
管理人員薪資	9,000
廣告費	3,000
辦公室租金	3,000
辦公用品費	750
合　計	$23,250

以上的管銷費用都不是發生在生產部門的費用，性質屬於期間成本，所以分錄如下：

管銷費用	23,250	
應付薪資		16,500
應付廣告費		3,000
應付房租		3,000
用品盤存		750

9. **訂單完成**

假若 R30 號訂單所生產的 40 臺印表機在 8 月份完成，總製造成本共計 $15,750，列示於表 3.5 的成本單上。這 40 臺印表機在完成所有製造程序後，由工廠轉到倉庫，其分錄如下：

製成品	15,750	
在製品		15,750

表3.5　成本單：R30 號訂單

莎莉佳股份有限公司
分批成本單

客戶名稱：	怡德企業	批　　號：	R30 號
產品名稱：	印表機	開始日期：	2018/08/01
規　　格：	彩色噴墨	完成日期：	2018/08/25
數　　量：	40 臺		

直接原料成本			直接人工成本			製造費用	
日　期	領料單號	金　額	日　期	計工單號	金　額		
8/2	88	$6,750	8/3	27	$4,500		
						應計工時：	300
						製造費用分攤率：	$　15
						分攤之製造費用：	$4,500
						彙　總	
						直接原料成本：	$ 6,750
						直接人工成本：	4,500
						製造費用：	4,500
						總成本：	$15,750
小　計		$6,750	小　計		$4,500	單位成本：	$393.75

10.貨品銷售

8 月份所完成的 40 臺印表機，其中 30 臺運送給顧客，收到應收帳款 $45,000（每臺印表機售價為 $1,500）。與這筆交易相關的分錄如下：

應收帳款	45,000	
銷貨收入		45,000

銷貨成本	11,812.5	
製成品		11,812.5

$393.75 × 30 = $11,812.5

11.製造費用差異的處理

8 月份的製造費用實際發生成本為 $17,400 (= $150 + $7,500 + $9,750)，與製造費用預估數 $12,000 相比較，二者之間的差異數是 $5,400。在處理這項差異前，先要計算下列四個 T 帳戶的期末餘額。

製造費用		在製品		製成品		銷貨成本	
實際數	預估數	7,500					
17,400	12,000	4,500	4,500	4,500	3,375	3,375	
5,400		7,500		1,125			

在製造費用帳戶內，實際數在借方（左邊），預估數在貸方（右邊），如果實際數超過預估數則產生製造費用少分攤的現象；如果預估數超過實際數則產生製造費用多分攤的現象。在本例中，莎莉佳公司 8 月份製造費用有少分攤 $5,400 的現象。針對這差異部分的會計處理方式有兩種，首先談較簡單的方式，也就是把全部差異調整到銷貨成本帳戶，其分錄如下：

銷貨成本	5,400	
製造費用		5,400

目前有很多公司採用上述的處理方式，主要原因是處理方式很簡單且很清楚。尤其在有效率的公司內，差異數的金額相當小，就成本與效益而言，會計人員不應花太多時間在處理差異小的事項。

如果公司製造費用的實際數和預估數之間有很大的差異，則可採另一種差異處理法，將差異分配到三項不同帳戶，這種處理過程稱為按比例分配方式。由於製造費用預估數會出現在三個不同帳戶：在製品、製成品和銷貨成本，所以把製造費用預估數在這三項不同帳戶的期末餘額作為分配差異數的基礎。在上述莎莉佳公司的在製品帳戶內，屬於製造費用的金額為 $12,000，其中訂單 R30 號部分 $4,500 轉入製成品，只剩下 $7,500 餘額。製成品內有 75% (40 臺印表機中出售 30 臺) 共 $3,375 轉入銷貨成本，餘額成為 $1,125。如果莎莉佳公司要把差異數 $5,400 分配到三個帳戶，其計算方式如下：

會計項目	説　明	餘　額	百分比	分配過程
在製品	訂單 B17 號	$ 7,500	62.5%	$5,400 × 62.5% = $3,375.0
製成品	10 臺印表機	1,125	9.4%	$5,400 × 9.4% = $ 507.6
銷貨成本	30 臺印表機	3,375	28.1%	$5,400 × 28.1% = $1,517.4
8 月份製造費用預估數		$12,000	100.0%	

完成上述的分配過程，會計人員可準備下列的分錄：

在製品	3,375.0	
製成品	507.6	
銷貨成本	1,517.4	
製造費用		5,400

由莎莉佳公司的例子，讀者可了解分批成本制度下對每張訂單的會計處理方式與過程。至於製造費用差異數的處理方式，可依各公司差異數大小而作決定。如果差異不大，可將差異數完全調整到銷貨成本一項帳戶；如果差異很大，才需要將差異數分配到在製品、製成品和銷貨成本三項帳戶。

3.4 製造費用的分攤

依據 IAS2 規定，產品在加工過程中，可以有系統方式來分攤固定及變動製造費用。固定製造費用係指不會隨著生產量變動之間接製造成本，包括廠房和設備的折舊與維修費用，以及與工廠相關的行政管理成本。相對地，變動製造費用係指隨著生產量變動之間接製造成本，例如間接原料成本和間接人工成本。在本節的釋例中，使用不同的製造費用預算來計算分攤率。首先，在不同活動水準下編製一系列預算，稱為**彈性製造費用預算 (flexible overhead budget)**。編製該預算時必須注意，在攸關範圍中，有些成本是固定的，有些成本則是變動的。茲將一個製造費用預算的例子列於表 3.6，以方便說明。

為使讀者清楚此作法，在本例以預計直接人工小時為製造費用的分攤基礎。不論在哪個生產水準，變動製造費用分攤率都相同，而固定製造費用分攤率則隨生產水準的增加而減少。在 9,000 個直接人工小時水準之下，製造費用分攤率如下所計算：

$$\frac{\text{預計製造費用}}{\text{預計直接人工小時}} = \frac{\$157,500}{9,000} = \$17.5 \text{ 每直接人工小時}$$

表3.6　製造費用預算

	預計直接人工時數			
	6,000	9,000	12,000	15,000
預計製造費用：				
變動費用：				
間接原料	$ 12,000	$ 18,000	$ 24,000	$ 30,000
維　修	9,900	14,850	19,800	24,750
能　源	8,100	12,150	16,200	20,250
小　計	$ 30,000	$ 45,000	$ 60,000	$ 75,000
固定費用：				
間接人工	$ 30,000	$ 30,000	$ 30,000	$ 30,000
維　修	9,000	9,000	9,000	9,000
能　源	12,000	12,000	12,000	12,000
工廠租金	16,500	16,500	16,500	16,500
設備折舊	45,000	45,000	45,000	45,000
小　計	$112,500	$112,500	$112,500	$112,500
製造費用合計	$142,500	$157,500	$172,500	$187,500
直接人工時數分攤率：				
變　動	$ 5.000	$ 5.000	$ 5.000	$ 5.000
固　定	18.750	12.500	9.375	7.500
總　計	$23.750	$17.500	$14.375	$12.500

在當年度裡，工廠所製造的產品以此預計製造費用分攤率來計算。當生產作業進行的過程中，有各種不同的分錄來計算產品成本。假設編號 1406 批次的產品耗用直接原料成本 $45,000，直接人工成本 3,750 小時，直接人工工資率 $15，則其生產成本計算如下：

直接原料成本	$ 45,000
直接人工成本 (3,750 × $15)	56,250
製造費用 (3,750 × $17.5)	65,625
總　計	$166,875

在分批成本制度之下，直接原料成本、直接人工成本與製造費用，根據各產品批次而彙集。根據此例，生產成本為 $166,875，先轉入在製品，待製造完成，便轉入製成品帳戶。

為何會計人員要如此麻煩地用預計製造費用分攤率來分攤？為何不等到年底待各項資料都已確定時，才獲取實際的資料？其主要三個原因如下：

1. 去除非生產因素

例如，對於亞熱帶或熱帶的許多公司而言，夏天的冷氣費用比冬天的暖氣費用為高，是否應該分攤較多的空調費用在夏天製造的產品呢？如果是，問題為產品成本應該與外面的氣候相關嗎？

2. 去除產量因素

當淡季來臨，生產量自然減少，若不用預計製造費用分攤率，將使所分攤的製造費用增加，此現象極不公平。而且，大部分公司每個月的生產活動並不平均，假日較多的月份常進行機器維修，會產生較多的維修成本，但該成本乃是對整年的生產都有效用，不應只讓當月的產量承擔。

3. 掌握時效

管理當局可能在期中某一時點或某一批次完成時，即想了解成本資料，而不願等到期末。畢竟資訊若能夠即時提供，對於公司營運有莫大的好處，例如管理者需要成本資料作為訂價或投標的依據，不能等到期末獲知實際成本資料時才訂出價格。

 3.4.1 變動製造費用的計算

本小節直接以釋例說明，直接原料成本為 $16,500，直接人工工資率為每小時 $150，直接人工小時為 900 小時，變動製造費用分攤率則為每直接人工小時 $50，固定製造費用並不考慮。由於更改生產程序，直接人工小時可以縮短為 825 小時。茲將生產程序更改前後的成本計算於表 3.7。

在更改生產程序之後，由於直接人工小時減少了 75 小時，使得該批次的生產成本節省 $15,000，其來自於直接人工成本減少 $11,250，以及變動製造費用減少 $3,750。從這個例子可以看出，直接人工的減少，可以大幅降低生產成本，提高企業的競爭優勢。管理人員應該時時注意生產程序的改進，以降低成本。

表3.7　生產程序更改前後之生產成本──變動

更改前的預計成本	
直接原料成本	$ 16,500
直接人工成本 (900 × $150)	135,000
變動製造費用 (900 × $50)	45,000
總　計	$196,500
更改後的預計成本	
直接原料成本	$ 16,500
直接人工成本 (825 × $150)	123,750
變動製造費用 (825 × $50)	41,250
總　計	$ 181,500
差　異	$ 15,000

3.4.2 固定製造費用的計算

在上一小節中，並未考慮固定製造費用，本小節則將之納入計算。假設固定製造費用也是以直接人工小時來分攤。該公司預估當年度有 $375,000 的固定製造費用，且預計營運 15,000 直接人工小時，故固定製造費用分攤率為每直接人工小時 $25，計算如下：

$$\frac{\text{預計固定製造費用}}{\text{預計直接人工小時}} = \frac{\$375,000}{15,000} = \$25 \text{ 每直接人工小時}$$

同樣地，將製程更改前後的成本比較列於表 3.8。

如此，表 3.8 比表 3.7 節省 $1,875 (= $16,875 − $15,000) 的生產成本。但是必須特別注意的是，對於變動製造費用而言，直接人工小時的減少，是真正地節省成本；而對固定製造費用來說，則只是少分攤至該批次的產品而已，公司實際花費的固定製造費用還是一樣。

表3.8　生產程序更改前後之生產成本——變動加固定

更改前的預計成本	
直接原料成本	$ 16,500
直接人工成本 (900 × $150)	135,000
變動製造費用 (900 × $50)	45,000
固定製造費用 (900 × $25)	22,500
總　計	$219,000
更改後的預計成本	
直接原料成本	$ 16,500
直接人工成本 (825 × $150)	123,750
變動製造費用 (825 × $50)	41,250
固定製造費用 (825 × $25)	20,625
總　計	$202,125
差　異	$ 16,875

在以上的例子當中，如果當年度真正營運了 15,000 直接人工小時，則所有的固定製造費用都被各批次所生產的產品所吸收。然而，若只發生了 13,000 直接人工小時，則只分攤 $325,000 的固定製造費用，計算如下：

固定製造費用分攤率 $25 × 13,000 直接人工小時 = $325,000 固定製造費用

此實際計入產品成本固定製造費用和預算的差異 $50,000 (= $375,000 − $325,000)，將歸為**產能差異** (capacity variance) 或產量差異 (volume variance)。差異分析的進一步觀念，請見第 8 章說明。

3.4.3　多重分攤率

如前所述，在分攤製造費用時，必須謹慎選擇成本動因，使其在邏輯上與製造

費用和產品的生產緊密關聯。在上述的釋例裡，都假設對整個工廠而言，只適用一個成本動因，情況相當單純。在生產多種產品的公司中，由於生產過程的差異，成本動因可能有許多個，必須個別探討，才不致扭曲成本分攤。

當產品之間的差異愈大，工廠作業的差異就愈大。若能對各部門使用不同的製造費用分攤率，將會比整廠採用單一分攤率更為有效且正確。事實上，只有在生產一、兩種產品時，才可使用整廠分攤率。

在此舉一例說明。佳緯公司為一辦公桌加工的公司，專門替當地的辦公桌廠代加工。其主要兩大加工程序為砂磨與上漆，因而形成兩個工作部門。各部門上個月的直接人工成本與製造費用資料列示於下：

	砂　磨	上　漆	合　計
直接人工成本	$ 67,500	$ 48,000	$115,500
製造費用	$135,000	$120,000	$255,000

製造費用以直接人工成本為基礎來分攤。將製造費用除以直接人工成本，得到以下的部門別與整廠分攤率。

砂磨	$135,000 ÷ $ 67,500 = 200.0%
上漆	$120,000 ÷ $ 48,000 = 250.0%
整廠	$255,000 ÷ $115,500 = 220.8%

由於以上分攤率的不同，成本分攤有差異。假設某批次產品的砂磨與上漆的直接人工成本分別為 $150 及 $60，故其總直接人工成本為 $210。茲以整廠與部門別分攤率來分攤製造費用，計算如下：

使用整廠分攤率 ($210 × 220.8%)		$463.68
使用部門別分攤率：		
砂磨 ($150 × 200.0%)	$300.00	
上漆 ($60 × 250.0%)	150.00	$450.00
差　額		$ 13.68

在這個例子裡，使用整廠分攤率使該批次多分攤了 $13.68，讓該批次產品的生產成本受到扭曲。由於砂磨與上漆均以直接人工成本為成本動因，所形成的差異不

大。若各作業的成本動因差別很大，例如一個是機器小時，另一個是直接人工小時，則扭曲的情況就更為嚴重。

實務應用 成本分攤影響盈虧

一般產險公司早期採用簡單的成本分析方式，判定汽機車的「強制責任險」是賠錢的項目；後來，產險公司卻發現原先使用的成本分攤方法是有問題的，主要問題在於後勤費用利用保險件數作為分攤基礎的方式不夠客觀；事實上，汽機車的「強制責任險」需要分攤的後勤成本很低。經過顧問建議改變成本分攤方法後，重新計算汽機車「強制責任險」的盈虧而證明並沒有賠錢。

3.4.4 不同時段的分攤率

美好公司生產許多種類型不同的電冰箱，並使用分批成本制度來彙集成本資料，製造費用以直接人工小時為基礎進行分攤。由於銷售量受季節影響頗大，該公司在四個季節的生產量有明顯的差異。在生產高峰的季節，以臨時工人來解決勞工不足的問題。表 3.9 的資料為美好公司未來一年的預估資料。

表3.9 美好公司未來一年的預估資料

	預計製造費用	預計直接人工小時	各季預計製造費用分攤率
第一季（1 月～3 月）	$105,000	30,000	$3.50
第二季（4 月～6 月）	$210,000	60,000	$3.50
第三季（7 月～9 月）	$150,000	30,000	$5.00
第四季（10 月～12 月）	$ 75,000	15,000	$5.00
總　計	$540,000	135,000	

如果美好公司以整年資料來計算製造費用分攤率，將得到每直接人工小時 $4.00 (= $540,000 ÷ 135,000)。至於是否應該使用季節別資料來計算分攤率，請見以下的討論。

1. **成本考量**

美好公司在一般情況下，生產一臺小型電冰箱，需要以下的投入：

直接原料成本	每單位	$120
直接人工成本（20 小時 × 工資率 $30）	每單位	$600

在 4 月與 11 月各生產一臺小型電冰箱，這兩個月將分攤到下列的成本：

	4 月	11 月
直接原料成本	$120	$120
直接人工成本	$600	$600
分攤製造費用：		
4 月：20 小時 × 分攤率 $3.50	$ 70	
11 月：20 小時 × 分攤率 $5.00		$100
總　計	$790	$820

比較 4 月與 11 月合計數，$30 的差異似乎並不重要，但是若以此作為訂價的依據，將可能降低價格的競爭力。假設美好公司用整年的分攤率來分攤以上的成本，則兩臺電冰箱在不同月份生產但得到相同的成本，列示如下：

直接原料成本	$120
直接人工成本	600
分攤製造費用：	
20 小時 × 分攤率 $4.00	80
總　計	$800

如果以 $800 作為產品訂價的依據，便可有一個比較穩定的訂價政策。

2. **利潤考量**

假設美好公司以季節別資料來計算分攤率，該公司只有小型電冰箱一條生產線，以下為美好公司第二、三季的產銷資料。

	第二季	第三季
銷售量	4,500 單位	4,500 單位
生產量	6,000 單位	3,000 單位

假設美好公司有一個穩定的訂價政策，其價格為 $1,050，每一季的管銷費用為 $900,000。表 3.10 為第二季與第三季的綜合損益表。

表3.10 美好公司季節別綜合損益表——使用季節別分攤率

	第二季	第三季
銷貨收入（4,500 單位 × $1,050）	$4,725,000	$4,725,000
銷貨成本：		
4,500 單位 × 單位成本 $790	3,555,000	
1,500 單位 × 單位成本 $790		1,185,000
3,000 單位 × 單位成本 $820		2,460,000
銷貨毛利	$1,170,000	$1,080,000
管銷費用	900,000	900,000
本期淨利	$ 270,000	$ 180,000

為什麼第二季和第三季的銷售額相同，但利潤卻差了 $90,000 呢？此乃因為兩季的生產量並不相同。在第二季中，預計有 $210,000 的製造費用分攤予 60,000 個直接人工小時（生產 6,000 單位的產品）；在第三季中，則有 $150,000 的製造費用分攤予 30,000 個直接人工小時（生產 3,000 單位的產品）。兩季的銷售量皆在 4,500 單位的前提下，結果造成第三季生產的電冰箱之成本大於第二季生產的成本，而使第三季的利潤低於第二季的利潤。

在生產技術相同、投入價格穩定和無明顯的效率差異之情況下，第二季與第三季的電冰箱生產成本應該一樣。許多管理者會被以上的結果所誤導，以為第三季的生產效率比第二季為差，而影響公司決策。

如果美好公司用整年的分攤製造費用，便不至於引起以上的問題，其季節別綜合損益表以表 3.11 所示。

在每季或每月的銷售額相等之情況下，利用整年分攤率來分攤製造費用，可使損益結果不會產生大幅波動，所以許多管理人員比較偏好使用整年分攤率。

表3.11　美好公司季節別綜合損益表——使用整年分攤率

	第二季	第三季
銷貨收入（4,500 單位 × $1,050）	$4,725,000	$4,725,000
銷貨成本：		
4,500 單位 × 單位成本 $800	3,600,000	3,600,000
銷貨毛利	$1,125,000	$1,125,000
管銷費用	900,000	900,000
本期淨利	$ 225,000	$ 225,000

3.5 非製造業分批成本制度

分批成本制度也可應用在非製造業組織中，其「批次」通常是指「作業」而言。例如，醫院和會計師事務所將成本分攤給各個個案；顧問公司與廣告公司可按合約分攤成本；政府單位則分攤成本給各個計畫。基本上，非製造業需要成本累積的原因，和一般製造業類似，其累積並分攤成本的用途，在於規劃和控制計畫的執行步驟。

3.5.1 廣告公司的釋例

為方便說明，以下舉康瑞廣告公司的例子。假設表 3.12 為該公司的相關資料。

表3.12　康瑞廣告公司的相關資料

2018 年預計間接費用：	
間接人工成本	$225,000
間接材料成本	45,000
影印費	12,000
租用電腦費	57,000
紙張等消耗品	48,000
辦公室租金	195,000
保險費	18,000
郵　資	24,000
雜項支出	51,000
總　計	$675,000
預計直接人工成本（廣告專業人員的薪資）	$225,000

康瑞公司以直接人工成本為基礎來分攤製造費用，分攤率計算如下：

$$\frac{\text{預計間接費用}}{\text{預計直接人工成本}}=\frac{\$675,000}{\$225,000}=300\%$$

在 2018 年，康瑞公司完成一筆娜克妮美容公司的廣告案，該案需要 $30,000 的直接人工成本，以及 $7,500 的直接材料成本，其成本資料如下：

直接材料成本	$ 7,500
直接人工成本	30,000
間接費用 (300% × $30,000)	90,000
總　計	$127,500

此廣告案的成本資料可供康瑞公司進行成本控制、現金流量規劃與合約訂價等決策。當然，在訂價方面，還需要參考市場需求與競爭者的價格。

本章彙總

製造業廠商將生產過程中所發生的成本予以彙總，再把總成本分配到產品，即為產品成本系統的主要功用。有了產品成本資料後，存貨成本和銷貨成本可計算出來，以便於財務報告使用，同時也提供管理者在規劃和控制生產活動所需參考的資訊。產品成本的觀念和計算，與及時系統的應用，除了主要在製造業，也可應用到服務業、非營利事業，甚至政府單位。

根據生產方式的不同，所有的製造程序可分為兩大類：訂單生產和大量生產。分批成本制度適用於訂單生產作業，成本的累積和分配程序隨著訂單而不同。相對的，分步成本制度適用於產品大量生產作業，詳細的成本計算和會計處理將在第 4 章敘述。此外，損壞品、重作和殘料也有釋例說明不同的會計處理。

在分批成本制度中，直接原料成本和直接人工成本，與預估的製造費用三個項目，先轉入在製品帳戶，待製造完成後再轉入製成品帳戶。等產品出售以後，全部成本轉入銷貨成本帳戶。每張訂單都跟隨著一張分批成本單，在製造過程完成時，該訂單的總成本和單位成本也要即時計算出來。領料單為計算原料成本的主要憑證；計工單和計時卡可作為人工成本計算的主要依據。至於製造費用方面，有預估數和實際數二項，預估數是由分攤率再乘上成本動因數而得來的，因此製造費用分攤方法的選擇對產品成本的計算有很大影響。

此外，服務業也有採用訂單作業的方式。例如，會計師事務所的查帳工作，會因客戶不同而採用不同的程序，當然所投入的時間也不同，所以對每位客戶的收費也不同。此時，分批成本制度的各項會計處理步驟，可適度的應用到非製造業。

關鍵詞

直接成本 (direct cost)
間接成本 (indirect cost)
分批成本制度 (job order costing)
分步成本制度 (process costing)
及時系統 (Just In Time system, JIT system)
多功能性工人 (multifunctional workers)
彈性工人 (flexible workers)
例外管理 (management by exception)
及時成本法 (just-in-time costing)
製造通知單 (production order)
分批成本單 (job cost sheet)
物料需求規劃 (Material Requirements Planning, MRP)
物料清單 (Bill Of Materials, BOM)
彈性製造費用預算 (flexible overhead budget)
產能差異 (capacity variance)

作　業

一、選擇題

(　) 1. 使用分批成本制度的理由為下列哪一項：(A)客户訂購不同的產品量 (B)售貨員發現高品質產品較容易推銷 (C)公司需要適時的資訊 (D)每個訂單其單位成本不同。

(　) 2. 下列何者為批次水準 (batch–level) 成本？ (A)間接原料的成本 (B)整備成本 (C)產品生產人員的薪水 (D)廠房折舊與保險。【101 年地方特考】

(　) 3. 下列何種原因所造成之加班，其直接人工之加班津貼應視為某特定批次訂單之成本？(A)顧客緊急訂單 (B)當整體作業量增加時 (C)管理者忘了將該批次排入生產排程 (D)管理者希望在假期前提早完成。【99 年高考】

(　) 4. 木柵公司之製造與採購作業採及時制度 (JIT)，因此公司會計紀錄採倒流式成本法 (backflushcosting)，分錄之記錄點設於製成品完工及產品銷售時。該公司 10 月份之直接原料並無期初存貨，10 月份亦無任何期初與期末之在製品存貨，10 月份之其餘相關資訊如下：

產品單位售價	$ 12
銷售單位數	75,000
製造單位數	80,000
加工成本	$ 90,400
購入直接原料	$250,400

請問 10 月份製成品完工時應有之分錄為何？

(A)銷貨成本	319,500	
存貨：原料及在製品		234,750
已分攤加工成本		84,750
(B)製成品	319,500	
存貨：原料及在製品		234,750
已分攤加工成本		84,750
(C)製成品	340,800	
存貨：原料及在製品		250,400
已分攤加工成本		90,400
(D)製成品	340,800	
應付帳款		250,400
已分攤加工成本		90,400

【105 年會計師】

(　) 5. 及時存貨生產 (JIT production) 制度會產生下列何種效果？ (A)原料存貨增加、在製品存貨減少 (B)檢查成本提高、訂購成本降低 (C)製造前置時間縮短 (D)產品品質下降。【105 高考】

(　) 6. 通常企業會採用逆算成本制 (backflush costing) 主要係基於下列那一項原則或目的？ (A)有效抑減生產成本 (B)配合及時製造制度 (C)成本配合原則 (D)使產品訂價更為正確。【106 高考】

(　) 7. 甲公司無期初的直接原料與製成品存貨，亦無期初與期末在製品，加工成本為其所使用的唯一間接製造成本科目。該公司採用逆算成本制，並於購買原料與銷售產品時做分錄，當期相關資料如下：加工成本 $50,000，購買直接原料 $150,000，產量 1,000 單位，銷量 900 單位。下列何者是銷售產品時所應作之分錄？

(A)借：銷貨成本 180,000，貸：應付帳款 135,000、已分攤加工成本 45,000

(B)借：銷貨成本 180,000，貸：原料 135,000、已分攤加工成本 45,000

(C)借：銷貨成本 180,000、原料 20,000，貸：已分攤加工成本 65,000、原料 135,000

(D)借：銷貨成本 180,000、製造成本 20,000，貸：原料 150,000、已分攤加工成本 50,000。

【106 高考】

(　) 8. 通常分批成本表中的哪個部分是採用估計數？ (A)直接原料成本 (B)直接人工成本 (C)製造費用 (D)管銷費用。

(　) 9. 中天公司採用分批成本制度，以下借貸金額出現在該公司去年 11 月的「在製品」存貨帳戶：

	說明	借方	貸方
11/1	餘額	$ 40,000	
整月	直接材料	240,000	
整月	直接人工	160,000	
整月	製造費用	128,000	
整月	製成品		$480,000

中天公司之預計製造費用分攤率為直接人工成本的 80%。生產批號 #100 是去年 11 月底唯一仍屬在製品的訂單，該批號累計至 11 月底之直接人工成本 40,000 元，請問該批號累計至 11 月底之直接材料成本為多少？ (A) 16,000 元 (B) 32,000 元 (C) 88,000 元 (D) 120,000 元。【105 年會計師】

(　) 10. 甲公司採分批成本制，其 X2 年銷貨成本、製成品存貨及在製品存貨成本比為 3:1:1。若將多分攤製造費用全部轉入銷貨成本項下，則 X2 年稅前淨利為 $2,500,000；若依成本比率轉入銷貨成本、製成品存貨及在製品存貨，則 X2 年稅前淨利為 $2,100,000。已知 X2 年多分攤製造費用占已分攤製造費用之 20%，則 X2 年實際製造費用為： (A) $3,333,333 (B) $4,000,000 (C) $5,000,000 (D) $6,250,000。【102 年高考】

(　) 11.甲公司採分批成本制，則關於製程中記錄發生之瑕疵品修復重做 (rework) 支出之分錄，下列敘述何者正確？①借記「在製品某批次」項目。②借記「全廠製造費用統制帳戶」項目。③借記「瑕疵品修復損失」項目。 (A)僅①③成立 (B)僅②③成立 (C)僅①②成立 (D)①②③皆可成立。 【100 年高考】

(　) 12.乙公司產銷一種產品，其生產部門本月份生產產品 15,000 件（包含損壞品），成本為 $45,000，製造完成時損壞 600 件。若該損壞係屬正常損壞，估計殘餘價值 $1,800，則該公司製成品的單位成本為何？ (A) $2.88 (B) $3 (C) $3.125 (D) $4.2。

【104 年高考】

(　) 13.在分批成本法之下，下列有關殘料處理之敘述，何者錯誤？ (A)殘料收入可直接結轉本期損益 (B)殘料退回倉庫至出售尚需一段時間，則應至出售時才按淨變現價值認列出售收入 (C)殘料具有重大價值且可追蹤至個別批次時，應借記現金（或應收帳款），貸記在製品 (D)殘料可追蹤至個別批次時，出售殘料收入可視為該批次成本之減少。

【104 年高考】

(　) 14.甲公司採用分批成本制，其產品製造過程經過機器部門與組裝部門。製造費用分攤的基礎為：機器部門按機器小時分攤，組裝部門按直接人工小時分攤。預計全年度的相關資料如下：

	機器部門	組裝部門
直接人工成本	$500,000	$900,000
製造費用	$420,000	$240,000
直接人工小時	30,000	60,000
機器小時	80,000	20,000

批號 #316 訂單的相關資料如下：

	機器部門	組裝部門
直接人工小時	120	70
機器小時	60	5
直接材料成本	$300	$200
直接人工成本	$100	$400

試問，計入批號 #316 訂單的產品成本為何？ (A) $715 (B) $880 (C) $1,595 (D) $2,050。 【106 年高考】

(　) 15. 中順公司製造費用的預計費用分攤率 (predetermined overhead rate) 為每直接人工小時 16 元，估計工資率為每小時 20 元。假設其估計總直接人工成本為 300,000 元，其估計製造費用應為：(A) 240,000 元 (B) 187,500 元 (C) 150,000 元 (D) 30,000 元。
【104 年會計師】

(　) 16. 甲公司採用分批成本制，並按直接人工成本的 110% 分攤製造費用。若批號 #100 訂單之實際製造費用為 $58,000，已耗用直接人工成本為 $50,000，則批號 #100 訂單之已分攤製造費用為何？ (A) $50,000 (B) $55,000 (C) $58,000 (D) $63,800。
【105 年高考】

(　) 17. 甲公司採用分批成本制度，並按直接人工成本的 110% 分攤製造費用。若批號 #100 訂單之實際製造費用為 $58,000，已耗用直接人工成本為 $50,000，則批號 #100 訂單之製造費用： (A)少分攤 $3,000 (B)少分攤 $8,000 (C)多分攤 $5,800 (D)多分攤 $8,000。
【105 年高考】

(　) 18. 當製造費用差異數不大時，通常會把此差異數分配到下列哪一個會計項目？ (A)間接原料 (B)在製品 (C)製成品 (D)銷貨成本。

(　) 19. 星辰公司某年度之相關資料如下：

預計製造費用	$1,044,000
實際製造費用	$1,037,400
預計機器小時	24,000
實際機器小時	23,600

星辰公司以機器小時作為製造費用之分攤基礎，請問該年度之製造費用，多分攤或少分攤多少元？ (A)少分攤製造費用 $10,800 (B)多分攤製造費用 $10,800 (C)少分攤製造費用 $6,600 (D)多分攤製造費用 $6,600。 【101 年會計師】

(　) 20. 會計師事務所為有效規劃和控制計畫的執行，可採用何種成本制度？ (A)分批成本制度 (B)分步成本制度 (C)直接成本法 (D)變動成本法。

(　) 21. 中原公司某年不慎將 10 萬元的廣告費分配到「製造費用」，該公司期末存貨數量比期初存貨數量還多，在其他條件不變情況下，請問此錯誤會導致： (A)對當年度的存貨金額和淨利沒有影響 (B)低估當年度的存貨金額和淨利 (C)高估當年度的存貨金額和淨利 (D)高估當年度的存貨金額，但是對當年度淨利沒有影響。 【101 年會計師】

二、練習題

E3–1　瑞生公司生產鋁製夾子，本年度瑞生公司的製造成本如下：

薪資：	
機器作業員（直接人工成本）	$ 80,000
監工（間接人工成本）	30,000
電腦操作者（間接人工成本）	20,000
鋁　片	400,000
機器零件	18,000
其他製造費用	40,000
預估製造費用	150,000
機器潤滑油	5,000

試作：

1. 計算直接原料成本及直接人工成本。
2. 計算製造費用高估或低估。

E3–2　由華拉公司會計紀錄中，找出年底的餘額如下：

銷貨收入	$1,200,000
銷貨成本（調整前）	720,000
預估製造費用	315,000
實際製造費用	324,000

年底華拉公司將調整製造費用的差異結入銷貨成本中，試列表編製華拉公司的銷貨毛利表。

E3–3　大成廣告公司以直接人工成本為基礎來分攤製造費用，其相關資料如下，在本年度時，該公司完成了一筆統大公司的廣告案，該案需要 $30,000 的直接人工成本及 $6,000 的直接材料成本，試求其總成本。

本年度的預計間接費用：	
間接人工成本	$130,000
間接原料成本	60,000
影印費	7,000
租用電腦費	35,000
紙張等消耗品	30,000
辦公室租金費	120,000
保險費	15,000
郵　資	28,000
雜項支出	45,000
總　計	$470,000
預計直接人工成本（廣告專業人員的薪資）	$150,000

4 分步成本制度

學習目標

1. 介紹分步成本制度
2. 敘述存貨之衡量與會計處理程序
3. 編製生產成本報告
4. 分析多部門分步成本法
5. 說明作業成本制度

產品量產的成本計算

由於油脂與飼料皆為大成長城公司的主要產品，所以可將黃豆原油和含溶劑豆片視為聯產品。在製造流程中，從黃豆到黃豆原油和含溶劑豆片聯產品的過程中所發生的所有成本，包括黃豆原料成本以及加工過程所投入的成本，稱之為聯合成本。

為了要正確的計算產品成本，大成長城公司的會計部門，需要採用客觀合理的方法將聯合成本分配到各項產品上，以便於正確地計算出各項產品的成本。因此，分步成本制度被用來彙總和分配生產成本，以產品生產步驟和產品種類為成本計算重點。

大成集團 http://www.dachan.com

引　言 introduction

產品成本累積及單位成本計算之主要成本制度可分為：(1)分批成本制度；(2)分步成本制度兩種。第 3 章已討論過，在分批成本制度下，成本係按各批次或訂單來彙總。由於每一訂單產品之數量及規格不同，因此各訂單的單位成本計算也不同。反之，分步成本制度係按各成本中心或部門來彙總成本資料，適用產品規格標準化，和大量生產的作業單位。

本章先討論成本的累積方式、約當產量的觀念。其次，介紹在加權平均法和先進先出法兩種制度下，生產成本報告的編製方式；接著，說明後續部門增投原料後生產成本報告的編製方式。最後，介紹分批成本制度與分步成本制度的混合成本制度，也就是所謂的作業成本制度。

章節架構圖

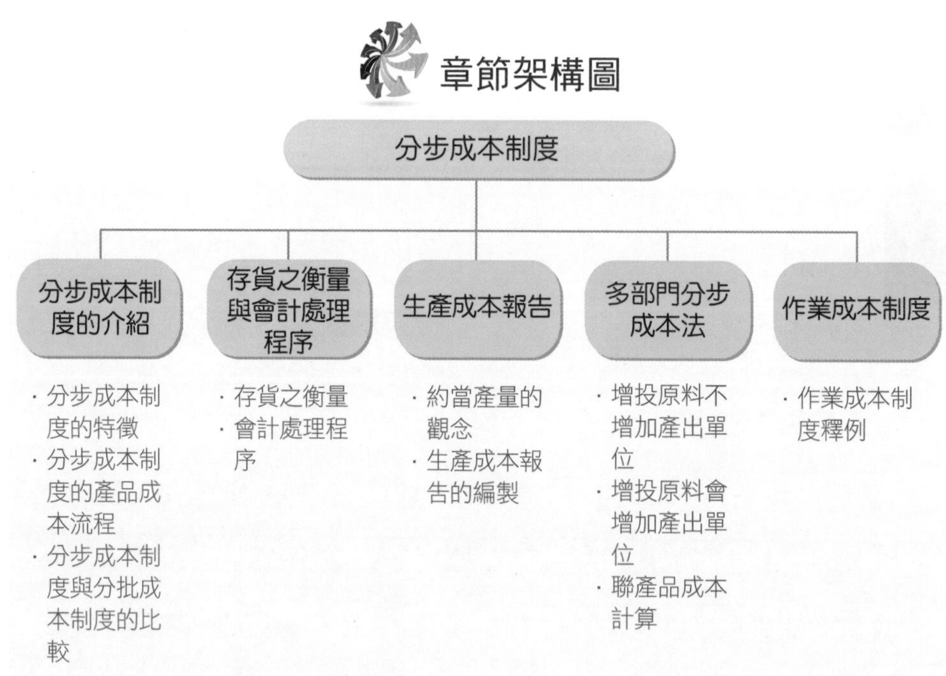

4.1 分步成本制度的介紹

日常營運中，產品成本的計算對管理者作營運規劃、成本控制和決策分析等過程有很大的影響，在第 3 章所討論的分批成本制度適用於訂單生產方式，本章所討論的分步成本制度，則適用於大量生產方式。例如，石油提煉廠無法辨認每一張訂單的原料、人工與製造費用等資料的差異，因為所有產品的製造過程都是經過相同的生產過程。由於採用連續性大量生產，廠商對個別訂單的成本既然無法辨識，只好藉由某一期間所發生的總成本除以當期完成的總數量，以求得每一個產品的單位成本。

4.1.1 分步成本制度的特徵

在分步成本制度下，一個產品的完成要經過若干生產部門，每個部門將其工作完成後，製成品即進入下一個部門繼續生產，直到全部生產步驟完成為止。採用分步成本制度的公司，通常按生產程序或步驟設立部門，各部門負責完成某一特定作業或程序，然後將完成的產品轉移至次一部門繼續生產，其成本亦一併轉入次一部門，直至最後的部門製造完成再轉入倉庫為止。一般而言，公司採用分步成本制度來計算產品成本，需遵循下列各項步驟：

(1)由每一製造部門或成本中心來累積成本資料，每一個生產部門有其部門別在製品帳戶，此帳戶用來借記歸屬於該部門的成本，及貸記轉至次部門繼續生產的成本，或生產完成轉入製成品的成本。

(2)期末在製品均折算為製成品的數量，再加上當期製成品的數量，即可得**約當產量** (equivalent units)，在某特定期間內，將部門的總成本除以該部門的總生產量以求出單位成本，例如計算原料成本的約當產量。

(3)將每個生產或成本中心部門所發生的總成本，明確的區別為製成品成本（或轉至次部門繼續生產的成本）和期末在製品成本兩大類。

(4)運用**生產成本報告** (cost of production report) 來定期蒐集、彙總與計算各部門的總成本和單位成本。

實務應用 製程自動化

悅氏礦泉水採用一條龍自動化製程方式，直接從水源地宜蘭頭城金面山取水，並在製水場旁，建立守護水源和包裝的工廠。自建廠即堅持自行製罐，是全國第一家裝置吹瓶器的礦泉水工廠，從整列、清洗、消毒、貼標、充填的過程，全部選用高端機器設備。

為了提供國人最高品質的飲水，製造過程採全程掌控品質，產品全在廠內以全自動化一貫作業完成製程，品質檢測與會計處理也採用自動化作業，促使礦泉水產品的製程品質達到國際級水準。

資料來源：http://www.yeswater.com.tw/

 4.1.2 分步成本制度的產品成本流程

在分步成本制度下，工廠各部門的產品成本流程方式，可依生產方式而不同，較常見的兩種作業流程列示於圖 4.1。類型一的公司擁有三個部門作業，於部門 I 投入原料，並加入人工與製造費用。當產品在部門 I 工作完成後，即轉入部門 II 繼續生產，直到部門 III 完工後轉入製成品帳戶。任何後續的製程，可能再投入更多的原料，或僅將前部轉入之部分完工品繼續加工。

類型二為另一種作業流程，產品並非經由三個部門順序生產，係分別於部門 I 與部門 II 製造兩種不同的在製品，然後匯流入次部門 III，並加入原料、人工及製造費用繼續生產，使其完成並轉入製成品。

 4.1.3 分步成本制度與分批成本制度的比較

生產單位會隨著生產方式的不同而採用不同的成本會計制度，較常見的分步成本制度與分批成本制度，在很多方面有其相同點與相異點，茲分別敘述如下：

1. 分步成本制度與分批成本制度的相同點

(1)此兩種成本制度之最終目的，皆是計算產品的單位成本。

(2)此兩種成本制度使用相同的會計項目，當投入原料、人工及製造費用時，借記「在製品」項目；生產完成時，再由「在製品」轉至「轉至次部門繼續生

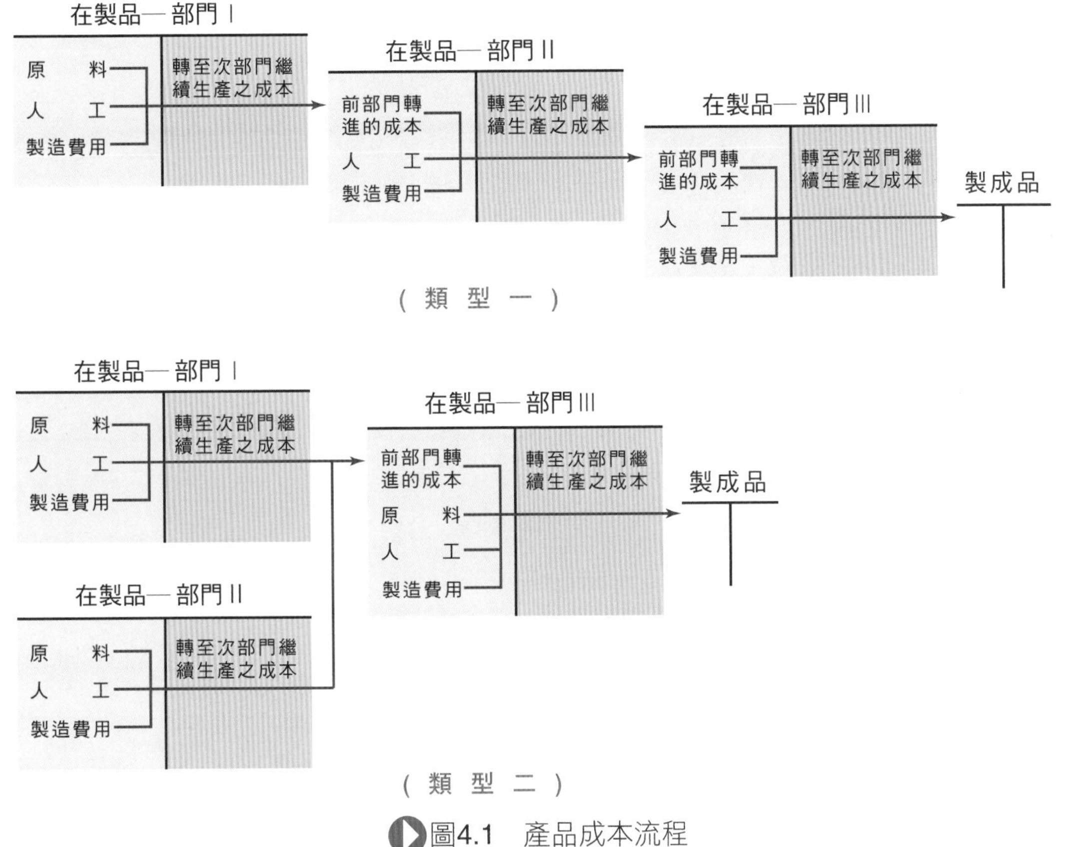

圖4.1　產品成本流程

產之成本」或「製成品」項目；產品出售時，則由「製成品」轉至「銷貨成本」項目。

2. **分步成本制度與分批成本制度的相異點**

由表 4.1 的四項比較看來，兩個方法各有其特色。因此公司在選擇成本制度時，應先考慮其生產程序的性質。以成衣業為例，成衣廠使用一定規格的布料，生產尺寸、款式皆相同的服裝，不必藉由成本單即知其所完成每一件衣服的成本，此時適合採用分步成本制度。反之，成衣廠依據客戶訂單來生產各種不同款式的服裝，則需要設立分批成本單以計算每張訂單的成本，此時宜採用分批成本制度。

表4.1　分步成本制度與分批成本制度的相異點

項　目	分步成本制度	分批成本制度
成本累積	按生產步驟或部門。	按工作批次或特定訂單。
成本計算	採用生產成本報告以蒐集、彙總與計算總成本和單位成本。單位成本係由特定期間歸屬於某部門之總成本，除以該部門當期總產量而得。	以成本單彙集的總成本，除以該批訂單的生產量，而求得該批訂單的產品單位成本。
適用產業	較適用於僅製造量產產品，或按標準規格生產的類似產品之行業，如水泥業、麵粉業、煉油業。	較適用於接受顧客訂單而生產的行業，如造船廠、飛機製造廠。
會計帳戶	在製品項目會因加工部門的增加而增加，產品單位成本以部門為計算基礎。	只會有一個在製品項目，產品單位成本會隨訂單的不同而有變化。

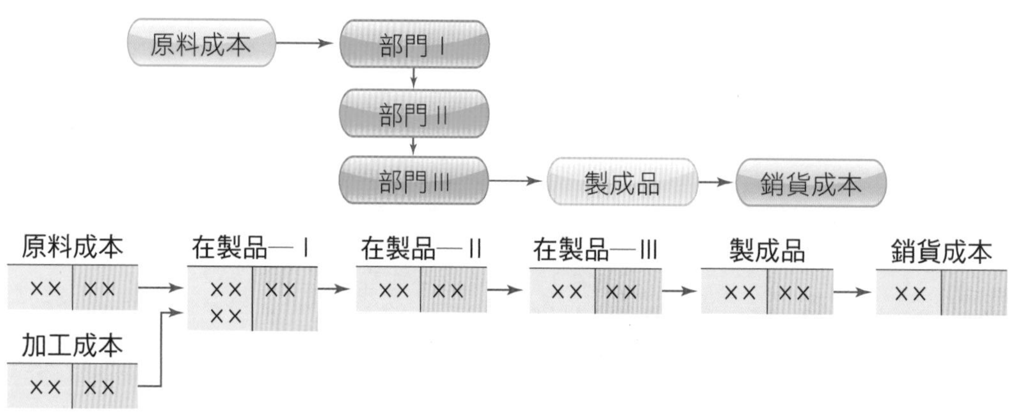

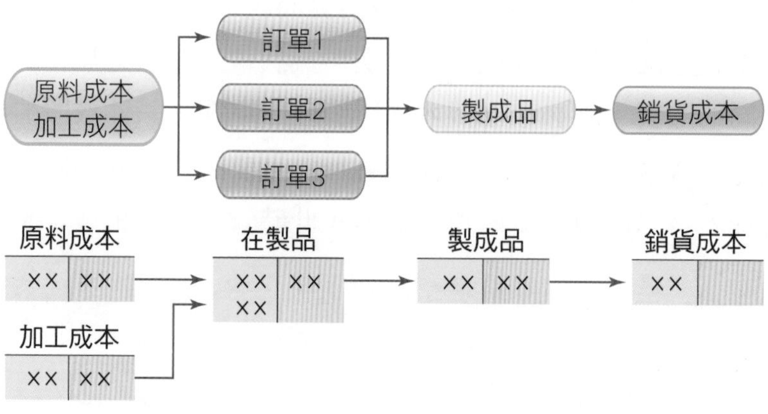

圖4.2　分步成本制度與分批成本制度的比較

4.2 存貨之衡量與會計處理程序

依據國際會計準則第 2 號 (IAS2)「存貨」規定，企業針對性質及用途類似之存貨，應採用相同的成本公式來衡量存貨價值；對性質或用途不同之存貨，得採用不同成本計算方法。成本計算方法選定後，必須於各期一致使用。

4.2.1 存貨之衡量

依據國際會計準則第 2 號 (IAS2)「存貨」準則規定，存貨係以成本與淨變現價值孰低者計價。存貨平時按標準成本計價，於財務報導期間結束日再予以調整，使其接近按加權平均法計算之成本，再依此成本與淨變現價值孰低者認列。淨變現價值係指估計售價減至完工尚需投入之估計成本及完成出售所需之估計成本後之餘額。例如，勝利公司的寶特瓶產品所需塑膠粒原料於年底之帳面金額為 $600,000，但是 12 月 31 日當日的市場價格已降至 $450,000，顯示原料成本已經超過淨變現價值。勝利公司管理階層判斷 $450,000 為淨變現價值之最佳可得估計金額，所以認列沖減原料帳面金額之分錄如下：

銷貨成本	150,000	
備抵存貨跌價－原料		150,000

依據國際會計準則第 2 號 (IAS2)「存貨」規定，成本計算公式只允許使用「加權平均法」和「先進先出法」，不允許採用後進先出法；而不可替換或是歸屬於特定合約之產品，及依專案計畫生產且能區隔之產品或勞務，其存貨成本之計算採用「成本個別認定法」。以下例子為莎士比亞公司於 2018 年 12 月 31 日針對兩種類型的期末存貨，以成本與淨變現價值孰低法評價：

產 品	成 本	淨變現價值	個別項目	分類項目
標準型 1	$480	$490	$480	
2	900	925	900	
3	540	550	540	
小 計	$1,920	$1,965		$1,920
精美型 4	$1,800	$2,400	1,800	
5	2,700	2,500	2,500	
6	1,200	875	875	
小 計	$5,700	$5,775		5,700
合 計	$7,620	$7,740	$7,095	$7,620

以成本與淨變現價值孰低法為評價基礎時，若按個別項目比較，則存貨帳面金額為 $7,095；若依國際會計準則第 2 號 (IAS2) 之規定按標準型、精美型之分類項目比較，則存貨帳面金額為 $7,620。

 4.2.2 會計處理程序

分步成本制度的會計處理細節常較分批成本制度簡單，因為後者如果同時處理的訂單過多，成本的累積過程將變得較為複雜。分批成本制度所採用以累積原料、人工與製造費用之程序，仍適用於分步成本制度，成本應經由適當的分錄來記入各部門，成為每一部門的會計帳戶。

在分批成本制度下，領料單是記載各批次訂單的直接原料之基礎。在分步成本制度下，領料單的使用可簡化會計處理，因為原料是借入各部門，而不是工作批次。各部門所耗用原料的數量登載在各部門的會計記錄，會計處理所花的時間較分批成本制度為少。在一般大量生產的工廠，原料僅於開始生產之部門投入，記錄某期間內耗用原料成本之分錄如下：

在製品一部門 I	×××	
原 料		×××

在分步成本制度下，人工成本是按部門來認列，可免去按批次累積人工成本之繁瑣工作；計工單由每日計工單或每週計時卡取代。分配直接人工成本至各部門之彙總分錄如下（借方項目的多少視部門多寡而定）：

科目	借方	貸方
在製品－部門 I	×××	
在製品－部門 II	×××	
在製品－部門 III	×××	
應付薪資		×××

不論分批或分步成本制度，生產部門與服務部門所發生的製造費用，均先彙集於製造費用明細帳中。每當費用發生時，先將其記入製造費用－實際數，然後再過帳到部門別製造費用分析表，而成為製造費用的明細帳。實際發生的製造費用記入統制帳之分錄如下：

科目	借方	貸方
製造費用－實際數	×××	
各類貸項		×××

在分攤製造費用時，分攤基礎的選擇應以各生產部門之實際作業，例如直接人工小時或機器小時為基礎，來計算產品成本。製造費用按預計分攤率來分配時，各生產部門應共同負擔的製造費用總額，需轉入在製品項目，其分錄如下：

科目	借方	貸方
在製品－部門 I	×××	
在製品－部門 II	×××	
在製品－部門 III	×××	
製造費用－預估數		×××

如採用預計分攤率分攤製造費用，則在期末時，應將製造費用統制帳（實際數）與已分攤製造費用（預估數）相互結轉調節，兩者之間的差異處理方式可參照第 3 章分批成本制度。

4.3 生產成本報告

在分步成本制度下，每一部門於會計期間結束時，需編製部門生產成本報告，以彙總各部門投入的總成本及計算單位成本。生產成本報告內包括數量表、本部門應負擔的總成本、及製成品成本（或轉至次部門繼續生產之成本）和期末在製品成本的分配情形三部分。生產成本報告的編製步驟如下：

(1)分析產品的實體流程。

(2)依據在製品完工程度，計算約當產量。

(3)彙總成本資料並計算單位成本。

(4)分配總成本到製成品（或轉至次部門繼續生產之成本）和期末在製品。

 4.3.1 約當產量的觀念

在分步成本制度下，在製品的原料、人工與製造費用經常處於不同的完工階段。在許多製造程序中，直接人工與製造費用通常在生產過程中持續不斷的發生。因此，當會計期間終了時，在製品的各項成本要素常處於不同的完工階段。因此，為了將成本客觀地分配於在製品及製成品（或轉至次部門繼續生產之成本），需先分析在製品的完工程度，以換算為完工單位數，並與當期實際完工數量相加總，以得出當期的約當產量。

會計人員在計算約當產量之前，需先估計各部門在製品的數量，再依照估計之完工程度，計算各項成本要素的約當產量。在此，以龍王公司為例，來解說約當產量的計算過程。

假設龍王公司甲部門 9 月份的生產情形如下：

數量表	單位數
期初在製品	0
9 月份投入生產量	2,000
總單位數	2,000
已完成及移轉數量	1,400
期末在製品（原料 100%，加工程度 40%）	600
總單位數	2,000
本部門投入成本	
直接原料成本	$4,500
直接人工成本	1,200
製造費用	2,000
合　計	$7,700

任何部門作業完成後，才可將產品移轉給次一部門，產品要離開最後生產部門，才能出售給顧客。在龍王公司例中，於 9 月份完成且移轉次一部門繼續加工的數量為 1,400 單位，假設該公司採用加權平均法，原料成本和加工成本的約當產量計算過程如下：

原料成本	1,400 + 600 × 100% = 2,000（單位）
加工成本	1,400 + 600 × 40% = 1,640（單位）

在生產部門的產品實體流程有下列三種情況：

(1)產品的原料在前期投入，在本期生產完成。

(2)產品的原料在本期投入，且在本期生產完成。

(3)產品的原料在本期投入，但在本期尚未生產完成。

為了方便計算產品單位成本，於每期會計期間結束時，需要先計算生產完成品的總數量，所以必須把在製品折算成相當於製成品的數量，並與製成品數量相加總，即為約當產量的觀念。在會計期間結束時，在製品的各項成本要素常處於不同的完工階段，因此會計人員需要先分析在製品的完工程度，以便換算為完工數量，再加上當期實際完工數量後，才能計算出某項成本要素的約當產量。

實務應用　臺酒花雕雞麵量產受歡迎

為了消化陳年花雕酒的庫存，臺灣菸酒公司推出了花雕系列泡麵，結果一炮而紅，甚至一度造成全臺大缺貨。各種不同口味的麵體，都是採取大量分步生產方式製造，可分為下列兩種類型：

(1)油炸麵體：最初泡麵所使用的麵體，據說一開始是為了將水分去掉並將油香融入麵中而發現。

(2)非油炸麵體：為了降低對油炸麵體的健康疑慮而發明之麵體，省略了油炸過程，所以棕櫚油和飽和脂肪酸的含量較低。非油炸麵體是較為健康的麵體，味道也可以與油炸麵體相媲美，前景看好。

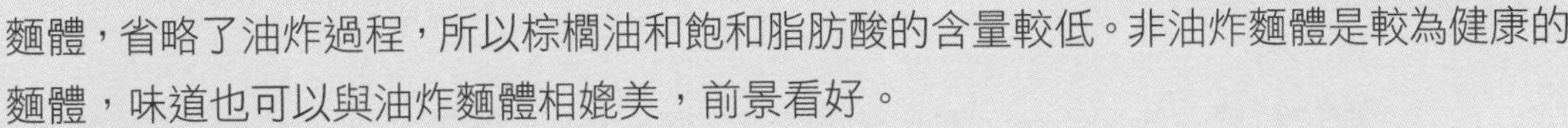

資料來源：臺灣菸酒股份有限公司 https://www.ttl.com.tw/

4.3.2 生產成本報告的編製

生產成本報告有兩種編製方法：(1)加權平均法 (weighted-average method)；(2)先進先出法 (first-in, first-out method)。以下的釋例，將分別採用加權平均法與先進先出法，來編製生產成本報告。

假定玉山公司以甲、乙兩部門來製造玩具汽車。直接原料成本於甲部門生產線的起點時投入，直接人工成本及製造費用於生產過程中平均發生。

列示甲部門 2018 年 2 月份的生產數量及成本資料，由表 4.2 可知甲部門 2 月份期初在製品的金額為 $16,800。

表4.2　玉山公司生產基本資料——甲部門（2018 年 2 月）

生產數量資料		
期初在製品（原料 100% 投入，加工程度 30%）		2,000 單位
本期投入生產		50,000 單位
本期完成轉入次部門		40,000 單位
期末在製品（原料 100% 投入，加工程度 40%）		12,000 單位
成本資料		
期初在製品：		
直接原料成本	$ 8,000	
加工成本	8,800	$ 16,800
本期投入：		
直接原料成本	$252,000	
直接人工成本	183,200	
製造費用	280,000	$715,200

2 月份投入成本的分錄如下：

在製品一甲部門	715,200	
原　料		252,000
應付薪資		183,200
製造費用		280,000

1. 加權平均法

加權平均法對期初在製品成本和本期投入成本的處理方法相同；亦即期初在製品中前期的約當產量及生產成本，與本期的約當產量和生產成本合併，計算平均單位成本。

在加權平均法下，約當產量係期末完成轉入次部門的數量和期末在製品，依其完工程度換算之約當產量的合計數。此種計算方式，已將期初在製品的約當產量包括在內。成本計算方面，將前期成本與本期成本合併，亦即將期初在製品成本按成本要素與本期的投入成本相加總。加權平均法在實務上被廣泛使用，以下將按生產成本報告編製的程序，來討論加權平均法下生產成本報告的編製與計算方式。

【步驟 1】分析產品的實體流程

編製數量表以分析 2 月份的實際生產流程，詳見表 4.3。此表反映出下列的存貨基本模式：

期初在製品數量 + 本期投入數量 − 本期完成轉入次部門數量 = 期末在製品數量

表4.3　【步驟 1】分析產品的實體流程——甲部門

數量表	
	實際單位
期初在製品（加工程度 30%）	2,000
本期投入	50,000
	52,000
本期完成轉入次部門	40,000
期末在製品（加工程度 40%）	12,000
	52,000

【步驟 2】計算約當產量

分別計算直接原料成本和加工成本的約當產量，表 4.4 是依據表 4.3 的實際產量來計算約當產量。假設原料在生產開始時即加入，本期完成轉入次部門的 40,000 單位，已 100% 完工，因此計入直接原料成本及加工成本的約當產量皆為 40,000 單位。期末在製品 12,000 單位，加工程度為 40%，因此計入直接原料的約當產量為 12,000 單位，計入加工成本的約當產量是 12,000 單位的 40%，為 4,800 單位。

表4.4 【步驟 2】計算約當產量——甲部門（加權平均法）

	實際單位	加工程度	約當產量	
			直接原料成本	加工成本
期初在製品	2,000	30%		
本期投入	50,000			
	52,000			
本期完成轉入次部門	40,000	100%	40,000	40,000
期末在製品	12,000	40%	12,000	4,800
	52,000		52,000	44,800

【步驟 3】計算單位成本

接著，計算直接原料成本和加工成本的每一種成本要素的約當產量之單位成本，列示於表 4.5。將期初在製品的原料成本 \$8,000 與本期投入之直接原料成本 \$252,000 加總後，除以直接原料的約當產量 52,000 單位，即得直接原料的單位成本 \$5。加工成本的單位成本 \$10.54 的計算方式，如同直接原料單位成本的計算方式。

表4.5 【步驟 3】計算單位成本——甲部門（加權平均法）

	直接原料成本	加工成本	合　計
期初在製品成本	\$ 8,000	\$ 8,800	\$ 16,800
本期投入成本	252,000	463,200	715,200
成本總額	\$260,000	\$472,000	\$732,000
約當產量（取自表 4.4）	52,000	44,800	
單位成本	\$5.00	\$10.54	\$15.54
	\$260,000 / 52,000	\$472,000 / 44,800	\$5.00 + \$10.54

【步驟 4】成本分配

最後一個步驟，是將總成本分配給本期完成轉入次部門的產品及期末在製品。計算方式列示於表 4.6。為了便於計算，和易於對照成本總額與分配於各項目的成本總數，故將步驟 3（表 4.5）也列於表 4.6 內，以確定總成本 \$732,000 已全部分配完畢。

依據表 4.6 的計算，可知甲部門完成轉入乙部門繼續生產之成本為 $621,600，其分錄如下：

在製品一乙部門	621,600	
在製品一甲部門		621,600

表4.6　【步驟 4】成本分配——甲部門（加權平均法）

	直接原料成本	加工成本	合　計
期初在製品成本	$ 8,000	$ 8,800	$ 16,800
本期投入成本	252,000	463,200	715,200
成本總額	$260,000	$472,000	$732,000
約當產量（取自表 4.4）	52,000	44,800	
單位成本	$5.00	$10.54	$15.54
	$260,000 / 52,000	$472,000 / 44,800	$5.00 + $10.54

本期完成轉入次部門成本：40,000 × $15.54 =	$621,600
期末在製品成本：	
直接原料成本	
（直接原料約當產量 × 原料單位成本）	
12,000 × $5.00 = $60,000	
加工成本	
（加工成本約當產量 × 加工成本單位成本）	
4,800 × $10.54 = $50,592	$110,400*
成本總額	$732,000

*計算結果為 $110,592，去尾數 $192 修正為 $110,400

2 月底甲部門在製品存貨帳戶如下：

在製品一甲部門

2 月初餘額	16,800		
2 月份製造成本	715,200	2 月底完工轉入次部門之成本	621,600
2 月底餘額	110,400		

完成以上四個步驟後，即可依據各步驟計算出的資料，來編製生產成本報告。將表 4.4 與表 4.6 合併於表 4.7 中，即為生產成本報告。此報告提供加權平均法下，分步成本法的成本計算彙總。

表4.7 生產成本報告——甲部門（加權平均法）

數量資料			約當產量	
	實際單位	加工程度	直接原料成本	加工成本
期初在製品	2,000	30%		
本期投入	50,000			
	52,000			
本期完成轉入次部門	40,000	100%	40,000	40,000
期末在製品	12,000	40%	12,000	4,800
	52,000		52,000	44,800

成本資料	直接原料成本	加工成本	合 計
期初在製品成本	$ 8,000	$ 8,800	$ 16,800
本期投入成本	252,000	463,200	715,200
成本總額	$260,000	$472,000	$732,000
約當產量（取自表 4.4）	52,000	44,800	
單位成本	$5.00	$10.54	$15.54
	$\frac{\$260,000}{52,000}$	$\frac{\$472,000}{44,800}$	$5.00 + $10.54

成本分配		
本期完成轉入次部門成本：	40,000 × $15.54=	$621,600
期末在製品成本：		
直接原料成本：	12,000 × $5 = $60,000	
加工成本：	4,800 × $10.54 = 50,592	110,400*
成本總額		$732,000

*去尾數 $192

2. 先進先出法

在先進先出法下，計算當期各項成本要素的單位成本時，不包括期初在製品的約當產量及成本。故在先進先出法下，當期完成期初在製品的成本，與由當期開始且於當期完成的單位之成本，應予以明確劃分。轉出產品之成本，包括期初在製品成本，期初在製品於本期完成的成本，及本期開始製造並完成的產品之成本。期末在製品應按當期生產數量之單位成本評價。當期生產數量的單位成本，只按當期發生之各項成本，除以約當完成產量而得。為使讀者了解先進先出法如何應用於生產成本報告編製的程序，在此討論採先進先出法之生產成本報告的編製與計算方式。

【步驟 1】分析產品的實體流程

實際生產數量不會因採用加權平均法或先進先出法而受影響，因此先進先出法的步驟 1 與加權平均法的步驟 1 相同，請參見表 4.3。

【步驟 2】計算約當產量

在先進先出法下，約當產量的計算方式列示於表 4.8。此表與加權平均法下所編製的約當產量計算表大致相同，唯一較大的差異是先進先出法下，將期初在製品存貨所代表的約當產量，從約當產量總數中減除，得出當期的約當產量。期初在製品之原料於上期已全部投入，故其原料之約當產量為 2,000 單位，加工程度只有 30%，因此加工成本的約當產量為 600 單位（= 2,000 × 30%）。

表4.8 【步驟 2】計算約當產量——甲部門（先進先出法）

			約當產量	
	實際單位	加工程度	直接原料成本	加工成本
期初在製品	2,000	30%		
本期投入	50,000			
	52,000			
本期完成轉入次部門	40,000	100%	40,000	40,000
期末在製品	12,000	40%	12,000	4,800
	52,000		52,000	44,800
減：期初在製品的約當產量			2,000	600
當期約當產量			50,000	44,200

【步驟 3】計算單位成本

在先進先出法下，單位成本的計算，係以本期投入的成本，除以當期的約當產量。期初在製品成本和期初在製品的約當產量不包括在單位成本的計算中，故計算出的單位成本為當期產品的單位成本（表 4.9），與加權平均法下將期初存貨數量成本與當期投入成本合併計算出的單位成本不同。

表4.9 【步驟 3】計算單位成本——甲部門（先進先出法）

	直接原料成本	加工成本	合 計
期初在製品成本			$ 16,800*
本期投入成本	$252,000	$463,200	715,200
成本總額			$732,000
約當產量（取自表 4.8）	50,000	44,200	
單位成本	$5.04	$10.48	$15.52
	$252,000 / 50,000	$463,200 / 44,200	$5.04 + $10.48

*此為 1 月份發生的成本，故計算 2 月份的單位成本時，不包括在內

【步驟 4】成本分配

成本分配是編製生產成本報告的最後步驟，表 4.10 即是在先進先出法下的成本分配情形。步驟 3 的計算在表 4.10 重複列示，以便於成本分配時引用。

在先進先出法下，完成轉入次部門的產品成本之計算，較加權平均法複雜。因為在加權平均法下，完成轉入次部門的產品成本之計算，是以移轉單位數乘以加權平均後的單位成本。在先進先出法下，完成轉入次部門產品，應劃分為期初在製品完成部分，及本期投入生產且完成的部分，兩者分別計算成本。期初在製品部分之成本計算，分為前期發生之期初在製品成本，和期初在製品在本期完成所需投入的成本兩部分。本例中期初在製品 2,000 單位，成本為 $16,800，因原料已全部投入，故不需再投入原料，而人工與製造費用僅完成 30%，故必須再投入 70% 的人工與製造費用。若需要將期初在製品完成，本期需增投的成本為 $14,672 (= 2,000 × 70% × $10.48)。該批已完工並移轉之 2,000 單位的總成本合計為 $31,472 (= $16,800 + $14,672)。另外 38,000 單位是以 $15.52 之單位成本移轉，其總成本為 $589,760 (= 38,000 × $15.52)。

依據表 4.10 之計算，可知甲部門完成轉入乙部門繼續生產的成本為 $621,232，其分錄如下：

在製品—乙部門 …………	621,232	
在製品—甲部門 …………		621,232

表4.10　【步驟 4】成本分配——甲部門（先進先出法）

成本資料	直接原料成本	加工成本	合　計
期初在製品成本			$ 16,800
本期投入成本	$252,000	$463,200	715,200
成本總額			$732,000
約當產量（取自表 4.8）	50,000	44,200	
單位成本	$5.04	$10.48	$15.52
	↑ $252,000 / 50,000	↑ $463,200 / 44,200	↑ $5.04 + $10.48
成本分配			
本期完成轉入次部門成本：			
1. 期初在製品部分			
(1)期初在製品成本		$ 16,800	
(2)期初在製品本期投入成本			
（期初在製品單位 × 本期尚需加工程度 × 加工成本單位成本）			
2,000 × (1 − 30%) × $10.48 =		14,672	
		$ 31,472	
2. 本期投入生產完成部分			
（本期投入生產完成單位數 × 總單位成本）			
38,000 × $15.52 =		589,760	$621,232
期末在製品成本：			
直接原料成本			
（直接原料約當產量 × 原料單位成本）			
12,000 × $5.04 =		$ 60,480	
加工成本			
（加工成本約當產量 × 加工成本單位成本）			
4,800 × $10.48 =		50,288*	110,768
成本總額			$732,000

*調整尾數 $16

2 月底甲部門在製品存貨帳戶如下：

在製品－甲部門			
2 月初餘額	16,800		
2 月份製造成本	715,200	2 月底完工轉入次部門之成本	621,232
2 月底餘額	110,768		

表 4.8 和表 4.10 彙總之後即為甲部門之生產成本報告，此報告列示於表 4.11，以提供先進先出法下，分步成本制度的成本計算彙總。

3. 加權平均法與先進先出法的比較

加權平均法與先進先出法各有其優點，這兩種方法的選擇，全在於管理當局認為哪種成本計算程序最合適且最切實際需要而定。此二方法的基本差異在於期初在製品的處理，就加權平均法與先進先出法的不同之處，依生產成本報告之編製步驟區分，在下面分別說明。

(1)分析產品的實體流程：在先進先出法下，確定實際生產數量時，應將完成後轉入次部門的單位，區分為由期初在製品完成和本期投入且完成兩部分，以便於約當產量及單位成本的計算；在加權平均法下，對於完成後轉入次部門的單位無需區分其不同的來源。

(2)計算約當產量：在先進先出法下，應將期初在製品之約當產量扣除；在加權平均法下，期初在製品約當產量則包含在內。

(3)彙總成本資料以計算單位成本：在先進先出法下，期初在製品成本不併入本期投入生產的單位成本計算中，故需按成本要素單獨列示；在加權平均法下，計算出的單位成本為平均單位成本，故期初在製品成本，應按成本要素分別列示，以便與本期的投入成本加總，來計算加權平均單位成本。

(4)成本分配：在先進先出法下，完成轉入次部門成本的計算分為：(A)期初在製品完成的總成本；(B)本期投入且完成之成本。加權平均法下，完成轉入次部門成本不需分為兩部分計算，只需將完成單位數乘以平均單位成本，即可求得完成轉入次部門的成本。

表4.11　生產成本報告——甲部門（先進先出法）

數量資料			約當產量	
	實際單位	加工程度	直接原料	加工成本
期初在製品	2,000	30%		
本期投入	50,000			
	52,000			
本期完成轉入次部門	40,000	100%	40,000	40,000
期末在製品	12,000	40%	12,000	4,800
	52,000		52,000	44,800
減：期初在製品的約當產量			2,000	600
當期約當產量			50,000	44,200

成本資料	直接原料成本	加工成本	合　計
期初在製品成本			$ 16,800
本期投入成本	$252,000	$463,200	715,200
成本總額			$732,000
約當產量（取自表 4.8）	50,000	44,200	
單位成本	$5.04	$10.48	$15.52

成本分配		
本期完成轉入次部門成本：		
1. 期初在製品部分		
(1)期初在製品成本	$ 16,800	
(2)期初在製品本期投入成本		
2,000 × (1 − 30%) × $10.48 =	14,672	
	$ 31,472	
2. 本期投入生產完成部分		
38,000 × $15.52 =	589,760	$621,232
期末在製品成本：		
直接原料成本		
12,000 × $5.04 =	$ 60,480	
加工成本		
4,800 × $10.48 =	50,288*	110,768
成本總額		$732,000

*調整尾數 $16

由於加權平均法與先進先出法對於期初在製品的處理不同，導致兩法所計算出的單位成本不同。就存貨評價觀點而言，兩者均可採用。惟自成本控制與績效評估觀點而言，先進先出法優於加權平均法；因其提供的是當期單位成本，故能評估當期績效以加強成本控制。相反的，加權平均法下的單位成本，實際為上期與本期的平均數，無法正確評估管理者當期的績效，亦使成本控制缺乏時效性。但加權平均法，因其計算較簡單，故實務上較常採用。目前大部分行業的成本制度已逐漸電腦化，由於電腦可以處理很多複雜的問題，因此先進先出法的帳務較為繁複之缺點，可藉助資訊科技加以改善。

4.4 多部門分步成本法

對連續性生產的製造商而言，後續部門增投原料，對於生產中的單位與成本，可能有下列兩種情形：

1. 增投原料不增加產出單位

由於增投的原料成為所生產產品的一部分，但並未增加最終產出的單位數，僅會使單位成本增加。例如，紡織公司的白布製程單位的最後一站，為漂白布的顏色，通常增投的原料為漂白劑。這些原料都是改變產品某些特定品質，不會影響產出數量，僅會增加產品的單位成本。

2. 增投原料會增加產出單位

係指在生產過程中，後續部門投入新的原料，使產品的組成成分改變，產出量也同時改變。例如製造化學品時，常將水加入混合物中，結果是產出單位增加，而成本亦由更多的單位分攤，使單位成本改變。

4.4.1 增投原料不增加產出單位

在最單純的情況下，諸如服裝上增加鈕扣，新加入的原料並不增加生產單位，僅增加了總成本與單位成本。因此該部門的產品單位成本必須重新計算，並將新增的原料成本計入在製品中。

為使讀者易於了解本小節的概念，仍採用玉山公司為例，來說明增投原料對於部門的總成本與單位成本的影響。

表 4.12 列示乙部門 2018 年 3 月的數量及成本資料。假設乙部門增投原料，但

不增加該部門之產出單位，僅使總成本與單位成本增加。乙部門按加權平均法編製生產成本報告如表 4.13。

表4.12　基本資料——乙部門（2018 年 3 月）

生產資料		
期初在製品（原料 100% 投入，加工程度 60%）		4,000 單位
本期從甲部門轉入		40,000 單位
本期製成品		36,000 單位
期末在製品（原料 100% 投入，加工程度 70%）		8,000 單位
成本資料		
期初在製品：		
前部轉入成本	$ 74,000	
本部投入成本：		
直接原料成本	12,500	
加工成本	17,200	$103,700
本期投入：		
前部轉入成本（加權平均法）	$630,000	
本部投入成本：		
直接原料成本	97,500	
加工成本	258,400	$985,900

表4.13 生產成本報告——乙部門（加權平均法，增投原料不增產量）

數量資料			約當產量		
	實際單位	加工程度	前部成本	直接原料成本	加工成本
期初在製品	4,000	60%			
本期從甲部門轉入	40,000				
合　計	44,000				
本期製成品	36,000	100%	36,000	36,000	36,000
期末在製品	8,000	70%	8,000	8,000	5,600
合　計	44,000		44,000	44,000	41,600

成本資料	前部成本	直接原料成本	加工成本	合　計
期初在製品成本	$ 74,000	$ 12,500	$ 17,200	$ 103,700
本期投入成本	630,000	97,500	258,400	985,900
成本總額	$704,000	$110,000	$275,600	$1,089,600
約當產量	44,000	44,000	41,600	
單位成本	$16	$2.5	$6.625	$25.125
	$704,000 / 44,000	$110,000 / 44,000	$275,600 / 41,600	$16 + $2.5 + $6.625

成本分配			
製成品成本：	36,000 × $25.125 =		$ 904,500
期末在製品成本：			
前部成本：	8,000 × $16 =	$128,000	
直接原料成本：	8,000 × $2.5 =	20,000	
加工成本：	5,600 × $6.625 =	37,100	185,100
成本總額			$1,089,600

4.4.2 增投原料會增加產出單位

假設乙部門增投原料後增加單位數 8,000 單位，則按加權平均法編製報告如表 4.14。表 4.13 與表 4.14 之差異，在於表 4.14 因為乙部門增投之原料，使產出單位數增加 8,000 單位，由於約當產量增加，使計算出的單位成本降低，詳細計算請參考表 4.14。

表4.14　生產成本報告——乙部門（加權平均法，增投原料增加產量）

數量資料			約當產量		
	實際單位	加工程度	前部成本	直接原料成本	加工成本
期初在製品	4,000	60%			
本期從甲部門轉入	40,000				
淨增加單位數	8,000				
合　計	52,000				
本期製成品	44,000	100%	44,000	44,000	44,000
期末在製品	8,000	70%	8,000	8,000	5,600
合　計	52,000		52,000	52,000	49,600

成本資料	前部成本	直接原料成本	加工成本	合　計
期初在製品成本	$ 74,000	$ 12,500	$ 17,200	$ 103,700
本期投入成本	630,000	97,500	258,400	985,900
成本總額	$704,000	$110,000	$275,600	$1,089,600
約當產量	52,000	52,000	49,600	
單位成本	$13.54	$2.12	$5.56	$21.22
	$704,000 / 52,000	$110,000 / 52,000	$275,600 / 49,600	$13.54 + $2.12 + $5.56

成本分配			
製成品成本：	44,000 × $21.22 =		$ 933,680
期末在製品成本：			
前部成本：	8,000 × $13.54 =	$108,320	
直接原料成本：	8,000 × $2.12 =	16,960	
加工成本：	5,600 × $5.56 =	30,640*	155,920
成本總額			$1,089,600

*加工成本 $31,136 去尾數 $496 成為 $30,640

4.4.3 聯產品成本計算

分步成本制度大部分發生於連續性的生產方式，例如溼紙巾產品製造公司，在一條生產線上，投入不織布及相關原料即製成溼紙巾單一產品。除此之外，有些生產過程將同一原料投入，經過相同的過程時會同時製造出多種產品，即所謂的**聯產品** (joint product) 或**副產品** (by-product)。一旦發生此種情況，會計人員就要採用各種客觀方法，將聯合成本分配到各種產品上，以計算出各產品的單位成本，本小節重點在說明如何將聯合成本分配到聯產品的計算過程。

從原料的投入到分離點 (split-off point) 的生產過程，同時製造出多種產品，依各種產品的價值，可區分為聯產品和副產品。所謂分離點，係指各種產品的製程和成本在此時點可明確地分離處理，亦即在分離點之前，所有產品的製程是相同的；在分離點之後，每一種產品皆可單獨分開，可立即出售或進一步加工後再出售。

主產品 (main product) 係指在同一個製程中，該類產品的產出價值相對地比其他產品的產出價值為高，其所帶來的收益也較高。聯產品則是指在同一製程中，同時生產多種產品，各種產品之間的相對價值差異不大。例如，沙拉油的製程中，黃豆經過壓榨過程所產生的黃豆原油與豆片。副產品則為同一製程中，該產品的產出價值與主產品比較起來，相對地較少，其所帶來的收益較低者。

有些產品的製造，在生產線始點投入相同的原料，但製程完全不同。如圖 4.3 所示，一般提到聯產品，會聯想到的是石油工業，例如煉油產出汽油、煤油等聯產品；石油在生產線始點投入，經過加工過程（一）即完成汽油產品，經過加工過程（二）即成為煤油產品，此即為相同原料投入不同產出的製程。在此情況下，當原料投入量增加，兩種產品的增加比例不一定相同。如果木材原料的數量有限，兩種產品之間的關係是互斥的，亦即桌子產量多，則椅子產量會少。

圖4.3　相同投入不同產出的製程

至於圖 4.4 的聯合生產過程，與圖 4.3 的主要不同在於兩產品的原料與製程皆相同，如圖 4.4 中可可豆生產線，經過壓榨程序，在分離點可得可可油脂與可可粉末。在此情形下，只要原料投入量增加，兩種產品的產出量同時會增加，不會產生互斥的現象。

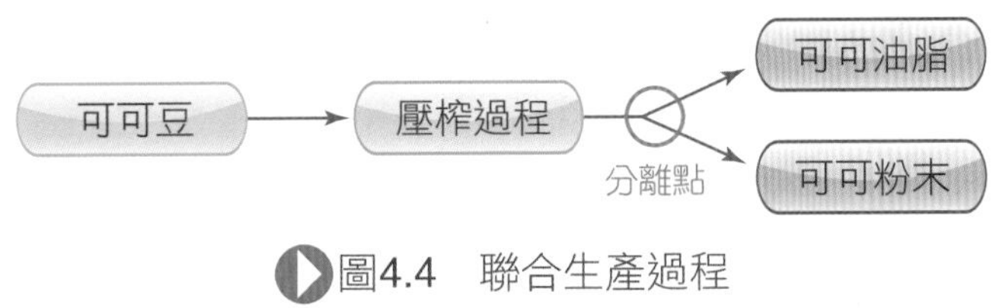

圖4.4　聯合生產過程

聯合生產過程中，在分離點之前所投入的原料成本和加工成本總和稱之為**聯合成本** (joint cost)，如圖 4.4 中的可可豆原料成本和壓榨過程加工成本，無法直接歸屬到兩種產品上，必須藉著客觀基礎來進行分攤，因此聯合成本的性質可說是間接成本。至於分攤基礎的選擇，則要考慮到聯合成本與聯產品間的因果關係。

聯產品和副產品的區別，主要在於產品間的相對銷售價值不同，聯產品的價值高，占銷售收入的比重亦相當高；但副產品則為相對價值低的附帶產品，占銷售收入的比重亦較低。在生產過程中，副產品可能於製造起點即發生，也可能是發生於製造過程中。對於副產品的處理，有時副產品毫無價值，只能當廢料處理；有時在分離點即可出售；有時在分離點之後還需加工才能出售。由於副產品的價值較低，通常不分攤聯合成本，只需承擔分離點後的成本和管銷費用即可，所以副產品的淨收入可作為聯產品成本的減項或銷售收入的加項。

在圖 4.5 的過程中，分離點以前所支出的成本稱為聯合成本，亦即可可豆的原料成本以及壓榨過程中所發生的成本總和。至於分離點以後所發生的成本，可明確地辨認為屬於何種產品者，稱之為**分離成本** (separable cost) 或個別成本，如圖 4.5 中由可可粉末製造成即溶可可粉，再加工為三合一可可粉隨身包所發生的所有成本。由於可將分離成本直接歸屬到各種產品上，因此沒有成本分配的問題。

可可豆 → 壓榨過程 → 分離點 → 可可油脂
可可粉末 → 即溶可可粉 → 三合一可可粉隨身包

圖4.5 分離點後的加工處理過程

在實務上，每一種產品是否要繼續加工，成為管理者需考慮的另一種產品決策，此決策需要做成本與效益分析後才能決定。例如，將可可粉末加工為即溶可可粉，可提高產品售價，此時所產生的附加價值會高於所需投入的分離成本，如此才算是一項正確的決策。因此產品是否要再繼續加工處理，需視該加工後所帶來的產品效益是否大於所需投入的成本而定，並不是所有的產品加工後才出售都是有利的。管理者需事前作好評估，才能訂定出最合理的決策。

在分離點時，各項產品可以出售或加工後再出售，在分離點之前所發生的成本，稱之為聯合成本。為了計算產品成本，可採用相對市價法來分攤聯合成本。為使讀者了解如何分攤聯合成本，以下以玫瑰公司的例子來說明。

玫瑰公司係一食品製造公司，其中的一條生產線用來生產沙拉油和豆粉，其生產程序為將黃豆原料自倉庫中提取並自動過磅後，經由篩選機、壓片機、調理機、碎豆機及提油機的過程後，產生黃豆原油及含溶劑豆片，其中黃豆原油經由再製造之後，可產生沙拉油，含溶劑豆片經由再製造的過程後，可產生豆粉，若以產生黃豆原油及含溶劑豆片的生產點為聯產品的分離點，詳細資料列在表 4.15。

成本與售價是呈正比的關係，所以售價愈高的產品宜分攤較高的成本，相對市價法即以各種產品的銷售額占總銷售額的比例為分攤基礎，針對在分離點已知相對市價的情況下進行的計算方式，其計算方法較為簡單，以分離點時各種產品市價占總市價的比例來分攤聯合成本。如果聯產品在分離點時無法出售，需要進一步加工才能出售時，則要採用各產品最後的市價減去分離成本所得的各聯產品的假定市價，作為分攤聯合成本的基礎。

表4.15　玫瑰公司基本資料

聯合成本		市　價	
直接原料成本	$90,000	黃豆原油	$150 / 公斤
直接人工成本	30,000	含溶劑豆片	$120 / 公斤
製造費用	60,000	沙拉油	$300 / 公斤
		豆　粉	$150 / 公斤
分離點後成本		本期生產量*	
屬於黃豆原油	$15,000	黃豆原油	1,500 公斤
屬於含溶劑豆片	12,000	含溶劑豆片	1,800 公斤
		沙拉油	1,200 公斤
		豆　粉	1,500 公斤

*假設產量與銷量完全配合

1. 分離點時已知各產品市價

假設在分離點時知道當時產品的市價，以分離點時之相對市價比例分攤聯合成本，則其單位成本計算將如下：

聯產品	單位市價	數　量	總市價	比　例	聯合成本
黃豆原油	$150	1,500	$225,000	51%	$ 91,800
含溶劑豆片	120	1,800	216,000	49%	88,200
			$441,000	100%	$180,000

最終產品	聯合成本分攤 + 分離成本 / 數量	=	總成本 / 數量	=	單位成本
沙拉油	$\frac{(\$91,800 + \$15,000)}{1,200}$	=	$\frac{\$106,800}{1,200}$	=	$89
豆　粉	$\frac{(\$88,200 + \$12,000)}{1,500}$	=	$\frac{\$100,200}{1,500}$	=	$66.8

由上述計算可知將聯合成本 $180,000 分配至聯產品，黃豆原油部分為 $91,800，含溶劑豆片部分為 $88,200。在此計算方法下，最終產品的沙拉油每公斤成本為 $89，豆粉每公斤成本為 $66.8。在此為說明簡單起見，假設生產量會等於銷售量的情形。

2. **分離點時未知各產品市價**

若在分離點時並不知道當時之市價，則可以將最後的市價扣除分離點後個別的加工成本，以推算出在分離點當時的假定市價，用以分攤聯合成本。

聯產品	最終產品	單位市價	數　量	總市價	分離成本	假定市價	比　例	聯合成本
黃豆原油	沙拉油	$300	1,200	$360,000	$15,000	$345,000	62%	$111,600
含溶劑豆片	豆　粉	150	1,500	225,000	12,000	213,000	38%	68,400
						$558,000		$180,000

最終產品	（聯合成本分攤 + 分離成本）/ 數量	=	總成本 / 數量	=	單位成本
沙拉油	$\frac{(\$111,600 + \$15,000)}{1,200}$	=	$\frac{\$126,600}{1,200}$	=	$105.5
豆　粉	$\frac{(\$68,400 + \$12,000)}{1,500}$	=	$\frac{\$80,400}{1,500}$	=	$53.6

從上列的計算，得知黃豆原油需分攤聯合成本 $111,600，含溶劑豆片分攤聯合成本 $68,400。在此情況下，最終產品沙拉油每公斤成本 $105.5、豆粉每公斤成本 $53.6。

4.5 作業成本制度

分批成本制度與分步成本制度的差異很大。在高度競爭的環境下，製造廠商為因應市場多變的需求，必須在產品上求多樣化，生產排程上更要有彈性調整的能力。因此，有不少廠商同時採用二種成本制度，尤其是生產類似產品的工廠。也就是說產品因顧客要求而採用不同的原料，但加工方式都是採用相似的程序。在這種情況下所採用的成本方法稱為**作業成本制度** (operation costing)，在原料成本的計算方面，採用分批成本制度；在加工成本的計算方面，則採用分步成本制度，為一種混合成本制度。

 4.5.1 作業成本制度釋例

在圖 4.6 中，舉例說明作業成本制度的產品實體流程。假如公司接受 A、B、C 三種不同的訂單，分別要求採用不同的原料來生產。訂單 A 的原料只經過第一個和第二個生產部門的加工；訂單 B 的原料則經過三個生產部門；訂單 C 的原料則在第一個和第三個生產部門加工。等三個訂單完成了必要的加工程序，再轉入製成品和銷貨成本項目。由此看來，有的訂單經過了全部生產部門的加工程序，有的訂單只經過部分生產程序，只要成本資料蒐集正確，產品成本自然可算出。

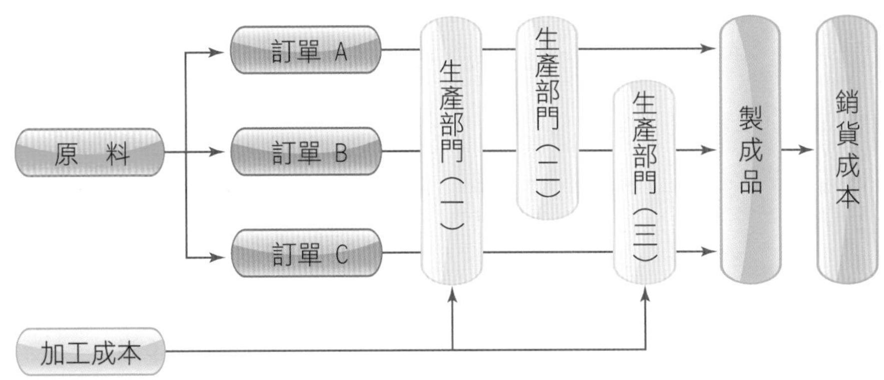

圖4.6　作業成本制度的產品實體流程

假若跳躍公司專門製造球鞋，本月份生產籃球鞋 600 雙和慢跑鞋 1,000 雙。兩種鞋各採用不同的原料，但加工程序完全相同，詳細成本資料請參考表 4.16。兩種不同類型的球鞋其單位成本之計算如下：

籃球鞋　$300 + $90 + $70 + $110 = $570
慢跑鞋　$200 + $90 + $70 + $110 = $470

由於作業成本制度是分批成本制度與分步成本制度的混合方法，所以帳務處理方式相似，由原料、人工和製造費用項目轉入在製品帳戶，當產品製造完成後即轉入製成品項目。等產品出售之後，便轉入銷貨成本項目，完成了產品生產過程的全部會計分錄。

表4.16　跳躍公司基本成本資料

原料成本			
籃球鞋（600 雙）		$180,000	
慢跑鞋（1,000 雙）		200,000	$380,000
總原料成本			
加工成本			
皮革處理部門		$144,000	
切割部門		112,000	
縫製部門		176,000	$432,000
產品總成本			$812,000
單位成本			
原料成本：	籃球鞋	$\frac{\$180,000}{600} = \$300$	
	慢跑鞋	$\frac{\$200,000}{1,000} = \$200$	
加工成本：	皮革處理部門	$\frac{\$144,000}{1,600} = \$90$	
	切割部門	$\frac{\$112,000}{1,600} = \$70$	
	縫製部門	$\frac{\$176,000}{1,600} = \$110$	

實務應用　作業成本制度應用於不同的乳製品

低溫乳與保久乳的製程類似，但因保存期限不一樣，生產步驟有些許不同。以臺農鮮乳廠的生產方式為例，瓶裝保久乳部分，採行「二段滅菌法」，第一段牛乳先經超高溫瞬間殺菌 (UHT) 後，裝瓶、封蓋，再使用連續靜水壓式滅菌塔滅菌；而保久乳便是將牛乳經滅菌處理，成無菌狀態，因此完全不需要添加任何防腐劑，毋須冷藏便能在常溫下長期保存。在製程部分不一致下，廠商可採用作業成本制度分別計算兩種產品之成本。

本章彙總

生產數量大、產品性質相似和連續性生產的程序，適用於分步成本制度。對任何組織而言，產品成本計算的正確性，會影響到組織的營運規劃、成本控制和訂價決策。分步成本制度與分批成本制度的基本目的都相同，主要是要累積成本資料和將總成本分配到製成品和期末在製品。

在生產過程中，無論組織採用任何一種成本制度，只要成本流程相同，程序由原料、人工和製造費用轉入在製品，等製造完成後再轉入製成品或轉至次部門繼續生產的成本，待出售後轉入銷貨成本。分步成本制度是以生產部門為基礎來計算產品單位成本，分批成本制度則以訂單為產品單位成本的計算基礎。

生產成本報告是用來累積和分配部門的生產成本，編製程序包括四個步驟：(1)分析產品的實體流程；(2)計算每項成本要素的約當產量；(3)彙總成本資料並計算單位成本；(4)分配總成本到在製品和製成品。分步成本制度下有加權平均法和先進先出法兩種方法，可用來計算產品成本。加權平均法的計算過程較為簡單；先進先出法的計算雖較為複雜，但對成本控制方面較有效用。公司在選擇方法時，不必考慮計算的複雜程度，因為可用電腦軟體來完成計算程序，所以主要考慮因素為企業的營運特性。

彈性的製造系統才能因應市場的需求，現代企業漸漸採用分批成本制度與分步成本制度的混合方法，稱之為作業成本制度。工廠可接受訂單生產也可接受大量生產，原料的使用可隨訂單不同而有差異，加工過程則大同小異。也就是說，單位原料成本的計算採用分批成本制度，單位加工成本的計算則採用分步成本制度。在早期，分步成本制度與分批成本制度僅用於製造業，現在也有人將此觀念運用到非製造業，使得這兩種方法的使用範圍擴大。

關鍵詞

約當產量 (equivalent units)
生產成本報告 (cost of production report)
聯產品 (joint product)
副產品 (by-product)
聯合成本 (joint cost)
分離成本 (separable cost)
作業成本制度 (operation costing)

作　業

一、選擇題

(　) 1. 何種產業最有可能使用分步成本制度？ (A)建築業 (B)電信業 (C)出版業 (D)汽車修理業。

(　) 2. 下列那一行業適合採用分步成本制？ (A)汽車修理廠 (B)食品加工廠 (C)顧問公司 (D)會計師事務所。 【106 年普考】

(　) 3. 甲公司採用分步成本制，其產品製造需經過二個部門，產品於部門 A 完工後將轉入部門 B 進一步製造，針對部門 A 完工之產品，甲公司需下列何項分錄？ (A)借記：在製品存貨；貸記：製成品存貨 (B)借記：製成品存貨；貸記：在製品存貨—部門 A (C)借記：在製品存貨—部門 B；貸記：在製品存貨—部門 A (D)借記：在製品存貨—部門 A；貸記：在製品存貨—部門 B。 【101 年地方特考】

(　) 4. 有關約當產量的觀念，下列何者為非？ (A)在分批成本制度下，在製品的各項要素常處於不同的完工階段 (B)為了將成本客觀地分配於在製品及製成品 (C)需先分析在製品的完工程度，以換算為完工單位數 (D)要與當期實際完工數量相加總，以得出當期的約當產量。

(　) 5. 採用加權平均分步成本制計算加工約當單位成本時，下列何者並非是必要的資訊： (A)期初在製品的加工成本 (B)本期投入的加工成本 (C)期末在製品加工完工程度 (D)期初在製品加工完工程度。 【104 年會計師】

(　) 6. 在分步成本制度下，計算約當單位成本時可採用加權平均法或先進先出法。試問在何種情況下，兩法所計得的約當單位成本會相同？ (A)無期初在製品，有期末在製品 (B)有期初在製品，無期末在製品 (C)有期初在製品，有期末在製品 (D)兩法下的約當單位成本不可能會相同。 【104 年會計師】

(　) 7. 採用先進先出法之分步成本制度計算約當產量時，是否需要考慮在製品存貨之完工比例？ (A)期初在製品與期末在製品存貨之完工比例均需考慮 (B)期初在製品與期末在製品存貨之完工比例均不需考慮 (C)期初在製品存貨之完工程度需考慮，但期末在製品存貨完工程度則不需考慮 (D)期初在製品存貨之完工程度不需考慮，但期末在製品存貨完工程度則需考慮。 【104 年會計師】

(　) 8. 成功公司使用分步成本法，所有材料於生產開始時全部投入。假設無期初在製存貨，本期投入材料成本 $200,000。根據生產成本報告，本期投入生產 4,000 單位。生產完成時進行品質檢驗，其中完好品為 2,000 單位。正常損壞品為 1,500 單位。試問完好之製成品中之材料成本為何？ (A) $100,000 (B) $160,000 (C) $175,000 (D) $200,000。 【101 年會計師】

(　) 9. 甲公司有期初在製品 40,000 單位，加工成本已投入 50%；本期投入生產 240,000 單位，期末在製品 25,000 單位，加工成本已投入 60%。所有的直接原料均已在製程開始時投入。則使用加權平均法計算的加工成本約當產量為多少單位？ (A) 235,000 (B) 255,000 (C) 270,000 (D) 275,000。【100 年普考】

(　) 10. 在同一個製程中，該產品的產出價值相對地比其他產品的產出價值低者，稱之為： (A)聯產品 (B)主產品 (C)次級品 (D)副產品。

(　) 11. 樂美公司製造 L、K 兩種聯產品，聯合成本合計為 $38,000，L 產品為 1,000 單位，接受分攤之聯合成本為 $4,750。L 產品可以在分離點即按每單位 $5.7 出售，也可以進一步加工才出售，但進一步加工將耗損 5% 的產量。分離點後加工成本為 $1,900，但加工後售價為每單位 $9.5。若 L 產品進一步加工才出售，則其結果： (A)與未再加工的利潤一樣 (B)可額外獲利 $1,900 (C)可額外獲利 $1,425 (D)可額外獲利 $2,375。【101 年會計師】

(　) 12. 經同一製程而產出兩種產品時，若其中一種具有相對較高的銷售價值，另一種則價值微小，則此二產品分別稱為： (A)聯產品與副產品 (B)聯產品與殘料 (C)主產品與副產品 (D)主產品與聯產品。【106 年高考】

(　) 13. X、Y 兩種產品為聯產品，均於分離點後需再加工始能出售。設公司採分離點淨變現價值法分攤聯合成本。請就以下①至④的描述進行判斷：

①若本年度 X 產品之售價增加，其餘所有成本與售價之條件不變，則 Y 產品分攤之聯合成本增加

②若本年度 X 產品之售價增加，其餘所有成本與售價之條件不變，則 Y 產品之毛利率增加

③若本年度 X 產品之分離點後加工成本增加，其餘所有成本與售價之條件不變，則 Y 產品之毛利率減少

④若本年度 Y 產品之分離點後加工成本減少，其餘所有成本與售價之條件不變，則 X 產品之毛利率減少

以下選項何者正確？ (A)僅②④正確 (B)僅②③正確 (C)僅①③正確 (D)僅①②③正確。【104 年會計師】

(　) 14. 甲公司耗費聯合成本 $110,000，共產生 X、Y、Z 三種產品，各為 2,000、3,000 及 5,000 件，分離後總加工成本分別為 $33,000、$44,000 及 $77,000；加工後最後總市價分別為 $77,000、$132,000 及 $165,000。若採淨變現價值法 (Net Realizable Value Method) 分攤聯合成本，則 X 產品之總製造成本為何？ (A) $33,000 (B) $44,000 (C) $22,000 (D) $55,000。【106 年會計師】

(　) 15. 有關作業成本制度，下列敘述何者為非？ (A)產品採用不同的原料，但加工方式都是採用類似的程序 (B)是分批成本制度與分步成本制度的混合方法 (C)當產品製造完成後即轉入製成品帳戶 (D)以上皆是。

( ) 16.甲公司生產中型與大型吸塵器，兩型吸塵器均需經 A、B、C 三部門依序加工始完成，且大型吸塵器所需之加工時數為中型的二倍。該公司採作業成本制 (operation costing)，本期 A、B、C 三部門之加工成本分別為 $60,000、$60,000、$30,000，無期初與期末在製品。另本期直接材料的投入情形如下：

批號	品名	數量	投入直接材料成本
313	中型吸塵器	10,000	$70,000
315	大型吸塵器	20,000	$130,000

則大型吸塵器之單位製造成本為何？ (A) $10 (B) $10.5 (C) $11.5 (D) $12.5。

【101 年地方特考】

二、練習題

E4–1 就以下各型態的產業，指出何者應採用分批成本制度或分步成本制度：

1. 訂作之西服店
2. 輪胎製造商
3. 特殊規格牽引機製造商
4. 飲料製造商
5. 速食店
6. 一般家具製造商
7. 學生制服製造商
8. 武器製造商
9. 高級晚禮服服飾店
10. 水泥製造商

E4–2 良友公司生產一種商品，其生產過程需經過兩部門加工處理，所有的原料均於第一部門生產一開始時就完全投入，有關 7 月份的生產資料列示如下：

	單 位
7/1 在製品（50% 完工）	2,400
本月份開始生產量	9,600
移轉至第二部門的數量	10,080
7/31 在製品（30% 完工）	1,920

試作：計算 7 月份的約當產量，採用

1. 先進先出法。
2. 加權平均法。

E4–3　甲公司製造汽車零件，採先進先出分步成本制度計算成本。原料於開始生產即投入，加工成本則於製造過程中均勻發生。正常情況下損壞品為完好品的 12%，而產品必須於完工檢驗後才能判定是否為損壞品。X1 年 3 月相關資料如下：

	數量（件）	成　本
月初在製品	350	
直接原料（100% 完工）		$76,000
加工成本（40% 完工）		$21,000
本月開始生產	1,500	
完工轉至下一部門	1,300	
月底在製品	250	
直接原料（100% 完工）		
加工成本（60% 完工）		
本月生產成本		
直接原料		$562,500
加工成本		$180,320

試作：根據以上資料計算：

1. 直接原料的單位成本。
2. 加工成本的單位成本。
3. 完工轉至下一部門之成本。
4. 月底在製品成本。

【102 年高考】

E4–4　甲公司生產高級餐椅，產品歷經切割、組裝及修飾等三部門。切割部門先將所需之木材切割成適當形狀與尺寸，再移轉至組裝部門，搭配外購之配件進行組裝，爾後轉至修飾部門進行最後之修飾與調整。公司採分步成本制，並以先進先出法計算存貨成本。組裝部門在 4 月底共有 2,500 件之期末在製品，其中，原料完工比例為 40%，加工成本完工比例為 60%。5 月份由切割部門移轉 10,000 件至組裝部門進行後續工作。5 月底，組裝部門尚有 2,000 件在製品尚未移轉至修飾部門，原料與加工成本之完工比例分別為 30% 與 60%。組裝部門 5 月份之相關成本資料如下：

	期初存貨	本期投入
前部門轉入成本	$8,000	$35,000
直接原料	2,500	24,240
直接人工	5,000	38,000
製造費用	4,000	28,300

試作組裝部門：

1. 5 月份當期的原料與加工成本之約當產量。
2. 5 月份當期的單位生產成本。
3. 5 月份應移轉至修飾部門之生產成本。
4. 5 月底在製品成本。

【102 年地方特考】

E4–5　愛樂工坊為一家專門販售小提琴琴絃之公司，其相關成本資料如下：每盒琴絃售價 $100，每次訂購成本為 $12，持有成本為售價的 10%。每月平均賣出 2,000 盒，待貨時間為 2.4 天。

試作：

1. 經濟訂購量。
2. 每年訂購次數。
3. 每年訂購成本及持有成本之總和。
4. 未設安全存量下的再訂購點（每年以 360 天計算）。

【103 年普考】

E4–6　甲皮鞋廠製造各款式鞋款，生產皮鞋作業使用分步成本制，共分成三個生產部門。皮鞋的皮件首先在裁切部門製造後，轉入模型部門進行加工，最後送至包裝部門完成皮鞋製造。甲皮鞋廠採用加權平均法之分步成本制來計算單位成本。以下為 103 年 7 月模型部門的生產及成本資料：

生產資料

期初存貨	8,000 單位（加工成本完工 90%）
本月轉入	22,000 單位（轉入完工 100%）
轉出至包裝部門	24,000 單位
期末存貨	4,500 單位（加工成本完工 20%）

成本資料

	前部轉入	直接原料	加工成本
期初存貨	$40,800	$24,000	$4,320
本期投入	113,700	53,775	11,079
總和	$154,500	$77,775	$15,399

模型部門於完工 75% 時加入原料，加工成本於生產過程投入。當完工 80%，損壞之皮鞋被檢查出來，所有模型原料在此時已完全投入。損壞皮鞋的正常損壞數量是所有到達檢查點數量之 6%。任何超過 6% 之損壞數量為非常損壞。所有損壞之皮鞋生產過程中移出並予以摧毀。

試作：（四捨五入至整數位）

1. 正常損壞單位數。
2. 異常損壞之成本。
3. 製成品成本。
4. 期末在製品成本。

【103 年高考】

E4–7　萬泰公司在桃園觀音廠生產許多不同種類的玻璃製品，在甲部門生產單色玻璃，其中部分產品視為製成品直接出售；其他轉入乙部門，並加入金屬氧化物繼續加工成彩色玻璃，其中部分產品即出售，部分產品在丙部門繼續進行蝕刻加工，然後再出售。該公司一向採用作業成本制度。

公司 5 月份產品成本分攤情形詳如下表：(5 月份均無期初或期末在製品)

	部　門		
成本類別	甲	乙	丙
直接原料成本	$540,000	$86,400	–
直接人工成本	45,600	26,400	$42,000
製造費用	276,000	81,600	88,800

		直接原料成本	
產　品	單　位	甲部門	乙部門
甲部門出售之單色玻璃	13,200	$297,000	–
乙部門出售之彩色玻璃	4,800	108,000	$38,400
丙部門出售之蝕刻後彩色玻璃	6,000	135,000	48,000

在作業過程中每片玻璃所需之程序均相同。

試作：計算下列各項：

1. 甲部門之單位加工成本。
2. 乙部門之單位加工成本。
3. 每一片單色玻璃的成本。

第二篇

規劃篇

5 成本習性與分析

學習目標

1. 了解成本習性的意義與分類
2. 運用成本估計及迴歸分析
3. 辨別全部成本法與直接成本法
4. 分析存貨變化對損益的影響
5. 敘述生命週期成本法

成本分析用於營運決策

第一銀行創立於民國前 13 年(西元 1899 年)11 月 26 日，當時定名為「臺灣貯蓄銀行」；嗣為加強業務國際化之經營策略，民國 65 年改稱「第一商業銀行」(First Commercial Bank)，民國 87 年 1 月 22 日由公營體制轉型為民營銀行，民國 92 年 1 月 2 日正式成立「第一金融控股股份有限公司」後，改納入第一金控集團下之子公司，經營迄今已 110 年，總資產及第一類資本排名世界前三百大。

經營者需要了解成本與營運活動的關係，才有助於成本控制決策參考。尤其在經濟不景氣時期，第一銀行的總行和分行紛紛擬訂節流計畫，包括檢討設備汰舊換新、降低變動費用等。至於變動成本方面，由於多數辦公場所都已實施節能減碳政策，以大幅降低水電費的支出；另外，在房屋租金上，一銀已向房東爭取調降租金，並採用「議價不成，另覓新址」的策略。

第一商業銀行股份有限公司 http://www.firstbank.com.tw

introduction

任何組織的管理者做決策時，需要了解成本與營運活動的相關性，也就是成本與數量的關係分析。尤其在營運活動規劃階段，管理者在編列預算時，需要了解在不同的產量水準時所需的固定成本與變動成本。由歷史資料來作成本估計，可先分析成本的習性，明確的找出變動成本和固定成本兩部分，再將估計值代入預測的模式，以估計未來的成本數。

綜合損益表上的本期綜合損益總額或本期淨利 (淨損)，常被用來評估企業整體或單位的績效。在成本累積方式和損益表格式方面，有二種不同的方法可採用，一為全部成本法，另一為直接成本法。兩種方法的差異，主要來自於固定製造費用的會計處理。在全部成本法下，固定製造費用當作產品成本；在直接成本法下，固定製造費用則當作期間成本。另外，在綜合損益表編製方面，全部成本法綜合損益表為傳統式損益表；直接成本法綜合損益表為貢獻式損益表，前者符合財務報表編製準則，後者有助於管理者績效評估。

本章的重點在於介紹成本習性和成本估計，也說明攸關範圍與成本的關係。同時，探討全部成本法與直接成本法下的成本計價方法，並加以分析其對損益之影響。

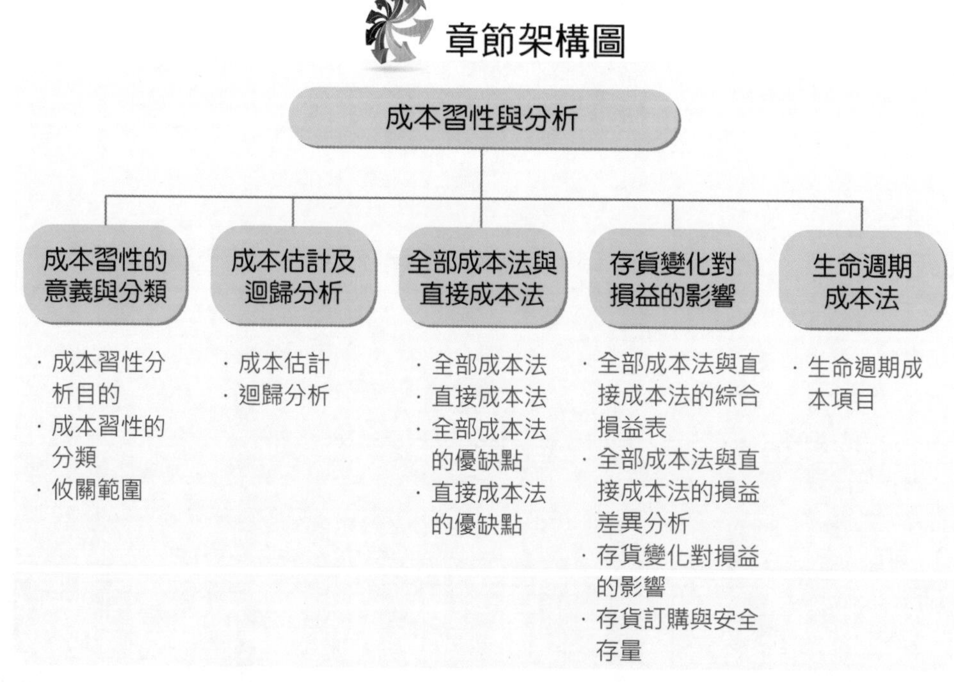

5.1 成本習性的意義與分類

在區分成本型態以前，需要先清楚成本習性分析目的，才有助於決策參考之用。

5.1.1 成本習性分析目的

成本習性 (cost behavior) 分析係指營運活動發生變動時，成本有所因應的改變。成本習性分析之目的，可分為兩方面：

1. 決策制定

在很多決策中，變動成本是增量成本或差別成本；固定成本只有在特定決策中，當產能改變或投資決策異動時才會有所增減。因此，成本習性會影響管理當局決策的特性。

另外，以成本基礎來制定價格時，也需對成本習性有所了解。因為在計算固定成本時，會因產量增加而改變單位成本。由於每單位固定成本是假設產能水準為已知的；若生產或銷售數量不是預期產能，而以成本作為訂價基礎時，易造成錯誤的訂價決策。

2. 規劃和控制

管理者在規劃和控制變動成本的方法，不同於固定成本的控管方法。變動成本是以投入與產出關係來衡量，例如投入多少原料成本、人工成本和製造費用，即可生產一單位的產品。同時，投入與產出關係是指為因應產量水準改變，所耗資源需求所發生的變化。假如產量水準下降，表示資源需要減少，甚至要停止購買。相反的，產量水準上升，則需要更多的資源。另外，資源的使用超過投入與產出關係時，表示有無效率和浪費的現象存在，管理當局必須調查其原因，以消除不利差異的原因。

至於固定成本的衡量，至少以一年為基礎。通常固定成本的控制發生在兩個時點，第一是在未發生固定成本時，管理當局必須評估成本發生之需要性，再決定是否要接受此計畫；一旦固定成本發生後，則進入另一個控制點，即如何使固定成本所提供之產能發揮最大的功用。

實務應用 成本控制增加利潤

臺灣肉雞供應大廠是大成轉投資、持股 52.26% 的大成食品，其獲利表現亮眼，2011 年財報顯示受惠中國豬價及雞價持續反彈，營收達到 112.16 億人民幣，年增 17.4%，稅後淨利 1.96 億人民幣，年成長率高達 79.3%，成為獲利年增率最高的臺資食品廠。

大成食品營收以雞肉及飼料為最大項，分別占 45.8% 及 40.8%；大成食品表示，由於 2011 年肉雞價格上漲及各銷量增加，使得雞肉營收年增 13.5%，在有效的成本控制下，毛利則大幅提升 80%，飼料營收則成長 12.5%。

5.1.2 成本習性的分類

就投入與產出的關係，成本習性可分為：(1)變動成本；(2)固定成本；(3)混合成本，分別敘述如下：

1. 變動成本

變動成本 (variable cost) 是指成本總額會隨著產量水準，而呈正比例變動的成本。假如產量水準降低，則變動成本也將隨之減少。同樣的，產量水準的增加，也會使總變動成本呈同比例增加。典型的變動成本如直接原料成本、銷售佣金等。

在圖 5.1 變動成本習性圖形中，變動成本線的斜率即為單位變動成本。單位變動成本金額愈大，總變動成本線會愈陡。雖然變動成本總數會隨著產量水準的變動而變動，但是每單位變動成本是保持不變的。

假設洛基公司製造白板，需要 50 呎的木材，每呎木材的價格為 $150，則完成一塊白板的原料成本為 $7,500。在圖 5.1 變動成本習性中，每塊白板原料成本 $7,500 是一定的，但原料總成本則隨白板生產數量呈正比例的變動。

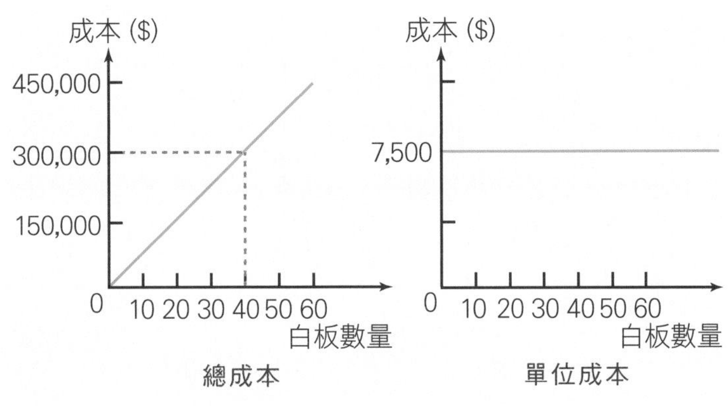

圖5.1　變動成本習性

實務應用　**銷量增減影響收入與變動成本**

各地區的運動活動中心在周末時間有較平日多出兩倍以上的民眾前來運動，所以飲料自動販賣機的周末銷售量較平日多。因此，廠商在此段期間要隨時補足飲料供應量，才能滿足周末購買需求。綜言之，飲料自動販賣機的總變動成本隨著飲用數量增加而增加，當然收入也相對增加。

2. 固定成本

固定成本 (fixed cost) 是指成本總額不會因產量水準變動而變動者。雖然固定成本的總額是固定不變，但單位固定成本則會因數量增加而降低。也就是說，單位固定成本會隨著產量增減而呈相反的變化。假若前述白板的生產過程中，需要一名監工人員，每個月薪資為 $20,000。圖 5.2 說明了固定成本的習性：總成本 $20,000 平行於 X 軸，而單位成本則隨著產量增加而遞減。

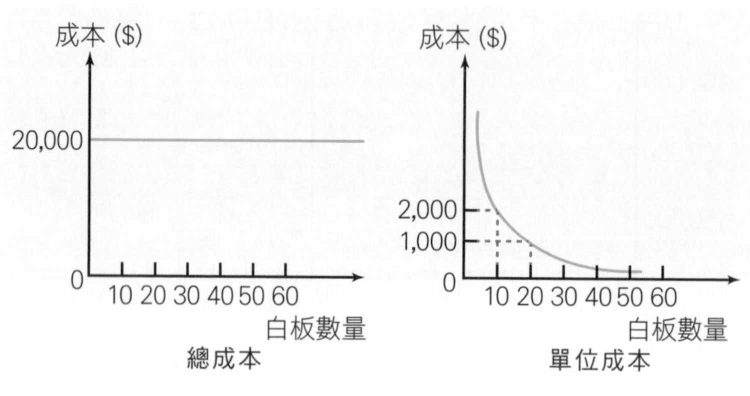

圖5.2　固定成本習性

固定成本亦稱為**產能成本** (capacity cost)，因其包括購買廠房、設備及其他項目的支出，以供應組織基本營運所需的能量。固定成本依計畫目的而言，可分為約束性成本及酌量性成本兩種：

⑴約束性成本：通常係指與該公司所擁有的廠房、設備及基本組織配備有關之成本。此類成本包括廠房設備之折舊、財產稅、保險費及高階主管人員薪資等。**約束性成本** (committed cost) 主要是受公司管理者長期決策的影響，其主要特性為：⒜具有長期的性質；⒝短期內若將約束性成本降為零，會損害企業的獲利能力或長程目標。一般公司即使營運受到中斷或減少時，亦不會將其重要主管人員解任或出售廠房。由於廠房設備與基本組織配置維持不變，約束性成本也不會變動。

⑵酌量性成本：也稱為計畫成本 (programmed cost) 或支配成本 (managed cost)。**酌量性成本** (discretionary cost) 在性質上屬於固定成本，但由管理者作短期支出決策。酌量性成本包括廣告費、研究發展費及公共關係費等。

酌量性成本與約束性成本有兩項主要的差異：

⑴就規劃的涵蓋期間而言，酌量性成本較短，通常為一年；相反地，約束性成本的規劃涵蓋期間，則可能為數年。

⑵在經濟不景氣時，短期可削減酌量性成本，對企業長期目標不會有太大的影響。例如公司可能因經濟蕭條，將每年的研究發展費用予以減少，一旦公司業務情況有了改善，此項研究發展費用支出便可恢復。這樣的費用刪減，應不至於損及公司的長期競爭地位。

酌量性成本的最主要特性，是管理當局不必受到許多年度的束縛，每年可重新對各種成本項目支出做評估。對於某項支出是否要繼續增加、減少或完全刪除，均可在短期內作適當決策。

實務應用　成本控制增加利潤

裕日車去年本業利益 20.76 億元，創下十年新高紀錄，加計中國東風日產的轉投資收益後，每股盈餘也較前一年大幅提昇。裕日車本業獲利大增，主要是去年匯率有利，以及成本控制得宜，使本業獲利成長。

資料來源：經濟日報 https://udn.com/news/story/7241/3052963

3. **混合成本**

混合成本 (mixed cost) 包含變動成本與固定成本兩部分，隨著成本組成要素的不同，有時稱為半變動成本 (semi-variable cost)，有時稱為半固定成本 (semi-fixed cost)。在某一特定作業水準下，混合成本可能顯示與固定成本具有相同的特性；但超過該特定產量水準，其又可能與變動成本具有相同的特性。

此種混合成本的特質，使得企業即使產量水準為零時，仍需支付固定成本；但當產量水準增加時，總成本會超過基本固定成本呈比例增加。此種成本的典型例子如電話費，也就是每月有基本費，與電話使用量無關，這部分成本為固定成本；超過一定的用量時，電話費會隨使用量增加而增加，此部分屬於變動成本。圖 5.3 即說明混合成本習性。

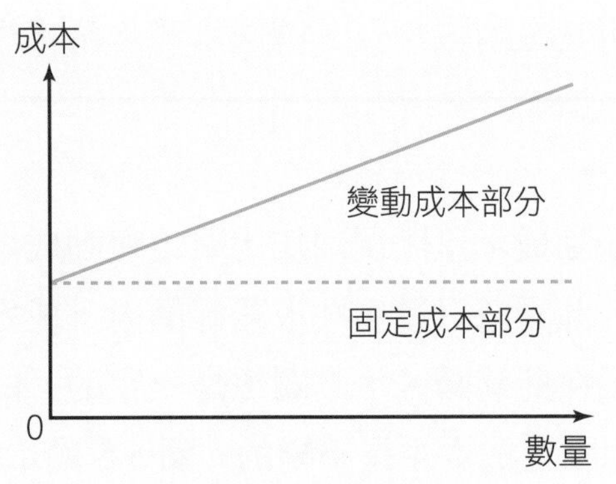

圖5.3　混合成本習性

圖 5.4 列示一些半變動和半固定成本的型態。例 A 為半變動成本型態，成本雖隨產量的變動而變動，但並非呈正比例的變動，顯示了當生產更多產品時，每單位成本會下降，因為會更有效率地使用原料。例 B 則指出在達到某一作業水準之後，每單位的變動成本會增加，如超過工作時數所給付的加班津貼。例 C 則是固定成本加變動成本即所謂的混合成本，如水電費均包含每月的基本費及使用度數費。例 D 則顯示階梯型固定成本 (step fixed cost)，在每一作業水準到達之後，皆會有另一成本總額，是半固定成本的例子。

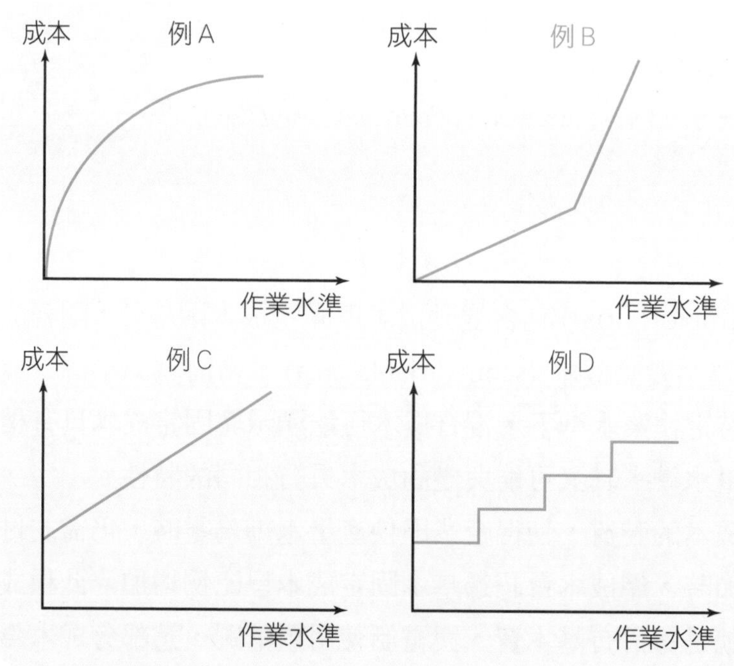

圖5.4　半變動和半固定成本習性的範例

將混合成本區分為變動和固定兩部分，有助於規劃和控制工作。在編製這類成本的預算時，要仔細分析其成本習性及了解成本和作業水準之間的關係。

5.1.3　攸關範圍

當產量增加時，總變動成本呈比例增加，單位變動成本不變；但總固定成本不變，單位固定成本遞減，此現象只發生在攸關範圍內，成本關係的型態才會穩定。也就是說成本和成本動因在此範圍內，其關係是一定的。固定成本只有在特定的攸關範圍及特定的期間，總固定成本才是不變的。圖 5.5 顯示在每年 3,000 到 9,500 個機器小時的攸關範圍內，固定成本的金額是 $60,000，該圖也顯示出當運作超出 9,500 或低於 3,000 個機器小時，會有不同的固定成本。在低於 3,000 個機器小時的時候，固定成本會急遽減少，可能是因裁撤掉若干人員，而超過 9,500 個機器小時會增加固定成本，因為企業可能需增雇人員以應付所增加的作業。

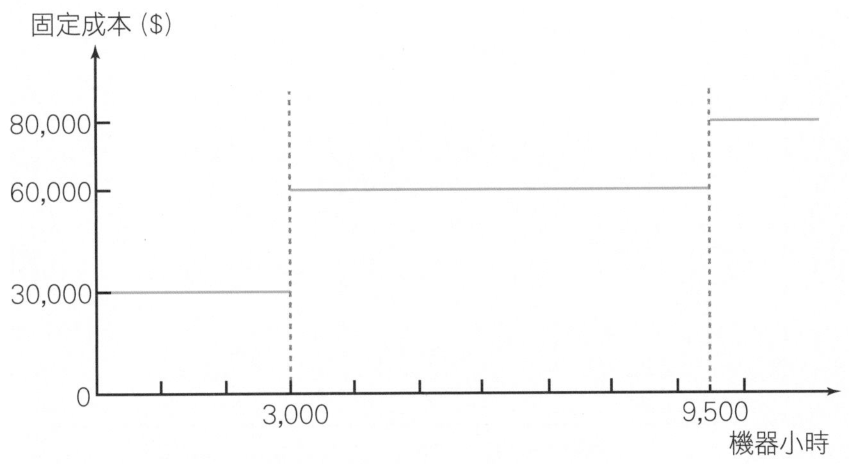

圖5.5　固定成本總額分析

通常在實務上，很少以圖 5.5 的方式來圖示固定成本，因為數量超過攸關範圍的可能性很小，所以在圖 5.6 中以 $60,000 作為固定成本，並將此固定成本總數延伸至縱軸（數量為 0），只要經營決策未超過攸關範圍，則此圖形不會改變。

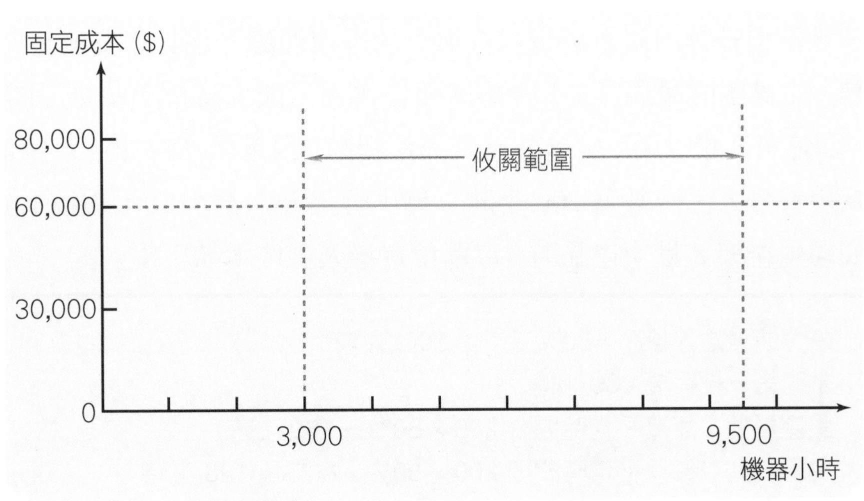

圖5.6　固定成本總額與攸關範圍

攸關範圍的基本假設，亦可用於變動成本。在攸關範圍之外，某些變動成本在每單位數量的習性上可能有所不同。例如在剛開始製造新產品時，可能浪費更多的人工時間，所以每單位成本會隨著工人製造熟練程度而遞減。但是經過一段時間，工人操作技術熟練，單位變動成本不變，所以總變動成本會隨著作業水準的增加而呈一定比例的增加，如圖 5.7 所示。

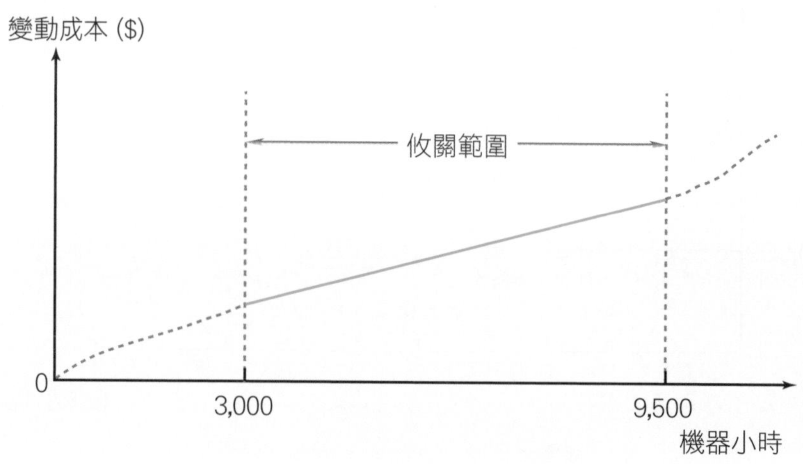

圖5.7　變動成本總額與攸關範圍

學習曲線 (learning curve) 有狹義和廣義的定義，狹義的學習曲線又稱為人員學習曲線，係指直接作業人員個人的學習曲線；廣義的學習曲線也稱為生產進步函數，是產業內某一行業或某一產品在其產品壽命周期的學習曲線，也就是融合技術進步、管理水準提升等因素，經過多人努力的學習曲線。例如，安德公司計畫生產一種電子錶，生產團隊發現當產量加倍時，直接人工成本將按 20% 的固定百分率減低；產量於到達第 8 批次時，生產效率就無法提高。目前生產每 200 單位為一批，第一批產品耗用直接人工時數為 200 小時；每小時工資率為 $100，八批 1,600 單位。計算安德公司生產第 8 批次產品時，每單位直接人工成本如下：

學習曲線之效果率 =80%（減少 20% 之時間）
生產第一批需要 200 小時
生產兩批　每批平均時間　200 × 80% = 160 小時
生產四批　每批平均時間　200 × 80% × 80% = 128 小時
生產八批　每批平均時間　200 × 80% × 80% × 80% = 102.4 小時
生產八批總時數　102.4 × 8 = 819.2 小時
平均單位成本　($100 × 819.2) / 1,600 = $51.2

5.2 成本估計及迴歸分析

管理者在研擬決策時，需要運用一些科學方法來推估成本，以了解不同決策的影響結果。

5.2.1 成本估計

成本估計 (cost estimation) 是用來決定某一特定成本習性的過程。在本小節中要介紹三種較為簡單的成本估計法，分別敘述如下：

1.**帳戶分類法**

帳戶分類法 (account-classification method) 是在仔細分析組織內的會計項目分類帳戶後，將每個帳戶歸類於變動、固定或混合成本的其中一種，因此也稱為帳戶分析法。這種成本分類標準，取決於會計人員對組織活動和成本的認知經驗。有些成本帳戶可以很明確的決定其型態，例如直接原料成本為變動成本、廠房設備折舊費用為固定成本、電費則為混合成本。但有些成本不易判斷其成本習性，則由會計人員憑主觀判斷。一旦成本分類完成之後，會計人員可分析歷史資料來估計未來成本數。這種成本估計法，其準確度全依會計人員的經驗而定。

2.**散佈圖法**

當成本習性屬於混合成本時，會計人員不容易判斷哪一部分屬於固定成本，哪一部分屬於變動成本。在此情況下，可把成本和數量的資料，以圖形來表示其關係，也就是所謂的**散佈圖法** (scatter diagram method)，也稱為視覺法。在平面直角座標圖中，以橫軸代表生產量，縱軸代表成本。由資料散佈的圖形，可分析出生產量 (X) 與間接製造成本 (Y) 的關係。為使讀者了解此方法，以表 5.1 的資料來繪製散佈圖。

表5.1 成本估計的基本資料

月	生產量 (X)	間接製造成本 (Y)
1	25	$ 262
2	32	340
3	34	346
4	22	220
5	35	352
6	40	375
7	45	382
8	43	405
9	37	390
10	42	395
11	49	420
12	30	320
總　計	434	$4,207

把生產量的資料對應到 X 軸，間接製造成本對應到 Y 軸，即可在座標圖上找出一點。在圖 5.8 上，把 12 個月份的資料，找出 12 個點，然後由 Y 軸起畫一線，把 12 個點區分為兩部分，上面 6 個點，下面 6 個點。

由圖 5.8 上的成本線顯示，間接製造成本屬於混合成本，總固定成本可被估計為 $80，至於單位變動成本，把總固定成本資料代入每一個點，即可求出。例如在 1 月時，單位變動成本為 $7.28 [=($262 − $80) ÷ 25]。在 12 月時，單位變動成本則為 $8。由此看來，在散佈圖法下，單位變動成本可隨月份的不同而改變。

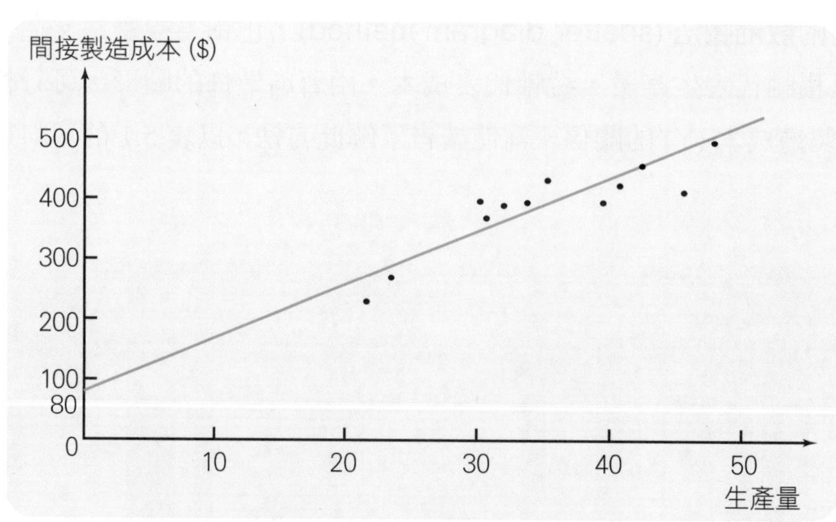

圖5.8 散佈圖法的成本線

散佈圖法的計算過程簡單，但缺乏客觀性，因為兩位不同的成本分析人員，會對同一種資料得到不同的答案。所以僅適用於成本只需約略估計時，不適用於精確性的成本估計。在實務上，散佈圖法可做為使用其他較準確方法之前，測試資料趨勢的方法。

3. 高低點法

估計混合成本的另一種方法，是找出全組資料中，最高點的產量水準和成本，與最低點的產量水準和成本，由這兩點的資料來求出總固定成本和單位變動成本，這種方法稱為**高低點法** (high-low method)。在此方法下，高低點以投入因素（生產量）為選擇單位，11 月份為最高點 49 單位，4 月份為最低點 22 單位，單位變動成本的計算公式如下：

$$\text{單位變動成本} = \frac{\text{兩點的成本差異數}}{\text{兩點的產量差異數}}$$

$$= \frac{\$420 - \$220}{49 - 22} = \$7.4$$

當單位變動成本求出後，代入最高點或最低點，皆可得到相同的總固定成本 \$57，如圖 5.9 所示。

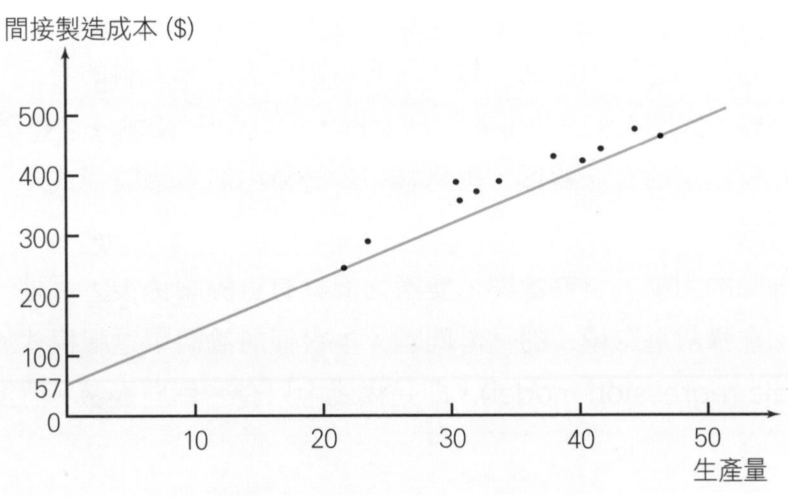

圖5.9　高低點法的成本線

高低點法的客觀性較帳戶分類法及散佈圖法高，因為不同的成本分析人員若採用同一組資料，以高低點法來計算成本，會得到相同的答案。雖然如此，高低點法還是不夠精確，因為最高點與最低點的資料特性，不一定能代表其他各點的資料特性。

在本小節中所介紹的方法，做為成本分析與估計會產生偏誤，在下一小節將介紹最客觀的成本估計法，也就是統計學上所常用的迴歸分析法。

 *5.2.2* 迴歸分析

迴歸分析 (regression analysis) 的目的，是用來分析**自變數** (independent variable) 與**依變數** (dependent variable) 之間的關係。所謂自變數是指除了自身的變化之外，不受其他因素影響的變數。一般而言，自變數盡量選取與其他變數獨立之變數。至於依變數則是受自變數影響而產生的變數，一般均將自變數稱為 X、依變數稱為 Y。

自變數與依變數之間的關係可由線性模式表示，要了解模式對資料的解釋程度，迴歸分析可以解決這個問題。除此之外，迴歸分析對於依變數的預測問題及迴歸模式的診斷，均為良好的分析方法。所以，迴歸分析的方法應用在成本習性上，不失為一個適當的分析方法。

1. 圖形分析

圖形分析是迴歸分析的輔助工具，可藉由圖形來了解資料的特性。最簡單的圖形分析為散佈圖，以圖 5.9 上的基本資料為例，可以看出 X 軸（生產量）、Y 軸（間接製造成本）有簡單的直線關係，則可進一步分析出簡單迴歸模式。

2. 簡單迴歸模式

經由散佈圖的判斷，自變數與依變數之間具有直線關係後，可進一步地作迴歸模式的估計。在探討迴歸模式的估計問題，本書僅討論簡單迴歸模式。所謂**簡單迴歸模式** (simple regression model)，即是模式中只有一個自變數。將簡單迴歸模式敘述如下：

$Y_i = \alpha + \beta X_i + \varepsilon_i, i = 1, \cdots, n$

其中 Y_i 表示第 i 期的依變數

X_i 表示第 i 期的自變數

α 為截距（亦即表示固定成本）

β 為斜率（亦即表示單位變動成本）

ε_i 為未知的誤差項，並符合常態分配

將公式簡化後，得到 α 和 β 的估計值為

$$\alpha = \frac{(\Sigma Y)(\Sigma X^2) - (\Sigma X)(\Sigma XY)}{n\Sigma X^2 - (\Sigma X)^2}$$

$$\beta = \frac{n\Sigma XY - (\Sigma X)(\Sigma Y)}{n\Sigma X^2 - (\Sigma X)^2}$$

以誤差平方和為最小的估計方法，為最小平方法 (least square method)，所得之估計基本模式將 α、β 代入即可得。

以表 5.1 的資料為例，計算過程如下：

表5.2　最小平方法的計算

月 (n)	生產量 (X)	間接製造成本 (Y)	X^2	XY
1	25	262	625	6,550
2	32	340	1,024	10,880
3	34	346	1,156	11,764
4	22	220	484	4,840
5	35	352	1,225	12,320
6	40	375	1,600	15,000
7	45	382	2,025	17,190
8	43	405	1,849	17,415
9	37	390	1,369	14,430
10	42	395	1,764	16,590
11	49	420	2,401	20,580
12	30	320	900	9,600
總　計	434	4,207	16,422	157,159

所以，此例中 α、β 之值為

$$\alpha = \frac{(4{,}207)(16{,}422) - (434)(157{,}159)}{12(16{,}422) - (434)(434)} = 101.1$$

$$\beta = \frac{12(157{,}159) - (434)(4{,}207)}{12(16{,}422) - (434)(434)} = 6.9$$

將 α、β 之值代入模式，可得估計的迴歸模式為

$$Y = 101.1 + 6.9X$$

若想預測當生產量為 30 單位時，其間接製造成本為多少，則可將 30 代入 X，即可求得間接製造成本為 \$308.1。

$$Y = 101.1 + 6.9(30) = 308.1$$

當迴歸模式的估計式求出後，首先需要了解的是，迴歸係數的意義。由上述的公式中可以看出 α 為迴歸模式的截距，一般而言，α 表示固定成本；β 則是意謂當自變數增加一單位時，依變數所增加的程度。換句話說，β 為單位變動成本。

3. 模式的合適性及相關係數

有了代表資料的迴歸模式後，自然希望知道此模式對於資料的解釋程度。針對此目的，推導出**判定係數 (coefficient of determination)**，亦即 R^2 (R-square)。一般而言，依變數的變異可分成兩部分，一是可以被自變數解釋的部分，另一部分為自變數無法解釋的部分。

4. 迴歸分析的基本假設

迴歸分析的假設基本上有下列數點：

(1)自變數與依變數必須有直線關係。

(2)誤差項必須符合常態分配之假設。

(3)誤差項的期望值為 0。

(4)誤差項之變異數需為常數（固定的）變異數。

(5)誤差項之間具獨立性。

5.3 全部成本法與直接成本法

依據財務報表編製及表達之架構 (IFRS framework)，財務報表之目的在於說明財務狀況、績效及財務狀況變動之情形。不同的會計處理方法影響財務報表的表達，進而影響企業獲利能力的衡量。

產品成本的計算方法可採用一般公認會計原則所認定的全部成本法，也稱為吸納成本法 (absorption costing)；另一種方法為直接成本法，也稱為變動成本法 (variable costing)。這兩種方法的主要不同點，在於成本的累積方法和綜合損益表的編製方式。

本節所討論的這兩種方法，重點皆在於獲利能力的績效評估，主要差異在於固定製造費用的會計處理不同所造成的損益差異。

 5.3.1　全部成本法

全部成本法 (full costing) 的由來，是因為產品成本的計算包括全部的製造成本，由直接原料成本、直接人工成本、變動製造費用和固定製造費用四項要素所組成。其中前三項成本屬於變動成本，會隨著產量的增加而呈正比例變化，在製品未出售之前稱為存貨成本，在製品出售之後則稱為銷貨成本。這三種變動成本在生產停頓時則不會發生，可說是與生產活動有直接的關係。反觀固定製造費用的成本習性，無論生產水準為何，每段期間的固定製造費用自然產生。在全部成本法下，固定製造費用當作產品成本的組成元素之一。

在圖 5.10 中，顯示出全部成本法的成本累積和報表編製模式。產品成本包括前面所敘述的四個要素，期間成本則為與生產無直接關係的成本。產品成本待產品銷售以後，在綜合損益表上則為銷貨成本。全部成本法下的綜合損益表格式為銷貨收入減銷貨成本得到銷貨毛利，再減去營業費用，即成為營業利潤。在圖 5.10 中，產品成本內包括變動成本和固定成本兩類，全都與產品製造有關。期間成本是指與產品製造無關的成本，一般常指銷售費用和管理費用。其中銷售費用可能有一部分為變動成本，例如銷售佣金會隨著銷售數量而呈正比例變化。

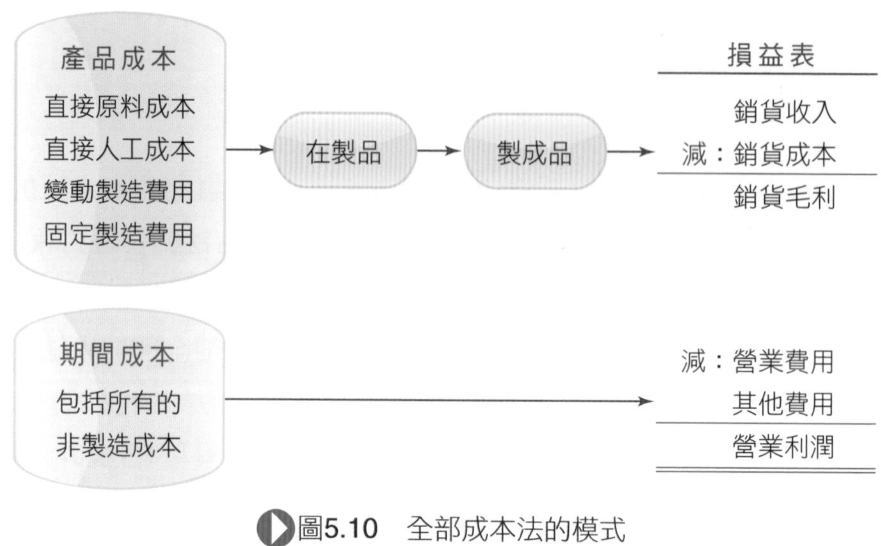

圖5.10 全部成本法的模式

5.3.2 直接成本法

由圖 5.11 可明確得知，在**直接成本法** (direct costing) 下，產品成本只包括直接原料成本、直接人工成本和變動製造費用三種，可說是變動製造成本。這類成本的增減，與生產數量呈正比方向變化。至於固定製造費用因與生產並無直接關係，被列為期間成本的一部分，此點與全部成本法的處理方式不同。

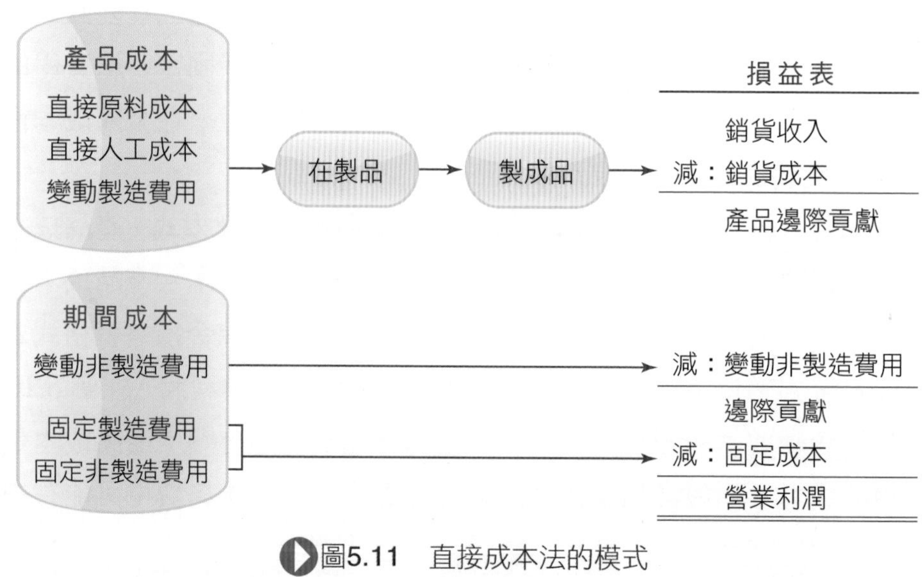

圖5.11 直接成本法的模式

在直接成本法下，綜合損益表的編製方式是依成本習性來排列，銷貨收入減銷貨成本，此部分的銷貨成本應該等於變動的銷貨成本，結果得到產品**邊際貢獻** (contribution margin)。接著再減去期間成本內的變動非製造費用，即得到邊際貢獻，也可說是對固定成本和營業利潤的貢獻。如果邊際貢獻大於固定成本，即產生營業淨利的情況，反之則為損失的產生。直接成本法下的綜合損益表，也可稱為貢獻式的損益表 (contribution income statement)。

由以上兩小節可看出，全部成本法與直接成本法的主要差異，乃在於兩種方法對固定製造費用的處理不同。全部成本法主張所有的製造費用，不論其為固定或變動成本，皆列入產品成本計算中，因其認為固定製造費用是製造產品的必要支出；然而，在直接成本法下，認為即使沒有發生任何生產活動，固定製造費用都會發生，因此認為固定製造費用是一種隨時間經過而發生的期間成本，沒有任何的未來經濟效益，所以不應將其列為存貨成本。表 5.3 將二法之下成本的歸類，作一彙總。

即使全部成本法與直接成本法有不少差異，但仍有三個相同點：(1)兩種方法都採用相同的成本資料；(2)在任何一種方法下，直接原料成本、直接人工成本和變動製造費用都屬於產品成本；(3)所有與生產成本無關的都當作期間成本。

表5.3　全部成本法與直接成本法的成本歸類

成本類別	全部成本法	直接成本法
直接原料成本	產品成本	產品成本
直接人工成本	產品成本	產品成本
變動製造費用	產品成本	產品成本
固定製造費用	產品成本	期間成本
變動銷售費用	期間成本	期間成本
固定銷售費用	期間成本	期間成本
變動管理費用	期間成本	期間成本
固定管理費用	期間成本	期間成本
利息費用	期間成本	期間成本

5.3.3　全部成本法的優缺點

在衡量績效與分析成本時，大多採用**貢獻法** (contribution approach)，使得在內部管理上，有傾向採用直接成本法的趨勢。雖然如此，於成本計價上，全部成本法還是比直接成本法採用得更普遍。從不同的觀點來看，兩者各有利弊。

全部成本法也就是傳統成本法，固定製造費用當作產品成本，為一般企業會計人員所熟悉的方法，其優缺點分別敘述如下：

1.**優　點**

(1)符合對外財務報導的要求及稅法的規定。

(2)減少劃分固定與變動成本的困擾。

(3)就長期而言，將固定製造成本分攤至產品成本中，有助於長期生產成本的衡量，利於長期訂價策略。

2.**缺　點**

(1)不符合彈性預算觀念。

(2)將固定製造成本逐期分攤，將使報告所呈現的績效不明確。

(3)全部成本法較不能直接提供管理者所需要的營運分析性資料。

5.3.4 直接成本法的優缺點

從不同的角度來看，直接成本法有以下的優點及缺點：

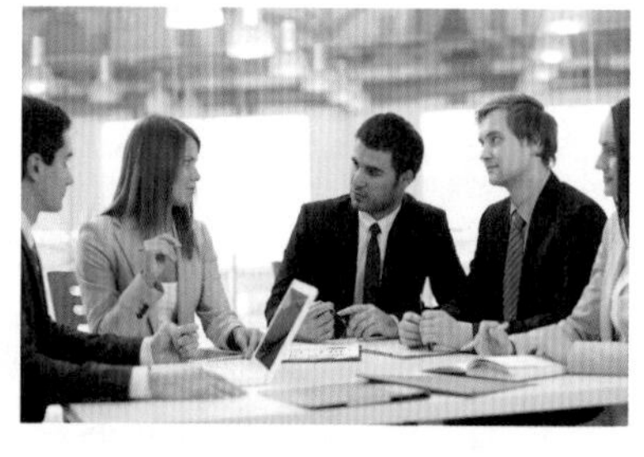

1.**優　點**

(1)營運規劃：直接成本法與彈性預算、標準成本等成本控制方法相結合，有利於管理者作營業利潤規劃。

(2)利量分析或損益平衡分析：直接成本法的觀念與成本－數量－利潤分析相符合，使管理者易獲取分析損益平衡的資料。

(3)管理決策：直接成本法將變動與固定成本作一適當分類，有助於管理者了解與評估資料，進而幫助其判定決策。

(4)產品訂價：了解邊際貢獻的計算，乃是銷售部門制訂價格決策的首要步驟，而直接成本法能提供此一訊息。

(5)管理控制：直接成本法之報表較能反映出與當期營業利潤目標及預算的配合度，且其有助於組織單位責任的劃分。

2.**缺　點**

(1)直接成本法最大的缺點，就是不符合對外財務報導的要求及稅法之規定。

(2)將成本明確劃分為變動成本與固定成本，在實務上執行有其困難。

(3)就長期觀點而言，若存貨成本僅含變動生產成本，將會影響企業長期的營業淨利。

5.4 存貨變化對損益的影響

由於全部成本法與直接成本法對產品成本的計算方式不同，不僅會造成二法之下的存貨成本不同，更會導致綜合損益表的編製格式及損益數字有所差異。

5.4.1 全部成本法與直接成本法的綜合損益表

為說明全部成本法與直接成本法之下，綜合損益表的編製差異，茲以華中公司為例。有關華中公司的基本資料如表 5.4 所示。

表5.4　華中公司的基本資料

單位成本			
直接原料成本		$ 50	
直接人工成本		100	
製造費用：			
變　動	$50		
固　定	25	75	
生產單位數			
本期生產量		10,000	單位
本期銷售量 (@$300)		8,000	單位
固定管銷費用		$100,000	
銷貨收入 ($300 × 8,000)		$2,400,000	

全部成本法下綜合損益表的編製，與傳統的損益表相同，仍以銷貨毛利為重點。固定製造費用包含於銷貨成本中，而銷貨毛利乃是銷貨收入減銷貨成本而得的金額。表 5.5 乃是華中公司在全部成本法下所編製的綜合損益表，表 5.6 則為編製期末存貨成本表。

表5.5 全部成本法下的綜合損益表

華中公司 綜合損益表 2018 年度	
銷貨收入	$2,400,000
銷貨成本	1,800,000
銷貨毛利	$ 600,000
管銷費用	100,000
營業淨利	$ 500,000

表5.6 全部成本法下的期末存貨成本表

華中公司 期末存貨成本表 2018 年度	
直接原料成本	$ 50
直接人工成本	100
變動製造費用	50
固定製造費用	25
產品單位成本	$225
期末存貨價值：2,000 × $225 = $450,000	

然而，在直接成本法下，固定製造費用並沒有包括在銷貨成本中，其所編製的綜合損益表乃屬於貢獻式的損益表。所謂的邊際貢獻即是銷貨收入減除所有的變動成本而得的數目。華中公司以直接成本法所編製的綜合損益表列示於表 5.7，而表 5.8 則為期末存貨成本表。

表5.7 直接成本法下的綜合損益表

華中公司 綜合損益表 2018 年度		
銷貨收入		$2,400,000
變動銷貨成本		1,600,000
邊際貢獻		$ 800,000
減：固定製造費用	$250,000	
固定管銷費用	100,000	350,000
營業淨利		$ 450,000

表5.8　直接成本法下的期末存貨成本表

華中公司 期末存貨成本表 2018 年度	
直接原料成本	$ 50
直接人工成本	100
變動製造費用	50
產品單位成本	$200
期末存貨價值：2,000 × $200 = $400,000	

5.4.2　全部成本法與直接成本法的損益差異分析

在前述華中公司的例子中，可發現兩種方法下所編製的綜合損益表，有一些明顯的差異，分別敘述如下：

⑴在全部成本法下，所有的製造成本，不論是固定成本或變動成本，都由銷貨收入中減去，獲得銷貨毛利；在直接成本法下，所有的變動成本皆先從銷貨收入中扣除，以求得邊際貢獻。

⑵在全部成本法下，因有分攤的固定製造費用，所以可能會有生產數量差異的發生；在直接成本法下，由於沒有將固定製造費用分攤至產品成本中，因此就沒有生產數量差異。

⑶由表 5.5 與表 5.7 可得知，華中公司在兩種方法之下的營業淨利，其差異計算如下：

淨利差異 = 總存貨變動量 × 固定製造費用分攤率
= 2,000 × $25
= $50,000

由上面的計算過程可看出，在全部成本法和直接成本法下的營業淨利不同，其差異主要是因為存貨變動。如同華中公司的例子，存貨增加 2,000 單位，乘上固定製造費用分攤率 $25，即可得到 $50,000 的淨利差異數。

5.4.3 存貨變化對損益的影響

在年度之間，期初存貨數量與期末存貨數量的比較，有三種可能的情形：(1)存貨量未增加；(2)存貨量增加；(3)存貨量減少。表 5.9 顯示出存貨增減對損益的影響，在 2018 年度時，存貨沒有變化，所以兩種方法下所得的損益數相同。

在 2019 年度時，有期末存貨數量 400 單位，亦即存貨增加 400 單位；在 2020 年度時，期初存貨數量 400 單位，期末存貨數量為零，表示存貨量減少 400 單位。以下的公式可用來解釋存貨變化對損益的影響：

年　度	期末存貨量	－	期初存貨量	＝	存貨增減量	×	固定製造費用分攤率	＝	損益影響
2018	0	－	0	=	0	×	$5	=	$ 0
2019	400	－	0	=	400	×	$5	=	$ 2,000
2020	0	－	400	=	(400)	×	$5	=	$(2,000)

在 2019 年度時有期末存貨數量，部分當期固定製造費用隨著期末存貨數量遞延到下期，所以在全部成本法下的營業淨利會比直接成本法下的營業利潤高 $2,000。相對的，在 2020 年度沒有期末存貨數量，並且將期初存貨數量 400 單位也出售，此時全部成本法下的營業淨利比直接成本法下的營業淨利低 $2,000，其原因為全部成本法下的銷貨成本包括上期遞延過來的部分固定製造費用。

表5.9　存貨變化對損益的影響

	2018 年度	2019 年度	2020 年度
期初存貨量	0	0	400
本期製造量	5,000	4,800	5,600
可供銷售量	5,000	4,800	6,000
本期銷售量	5,000	4,400	6,000
期末存貨量	0	400	0
存貨增（減）量	0	400	(400)
全部成本法：(每單位成本 $30)			
期初存貨成本	$ 0	$ 0	$ 12,000
本期製造成本	150,000	144,000	168,000
可供銷貨成本	$150,000	$144,000	$180,000
銷貨成本	150,000	132,000	180,000
期末存貨成本	$ 0	$ 12,000	$ 0
直接成本法：(每單位成本 $25)			
期初存貨成本	$ 0	$ 0	$ 10,000
本期製造成本	125,000	120,000	140,000
可供銷貨成本	$125,000	$120,000	$150,000
銷貨成本	125,000	110,000	150,000
期末存貨成本	$ 0	$ 10,000	$ 0
損益增（減）額	$ 0	$ 2,000	$(2,000)

由上面的敘述可歸納出三種現象：(1)當生產量等於銷售量時，兩種成本法所得的損益相同；(2)當生產量多於銷售量時，全部成本法下的營業淨利較高；(3)當生產量少於銷售量時，直接成本法下的營業淨利較高。造成營業淨利的差異，主要是因為固定製造費用被當作產品成本或期間成本，而造成存貨成本差異，進而影響當期損益。

5.4.4　存貨訂購與安全存量

經濟訂購量 (Economic Ordering Quantity, EOQ)，是要將存貨的儲存成本和訂貨成本減至最低的訂單量。基本假設包括：(1)訂購成本不變、(2)該項存貨之需求量（年或月需求或任何周期皆可）不變且為已知數、(3)沒有大量訂購之折扣、(4)下訂單後即時可收貨。單一存貨項目 EOQ 公式成本函數的最小值如下：

總成本 = 進貨成本 + 訂單成本 + 儲存成本

進貨成本：貨物的可變動成本：每單位進貨成本 (P) × 產品年需求量 (D)。

訂單成本：下訂單的成本：每次下單有固定成本 (C) × 每期間需下訂單 $(\frac{D}{Q})$ 次。

儲存成本：平均庫存量 $\frac{Q}{2}$，成本是 $H \times \frac{Q}{2}$

東榮公司年度估計的材料需求量為 30,250 單位，每次材料訂購成本 $200，每年每單位材料持有成本 $10，請計算最適經濟訂購量？

$$\text{EOQ} = \sqrt{\frac{2 \times \text{每年需求量} \times \text{每次訂購成本}}{\text{每單位持有成本}}}$$

公式可計算出最適經濟訂購量為 1,100 單位。

最高庫存量是經濟訂購量加上安全存量 （最高庫存量 = 經濟訂購量 + 安全存量)。**再訂購點** (reorder point) 是當存貨庫存量低於再訂購點，即補給訂貨。當需求量或完成週期存在不確定性的時候，須使用合適的**安全存量** (safety stock) 來緩衝不確定因素。再訂購點的公式如下：

再訂購點 = 交貨期間的天數與平均每日需求量之乘積 + 安全存量

5.5 生命週期成本法

有些產品或專案的開發期間比較長，可能會超過一年以上。所以開發任何新產品或新專案，都需要評估其成本，包括估算出開發或獲取任何原始資產所需花費的成本總額。進行這種評估的基礎，是以生命週期成本的方式來計算出資產總額。基本上，**生命週期成本** (life cycle costing) 是指某組織要獲得產品或資產的終身所有權，以達到可銷售情況，所需花費的資源總額。

5.5.1 生命週期成本項目

由於產品的研發和製造期間較長，通常超過一年以上，期間所發生的生命週期成本項目，包括下列幾項：

1. **研究和開發成本**

包括產品設計與開發過程中，初步設計、展示、驗證等各階段所需花費的金額，可能還包括可行性分析、效益分析、原型開發和獲取相關原料等方面的費用。

2. **生產成本**

包括製作產品模型的相關成本，還包括產品開發或測試過程中的人力、物力成本，以及培訓等方面的間接費用，或其他相關成本。

3. **基礎設備成本**

主要是指為產品開發的相關設備，或架設必要基礎設施方面的成本。例如，開發新的相關設備、架設網路基礎設施等。

4. **運行和支援成本**

主要是指為了使產品能夠運行而維持相對應的支援系統時所需的各項成本。可能包括人員、備件或零件、維修、系統升級或管理等方面的成本。

5. **後續處理成本**

當淘汰或停止使用產品時，所需的相關花費。可能包括轉換成本、歸檔成本，或設備的回收利用等處理成本。

生命週期成本規劃是指在研發專案的早期階段，對上述成本資料進行審閱、處理，以便在不同方案之間作出合理的選擇。例如在產品設計、資訊系統配置、設備選擇和支援或運行模型等方面中作出決定。生命週期成本的分析方法，可對整個研發專案生命週期成本進行監控和管理，其目的是將預算或評估出的成本與實際成本相比較。

實務應用　**運用產品週期成本計算新書售價**

為使讀者對新書價格有較高的接受程度，出版社將出版書的全部費用加總，除以新書未來三年的預計銷售量，以計算單位成本，作為訂價決策的參考。如此，才不會造成出版第一年的新書單價太高，不易被讀者接受。出版商運用產品週期成本產生合理的新書價格，有助於書籍上市的推廣。

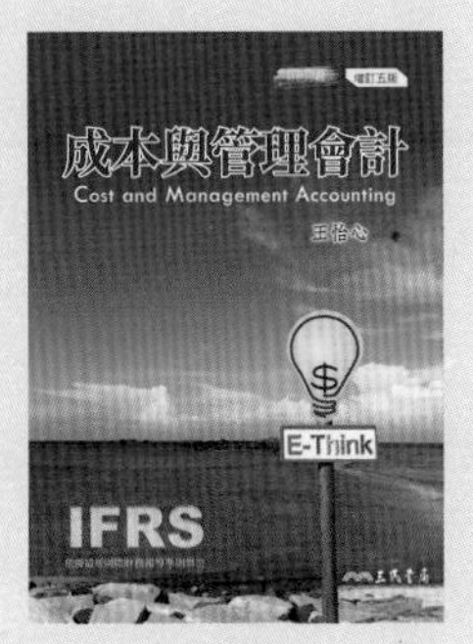

本章彙總

成本習性分析有助於管理者預期成本與產量水準間的變動關係，而成本估計是根據成本習性來預測未來的成本數。一般而言，成本習性分析有兩項目的：(1)影響管理決策的制定；(2)有助於規劃和控制營運活動。

依投入和產出之間的關係來區分成本習性，可分為三種型態，變動成本、固定成本和混合成本。總變動成本會隨數量的增加而增加；但單位變動成本不受數量影響，會保持不變。總固定成本不會隨數量改變，但單位固定成本則隨數量增加而減少。混合成本則包括變動成本和固定成本二項。

成本估計是用來決定某一特定成本習性的過程。本章介紹四種估計方法：(1)帳戶分類法；(2)散佈圖法；(3)高低點法；(4)迴歸分析法。前三種方法在計算過程較為簡單；迴歸分析法較為客觀，其成本估計值較為準確。

產品成本的計算方式與綜合損益表編製方式，可分為全部成本法與直接成本法，前者符合一般公認會計原則，後者適用於邊際貢獻式的綜合損益表。在存貨水準變動期間，兩個方法所得的營業損益不同。為有效控管公司的存貨庫存量，管理者對存貨項目的經濟訂購量、再訂購點、安全存量要有正確的認識，在有限的預算金額和倉儲空間下，做出最理想的存貨採購決策。至於新產品上市，可採用生命週期成本法，將產品可銷售期間所投入的全部成本，分攤到預估全部可銷售單位，有助於新產品上市的推廣。

關鍵詞

成本習性 (cost behavior)
變動成本 (variable cost)
固定成本 (fixed cost)
產能成本 (capacity cost)
約束性成本 (committed cost)
酌量性成本 (discretionary cost)
混合成本 (mixed cost)
學習曲線 (learning curve)
成本估計 (cost estimation)
帳戶分類法 (account-classification method)
散佈圖法 (scatter diagram method)
高低點法 (high-low method)
迴歸分析 (regression analysis)
自變數 (independent variable)
依變數 (dependent variable)
簡單迴歸模式 (simple regression model)
判定係數 (coefficient of determination)
全部成本法 (full costing)
直接成本法 (direct costing)
邊際貢獻 (contribution margin)
貢獻法 (contribution approach)
經濟訂購量 (Economic Ordering Quantity)
再訂購點 (Reorder Point)
安全存量 (safety stock)
生命週期成本 (life cycle costing)

作　業

一、選擇題

(　) 1. 成本習性型態包括數種型態，除了下列何者以外？ (A)變動成本 (B)固定成本 (C)期間成本 (D)混合成本。

(　) 2. 下列何種分析方法可用於成本習性之分析？ (A)線性規劃 (B)迴歸分析 (C)差異分析 (D)計劃評核術。 【103 年普考】

(　) 3. 當產品之產量增加時，下列何者最能反映產品平均單位成本的變化？ (A)變動成本增加 (B)變動成本下降 (C)固定成本增加 (D)固定成本下降 【106 年普考】

(　) 4. 以下關於學習曲線的敘述，何者正確？①發生於人工成本②代表成本習性為非線性狀況③代表攸關範圍逐漸縮小④代表攸關範圍逐漸擴大 (A)僅① (B)僅①② (C)僅①②③ (D)僅①②④。 【100 年高考】

(　) 5. 某公司生產甲產品，第一件之人工成本為 $20,000，若該項人工成本適用 80% 之學習曲線，則在累積平均時間學習模式下，該公司接受後續三件甲產品之訂單時，預計該訂單之人工成本應為何？ (A) $31,200 (B) $38,400 (C) $48,000 (D) $51,200。 【104 年高考】

(　) 6. 下列何種成本估計方法較為客觀且正確？ (A)帳戶分類法 (B)散佈圖法 (C)高低點法 (D)迴歸分析法。

(　) 7. 甲公司依據過去 12 個月之製造費用進行迴歸分析，得出每月製造費用之估計模式如下：

製造費用 = $80,000 + $12 × 生產數量

若該公司預期下年度第一季將生產 150,000 單位，則預估第一季之製造費用為多少？ (A) $1,800,000 (B) $1,880,000 (C) $2,040,000 (D) $2,120,000。 【105 年高考】

(　) 8. 乙公司在今年四季產生的機器維修成本及機器小時如下：

	機器維修成本	機器小時
第一季	$25,000	5,200
第二季	25,700	5,800
第三季	36,000	7,500
第四季	45,250	9,700

該公司預期明年第一季會發生 8,900 機器小時，則利用高低點法估計之成本函數預測出來的機器維修成本為多少？ (A) $40,650 (B) $41,500 (C) $41,600 (D) $41,650。 【102 年高考】

( ) 9.無論在全部成本法或直接成本法之下，皆被視為產品成本的是： (A)管理人員成本 (B)變動行銷費用 (C)廠房折舊費用 (D)為使機器能運轉所需耗費的電費。

( ) 10.變動成本法 (variable costing) 與全部成本法 (absorption costing) 之差異為何？ (A)是否將固定行銷成本列為銷貨成本 (B)是否將直接人工成本列為存貨成本 (C)是否將固定銷管成本列為期間成本 (D)是否將固定製造費用列為期間成本。 【103 年會計師】

( ) 11.甲公司 X1 年度變動成本法下的淨利為 $1,000,000，期初存貨及期末存貨分別為 15,000 及 20,000 單位，固定製造費用分攤率為每單位 $10，則全部成本法之下的淨利為： (A) $950,000 (B) $1,000,000 (C) $1,050,000 (D) $1,100,000。 【99 年高考】

( ) 12.甲公司生產單一產品並使用實際成本制度。其成本資訊如下：生產量 100,000 單位，銷售量 80,000 單位，單位售價 $20，機器小時 50,000，直接材料 $80,000，直接人工 $240,000，變動製造費用 $40,000，固定製造費用 $200,000，變動銷售費用 $48,000，固定銷售費用 $20,000，假設沒有期初存貨，試問下列何者正確？ (A)相較於歸納成本法 (absorption costing)，採用變動成本法 (variable costing) 所計算的單位成本與淨利都較低 (B)相較於歸納成本法 (absorption costing)，採用變動成本法 (variable costing) 所計算的單位成本與淨利都較高 (C)相較於歸納成本法 (absorption costing)，採用變動成本法 (variable costing) 所計算的單位成本較低且淨利較高 (D)相較於歸納成本法 (absorption costing)，採用變動成本法 (variable costing) 所計算的單位成本較高且淨利較低。 【105 年會計師】

( ) 13.和平公司於本年度開始營業，生產單一產品 200,000 單位，單位變動製造成本 $20，單位變動營業（非製造）成本 $10，實際固定製造成本為 $600,000，實際固定營業（非製造）成本為 $400,000。本年度該公司以單價 $40 售出產品 150,000 單位。該公司在變動成本法 (variable costing) 下，本年度之營業利益為 $500,000。若公司改用全部成本法 (absorption costing)，則本年度之營業利益應為多少？ (A) $350,000 (B) $450,000 (C) $550,000 (D) $650,000。 【103 年會計師】

( ) 14.如果經濟訂購量 (economic order quantity) 的決策模式，只設定在同時使訂購成本 (ordering costs) 及持有成本 (carrying costs) 之總和極小化，則下列何者是此一決策模式所隱含的假設？ (A)不會發生缺貨 (B)容許發生數量折扣 (C)每次訂購成本及單位持有成本為可變動的 (D)容許在每次的再訂購時點，可有不同的訂購數量。

【105 年會計師】

( ) 15.對存貨管理而言，若不考慮安全庫存，則下列何者為再訂購點 (reorder point) 的正確計算方式？ (A)前置期間 (lead time) 內每天的預期需求量乘以前置期間天數 (B)使訂購成本 (order costs) 與持有成本 (carrying costs) 總和最低的數量 (C)經濟訂購量 (economic order quantity) 乘以前置期間的預期需求量 (D)前置期間內預期總需求量的平方根。 【106 年會計師】

(　) 16.有關存料之安全存量的敘述，下列何者錯誤？ (A)安全存量乃考量缺料成本及存貨儲存成本而後決定的 (B)在及時生產系統的基本觀念中，應無安全存量 (C)待料期間材料用量變異愈大，安全存量應愈高 (D)缺料成本不需考慮客戶的滿意度。

【105 年高考】

(　) 17.下列關於生命週期成本法的敘述，何者不正確？ (A)適用於研究發展費用很高的行業 (B)符合現行的一般公認會計原則 (C)主張將研究發展成本資本化 (D)可以和作業分析法互相配合。

(　) 18.下列何者不是生命週期成本制度之特性？ (A)專注於製造階段的產品成本控制 (B)其資訊僅可供內部使用者使用 (C)累積從研發到最後的顧客服務與支援中每個個別價值鏈的成本 (D)強調製造前、製造中、製造後之成本，均為產品成本之一部分。

【106 年普考】

(　) 19.產品生命週期中有 80% 的成本在公司價值鏈之＿①＿已屬既定或被鎖定，公司因此可使用＿②＿來控制成本、決定產品訂價，並藉以提升產品獲利。試問前述①及②各為何？ (A)①研發與設計階段，②改善成本制 (B)①研發與設計階段，②目標成本制 (C)①生產製造階段，②作業基礎成本制 (D)①生產製造階段，②目標成本制。

【101 年會計師】

二、練習題

E5-1　臺北電視臺是由大學經營的電視臺，電視臺播放時間是根據學校是否上課而變動，7 月份及 8 月份，電視臺工作人員及監督人員的薪資費用如下：

成本項目	月　份	成本習性	成本金額	播放時數
工作人員	7	變動成本	$5,000	200
	8		8,000	320
監督人員	7	固定成本	5,000	200
	8		5,000	320

試作：

1. 計算 7 月及 8 月每一成本項目，其每播放小時的成本。
2. 若 12 月時，電視臺活動將播放 250 個小時，則各成本項目的總金額為何？
3. 在 12 月時，各成本項目的單位成本為何？

E5–2　貝樂汽車旅遊社在上半年產生的汽車維修成本如下：

月　份	汽車行駛公里數	成　本
1	8,000	$27,500
2	8,500	28,500
3	10,600	29,000
4	12,700	29,250
5	15,000	30,000
6	20,000	30,500

試作：

1. 利用高低點法來估計每行駛 1 公里的變動成本及每月的固定成本。
2. 列出成本習性的方程式。
3. 當行駛 22,000 公里時，預估其維修成本為何？

E5–3　三泰藥品公司，其器材維修部門成本及服務病人總天數資料如下：

月　份	器材維修部門成本 (Y)	服務病人總天數 (X)
1	$37,000	3,700
2	23,000	1,600
3	37,000	4,100
4	47,000	4,900
5	33,000	3,300
6	39,000	4,400
7	32,000	3,500
8	33,000	4,000
9	17,000	1,200
10	18,000	1,200
11	22,000	1,800
12	20,000	1,600

試作：以迴歸法來估計成本模式。

E5–4　嵐嵐公司在帳務處理上採用標準成本法。2018 年初，經理收到財務部門之預算資料，估計 2018 年之盈餘為 $63,200，較去年成長 15%。2018 年底，嵐嵐公司之綜合損益表顯示，在 2018 年度公司之盈餘較預算低 11%，但銷貨收入卻超出預算 10%，而本年度也只有因材料短缺，導致公司只使用了 16,000 機器小時（預算為 20,000 機器小時），造成少分攤製造費用 $24,000，其餘皆與預算相同，經理對此現象感到非常困惑。下列為該公司 2018 年度實際與預計之綜合損益表。

綜合損益表

	預　計	實　際
銷貨收入	$1,072,000	$1,179,200
標準銷貨成本	848,000	932,800
標準銷貨毛利	$ 224,000	$ 246,400
減：少分攤製造費用	–	24,000
實際銷貨毛利	$ 224,000	$ 222,400
行銷費用	53,600	58,960
管理費用	107,200	107,200
營業費用合計	$ 160,800	$ 166,160
營業淨利	$ 63,200	$ 56,240

試作：分析並解釋在銷貨收入增加及成本控制良好的情況下，實際盈餘卻下降之原因。

E5–5　奇技公司記載該公司 2018 年的資料如下：

直接原料耗用成本	$150,000
直接人工成本	50,000
變動製造費用	25,000
固定製造費用	40,000
變動管銷費用	20,000
固定管銷費用	10,000

試作：

1. 假設奇技公司採直接成本法，請計算當年度的存貨成本。
2. 計算當年度全部成本法下的存貨成本。

E5–6　凱利公司在 2018 年度開始生產並銷售一種新產品，下列是新產品在第一年的銷售情形：

單位：	
生產量	16,000
銷售量	14,500
每單位售價	$12
變動成本：	
直接原料成本	$44,000
直接人工成本	36,000
製造費用	16,000
管銷費用	12,000
固定成本：	
製造費用	$40,000
管銷費用	20,000

試作：

1. 編製直接成本法的綜合損益表。
2. 編製全部成本法的綜合損益表。
3. 編製二種方法的利潤調節表。

E5–7　甲公司對塑膠原料每年訂購六次，每次發生缺貨之成本為 $40，每單位安全存量之持有成本為 $10。公司在各種安全存量水準之缺貨機率如下：

安全存量（單位）	缺貨之機率
10	85%
20	40%
30	35%
40	20%

試問該公司最適安全存量為多少？

Memo

6 成本—數量—利潤分析

學習目標

1. 了解損益平衡點分析
2. 考量目標利潤、安全邊際與敏感度分析
3. 分析多種產品損益平衡點
4. 討論成本結構與營運槓桿

銷售組合創高利潤

在數位化時代，辦公環境需要美觀又實用的新設計，震旦以「綠色設計」理念，持續地發展出有組合性、環保性又人性化的辦公設備與桌椅，透視空間更能滿足 e 世代的使用者，創造更具效率的辦公環境。家具設計中心創立於 2005 年，由兩岸的研發團隊共同組成，優質的辦公家具設計團隊，引領辦公家具的流行風潮。

在大中華地區，客戶跨足各行各業，舉凡科技業、電子業、金融業、公家機關等等，只要是有辦公的地方就有震旦的足跡。震旦辦公家具團隊提供完善的售前、售中、售後服務，致力為客戶提供優良品質產品。

在客戶需求多樣化時代，產品銷售組合對利潤的影響日趨重要，公司重視每一種產品的損益平衡，分析售價與成本變動對利潤的影響，以及最佳產品組合決策。因此，會計部門需要運用成本數量利潤分析方法，將各項營運資料與財務數據作有系統的分析，提供經營決策者參考資訊，以達到企業經營績效的目標。

震旦辦公家具 http://furniture.aurora.com.tw

引　言

introduction

穩定的收入和利潤成長是企業永續經營的重要因素，尤其在進行新產品規劃時，管理者需了解新計畫所產生的可能結果，並進一步規劃營運目標。任何企業的經營者必須了解公司產品的成本、售價與數量之間的關係，及其對銷貨收入和利潤的影響。在決策的過程中，成本—數量—利潤分析是極為有用的分析工具，管理者可藉此了解各種不同方案之間的成本與效益關係，以評估各方案對組織利潤或績效的影響。

本章首先介紹損益平衡點的觀念，再由成本—數量—利潤分析中，營業利潤為零的狀況談起；接著，將損益平衡點觀念擴充至考量目標營業利潤的情形。在敏感度分析一節，說明售價、變動成本與固定成本的改變，對損益平衡點與營業利潤的影響。最後，討論成本結構與營運槓桿的關係。

章節架構圖

成本—數量—利潤分析

- 損益平衡點分析
  - 損益平衡點的意義
  - 損益平衡點的計算方法
  - 利量圖
- 目標利潤、安全邊際與敏感度分析
  - 稅前目標營業利潤
  - 稅後目標營業利潤
  - 安全邊際
  - 敏感度分析
- 多種產品損益平衡點分析
  - 多種產品銷售組合的釋例
- 成本結構與營運槓桿
  - 成本結構
  - 營運槓桿

6.1 損益平衡點分析

當企業考慮推出某一新產品時，管理者最關心的是該項新產品銷售量是否能為企業帶來營業利潤，亦即要考慮銷售量與營業利潤之間的關係。管理者想估計若要達到其獲利的情況，則銷售量為何？諸如此類的問題，**成本—數量—利潤分析**(Cost-Volume-Profit analysis, CVP analysis) 可作為概要性的分析，以了解在不同情形下，各方案的成本、數量與營業利潤之間的關係。

 *6.1.1* 損益平衡點的意義

成本—數量—利潤分析，著重於探討成本與數量變動對利潤的影響，此分析方法有助於管理階層的營運規劃與控制工作，可適用於製造業、買賣業和服務業。從成本—數量—利潤分析中，管理者藉此了解收入、成本、數量、利潤與所得稅之間的關係；這分析方法可用於公司的某一單位或公司整體，以計算單項產品或多項產品的損益平衡點。

管理者可從成本—數量—利潤分析中，得到公司的**損益平衡點**(break-even-point)。在此點上，總收入正好等於總成本，亦即存在某一營業水準的銷售量或銷售額，公司的收入與支出正好會平衡，處於不賺也不賠的情況。損益平衡點分析是成本—數量—利潤分析中，讓利潤為零的一種分析。除此之外，成本—數量—利潤分析也運用於計算為賺取預期利潤所需的銷售量或銷售額。在這裡所談的利潤為稅前利潤，詳細的計算程序在本章後面的章節會再詳加說明。

在計算損益平衡點之前，要先了解使用成本—數量—利潤分析方法，所需符合的各項假設如下：

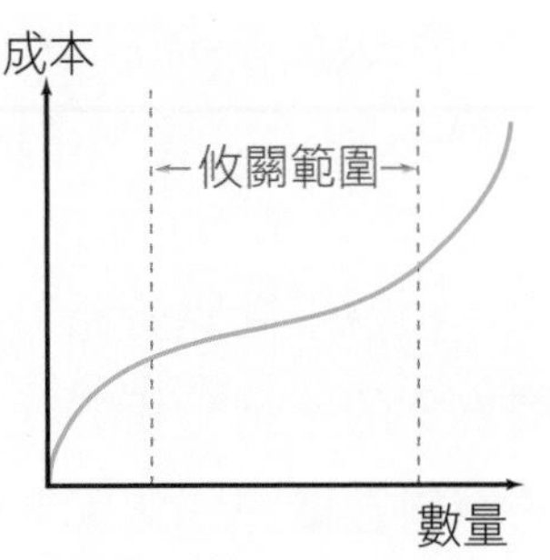

⑴營運活動水準要在攸關範圍內，銷貨收入和總變動成本與銷售量呈線性關係；但總固定成本維持一定水準，與銷售量多寡無關。

⑵組織內所發生的成本，可區分為變動成本、固定成本、混合成本三種。

⑶變動成本的特性是總變動成本隨銷售量的增減而增減，兩者呈正比的關係；單位變動成本保持不變，不受銷售量的影響。

⑷固定成本的特性是總固定成本保持不變，但單位固定成本與銷售量會呈反比的關係。

⑸在作成本－數量－利潤分析之前，要將混合成本明確地區分為變動成本與固定成本兩部分。

⑹銷售產品組合比例維持不變。

⑺本期的銷售量與生產量相等，亦即無期末存貨，或存貨水準未改變的情形。

企業在考慮推出一項新產品時，管理階層的考慮重點在於銷售量與利潤之間的關係。尤其是具有產品多樣化特性的公司，對於成本－數量－利潤分析方法使用的頻率更高。為了公司成長的穩定和利潤的維持，會計部門可運用成本－數量－利潤分析，來研究每一種產品的銷售情況，以提供管理者作經營決策參考用。

實務應用　有單價才能計算收入

計算損益平衡點必須要有正確的單位售價才能進行計算過程。依據國際會計準則第 18 號 (IAS18) 規定，收入係指由企業正常營業活動所產生，而導致權益增加之當期經濟效益流入總額，形式可以是透過資產之增加或負債之減少致業主權益增加；但不包含權益參加者之投資所產生的權益增加。下列三種形態係屬 IAS18 之收入範圍：⑴銷售商品；⑵提供勞務；⑶將資產提供他人使用而產生之利息、股利及權利金。

收入應按已收或應收對價之公允價值衡量，僅包括企業為本身利益已收及應收之經濟效益流入總額。所謂的公允價值 (fair value) 係指在公平交易下，已充分了解並有成交意願之雙方，據以達成資產交換或負債清償之金額。因此，企業代第三方收取之金額不得列為收入，當然不能計入單位售價。例如，便利超商為顧客代寄包裹的郵資，並非流入企業之經濟效益也未造成權益增加，所以郵資不能列入售價的計算。此外，收入必須考量企業允諾之商業折扣及數量折扣，再計算產品的單位價格。

參考資料：國際會計準則第 18 號 (IAS18)

損益平衡點分析 (break-even-point analysis) 是成本－數量－利潤分析中，營業利潤為零的一種分析方法。所謂損益平衡點，係指總收入等於總成本 (營業利潤為零) 的銷售數量或銷售額。經由損益平衡點分析，可了解當銷售數量超過某一定量時會有營業利潤的產生；反之，當銷售數量低於某一定量時會發生損失。

在正式計算損益平衡點之前，要先了解**邊際貢獻** (contribution margin) 的觀念，其衡量的方式可以使用單位或總數為基礎。所謂邊際貢獻係指銷貨收入與變動成本的差額；就單位而言，係指每單位銷售價格與每單位變動成本間的差額；就總數而言，係指銷貨收入減去總變動成本的差額。至於變動成本部分，則涵蓋了生產、銷售和行政方面的所有變動成本。在攸關範圍內，每單位的邊際貢獻是不變的，但總數會隨著銷售量的增加而增加。

換句話說，邊際貢獻為銷貨收入扣除變動成本以後的餘額，也可說是對固定成本和利潤的貢獻。如果某項產品的銷售情況，其銷貨收入小於變動成本，即邊際貢獻為負值，則此產品不值得銷售。例如，波士頓公司的計算機，每臺的變動成本為 \$600，如果售價低於 \$600，則邊際貢獻為負數，此時波士頓公司是處於虧損的狀況。亦即，每多賣出一臺，公司的虧損就會越大。因此管理者需隨時掌握此類的正確資訊，以免造成銷售情況佳，但公司卻虧損連連的情形產生。

6.1.2　損益平衡點的計算方法

計算損益平衡點的方法，包括方程式法、邊際貢獻法和圖解法三種，茲分述如下：

1. 方程式法

企業營業利潤乃總收入減去總成本後的餘額，其方程式為：

總收入 − 總成本 = 營業利潤	(1)

總收入為銷售單價與銷售數量的乘積，總成本則可依其成本習性區分為變動成本與固定成本。其中變動成本等於單位變動成本乘以銷售數量；然而在某一產能水準下，固定成本為一定額，所以總收入與總成本的方程式如下：

總收入 = 銷售單價 × 銷售數量	(2)

總成本 = 變動成本 + 固定成本 =（單位變動成本 × 銷售數量） + 固定成本	(3)

將(2)式與(3)式代入(1)式中，可以得到下列方程式：

（銷售單價 × 銷售數量）–［（單位變動成本 × 銷售數量）+ 固定成本］= 營業利潤	(4)

在損益平衡時，營業利潤為零，如下列方程式所示：

（銷售單價 × 銷售數量）–［（單位變動成本 × 銷售數量）+ 固定成本］= 0	(5)

茲舉下例說明以方程式法計算損益平衡點之過程。

梅米公司擬銷售智慧型手機，該智慧型手機之銷售單價為 $10,000，單位變動成本為 $6,000，每年的固定成本 $6,000,000，請問梅米公司每年必須出售多少支智慧型手機才能達成損益平衡？（本例假設未售出之智慧型手機可退還給供應商）

依損益平衡點之方程式，代入已知數值，可得到下列等式：

($10,000 × 銷售數量) – [($6,000 × 銷售數量) + $6,000,000] = $0
銷售數量 = 1,500（支）

2. 邊際貢獻法

使用邊際貢獻法 (contribution margin approach)，需先計算銷售一單位所產生的單位邊際貢獻 (unit contribution margin)，而所謂的單位邊際貢獻係指銷售單價減單位變動成本，亦即：

單位邊際貢獻 = 銷售單價 – 單位變動成本	(6)

單位邊際貢獻表示每出售一單位所產生對固定成本的貢獻。因此，將固定成本除以單位邊際貢獻，即可得出損益平衡點的銷售數量，其公式為：

$\text{損益平衡點的銷售數量} = \dfrac{\text{固定成本}}{\text{單位邊際貢獻}}$	(7)

邊際貢獻法與方程式法其實是源於同一種計算形式，可由(5)式與(6)式中導出(7)式：

（銷售單價 × 損益平衡點的銷售數量）–［（單位變動成本 × 損益平衡點的銷售數量）+ 固定成本］= 0

$$(\text{銷售單價} - \text{單位變動成本}) \times \text{損益平衡點的銷售數量} - \text{固定成本} = 0$$

$$\text{損益平衡點的銷售數量} = \frac{\text{固定成本}}{\text{單位邊際貢獻}}$$

損益平衡點除了可以數量的方式表示，亦可以銷售金額表示。

將(7)式等式兩邊同乘以銷售單價，可得：

$$\text{損益平衡點的銷售數量} \times \text{銷售單價} = \frac{\text{固定成本}}{\text{單位邊際貢獻}} \times \text{銷售單價}$$

$$\text{損益平衡點的銷售金額} = \frac{\text{固定成本}}{\text{單位邊際貢獻} \div \text{銷售單價}}$$

上式中，分母為單位邊際貢獻除以銷售單價，此一比率又稱為**邊際貢獻率**(contribution margin ratio)，表示每一塊錢的銷售金額所產生的邊際貢獻。因此將上式簡化，可得：

$$\text{損益平衡點的銷售金額} = \frac{\text{固定成本}}{\text{邊際貢獻率}} \quad (8)$$

仍以前面梅米公司為例，根據邊際貢獻法計算損益平衡點之銷售數量與金額如下：

先計算單位邊際貢獻：

單位邊際貢獻 = \$10,000 − \$6,000 = \$4,000
損益平衡點的銷售數量 = \$6,000,000 ÷ \$4,000 = 1,500（支）

若以金額表示，則需先計算邊際貢獻率：

邊際貢獻率 = \$4,000 ÷ \$10,000 = 40%
損益平衡點的銷售金額 = \$6,000,000 ÷ 40% = \$15,000,000

3.**圖解法**

以圖解法來說明損益平衡點，係將成本一數量一利潤之間的關係繪於平面座標圖上，稱為成本一數量一利潤圖或損益平衡圖；如圖 6.1，總收入等於總成本的點即為損益平衡點。

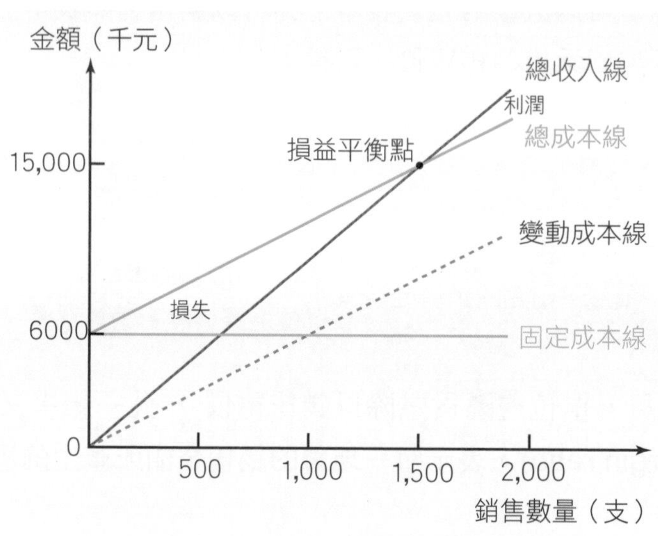

圖6.1　成本一數量一利潤圖

成本一數量一利潤圖係由總收入線、總成本線、變動成本線與固定成本線所構成，其中總成本線為變動成本線與固定成本線的垂直加總，茲分別說明如下：

(1)總收入線：總收入係銷售單價乘以銷售數量。當銷售數量為零時，總收入等於零。隨著銷售數量增加，總收入亦呈等比例增加，因此總收入線為一通過原點且斜率為正的直線。

(2)變動成本線：變動成本為單位變動成本乘以銷售數量。當銷售數量為零時，變動成本為零。隨著銷貨成本增加，變動成本呈等比例增加，因此變動成本線亦為一通過原點且斜率為正的直線。

(3)固定成本線：固定成本在攸關範圍內，並不隨著銷售數量而改變，故為一條與橫座標（銷售數量軸）平行的直線。

(4)總成本線：總成本等於變動成本與固定成本的總和，因此總成本線的畫法係將變動成本線與固定成本線垂直加總。

成本一數量一利潤圖有下列兩種畫法，其主要的差異在於變動成本線與固定成本線的累加順序不同，茲以梅米公司為例來說明如下（圖 6.2）：

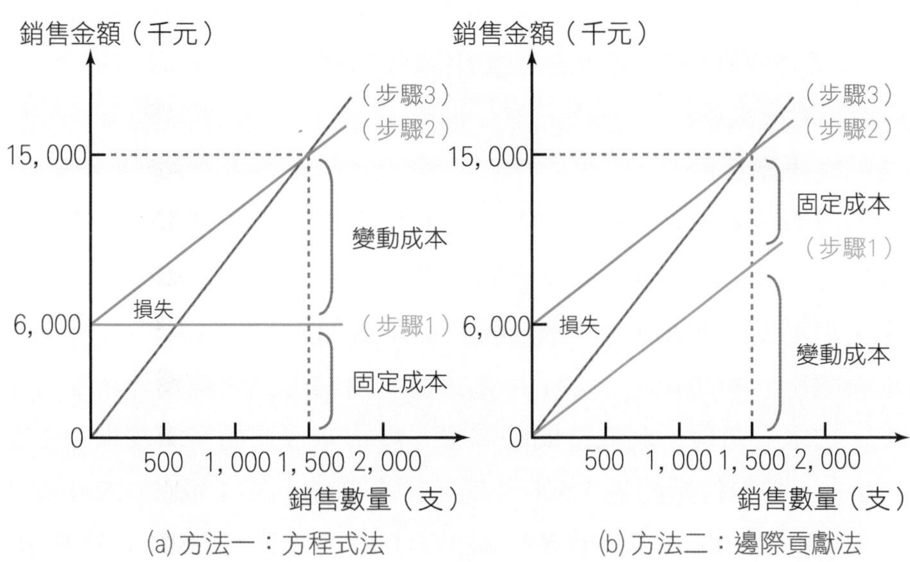

圖6.2　成本一數量一利潤圖的畫法

⊙ 方法一：方程式法

【步驟 1】繪製固定成本線

本例中的固定成本為 $6,000,000，因此於縱座標上找出金額為 $6,000,000 的點，並以此點作一條與橫座標平行的直線，此線即為固定成本線。

【步驟 2】將變動成本加總於固定成本線上得出總成本線

本例中，當銷售量為 0 時，總成本為固定成本 $6,000,000 加上變動成本 $0，亦即 $6,000,000；當銷售量為 1,500 支時，總成本等於固定成本 $6,000,000 加上變動成本 $9,000,000，亦即 $15,000,000，過此兩點畫一直線即可得出總成本線。

【步驟 3】繪出總收入線

當銷售量為 0 時，總收入為 $0；當銷售量為 1,500 支時，總收入為 $15,000,000，過此兩點畫一直線即可得出總收入線。

⊙ 方法二：邊際貢獻法

【步驟 1】先繪出變動成本線

當銷售量為 0 時，變動成本為 $0，銷售量為 1,500 支時，變動成本為 $9,000,000，過此兩點畫出變動成本線。

【步驟 2】將固定成本加總於變動成本上得出總成本線

在銷售量為 0 時，總成本等於變動成本 $0 加上固定成本 $6,000,000，即

$6,000,000；當銷售量為 1,500 支時，總成本等於變動成本 $9,000,000 加上固定成本 $6,000,000，即 $15,000,000，過此兩點畫出總成本線。

【步驟 3】繪製總收入線

如方法一之步驟 3。

上述兩種繪製成本一數量一利潤圖的方法所隱含的資訊並不完全相同，其中圖 6.2(b) 中的總收入線與變動成本線皆從原點畫起，因此這兩條線的縱軸距離即為總的邊際貢獻；但是由圖 6.2(a) 中，無法獲得此項資訊。

由成本一數量一利潤圖中，除了得知損益平衡點的銷售數量外，亦可了解其他銷售水準下，成本一數量一利潤之間的關係。就梅米公司而言，其損益平衡點的銷售量為 1,500 支。當銷售量超過 1,500 支時，即有營業利潤；低於 1,500 支時則發生損失。例如銷售量為 2,000 支時，將產生 $2,000,000 的營業利潤；而銷售數量為 1,000 支時，即有 $2,000,000 的損失。

 *6.1.3* 利量圖

利量圖 (profit-volume chart) 為另一種表現成本一數量一利潤分析的圖形。在成本一數量一利潤圖中，以總收入線、總成本線來表現成本、數量及營業利潤間的關係。在利量圖中，則以營業利潤線與銷售線來表現銷售與營業利潤間的關係。仍以梅米公司為例，說明利量圖的畫法（見圖 6.3）。

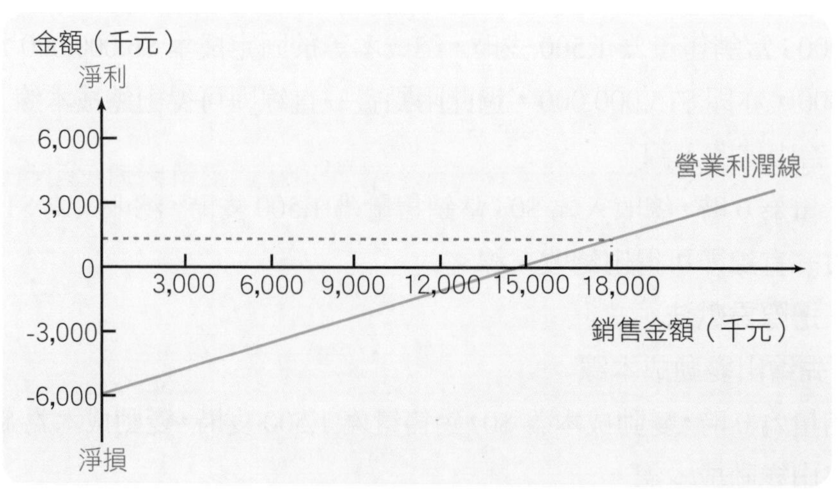

圖6.3 利量圖

以梅米公司為例，繪製利量圖的步驟如下：

【步驟 1】

首先在縱軸上找出銷售金額為零時的損失點，該損失金額必須等於固定成本的金額。本例中，如果銷售金額為 0 時，損失金額為固定成本 $6,000,000。

【步驟 2】

在銷售線上任選一銷售水準，並計算出該水準下的損益，本例中，選擇銷售金額為 $18,000,000（1,800 支），該水準下的營業利潤計算如下：

總收入 ($10,000 × 1,800)	$ 18,000,000
變動成本 ($6,000 × 1,800)	(10,800,000)
邊際貢獻	$ 7,200,000
固定成本	(6,000,000)
營業利潤	$ 1,200,000

【步驟 3】

連接步驟 1 與步驟 2 兩點，即可得出營業利潤線。

由利量圖中，營業利潤線與銷售金額線的相交點即代表損益平衡點。在圖 6.3 中，可看出損益平衡點的銷售金額為 $15,000,000。利量圖中，營業利潤線的斜率為利量率，即邊際貢獻率。至於營業利潤線則表示不同的銷售水準下的損益金額，亦即營業利潤線表示下列的等式關係：

營業利潤 =（銷售金額 × 利量率）− 固定成本　(9)

利量圖與成本一數量一利潤圖都是以圖形表示銷售數量與損益的關係；不同的是，從利量圖中可直接看出每一個銷售水準下的損益，無法直接得知該銷售水準下的成本金額；而在成本一數量一利潤圖中，了解在每一個銷售水準下，總收入與總成本的金額，再將總收入減去總成本後，得知損益金額。

實務應用 CVP 在非製造業應用

成本一數量一利潤 (CVP) 分析亦可以用在非製造業，讓組織管理者運用此分析，了解在既有的狀況下，要達到損益平衡點，需要有的最低銷售量或服務量。例如，旅館要計算每月最低客房房間使用天數；醫院可用來計算每年最低病房房間使用天數；學校可計算每學期最低學生所修的學分數等等。

6.2 目標利潤、安全邊際與敏感度分析

由 6.1 節所討論的損益平衡點分析，企業管理者可了解新產品的出售，需有多少的銷售量才能達到無損失的情況；但是管理當局除了想了解損益平衡時的銷售數量外，更想知道為了要達成某一特定營業利潤水準時，銷售數量應為何？此一特定的營業利潤水準稱為**目標營業利潤** (target profit)。

6.2.1 稅前目標營業利潤

以梅米公司為例，若管理當局想了解每年稅前營業利潤為 $100,000 時，應銷售多少支智慧型手機？茲以 6.1 節中所介紹的方程式法及邊際貢獻法分述如下：

1. **方程式法**

由(4)式，得知：

（銷售單價 × 銷售數量）－ [（單位變動成本 × 銷售數量）+ 固定成本] = 稅前目標營業利潤

此例中營業利潤為 $200,000，因此將已知數代入上式中，得到

（$10,000 × 銷售數量）－ [（$6,000 × 銷售數量）+ $6,000,000] = $200,000

銷售數量 = ($6,000,000 + $200,000) ÷ ($10,000 － $6,000) = 1,550（支）

2. 邊際貢獻法

在目標營業利潤的情形下，邊際貢獻法的公式為：

$$\text{特定目標營業利潤的銷售數量} = \frac{\text{固定成本} + \text{稅前目標營業利潤}}{\text{邊際貢獻}} \qquad (10)$$

本例中稅前目標營業利潤為 \$200,000 的銷售數量為 (\$6,000,000 + \$200,000) ÷ \$4,000 = 1,550（支）

 *6.2.2*　稅後目標營業利潤

在 6.2.1 節中所討論的目標營業利潤，並不考慮所得稅因素，僅考慮稅前目標營業利潤。事實上，每一家公司都需要支付所得稅，管理者更關心的是稅後目標營業利潤。因此將所得稅納入成本一數量一利潤分析的方程式如下：

$$\text{總收入} - \text{總成本} - \text{所得稅} = \text{稅後營業利潤} \qquad (11)$$

⑾式中，

$$\text{所得稅} = \text{稅前營業利潤} \times \text{稅率} = (\text{總收入} - \text{總成本}) \times \text{稅率} \qquad (12)$$

將⑿式代入⑾式，可得到下列的等式：

$$(\text{總收入} - \text{總成本}) - (\text{總收入} - \text{總成本}) \times \text{稅率} = \text{稅後營業利潤}$$

$$(\text{總收入} - \text{總成本}) \times (1 - \text{稅率}) = \text{稅後營業利潤}$$

$$(\text{總收入} - \text{總成本}) = \frac{\text{稅後營業利潤}}{1 - \text{稅率}} \qquad (13)$$

再將

$$\text{總收入} = \text{銷售數量} \times \text{銷售單價}$$
$$\text{總成本} = \text{銷售數量} \times \text{單位變動成本} + \text{固定成本}$$

代入(13)式，即可得到修正後的方程式如下：

$$(\text{銷售數量} \times \text{銷售單價}) - [(\text{銷售數量} \times \text{單位變動成本}) + \text{固定成本}] = \frac{\text{稅後營業利潤}}{1 - \text{稅率}} \tag{14}$$

或

$$(\text{銷售單價} - \text{單位變動成本}) \times \text{銷售數量} - \text{固定成本} = \frac{\text{稅後營業利潤}}{1 - \text{稅率}} \tag{15}$$

由(15)式，可得到邊際貢獻法在考慮所得稅後，修正如下：

$$\text{特定稅後目標營業利潤的銷售數量} = \frac{\text{固定成本} + \dfrac{\text{稅後目標營業利潤}}{1 - \text{稅率}}}{\text{邊際貢獻}}$$

此外，必須特別注意，所得稅對損益平衡分析並無影響，因為在損益兩平時，營業利潤為零，自然就沒有所得稅的問題。

仍以梅米公司為例，假設所得稅率為 17%，管理者想了解每年稅後目標營業利潤為 $166,000 時，應銷售多少支智慧型手機？

1. 方程式法

假設梅米公司銷售 Q 支智慧型手機，可達 $166,000 的稅後目標營業利潤，則方程式如下：

$$(\$10{,}000 - \$6{,}000) \times Q - \$6{,}000{,}000 = \$166{,}000 \div (1 - 17\%)$$
$$Q = 1{,}550\ (\text{支})$$

2. 邊際貢獻法

$$Q = [\$6{,}000{,}000 + \$166{,}000 \div (1 - 17\%)] \div (\$10{,}000 - \$6{,}000)$$
$$Q = 1{,}550\ (\text{支})$$

 6.2.3　安全邊際

運用成本一數量一利潤分析，可使管理者瞭解不同銷售水準下的損益，以便決策的制定與營運的規劃。然而企業所預計的銷售水準能否達成，具有不確定性。因此在進行成本一數量一利潤分析時，需考慮此項風險。**安全邊際** (safety margin) 與敏感度分析，則可用以測量此項風險。本小節首先介紹安全邊際，下一小節則介紹敏感度分析。

所謂安全邊際是指銷售金額（或銷售數量）超過損益平衡點的部分，安全邊際可用預計或實際的銷售金額來計算，其公式如下：

安全邊際 = 預計銷售金額（或數量）– 損益平衡點銷售金額（或數量）　(16)

或

安全邊際 = 實際銷售金額（或數量）– 損益平衡點銷售金額（或數量）　(17)

以預計資料所計算的安全邊際，表示在某一特定預計銷售水準下，企業即使未能達成該預計銷售水準也不致於發生損失，是所能承受銷售金額（或數量）下降的最大限額。以實際資料所計算的安全邊際，則表示在已達成的銷售水準中，企業所能承受銷售金額（或數量）減少，而不致於發生損失的限額。

以梅米公司為例，若預計銷售金額為 $20,000,000，則安全邊際計算如下：

安全邊際 = $20,000,000 – $15,000,000 = $5,000,000

安全邊際亦可由成本一數量一利潤圖或利量圖表示。在此以利量圖為例來說明，銷售線超過損益平衡點的部分，即代表安全邊際（圖 6.4）。

本例中安全邊際為 $5,000,000，表示在預計銷售水準為 $20,000,000 的情形下，只要銷售金額減少的範圍在 $5,000,000 以內，企業仍不會發生損失。安全邊際亦可以比率的方式表示，此即所謂的安全邊際率 (margin of safety ratio)，公式如下：

$$安全邊際率 = \frac{安全邊際}{預計（或實際）銷售金額} \quad (18)$$

以梅米公司為例：

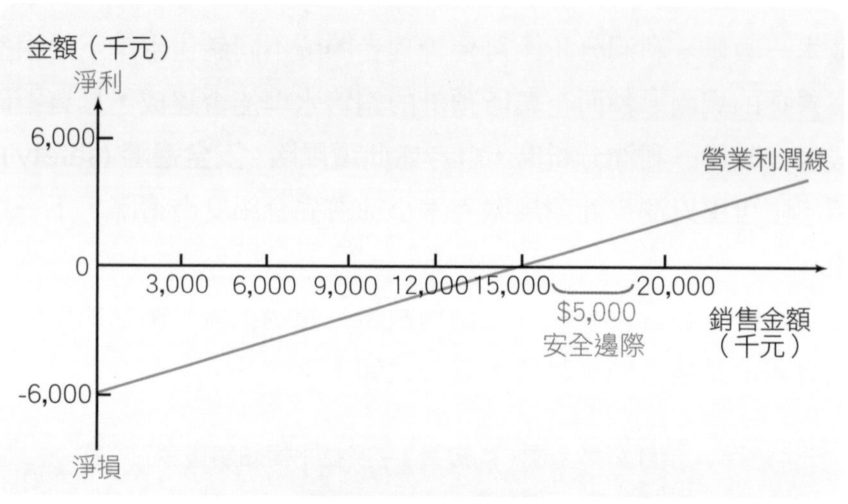

圖6.4　安全邊際

$$安全邊際率 = \frac{\$5,000,000}{\$20,000,000} = 25\%$$

安全邊際與安全邊際率愈大，企業產生營業利潤的可能性愈大，遭受損失的可能性愈小。反之，安全邊際與安全邊際率愈小，企業獲得營業利潤的可能性較小，而遭受損失的風險較大。

安全邊際表示超過損益平衡點的銷售金額，因此安全邊際的銷售金額中，扣除變動成本即代表營業利潤。可以下列的式子來說明營業利潤、安全邊際與利量率的關係：

營業利潤 =（預計銷售數量 − 損益平衡點銷售數量）× 單位邊際貢獻　(19)

或

營業利潤 =（預計銷售金額 − 損益平衡點銷售金額）× 利量率　(20)

或

營業利潤 = 安全邊際 × 利量率　(21)

若將(21)式中等式兩邊同除以銷售金額，則可得到下列的關係式：

$$\frac{營業利潤}{銷售金額} = \frac{安全邊際}{銷售金額} \times 利量率$$

$$營業利潤率 = 安全邊際率 \times 利量率 \qquad (22)$$

(22)式表示在某一特定銷售水準下，營業利潤率等於銷售金額超過損益平衡點的部分所占銷售金額的百分比（即安全邊際率），乘上每一塊錢所產生的邊際貢獻（利量率）。

6.2.4　敏感度分析

成本一數量一利潤分析中的變數（如銷售單價、單位變動成本、固定成本等），會隨著企業採行不同的方案而有不同的估計值。例如企業在決定生產某一新產品時，可能考慮採用自動化程度不同的生產設備。若採用自動化程度高的機器，通常會增加固定成本，降低變動成本；若採用自動化程度低的機器，則通常會使固定成本增加不多，變動成本也降低很少。此外，在進行成本一數量一利潤分析時，對公式中變數之估計亦不可能百分之百的準確。基於上述的原因，通常運用**敏感度分析** (sensitivity analysis) 來了解成本一數量一利潤分析中，一個或多個變數的改變（不論是因方案不同，或估計偏差所造成的），對損益平衡點或損益的影響。本節將以三陽公司為例來說明敏感度分析的運用。

三陽公司為一專門從事遙控飛機製造的廠商，該公司只生產一種產品。表 6.1 是三陽公司 2018 年度的綜合損益表（該公司 2018 年共銷售 6,000 輛遙控飛機）。

由下頁三陽公司綜合損益表，可以得到下列的資料：

(1)銷售單價 = $5,400,000 ÷ 6,000 = $900

(2)單位變動成本 = ($2,400,000 + $600,000) ÷ 6,000 = $500

(3)固定成本 = $750,000 + $375,000 = $1,125,000

(4)損益平衡點銷售金額 $= \dfrac{\$1,125,000}{(\$900 - \$500)} \times \$900 = \$2,531,250$

表6.1 三陽公司 2018 年度綜合損益表

三陽公司 綜合損益表 2018 年度		
銷貨收入		$ 5,400,000
銷貨成本：		
變動成本	$2,400,000	
固定成本	750,000	(3,150,000)
銷貨毛利		$ 2,250,000
管銷費用：		
變動成本	$ 600,000	
固定成本	375,000	(975,000)
營業淨利		$ 1,275,000

1. **銷售單價的改變**

假設三陽公司管理者的訂價決策視經濟景氣而定，若經濟景氣好轉，則遙控飛機單價訂為 $1,000；若景氣持平，單位訂價為 $900；若景氣轉壞，遙控飛機單價訂為 $800，並假設三陽公司的訂價決策不會影響銷售數量。可由表 6.2 了解銷售量為 6,000 輛時，三種銷售價格對營業淨利及損益平衡點的影響。

在其他條件不變的情形下，銷售單價愈高，營業淨利則愈高。此外，銷售單價愈高，達成損益平衡的銷售金額愈低。在表 6.2 中，銷售單價為 $1,000 所產生的營業淨利比銷售單價為 $900 時多出 $600,000，此金額乃每銷售一單位所多增加的邊際貢獻 $100 (= $1,000 – $900) 乘以銷售數量 6,000 輛。

表6.2 三陽公司綜合損益表——銷售單價改變

銷售單價	@$1,000	@$900	@$800
銷貨收入	$ 6,000,000	$ 5,400,000	$ 4,800,000
變動成本	(3,000,000)	(3,000,000)	(3,000,000)
邊際貢獻	$ 3,000,000	$ 2,400,000	$ 1,800,000
固定成本	(1,125,000)	(1,125,000)	(1,125,000)
營業淨利	$ 1,875,000	$ 1,275,000	$ 675,000
損益平衡點銷售金額	$ 2,250,000	$ 2,531,250	$ 3,000,000

2. 單位變動成本的改變

單位變動成本的改變對營業淨利與損益平衡點的影響，與銷售單價對營業淨利與損益平衡點的影響相反。在此仍以三陽公司為例來說明。

假設管理者預估單位變動成本可能為 \$550、\$500 或 \$450，而其他條件不變，則三種不同單位變動成本對營業淨利與損益平衡點的影響如表 6.3 所示。銷售單價或單位變動成本的改變，會影響單位邊際貢獻的金額，同時也改變了利量率。在同一銷售水準下，單位邊際貢獻愈大所產生的營業淨利愈大。

表6.3　三陽公司綜合損益表——單位變動成本改變

單位變動成本	@\$550	@\$500	@\$450
銷貨收入	\$ 5,400,000	\$ 5,400,000	\$ 5,400,000
變動成本	(3,300,000)	(3,000,000)	(2,700,000)
邊際貢獻	\$ 2,100,000	\$ 2,400,000	\$ 2,700,000
固定成本	(1,125,000)	(1,125,000)	(1,125,000)
營業淨利	\$ 975,000	\$ 1,275,000	\$ 1,575,000
損益平衡點銷售金額	\$ 2,892,857	\$ 2,531,250	\$ 2,250,000

3. 固定成本的改變

固定成本的改變亦會對損益發生影響，但其影響金額並不因銷售水準不同而有所不同。假設三陽公司預估今年的固定成本金額，可能為 \$1,100,000、\$1,125,000 或 \$1,150,000，可由表 6.4 看出此三種不同金額的固定成本對營業淨利及損益平衡點的影響。

表6.4　三陽公司綜合損益表——固定成本改變

固定成本	\$ 1,100,000	\$ 1,125,000	\$ 1,150,000
銷貨收入	\$ 5,400,000	\$ 5,400,000	\$ 5,400,000
變動成本	(3,000,000)	(3,000,000)	(3,000,000)
邊際貢獻	\$ 2,400,000	\$ 2,400,000	\$ 2,400,000
固定成本	(1,100,000)	(1,125,000)	(1,150,000)
營業淨利	\$ 1,300,000	\$ 1,275,000	\$ 1,250,000
損益平衡點銷售金額	\$ 2,475,000	\$ 2,531,250	\$ 2,587,500

固定成本的改變，並不影響邊際貢獻，亦即利量率不會改變，固定成本的改變使營業利潤線平行的移動。當固定成本增加，營業利潤線往下移；當固定成本減少，則營業利潤線往上移。此外，固定成本增加使得損益平衡點銷售金額上升；反之，固定成本減少，損益平衡點銷售金額下降。

4. 銷售單價與銷售數量同時改變

前面所介紹的敏感度分析，係假設成本一數量一利潤分析中，僅某一項變數的改變，其他變數不會受到影響。但有時該分析中各變數之關係並非獨立的，亦即某一項變數的改變會影響另一變數。最常見的情形是銷售單價與銷售數量間的關係，通常銷售單價提高，銷售數量會下降；銷售單價降低，銷售數量會增加。此時，亦可運用敏感度分析，來分析不同的量價關係對營業利潤的影響。仍以三陽公司之釋例來一一說明如下。

假設三陽公司管理者認為，如將遙控飛機銷售單價訂為 $800、$900 和 $1,000，預計銷售數量分別為 6,200 輛、6,000 輛與 5,500 輛，而單位變動成本與固定成本並不受影響，此時，公司應採何種訂價使公司營業淨利最大？將上述三種情況所產生的營業淨利，列示於表 6.5。

由表 6.5 可看出，三陽公司如將遙控飛機的單位價格訂為 $1,000，可產生最大的營業淨利。此時雖然銷售單價提高導致銷售量減少，然而因銷售量減少而導致的損失 $200,000 (= $400 × 500)，小於因價格提高產生的營業淨利 $550,000 (= $100 × 5,500)，因此營業淨利提高 $350,000。在某些情況下，降低價格增加銷售量可能為企業帶來較大的營業淨利。究竟何種的價量關係對企業最為有利，需視產品的需求彈性而定，而敏感度分析可幫助企業得到答案。

另一種常見的情況，是單位變動成本與固定成本的相互影響。企業可增加固定成本的支出，例如購買自動化設備，以減少人工成本等變動成本的支出。

表6.5　三陽公司綜合損益表

銷售單價	$800	$900	$1,000
銷售數量	6,200 輛	6,000 輛	5,500 輛
銷貨收入	$ 4,960,000	$ 5,400,000	$ 5,500,000
變動成本	(3,100,000)	(3,000,000)	(2,750,000)
邊際貢獻	$ 1,860,000	$ 2,400,000	$ 2,750,000
固定成本	(1,125,000)	(1,125,000)	(1,125,000)
營業淨利	$ 735,000	$ 1,275,000	$ 1,625,000
損益平衡點銷售金額	$ 3,000,000	$ 2,531,250	$ 2,250,000

6.3 多種產品損益平衡點分析

前面所討論的成本一數量一利潤分析，係假設企業僅生產單一產品，但此一簡化的假設與實際的情形不太相符。當企業有多種產品時，前面所介紹的觀念仍可適用，但必須考慮**銷售組合** (sales mix) 的問題。所謂銷售組合係指總銷售數量（或銷售金額）中，各項產品所占的比例不同。

6.3.1　多種產品銷售組合的釋例

例如啟德公司生產甲、乙兩種產品，甲產品的銷售單價為 $150，乙產品為 $300。假設 2018 年該公司銷售甲產品 60 個，乙產品 90 個，則該公司的產品組合，以銷售數量表示，甲與乙之比例為 2 : 3；以銷售金額表示，甲與乙之比例為 1 : 2。多種產品的成本一數量一利潤分析，須在某一特定的產品組合比例下進行分析，茲以萬宜公司來說明如下。

萬宜公司為一球類製造商，生產籃球與排球兩種產品，其資料如下：

	籃　球	排　球
銷售單價	$ 600	$ 400
單位變動成本	(400)	(300)
單位邊際貢獻	$ 200	$ 100

萬宜公司每月的固定成本為 $168,000，預計 7 月份可銷售 4,200 顆球（包括籃球與排球），其銷售數量組合，籃球與排球之比為 3 : 2。試問在此情形下，萬宜公司的損益平衡點銷售數量為何？

本例可以邊際貢獻法，求得萬宜公司損益平衡點的銷售數量。然而，由於該公司產品項目不只一種，必須按其產品組合比例計算每銷售一單位產品所產生的加權平均單位邊際貢獻，其計算如下：

	籃　球		排　球
銷售單價	$ 600		$ 400
單位變動成本	(400)		(300)
單位邊際貢獻	$ 200		$ 100
產品組合比例	3	:	2

$$加權平均單位邊際貢獻 = \$200 \times \frac{3}{5} + \$100 \times \frac{2}{5} = \$160$$

接著，再將固定成本除以加權平均單位邊際貢獻，即可得出損益平衡點之銷售數量，亦即：

$$損益平衡點銷售數量 = \frac{固定成本}{加權平均單位邊際貢獻} = \frac{\$168{,}000}{\$160} = 1{,}050\text{（顆）}$$

此 1,050 顆球包含了籃球與排球，再按計算損益平衡時之產品組合比例，來計算籃球與排球個別的銷售數量，其算式如下：

$$籃球 = 1{,}050 \times \frac{3}{5} = 630\text{（顆）}$$

$$排球 = 1{,}050 \times \frac{2}{5} = 420\text{（顆）}$$

將上述答案驗算，代入下列的綜合損益表，即可得知其結果。

	籃　球	排　球	合　計
銷售數量	630（顆）	420（顆）	1,050（顆）
銷貨收入	$ 378,000	$ 168,000	$ 546,000
變動成本	(252,000)	(126,000)	(378,000)
邊際貢獻	$ 126,000	$ 42,000	$ 168,000
固定成本			(168,000)
營業淨利			$ 0

如果萬宜公司預計 7 月份球類的總銷售量為 3,500 顆，產品組合比例為 3 : 2，其估計的綜合損益情形如下：

	籃　球	排　球	合　計
銷售數量	2,100（顆）	1,400（顆）	3,500（顆）
銷貨收入	$1,260,000	$ 560,000	$ 1,820,000
變動成本	(840,000)	(420,000)	(1,260,000)
邊際貢獻	$ 420,000	$ 140,000	$ 560,000
固定成本			(168,000)
營業淨利			$ 392,000

多種產品的成本一數量一利潤分析，在產品組合比例不同時，其損益平衡點的銷售數量（金額）與損益金額皆有所改變。以萬宜公司為例，假設籃球與排球的產品數量組合比例分別為 3 : 2、1 : 1 與 2 : 3 時，則可由表 6.6 與表 6.7 分別說明其損益平衡點之銷售數量，及在銷售水準為 3,500 單位時之損益金額。

由表 6.6 與表 6.7 可看出，在各種產品組合中，單位邊際貢獻愈高的產品所占的比重增加，則每一產品組合的加權平均單位邊際貢獻愈高，損益平衡點的銷售數量愈少，並且在同一銷售數量水準下，其所產生的營業淨利愈高。

表6.6　萬宜公司的產品組合損益平衡分析

銷售組合比例		3 : 2	1 : 1	2 : 3
加權平均單位邊際貢獻		$160	$150	$140
損益平衡銷售數量	總數量	1,050	1,120	1,200
	籃球	630	560	480
	排球	420	560	720

表6.7　萬宜公司產品組合營業利潤分析（單位：千元）

	籃球	排球	合計	籃球	排球	合計	籃球	排球	合計
產品組合	3	: 2		1	: 1		2	: 3	
銷售數量	2,100	1,400	3,500	1,750	1,750	3,500	1,400	2,100	3,500
銷貨收入	$1,260	$ 560	$ 1,820	$1,050	$ 700	$ 1,750	$ 840	$ 840	$ 1,680
變動成本	(840)	(420)	(1,260)	(700)	(525)	(1,225)	(560)	(630)	(1,190)
邊際貢獻	$ 420	$ 140	$ 560	$ 350	$ 175	$ 525	$ 280	$ 210	$ 490
固定成本			(168)			(168)			(168)
營業淨利			$ 392			$ 357			$ 322

實務應用　透過併購拓展國際市場

併購一直是全球產業界相當熱門的話題，尤其是電子產業。愈來愈多企業藉由合併和收購 (merge & acquisition) 的方式，壯大規模、整合資源、換取在市場上更有利的位置。對我國業者而言，併購目標市場之品牌與行銷通路，不但可以快速跳脫代工模式，縮短自行摸索的時間，亦能有效降低海外營運風險，提升企業的國際化程度，達到持續成長之效益，創造一加一大於二的效果。

企業在累積相關的知識與吸收成功和失敗的經驗後，強化企業競爭力，增加產品組合的完整性來進行併購，再加上政府鼓勵企業併購與策略聯盟，藉以整合資源、促使企業達成規模經濟及合理化經營目的。

6.4 成本結構與營運槓桿

本章中曾討論管理當局在擬訂訂價策略時，如何運用成本一數量一利潤分析。同樣地，企業管理當局亦可運用此分析工具來制定生產策略。不同的生產策略形成不同的成本結構，藉此了解不同成本結構對營業利潤的影響，有助於生產決策的制定。**營運槓桿** (operating leverage) 為測量成本結構的指標，該指標可使管理當局了解在某一特定銷售水準下，成本結構對營業利潤的影響。

 6.4.1　成本結構

所謂**成本結構** (cost structure) 是指總成本中，固定成本與變動成本所占的相對比重。影響成本結構的因素很多，產業別是主要的原因之一，例如高科技產業大多為資本密集產業，其固定成本所占的比重較高；紡織及製鞋業等多為勞力密集產業，其變動成本所占的比重較高。然而，就屬於同一種產業的不同廠商而言，其成本結構亦不盡相同，有些廠商採自動化程度較高的設備從事生產，有些則使用較傳統的生產設備。因此，不同的生產方式亦會影響成本結構。究竟何種成本結構對企業最為有利，此一問題需視不同的情況而定。通常，生產相同產品的兩種不同成本結構，於某一特定銷售水準下，此二者的營業利潤相同，該特定的銷售水準即所謂的**無差異銷售點** (indifference point)。當銷售金額大於無差異銷售點時，變動成本所占的比例較小之成本結構所產生的利潤較高。反之，銷售金額小於無差異銷售點時，變動成本所占的比例較小之成本結構所產生的營業利潤則較低。茲以下例說明。

假設鳳凰玩具公司有 A、B 兩部門。皆生產同一種玩具，A 部門為傳統製造單位，B 部門採用自動化生產設備。該玩具的單位售價為 $100。A、B 兩部門的成本結構不同，A 部門的單位變動成本為 $80，固定成本為每月 $50,000；B 部門的單位變動成本 $50，固定成本為每月 $140,000，請回答下列問題：

(1) A、B 兩部門的損益平衡點銷售數量各為多少？

(2)當銷售數量為多少時，A、B 兩部門的損益相同？

(3)當銷售數量為 2,800 與 3,200 單位時，A、B 兩部門的損益各是多少？

首先，計算 A、B 兩部門的損益平衡點銷售數量如下：

A 部門的損益平衡點銷售數量 = $　50,000 ÷ ($100 − $80) = 2,500（單位）
B 部門的損益平衡點銷售數量 = $140,000 ÷ ($100 − $50) = 2,800（單位）

其次，計算 A、B 兩部門損益金額相同的銷售數量，假設該數量為 X 單位，則可由成本一數量一利潤方程式，得到以下的等式：

($100 − $80) × X − $50,000 = ($100 − $50) × X − $140,000
X = 3,000（單位）

也就是說當銷售數量為 3,000 單位時，無論此數量完全由 A 部門生產或 B 部門生產，對鳳凰玩具公司的損益都沒差異，也就是所謂的無差異銷售點。最後，當銷售數量為 2,800 及 3,200 單位時，分別完全由 A、B 兩部門生產的損益金額列於表 6.8。

表6.8 鳳凰公司綜合損益表

銷售數量	2,800 單位		3,200 單位	
	A 部門	B 部門	A 部門	B 部門
銷貨收入	$ 280,000	$ 280,000	$ 320,000	$ 320,000
變動成本	(224,000)	(140,000)	(256,000)	(160,000)
邊際貢獻	$ 56,000	$ 140,000	$ 64,000	$ 160,000
固定成本	(50,000)	(140,000)	(50,000)	(140,000)
營業淨利	$ 6,000	$ 0	$ 14,000	$ 20,000

從鳳凰公司的例子中，可了解不同的成本結構對企業損益的影響，在銷售數量為 3,000 單位時，A、B 兩公司的損益相同；當銷售數量為 2,800 單位時，A 部門之營業淨利大於 B 部門；當銷售數量為 3,200 單位時，B 部門的營業淨利大於 A 部門。由此可見，產品銷售數量較多時，企業採用自動化生產，所得的營業淨利較高。此情形可由圖 6.5 的利量圖得知。

在圖 6.5 中，當銷售數量超過某一水準時（本例為 3,000 單位），成本結構中變動成本較低的公司（如同本例中 B 部門），由於每多銷售一單位所產生的邊際貢獻，大於成本結構中變動成本較高的公司（如同本例中 A 部門），因此其營業淨利較高。反之，當銷售數量低於該水準時，成本結構中變動成本較高的公司，由於每減少銷售一單位所減少之邊際貢獻亦較少，因此其營業利潤較成本結構中變動成本低的公司為高。由此看來管理當局對銷售水準的預期，亦是影響成本結構的因素。此外，管理者對風險的偏好，也會影響成本結構，通常高固定成本和低變動成本的成本結構，其風險性較高。

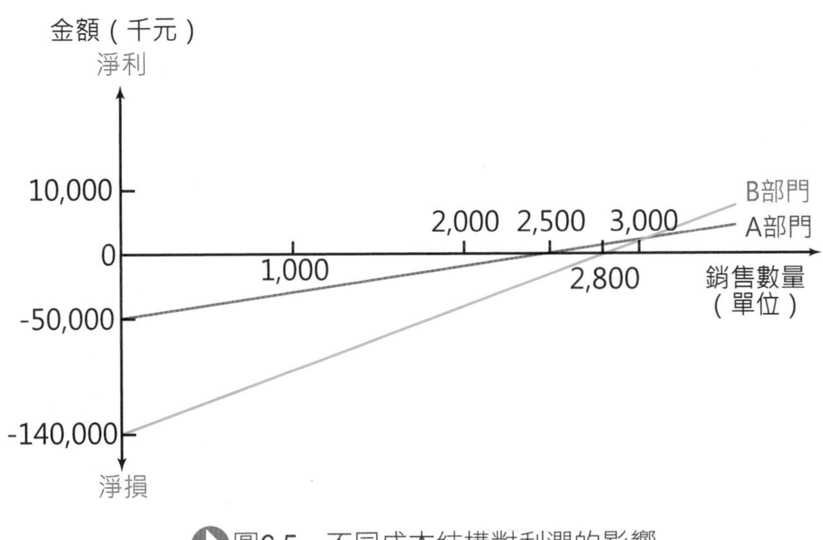

圖6.5　不同成本結構對利潤的影響

6.4.2　營運槓桿

衡量企業組織使用固定資產的程度，稱為營運槓桿。所謂**營運槓桿係數** (operating leverage factor) 係指在某一銷售水準下，邊際貢獻與利潤之比例，其公式如下：

$$營運槓桿係數 = \frac{邊際貢獻}{利潤}$$

實務應用　公司永續經營要重視營運槓桿

當一家公司「營業淨利」成長，比「營業收入」成長快時，可稱為具有營運槓桿；相反的，當其營業淨利成長慢於營業收入成長時，則是缺乏營運槓桿。因此，營運槓桿可說是一家公司持續運作的基本關鍵指標。

要增加營運槓桿，意謂銷貨成本、研發、管理及行銷等費用，不能隨著營業收入的成長做等比例的成長，最好是小幅增加或降低費用。以連鎖速食店為例，每家公司會隨著公司規模和經營模式來做策略調整；經理人需要去找出營運槓桿來源，且掌握相關因素，來維持公司的良好運作。

營運槓桿最主要的目的在衡量企業成本結構中，固定成本運用的程度，以鳳凰公司為例，在銷售金額為 $300,000（3,000 單位）時，A、B 兩部門的利潤相同，但其營運槓桿卻不同（見表 6.9）。

表6.9 鳳凰公司營運槓桿分析

	A 部門	B 部門
銷貨收入	$ 300,000	$ 300,000
變動成本	(240,000)	(150,000)
邊際貢獻	$ 60,000	$ 150,000
固定成本	(50,000)	(140,000)
營業淨利	$ 10,000	$ 10,000
營運槓桿係數	$\frac{\$60,000}{\$10,000}=6$	$\frac{\$150,000}{\$10,000}=15$

在銷售水準為 $300,000 時，A 部門的營運槓桿係數為 6，也就是說，對 A 部門而言，在銷售水準為 $300,000 時，每增加或減少 1% 的銷貨收入將造成 6% 的利潤增加或減少，例如 A 部門銷貨收入增加 30%，即增加 $90,000 (= $300,000 × 30%)，則利潤將增加 180%，亦即 $18,000 (= $10,000 × 180%)；同樣的，對 B 部門而言，在銷售水準為 $300,000 時，每增或減 1% 的銷貨收入，將造成 15% 的利潤增或減，例如 B 部門銷貨收入增加 30%，即增加 $90,000 (= $300,000 × 30%)，則利潤將增加 450%，即 $45,000 (= $10,000 × 450%)。

此外，在不同的銷售水準，其營運槓桿係數亦不相同。以鳳凰公司中 A 部門為例，表 6.10 列示在不同銷售水準的營運槓桿係數。

表6.10 鳳凰公司 A 部門的營運槓桿係數分析

銷售水準	1,500 單位	2,000 單位	2,500 單位	3,000 單位	3,500 單位
銷貨收入	$ 150,000	$ 200,000	$ 250,000	$ 300,000	$ 350,000
變動成本	(120,000)	(160,000)	(200,000)	(240,000)	(280,000)
邊際貢獻	$ 30,000	$ 40,000	$ 50,000	$ 60,000	$ 70,000
固定成本	(50,000)	(50,000)	(50,000)	(50,000)	(50,000)
營業淨利	$ (20,000)	$ (10,000)	$ 0	$ 10,000	$ 20,000
營運槓桿係數	−1.5	−4	−	6	3.5

由表 6.10 可看出在銷售水準愈接近損益平衡點時，營運槓桿係數的絕對值愈大。

實務應用　營運槓桿是風險評估的指標

營運槓桿可使管理者了解在某一特定銷售水準下，成本結構對營業利潤的影響。許多券商分析師在觀測股價變化時，將營運槓桿係數視為一重要指標。例如分析師看好宏碁的主因，除了宏碁的品牌歷史及其筆記型電腦銷售的亮麗成績外，很重要的一個原因便是宏碁享有營運槓桿優勢。

同樣的，中華信用評等公司在對企業進行信用評等時，主要著重於「營運風險」與「財務風險」兩項分析，營運槓桿程度便是營運風險中的一項衡量指標，由此可知營運槓桿對判定企業競爭優勢的重要性。

參考資料：宏碁電腦 http://www.acer.com.tw/

本章彙總

所謂的損益平衡點即為總邊際貢獻等於總固定成本時，也就是不賺也不賠的情況所需要的銷售數量或銷售金額。損益平衡點的基本公式為總固定成本除以單位邊際貢獻，單位邊際貢獻為單位售價減單位變動成本的差額，所以任何變數的改變，皆會產生新的損益平衡點。

計算損益平衡點有三種方法，即方程式法、邊際貢獻法及圖解法。無論採用何種方法，所得的結果均相同，其中以邊際貢獻法的公式較為簡單，被使用的機會較多。損益平衡點的衡量方式，可以銷售數量或銷售金額來表示，管理者可依需求來決定。

任何營利事業的終極目標是賺取利潤，所以可將目標利潤納入損益平衡點的計算公式，亦即在分子加上預期利潤，利潤係指稅前利潤。所以如果為稅後淨利則要調整為稅前淨利，在計算損益平衡點時，要注意所得稅率，以便將稅後淨利調整為稅前淨利。

安全邊際或安全邊際率，常被用來衡量企業所能承受貨品滯銷風險的程度。安全邊際係指預期或實際銷貨收入超過損益平衡點銷貨收入的部分。當安全邊際愈高，企業的經營風險愈小、安全性愈高。因此，企業經營者在作利潤規劃分析時，要盡量提高安全邊際，以避免虧損的發生。

在成本—數量—利潤分析中，三個主要變數為單位售價、單位變動成本、固定成本，只要其中任何變數的改變，對損益平衡點或損益的影響分析，稱之為敏感度分析。通常每次只改變單一變數外，同時也會改變兩項變數，例如單位售價和銷售數量同時改變。

公司銷售單一產品或多種產品，皆可採用成本—數量—利潤分析，主要差別在於產品組合的考量。理論上，銷售單位邊際貢獻高的產品所得到的利潤比銷售單位邊際貢獻低的產品所得到的利潤為高，所以管理者要考慮各項產品的單位邊際貢獻，將個別單位邊際貢獻較高的產品比重增加，使加權平均單位邊際貢獻提高，進而使整體利潤增加。

營運槓桿係數為邊際貢獻除以稅前淨利的比例，用來衡量銷貨收入的改變對利潤所產生的影響。當企業的經營方式為勞力密集時，變動成本的比例較高，固定成本的比例較低，營運槓桿係數也較低；反之在資本密集的情況，固定成本比例較高，營運槓桿係數也較高。因此，有人認為營運槓桿是用來衡量營運單位使用固定資產的程度。

關鍵詞

成本數量利潤分析 (Cost-Volume-Profit analysis, CVP analysis)
損益平衡點 (break-even-point)
邊際貢獻 (contribution margin)
邊際貢獻率 (contribution margin ratio)
利量圖 (profit-volume chart)
目標營業利潤 (target profit)
安全邊際 (safety margin)
敏感度分析 (sensitivity analysis)
銷售組合 (sales mix)
營運槓桿 (operating leverage)
成本結構 (cost structure)
無差異銷售點 (indifference point)
營運槓桿係數 (operating leverage factor)

作　業

一、選擇題

(　) 1. 適用於成本數量利潤分析的綜合損益表，通常包括哪個項目？ (A)邊際貢獻 (B)損益平衡單位銷售 (C)損益平衡金額銷售 (D)目標淨利。

(　) 2. 甲公司之邊際貢獻為負數，假設其他狀況不變，下列那一個決策最可能幫助公司比較容易達成損益平衡點？ (A)增加銷量 (B)減少銷量 (C)增加固定成本 (D)減少變動成本。

(　) 3. 下列何者是成本數量利潤分析的假設？①銷售組合不變②存貨水準可以不一致③生產要素單價不隨數量而改變④產品單位售價不隨數量而改變 (A)僅①③ (B)僅②④ (C)僅①③④ (D)①②③④。【106 年高考】

(　) 4. 西子灣公司預測明年度營運績效如下：

銷貨收入	$400,000
安全邊際（收入）	$100,000
邊際貢獻率	72%

試問西子灣公司明年度的總固定成本預期是多少？ (A) $75,000 (B) $100,000 (C) $200,000 (D) $216,000。【102 年會計師】

(　) 5. 乙公司在 20X1 年共銷售 12,000 單位的產品，每單位平均售價 $20、直接材料 $4、直接人工 $1.6、變動製造費用 $0.4、變動銷售成本 $2，每年的固定成本有 $12,000 與銷售活動相關，有 $84,000 與銷售活動無關。公司在 20X2 年預計單位直接材料成本與直接人工成本各會增加 $1，而且營收增加 $40,000，假設其他情況不變，則該公司的營業淨利將增加或減少多少？ (A)增加 $20,000 (B)減少 $20,000 (C)增加 $4,000 (D)減少 $4,000。【106 年會計師】

( ) 6.明年度潮州公司計畫銷售 32,000 單位產品，預計相關資料如下：

	$800,000
變動成本	$288,000
邊際貢獻	$512,000
固定成本	$192,000
營業淨利	$320,000

該公司行銷經理認為為了達到銷售目標，還需要再增加廣告支出。如果增加廣告支出 $48,000，該公司還需要增加多少銷售金額，才能達成原規劃的淨利水準 $320,000? (A) $70,000 (B) $75,000 (C) $80,000 (D) $85,000。 【104 年會計師】

( ) 7.丁公司變動成本率為 80%，銷貨額為 $750,000，若安全邊際為 30%，則損益兩平點銷貨額為多少？ (A) $500,000 (B) $525,000 (C) $675,000 (D) $750,000。

【101 年高考】

( ) 8.關於「安全邊際」，何者是會計人員必須謹記在心的？ (A)銷貨收入超過變動成本的部分 (B)預算或實際銷貨收入超過固定成本的部分 (C)實際或預算銷貨量超過損益平衡銷貨量的部分 (D)以上皆非。

( ) 9.會計部門正在計算客戶別之銷售報酬率 (return on sales)，相關資料列示如下：

	客戶甲	客戶乙	客戶丙
銷貨	$500,000	$1,200,000	$800,000
邊際貢獻	160,000	360,000	280,000
營業成本	(90,000)	(410,000)	(180,000)

若營業成本為固定成本，為使客戶乙之銷貨報酬不為負，則對其銷貨額應增加多少？ (A) $166,667 (B) $585,714 (C) $614,286 (D) $1,366,667。 【102 年會計師】

( ) 10.永慶公司每月銷售 90,000 單位的飲料，單位售價與單位成本資料如下：

單位價格	$35
直接材料	$3
直接人工	$3
變動製造費用	$5
每單位平均固定製造費用	$6
變動行銷成本	$10
每單位平均固定行銷成本	$3

假設現有一批飲料即將過期，必須儘快賣出，否則超過飲用期限則需下架。試問這批貨的最低售價為多少？ (A) $10 (B) $11 (C) $17 (D) $21。 【102 年會計師】

( ) 11.甲公司製造產品A及產品B，資訊如下：

	產品A	產品B
市場最大需求量	10,000	10,000
製造並銷售數量	5,000	4,000
使用機器小時數	5,000	2,000
每單位售價	$20	$20
每單位變動成本	$17	$18

甲公司可用之總機器小時數為10,000，機器相關之固定成本$20,000平均分配給二種產品，二產品銷售組合的變化並不會改變固定成本金額。甲公司應分配於二產品之產銷數量為： (A)產品A 0件，產品B 10,000件 (B)產品A 5,000件，產品B 10,000件 (C)產品A 10,000件，產品B 5,000件 (D)產品A 10,000件，產品B 0件。

【97年普考】

( ) 12.甲公司使用相同的機器設備生產A及B兩種產品。機器設備的產能只有200,000小時。相關資料如下：

	A產品	B產品
每單位所需機器小時	0.5	1
每單位售價	$2.50	$3.00
每單位變動成本	$1.50	$2.50

若該公司A產品只能出售200,000單位，B產品120,000單位。則最佳生產組合為每種產品各生產多少單位？ (A) A=180,000單位；B=110,000單位 (B) A=200,000單位；B=100,000單位 (C) A=150,000單位；B+120,000單位 (D) A=200,000單位；B=120,000單位。

【103年高考】

( ) 13.公司一般較偏愛高水準的營運槓桿，它代表的意義是： (A)較多數量，且每單位有較高的固定費用和較低的變動費用 (B)較少數量，且每單位有較高的固定費用和較低的變動費用 (C)較少數量，且每單位有較低的固定費用和較高的變動費用 (D)較多數量，且每單位有較低的固定費用和較高的變動費用。

( ) 14.當公司有較低的營業槓桿時，下列敘述何者正確？ (A)固定成本占成本結構的比重較高 (B)安全邊際率較小 (C)相對於營業槓桿高的公司，發生虧損的風險較大 (D)相對於營業槓桿高的公司，其營業風險較小。

【100年高考】

( ) 15.楓港公司的變動成本占銷貨收入的70%，當銷貨收入是$300,000的水準時，營運槓桿度是10，試問在銷貨收入$360,000時，營運槓桿度是多少？ (A) 4 (B) 6 (C) 10 (D) 12。

【100年會計師】

（ ） 16.甲產品本期銷量為 5,000 單位，淨利 $12,000，營業槓桿為 4，預期下期銷量增加 20%，若其他情況不變，下列敘述何者正確？ (A)下期固定成本總額 $48,000 (B)預期下期淨利 $14,400 (C)預期下期淨利增加 $9,600 (D)預期下期營業槓桿大於 3。

【104 年高考】

（ ） 17.遠見公司在 X1 年共銷售 12,000 單位的產品，每單位平均售價 $20、直接材料 $4、直接人工 $1.6、變動製造費用 $0.4、變動銷售成本 $2，每年的固定成本有 $12,000 與銷售活動相關，有 $84,000 與銷售活動無關。預計公司在 X2 年直接材料成本與直接人工成本變化後，營運槓桿為 5。假設其他情況不變，則該公司的邊際貢獻 (contribution margin) 將較 X1 年增加或減少多少？ (A)增加 $24,000 (B)增加 $14,000 (C)減少 $14,000 (D)減少 $24,000。 【105 年會計師】

二、練習題

E6–1 真好公司其產銷量為 400,000 及 500,000 單位時之正常損益如下：

	400,000 單位	500,000 單位
銷貨收入	$20,000,000	$25,000,000
銷管成本	17,000,000	20,000,000
營業淨利	$ 3,000,000	$ 5,000,000

試作：

1. 計算每單位產品之邊際貢獻。
2. 計算損益兩平點之銷售額。
3. 當銷貨 500,000 單位時，求安全邊際率。
4. 計算營業淨利 $4,500,000 時之銷售量。

E6–2 成功公司生產甲產品，每單位售價 $20，固定成本總額 $250,000，單位變動成本估計如下：

產銷量	0～20,000	20,001～40,000	40,001 以上
單位變動成本	$12	$11	$10
（稅率 17%）			

試作：

1. 計算稅前損益平衡銷售量。
2. 欲獲得稅後純益 $166,000 應銷售若干單位？

E6–3　新格公司銷售一種名為「王者」的產品，每單位的「王者」售價為 $30，變動成本為 $18，新格公司的全年固定成本為 $60,000，所得稅率為 17%。

試作：

1. 計算新格公司之損益平衡點。
2. 新格公司之目標稅後淨利是 $26,560，新格公司必須銷售多少單位的產品才能達到此目標？
3. 若新格公司之銷售數量恰等於第 2 題之數量，試求本公司之安全邊際及安全邊際率。

E6–4　利利公司 2018 年第 1 季各月綜合損益表如下：

	1 月份	2 月份	3 月份
生產量（單位）	10,000	10,500	9,600
銷售量（單位）	10,000	10,000	10,000
銷貨收入	$400,000	$400,000	$400,000
銷貨成本	280,000	280,000	280,000
銷貨毛利	$120,000	$120,000	$120,000
管銷費用	70,000	70,000	70,000
營業淨利	$ 50,000	$ 50,000	$ 50,000
數量差異	0	4,000	(3,200)
利潤（實際）	$ 50,000	$ 54,000	$ 46,800

試作：

1. 採變動成本法編製 2015 年第 1 季之月綜合損益表。
2. 若固定成本增加 $15,000，則為使損益兩平點不變動，每單位變動成本應減少若干？
3. 若將目前售價減低 10%，試問欲達損益兩平，銷售量應增加若干百分比？

E6–5　甲公司產銷二種產品的資料如下，甲公司固定成本為 $17,250。

	產品 A	產品 B
銷貨	$35,000	$45,000
變動成本	$21,000	$36,000

試問：

1. 甲公司損益兩平點為何？
2. 若銷售組合比例往產品 A 部分調高但總銷貨不變，則甲公司損益兩平點會發生何種變化？請說明你的理由。　　【101 年原住民族特考】

E6–6　就下列公司營運計畫之改變中，試指出其營運槓桿的增減變動。

1. 由於行銷策略之改變，而使業務員的佣金減少，但廣告費用增加。
2. 由資本密集生產改為勞力密集生產。
3. 印刷機之維修工作，由外包方式改為由內部維修部門自行維修。外包方式之維修計價方式，是以維修之機器小時為計價標準。
4. 零售賣場的租約改變，舊有合約是以賣場坪數之大小來核定租金，但新租約將固定租金降低，再依營業額之多寡，加收一定成數之金額。
5. 更換商品的供應商，新供應商所要求的單位價格較低，但要求較多的廣告促銷費用。
6. 將公司的專用飛機出售，所有經理人員改乘一般民航機。
7. 修改設備的維修時間表，降低維修的頻率。
8. 淘汰舊機器而代換以新機器營運，新機器可使生產過程中的原料耗用率降低。

Memo

7 作業基礎成本法

學習目標

1. 介紹作業基礎成本法
2. 敘述成本動因分析
3. 編製作業基礎預算表
4. 介紹時間導向的作業基礎成本法

運用風險管理降低成本

台灣積體電路 (TSMC) 股份有限公司是專業積體電路製造領導者，有效管理所有對營運和獲利可能造成影響之潛在風險；其具有最佳化的生產時程管理、維持高產品良率、與準時交貨等強項能積極滿足客戶的多樣需求。

就成本結構而言，台積電的產品成本中，製造費用的比例相當高，約占產品成本的 80% 以上，且多屬間接成本的性質。台積電的會計部門使用作業基礎成本法，用來計算產品成本。為了精確地計算每批訂單的產品單位成本，將製造過程中的成本與流程作詳細分析，找出各種成本動因，作為製造費用的分攤基礎。由於公司主管十分重視成本控制，運用各種科學方法來降低無附加價值成本，使公司的獲利能力在半導體產業居領先的地位。

台灣積體電路製造股份有限公司 http://www.tsmc.com

引 言 introduction

產品種類日漸多樣化，促使間接成本增加。如果仍採用單一成本分攤基礎的方式，會導致產品成本不精確性增加。如此，容易發生產品成本交互補貼現象，亦即企業組織因一個產品之成本短計，而造成至少一個其他產品發生成本溢計。

在人力成本逐漸上漲的時代，製造業廠商紛紛以高自動化的作業方式取代人工作業，這些改變促使產品成本要素中的人工成本逐漸被製造費用所取代。原本工廠採用單一分攤基礎來分配製造費用的方式，受到學術界與實務界的質疑；相對地，作業基礎成本法採用多重分攤基礎逐漸受到各界的重視。

本章的內容主要在於說明作業基礎成本法的意義和重要性，並且解釋有附加價值與無附加價值的觀念，以及說明成本動因分析；最後敘述有關服務部門成本的分攤方法。

章節架構圖

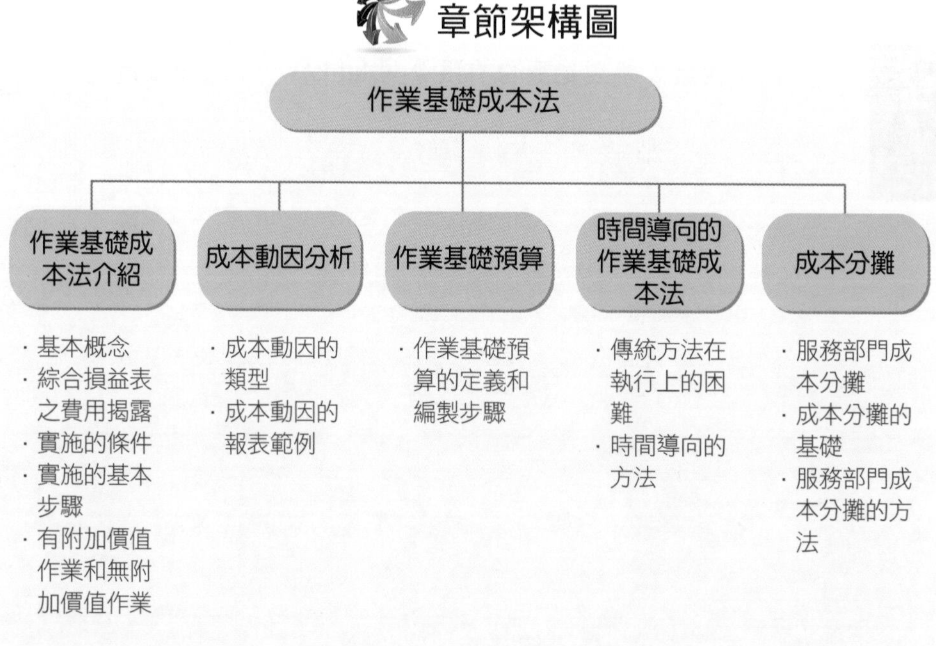

7.1 作業基礎成本法介紹

作業基礎成本法是一套用來衡量產品成本、作業績效、耗用資源的方法。早在 1970 年代的初期，美國奇異 (General Electric, GE) 公司即採用作業分析 (activity analysis) 法，將公司的營運作業作詳細的分析，這也就是作業基礎成本法的起源，但在當時並未被推廣至學術界與實務界。直到 1980 年代中期，美國教授從事於有關**作業基礎成本法** (Activity Based Costing, ABC) 的研究，Cooper 教授和 Kaplan 教授發表的一系列相關文章，明確指出傳統管理會計系統的缺失，並提示作業基礎成本法是補救這些缺失的一種最好方法。

7.1.1 基本概念

作業基礎成本法在 1980 年代所倡導，是採用多重的分攤基礎，將全部資源成本分配到每個產品上。如圖 7.1 所示，例如製造商先把所發生的全部資源成本，藉著**第一階段的成本動因** (first-stage cost driver)，把資源成本分攤到各個不同的作業中心，此階段的成本動因也稱為資源動因。再依各項成本與每個作業中心的相關性，把全部成本歸納入原料處理、製造、檢驗和維修四個作業中心。藉著**第二階段的成本動因** (second-stage cost driver)，把每個作業中心的成本分攤到各項產品上，所以此階段的成本動因又稱為作業動因。

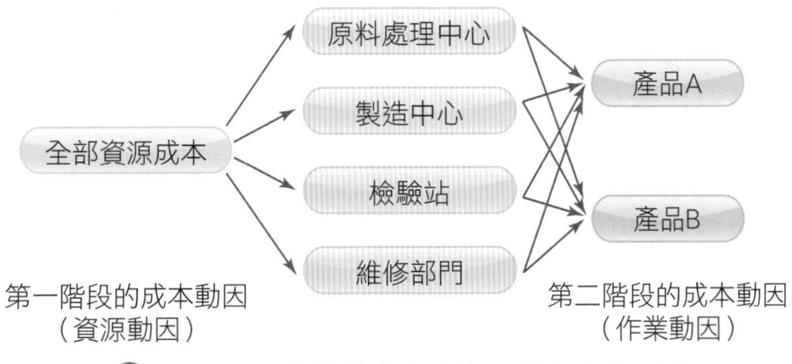

圖7.1　作業基礎成本法的兩階段成本分攤

成本動因 (cost driver) 係指促使成本變動的原因，可能為與產品數量相關的分攤基礎，也可能為與交易相關的分攤基礎。當工廠的生產型態偏向少量多樣時，同一組機器設備可用來製造多種產品，所以與交易相關的分攤基礎，較適用於電腦整合製造系統。至於成本動因的選擇，可同時採用專家意見法、經驗法則和統計分析法來加以辨識。這些成本動因可能是財務面的因素，也有可能為非財務面因素，要依實際作業狀況來客觀判斷。

當廠商的產品成本結構中，製造費用的比重高且性質偏向於間接成本時，便需要採用多重的客觀分攤基礎，來將這些間接製造費用分配到產品。理論上，作業基礎成本法較適用於此情況，如積體電路製造商，即採用此成本法，使管理者能有效的控制成本，提高經營效率。

作業基礎成本法為每一作業成本庫，確認其最攸關的因果關係，並不受限於成本動因僅是產出之單位數，或是與產出相關之變數（例如直接製造人工小時）。每次整備所耗用之資源多寡，則需視製造過程之複雜程度而定，例如：

⑴複雜型製造：耗用較多種資源、以較小量的批次製造、整備次數頻繁。

⑵簡單型製造：耗用較少種資源、以較大量的批次製造、整備次數較少。

7.1.2 綜合損益表之費用揭露

國際會計準則第 1 號 (IAS1)「財務報表之表達」，是規範財務報表「長相」的最基本原則。依據 IAS1 規定，基於財務績效組成部分之發生頻率、產生利益或損失之可能性及可預測性不同，可透過兩種分析方式將費用進一步細分，藉以辨視財務績效組成部分，第一種分析方式為「費用性質法」，第二種分析方式為「費用功能法」，詳細內容請參閱本書 2.4.3 小節的說明。

費用性質法及費用功能法之選擇，取決於歷史及行業特性，以及企業之性質。兩種方法均可表達可能直接或間接隨著企業銷售量或生產量變動之成本，對不同類型之企業均有優缺點，管理階層宜選用可靠且攸關之表達方法。

作業基礎成本法採用的兩階段成本分攤法，藉著第一階段的成本動因把成本分攤到不同的作業或活動，再以第二階段的成本動因把成本分攤到各項產品上。因此，作業基礎成本法的費用表達方式，比較接近 IAS1 的「費用功能法」；費用依照功能或活動來分攤，可提供管理者與營運活動較攸關的費用資訊。

7.1.3 實施的條件

在競爭激烈的環境下，成本意識的重要性提高，因為節流的成效會反映到利潤，管理者作任何決策前需先分析成本與效益。原則上，效益不顯著的費用支出要暫緩使用；相對地，具有小兵立大功特性的支出方案要多考慮採用。為維持市場長期的競爭力，成本控制要顧及品質水準，在有限的預算內達到既定目標。

在行銷企劃案的研擬方面，可先分析公司的利基與市場對產品的接受度，再思考競爭廠商的預期動作，來擬訂有創意的行銷方案，並且明確地訂定預期目標。為使方案能徹底落實，藉著目標管理的方式來監督行動，對於執行不力的部分要有糾正辦法，才不會發生流於形式的弊端。為使創意方案的執行成果能真正為公司帶來利潤，在產品設計與策略擬定時，就要有成本意識，才可避免成本大於效益的現象產生。

因此，很多公司對作業基礎成本法之成效有高度的期待，期望消除傳統管理會計制度下成本分攤之缺失，從降低無附加價值活動，進而降低成本。成功實施作業基礎成本法的先決條件如下：

1. 高階管理當局的支持

作業基礎成本法的實施，不僅牽涉到會計部門，而且需要公司全體部門的參與，包括行銷、研發、檢驗、人事及工程部門等單位的協助。由於實施新方法難免會受排斥，需要公司各單位人員認為高階人員相當重視及支持此制度，公司內部人員才會全力配合。

2. 事前周全規劃與在職教育

作業基礎成本法強調的是作業活動，而與作業活動最有關係的是線上人員，他們會面對工作重新分配及工作步驟精簡的新挑戰。為減輕工作壓力及增進彼此間之合作，事前周詳規劃與在職教育是相當重要的工作。

3. 與績效衡量及獎勵制度相結合

必須使員工了解採用作業基礎成本法，將使公司產品成本計算更正確，而且不會帶來負面效果。另外，有必要與公司績效衡量相結合，以及將加薪、紅利、升遷等獎勵制度，與作業基礎成本法的執行成效相結合。

4. 強調制度執行結果的整體利益

傳統管理會計制度著重於各個部門的績效，因此常導致有害於公司整體績效的決策產生，即所謂的**反功能決策 (dysfunctional decision making)**。作業基礎成本法所著重的是企業整體，公司要建立全面性績效衡量制度及顧客滿意程度衡量，以企業的整體利益為考量。

5. **強調作業活動管理**

作業基礎成本法與傳統管理會計制度最大的區別，在於前者並非僅為財務活動管理，其理念是經由有效的作業管理，進而使總成本降低，達成整體績效提升之綜效。

 7.1.4 實施的基本步驟

所謂作業基礎成本法，是一種著重於分析產品完成過程中各項製造活動成本的會計系統。各項活動成為基本點，所耗用資源的成本可分派到各項活動上，再分配到相關的產品。在作業基礎成本法下，資源成本、營運活動和產品之間的成本關係如圖 7.2。

在作業基礎成本法下，成本分類的重點是在區分直接成本和間接成本，與傳統的變動成本與固定成本的分類方法不同。所謂直接成本是指任何可以直接追溯到某一個營運活動或某一產品的成本，例如木材成本可說是椅子的直接成本，因為每把椅子的木材使用量可明確的計算出來。相對的，間接成本可說是無法直接歸屬到某一營運活動或某一產品的成本，例如木材工廠的電費。

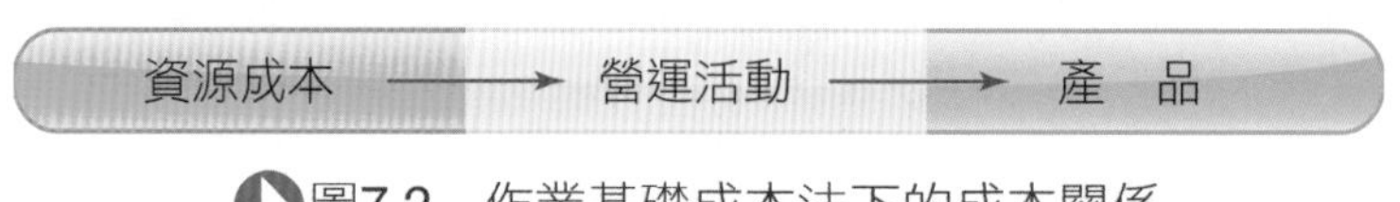

圖7.2　作業基礎成本法下的成本關係

作業基礎成本法將成本分類為不同的成本層級，以區分其成本動因是否為產出單位數或變數，例如與產出數量相關之機器小時或是直接製造人工小時；或是產品之集合數目，例如在整備成本中的批次，或是設計成本中產品本身的複雜度等。

在作業基礎成本法下，固定成本可能為直接成本，也可能為間接成本，要依成本歸類的情況而定。例如椅子製造廠內切割木材機的折舊費用，可依照切割每批產量椅子所使用的機器小時來分攤。在傳統方法下，折舊費用屬於固定成本。但在作業基礎成本法下，該項木材切割機的折舊費用，因為可以明確地追溯到某批次椅子的生產量，所以算是直接成本。在成本分攤的過程中，有必要找出實際影響成本變動的原因，即成本動因，來作為成本的分攤基礎。在圖 7.2 中，將資源成本分配到各

個營運活動單位，以及各個營運活動單位的成本要分配到產品上，需要數種不同的成本動因來作為分攤基礎。如同前例，木材切割機折舊費用的成本動因，是每批椅子使用該機器的時間，也就是機器小時。

在實施作業基礎成本法時，要遵循五項基本步驟（如表 7.1），產品成本的計算會較為正確。就第一個步驟而言，是將營運活動予以分類，將相關的活動集中在一起。例如把製造同一單位產品的活動集中，稱為**單位水準活動** (unit-level activities)，包括製造此一單位產品所使用的人工小時和機器小時等。如果把生產同一種類產品的製造活動集中，則稱為**產品水準活動** (product-level activities)，包括原料處理、工程變更和測試等活動。

表7.1　實施作業基礎成本法的基本步驟

1. 把類似的活動分類和組合。
2. 依照活動特性和費用種類作為成本分類基礎。
3. 選擇成本動因。
4. 計算每一個成本動因的單位成本。
5. 將成本分配到成本目標。

7.1.5　有附加價值作業和無附加價值作業

任何組織的日常營運活動，依其公司的性質而不同，這些種種作業可區分為**有附加價值作業** (value-added activities) 和**無附加價值作業** (non-value-added activities) 兩大類。所謂有附加價值作業係指某些活動有助於提高產品或勞務的價值，促使顧客願意為此價值而多付一些錢；無附加價值作業為某些活動雖然需要花費時間和金錢，但對產品或勞務無法產生任何價值。雖然無附加價值作業對產品或勞務無法產生價值，但是某些部分的無附加價值作業是無法避免的。因此，管理者要運用各種方法來減少可避免的無附加價值作業，以達到成本控制目的。

如圖 7.3 所示，製造廠商的作業流程，從原料驗收入庫，再運送到工廠，當工令單一發出，即準備送上生產線來製造；在包裝之前先經品質檢測，確定良品才進入包裝階段；包裝完成後再經過成品測試，完成檢驗手續後入庫；當顧客訂單一到，則將貨品運送到顧客處，完成全部的作業流程。

實務應用 物流作業成本管理

和泰汽車創立於 1947 年，為日本豐田汽車海外市場的首家總代理，始終抱持著「沒有最好、只有更好」的信念，奠定今日和泰汽車的基礎。

零件需求隨著業務成長，使得物流效率更為重要。和泰汽車公司設立楊梅物流中心，作為零件倉庫和新車整備中心。此外，和泰汽車楊梅物流中心提供專業物流服務給臺灣 Toyota 集團；第二倉庫擴建完成後，以更強大的倉儲能力服務全省顧客。此外，楊梅物流中心採用豐田生產管理系統 (Toyota Production System, TPS) 的精神與作法，從事零件供應鏈管理，並扮演集團供應鏈樞紐的物流專業角色。藉由零件資訊系統提供之即時資訊，以及整合的作業流程，楊梅物流中心提供顧客快速且有彈性的物流服務。

在這整個作業流程中，所有的活動時間可區分為四大類，即製造時間 (production time)、檢驗時間 (inspection time)、運送時間 (transfer time) 和閒置時間 (idle time)；其中只有製造時間是屬於有附加價值作業，其餘皆為無附加價值作業。如圖 7.3 的資料，該製造廠商的作業流程共 18 天，其中製造時間僅 2 天，也就是說有 16 天屬於無附加價值作業。一般而言，檢驗時間屬於無法避免的無附加價值作業，閒置時間為可避免的無附加價值作業，至於運送時間可依情況決定是否為部分可避免的無附加價值作業，亦即改善運送排程與運輸方式，可減少運送時間。為評估廠商績效，可將有附加價值作業所耗的時間，除以作業流程所耗的全部時間，即可得到**製造循環效率 (Manufacturing Cycle Efficiency, MCE) 指標**，為使讀者了解其計算過程，將圖 7.3 資料代入下列公式。

$$\text{製造循環效率指標} = \frac{\text{製造時間}}{\text{製造時間} + \text{檢驗時間} + \text{運送時間} + \text{閒置時間}}$$

$$= \frac{2}{2+3+6+7} = \frac{2}{18} = 11\%$$

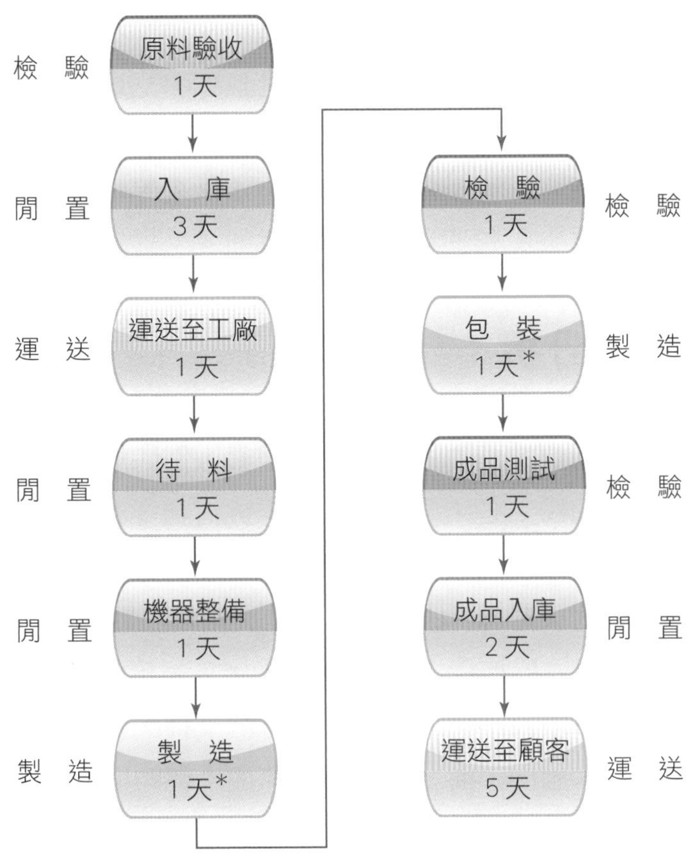

＊有附加價值作業

圖7.3　製造廠商的作業流程

當製造循環效率指標為 100% 時，表示廠商發揮最高的效率，全部的作業皆屬於有附加價值作業；但實務上不可能有此現象，如同上述製造循環效率指標為 11%，因為有些無附加價值作業是無可避免的。為提高製造循環效率指標，管理者會運用各種方法來減少無附加價值作業，希望在不降低品質的前提下，達到降低成本的目標。

為了有效地控管無附加價值活動，管理者可運用作業基礎成本法所獲取的資訊，來監控組織經營績效，也就是實施**作業基礎成本管理法** (Activity Based Cost Management, ABCM)。管理階層如需即時的營運資訊，公司內必須整合三個系統，亦即作業基礎成本系統、營運管理與內部控制系統、財務報告系統。藉著作業基礎成本系統來提供各項作業的預期結果，說明公司在既有的人力和物力條件下，各個單位和各項流程應產生的預期成果，使管理階層得知，在有限資源下可達到的產能水準和利潤目標。有了預定目標後，透過營運管理和內部控制系統，管理者可即時得知實際營運與預期目標的差異，容易找出營運無效率之處，才能適時改善。由於公開發行公司需要定期公布財務報表，所以全公司的財務資料要納入財務報告系統，藉此定期編製出綜合損益表、資產負債表和現金流量表等報表，如果上述三個系統彼此不能整合，就不會產生與營運控管有效的資訊。

7.2 成本動因分析

所謂成本動因，係指促使成本發生變動的因素，例如原料耗用量為原料成本的成本動因。企業為賺取利潤，必須要先投入成本或消耗資源，以提供產品或勞務給顧客，來取得收入。如前面所提的成本動因定義，每項營運活動皆有其成本動因，同時與成本的發生有著因果關係。成本動因可能與數量相關（例如機器小時），也可能與營運活動有關（例如機器換模次數）。理論上，每一項成本要找出其成本動因；實務上，每家公司的成本項目不同，有些公司有數十種，甚至數百種成本動因。如果要找出各個成本的成本動因，將會耗費過高的成本與時間。所以管理者在作成本動因選擇決策時，要考慮其成本與效益，所秉持的原則為成本不得高於效益。

7.2.1 成本動因的類型

本章所稱的**作業** (activities) 係指企業為達其營運目的，於企業內部之單位所進行的「重複性」活動。作業是建立成本管理系統的基礎，在作業的過程中，需要耗用時間與成本，才能將投入資源（原料、人工及技術）轉換為產出。透過對作業的有效管理，才可達到成本抑減的效果。

美國 Cooper 和 Kaplan 兩位教授以製造業為例，將作業分為四個層級，分別敘述如下：

1. **單位水準作業**

單位水準作業 (unit-level activities) 是重複性的，即每生產一單位產品即需作業一次。此類作業所耗成本將隨產品數量而變動，例如直接原料、直接人工、機器小時、動力等所耗用的成本。

2. **批次水準作業**

批次水準作業 (batch-level activities) 是隨產品批次而影響其作業成本，即每一批產品生產時所需執行的作業，例如機器整備、訂單處理與原料準備等動作。

3. **產品支援作業**

產品支援作業 (product-sustaining activities) 係指支援每一產品而產生，例如產品生產排程、產品設計、零組件與產品測試等。

4. **廠務支援活動**

廠務支援活動 (facility-sustaining activities) 係為維持工廠一般營運而產生，例如廠務管理、廠房維修、人事管理等。

在複雜的製造環境下，一個好的管理會計系統要能辨識各項成本以及促使其發生的原因。可運用成本動因分析 (cost driver analysis) 來調查，解釋成本動因與其成本的關係。在新製造環境下，圖 7.4 依成本架構來舉例說明單位水準成本、批次水準成本、產品支援成本、廠務支援成本的各項成本動因。

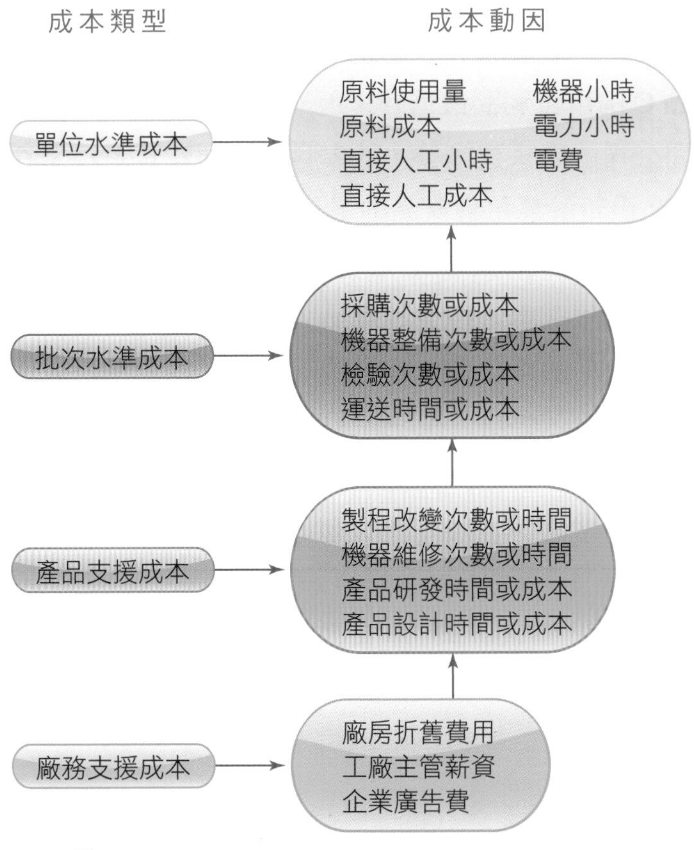

圖7.4　成本架構的成本類型和成本動因範例

辨識成本動因的方法，可用專家意見、經驗法則、統計分析等方式。另外，**工作評估法** (work measurement) 也算是一種決定工作完成所需投入因素的系統性分析方法，其所強調的是下列四個要素：(1)工作完成所需要的步驟；(2)每一個步驟完成所需要的時間；(3)所需人員數目和種類；(4)原料或其他投入因素。

以工作評估法來辨別每一種間接成本的成本動因，在實務界已很普遍，例如郵件處理成本的成本動因是所需處理郵件的數量。成本動因與間接成本之間的關係決定後，可計算出每一種成本動因的單位成本，也可稱為間接成本率。最後再把所得的間接成本率乘上成本動因的數量，可將總成本分配到成本標的。

 7.2.2 成本動因的報表範例

在此舉例說明，傳統管理會計制度與作業基礎成本法的不同。效率科技公司在過去採用全廠單一分攤基礎來分攤間接成本 $706,000，將其除以總數量 24,000 單位，得到每單位間接成本 $29.42。將單位直接成本加上單位間接成本，即成為產品單位成本，因此產品 A 的單位成本為 $49.42，產品 B 的單位成本為 $44.42，產品 C 的單位成本為 $39.42。在此情況下，效率科技公司經營者覺得產品 A 的單位利潤最高；相對地，產品 C 的單位利潤最低。

經過管理顧問公司的專家建議後，效率科技公司管理者決定採用成本動因分析形式的綜合損益表，重新計算每種產品的單位成本；如表 7.2 所示，將廠務成本視為共同成本 (common cost)，不將其分攤至產品上，只是當作一個總數處理。效率科技重新計算各種產品的單位成本，可發現產品 A 的單位成本為 $57，高於傳統單位成本 $49.42，其餘兩種產品的單位成本皆較傳統單位成本為低。

隨著時代的變遷，管理會計人員也應思考該公司所採用的管理會計系統是否適用於現在的環境。尤其製造廠商改變生產方式，由人工作業改為自動化作業之際，管理會計人員更應採用多重的客觀分攤基礎，來取代過去的全廠單一分攤基礎。

表7.2　成本動因分析形式的綜合損益表

效率科技公司 綜合損益表 2018 年度							
	產品 A (1,000 單位)		產品 B (8,000 單位)		產品 C (15,000 單位)		合　計
	單　價	小　計	單　價	小　計	單　價	小　計	
銷貨收入	$100	$100,000	$70	$560,000	$50	$750,000	$1,410,000
銷貨成本：							
直接成本	$ 20	$ 20,000	$15	$120,000	$10	$150,000	
間接成本：							
單位水準	15	15,000	10	80,000	8	120,000	
批次水準	12	12,000	8	64,000	3	45,000	
產品水準	10	10,000	5	40,000	2	30,000	
	$ 57	$ 57,000	$38	$304,000	$23	$345,000	(706,000)
產品盈虧		$ 43,000		$256,000		$405,000	$ 704,000
廠務成本							(330,000)
營業淨利							$ 374,000

7.3 作業基礎預算

實施作業基礎成本法的步驟，大體上可區分為三部分，首先將各種成本水準辨識清楚，把成本累積後分配到各個成本庫 (cost pool)，再把成本分配到產品或勞務上。作業基礎成本法與傳統管理會計方法的主要不同點，在於間接成本的分攤基礎以作業活動為主，而不是以單一數量為基礎。當會計人員面臨到下列各項情況時，可以考慮採用作業基礎成本法。

(1)製造方式大幅改變，自動化層次提高。

(2)產品種類多且數量少。

(3)製造過程複雜的產品，單位利潤高。

(4)市場競爭激烈，產品或勞務的價格缺乏競爭優勢。

(5)公司的訂價決策，時時隨著銷售環境改變而作彈性調整。

如果公司面臨上述的任一情況時，管理者宜重新評估其管理會計系統的適用性，同時可考慮採用作業基礎成本法。對製造業或服務業而言，作業基礎成本法的優點可分為兩方面：(1)提供較客觀且正確的產品成本計算方式；(2)改善績效評估的方法。

無論採用哪一種成本制度，實際成本發生數是不會改變的，主要差別在於將成本分配到每個產品或勞務的方式不同。作業基礎成本法的特色在於將性質相類似的成本集合在一起，再選擇合適的成本動因作為分攤基礎，同時藉著作業分析程序來區分有附加價值作業和無附加價值作業，來有效控制成本以減少無附加價值作業。

至於實施作業基礎成本法，所面臨的問題是因為執行此制度時，公司內部各階層要支持與配合，且需要一段時間才能產生效果，其所耗用的時間與資源不是一般企業願意承擔的。

 *7.3.1* 作業基礎預算的定義和編製步驟

作業基礎成本法的基本效益，就是幫助企業定義多重成本動因，若將作業基礎成本法的原則應用於預算的編製，則稱之為作業基礎預算。所謂**作業基礎預算**(activity-based budgeting) 係指將預算的焦點，集中於生產和銷售產品或勞務所需的作業成本，此種預算法最特別的部分在於間接成本的處理。作業基礎預算將間接成本劃分為數個作業成本庫，同性質的間接成本歸於同一成本庫，管理者根據因果關係原則，決定各個成本庫的成本動因。基本上，作業基礎預算的編製步驟如下：

(1)決定每個作業區內每個作業單位的總預算成本。

(2)根據銷售和生產目標決定所需的作業細項。

(3)計算執行每個作業的預算成本。

(4)編表列示執行所有作業的預算成本。

公司若採用作業基礎預算所得的預算成本，可能較傳統的預算成本準確，因為此方法將各項成本的特性分別考慮。此外，作業基礎預算將各項成本預算分別列示，有助於管理者作成本控制，亦即在成本執行的過程中，可找出無效率的地方，作為改善方案的參考。

當單位主管對自己部門的成本與收入情況，有一定程度的了解後，即可著手規劃預算制度。單位主管可依據公司的年度營運總目標和單位預定目標，以及自己單位的實力，來編製單位營運預算。因此，各部門可估計各項作業活動需要耗用多少資源，以及已耗用多少資源，再進一步估計預期的收入。理想上，各項收入和成本有合理的預算數，使得部門在執行營運計畫時，可以隨時比較實際數與預算數，有

助於配置及管控資源，進而有效地運用資源。為促使單位內員工能遵照預算來執行，最好能編製出四種表單：(1)各項資源耗用表；(2)各種費用分攤明細表；(3)各項作業之產能分析表；(4)各種產品的預期收入表。如此一來，公司才能在平時注意到實際數與預算數的差異部分，到營運期間結束時，才不會發生與預期目標有很大差距的問題。

實務應用　醫療服務作業成本管理

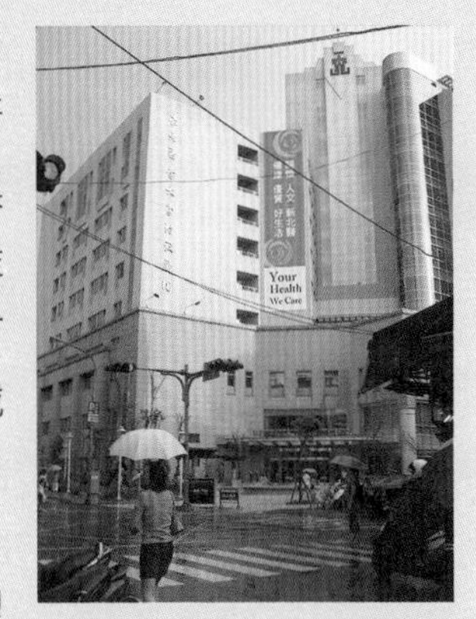

由於健康管理與長照計畫逐漸受到各界重視，造成醫療費用日益上漲，使得政府的健康保險制度面臨很大的壓力，醫療院所的經營也面臨挑戰。因此，建立有效的成本管理制度成為政府與醫療院所重視的議題。我國健保署自民國 99 年開始推動以五年陸續實施診斷相關類型 (Diagnosis Related Groups, DRG) 的支付制度，以建立支付標準。由於 DRG 支付差額逐年遞減，自然挑戰醫療院所成本管理的能力。

有效的成本管理制度需要會計資訊系統連結作業管理系統，再結合醫院管理決策資訊。如此，可提供即時又正確的成本管理報表，給醫院首長、單位主管、醫師與醫務行政人員用來審視各項醫療服務成本，檢視醫療作業流程的效率，以及控管醫療服務的品質與成本。

當導入成本管理制度，首先要建置累積足夠成本的資料庫，可透過一般統計分析與會計處理，找出主要醫療服務作業之標準成本，以作為未來預算編列之基礎；也稱為作業基礎預算 (activity based budgeting)，如此才能做好醫療品質的維護與作業成本的有效管理。

7.4 時間導向的作業基礎成本法

作業基礎成本法用於管理公司資源，看來像是一個好方法。但是，很多組織實施 ABC 制度，在面對成本上升和員工不滿的情況下，都紛紛放棄這項作法。Kaplan 教授於 2004 年介紹的新方法，將可以避開傳統實施 ABC 制度的各項困難。這種新的方法稱為**時間導向的作業基礎成本法** (time driver activity based costing)，所引用的資料為合理估計值而非實地調查資料；同時也提供管理者一個更有彈性的成本模型，以因應公司營運的複雜性。

7.4.1 傳統方法在執行上的困難

如果依照傳統方式為某部門建立一套 ABC 方法，要先對員工進行意見調查與實地觀察，估計他們實際投入在各項作業的時間比例；然後，按照所得到的平均比率來分攤部門的資源費用。例如，業務部門的業務員的工作情形分析，假設他們使用（或預估使用）大約 70% 的時間在處理客戶訂單、10% 在受理查詢，及 20% 在客戶徵信上，依照傳統 ABC 制度可得：每筆訂單處理耗用 $4 的資源費用、每件回覆查詢成本為 $20，每次處理徵信成本為 $22.4，如表 7.3。有了這些季資料數據作為成本動因費率 (cost driver rates)，管理者可將這些成本分攤至使用該部門服務的客戶及產品上。

表7.3　傳統 ABC 方法的分析

作　業	時間比例	分攤成本	作業數量	成本動因費率
處理客戶訂單	70%	$196,000	49,000	$4 / 訂單
受理客戶查詢	10%	28,000	1,400	$20 / 查詢
處理客戶徵信	20%	56,000	2,500	$22.4 / 徵信
合　計	100%	$280,000		

表 7.3 為業務部門運用傳統 ABC 方法進行的一季成本分析，花費於各項作業的時間百分比是由員工調查資料中所得。當每項作業數量是已知或預測以後，根據客戶對該部門作業利用率，就可以用成本動因費率來分配該部門的成本。這種方法在某種限度的範圍內，如最開始運用在單一部門、工廠或地區時，效果良好；當試著要擴大規模，並且持續性推行這個方法時，就會出現困難了。

傳統 ABC 方法的運作，需要耗用大量的時間和成本，這也成為該方法不能被廣泛運用的主要障礙。再加上這個系統在實施後很少更新，因此對於流程、產品和客戶成本的預估準確度愈來愈降低。此外，會浪費時間在爭論成本動因費率的正確性，卻沒有依據該模型說明所揭露的無效率流程資訊，來找出無利可圖的產品線或過剩產能等問題，無法對日後進行改善建議。

傳統 ABC 系統所需的資料容量，已經超過一般試算表工具所能負擔，例如微軟的 Excel，或專為 ABC 設計的套裝軟體。如果要整合公司全面的資料，系統的分析與運轉是費力費時，不符合成本效益。

上述問題對大部分實施傳統 ABC 制度的公司來說，已經非常明顯。當估算各項作業的耗用時間，都以產能全利用為前提，很少有人會提到閒置或未使用的部分。因此，成本動因費率的計算是假設資源在完全使用的狀態之下。事實上，一般運作通常低於實際可達成的產能水準，在這種情況下估計出來的成本動因費率比較不準確。

 *7.4.2*　時間導向的方法

要解決傳統 ABC 問題的方法，並非捨棄這個概念，而是在現有方法下做調整。多年來，ABC 方法對許多公司也有貢獻，例如重新訂價、改善工廠流程、設計較低成本的產品，並將產品種類合理化等。藉此，公司得以找出重要的成本改進和利潤提升的機會。透過所謂時間導向作業基礎成本法，可以簡化傳統 ABC 方法在大規模實施時所產生的複雜度。Kaplan 教授已經成功協助超過數百家公司實施這一改良後的制度。在這個改良型方法之下，管理者直接預估每筆交易、產品或客戶所產生的資源耗用需求，不需要將資源成本先分攤到作業上，再分攤到產品或客戶之上。這方法只需要對每一組資源估計兩個參數：(1)資源產能的時間單位成本；(2)資源產能的單位時間耗用情形。

這個方法在面對複雜而特殊化的作業，同時考慮時間單位成本與各項耗用時間，藉此更為準確地估算成本動因費率，此方法的應用步驟如下：

1. 估算資源產能的時間單位成本

在時間導向 ABC 方法之下， 管理者不需要像過去一樣調查員工如何使用其時間。相對地，第一步是直接估計實際可達成的資源產能水準，並計算出此可達成產能占理想產能水準的百分比。

依照經驗法則，可以假設實際可達成的產能是理想產能的 80% 至 85%。如果一個員工每週可工作 40 小時，那麼實際可達成的產能就是每週 32 至 34 個小時。一般來說，管理者會對員工分配一個較低的比例，例如 80%。亦即，容許員工有 20% 的時間花在休息、休假、溝通以及接受教育訓練。在考慮機器設備的比率時，由於機器會因為維修或排程變動而停機，因此管理者會在理想和實際可達成的產能之間，估計 15% 的時間差異。另外一個比較系統化的方法，是分析過去的作業水準，找到在沒有過度延誤、品質不良、超時工作或壓力過大的工作狀況之下，一個月可以處理的作業最高數量。目標是要達到大致上正確的估計即可，例如在實際數字 5% 至 10% 的範圍之內，而非要求精確數字。

假設業務部門雇用了 28 名業務代表，他們每天工作 8 小時處理前臺的工作。理論上，每位員工每月可以工作 10,560 分鐘或每季 31,680 分鐘，以實際產能比率 80% 來算的話，每位員工實際上只能在每一季工作約 25,000 分鐘。28 人每一季共可工作約 700,000 分鐘。假設資源供應產能的成本加總為 $280,000，接著便可以計算出供應產能每分鐘的單位成本為 $0.4。

雖然大部分資源都是以可用時間來估計產能 ，新的 ABC 方法也能融入以其他單位估計產能的資源成本。例如一座倉庫或一輛車輛的產能，可使用其儲存或載運空間來估計。在這些情況，可運用適當的產能衡量單位，如每立方公尺的費用，來計算單位成本。

2. 估計各項作業的耗用時間

在計算出企業各項作業資源的時間單位成本後，接著要決定出執行每種作業所需耗用的時間。這些數字可以透過員工訪談或直接觀察而得。雖然在大型組織中，對員工使用問卷調查的方法可能有所幫助，但所要強調的是，問題不在於一個員工從事某一作業占其所有時間的比例，而是完成這單項作業到底需要多長的時間；也就是說，處理完一筆訂單所需的時間。同樣的，精確並非關鍵，大致上正確就足夠了。繼續使用前面的例子來說明，假設管理者已經決定，處理一筆客戶訂單需要 8 分鐘，受理一次客戶查詢需要 44 分鐘，而執行一次徵信則需 50 分鐘。

3. 計算成本動因費率

現在，只要將前面的兩個變數估計值相乘，就可以算出成本動因費率。對於這個業務部門，得出處理客戶訂單的成本動因費率是 $3.2（= $0.4 / 分鐘 × 8 分鐘），受理查詢是 $17.6（= $0.4 / 分鐘 × 44 分鐘），而處理徵信是 $20（= $0.4 / 分鐘 × 50 分鐘)。一旦算出這些標準費率，便可以在各項作業產生時即分攤成本到每個客戶上。這個標準成本費率，也可以用來與客戶討論新業務的訂價參考。

由這些方法所得的費率，都會低於運用傳統 ABC 方法所估計出來的費率，請再參閱表 7.3。造成其中差異的原因，在重新計算作業成本時清楚顯見。在表 7.4 中可以看見，根據時間導向的 ABC 估計，此期間內供應資源的實際可達成產能占全部產能水準只有 83% (= 578,600 ÷ 700,000) 被用於生產性的工作上，因此在 $280,000 當中，只有 83% 被分攤到客戶或產品上。這解決了前面所提及，關於傳統 ABC 方法的技術性缺陷，推翻產能 100% 利用的假設。

在這個業務部門的案例中，傳統 ABC 方法的調查，發現員工執行部門三項作業的時間分布比例為 70%、10% 和 20%。上述比例的確是他們使用在各個工作上的時間比例。但此處卻忽略了重要的一點，員工的總生產性時間遠遠低於實際可達成的產能水準 (即每人每週 32 小時)。「時間導向 ABC 方法」在計算時間單位成本時，強迫公司納入對於實際可達成產能的估計 ， 這使得 ABC 方法的成本動因得以避免上述錯誤，也因此對於成本及流程的潛在效率，提供更準確的訊息。表 7.4 顯示，在這段期間，業務部門資源只有 83% 實際產能是投入於作業性的用途之上。

表7.4　實際可達成產能水準的分析

作　業	單位時間	數　量	分鐘小計	成本小計
處理客戶訂單	8	49,000	392,000	$156,800
受理客戶查詢	44	1,400	61,600	24,640
處理客戶徵信	50	2,500	125,000	50,000
合　計			578,600	$231,440

4. 成本的分析和報告

時間導向 ABC 方法，讓管理者能分析每項業務的作業成本及所花費的時間，並依此方式來作成本報告。在業務部門的個案中，一份時間導向 ABC 成本報表將會看來如表 7.5 的格式。報表中強調了供應產能和使用產能的差異。管理者可以檢視未使用的產能，相當於 $42,560 的成本，並考慮相對應的措施，以便決定如何降低未使用供應資源的成本。

5. 時間導向 ABC 模型的資料更新

管理者可以容易地更新時間導向 ABC 模型當中的資料 ， 以反映出營運狀況的變動。如果要增加某個部門的作業，他們不需要重新做員工調查，只需要估計每項新作業所需的單位時間即可。

有關更新成本動因的費率方面，造成成本動因費率改變的因素有兩個：(1)供應資源價格的改變，會影響供應產能的單位時間成本。例如員工薪資增加 8%，資源成本費率就會從每分鐘 $0.4 增加為每分鐘 $0.432。(2)作業效率的改變，包括品質提升方案、持續改善努力、企業再造或新技術的導入等等，都可以使相同的作業用較少時間或較少資源完成。當公司實施永久而持續的流程改善之後，ABC 分析人員應該修正單位時間的估計，以反映出流程改善的效果。例如，提供業務部門電腦化資料庫，業務代表可能只要 20 分鐘便可完成一次標準的徵信作業，而不需要用 50 分鐘。這種改善很容易調整，只要把單位時間估計由 50 分鐘改為 20 分鐘即可。每件徵信的新成本動因費率，從 $20 自動降為 $8。當然，也必須將購置新的資料庫和電腦系統對成本的影響納入計算，並更新單位時間的成本估算。如此計算之後，調整過的數字可能會高於 $8。

分析人員得知在供應資源的成本或資源實際可達成的產能上有大幅變動，或是執行作業所需的資源有了改變，就要更新單位時間成本或資源成本的估算。

表 7.5 為時間導向 ABC 制度一個簡單的成本報表範本，並以業務部門的成本為例說明。假設該部門處理了 51,000 筆訂單，回覆了 1,150 個查詢，並執行了 2,700 次信用調查。如表 7.5 所示，公司在這段期間具有價值 $42,560 的未使用資源產能，這代表著公司有機會節省掉這一部分的成本，或運用這些產能增加業務，端視公司的狀況而定。

表7.5　時間導向 ABC 的成本報表

作　業	數　量	單位時間	全部時間（以分鐘計）	單位成本	分攤總成本
處理客戶訂單	51,000	8	408,000	$3.2	$163,200
受理客戶查詢	1,150	44	50,600	$17.6	$ 20,240
處理客戶徵信	2,700	50	135,000	$20.0	$ 54,000
總計使用			593,600		$237,440
總計供應			700,000		$280,000
未使用產能			106,400		$ 42,560

7.5 成本分攤

 7.5.1　服務部門成本分攤

一個公司在決定產品價格之前，必須先將公司的全部成本資料彙總，再運用合理的分攤基礎，把成本分配到產品上。一般而言，公司在成本分攤的過程中可區分為三個階段：(1)責任中心的成本分攤；(2)服務部門的成本分攤；(3)分配產品成本。服務部門的成本需要採用合適的分攤方法，將其轉到主要部門。這種成本分攤的目的是為了取得合理的產品成本，以作為訂價的參考，並且讓經理人有成本意識，以刺激各個單位績效的提升。

成本分攤是成本會計的一個重要課題，首先介紹成本估計的方法，再說明成本分攤的觀念，並將部分重點放在服務部門的成本分攤上。成本中心在組織營運中，可分為營運部門與服務部門，為了使各部門間的成本分攤公平，服務部門成本分攤應遵循一些準則。由於服務部門間亦有相互服務的情況發生，所以最後將介紹三種服務部門成本分攤的方法，即直接分攤法、逐步分攤法及相互分攤法。一個組織內成本的發生，可能是數個部門共同營運的結果。如何分攤這些成本，成為一個重要的問題，就是分攤組織內所有成本至使用的單位，再分配成本到各項產品或勞務上。

組織內依部門是否對營運有直接關係，可區分為**營運部門** (operating department) 與**服務部門** (service department)。所謂營運部門，是指對製造產品或提供勞務給顧客有直接責任的部門，例如生產單位。服務部門則是對生產部門提供必要的支援服務或協助，以促進生產部門的營運，這些部門對產品製造或勞務提供並沒有直接關聯，例如財務部門。

將成本分攤到責任中心，是三階段成本分攤的第一階段，如圖 7.5 所示。以城市大飯店為例，第一階段稱為成本分攤 (cost allocation)，所有成本分攤到大飯店的五大部門 (責任中心)。雖然服務部門對產品或勞務沒有直接貢獻，但服務部門的成本亦為全部成本的一部分，所以接下來的步驟便是將服務部門的成本分攤到營運部門中，以計算產品或勞務的成本。

第二階段稱為服務部門成本分攤 (service department cost allocation)，把分攤到二個服務部門的成本再分攤到三個營運部門中，因為這三個營運部門是直接為顧客

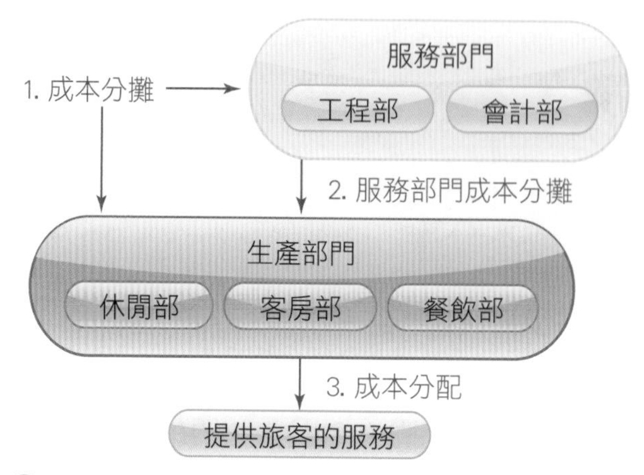

圖7.5　三階段成本分攤——以城市大飯店為例

提供服務。最後一個階段稱為成本分配 (cost assignment)，將成本分配至大飯店提供的各種服務上。本節將詳細介紹第二階段：服務部門成本分攤，在這裡所謂的營運部門是指直接提供貨品或勞務給顧客的單位；服務部門則為支援部門。

將服務部門成本分攤到營運部門，最後分配到產品或勞務，有下列兩項目的：

1. **合理價格**

產品或勞務的價格訂定常以其成本為基礎，為了決定產品或勞務的全部成本，就必須將服務部門的成本分攤到營運部門，進而分配到產品或勞務。成本要有正確的分攤，如成本多分攤了，會導致訂價太高而錯失了銷售良機；相反的，如果成本少分攤了，訂價可能太低，而使公司遭受損失。

2. **成本意識**

成本分攤的第二個目的，是使經理人員有成本意識，假設公司內有資訊部門，如果資訊部門成本沒有適當的分攤，則經理人員對資訊部門之使用成本並不會在意，可能會造成浪費服務部門的資源或使用上的無效率。服務部門成本分攤給經理人員，提供了使用服務的價格，這個價格會使經理人員考慮應使用多少服務，亦會使他們更有效的使用服務部門的服務。

除了上述目的，分攤服務部門成本至營運部門，會使營運部門的經理人員監視服務部門的績效，因為服務部門成本會影響營運部門的績效。例如，經理人員會比較內部服務成本與外界服務成本，如果服務部門之績效不如外界，則經理人員可能考慮不再接受內部服務部門之服務，如此會刺激服務部門提高服務品質。另外，營運部門的監督亦會使服務部門的經理人員重視營運部門的需要。

 7.5.2　成本分攤的基礎

在執行服務部門成本分攤時，常會遭遇到下列四個問題：

(1)應如何選擇合適的分攤基礎？

(2)應分攤預算成本或實際成本？

(3)固定成本與變動成本應一起分攤或分開分攤？

(4)應如何處理服務部門間之相互服務？

雖然不可能有一個分攤方法，可完全符合成本分攤的目的，但在分攤服務部門成本時，仍有一些準則應遵循，以下將分別介紹。

分攤服務部門的成本，首應選擇適當的**分攤基礎** (allocation base)，所謂分攤基礎是指將服務部門成本分攤到其他部門所使用的作業數量，例如員工人數、工作時數、處理的單位數及所占的面積數等。分攤基礎的選擇，應該能夠合理的反映出其他部門與該服務部門二者間活動的因果關係。表 7.6 列出一些常被使用為分攤基礎的例子。

表7.6　服務部門的分攤基礎

服務部門	分攤基礎
電力部門	仟瓦小時
人事部門	員工人數；人員周轉率
原料處理部門	原料移動次數；原料移動的數目；原料處理時數
工程部門	直接人工小時數
清潔部門	人工小時數；各單位占用的面積
餐飲部門	員工人數

假設一公司有兩個生產部門為裝配部門與完成部門，及兩個服務部門為清潔部門及員工餐廳。當分攤清潔部門的成本給其他部門應選擇何項基礎呢？有人認為乾淨的廠房，使員工感覺安全且生產更有效率。然而，安全感及愉快的價值卻難以衡量，因此通常使用可數量化的分攤基礎，例如使用清潔時數，或各單位的面積數。

使用清潔時數作為分攤基礎需要額外的記錄成本，如果清潔時數與所清潔面積呈正比時，各單位所占的面積為分攤基礎會有相同的分攤結果。此時，應使用所占面積為分攤基礎，則無需增加記錄成本。因此，選擇分攤基礎時應注意二件事：合於邏輯及易於衡量。另外，經理人員應盡量使分攤程序清楚簡單，使負責該項分攤

的人員易於了解。如果計算太過複雜，可能會使計算的成本超過該項成本分攤的效益。一旦選定了分攤基礎，沒有合理的理由不應隨意變更，否則亦會增加成本。

分攤服務部門成本時，必須決定是分攤預算成本或實際成本。事實上，預算成本與實際成本適用之情況，是依成本分攤的目的而定。如果成本分攤是為了編製財務報表或符合法令要求，則成本分攤採用實際成本；但如果成本分攤是為了評估部門經理的績效，則此時應採用預算成本。

當成本分攤是為了使經理人員有成本意識，則此分攤將影響經理人員的決策。本節所討論的是使用服務部門服務的部門經理的決策參考資料。

表 7.7 列示裝配部門的績效報告，表中有員工餐廳、清潔部門二個服務部門的成本，這表示裝配部門經理必須對使用這些服務負責，預算數通常為彈性預算數。

表7.7　裝配部門的績效報告

	實際數	預算數	差　異	
間接原料成本	$ 6,300	$ 6,400	$ (100)	F
間接人工成本	24,600	22,400	2,200	U
折舊費用	16,000	16,000	0	
財產稅	2,900	2,900	0	
保險費	1,700	1,700	0	
電力費用	8,500	8,200	300	U
員工餐廳費用	19,000	18,900	100	U
清潔部門費用	7,800	8,000	(200)	F
合　計	$86,800	$84,500	$2,300	U

*F：有利差異
U：不利差異

對服務部門而言，當服務水準增加時，變動成本會跟著提高，而固定成本並不會隨著服務水準而改變。由於變動成本與固定成本不同，在兩種成本下，生產部門與服務部門的因果關係便不同。由於變動成本會依其作業量而改變，以作業量作為變動成本的分攤基礎是合適的；而固定成本並不會隨作業量而改變。

由於分攤固定成本會受所有使用者的作業水準的影響，本小節將舉一實例來說明此種現象。永泰公司有二個部門：部門 A 與部門 B，各有員工人數 30 人及 15 人，只有一個服務部門 S，服務部門的成本計算如下：

S 部門的成本 = \$75,000 / 每月 + \$750 ×（A 員工人數 + B 員工人數）

表 7.8 列示作業量改變對成本分攤的影響。當部門 A、B 的員工各為 30 人及 15 人時，成本分攤如情況一所示。後為了降低成本而將員工人數裁減為 28 人及 12 人，此時的成本分攤如情況二所示，由表中可看出 A 部門的成本提高了，其原因是分攤了較多固定成本。如情況三，當員工人數降低為 24 人及 12 人時，所分攤的固定成本改變。

表7.8 作業量改變對成本分攤的影響

情況一				
	部門 A		部門 B	
變動成本	$\frac{30}{45}\times \$33,750 =$	\$22,500	$\frac{15}{45}\times \$33,750 =$	\$11,250
固定成本	$\frac{30}{45}\times \$75,000 =$	50,000	$\frac{15}{45}\times \$75,000 =$	25,000
合　計		\$72,500		\$36,250
情況二				
	部門 A		部門 B	
變動成本	$\frac{28}{40}\times \$30,000 =$	\$21,000	$\frac{12}{40}\times \$30,000 =$	\$ 9,000
固定成本	$\frac{28}{40}\times \$75,000 =$	52,500	$\frac{12}{40}\times \$75,000 =$	22,500
合　計		\$73,500		\$31,500
情況三				
	部門 A		部門 B	
變動成本	$\frac{24}{36}\times \$27,000 =$	\$18,000	$\frac{12}{36}\times \$27,000 =$	\$ 9,000
固定成本	$\frac{24}{36}\times \$75,000 =$	50,000	$\frac{12}{36}\times \$75,000 =$	25,000
合　計		\$68,000		\$34,000
情況四				
	部門 A		部門 B	
變動成本	$\frac{18}{30}\times \$22,500 =$	\$13,500	$\frac{12}{30}\times \$22,500 =$	\$ 9,000
固定成本	$\frac{18}{30}\times \$75,000 =$	45,000	$\frac{12}{30}\times \$75,000 =$	30,000
合　計		\$58,500		\$39,000

另外，情況四則列示員工人數各為 18 人及 12 人，與情況二相比較之下，部門 B 的員工人數雖然沒有改變，所分攤的固定成本卻增加了，此乃由於部門 A 的員工人數減少所致。由上述分析可知，固定成本如以作業量分攤，會受其他部門使用量的影響，故應與變動成本分別分攤。

7.5.3 服務部門成本分攤的方法

如果公司有一個以上的服務部門，則服務部門之間亦可能相互提供服務，此時必須決定如何透過分攤方法反映服務部門相互間的服務成本。在處理服務部門間成本分攤時，通常有三種方法，分別是直接分攤法、逐步分攤法及相互分攤法，接下來將舉一實例，說明各方法之使用。

圖 7.6 說明力行公司的四個部門，裝配部門與完成部門是生產部門，而清潔部門及員工餐廳是服務部門。由圖 7.6 中可看出清潔部門為其他三部門提供服務，裝配部門、完成部門及清潔部門都在員工餐廳用餐。

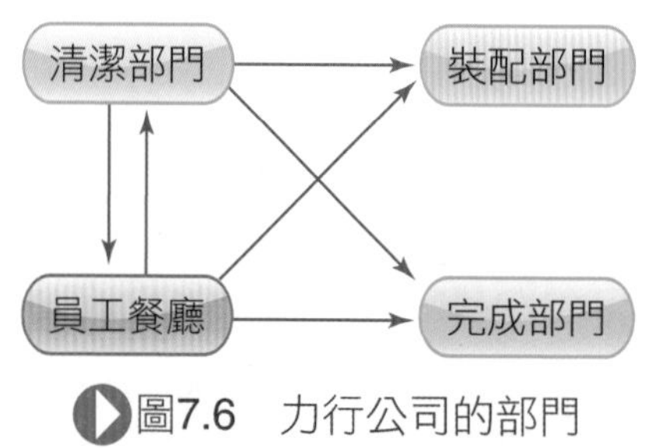

圖7.6　力行公司的部門

分攤基礎的選擇在員工餐廳為員工人數，在清潔部門則是各單位所占面積的大小，表 7.9 列示成本資料及分攤基礎的數字資料。

如表 7.9 所示，在分攤成本之前，員工餐廳、清潔部門分別有 $342,000 及 $127,500 的成本待分攤，成本分攤的三種方法均會完全將服務部門的成本分攤到生產部門。在本例中，力行公司服務部門的總成本 $469,500 (= $342,000 + $127,500) 會分攤到裝配部門及完成部門。

表7.9　力行公司成本分攤資料

	員工餐廳	清潔部門	裝配部門	完成部門
應分攤成本	$342,000	$127,500		
坪　數	100	50	300	100
員工人數	4	5	30	15

1. **直接分攤法**

在三種分攤方法中以直接分攤法最為簡單，直接分攤法忽略部門間所提供服務的成本，而直接分攤每個服務部門成本至生產部門。圖 7.7 圖示直接分攤法成本分攤的過程。如圖所示，清潔部門的成本未分攤到員工餐廳，而員工餐廳之成本亦未分攤給清潔部門。因此本法忽略清潔部門對員工餐廳提供清潔服務，和員工餐廳對清潔部門提供膳食的事實。

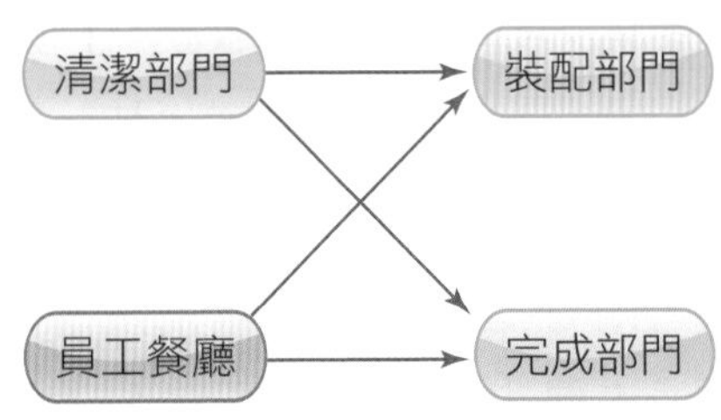

圖7.7　直接分攤法的分攤過程

表 7.10 是依據表 7.9 的資料，利用直接分攤法分攤服務部門成本計算的彙總。直接分攤法首先要決定分攤的比例，本例中的分攤比率如表 7.10 上半段所示。由於直接分攤法未考慮服務部門間的相互服務，所以每一生產部門分攤基準應除以所有受到該服務的生產部門分攤基準之總和。

本例中，員工餐廳的分攤基準為員工人數，生產部門員工總人數為 45 人 (= 30 + 15)，所以裝配部門及完成部門之分攤比例分別是 $\frac{2}{3}$ (= 30 ÷ 45) 與 $\frac{1}{3}$ (= 15 ÷ 45)。

為了決定由服務部門分攤至每一生產部門的成本，分攤比例應乘上服務部門的成本。本例中，裝配部門自員工餐廳分攤的成本金額為 \$228,000 (= \$342,000 × $\frac{2}{3}$)，而裝配部門自清潔部門分攤的成本金額為 \$95,625 (= \$127,500 × $\frac{3}{4}$)。分攤到生產部門的成本總額 \$469,500 (= \$323,625 + \$145,875) 應等於服務部門的總成本 \$469,500 (= \$342,000 + \$127,500)。

表7.10 直接分攤法的計算彙總

服務部門	接受分攤部門	
	裝配部門	完成部門
分攤比例：		
員工餐廳	$\frac{30}{45}=\frac{2}{3}$	$\frac{15}{45}=\frac{1}{3}$
清潔部門	$\frac{300}{400}=\frac{3}{4}$	$\frac{100}{400}=\frac{1}{4}$
分攤金額：		
員工餐廳	$228,000	$114,000
清潔部門	95,625	31,875
合　計	$323,625	$145,875

2. 逐步分攤法

逐步分攤法考慮了部分組織內部間相互的服務，在使用此方法進行成本分攤時，首先必須先決定服務成本中心被分攤的先後順序。如本例中，可能情況有二：(1)先分攤員工餐廳再分攤清潔部門；(2)先分攤清潔部門再分攤員工餐廳。

當公司的服務部門愈多，則分攤順序的複雜情況愈多，有些公司以服務部門成本的大小來決定分攤順序，成本最大的服務部門先分攤，其他公司則以其他方法挑選分攤順序。本例中以成本大小為分攤原則，所以員工餐廳的成本先行分攤。

一旦決定好了分攤先後順序，第一個分攤的服務部門成本將分攤到所有享受到其服務的部門。本例中，即將員工餐廳的成本分攤到清潔部門、裝配部門及完成部門。之後，接著分攤第二個服務部門成本，但其成本不再分攤給第一個服務部門，逐步分攤法應注意的是，某一服務部門成本已分攤出去，其他部門的成本便不再分攤至該部門。因此，本例中，第二個分攤的服務部門，清潔部門的成本將被分攤到裝配部門及完成部門，但不再分攤給員工餐廳。如果組織有三個以上的服務部門，則清潔部門的成本亦要分攤給其他服務部門，直到所有服務部門成本分攤完畢。

圖 7.8 圖示逐步分攤法的分攤過程，由圖中的箭頭流向可使成本由員工餐廳分攤給清潔部門。因此，逐步分攤法意謂著清潔部門有享受員工餐廳的服務，卻沒有提供員工餐廳清潔服務。如果清潔部門先行分攤，則其結果相反。

在執行逐步分攤法時，第二個以後分攤成本的服務部門，應分攤的成本除了自身成本外，亦包括由其他服務部門分攤而來的成本。在本例中，清潔部門應分攤的成本包括本身的 $127,500 及由員工餐廳分攤而來的成本。

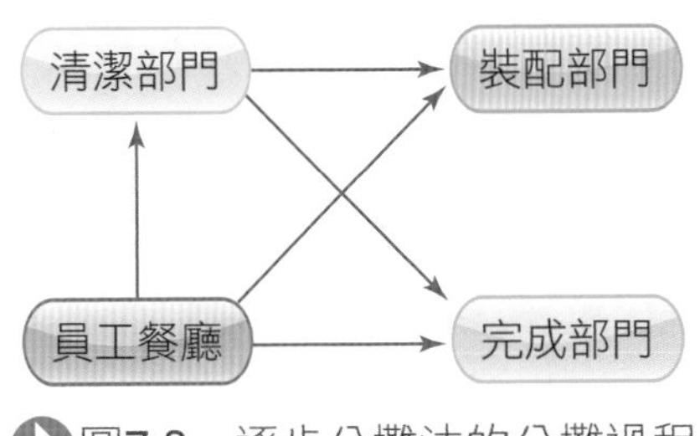

圖7.8　逐步分攤法的分攤過程

表 7.11 所示為根據表 7.9 的資料，用逐步分攤法所計算的結果。表 7.11 的上半段為分攤的比例，因為員工餐廳將被分攤給其他三個部門，分攤比例的計算方式為，各部門的員工人數除以其他三部門的員工總人數，如清潔部門比例為 $\frac{5}{50}=\frac{1}{10}$。

清潔部門的分攤基礎為各單位所占坪數的大小，因為清潔部門成本只分攤給生產部門，而沒有分攤給其他服務部門，所以分攤比例與直接分攤法下的比例一樣。

表7.11　逐步分攤法的計算彙總

服務部門		接受分攤部門		
		清潔部門	裝配部門	完成部門
分攤比例：				
員工餐廳		$\frac{5}{50}=\frac{1}{10}$	$\frac{30}{50}=\frac{6}{10}$	$\frac{15}{50}=\frac{3}{10}$
清潔部門			$\frac{300}{400}=\frac{3}{4}$	$\frac{100}{400}=\frac{1}{4}$
	員工餐廳	清潔部門	裝配部門	完成部門
分攤金額：				
分攤前成本	$342,000	$127,500		
分攤員工餐廳成本		34,200	$205,200	$102,600
		$161,700		
分攤清潔部門成本			121,275	40,425
合　計			$326,475	$143,025

3. 相互分攤法

相互分攤法是最需要技巧，且計算最複雜的一種分攤方法；然而，由於此法考慮到組織內所有服務部門間的相互服務，亦是理論上最好的方法。圖 7.9 顯示相互分攤法下，服務部門成本如何被分攤，由圖 7.9 可清楚的看出，服務部門將其成本分攤到所有可享受到該部門服務的部門，而不像逐步分攤法，已經分攤的服務部門便無須再接受其他服務部門的成本分攤。

使用相互分攤法，要設立方程式而後解聯立方程式，應對每個服務部門及由服務部門服務的生產部門設立聯立方程式，所以本例中應該會有四個方程式。

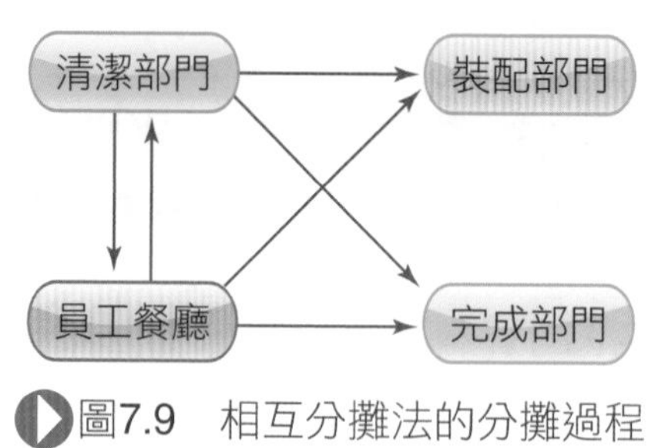

圖7.9　相互分攤法的分攤過程

為了設立這些方程式，必須知道分攤比例，相互分攤法的分攤比例計算方式與直接分攤法及逐步分攤法類似。對每個部門而言，應將該部門的分攤基準除以受到服務的各部門該項分攤基礎的總和。在本例中，清潔部門使用的分攤基準為坪數，每個部門的分攤比例為該部門的坪數除以員工餐廳、裝配部門及完成部門坪數的總和 500 (= 100 + 300 + 100)。

員工餐廳的分攤基準為員工人數，所以每個部門的員工人數應除以清潔部門、裝配部門及完成部門員工人數的總和 50 (= 5 + 30 + 15)，表 7.12 列示這些分攤的過程。

分攤比例用於設立方程式而表達每一個部門的成本，員工餐廳未分攤前的成本為 \$342,000，因為它有取得清潔部門的服務，所以應分攤清潔部門成本的一部分。表 7.12 顯示分攤比例為 $\frac{2}{10}$ 也就是說清潔部門的成本有 $\frac{2}{10}$ 應分攤給員工餐廳。所以員工餐廳分攤後的成本應為：

$$\text{分攤後員工餐廳成本} = \$342{,}000 + \frac{2}{10} \times \text{分攤後清潔部門成本} \qquad (1)$$

同理，清潔部門自身成本為 \$127,500，而收到 $\frac{1}{10}$ 的員工餐廳成本，方程式應為：

$$\text{分攤後清潔部門成本} = \$127{,}500 + \frac{1}{10} \times \text{員工餐廳成本} \qquad (2)$$

生產部門的方程式乃基於上述聯立方程式的結果，本例中的方程式應為：

$$裝配部門 = \frac{6}{10} \times 分攤後員工餐廳成本 + \frac{6}{10} \times 分攤後清潔部門成本 \quad (3)$$

$$完成部門 = \frac{3}{10} \times 分攤後員工餐廳成本 + \frac{2}{10} \times 分攤後清潔部門成本 \quad (4)$$

為了決定分攤給生產部門的服務成本，首先應利用前兩個方程式解出分攤後的員工餐廳及清潔部門之成本，再將之代入後兩個方程式中，而計算出裝配部門及完成部門應分攤的成本。解聯立方程式後可得出：

員工餐廳 = $375,000（分攤後的成本）

清潔部門 = $165,000（分攤後的成本）

$$\begin{aligned}裝配部門 &= \frac{6}{10} \times \$375,000 + \frac{6}{10} \times \$165,000 \\ &= \$225,000 + \$99,000 \\ &= \$324,000\end{aligned}$$

$$\begin{aligned}完成部門 &= \frac{3}{10} \times \$375,000 + \frac{2}{10} \times \$165,000 \\ &= \$112,500 + \$33,000 \\ &= \$145,500\end{aligned}$$

當方程式很多時，相互分攤法很費時；但因有電腦的計算應用，組織中即使有三個以上的服務部門亦可使用相互分攤法。

表7.12　相互分攤法的計算彙總

服務部門	接受分攤部門			
	員工餐廳	清潔部門	裝配部門	完成部門
分攤比例：				
員工餐廳		$\frac{5}{50}=\frac{1}{10}$	$\frac{30}{50}=\frac{6}{10}$	$\frac{15}{50}=\frac{3}{10}$
清潔部門	$\frac{100}{500}=\frac{2}{10}$		$\frac{300}{500}=\frac{6}{10}$	$\frac{100}{500}=\frac{2}{10}$
分攤金額：				
員工餐廳			$225,000	$112,500
清潔部門			99,000	33,000
合　計			$324,000	$145,500

本章彙總

舊的成本制度無法滿足現在經營環境所需，作業基礎成本法因此崛起。學術界和實務界質疑傳統成本會計採用的單一分攤基礎，無法客觀表達產品成本，造成新方法逐漸受到各界的重視。作業基礎成本法是採用多重的分攤基礎，其藉由第一階段的成本動因，把資源成本分攤到不同的作業中心；再藉由第二階段的成本動因，把每個作業中心的成本分攤到各項產品上。若將作業基礎成本法的觀念擴展至公司管理層面，就是作業基礎成本管理法，運用此法可提高公司的經營效率。

作業基礎成本法的關鍵，在於成本動因分析，藉此可辨識各項成本以及促使其發生的原因。通常成本的類型可分為單位水準成本、批次水準成本、產品支援成本、廠務支援成本四種類型。運用作業基礎成本法，可以協助管理者辨識有附加價值作業與無附加價值作業，進而減少無附加價值的活動，來降低營運成本。

此外，作業基礎成本法的觀念可用在預算編列過程，特別是處理間接成本的部分，把成本依其特性來編列，有助於日後的績效考核工作。雖然作業基礎成本法在1980年代中期被實務界所使用，但多年來共同的抱怨是計算太複雜和資料蒐集不易。為解決此問題，時間導向的作業基礎成本法推出，同時考慮時間單位成本與各項活動耗用時間，目的在於以較簡化的方法來計算較客觀的產品成本。最後，說明服務部門的成本分攤，提出三種常用的方法，包括直接成本法、逐步成本法和相互分攤法。

關鍵詞

作業基礎成本法 (Activity Based Costing, ABC)
第一階段的成本動因 (first-stage cost driver)
第二階段的成本動因 (second-stage cost driver)
成本動因 (cost driver)
反功能決策 (dysfunctional decision making)
單位水準活動 (unit-level activities)
產品水準活動 (product-level activities)
有附加價值作業 (value-added activities)
無附加價值作業 (non-value-added activities)
製造循環效率 (Manufacturing Cycle Efficiency, MCE) 指標
作業基礎成本管理法 (Activity Based Cost Management, ABCM)
作業 (activities)
單位水準作業 (unit-level activities)
批次水準作業 (batch-level activities)
產品支援作業 (product-sustaining activities)
廠務支援活動 (facility-sustaining activities)
工作評估法 (work measurement)

作業基礎預算 (activity-based budgeting)
時間導向的作業基礎成本法 (time driver activity based costing)
營運部門 (operating department)
服務部門 (service department)
分攤基礎 (allocation base)

作　業

一、選擇題

(　) 1. 作業基礎成本法的兩階段成本分攤方式適用於：(A)直接原料成本較高的產業 (B)直接人工成本較高的產業 (C)製造費用較高的產業 (D)製造成本較高的產業。

(　) 2. 以下是有關於作業基礎成本制度 (activity-based costing systems) 的陳述：①當間接成本占總成本之比例較高時，較適合實施作業基礎成本制度②當產品種類較多時，且所需資源差異甚大，較適合實施作業基礎成本制度③當產品對間接資源之需求較為相同時，實施作業基礎成本制度會產生較大的利益④各部門有其自己的作業，不同作業都有其成本分攤率時，則依部門成本制度的結果會與作業基礎成本制度相近。請問以上陳述何者正確？ (A)僅① (B)僅①② (C)僅②③④ (D)僅③④。 【103 年會計師】

(　) 3. 下列有關作業基礎成本制 (activity-based costing) 與傳統成本制之比較，何者錯誤？(A)作業基礎成本制係採用兩階段成本分配方式 (B)傳統成本制亦可能採用兩階段成本分配方式 (C)採用作業基礎成本制可提高產品直接材料成本計算之精確性 (D)採用傳統成本制會高估高產量產品之成本。 【103 年高考】

(　) 4. 甲公司全年度預計直接人工時數為 20,000 小時、機器小時為 30,000 小時及預計製造費用總額為 $90,000，包含監工成本 $30,000（成本動因為直接人工小時）與電力成本 $60,000（成本動因為機器小時）。現有一張訂單，依直接人工小時分攤製造費用時，製造費用成本為 $4,050；若改採作業基礎成本制分攤製造費用時，分攤之製造費用將減少 $300，試問這張訂單耗用多少機器小時？ (A) 900 小時 (B) 1,200 小時 (C) 1,875 小時 (D) 2,000 小時。 【105 年會計師】

(　) 5. 下列有關執行作業基礎成本制成功因素的敘述，那些正確？①執行作業基礎成本制之目標明確②高階管理者的支持③公司部門層級分明④對於蒐集資料與分析資料提供足夠支援 (A)①②③ (B)①②④ (C)②③④ (D)①③④。 【106 年會計師】

(　) 6. 下列有關作業基礎成本制度 (activity-based costing systems) 之敘述，何者正確？ (A)是一種只適合製造業的成本分攤法 (B)當產品相似度高時，作業基礎成本制度會提供較不正確的成本資訊 (C)當各產品耗用的資源種類繁多，且耗用服務性資源相似時，應使用作業基礎成本制度所提供的資訊 (D)可協助改善產品設計與生產效率。 【105 年會計師】

( ) 7.乙公司生產一機器設備，該產品需要 15 單位零件，每單位 $300，直接人工 200 小時，製造費用包括：檢驗成本 $1,200（成本動因為零件數）、整備成本 $3,000（成本動因為整備次數，每次 $1,000）、採購成本 $600（成本動因為採購次數，每次採購 3 單位零件）。假設公司重新設計設備的製造模式，將可減少 6 單位零件及 1 次整備，試問進行重新設計可以為公司節省多少成本？ (A) $3,080 (B) $3,280 (C) $3,400 (D) $3,520。【106 年會計師】

( ) 8.甲公司所生產的某產品，若以傳統的成本制度來計算，其單位成本為 $690。最近該公司會計部門改以作業基礎成本制度來計算成本，發現該產品的成本為 $580。該公司目前按每單位 $700 出售，但競爭對手的售價為 $640。根據這些資訊，下列敘述何者正確？ (A)該公司應該停止生產該產品 (B)該公司應該繼續生產該產品，但是應該設法提高售價 (C)該公司可考慮降低售價至 $640 (D)該產品可能是屬於低產量且多批次的產品。【106 年普考】

( ) 9.下列何者最適合做為原料成本的成本動因？ (A)重量 (B)體積 (C)使用量 (D)採購量。

( ) 10.公司為新產品所支出之行銷成本係屬於何種成本類型？ (A)單位水準成本 (unit-level costs) (B)批次水準成本 (batch-level costs) (C)產品支援成本 (production-sustaining costs) (D)設施層級成本 (facility-level costs)。【103 年高考】

( ) 11.當會計人員面臨下列何種情況時，不宜考慮採用作業基礎成本法？ (A)自動化層次提高 (B)製造過程單純且多為人工作業 (C)產品種類多且數量少 (D)產品的價格缺乏競爭優勢。

( ) 12.甲公司生產產品，其製造過程可分為 4 項作業活動，相關資料如下：

作業種類	成本動因	預計分攤率
整備	生產批次	每批次 $100
機器製作	機器小時	每機器小時 $50
裝配	零件數量	每個零件 $12
檢驗	檢驗產品之數量	每單位 $60

甲公司本月份已完工 5,000 單位，分 100 批次生產，共使用 600 個機器小時及 10,000 個零件。每單位產品的直接原料成本為 $8,000，直接人工成本為 $12,000。則產品單位成本為若干？ (A) $96 (B) $95 (C) $20,091 (D) $20,092。【102 年高考】

( ) 13.下列關於作業基礎成本法的敘述，何者正確？ (A)一種計算產品成本的方式 (B)不宜應用於政府部門 (C)製造部門是作業分析的全部範圍 (D)有助於成本控制，進而可提高產品品質。

(　) 14.傳訊公司生產客製化之禮服，以直接人工小時分攤製造費用給每一批次禮服，2013 年預計製造費用為 $187,500，預計直接人工小時 18,750 小時，預計直接人工成本 $281,250。2013 年實際製造費用 $182,500，實際直接人工小時 18,125 小時，實際直接人工成本 $277,500。下列有關 2013 年傳訊公司已分攤之製造費用，何者正確？ (A)少分攤 $1,250　(B)多分攤 $1,250　(C)少分攤 $5,000　(D)多分攤 $5,000。

【103 年普考】

(　) 15.下列何者是服務部門成本分攤的主要目的？ (A)決定產品或勞務的單位成本　(B)決定產品訂價　(C)使經理人員有成本意識　(D)節省公司服務部門的成本。

(　) 16.保達公司在分攤服務部門費用給生產部門時，希望由服務部門績效評估的觀點來分攤成本，請問下列那一分攤方式最符合績效評估觀念？ (A)根據標準成本分攤，並將變動成本與固定成本合併計算分攤率　(B)根據實際成本分攤，並將變動成本與固定成本合併計算分攤率　(C)根據標準成本分攤，並分別計算變動成本與固定成本分攤率　(D)根據實際成本分攤，並分別計算變動成本與固定成本分攤率。　【105 年會計師】

(　) 17.共同成本分攤最常使用的兩種方法為增額成本分攤法 (incremental cost-allocation method) 與獨支成本分攤法 (stand-alone cost-allocation method)，有關此二法描述，以下何者正確？ (A)增額成本分攤法下，如果有兩個以上的額外使用者共同使用設備，則須按照使用金額多寡來排序，以分攤成本　(B)增額成本分攤法下，如額外使用者加入後，共同成本並未增加，則額外使用者無須分攤共同成本　(C)獨支成本分攤法是將服務部門之共同成本按使用部門人工小時相對比例分攤到各部門　(D)增額成本分攤法比獨支成本分攤法公平。　【103 年會計師】

(　) 18.分攤服務部門成本給生產部門時，採用直接法 (direct method) 與相互分攤法 (reciprocal method) 的比較，何者正確？ (A)兩種方法分攤給生產部門的總服務成本會一樣　(B)後者較前者更為著重生產部門間交互使用的服務　(C)前者會導致生產部門耗用較多的服務，而產生服務無效率　(D)前者所計算的服務成本較為正確。　【101 年會計師】

(　) 19.以預計成本分攤服務部門的成本給使用部門，較以實際成本分攤的優點可能包括：①只需要使用一個預計的成本分攤基礎②只需要一個成本庫③使用部門可預先得知分攤費率，減少不確定性④服務部門無法將無效率與浪費的成本轉嫁。上述何者正確？ (A)①②　(B)②③　(C)③④　(D)①④。　【105 年會計師】

(　) 20.分攤服務部門成本時，相較於從需求面採「營運部門使用量」為基礎計算分攤率，若某公司是從供給面以「服務部門實際產能 (practical capacity)」做為計算分攤率的基礎時，下列敘述何者正確？

①較容易導致以成本為訂價基礎的公司，其營運部門對服務部門的需求持續下降

②促使服務部門管理者注意並加強對未使用產能的管理

③服務部門未使用產能的成本會分攤到營運部門

(A)①②　(B)②③　(C)①③　(D)②。　【105 年高考】

二、練習題

E7-1　新聯電子 2018 年將新竹廠改為整廠整線自動化生產方式，新生產方式之第一批訂單的相關資料如下：

檢驗時間	7.5 天	製造時間	30.0 天
閒置時間	6.5 天	運送時間	6.0 天

試作：

1. 計算完成本批訂單所需的天數。
2. 計算本批訂單的有附加價值活動天數。
3. 計算本批訂單的無附加價值活動天數。
4. 計算本批訂單的製造效率循環指標。

E7-2　請替下列每一個成本項目找出最適當的成本動因：

成本項目	成本動因
1. 廠房租金	a. 機器小時
2. 水電費	b. 訂購數量
3. 產品設計成本	c. 訂單數量
4. 原料處理成本	d. 面積
5. 採購成本	e. 設計時間

E7-3　作業基礎成本法將成本分成單位作業成本、批次作業成本、產品支援成本及廠務支援成本等四類。請將下列的成本項目分類：設備折舊費用、直接原料成本、驗收成本、工程設計成本、總裁薪資、直接人工成本、工廠警衛薪資、廠房地價稅。

E7–4　強威公司製造陽春型、豪華型及普通型等三種 CD 音響，該公司採用作業基礎成本法來分攤製造費用。2018 年 9 月份的預計資訊如下：

作業活動	預計成本	成本動因
原料處理作業	$ 450,000	零件數
原料搬運作業	4,950,000	零件數
自動化作業	1,680,000	機器小時
完工作業	340,000	人工小時
包裝作業	340,000	訂單數

2018 年 9 月份預計會使用 900,000 個零件，耗用 140,000 個機器小時，投入 136,000 個人工小時，及接受 3,400 個訂單。

試作：

1. 計算原料處理作業的成本分攤率。
2. 計算原料搬運作業的成本分攤率。
3. 計算自動化作業的成本分攤率。
4. 計算完工作業的成本分攤率。
5. 計算包裝作業的成本分攤率。

E7–5　沿用 E7–4 強威公司的資訊，並假設陽春型、豪華型及普通型等三種 CD 音響之成本動因的相關資訊如下：

	零件數	機器小時	人工小時	訂單數
陽春型	400,000	40,000	80,000	2,000
豪華型	300,000	60,000	40,000	1,000
普通型	200,000	40,000	16,000	400

試作：

1. 採用作業基礎成本法計算陽春型的製造費用總額。
2. 採用作業基礎成本法計算豪華型的製造費用總額。
3. 採用作業基礎成本法計算普通型的製造費用總額。

E7–6 東門公司生產 A,B 及 C 三種產品，過去東門公司以人工小時數作為分攤製造費用之基礎。然而自本年起，東門公司開始採用作業基礎成本 (activity-based costing) 制度，經初步的分析，得到下列資料：

製造費用	總成本	成本動因	數量
檢驗成本	$300,000	檢驗次數	6,000
機器整備	$ 35,000	整備次數	5,000
機器維修	$ 50,000	維修時數	2,000

	A 產品	B 產品	C 產品
檢驗次數	2,000	1,500	2,500
整備次數	1,300	700	3,000
維修時數	1,200	500	300
人工小時	850	2,000	1,000

試問在作業基礎成本制度下，A 產品的總製造費用為多少？ 【104 年會計師】

E7–7 青山公司有兩個生產部門及兩個服務部門，有關資料列示如下：

	服務部門		生產部門	
	A	B	C	D
員工人數		50 人	150 人	100 人
所占空間（坪）	100 坪		400 坪	200 坪
預計成本（分攤前）	$24,000	$8,000		
實際成本（分攤前）	21,752	7,452		

試作：用直接分攤法來分攤服務部門成本。

E7–8　文華公司有兩個生產部門即製造及完工；兩個服務部門為設計及維修。

	設計部門	維修部門
設計部門	–	20%
維修部門	–	–
製造部門	60%	30%
完工部門	40%	50%

兩服務部門之成本預算：

設計部門	$400,000
維修部門	160,000

試作：

1. 以直接分攤法分攤服務部門成本。
2. 以逐步分攤法分攤服務部門成本（先分攤維修部門，再分攤設計部門）。

E7–9　甲服務部門所提供的服務中，乙服務部門占 20%，丙生產部門占 30%，丁生產部門占 50%；乙服務部門所提供的服務中，甲服務部門占 30%，丙生產部門占 40%，丁生產部門占 30%。已知甲與乙服務部門的部門費用各為 $40,000 及 $80,000，則在相互分攤法下，甲服務部門分攤給丙生產部門的費用為多少？

Memo

第三篇

控制篇

第 8 章　標準成本、彈性預算與平衡計分卡

第 9 章　預算控制

第 10 章　責任會計與轉撥計價

第 11 章　公司治理與風險管理

第 12 章　內部控制與內部稽核

8 標準成本、彈性預算與平衡計分卡

學習目標

1. 說明標準成本的特性
2. 計算原料、人工標準成本
3. 介紹彈性預算與差異分析
4. 敘述製造費用差異分析
5. 闡述平衡計分卡

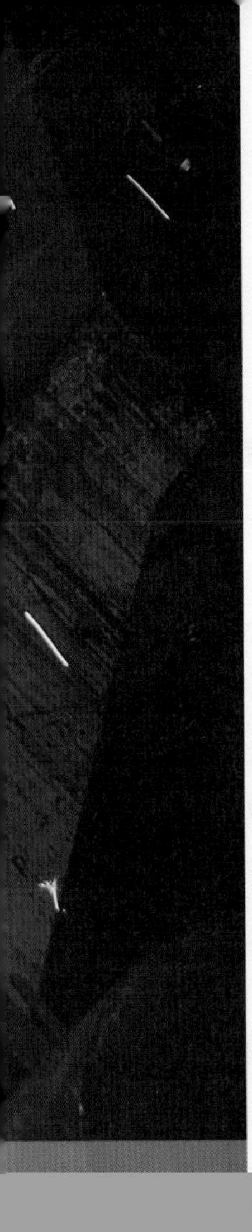

標準成本與成本管理

中國鋼鐵股份有限公司（中鋼）位於高雄市，1971 年 12 月成立，為 1970 年代政府十大建設之一。中鋼股票於 1974 年在臺灣證券交易所掛牌上市，為國內目前最大鋼鐵公司。中鋼建廠之初，是當時最先進的百分之百連續鑄造製程和電腦化營運，使中鋼自開始營運以來，都具有相當的國際競爭力。

2008 年 10 月發生世界性金融風暴重創全球經濟，導致市場需求急速僵凍，商品價格崩跌。中鋼公司於金融風暴發生之時，立即凍結非急迫性支出，並啟動「1020 成本降低專案」(1020 cost reduction movement)，一方面強化本身體質，另一方面盡量將節省之成本回饋客戶，藉以鞏固上下游供應鏈關係。所謂「1020 成本降低專案」，表示降低 10% 的可控制直接生產成本，以及降低 20% 的可控制間接成本和營業費用。

中鋼公司藉由標準成本制度來控制產品成本和營業費用，並進行產品價格決策；其標準成本制度之基本項目包括：⑴設立成本中心，藉以有效控制生產成本；⑵建立基本標準，計算實際耗用量與其所建立的基本標準用量差異數，包括機器運轉小時數、人工小時數及附加成本等項目；⑶運用標準成本系統進行分析，了解成本差異的發生原因並進行責任歸屬；⑷提出改善措施，達到成本管理的目的。

中國鋼鐵股份有限公司 http://www.csc.com.tw

引　言

introduction

影響企業營業利潤的因素主要是銷貨收入、銷貨成本及營業費用。為客觀地衡量營業利潤目標的達成程度，有必要把相關的標準或彈性預算與實際結果相比較，再將所產生的差異作分析，以了解營運過程的績效與缺失，便於把責任歸屬到適當的單位和人員。

生產成本差異可分為直接原料的價格和數量差異、直接人工的工資率和效率差異，與製造費用的各種差異。本章主要探討是直接原料價格與數量差異、人工工資率與效率差異，及製造費用的預算分析，包括靜態預算和彈性預算。企業可依不同的產能水準，來編製彈性預算，以免造成預算差異過高。由於製造費用是由多項不同的費用所組成，為有效的控制製造費用，需要找出造成差異的原因，並且加以控制差異，以減少浪費的情況發生。

章節架構圖

標準成本、彈性預算與平衡計分卡

- 標準成本的特性
  - 標準成本的意義
  - 標準成本的功能
  - 標準成本分類
  - 衡量存貨價值應有的注意
- 原料、人工標準成本
  - 原料標準成本
  - 人工標準成本
  - 原料及人工差異的處理
- 彈性預算與差異分析
  - 靜態預算和彈性預算
  - 彈性預算的編製
  - 實際成本、正常成本和標準成本
  - 產能水準的選擇
- 製造費用的差異分析
  - 製造費用的差異數
  - 差異分析的責任歸屬與發生原因
- 平衡計分卡
  - 平衡計分卡的源起
  - 平衡計分卡架構
  - 建構平衡計分卡的程序
  - 建立策略地圖
  - 策略管理辦公室

8.1 標準成本的特性

開源節流是企業求生存和增加競爭能力所必須努力的方向，開源就是盡可能將產品售價提高或增加銷售量，節流是成本的抑制或控制。但受市場因素的影響，開源較不易如期達成；相對的，節流就變得相當重要。標準成本就是在此情況下產生，主要目的在於成本控制及產品計價，通常可藉由標準成本制度，來加深員工對成本的意識與節省帳務處理的時效。

表 8.1 是以綜合損益表的架構，來分析各個會計項目的實際數與預算數差異。當實際收入大於預期收入，屬於有利差異；當實際費用大於預期費用，則屬於不利差異；有利差異多於不利差異時，才能對營業利潤產生正面的影響。

表8.1　實際數與預算數差異分析

	實際數	預算數	差　異	有利（不利）
銷貨收入	$ 920,000	$ 900,000	$ 20,000	有利
銷貨成本	(640,000)	(600,000)	(40,000)	（不利）
銷貨毛利	$ 280,000	$ 300,000	$(20,000)	（不利）
管銷費用	(160,000)	(170,000)	10,000	有利
營業利潤	$ 120,000	$ 130,000	$(10,000)	（不利）

8.1.1 標準成本的意義

所謂**標準成本** (standard cost) 制度係指某一特定期間下，生產某一個特定產品的應有成本或規劃成本 (planned cost) 的制度。使用的單位需要一個完整預算系統，由歷史資料、市場預測、其他類似公司資料和統計分析等來源，取得產品標準單位成本的參考資料。將實際活動下的實際成本與所設定產出標準下的應有成本，加以比較來計算差異。當實際成本大於標準成本，則為**不利差異** (unfavorable variance)；反之，則為**有利差異** (favorable variance)。

標準成本可用來衡量管理當局的績效，把實際成本和實際收入與標準數相比較，就可衡量出管理效率。通常單位標準成本決定於：(1)每單位產出需要投入多少資源（數量決策）；(2)所投入的每一種資源的單位成本（價格決策）。生產上應投入數量就是標準耗用量，為取得每單位的勞務或財貨所應支付的價格就是標準單位價格，所謂標準成本則指標準數量乘以標準單位價格。例如一家可樂製造公司決定生產汽水，每箱 20 罐裝的可樂需使用 6.25 盎司果糖，每盎司果糖假設單位標準成本為 \$0.08，所以每罐可樂的果糖標準成本為 \$0.025 (= 6.25 × \$0.08 ÷ 20)。當生產 15,000 罐可樂時，預期果糖成本為 \$375 (= \$0.025 × 15,000)；生產 20,000 罐可樂，預期果糖成本為 \$500 (= \$0.025 × 20,000)，以此類推。

預算與標準成本均可做為管理控制的工具，二者在本質上仍有其差異性。預算屬於總額觀念，所適用範圍較標準成本廣，為預定產量水準下的總標準成本。標準成本是單位成本的概念，為生產一個單位產品應有的目標成本，其重點乃在成本的最高值，當企業能將生產的成本降至低於標準成本，即可增加營業利潤。

8.1.2 標準成本的功能

基於財務會計的法令規定和稅務法規的考量，一般企業常使用實際成本做為損益衡量的依據。標準成本雖不能直接做為產品成本的評價基礎，卻可適用於管理當局做內部決策的參考依據。實施標準成本系統可協助建立預算、績效評估、產品成本計算及節省帳務成本。此外，標準成本的應用可便於**例外管理** (management by exception)，有助責任會計制度的推行。還可採用標準成本系統，來做為建立投標、訂立契約及訂價的依據。標準成本可幫助管理者從事各種規劃和控制工作，其功能如下所述：

1. 績效衡量的依據

標準成本是指在有效率的作業下，所預期的支出成本。企業的實際支出成本要低於標準成本才能產生營業利潤，所以標準成本可做為評估組織單位和管理者的依據。

2. 節省帳務處理成本

原料、在製品、製成品及銷貨成本，若以實際成本計算，為使一些間接成本合理的分攤到產品，勢必耗費相當時間及人力。若以標準成本記錄，可使表單更為簡化，資訊提供更加迅速，至於實際數與標準數差異的部分，只要在期末調整即可。

3. 便於管理者實施例外管理

若每件事皆要由管理者處理，將會使日常經營趕不上時效。所以設立標準成本可協助管理者來控制成本，當成本超過標準時才採取糾正行動，使管理者可將精力和時間運用在其他更重要的地方。至於差異部分，管理者應探究其差異原因，從而提出改進之方案，俾達成例外管理目的。

4. **有助責任會計的實施**

當標準成本與實際成本之間有差異發生，可將差異做成報告，並逐一歸屬差異的責任，追蹤查明差異的原因，做為下次改善績效的依據。

5. **協助規劃及決策工作**

標準成本為一種預計成本，有助於預算的建立，並可作為訂定產品售價的依據。如此，企業在未實際出售產品之前，即可預知收入預算數和成本支出數。

6. **激勵員工士氣**

標準成本的制定可配合著獎勵制度，掌握員工心態。訂定合理的標準可增加員工對成本的認識，並導引員工迅速達成任務。

8.1.3 標準成本分類

會計人員在設定標準成本時，通常是先採用歷史資料為分析基礎，再加上產品的預期製造過程分析，使成本的設立較具客觀性和相關性。在標準成本分類的設定方面，得先了解是要原產品或新產品的成本。如果為原產品，歷史成本資料可做為參考依據，先找出原有的成本計算公式，代入預期產量，即可得出預期的標準成本。

至於新產品的標準成本設定，由於無歷史資料可參考，只有對未來成本做預測。在這種情況下，會計人員應與其他相關人員，例如生產單位和銷售單位，共同來做成本估計。如果過去有生產過類似的產品，則仍可參考歷史資料，或同業廠商資料。

標準成本設定通常有三種基礎，此三種標準的設立因管理者寬嚴不同而異，茲分述如下：

1. **理想標準**

理想標準 (ideal standard) 又稱理論標準 (theoretical standard)、最高標準 (maximum standard)。是指企業在營運過程中，不允許有任何浪費或無效率產生所設定的標準。也就是員工均無休息、機器均無中斷的情形，產能充分發揮，生產力達到最高。在此情況下，企業達到最佳營運狀況並獲致最低成本。這種標準雖是十全十美，惟不易達成，因其未考慮任何延誤；如此，易使員工產生挫折，造成反功能的行為，故不宜作為計算分攤率之基準，僅可作為生產部門所遵循的理想指標。

實務應用 IFRS 時代財務長角色吃重

由於 IFRS 屬於原則性的規範，賦予公司更多解釋與判斷的空間，因此公司的財會部門將不再只是單純的後勤支援單位，而應協助公司透過數據與報表，讓企業真實表達其經營內涵，並與管理階層共同面對績效管理的問題。

在此轉變之中，財務長將成為關鍵的角色，其必須肩負公司顧問、專案管理、資源整合的多重責任，並藉此提升財會部門在公司內部的價值。企業同時也可以藉由導入 IFRS 的過程，檢討其財會部門與營業部門標準成本不一致的問題，讓資料「就源輸入」，指在設計資訊系統一開始時就將系統所需的資料全部輸入，減少事後的作業程序，兼顧管理會計與財務會計。

2. **現時可達成標準**

現時可達成標準 (current attainable standard) 又稱為可達到的績效標準 (attainable good performance standard)。是指企業在營運過程中，考慮可能的人工休息、機器維修及正常原料損耗所設定的標準。在可達成優良營運狀況下，雖然不易達成，但只要員工肯付出合理努力，仍有達成的可能，故此標準有助於激勵員工、存貨評價及決策訂定。

3. **基本標準**

基本標準 (basic standard) 是指企業依據過去幾年實際營運資料所設定的標準。過去績效通常包括浪費及無效率情事，如以基本標準，無異縱容過去的浪費及無效率再度發生，故以成本控制觀點不宜採用此標準。

管理者在設定標準時，可同時建立兩種或兩種以上的標準，並且與獎勵制度相配合，才有助於提高部門的績效。此外，運用產量成本法 (throughput costing)，最可避免公司管理當局透過生產數量操控，以進行盈餘操弄。

8.1.4 衡量存貨價值應有的注意

標準成本是指在高效率和正常情況下製造產品的成本，而不是實際發生的成本。在標準成本制度中，成本的計算是採用事先規定的成本率，所以一批產品的成本等於預定的成本率和標準數量的乘積；前文所介紹的分批成本法和分步成本法皆能採用標準成本。標準成本可用於控制成本，也可評估管理人員工作績效，將工作量依已經完成的實際數和目標規劃的預計數進行比較，如差異較大，則要分析其發生的原因。

訂定標準成本時，有必要了解衡量存貨成本的相關規範。依據國際會計準則第2號 (IAS2)「存貨」規定，存貨於原始認列時以成本入帳，但是存貨成本應以成本與淨變現價值孰低衡量。

存貨成本有三大要素，包括購買成本、加工成本及與存貨相關之其他成本，分別敘述如下：

1.存貨之購買成本

存貨之購買成本包含貨品的購買價格、進口稅捐及其他稅捐，再減除運輸處理和直接可歸屬於取得原料、製成品及勞務之交易折扣、折讓及其他類似項目。

2.存貨之加工成本

存貨之加工成本包含直接人工成本，及原料加工為製成品過程中，所發生的變動製造費用與固定製造費用，分述如下：

⑴直接人工成本：直接人工成本為與生產數量直接相關之人力資源成本。

⑵變動製造費用：變動製造費用會隨活動量呈正比例變動，並依據生產設備之實際使用狀況為基礎，分攤至每單位產品。

⑶固定製造費用：固定製造費用以系統化方式分攤至加工成本，且必須在生產設備為正常產能的情況下，才能進行分攤。正常產能意指正常營運的企業在考量既定的維修作業及產能損失的前提下，預期各期間可達到之平均產量。若實際產量與正常產能的產量差異不大，固定製造費用也可以按實際產量分攤。

由於製造過程中可能同時產出一種以上產品，如聯產品、主產品及副產品。若聯產品的各項產品之加工成本無法單獨辨認，則應按合理且一致之基礎分攤，例如可使用完工時之相對售價作為分攤基礎。另外，由於副產品之價值不高，副產品通常以淨變現價值衡量，並將其價值自主產品成本中扣除。

3.與存貨相關之其他成本

僅限於使存貨達到目前之地點及狀態所發生的其他成本。例如，為特定顧客設計產品之成本，可列入存貨成本。然而，其他非相關支出，如異常耗損之原料、人工或其他製造成本及銷售費用等，則不能列入存貨成本，應於發生時認列為費用。

8.2 原料、人工標準成本

 8.2.1 原料標準成本

原料通常可分為直接原料及間接原料。間接原料的特性通常是金額小且種類繁多或不易歸屬於產品中的原料；反之，則為直接原料。本節主要在探討直接原料成本的設定、原料差異的計算及責任歸屬。基本上，直接原料標準成本有原料價格標準及原料數量標準二種設定要素。原料價格通常受外界影響，原料數量標準則必須考慮原料本身品質、規格及種類。

1. **原料價格差異**

原料標準價格與實際採購價格之間的差異，稱為**原料價格差異** (material price variance)。這種差異通常在採購時即認定，在製品的借、貸方項目均以標準成本列記，稱為差異先記法；另外，就是在耗用時才記錄差異，在製品的借方以實際成本記錄，當產品完工結轉為製成品時才貸記標準成本，稱為差異後記法。

通常採購價格除了考慮購買價格外，應考慮相關的附加成本，包括運輸中的保險費、運費、各種現金或商業折扣、驗收及檢驗成本。至於標準價格的設立，可參考下列幾項來源：(1)預期統計數；(2)在特殊型態企業中的經驗和認知；(3)最近採購的平均價格；(4)在長期合約中或承諾採購合約中所同意的價格。基本上，標準價格之設定，必須是能反映目前及未來市場變動的狀況。

原料價格差異通常是在採購時就加以認定，會計記錄以實際採購量乘以標準價格為原料存貨成本，再與實際採購量乘上實際價格所得的應付供應商款項相比較，此二種金額間的差異即為原料價格差異。

假定大方公司向創新公司採購 60,000 磅的原料支付 $150,000，所以每磅單價為 $2.5，但其標準單價為 $2.6。為了能易於表達，首先介紹簡單變數的意義。

AQP	表示實際採購數量
AP	表示實際單位價格
SP	表示標準單位價格
MPV	表示原料價格差異

以 T 字帳 (T-account) 表達實際成本與標準成本的流向，有助於讀者的了解。下列分別計算在不同的單位價格下，所產生的總成本。實際支付成本為 $150,000，但以標準單位價格代入，則總數為 $156,000，兩者的差異 $6,000 為有利差異。

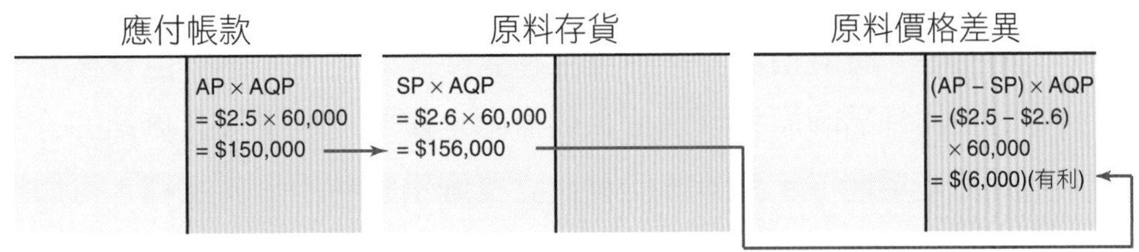

同時，也可以公式的方式來說明原料價格差異。

AP × AQP = $2.5 × 60,000 = $150,000

SP × AQP = $2.6 × 60,000 = $156,000

MPV = (AP − SP) × AQP = ($2.5 − $2.6) × 60,000 = $(6,000)（有利）

特別注意在上面的計算皆採用「實際數量」，只是「價格」有差異，當實際成本與標準成本不同時，要決定差異是屬有利或不利的。在本例中原料價差為有利差異，因為原料實際採購成本低於標準成本。

此外，還可以下列的方式來表示原料的價格差異：

差異產生的原因很多，假如差異是重大的就必須辨別其產生的因素。假如差異為有利，則視為好的績效，管理者可被讚許，公司再給予適當獎酬。假如是失控 (out-of-control) 情況，應盡快追查其原因並更正之。為保持標準的客觀性，所使用的標準如已過期則必須調整。通常導致原料價格差異的原因，與下列因素有關：

(1)市價不正常隨機波動。

(2)原料的替代。

(3)市場短缺或過多。

(4)採購量多寡、運送型態改變、緊急採購、未預期價格增加或未取得現金折扣等。

採購部門通常負責原料價格差異，假如採購功能執行適當，則標準價格應該是可達成的。當以較低的價格支付，則為有利價差；相對的，以較高的價格支付，反映出不利價差。有時價格差異會發生在生產部門，例如由於生產需要緊急採購或生產單位要求特殊品牌原料所造成，就需由生產部門主管來負責這部分的原料價格差異。在新製造環境下，採購部門會建立良好供應商的資料主檔，可加速採購程序和差異控制。

2. 原料數量差異

實際原料投入量與實際產出所計算標準投入量有差異時，這種差異稱之為**原料數量差異** (material quantity variance)，也可稱為原料用量差異 (material usage variance)、原料使用差異 (material usage variance) 或原料效率差異 (material efficiency variance)。原料標準使用數量的設定是以工程規範、藍圖及設計上所需的原料用量、特殊規格、重量等因素來決定，並考慮在正常生產工程下可接受的浪費、廢料、損壞因素。原料實際使用量和原料標準使用量的差異數乘上標準單位價格，所得的結果為原料數量差異。

假設大方公司使用 31,500 磅原料，用來生產 20,000 個單位，每個產品需要 1.5 磅原料，則標準耗用量為 30,000 磅（= 1.5 磅 × 20,000 單位）。此例所使用的變數其定義如下：

SP	表示標準單位價格
AQU	表示實際耗用數量
SQU	表示標準耗用數量
MQV	表示原料數量差異

以 T 字帳表達實際成本與標準成本的流向，來說明原料數量差異。

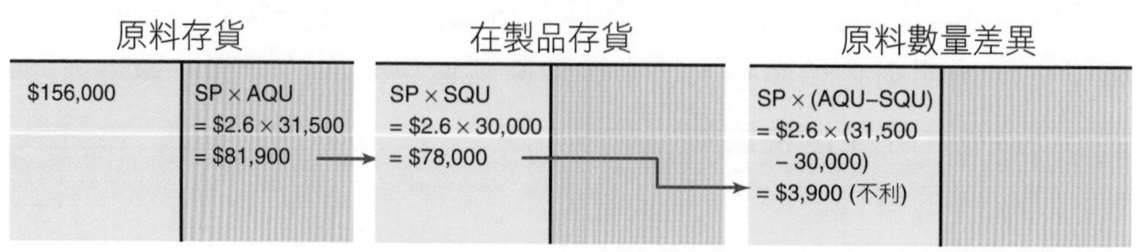

同時，也可以公式的方式來說明原料數量差異。

$SP \times AQU = \$2.6 \times 31,500 = \$81,900$

$SP \times SQU = \$2.6 \times 30,000 = \$78,000$

$MQV = SP \times (AQU - SQU) = \$2.6 \times (31,500 - 30,000) = \$3,900$（不利）

在前述兩個公式中，所使用的是相同標準單位成本價格，但是「數量」不同，所使用的實際數量是以實際領料數量為主。換言之，標準耗用量即為製成品所准許耗用的標準數量。在本例中，製造的實際耗用數量大於標準耗用量，此為不利差異。另外，還有下列的方式來表示原料數量差異：

導致數量差異原因可為產品規格改變、原料取代、生產線製程不順暢、排程工作無效率或原料品質不佳等，由生產部門的主管負責這些項目差異。將每日實際使用數量與標準數量相比較，結果記在定期的成本報告中，可告訴管理者是否有重大差異發生，應加強注意並更正，使損失降至最低。

3. **原料價差與量差的相關性**

有時原料價差及量差兩者會互相影響，例如採購部門以低價購買質差的次級品原料，則有利價差會反映在採購上；但原料使用時的損耗量會高於正常範圍，則會產生不利量差。單從一個角度來看，會錯誤地判斷採購部門有好的績效，而生產部門的績效不良。事實上，兩項差異的責任皆應歸屬於採購部門。另外，生產部門的不利量差，也可能會造成採購部門的不利價差，例如生產部門的工程人員不能定期的調整機器，造成損耗率高於正常比率，需要用更多原料，或生產排程不適當，導致未能如期生產而造成緊急採購，這些緊急採購的高價會導致不利價差。由此看來，原料的價格差異和數量差異可能彼此互相獨立，但也可能有互動的關係，所以管理者在評估部門績效時，要做整體的考慮。

8.2.2 人工標準成本

衡量直接人工差異與原料差異的衡量，是採用相同方式。直接人工的單位價格即工資率，數量就是工作時數。**人工工資率差異** (labor rate variance) 是因為實際工資率與標準工資率的差異所造成；**人工效率差異** (labor efficiency variance) 是實際工時與在生產中所允許的標準工時的差異所造成。接下來將討論人工標準的設立，差異的會計處理與差異原因的探討。

工資率的設定，是把公司與員工共同協議後一段期間薪資總數，除以同一期間的工時數而得的比率。工資率的高低決定於生產工人的工作性質、生產技術、熟練程度、相關經驗與教育程度等因素。至於標準工時數的設定，主要來自於經驗法則，由生產部門的主管依各個工作的性質與難易程度，參考過去歷史資料，可以客觀的決定生產一個單位產品所需的標準工時，再乘上實際產量，即可得到一定產量所允許的標準工時。

本小節所討論的範圍是直接人工成本的差異，直接人工工資率差異的計算方式，係指實際工資率與標準工資率的差異乘上實際工時數的結果。直接人工效率差異的計算方式，是由實際工時和標準工時的差異數乘上標準工資率的結果。本小節將二種差異以例子來說明。

創朝公司本月份支付直接人工成本 \$550,000 及實際工時數為 5,000 小時，所以實際每小時工資率為 \$110。本月份生產 15,600 單位產品，標準工資率 \$100，依據生產標準，每一製成品需要 $\frac{1}{3}$ 小時的直接人工，因此所允許的標準工時為 5,200 小時 (= $\frac{1}{3}$ 小時 × 15,600 單位產品)。

在本例中，使用公式的變數定義如下：

AR	表示實際工資率
SR	表示標準工資率
AH	表示實際工時數
SH	表示標準工時數
LRV	表示人工工資率差異
LEV	表示人工效率差異

人工工資率差異是當企業支付給工人的實際工資率與標準工資率不同時所產生。計算工資率差異需要以相同「實際工時」來比較不同工資率，計算如下：

AR × AH = $110 × 5,000 = $550,000
SR × AH = $100 × 5,000 = $500,000
LRV = (AR − SR) × AH = ($110 − $100) × 5,000 = $50,000（不利）

由於實際工資率 $110 高於標準工資率 $100，所以產生不利的工資率差異。

人工效率差異，有時稱為數量 (quantity)、時間 (time) 或使用差異 (usage variance)，主要因人工使用時間不同於所允許的標準時間，其計算如下：

SR × AH = $100 × 5,000 = $500,000
SR × SH = $100 × 5,200 = $520,000
LEV = SR × (AH − SH) = $100 × (5,000 − 5,200) = $(20,000) 有利

上述的兩種差異，可以下列的方式來表達。

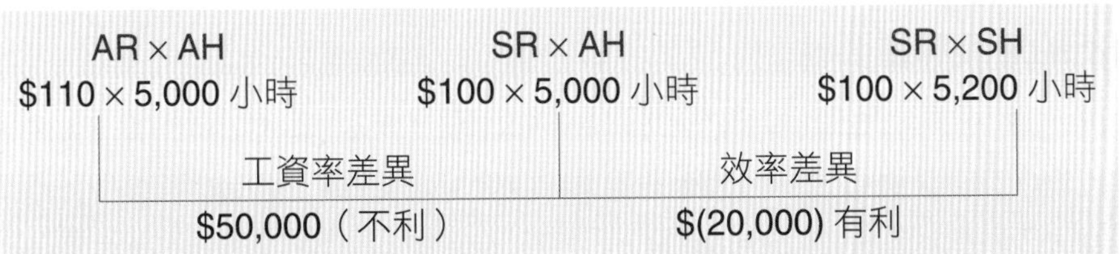

人工工資率的差異是生產部門主管負責，安排合適的工人來做各種工作，並且避免加班而造成超額工資。至於人工效率差異，與工人的技術熟練程度和生產排程有關。有時工資率差異和效率差異兩者具有相關性。假設有些超額產品的製造，管理者有兩種選擇，分別為使用臨時工人或讓原班工人加班。使用臨時工人的優點為工資率便宜，但因為不熟悉製程作業，必須使用更多的工時數。因此，雇用臨時工人會產生不利效率差異。若選擇讓原班工人加班，可能產生不利工資率差異。所以管理者在考量人員的安排時，要作整體的考慮。當付給技術能力較強的人，其職務津貼較標準高，則會因支付較高津貼，而產生不利工資率差異，但有可能會降低不利效率差異或產生有利效率差異。原則上，以對公司整體最有利的方式來做決策。

8.2.3 原料及人工差異的處理

有關原料與人工成本的差異處理方式與意義分析在本小節說明。

1. 差異的會計處理方式

會計年度終了時，原料及人工的實際成本與標準成本之差異處理，通常有兩種方式：

(1)結轉本期損益法：將成本差異總數做為銷貨成本、銷貨毛利或利潤之調整項目，一般在差異未超過正常情況時，或為簡化會計作業時採用此法。

(2)分攤至銷貨成本及存貨：將成本差異依比例結轉至存貨（在製品與製成品）和銷貨成本，以顯示各項產品之實際成本。本法主要缺點在於計算繁瑣，但基於財務會計客觀性原則與所得稅申報規定，在採用實際成本的要求下，宜採用此法。至於成本分配比例，是依在製品、製成品和銷貨成本的期末餘額來決定。

通常在第一種方法所計算的結果與第二種方法所計算的結果差異不大時，可權宜採用第一種方法，以簡化帳務處理。

2. 差異分析的意義和重要性

原料及人工差異，也許是由相同因素所造成。假定採購單位買了品質較差的原料，雖然反映有利價格差異。然而，原料在投入生產時，可能會造成比預期還多的浪費，也就是造成不利的原料數量差異。由於劣質品所引起的較高不良率，會影響工人的生產效率，且機器有當機的情況，反而要技術高的人員來操作，更導致不利的人工工資率差異，且可能影響人工效率差異。

另外，工人有過多壓力、疲倦的加班，導致使用更多的時間，會同時產生不利原料數量及人工效率差異。因為使用更多原料，生產單位從倉庫領料，可能造成超額領料和缺貨，因而發生緊急採購。這種緊急採購導致採購成本增加，所以不利價格差異增加。

人工差異分析的重要性，會隨著生產自動化程度的增加而減少，導入自動化生產作業，可增加生產力及品質，並降低產品成本。當採用自動化設備，需要更高層次技術工人，而低層次直接人工逐漸被淘汰。在此情況下，直接人工工資率差異變得不重要。由於自動化生產作業，所需的工人人數較少，甚至達到無人化的境界，此時人工效率差異也變得不重要。

在某些公司，自動化並未全面實施，在此情況下直接人工仍屬於重要成本因素。在整廠整線自動化的情況下，直接人工變得更不重要，效率衡量是有賴機器操作速度而不是工人個人的速度。因此機器效率衡量，變得較工人效率的衡量重要，亦即人工效率差異為較不重要的資訊。

得到差異分析的結果後，再將差異部分歸屬到相關單位，降低以後發生差異的機會。對於有利差異和不利差異的部分，都要追究其原因。差異的產生可能是人為的因素所造成，也可能是預算的估計不夠客觀。如果公司採用資訊即時系統，實際成本資料可隨時蒐集，標準成本也隨時更新，所以差異數會降低。如果欲降低當期成本，可將差異分析的觀念，應用到非財務面的資料。例如設定每個產品製造時間的上下限，如果差異超過可接受的製造時間範圍，可採用例外管理的方式，對特殊差異作個別處理。

8.3 彈性預算與差異分析

產品成本的三項要素為直接原料成本、直接人工成本和製造費用。前二項成本屬於變動費用，預算編製的程序較為簡單；製造費用的成本習性為混合成本，包括變動費用和固定費用兩部分，所以製造費用預算的編製要考慮成本習性分析。

8.3.1 靜態預算和彈性預算

編製預算的方法有**靜態預算** (static budget) 和**彈性預算** (flexible budget) 兩種，在編製程序方面，靜態預算較為簡單。所謂靜態預算是指預算的編列，只依據一個既定的產能水準，不會因情況的改變而調整。相對的，彈性預算則是指所設定的產能水準，不是單一水準，而是在某一範圍內的各項產能水準，在實際數發生時，再選用較切實際的預算標準。

下面以幸福公司為例，用直接原料來說明靜態預算差異與彈性預算差異。幸福公司製造裝飾品，製成品之直接原料標準成本如下：每單位裝飾品耗用直接原料 5 單位，每單位直接原料標準成本 $7.35。1 月份預算生產製成品 1,000 單位，實際生產量 900 單位，實際耗用直接原料 4,500 單位，直接原料之實際成本為每單位 $7.50。直接原料**彈性預算差異** (flexible-budget variance) 為 $675 不利，係因每單位實際價格 $7.5 高於預計價格 $7.35 所產生的不利價格差異 ；直接原料**靜態預算差異**

(static-budget variance) 為 \$3,000 有利，因為彈性預算差異為 \$675 不利以及生產數量差異 \$3,675 有利所組成的結果。

直接原料彈性預算差異計算過程如下：

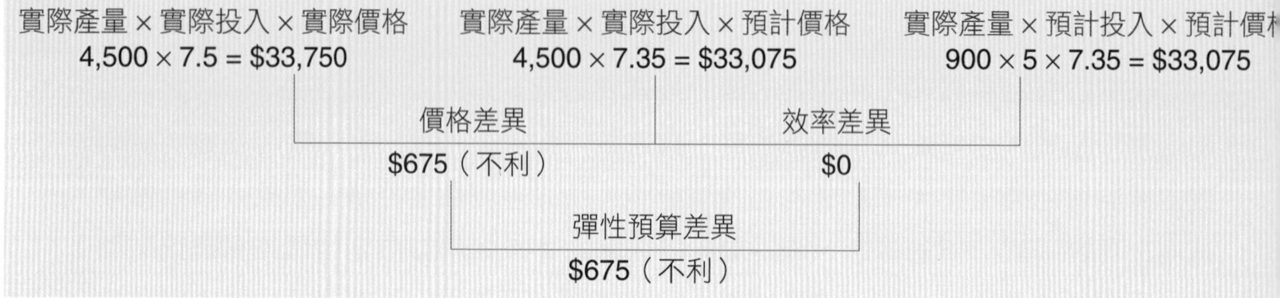

直接原料靜態預算差異計算過程如下：

在表 8.2 中，比較靜態預算與彈性預算的差異，假設電費會受到機器運轉時數的影響，生產單位的電費每小時為 \$100，如果每部機器每天運轉 8 小時，有 100 臺機器，每個月工作 25 天，則靜態預算的產能水準為 20,000 小時。但在實際上，機器運轉時數會受到其他因素的影響，例如市場需求量。所以在彈性預算的編列，考慮了三種不同的產能水準。

彈性預算的適用性較高，預算標準可隨實際情況來選擇一個較客觀的產能水準作標準。如同樣使用表 8.2 的資料，假設實際的產能為 18,000 機器小時，所實際花費的電費為 \$1,850,000。如果採用靜態預算，則電費標準數為 \$2,000,000，與實際電費相比較，產生 \$150,000 有利差異，因為實際數低於標準數。如果採用彈性預算，則電費標準數為 18,000 機器小時的預期電費 \$1,800,000，再與實際電費相比較，其結果為 \$50,000 不利差異。由此看來，使用彈性預算較能客觀地衡量績效。

表8.2　靜態預算與彈性預算

	靜態預算	彈性預算		
產能水準（機器小時）	20,000	18,000	20,000	22,000
預期電費（每小時 $100）	$2,000,000	$1,800,000	$2,000,000	$2,200,000

至於產能水準的選擇，在表 8.2 上是以機器小時為基礎，屬於以投入因素 (input) 為衡量基礎，資料較容易掌握，並且較客觀。如果採用產出量 (output) 為衡量基礎，會產生較多的困難，資料不易即時得到，要等生產程序完成後才有資料。另外，如果同一部機器生產不同產品，例如製鞋機可生產男鞋和女鞋，如果以製造鞋的數量做為機器所耗電費的分攤基礎來編列預算，此為不合理的現象，因為每一種鞋的製程時間不同，當然所耗的電費會因為鞋的種類而不同。

8.3.2　彈性預算的編製

幸福公司編製 10 月份的製造費用彈性預算表，全部費用區分為變動和固定兩部分，根據 18,000、20,000 和 22,000 三種機器小時來編製彈性預算。

表8.3　製造費用的彈性預算

幸福公司 10 月份製造費用的彈性預算表			
預期產能水準（機器小時）	18,000	20,000	22,000
變動製造費用：			
間接原料成本 ($60)	$1,080,000	$1,200,000	$1,320,000
間接人工成本 ($80)	1,440,000	1,600,000	1,760,000
水電費 ($40)	720,000	800,000	880,000
	$3,240,000	$3,600,000	$3,960,000
固定製造費用：			
監工人員薪資	$ 152,000	$ 152,000	$ 152,000
設備折舊費用	720,000	720,000	720,000
保險費	36,000	36,000	36,000
	$ 908,000	$ 908,000	$ 908,000
總製造費用	$4,148,000	$4,508,000	$4,868,000

由表 8.3 得知，總變動製造費用會隨著產能水準的增加而增加，但總固定製造費用 $908,000 都保持不變。上述的總製造費用也可以下列的公式來表示：

總製造費用預算 =（單位變動製造費用預算 × 預期的產能水準）+ 總固定製造費用預算 (1)

把表 8.3 的資料代入上面的彈性預算公式，可得到下列的結果，與表 8.3 上的總製造費用的結果相同。

產能水準	計算過程		總製造費用
18,000	$180 × 18,000 + $908,000	=	$4,148,000
20,000	$180 × 20,000 + $908,000	=	$4,508,000
22,000	$180 × 22,000 + $908,000	=	$4,868,000

這種以公式計算的方式，所費的時間較列表方式少，可作為會計人員編列初步概略預算的方法。由於計算簡單，可依實際情況來計算製造費用的彈性預算。

8.3.3 實際成本、正常成本和標準成本

產品成本的計算可採用實際成本、正常成本和標準成本中的任何一種方法。如同表 8.4 所示，實際成本法下的產品成本，每一項成本要素計算都採用實際單位成本乘上實際產能的結果。**正常成本法** (normal costing) 下，原料成本和人工成本的計算方法與實際成本法相同；唯製造費用部分，要把估計單位成本乘上實際產能。至於標準成本法，每一項成本要素計算都採用估計單位成本乘上預期產能的結果。

表8.4　實際成本、正常成本和標準成本

	實際成本	正常成本	標準成本
原料成本	AP × AQ	AP × AQ	SP × SQ
人工成本	AP × AQ	AP × AQ	SP × SQ
製造費用	AP × AQ	SP × SQ	SP × SQ

*AP：實際單價
AQ：實際數量
SP：標準單價
SQ：標準數量

實際成本、正常成本和標準成本的採用各有其優缺點，管理者可評估其組織資料的可行性，選擇一種適當的方法來計算產品成本。實際成本法的優點是資料來自於實際數目，所以較正確與客觀。但對於間接成本的蒐集較不能即時，所以有時因為要等某些會計項目的結清，產品成本才能計算出來，無法即時提供產品成本的資訊。相對的，標準成本法下，每項成本資料都來自於估計數，可隨時提供產品成本資訊，但因實際數與預算數往往有差距，成本資料較不正確。所以，正常成本法可說是較好的一種方法，對於直接成本部分，採用實際成本法；對於間接成本部分，採用標準成本法。如此，正常成本法可提供客觀、即時的資訊。

 *8.3.4* 產能水準的選擇

在傳統的製造環境，產能水準大都以人工小時為基礎，全部工廠用單一基礎。接著機器生產作業漸漸取代人工作業，則採用機器小時產能水準的基礎。如同前面的釋例，變動製造費用會隨著產能水準的變化而呈正比例的增減。隨著科技的進步，自動化生產程度愈來愈高，尤其是電腦整合製造的作業方式，產能水準的基礎大都與機器小時或製程時間有關。

產能水準的選擇，從單一基礎改為多重基礎，也就是把性質類似的成本集中一起，選擇一個合適的基礎。這種觀念源自於作業基礎成本法的觀念，把製造費用內的各項會計項目列出，同類型的成本可採用同一個成本動因，以客觀的方式來計算彈性預算。

另外，產能水準的基礎以非財務面的成本動因為原則，其主要原因有兩個，其一為財務面的成本動因會隨物價波動，當通貨膨脹時，產品成本自然會上漲。第二項原因是與人工成本有關，由於生產作業需要多人幫忙，工資率會隨參與工人的技術而不同。對公司而言，採用投入因素的成本動因為產能水準的標準，資料的取得較容易且客觀。

當產能水準的基礎選定後，可計算製造費用率。以幸福公司為例，假設預期產能為 20,000 機器小時，變動製造費用預算為 $3,600,000，固定製造費用預算為 $908,000。如表 8.5，變動製造費用率為 $180，固定製造費用率為 $45.4，每個機器小時的製造費用率為 $225.4。

表8.5 製造費用率的計算

	預算費用	預期產能（機器小時）	製造費用率
變動費用	$3,600,000	20,000	$180.0
固定費用	908,000	20,000	45.4
	$4,508,000		$225.4

8.4 製造費用的差異分析

由於製造費用包括多項會計項目，有些屬於變動製造費用，有些則屬於固定製造費用。本節以幸福公司為例，來說明變動製造費用的差異，和固定製造費用的差異。

8.4.1 製造費用的差異數

幸福公司在 10 月份製造 9,000 張桌子，每張桌子需要 2 個機器小時才能完成，所以在實際產量下所允許的標準時數為 18,000 個機器小時 (= 2 × 9,000)。從表 8.3 上得知 10 月份的製造費用預算如下：

變動製造費用	$3,240,000
固定製造費用	$ 908,000

從會計記錄上得知，幸福公司在 10 月份的實際支出如下：

變動製造費用	$3,422,500
固定製造費用	$ 950,000
實際機器小時	18,500

本節的差異分析將採用上述的基本資料，來計算各項的差異。

1. 變動製造費用差異

變動製造費用差異的一種為**變動製造費用支出差異** (variable overhead spending variance)，係指實際發生的變動製造費用和依實際工時計算的標準變動製造費用之間的差異數，其計算公式如下：

變動製造費用支出差異 =（實際工時 × 實際分配率）–（實際工時 × 標準分配率）= 實際工時 ×（實際分配率 – 標準分配率）　(2)

變動製造費用差異的另一種為**變動製造費用效率差異** (variable overhead efficiency variance)，係指按生產所需實際耗用小時計算的變動製造費用，與依標準工時所計算的變動費用之差異數，其計算公式如下：

變動製造費用效率差異 =（實際工時 × 標準分配率）–（標準工時 × 標準分配率）=（實際工時 – 標準工時）× 標準分配率　(3)

幸福公司在 10 月份的變動製造費用的實際數與預算數如下：

總差異數 $182,500，可再細分為效率差異和支出差異，在表 8.6 上可明確得知各項差異的計算，以下為各項變數的代表意義。

SVR	標準變動費用分配率
SH	標準工時
AH	實際工時
AVR	實際變動費用分配率

從表 8.6 的分析看來，總差異 $182,500 可區分為效率差異 $90,000 和支出差異 $92,500。以公式方式來說明各項差異的原因。首先，說明變動製造費用的效率差異公式。

表8.6　變動製造費用差異分析

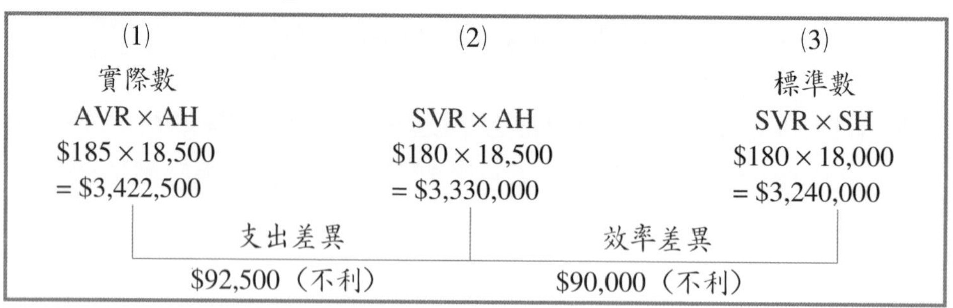

(1) 實際數 AVR × AH $185 × 18,500 = $3,422,500	(2) SVR × AH $180 × 18,500 = $3,330,000	(3) 標準數 SVR × SH $180 × 18,000 = $3,240,000
支出差異 $92,500（不利）		效率差異 $90,000（不利）

由上面計算過程看來，支出差異的起因為實際變動製造費用率 $185 高於標準變動製造費用率 $180，每個機器小時多付 $5 (= $185 − $180)，這種情況屬於不利的差異。

變動製造費用的效率差異 $90,000，是因為實際時數 18,500 機器小時，高於標準時數 18,000 機器小時所造成的。此項差異可由生產部門主管來負責，因為這是由生產無效率所造成的不利差異。反之，如果實際時數低於標準時數時，則為有利差異，因為生產作業有效率。

如果實際變動製造費用率低於標準變動製造費用率，則產生有利的差異。管理者要分析支出費用超過標準數的原因，明確的區分為可控制或不可控制，除了物價波動不易控制外，其他因素要盡量控制減少不利的差異。

2. **固定製造費用差異**

在一定攸關範圍內，固定製造費用不會受生產活動變動而改變。固定製造費用差異可分為預算差異和產能差異，固定製造費用預算差異又稱為固定製造費用耗費差異，其公式如下：

固定製造費用預算差異 = 固定製造費用實際數 − 固定製造費用預算數	(4)

固定製造費用產能差異又稱為固定製造費用生產能力利用差異，其公式如下：

固定製造費用產能差異 = 固定製造費用預算數 − 固定製造費用標準數 =（正常產能時數 − 標準產能時數）× 估計製造費用率	(5)

就幸福公司而言，固定製造費用的實際數與預算數和標準數的差異分析如下：

固定製造費用的預算差異 (budget variance) $42,000 屬於不利差異，因為實際支付的費用 $950,000 高於預算數 $908,000。對於固定製造費用的預算差異分析，不必像變動製造費用的差異分析要考慮產能水準的問題，只需比較總數即可，因為總固定費用不會隨產能變動而改變。

至於產能差異 (capacity variance) $90,800，起因於預算數 $908,000 與標準數 $817,200 的差異。由上面的計算過程，可看出差異的原因為正常產能（20,000 機器小時）與所允許的標準產能（18,000 機器小時），其中相差 2,000 機器小時乘上估計固定製造費用率 $45.4。由此推知，幸福公司的生產部門的產能沒有充分利用，而有產能閒置的現象。對產能差異分析的結果，一般也可不必區分為有利或不利差異，因為這項差異不是用來評估部門績效，只是說明預算編列的差異。

8.4.2 差異分析的責任歸屬與發生原因

為有效的控制部門績效，各項差異責任要歸屬到相關單位或人員。由於成本差異源自於實際數和預算數的差距，表 8.7 列出各項差異可追蹤的負責人員或單位。生產部門主管可說是成本差異的主要負責人，尤其是變動費用的差異。

在比較實際結果與預算及標準成本資料後，可做為績效評估的參考。每一項成本差異有很多產生原因，在表 8.8 雖未包括全部原因，但是為一般常見的理由。

表8.7　成本差異的責任歸屬

差　異	負責人員或單位
原料價格差異	採購經理
原料數量差異	廠長、機器操作員、檢驗部門及原料處理人員
人工工資率差異	廠長、人事主管、生產部門管理者
人工效率差異	廠長、部門管理者、生產排程人員、原料處理人員、機器操作人員
製造費用支出差異	變動部分為生產部門管理者
製造費用效率差異	固定部分為最高主管
製造費用產能差異	同人工效率差異的人員或單位 最高主管或生產排程人員

表8.8 成本差異發生的可能原因

差 異	可能原因
原料價格差異	採購價格改變、採購政策改變的影響、採購替代原料、運費成本改變
原料數量差異	原料處理不當、機器操作不當、設備不良、次級原料導致較多廢料、品質檢驗不當
人工工資率差異	產業界工資率變動、雇用經驗不足的人、罷工、員工生病或請休假、調換工人工作
人工效率差異	機器當機、次級原料、監督不當、停工待料、新進員工或無經驗員工、次佳工程規格、不穩定的生產排程
製造費用支出差異	預期價格改變、過度使用間接原料、員工加班改變、機器不良或人事異動、折舊率變動
製造費用效率差異	參考人工效率差異的原因
製造費用產能差異	未充分使用正常產能、缺少訂單、太多閒置產能、有效率或無效率使用現有產能

在日常營運中，一個企業會有多種的差異，管理者不可能控制每一個差異，只能就差異較大的部分，也就是說超過可容忍範圍的部分，來加以控制。成本差異分析的結果，可提供管理者評估績效的資訊，但是對於當期的績效已無法改進，只能可作為下一期改善營運的參考。如果要把差異分析的結果，用來改進當期的績效，則比較非財務面的項目，例如製程時間。如圖 8.1 的統計控制圖 (statistical control chart)，假設製造一張桌子的製程時間差異，在一個標準差下為正負 10 分鐘。在圖 8.1 上的六張桌子的製程時間差異，只有一張桌子的製程時間差異超過可容忍的範圍，管理者只要針對這一張桌子加以管理即可。

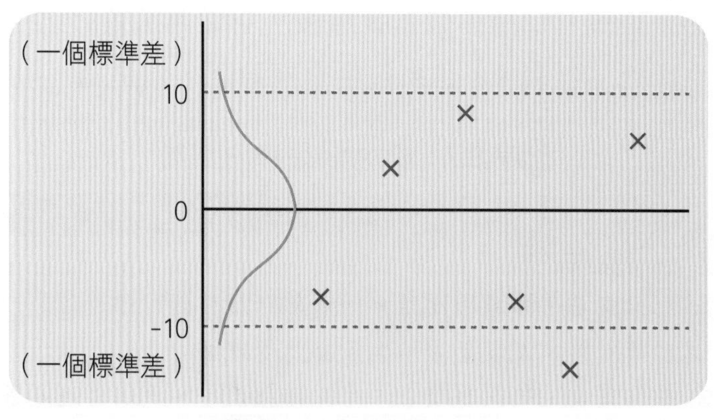

圖8.1 統計控制圖

8.5 平衡計分卡

在競爭激烈的環境下，為求持續的成長與進步，企業經營者需要建立良好的績效評估制度，以便於找出組織的缺點來加以改善。傳統以財務指標為主的評估方式，近年來受到不少批評，多位學者提出新的看法，建議公司主管採用多元化的績效評估指標，可使組織目標易於達成，並且強調各項指標與達成目標所需執行的策略要相配合。企業組織要提升整體績效，應從財務結構、顧客滿意度、企業營運績效和人力資源運用四方面來評估，以改善不良之處，藉著各種策略的實施，來達到利潤最大化的目標。

8.5.1 平衡計分卡的源起

平衡計分卡源自企業實務界，1990 年 KPMG 的研究機構「諾朗諾頓研究所」(Nolan Norton Institute) 贊助了一個長達一年的研究計畫，邀請數家公司與學者專家共襄盛舉，名稱為「未來的組織績效衡量方法」。這項研究計畫出自一個信念：「以財務會計量度為主的績效衡量方法，已經跟不上時代了。」參加這項計畫的人都相信，過分依賴概括性財務績效衡量，會妨礙企業創造未來經濟價值的能力。諾朗諾頓研究所當時的最高執行長 (CEO) 大衛・諾頓 (David Norton) 親自主持這項研究計畫，來自學術界的顧問羅伯・卡普蘭 (Robert Kaplan) 也參與其中。十二家來自製造、服務、重工業和高科技產業的企業參加這項計畫，這些企業代表在那一年中每兩個月聚會一次，共同研商一個嶄新的績效衡量模式。

在研究的初期階段，研究單位曾考慮過不少概念，包括股東價值、生產力和品質的衡量法、新的薪資計畫等；但沒多久，大家的注意力就被這個多角度的計分卡吸引，認為它是一個最可能達到企業要求的衡量方法。經過研究小組反覆討論，計分卡的內容逐漸擴大，圍繞著四個獨特的構面：財務、顧客、內部流程、學習與成長，而組成一個新的衡量系統，稱之為**平衡計分卡 (Balanced Scorecard, BSC)**，此即平衡計分卡的來源。

諾朗諾頓研究所在 1990 年的研究計畫，主要目標在於尋求更適當的績效評估模式，以取代傳統績效評估模式中，對於單一財務指標的依賴。該項計畫的研究結果，由 Kaplan 及 Norton 發表於 1992 年《哈佛商業評論》的一篇文章〈平衡計分卡：驅動績效的量度〉，其後又於 1993 年及 1996 年發表兩篇文章，〈平衡計分卡的實踐〉與〈平衡計分卡在策略管理體系的應用〉；並且於 1996 年出版《平衡計分卡：資訊時代的策略管理工具》，至 2001 年則發表〈從績效評量到策略管理轉變中的平衡計分卡〉，至 2004 年又提出策略地圖、公司治理、無形資產價值等主題，至 2005 年推出策略管理辦公室與策略時間表等新主題。

8.5.2 平衡計分卡架構

所謂平衡計分卡的「平衡」指的是短期和長期目標之間、財務和非財務量度之間、落後和領先指標之間，以及外部和內部績效之間各個構面的平衡狀態。這種模式不僅評估代表過去成果的財務指標 (financial measures)，同時也衡量與顧客滿意度、內部處理程序、組織學習和成長活動有關的作業指標 (operational measures)。平衡計分卡將組織的使命和策略，轉換為綜合的績效指標，使公司能追蹤財務結果，同時監督其營運過程中的非財務指標，如圖 8.2 所示。

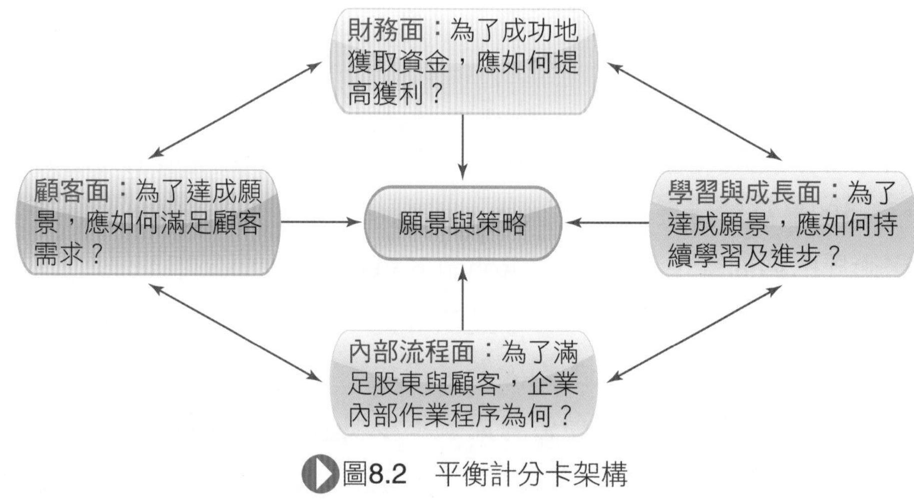

圖8.2　平衡計分卡架構

平衡計分卡模式如圖 8.2 所述，績效評估是從財務、顧客、內部流程、學習與成長四方面著手，各方面彼此要有互動的情況產生。

1. 財務面

在財務面的指標與傳統績效評估指標相類似，仍為營業收入、投資報酬率、現金流量、利潤率和銷售成長率、附加經濟價值等。

2. 顧客面

顧客面包括營業收入、顧客滿意度和市場占有率等，以衡量公司提供給目標顧客的價值主張。

3. 內部流程面

內部流程面可衡量製程時間、不良率、生產力、隨機應變能力。任何公司的管理階層，可依各公司營運性質的不同，來擬定出適合需求的衡量指標。平衡計分卡經常辨認出一些嶄新的流程，組織必須在這些流程上表現卓越，才能在顧客滿意和財務目標上有所表現。

4. 學習與成長面

學習與成長面的範圍涉及新產品開發、製程改良、員工創新力和人員訓練等。企業必須投資於員工的技術再造、資訊科技訓練的加強，以及組織程序和日常作業的調整，才能達到平衡計分卡學習與成長構面追求的目標。

平衡計分卡是一個全方位的架構，適用於營利事業與非營利事業，可幫助管理階層思考組織使命與願景，再把組織的願景與策略變成一套前後連貫的績效指標，如圖 8.3 所示。平衡計分卡把願景與策略轉換成目標與量度，而組成四個不同的構面：財務、顧客、內部流程、學習與成長。透過計分卡轉述願景與策略的架構，也是傳播的語言，它用衡量標準的結果來告訴員工如何驅動目前和未來的成功。此外，可透過計分卡連結組織目標與個人目標，以及達到整體目標。藉此，凝聚組織成員的智慧、能力和知識，共同為長期的經營目標而努力。

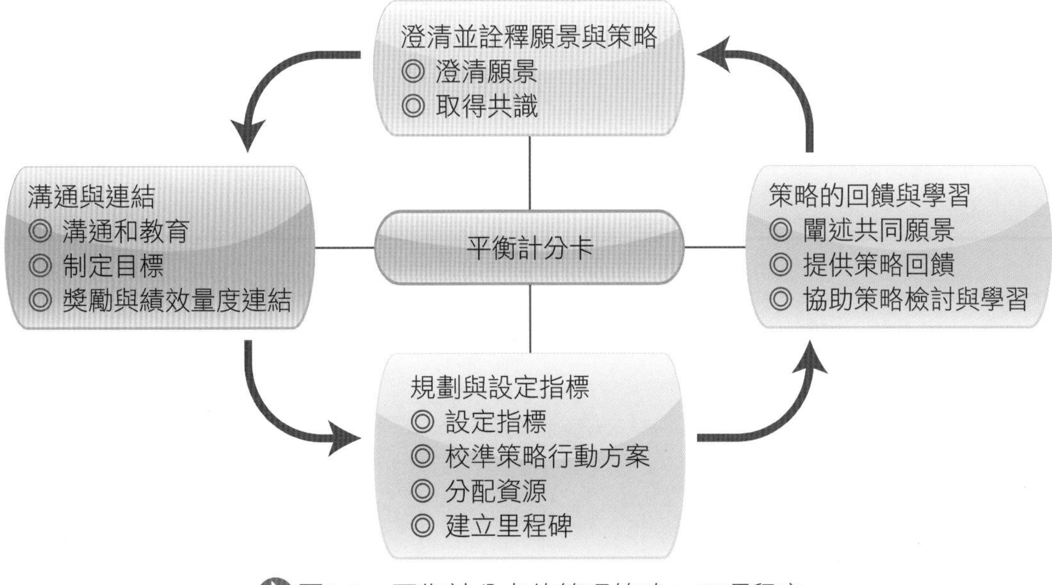

圖8.3　平衡計分卡的管理策略：四項程序

實務應用 平衡計分卡的任督二脈——「連結」和「因果關係」

在全球遍地開花的三陽工業，如何將企業未來的策略設定成目標，並且讓 2,400 名員工落實，是一個相當艱難的挑戰。直到三陽工業引進平衡計分卡，才終於解決這個困境。因為平衡計分卡能夠「平衡」地處理財務和非財務主題、長期和短期目標、內部和外部關係、領先和落後指標等層面，而其中的策略地圖 (strategy map) 又是一個有效的圖解工具，能夠完整呈現策略彼此之間的關連，以及達成目標所需的具體執行方案。

策略目標選擇後，便開始運用平衡計分卡，將策略目標落實。在歷經了許多年的研究和實務上的應用，三陽工業最後將繁複的平衡計分卡整理出兩個重點，分別為：「連結」和「因果關係」。「連結」的重要性在於，策略要能從總部、各事業單位和功能單位之間，從上到下順利無誤地延展。這個概念對應到組織裡，就是三陽總部訂出了「總體策略」——希望能夠透過進軍國際市場，將品牌向外擴張，解決國內市場消費趨緩的問題，並藉此提高市占率；事業單位和功能單位則必須向上承接這項總體策略，然後再在各自所屬的單位內，找出「因果關係」，層層向下發展自己的策略。

參考資料：陳立唐 (2010)，〈【輕鬆讀懂平衡計分卡】平衡計分卡的任督二脈——「連結」與「因果關係」〉，《經理人》，第 66 期。

Kaplan 及 Norton 認為平衡計分卡也可以應用於政府部門，特別強調四個構面可以重新調整。營利事業與政府部門明顯不同之處在於，營利事業是以股東價值極大化為目標，即以利潤為導向；政府部門則以達成任務作為該組織成就的目標，即以成果為導向。因此政府部門在運用平衡計分卡時，必須將「使命」或「任務」轉換成行動，其構面關聯性亦有所不同，如圖 8.4。

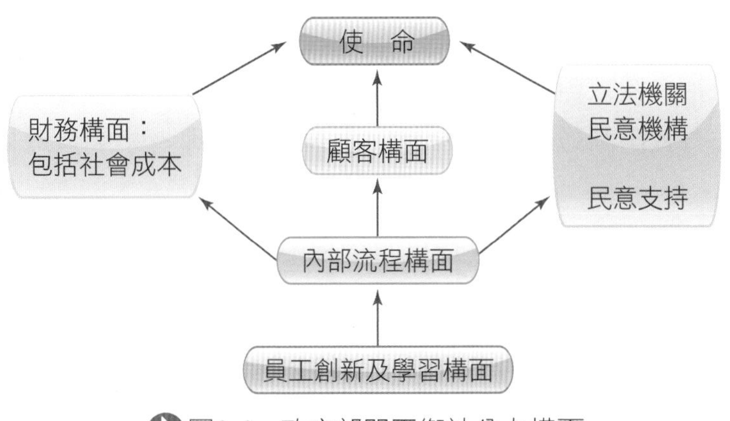

圖8.4　政府部門平衡計分卡構面

 *8.5.3*　建構平衡計分卡的程序

平衡計分卡一開始的設立目標，是為了改善營利機構的管理，並達成組織的營運目標。在美國的許多地方政府及非營利機構，運用平衡計分卡的績效評估模式，且大多數均為成功的範例。因為此種衡量模式結合了組織的策略目標，協助組織尋找存在的價值。其衡量構面並非侷限在財務面的獲利及預算的控制程度，且透過績效衡量與策略管理模式，看到了組織的發展與成長。由此可見，平衡計分卡亦適用於營利事業、非營利事業機構及政府部門。

以平衡計分卡的理論模式，建構出績效評估模式的架構，從管理的本質來看，績效評估是組織達成目標的一種控制程序。一般而言，控制程序包含下列四項基本步驟：

1. 確立標準

首先是設立目標，隨後根據這些目標來評估績效；確立標準的目的在於監督績效表現。值得加以注意的是，所設立的標準必須與組織的核心價值及主要策略目標相結合。

2. 衡量績效

任何績效衡量如欲發揮效用，必須符合以下三個基本要求：(1)衡量的工作必須與標準密切相關；(2)對於某一樣本的衡量必須足以代表整個母體；(3)衡量必須可靠且有效。此外，此一階段需要注意**關鍵績效指標** (Key Performance Indicators, KPI) 的建構，以衡量主要營運績效。

3. **檢測績效是否符合標準**

此一階段也稱為績效監測，主要在比較實際的情況和應該達成的情況兩者之間的偏差程度，唯有找出績效與標準之間的偏差值，管理者才能據以修正、控制。

4. **修正偏差**

前面三個階段的工作，只能算是控制過程中的「發現階段」，第四個階段才是整個控制程序的關鍵。績效管理的主要功能在於修正組織運作上的偏差，若發現偏差而未加以修正，就等於組織失去了控制。

 *8.5.4* 建立策略地圖

本部分以個案方式來說明，有助於讀者了解策略目標建立的思考。快捷公司為流通產業，利用平衡計分卡之理論架構，將快捷公司未來之願景策略整理出四大構面、九項策略目標及二十項績效指標，並繪製成策略地圖。茲就「策略目標的重要程度」，及「關鍵績效指標的考量」設計內涵說明如下：

㈠策略目標的重要程度

快捷公司之長期發展策略，已定調為「發展成為 3C 暨周邊商品之領先行銷通路商」，以此策略主題，再依平衡計分卡之四大構面，發展其策略目標。

1. **財務構面**

快捷公司在財務面的使命應為提高股東價值，創造合理利潤，面對下游連鎖、量販及零售通路日益強勢，毛利率持續下降的市場，要想提高公司獲利，就必須增強與客戶之關係、提高公司或商品的知名度、提升業務人員的談判能力。

2. **顧客構面**

面對愈來愈強勢的客戶，尤其連鎖量販店的蓬勃發展，想要與客戶長期配合，「建立良好的客戶關係」為首要策略目標。除此之外，「分散客戶商品風險」亦為公司應採取之另一策略。唯有不斷針對市場趨勢及商品發展方向，持續開發新商品及新客戶，才不致遭市場淘汰。

3. **內部流程構面**

要成為專業行銷通路商，又處在競爭日益激烈且強調「分工」的時代，「提升專業競爭力」當然為必要的策略目標。供應廠商生產品質的控管及庫存的管理，更是通路業生存的命脈，「建立供應鏈管理機制」的策略目標由此而生。

4.學習與成長構面

隨著電子科技日新月異，商品不斷推陳出新，商品生命周期愈來愈短，「提升員工知識技能」才能掌握市場趨勢及商品發展方向。同時希望能夠強化員工的向心力，進而達成「提升員工績效」的另一個策略目標。

㈡關鍵績效指標的考量

依據前段所述「策略目標」內容，設計四大構面之各項績效衡量指標。

1.財務構面

由於快捷公司在此微利時代，想要維持獲利能力，只有二個方法，一是增加收入，二為降低成本。

2.顧客構面

快捷公司得以成為專業行銷通路商最大的競爭利基在於產品組合完整，能滿足客戶一次購足的需求；以及與客戶維持良好的關係，提高其與公司持續甚至加強往來的意願。

3.內部流程構面

快捷公司的競爭利基在於有完整的產品組合，且商品必須不斷推陳出新，因此在內部流程上必須強化新商品開發能力，同時要能有效控管供應廠商產品的品質，以及迅速確實的物流服務。另外，庫存的管理也在通路商的營運上占有重要的地位。至於降低不良率，可維持良好顧客關係。

4.學習與成長構面

公司希望藉由良好的福利制度、優質的管理與工作環境，提升員工的滿意度及向心力，進而提升員工對公司的貢獻。藉此，有助於生產力提升。

㈢策略地圖的範例

快捷公司願景為「發展成為 3C 暨周邊商品之領先行銷通路商」，以此為主軸，設計四大構面、九項策略目標及二十項績效衡量指標。表 8.9 列示各項重要的策略目標。

表8.9 策略目標分析

構　面	策略目標
財務構面	提高獲利能力 營業收入成長 降低整體營運成本 增加投資報酬率
顧客構面	維持良好顧客關係 增加新客源 減少完成顧客訂單時間 降低顧客抱怨率
內部流程構面	生產力提升 縮短新產品研發時間 降低製程不良率 強化售後服務
學習與成長構面	提高員工績效 提升員工知識與技能 增加資訊系統可利用性 提高員工滿意度

各構面中最高之策略目標，分別為財務構面之「提高獲利能力」，顧客構面之「維持良好客戶關係」，內部流程構面之「生產力提升」及學習與成長構面之「提高員工績效」。

依據前述結果，試繪出快捷公司策略地圖如圖 8.5，將企業願景、策略目標、關鍵績效指標，以策略地圖方式呈現。

實務應用　重視績效目標與量化指標

振躍精密的主產品是精密鋼珠滑軌，專為全球大型辦公傢俱、廚具、汽車與創新產業大廠，提供物超所值與創新服務的精密滑軌大廠；其所生產的產品不僅榮獲美國第二大辦公家具廠評為亞洲供應商第一名；其產品更獲得臺灣精品獎、工業精銳獎等殊榮。振躍精密能有這麼好的成果，董事長陳萬來先生在公司經營上自有一套方法，採用平衡計分卡 (BSC) 及關鍵績效指標 (KPI) 等管理工具，將績效量化以確實掌握企業的整體表現。

參考資料：振躍精密 http://www.martas-online.com

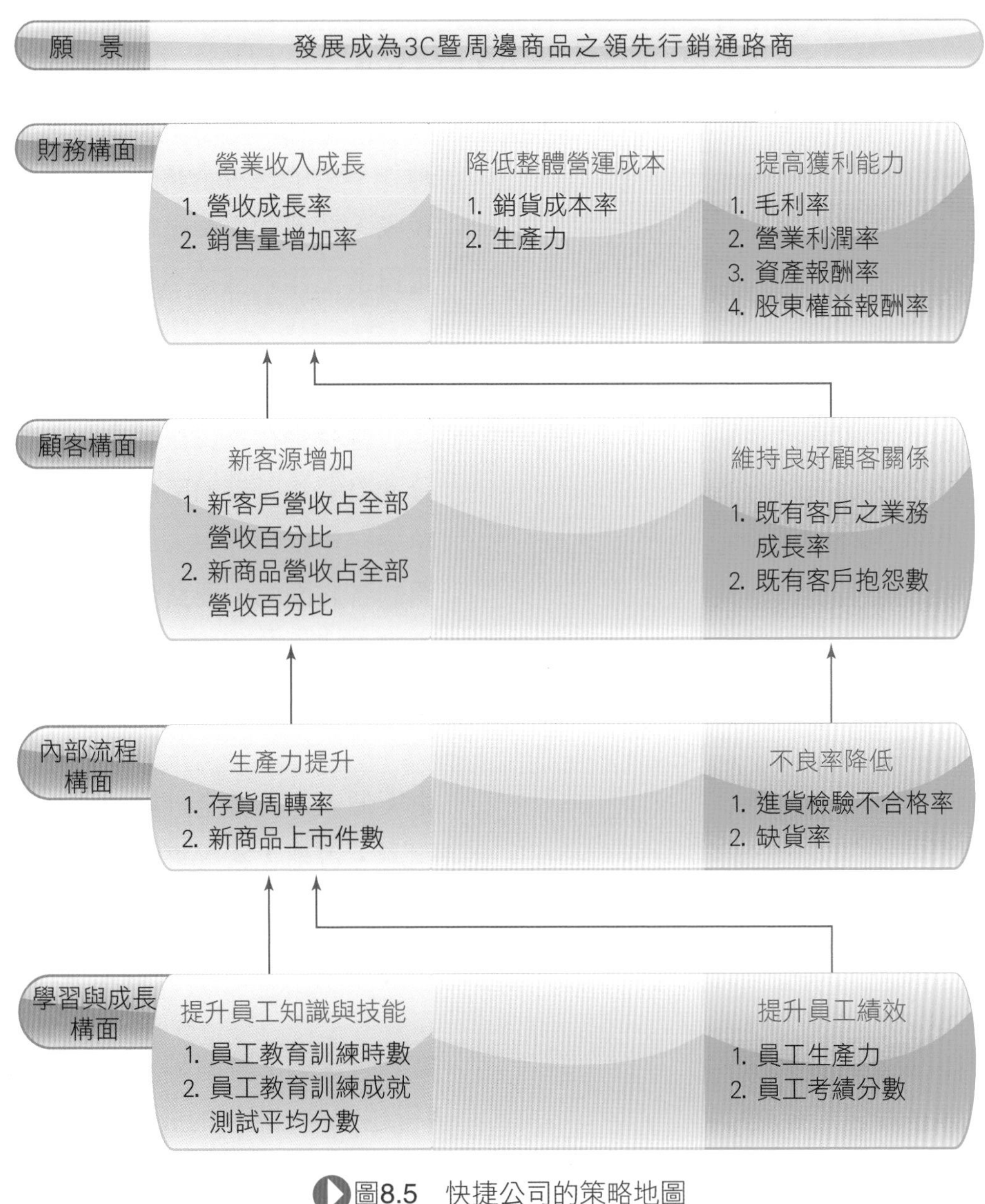

圖8.5　快捷公司的策略地圖

8.5.5　策略管理辦公室

改善營運流程與創造新產品，是一般公司為求生存所必須做的事。有些公司在開始擬訂新策略時，著重於這些方面的改良與創新，可能經過一年的時間，卻仍看不出這些新策略對經營績效產生哪些效用。為檢討新策略的落實問題，企劃部應負責提出檢討與改善建議報告。

有關新策略無法落實到日常營運作業問題，可能的主要原因為高階主管對新策略重點，在推動初期沒有提出明確的書面與口頭說明，再加上公司既有管道缺乏宣導新策略的機制，使得公司內多數人對新策略的認識不足或根本不知道有此事，因此就談不上各部門為推動新策略所需做的配合動作。也就是說企業的策略形成和策略執行之間，存在著斷層現象。這種溝通不良現象，在我國企業是個普遍問題，特別是各公司因為人事精簡，使得員工每天要應付日常工作就應接不暇，對新策略關注的時間當然不足。

再者，企業編列年度預算的人員與時間，與規劃策略的人員和時間往往不同，所以會形成新策略計畫缺乏預算來執行；此問題也會發生在人員派遣方面，新計畫缺乏適當的人員來執行，更談不上執行績效部分。為解決新策略所研擬的新計畫缺錢缺人問題，企業最高領導人應要求每年新策略要在年度預算與人員編制規劃執行期間前提出，並邀集新策略、年度預算、人員編制各方面的主要負責人，一起共同商討新策略所研擬各個計畫的執行可行性；如經過正式行政程序通過的新計畫，就應該有預算和人力來執行，並且要有定期績效考核機制，以考核計畫執行進度與成果，有助於及時處理問題和提升績效。

為鼓勵員工執行新計畫，可將績效考核結果與個人年終獎金計算呈現一定程度的相關性，使個人努力方向與企業發展目標有關聯；否則，新計畫的執行結果會隨著時間增加，執行成果會因為熱度減少而降低績效。所以績效考核和獎酬制度，需要與新策略發展目標和預定績效水準相結合，讓執行新計畫的人員有較多的動力來努力完成目標。

為有效推動新策略的執行成果，高階主管需要有足夠的時間和人才來研擬新計畫，特別是關係到新流程和新產品的開發，計畫得越周密，未來的成功機率也較高。如果公司規模夠大，例如員工人數上千人，可以考慮成立**策略管理辦公室 (Office of Strategy Management, OSM)**，參考美國哈佛大學 Kaplan 教授提出的理論，策略管理辦公室主管就像是企業執行長的幕僚長。策略管理辦公室負責工作包括：(1)統籌溝通企業總部的策略，確保公司整體層級的計畫，可以有效轉化為各個單位和部門層級的計畫；(2)採取行動方案來落實新計畫；(3)將員工個人專業發展目標與企業策略性目標結合在一起；(4)設計考核與獎酬制度和策略發展目標相配合，定期衡量工作成果；(5)定期檢討新策略，提出必要的改善計畫，以隨時保持企業的競爭力。雖然策略管理辦公室的理論，有些延續平衡計分卡的理論，但 Kaplan 教授也表示，策略管理辦公室的成功經驗，也適用於尚未採用平衡計分卡的企業。

本章彙總

採用標準成本法，有助於成本控制和產品成本估價。本章先介紹原料價格差異、原料數量差異、人工工資率差異和效率差異。每一種差異的計算方式和所代表的意義，在本章中有詳細的說明。另外，有釋例說明差異數的會計處理過程。

製造費用是由多項成本所組成，有些與產能水準有比例關係，屬於直接成本，其他則為間接成本。製造費用預算編列的方法有兩種，一為靜態預算，另一為彈性預算，其中以彈性預算較合適於現在的製造環境。

比較實際數與預算數的差異分析，在製造費用方面較複雜，可分為變動製造費用支出差異、變動製造費用效率差異、固定製造費用預算差異和固定製造費用產能差異。差異分析的主要功用是績效評估，製造費用績效報告可提供更詳細的差異資料，更有利於差異的控制。

產品成本的計算方法有實際成本法、正常成本法和標準成本法。實際成本法的優點為資料正確，其缺點為不即時。相對的，標準成本法可提供即時資料，但不夠正確。因此，正常成本法可說是三者之中較好的方法，較符合資訊客觀和即時的原則。

企業的績效評估方法，可採用財務面指標與非財務面指標的平衡計分卡，多元化的績效評估模式，同時可顧及組織策略的發展。從財務面、顧客面、內部流程面、學習與成長面，來衡量組織整體績效。為使讀者了解平衡計分卡的應用，本章以個案方式說明如何建立策略地圖，使組織的策略目標與績效指標做連接。此外，還介紹策略管理辦公室，以加強平衡計分卡在平常營運的應用。

關鍵詞

標準成本 (standard cost)
產量成本法 (throughput costing)
不利差異 (unfavorable variance)
有利差異 (favorable variance)
例外管理 (management by exception)
理想標準 (ideal standard)
現時可達成標準 (current attainable standard)
基本標準 (basic standard)
原料價格差異 (material price variance)
原料數量差異 (material quantity variance)
人工工資率差異 (labor rate variance)
人工效率差異 (labor efficiency variance)
靜態預算 (static budget)
彈性預算 (flexible budget)
彈性預算差異 (flexible-budget variance)
靜態預算差異 (static-budget variance)
正常成本法 (normal costing)
變動製造費用支出差異 (variable overhead spending variance)
變動製造費用效率差異 (variable overhead efficiency variance)

平衡計分卡 (Balanced Scorecard, BSC)
關鍵績效指標 (Key Performance Indicators, KPI)
策略管理辦公室 (Office of Strategy Management, OSM)

作　業

一、選擇題

(　) 1. 對例外管理的描述何者不正確？ (A)是一項符合經濟效益原則的管理方法 (B)只針對差異較大的部分進行調查 (C)管理者對每一項差異均需調查清楚 (D)可明確了解責任的歸屬。

(　) 2. 有關標準成本制度之敘述，下列何者正確？①有助於控制成本②有助於預測成本③有助於減少廣告費用④有助於評估員工績效⑤有助於管理人員進行例外管理 (A)①④⑤ (B)①②④⑤ (C)①②③④ (D)①②③④⑤。 【104 年高考】

(　) 3. 下列何種成本法最可避免公司管理當局透過生產數量操控，以進行盈餘操弄： (A)變動成本法 (variable costing) (B)標準成本法 (standard costing) (C)產量成本法 (throughput costing) (D)作業基礎成本法 (activity-based costing)。 【103 年高考】

(　) 4. 下列哪些項目是標準成本的功能？①標準成本有助於預算編製②標準成本有助於成本控制③標準成本有助於存貨成本的決定 (A)①② (B)①③ (C)②③ (D)①②③。 【101 年地方特考】

(　) 5. 保達公司在分攤服務部門費用給生產部門時，希望由服務部門績效評估的觀點來分攤成本，請問下列那一分攤方式最符合績效評估觀念？ (A)根據標準成本分攤，並將變動成本與固定成本合併計算分攤率 (B)根據實際成本分攤，並將變動成本與固定成本合併計算分攤率 (C)根據標準成本分攤，並分別計算變動成本與固定成本分攤率 (D)根據實際成本分攤，並分別計算變動成本與固定成本分攤率。 【105 年會計師】

(　) 6. 在標準成本制度下，期末將各項成本差異全數結轉銷售成本，下列敘述何者錯誤？ (A)在此法下，係將全部之差異均視為期間成本 (B)由此法所編製之損益表，並無法直接得知依標準成本求得之銷貨毛利 (C)當各項成本差異金額不重大時，此法符合一般公認會計原則 (D)在此法下，期末在製品存貨於資產負債表中係以實際成本列示。 【104 年會計師】

(　) 7. 一般而言，原料價格差異應由誰負責？ (A)生產部門經理 (B)採購部門經理 (C)倉儲部門經理 (D)總經理。

(　) 8. 乙公司製造產品 S 之每單位直接人工標準成本為 $75，每小時標準工資率為 $15。該公司於 7 月份生產 12,000 單位產品 S，共計耗用 64,000 直接人工小時（每小時工資率

為 $14.50)，則當月份直接人工效率差異為：(A) $32,000 有利　(B) $32,000 不利　(C) $60,000 有利　(D) $60,000 不利。【103 年高考】

(　) 9. 會計數字透過比較方賦予增減意義，會計績效評估不採用以下何項之比較？(A)前後期實際數之比較　(B)實際數與標準之比較　(C)本公司實際數與同產業內競爭對手實際表現之比較　(D)標準與預算數之比較。【102 年鐵路特考】

(　) 10. 下列關於產能水準的描述，何者正確？(A)過去多以機器小時為基礎　(B)現代較常使用非財務面的成本動因為基礎　(C)目前多採用單一分攤率　(D)以上皆是。

(　) 11. 甲公司使用標準成本法，5 月份直接原料之差異分析結果顯示直接原料彈性預算差異為 $4,500 有利差異，價格差異為 $8,250 有利差異，效率差異為 $3,750 不利差異。有關此差異分析結果之敘述何者正確？(A)直接原料預算中可彈性使用金額較預期為多　(B)直接原料之實際使用量低於標準允許使用量　(C)直接原料之實際採購品質高於標準採購品質　(D)直接原料之實際採購成本低於標準採購成本。【103 年普考】

(　) 12. 當生產線上發生停工待料的情形時，可能會造成：(A)原料價格差異　(B)人工工資率差異　(C)人工效率差異　(D)製造費用支出差異。

(　) 13. 甲公司對其製造的某產品採標準成本制度，以直接人工小時為製造費用分攤基礎，下列為該產品某月份之預算與實際相關資料：

預計產出單位	15,000 單位
預計直接人工小時數	5,000 小時
預計變動製造費用	$161,250
實際產出單位	22,000 單位
實際直接人工小時數	7,200 小時
實際變動製造費用	$242,000

請問該產品當月份之變動製造費用彈性預算差異數為多少元？(A) $4,300 有利　(B) $4,300 不利　(C) $5,500 不利　(D) $5,500 有利。【103 年會計師】

(　) 14. 有關是否應對成本差異進行調查，下列敘述何者正確？①應對所有差異進行調查②只對不利差異進行調查③應對金額重大之差異進行調查④應對占成本比率高之差異進行調查　(A)③　(B)③④　(C)②③④　(D)①②④。【105 年高考】

(　) 15. 下列關於平衡計分卡的敘述何者有誤？(A)起源自企業實務界，是從諾朗諾頓研究所的一項研究計畫開始發展的　(B)是由四個財務構面組合而成的　(C)可將組織的使命與戰略轉換為綜合的績效指標　(D)不僅可應用於企業，亦能應用於政府部門的績效評估。

(　) 16. 下列何項屬於平衡計分卡中「內部流程構面」的非財務衡量指標？(A)產品重製成本　(B)市場占有率　(C)員工流動率　(D)訂購前置時間。【103 年會計師】

( ) 17.建立平衡計分卡制度的第一個步驟是： (A)研究顧客的需求 (B)選擇組織所欲達成的獲利水準 (C)釐清組織的任務與願景 (D)瞭解市場的趨勢與變化。 【104 年會計師】

( ) 18.在平衡計分卡中，下列何者是學習與成長構面指標所欲衡量的內容：①組織是否鼓勵員工提供改善之建議②組織是否給員工適當的授權③組織是否能提供顧客良好的售後服務 (A)僅①正確 (B)僅①②正確 (C)僅②③正確 (D)僅①③正確。

【104 年會計師】

( ) 19.下列何者不是一套良好的平衡計分卡所具備的特質？ (A)明確顯示各個構面策略目標的因果關係 (B)包含所有可能的衡量指標以求衡量之完整性 (C)設定每個目標所欲達成的績效水準 (D)連結策略規劃與預算分配。 【105 年會計師】

( ) 20.企業實施平衡計分卡制度時，五力分析是一項策略規劃之方法。下列何者非五力之來源？ (A)來自供應商的議價壓力 (B)替代性產品或服務加入競爭 (C)來自大眾的企業社會責任壓力 (D)來自顧客的議價壓力。 【105 年普考】

二、練習題

E8–1 雷恩零件公司使用標準成本會計制度來記帳，即 1 單位的產品投入 4 單位的原料，每單位原料標準成本為 $5.5。本月份公司以每單位 $6 的價格購入 250,000 單位的原料，並使用了 199,800 單位的原料製造成 50,000 單位的產品。

試作：

1. 原料價格差異。
2. 原料數量差異。

E8–2 田納西化學公司製造工業用化學品，該公司計畫推出一種新的化學溶液，因此需要發展出一套標準的產品成本制度。此新的化學溶液需要用 A 化合物及 B 溶液混合後加熱，再加入 C 化合物，然後以 20 公升的容器裝瓶。最初的混合物是包含了 24 公斤的 A 及 18 公升的 B，總容量為 22 公升。於煮沸的過程中減少了 2 公升的量。於 10 公斤的 C 化合物加入之前，溶液要稍微冷卻。C 化合物的加入並不會影響此溶液的總容量。

此新的化學溶液製造所需之原料的購買價格如下：

原　料	單位價格
A	$2.0 每公斤
B	2.5 每公升
C	3.0 每公斤

試作：決定此新產品每 20 公升的原料標準成本。

E8–3　艾爾工業公司提供每單位產品在標準成本制度下的主要成本如下：

	標準數量	標準價格或標準率	標準成本
直接原料	10.0 磅	$1.5 每磅	$15
直接人工	0.5 小時	6.0 每小時	3
總　計			$18

在 6 月份，該公司購買了 150,000 磅的直接原料，其總成本為 $240,000。6 月份的總薪資為 $30,000，其中 80% 為直接人工。於 6 月中製造了 20,000 單位的產品，使用了 140,000 磅的直接原料及 4,500 小時的直接人工。

試作：

1. 直接原料的價格差異。
2. 直接原料的數量差異。
3. 直接人工工資率的差異。
4. 直接人工的效率差異。

E8–4　參考保德公司上月份資料如下：

	每單位預算金額	不同產出水準		
單位數	–	4,000	5,000	6,000
銷貨收入	$30	?	?	?
變動成本：				
直接原料	?	$48,000	?	?
燃　料	3	?	?	?
固定成本：				
折　舊		?	$15,000	?
薪　資		?	?	$60,000

試作：填滿上列空格。

E8–5　甲公司製造燈具，製成品之直接材料標準成本如下：每單位燈具耗用直接材料 5 單位，每單位直接材料標準成本 $7.35。1 月份預算生產製成品 2,000 單位，實際生產燈具 1,800 單位，實際耗用材料 9,000 單位，材料之實際成本為每單位 $7.50。請問(1)材料彈性預算差異 (flexible-budget variance) 為何？(2)請問材料靜態預算差異 (static-budget variance) 為何？

E8–6　甲公司預計將在 800 直接人工小時上製造產品，預算的總製造費用是 $2,000，標準變動製造費用分配率預計每直接人工小時 $2 或每單位 $6，本年度實際數據如下：

實際製成品數量	250 單位
實際直接人工小時	764 小時
實際變動製造費用	$1,610
實際固定製造費用	$ 392

試作：變動及固定製造費用差異分析。

Memo

9 預算控制

學習目標

1. 說明預算的概念
2. 編製整體預算
3. 了解其他預算制度
4. 討論預算制度與營運管理

善用預算管理

華邦電子的營運範圍從產品設計、技術研發、晶圓製造到自有品牌行銷全球，致力提供客戶中低密度利基型記憶體解決方案的全方位服務。

華邦電子非常重視預算管理，整個「預算」的過程包括從編列、執行、控制到分析，經營團隊強調預算作為績效評估的工具以及公司資源分配的依據。若計畫執行成果與預期有差異時，必須要能解釋產生差異的原因。其致力於使各項資源能發揮最高的效益，除了有一套完整的營業預算外，該公司的財務預算也十分完善。為確實掌握現金流量，管理部門指派專人負責應收帳款的收現和應付帳款的支付。在每一個期間皆作好現金預算規劃，使管理者充分了解公司在各個期間的資金狀況，有效的運用資金，避免產生資金閒置或不足的現象。

每一個階段的研發與製造過程對最終產品的品質都有很大影響，華邦持續以客戶服務為導向，並集中資源於具競爭力的市場；同時，運用先進的半導體設計及生產技術，結合員工的創意及智慧。華邦電子公司將「誠信經營、當責團隊、熱情學習、積極創新、永續貢獻」的核心價值觀，落實於各項經營活動中，努力朝向世界一流的產品方案供應商目標邁進。

華邦電子股份有限公司 http://www.winbond.com.tw

引　言

introduction

預算編製是組織單位在經濟活動開始之前，必須完成的一項資源分配工作。良好預算制度的執行，有助於資金通盤的規劃，還可減少浪費和無效率的情況產生。

對企業組織而言，管理者需要各種不同的預算，以便於規劃和控制各部門的收入與支出活動。同時，公司可藉著預算制度，讓各部門可在營運之前彼此協調，促使部門之間衝突降到最低。

整體預算為組織的主要預算，其中包括營業預算與財務預算。銷售預測是預算的編製起始點，亦即一切預算是根據銷售預測的結果來編製。因此，高階主管在作銷售預測時，要特別謹慎與客觀，才能提高預算的有用性。本章重點在於討論整體預算的編製程序與報表形式，並且討論參與式預算與零基預算等其他預算，最後說明預算制度在營運管理的應用。

章節架構圖

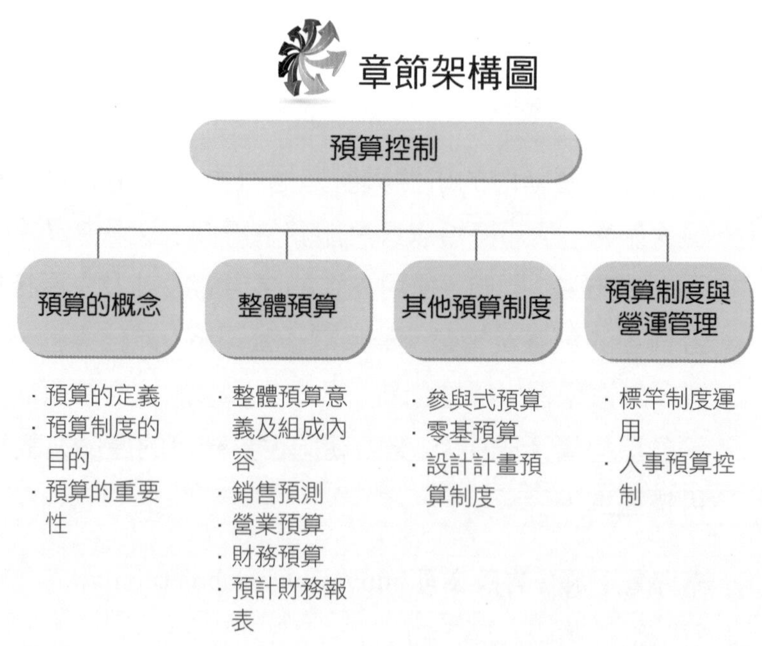

9.1 預算的概念

預算編製對經濟活動的規劃有很大的影響，本節的重點是討論預算的定義和目的，以及預算在管理上所扮演的角色與其重要性。

9.1.1 預算的定義

預算 (budget) 是指在未來的某一特定期間內，說明資金如何取得與運用的一種詳細計畫。換句話說，**預算程序** (budgeting process) 就是企業為達到未來的營業目標，編製各單位的預測性財務報表之程序。基於前述的定義，可以明瞭預算應具有下列三項特性：

⑴必須依循企業的營業目標來編製營運計畫。

⑵強調企業的整體性，亦即組織內各部門或各單位的預算，需以企業整體目標為依歸。

⑶盡量以數量化資料為營運計畫的主要內容。

9.1.2 預算制度的目的

以企業的營業目標和營運計畫為基礎，來編製企業某一段期間的預算，這種過程便組成了所謂的**預算制度** (budgeting system)。在完整的預算制度下，預算具有下列五種目的：

1.規　劃

企業營運有其整體目標，及達成目標的各種方法與途徑。藉著預算的觀念，可使管理階層在擬訂營運計畫的過程中，對事情的看法較具前瞻性。尤其在多變的環境下，高階主管應區分原則性目標，藉此引導中、低階層管理者擬訂各單位的目標來配合整體目標，並透過預算的編製，使未來的計畫予以落實。所以，預算可以使企業的計畫更容易落實，而且管理者可由因應問題的被動角色，轉變為積極參與預測和處理問題的成員。

2.溝通和協調

在預算編製的過程中，企業內某些部門的計畫必須與銷售部門的計畫互相配合。例如，生產部門的生產計畫需根據銷售部門的計畫，來規劃生產排程。另一方面，

高階主管將企業的營業目標傳達給中、低階層管理者，並利用適當的溝通管道，讓各單位將意見反映給相關的主管。由此可見，預算是整個企業營運計畫的資金來源與用途規劃，能反映出企業內各單位的協調結果。因此，為了使組織能有效率運作，需要管理者扮演溝通的角色，不但要做縱向的溝通，也需做橫向溝通。藉此，各部門的管理者彼此可了解相關的計畫內容，對既定的計畫同心協力來達成。

3. **資源分配**

預算能協助企業作資源分配，亦即企業藉由預算的編製，將其人力、資金、時間、設備等等資源，合理地分配給能創造最高營業利潤的計畫。企業經營者會面臨多種計畫，可採用客觀方法，例如利潤率、投資報酬率，以獲利較高者為優先採用。

4. **營運控制**

採用預算的好處，在於能讓管理者了解他們的預期目標。預算可被視為一種標準，再將實際結果與預算做比較。管理者必須找出差異並分析其原因，進而採取修正的行動。如果管理者實際參與預算編製的過程，會使預算執行的可行性提高，因為管理者對其較有認同感，各單位也會盡力配合預算的執行計畫。編列預算所採用的資料，除了歷史資料，尚包括未來的風險評估；至於產業發展與經濟趨勢方面的因素，也可列入預算編製的範圍。在計畫執行時，管理者可隨時將發生的情況與預期成果相比較，以判斷計畫是否繼續進行，或是需做適度的修正方案。

5. **績效評估**

管理者可將預算視為企業績效評估的標準，藉由實際結果與預算數之比較，可以幫助管理者評估個別部門或公司整體的績效。當營業利潤實際結果超出預定目標，或未達到預計目標時，有必要對差異部分進行分析。

 *9.1.3* 預算的重要性

透過預算可使計畫具體表達，同時預算可作為控制的基準，所以規劃、控制和預算三者的關係密不可分。由於規劃和控制是兩大管理職能，可見預算在管理上扮演著極重要的角色，圖 9.1 說明這三者的關係。

預算編製之前，企業應有一套**策略性計畫** (strategic plan)，來表達企業的長期目標（通常三年至五年），和未來營運活動的策略。有了長期的規劃，企業可依此擬

訂出短期目標（通常 1 個月至 12 個月），進而做**戰術性計畫** (tactical plan) 來決定達成目標的方法，其中預算即為戰術性計畫的一部分。在控制方面，管理者需記錄並審核實際活動，將預算與實際結果做比較，找出差異發生的原因，再進一步將所得結果回饋到規劃系統，另一方面可採取正確的行動來處理差異部分。

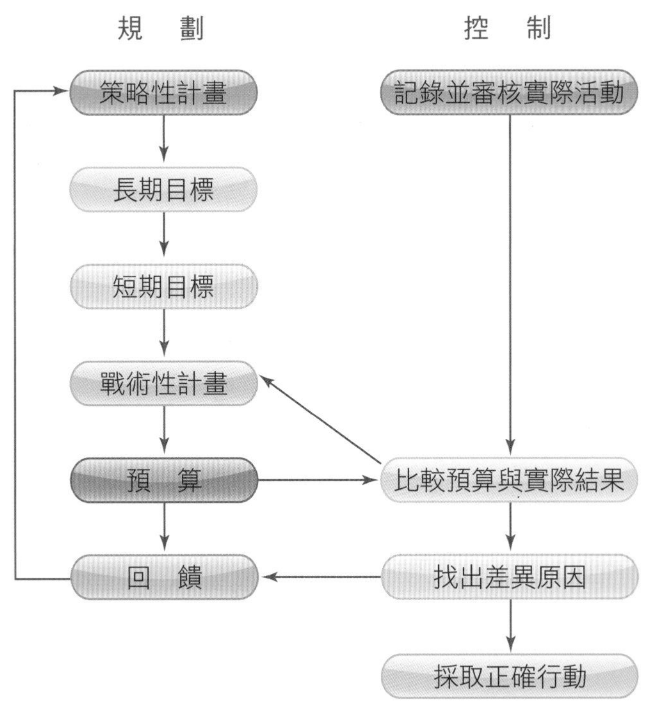

圖9.1　預算與規劃和控制的關係

預算具有下列三項功用：(1)引導管理者往前看，以擬訂企業長期和短期的目標；(2)使企業組織內從高階主管到基層管理人員都能充分協調和溝通，同心協力執行每年的各項計畫；(3)評估企業整體或個別部門的績效，以激勵員工爭取好績效。所以企業預算編製的良窳，與企業的成功經營有很大的關係。

要使所編製的預算有效果，需依循下列幾項原則：

(1)建立企業的長期目標

(2)確認短期目標

(3)決定預算執行長

(4)確認預算編製的所有參與者

(5)獲得高階主管的全力支持與主動溝通

⑹預算需符合真實性
⑺預算資料的適時性
⑻適應多變的環境
⑼追蹤原則

實務應用 汰換耗能設備節能

油電雙漲衝擊民生支出，對產業更是一門挑戰。因此，檢討支出並控制預算，就成為企業在景氣低迷、物價上漲時期需面對的重要課題。許多企業在面臨油電雙漲的威脅時，都選擇以縮編人力、裁減業務支出等方式節流，殊不知透過汰換舊有的耗能設備（如企業 IT 等需用電事務用品）可獲得更好的成果。舉例而言，早期的多功能事務機較偏向影印機的性質，所以要進行列印、掃描、傳真等處理，要透過不同裝置才能完成。若能改成結合各種功能的新機種，就可替企業省下不少時間（減少員工替換裝置的時間）與能源（舊機種較耗電）。

9.2 整體預算

隨著企業組織的擴張，預算編製的程序也愈複雜，因此管理者需要有完整的公司整體預算以及各個部門的單位預算，以作為績效評估的標準。

 *9.2.1* 整體預算意義及組成內容

整體預算 (master budget) 又稱總預算，有時亦稱為營業利潤計畫 (profit plan)。一個預算制度的主要架構就是整體預算，是由企業對未來某一特定期間的許多營運活動所作的各項預算來構成。整體預算係屬企業整體的綜合性計畫，包括**營業預算** (operational budget) 和**財務預算** (financial budget)。營業預算係將企業在未來期間之預計主要營運收入和成本予以彙總，並加以數量化。其中，銷售預算表達企業在未來期間之銷售數量和銷售金額；而生產預算表達企業在未來期間所需生產產品

之數量與金額。財務預算是一種對於企業如何取得與使用資金的計畫，包含現金預算、現金支出預算、現金收入預算或擬制性財務報表。任何企業的管理者，都希望對營業預算和財務預算有良好的規劃。

整體預算的內容，如下列所示：

1. **營業預算**

銷售預算	（表 9.1）
生產預算	（表 9.2）
直接原料採購預算	（表 9.3）
直接人工預算	（表 9.4）
製造費用預算	（表 9.5）
銷售與管理費用預算	（表 9.6）
預計綜合損益表	（表 9.10）
預計銷售成本表	（表 9.11）

2. **財務預算**

現金收入預算	（表 9.7）
現金支出預算	（表 9.8）
現金預算	（表 9.9）
預計資產負債表	（表 9.12）
預計現金流量表	（表 9.13）

如圖 9.2 所列示為整體預算中各預算的關係，編製整體預算的第一步驟是銷售預測，根據銷售預測的結果編製銷售預算，估計企業未來某一段期間的銷售數量及銷售金額。其次，根據銷售預算及預計的製成品存貨水準做生產預算，以推測企業未來某一段期間的生產數量。再者，依據生產預算的生產數量，來編製直接原料採購預算、直接人工預算和製造費用預算。另外，銷售與管理費用預算，也是根據銷售預算而來。根據銷售預算、預計銷售成本表及銷售與管理費用預算則可編製預計綜合損益表。根據現金收入預算、現金支出預算、資本支出預算及其他財務預算，即可編製現金預算，並進一步編製預計資產負債表和預計現金流量表，此時預算編製的過程全部完成。

9.2.2 銷售預測

銷售預測 (sales forecast) 是預算編製過程的第一個步驟，可說是所有預算編列的參考基礎。儘管銷售預測如此重要，但要做到正確的預測是非常困難的。企業的銷售業績是由許多的因素所決定，除了價格是主要因素外，非價格因素如廣告及售後服務也是重要因素。通常企業作銷售預測時，應考慮下列幾項主要因素：

(1)企業過去的銷售情況及發展趨勢。

(2)一般經濟趨勢。

(3)產業的經濟趨勢。

(4)政府或法律上的規定。

(5)企業價格策略。

(6)企業計畫的產品廣告和促銷活動。

(7)預期競爭者的動態。

(8)市場上新產品的進入。

(9)市場研究結果。

(10)其他因素。

實務應用 銷售服務數位化

神腦國際因應數位匯流的消費趨勢，積極投入數位服務，轉型為「神腦數位」。藉此從智慧型手機販售與電信服務商，轉變為數位專業服務公司，業務範圍包括數位產品串連、諮詢、服務及銷售，更強調消費者網上『單點購足』的數位服務。

參考資料：神腦數位 http://www.senao.com.tw

銷售預測的起點，是根據前一年的銷售水準，再考慮上述因素，以決定未來一年的銷售水準。在做銷售預測過程中，從管理人員到推銷人員，每一個人都需做銷售計畫，以提供市場研究人員參考。銷售預測常會使用一些經濟模式和統計迴歸分析等，這些工具有助於企業決定最客觀的銷售水準。銷售預測是預算編製過程中最重要的一步，若銷售預測發生錯誤，則整體預算中各項預算都會有所偏差。

9.2.3　營業預算

如圖 9.2 所列，營業預算涵蓋的各項預算，在此分別予以敘述。

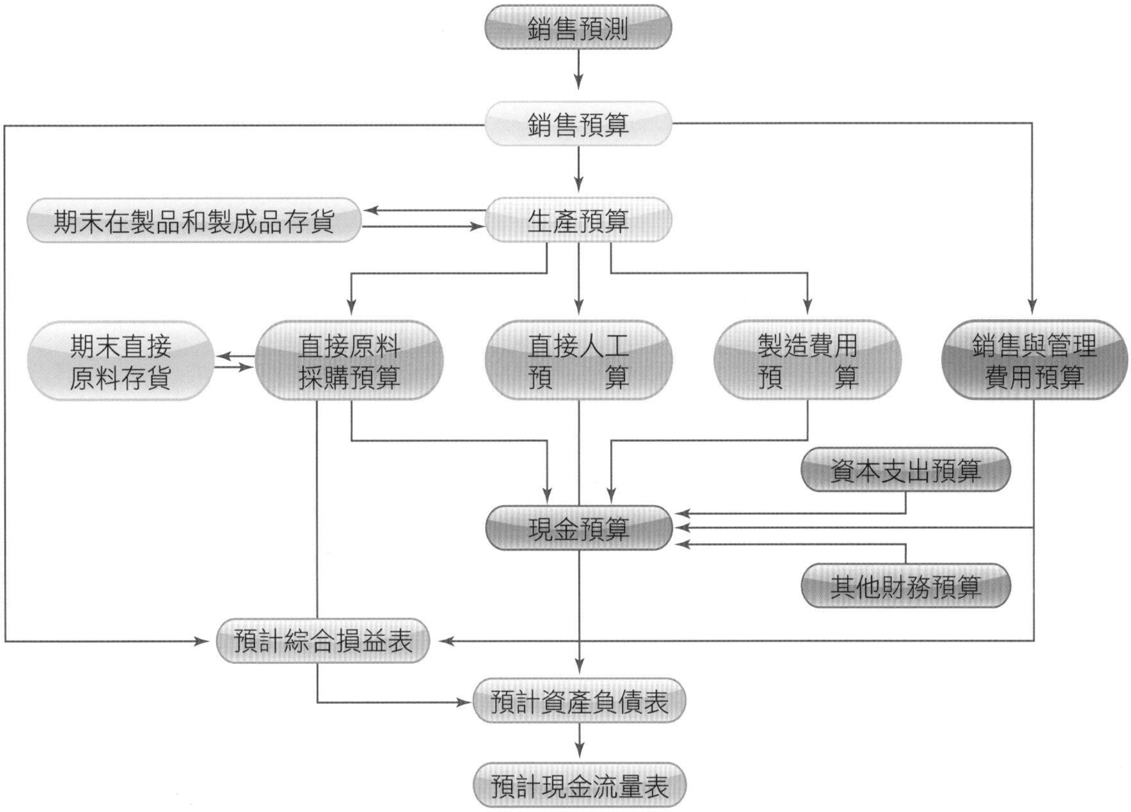

銷售預測
銷售預算
期末在製品和製成品存貨
生產預算
期末直接原料存貨
直接原料採購預算
直接人工預算
製造費用預算
銷售與管理費用預算
資本支出預算
現金預算
其他財務預算
預計綜合損益表
預計資產負債表
預計現金流量表

圖9.2　整體預算體系及各項預算的關係

1. 銷售預算

銷售預算 (sales budget) 的編製是根據銷售預測而來，由圖 9.2 中可以了解銷售預算在營業預算中所占的角色極為重要，因為其他的預算如生產、採購、人工等預算，都是基於銷售預算而產生。

假設彩雲公司生產並銷售甲、乙兩種產品，甲、乙產品的售價分別為@$30 與@$20，這兩種產品的售價對所有銷售地區和顧客都是一樣，表 9.1 是彩雲公司 2018 年各季的銷售預算。

表9.1　銷售預算：彩雲公司

2018 年度					
	第一季	第二季	第三季	第四季	全　年
銷售量					
甲產品 @$30	8,000	12,000	20,000	15,000	55,000
乙產品 @$20	5,000	6,000	6,000	8,000	25,000
銷售金額					
甲產品	$240,000	$360,000	$600,000	$450,000	$1,650,000
乙產品	100,000	120,000	120,000	160,000	500,000
銷售總額	$340,000	$480,000	$720,000	$610,000	$2,150,000

2. **生產預算**

銷售預算編製完成後，生產預算所需的數量就可以決定，生產預算是銷售預算加減存貨水準變動的調整數。因此，在編製生產預算之前，需先決定所需的期末存貨數，也就是管理當局必須維持一個適當的存貨水準。存貨水準不足可能會產生缺貨情況，銷售可能會因此而中斷；然而，存貨水準太高，則儲存成本會增加。同時，管理者必須考慮缺貨成本和儲存成本的影響，來決定企業的存貨水準。如果公司實施及時存貨系統，產銷可完全配合，則存貨量可以只保存最低量或甚至趨近於零。

實務應用　物流效率增強商品銷售

捷盟行銷股份有限公司 (Retail Support International) 成立於 1990 年，以架構「最 SMART 的物流」為目標。捷盟的物流網穿透全台灣三百多個鄉鎮，每天的配送里程數加總，可繞行地球一圈。

捷盟為客戶提供全方位、常低溫整合的物流服務，也針對每位客戶的需求，規劃專屬的流程與設備，提供客戶最優化的物流服務。

參考資料：捷盟行銷股份有限公司 http://www.rsi.com.tw

假設彩雲公司各季所需的期末製成品存貨數量是下一季銷售數量的 40%，且估計 2019 年第一季的銷售數量，為甲產品 20,000 單位，乙產品 8,000 單位。表 9.2 為彩雲公司 2018 年的生產預算。

生產預算（量）= 銷售量 + 所需的期末製成品存貨（數量）– 期初製成品存貨（數量）

表9.2　生產預算：彩雲公司

2018 年度	第一季	第二季	第三季	第四季	全　年
甲產品					
銷售量（表 9.1）	8,000	12,000	20,000	15,000	55,000
加：所需期末存貨量	4,800	8,000	6,000	8,000	8,000
所需的數量	12,800	20,000	26,000	23,000	63,000
減：期初存貨量	3,200	4,800	8,000	6,000	3,200
所需的生產量	9,600	15,200	18,000	17,000	59,800
乙產品					
銷售量（表 9.1）	5,000	6,000	6,000	8,000	25,000
加：所需期末存貨量	2,400	2,400	3,200	3,200	3,200
所需的數量	7,400	8,400	9,200	11,200	28,200
減：期初存貨量	2,000	2,400	2,400	3,200	2,000
所需的生產量	5,400	6,000	6,800	8,000	26,200

3. 直接原料採購預算

直接原料對生產過程來說是必需的，企業每一期間需採購足夠的直接原料，以因應生產所需。此外，直接原料採購的數量也應與企業的期末存貨政策配合，這問題的規劃就是**直接原料採購預算** (direct material purchases budget)。此預算因涉及了直接原料採購的現金支出問題，對企業的現金流量有相當的影響，管理者應盡可能地爭取在折扣期間內付款，以降低採購成本。

假設彩雲公司每生產甲產品 1 單位需使用 5 單位的 A 原料和 2 單位的 B 原料，而每生產乙產品 1 單位需 5 單位的 C 原料。估計 A、B、C 原料的購價分別為 @$0.5、@$2、@$0.5，該公司的原料存貨政策是每季期末存貨為下一季生產所需原料數量的 40%，且估計 2019 年第一季生產所需生產數量，為甲產品 15,000 單位、乙產品 7,500 單位。表 9.3 為彩雲公司的直接原料採購預算。

直接原料所需的購買量 = 所需的生產量 × 生產每一單位所需的直接原料數量 + 所需的期末原料存貨數量 − 期初原料存貨數量

直接原料購買成本 = 直接原料所需的購買量 × 原料單價

表9.3 直接原料採購預算：彩雲公司

2018 年度					
	第一季	第二季	第三季	第四季	全　年
A 原料					
所需的生產量（表 9.2）	9,600	15,200	18,000	17,000	59,800
每單位所需的 A 原料量	× 5	× 5	× 5	× 5	× 5
生產所需的 A 原料量	48,000	76,000	90,000	85,000	299,000
加：所需的 A 原料期末存貨量	30,400	36,000	34,000	30,000*	30,000
A 原料總需求量	78,400	112,000	124,000	115,000	329,000
減：A 原料期初存貨量	19,200	30,400	36,000	34,000	19,200
A 原料所需購買量	59,200	81,600	88,000	81,000	309,800
每單位購買價格	× $0.5	× $0.5	× $0.5	× $0.5	× $0.5
A 原料購買成本	$29,600	$ 40,800	$ 44,000	$ 40,500	$154,900
B 原料					
所需的生產量（表 9.2）	9,600	15,200	18,000	17,000	59,800
每單位所需的 B 原料量	× 2	× 2	× 2	× 2	× 2
生產所需的 B 原料量	19,200	30,400	36,000	34,000	119,600
加：所需的 B 原料期末存貨量	12,160	14,400	13,600	12,000**	12,000
B 原料總需求量	31,360	44,800	49,600	46,000	131,600
減：B 原料期初存貨量	7,680	12,160	14,400	13,600	7,680
B 原料所需購買量	23,680	32,640	35,200	32,400	123,920
每單位購買價格	× $2	× $2	× $2	× $2	× $2
B 原料購買成本	$47,360	$ 65,280	$ 70,400	$ 64,800	$247,840
C 原料					
所需的生產量（表 9.2）	5,400	6,000	6,800	8,000	26,200
每單位所需的 C 原料量	× 5	× 5	× 5	× 5	× 5
生產所需的 C 原料量	27,000	30,000	34,000	40,000	131,000
加：所需的 C 原料期末存貨量	12,000	13,600	16,000	15,000***	15,000

C 原料總需求量	39,000	43,600	50,000	55,000	146,000
減：C 原料期初存貨量	10,800	12,000	13,600	16,000	10,800
C 原料所需購買量	28,200	31,600	36,400	39,000	135,200
每單位購買價格	× $0.5	× $0.5	× $0.5	× $0.5	× $0.5
C 原料購買成本	$14,100	$ 15,800	$ 18,200	$ 19,500	$ 67,600
原料總購買成本					
A 原料	$29,600	$40,800	$44,000	$40,500	$154,900
B 原料	47,360	65,280	70,400	64,800	247,840
C 原料	14,100	15,800	18,200	19,500	67,600
總成本	$91,060	$121,880	$132,600	$124,800	$470,340

*15,000 × 5 × 0.4 = 30,000
**15,000 × 2 × 0.4 = 12,000
***7,500 × 5 × 0.4 = 15,000

4. 直接人工預算

直接人工預算 (direct labor budget) 主要目的，是在確定生產所需的人工小時與人工成本是否足夠，所以直接人工預算也需由生產預算而來。企業要想知道整個預算年度中人工小時的需求量，人事部門就需事先有所規劃。若生產部門提出因生產量提高需雇用新進員工，人事部門就需擬出員工召募和訓練計畫；若下年度的生產計畫縮減，則企業可能會解雇一些員工。

假設彩雲公司每生產 1 單位的甲產品需 5 小時的直接人工，乙產品每生產 1 單位需 2 小時直接人工，該公司每小時的標準工資率為 $1，表 9.4 為彩雲公司的直接人工預算。

5. 製造費用預算

製造費用預算 (factory overhead budget) 所表達的是除了直接原料和直接人工以外的其他所有生產成本。在估計製造費用時，應按照成本習性區分變動成本和固定成本。

假設彩雲公司以機器小時作為估計製造費用的指標，每一個製造費用項目是以 Y= a + bX 這個公式來計算，其中 a 為每一季的固定成本，b 為以機器小時為基礎的變動成本分攤率，X 為機器小時。例如表 9.5 中，一季的維修費用，固定成本 (a) 為 $5,000，第一季使用 4,000 機器小時 (X)，變動分攤率 (b) $1.2，所以第一季維修成本 $9,800（=$5,000 + 4,000 × $1.2）。表 9.5 為彩雲公司 2018 年製造費用預算。

表9.4 直接人工預算：彩雲公司

2018 年度	第一季	第二季	第三季	第四季	全 年
甲產品					
所需的生產量（表 9.2）	9,600	15,200	18,000	17,000	59,800
每單位 5 小時直接人工	× 5	× 5	× 5	× 5	× 5
所需直接人工總時數	48,000	76,000	90,000	85,000	299,000
每小時直接人工成本	× $1	× $1	× $1	× $1	× $1
甲產品直接人工成本	$48,000	$76,000	$ 90,000	$ 85,000	$299,000
乙產品					
所需的生產量（表 9.2）	5,400	6,000	6,800	8,000	26,200
每單位 2 小時直接人工	× 2	× 2	× 2	× 2	× 2
所需直接人工總時數	10,800	12,000	13,600	16,000	52,400
每小時直接人工成本	× $1	× $1	× $1	× $1	× $1
乙產品直接人工成本	$10,800	$12,000	$ 13,600	$ 16,000	$ 52,400
直接人工成本總額	$58,800	$88,000	$103,600	$101,000	$351,400

表9.5 製造費用預算：彩雲公司

2018 年度			第一季	第二季	第三季	第四季	合 計
估計機器小時 (X)			4,000	4,500	6,000	6,500	21,000
項目：	a 值	b 值					
間接原料	$ 8,000	$0.4	$ 9,600	$ 9,800	$ 10,400	$ 10,600	$ 40,400
間接人工	15,000	6.0	39,000	42,000	51,000	54,000	186,000
監工薪資	10,000	2.0	18,000	19,000	22,000	23,000	82,000
維修費用	5,000	1.2	9,800	10,400	12,200	12,800	45,200
水電費	1,200	0.8	4,400	4,800	6,000	6,400	21,600
設備租金	2,400	–	2,400	2,400	2,400	2,400	9,600
折 舊	6,000	–	6,000	6,000	6,000	6,000	24,000
保險費	1,500	–	1,500	1,500	1,500	1,500	6,000
財產稅	900	–	900	900	900	900	3,600
合 計			$91,600	$96,800	$112,400	$117,600	$418,400
實際現金支出之製造費用（即不含折舊費用）			$85,600	$90,800	$106,400	$111,600	$394,400

6. 銷售與管理費用預算

銷售與管理費用預算 (selling and administrative expenses budget) 表達的是企業於銷售、配送及行政管理上所花費的成本支出，在編製此預算時，需區分變動和固定成本。

假設彩雲公司對管銷費用預算和製造費用預算使用相同的方法，銷售和管理費用與銷售水準有關，故以銷售金額為基礎。表 9.6 為彩雲公司 2018 年度的銷售與管理費用預算。

表9.6　銷售與管理費用預算：彩雲公司

2018 年度							
			第一季	第二季	第三季	第四季	合　計
銷售預算（表 9.1）			$340,000	$480,000	$720,000	$610,000	$2,150,000
項目：	a 值	b 值					
銷售佣金	$2,000	0.10	$ 36,000	$ 50,000	$ 74,000	$ 63,000	$ 223,000
銷售運費	800	0.05	17,800	24,800	36,800	31,300	110,700
行政成本	600	0.01	4,000	5,400	7,800	6,700	23,900
廣告費	9,000	0.06	29,400	37,800	52,200	45,600	165,000
旅　費	300	0.01	3,700	5,100	7,500	6,400	22,700
員工福利	200	0.04	13,800	19,400	29,000	24,600	86,800
薪　資	7,000	–	7,000	7,000	7,000	7,000	28,000
折　舊	1,200	–	1,200	1,200	1,200	1,200	4,800
研究和發展成本	3,000	–	3,000	3,000	3,000	3,000	12,000
財產稅	900	–	900	900	900	900	3,600
保險費	1,500	–	1,500	1,500	1,500	1,500	6,000
合　計			$118,300	$156,100	$220,900	$191,200	$ 686,500
實際現金支出之管銷費用（即不含折舊成本）			$117,100	$154,900	$219,700	$190,000	$ 681,700

 9.2.4 財務預算

1. 現金收入預算

現金收入的主要來源，是企業提供產品或服務。假設彩雲公司每季銷售預算的 70% 在當季收到現金，其餘 30% 在下一季收取，且假設 2017 年 12 月 31 日之應收

帳款 $110,000，於 2018 年第一季全部收現。表 9.7 為彩雲公司 2018 年度的現金收入預算。

表9.7　現金收入預算：彩雲公司

2018 年度	第一季	第二季	第三季	第四季	全　年
銷售總額（表 9.1）	$340,000	$480,000	$720,000	$610,000	$2,150,000
預期現金收入：					
應收帳款 (2017/12/31)	$110,000				$ 110,000
第一季銷售	238,000	$102,000			340,000
第二季銷售		336,000	$144,000		480,000
第三季銷售			504,000	$216,000	720,000
第四季銷售				427,000	427,000
現金收入總額	$348,000	$438,000	$648,000	$643,000	$2,077,000

表9.8　現金支出預算：彩雲公司

2018 年度	第一季	第二季	第三季	第四季	全　年
直接原料：					
原料購買總成本（表 9.3）	$ 91,060	$121,880	$132,600	$124,800	$ 470,340
預期現金支出：					
應付帳款 (2017/12/31)	$ 39,450				$ 39,450
第一季購貨	54,636	$ 36,424			91,060
第二季購貨		73,128	$ 48,752		121,880
第三季購貨			79,560	$53,040	132,600
第四季購貨				74,880	74,880
小　計	$ 94,086	$109,552	$128,312	$127,920	$ 459,870
直接人工（表 9.4）	$ 58,800	$ 88,000	$103,600	$101,000	$ 351,400
製造費用（表 9.5）	85,600	90,800	106,400	111,600	394,400
管銷費用（表 9.6）	117,100	154,900	219,700	190,000	681,700
購買設備	17,200	17,200	7,200	7,200	48,800
股利支付	–	–		10,000	10,000
所得稅（表 9.11）	–	41,361	–	–	41,361
小　計	$278,700	$392,261	$436,900	$419,800	$1,527,661
現金支出總額	$372,786	$501,813	$565,212	$547,720	$1,970,070

2. 現金支出預算

現金支出預算 (cash disbursement budget) 是預算期間內預計現金的支出，包括購買原料、直接人工的薪資給付、製造費用和管銷費用等，其他如股利的支付，購買設備和所得稅的支付等皆包括在內。假設彩雲公司購買原料時，當季支付 60%，其餘 40% 於下一季支付，且假設 2017 年 12 月 31 日之應付帳款 $39,450，於 2018 年第一季，全部付現。設備購買支出，在第一、二、三、四季，則分別為 $17,200、$17,200、$7,200、$7,200，而股利支付只有第四季 $10,000。表 9.8 為彩雲公司的現金支出預算。

3. 現金預算

從表 9.7 和表 9.8 上的資料，就可以知道每季是有現金溢餘或現金短缺的現象。有溢餘時，可以償還以前的借款或是用來做投資之用；若有現金短缺時，則需向銀行貸款，以供營運之用。若企業向銀行借款，以萬元為單位，還需支付利息，成為另一項現金支出。表 9.9 為彩雲公司的現金預算，該公司 2018 年度的期初餘額為 $31,000。

表9.9　現金預算：彩雲公司

2018 年度					
	第一季	第二季	第三季	第四季	全　年
期初現金餘額	$ 31,000	$ 36,214	$ 32,401	$ 33,989	$ 31,000
加：現金收入（表 9.7）	348,000	438,000	648,000	643,000	2,077,000
可供使用之現金	$379,000	$474,214	$680,401	$676,989	$ 2,108,000
減：現金支出（表 9.8）	372,786	501,813	565,212	547,720	1,987,531
可用現金溢餘（短缺）	$ 6,214	$(27,599)	$115,189	$129,269	$ 120,469
融　資：					
借　款*	30,000	60,000			90,000
還　款			(80,000)	(10,000)	(90,000)
利息支付**			(1,200)	(100)	(1,300)
投　資				(80,000)	(80,000)
期末現金餘額	$ 36,214	$ 32,401	$ 33,989	$ 39,169	$ 39,169

*所有的借款必須以萬元為單位

**利息於本金償還時一起支付，利率為 4%：

第三季支付利息 $= \$30,000 \times 4\% \times \frac{1}{2} + \$50,000 \times 4\% \times \frac{1}{4} + \$10,000 \times 4\% \times \frac{1}{4} = \$1,200$

第四季支付利息 $= \$10,000 \times 4\% \times \frac{1}{4} = \$100$

9.2.5 預計財務報表

所謂財務報表，主要是指綜合損益表、資產負債表和現金流量表。在此，分別敘述如何編製彩雲公司的預計財務報表。

1. 預計綜合損益表

由表 9.1 至表 9.6 上的資料，便可以編製**預計綜合損益表** (budgeted comprehensive income statement)，預計綜合損益表是預算過程中，重要的財務報表之一，它表達出預算期間的預計營業結果。在編製預計綜合損益表之前，首先需編製預計銷售成本表。假設彩雲公司，2018 年沒有期初和期末在製品存貨，表 9.10 和表 9.11 為彩雲公司的預計綜合損益表和預計銷售成本表。

表9.10　預計綜合損益表：彩雲公司

彩雲公司 綜合損益表 2018 年度	
銷貨收入（表 9.1）	$2,150,000
銷貨成本（表 9.11）	1,218,900
銷貨毛利	$ 931,100
管銷費用（表 9.6）	686,500
營業利潤	$ 244,600
利息支出（表 9.9）	1,300
稅前淨利	$ 243,300
所得稅（稅率為 17%）	41,361*
稅後淨利	$ 201,939

*$243,300 × 17% = $41,361

表9.11　預計銷售成本表：彩雲公司

彩雲公司
銷售成本表
2018 年度

直接原料：		
期初原料存貨*	$ 41,200	
加：本期購買的原料（表 9.3）	470,340	
可供使用原料	$511,540	
減：期末原料存貨（表 9.3）**	46,500	
本期耗用原料		$ 465,040
直接人工（表 9.4）		351,400
製造費用（表 9.5）		418,400
生產成本		$1,234,840
加：期初製成品存貨		96,360
可供銷售之製成品		$1,331,200
減：期末製成品存貨***		112,300
銷貨成本		$1,218,900

*為一估計數

** 直接原料	數　量	單位成本	合　計
A	30,000	$0.5	$15,000
B	12,000	2.0	24,000
C	15,000	0.5	7,500
合　計			$46,500

***為一估計數

2. 預計資產負債表

預計資產負債表 (budgeted balance sheet) 是依據上年度期末的資產負債表，加上本期其他預算中的變動數編製而成，為預算期間的資產、負債、股東權益各個財務項目的預估值。下表為彩雲公司 2017 年 12 月 31 日的資產負債表，其預計資產負債表請參見表 9.12。在 2018 年第二季支付 2017 年度所得稅 $41,429，至於 2018 年度的所得稅將在 2019 年第二季支付。

彩雲公司
資產負債表
2017 年 12 月 31 日

資　產			負債及股東權益		
流動資產：			流動負債：		
現　金		$ 31,000	應付帳款		$ 39,450
應收帳款		110,000			
存　貨：					
原　料	$ 41,200				
製成品	96,360	137,560			
流動資產合計		$278,560			
固定資產：			股東權益：		
土　地		$250,000	普通股權益	$400,000	
廠房設備	$120,000		累計盈餘	163,110	563,110
減：累積折舊	46,000	74,000			
固定資產合計		$324,000			
資產總額		$602,560	負債及股東權益總額		$602,560

表9.12　預計資產負債表：彩雲公司

彩雲公司 預計資產負債表 2018 年 12 月 31 日					
資　產			負債及股東權益		
流動資產：			流動負債：		
現　金		$ 39,169 (a)	應付帳款		$ 49,920 (i)
短期投資		80,000 (b)			
應收帳款		183,000 (c)			
存　貨：					
原　料	$ 46,500 (d)				
製成品	112,300 (e)	158,800			
流動資產合計		$460,969			
固定資產：			股東權益：		
土　地		$250,000 (f)	普通股權益	$400,000 (j)	
廠房設備	$168,800 (g)		累計盈餘	355,049 (k)	755,049
減：累積折舊	74,800 (h)	94,000			
固定資產合計		$344,000			
資產總額		$804,969	負債及股東權益總額		$804,969

(a)、(b)見表 9.9

(c)第四季銷售收入 $610,000，當期收到現金 $427,000，其餘 $183,000 於次年收回，共計 $610,000 ($610,000 − $427,000 = $183,000)（見表 9.7）

(d)、(e)見表 9.10

(f)未變動

(g)本期購入設備 $48,800（見表 9.8）加上原有 $120,000，故期末餘額為 $168,800

(h)本期提列折舊（見表 9.5、9.6）$46,000 + $24,000 + $ 4,800 = $74,800

(i)第四季之購貨 $124,800 有本期未付，等待下期支付 $124,800 × 40% = $49,920（見表 9.8）

(j)與 2017 年 12 月 31 日資產負債表上相同

(k)期初累計盈餘 $163,110 + 本期純益 $201,939 − 股利支付 $10,000 = $355,049（見表 9.8，表 9.10）

3. 預計現金流量表

預計現金流量表 (budgeted statement of cash flow) 是表達來自於營業活動、投資活動和籌資活動之現金流量。表 9.13 為彩雲公司的預計現金流量表。現金流量表可以提供財務報表使用者，了解企業使用現金收支調配的狀況。

依據國際會計準則第 7 號 (IAS7)「現金流量表」規定，現金流量係指現金及約當現金，現金包括庫存現金及活期存款；約當現金係指短期並具高度流動性之投資，通常投資日起三個月到期或清償之國庫券、商業本票、貨幣市場基金、可轉讓定期存單、銀行本票及銀行承兌匯票等皆可列為約當現金。

企業應採最適合其業務性質之資訊揭露方式，列報來自營業、投資、籌資活動之現金流量。現金流量之資訊揭露依活動分類，有助於報表使用者評估該等活動對企業財務狀況與現金及約當現金之影響。依據 IAS7 針對單一筆交易，可能包括不同活動類別之現金流量；例如，償還借款之現金支付包括利息及本金時，「利息」得分類為「營業活動」，而「本金」則分類為「籌資活動」。

表9.13 預計現金流量表：彩雲公司

彩雲公司 預計現金流量表 2018 年度		
來自營業活動之現金流量：		
利　潤		$201,939
加：折舊		28,800
應付帳款增加數		10,470
減：應收帳款增加數		(73,000)
存貨增加數		(21,240)
來自營業活動之現金流入		$146,969
來自投資活動之現金流量：		
購買設備	$(48,800)	
投　資	(80,000)	
投資活動之現金流出		(128,800)
來自理財活動之現金流量：		
支付股利		(10,000)
本期現金流入增加數		$ 8,169
加：期初現金餘額		31,000
期末現金餘額		$ 39,169

9.3 其他預算制度

一個預算制度的實施，需要組織內多人的參與，包括誰來編製預算、誰來使用預算做決策和誰來執行績效評估工作。所以，人的因素在預算編製的過程中有很大的影響力，在本節中所討論的重點是參與式預算和預算鬆弛，並且說明零基預算與設計計畫預算。

 9.3.1　參與式預算

預算制度最早是在政府單位普遍實施，起初的目的是作為成本控制的工具，且要求每個人必須達成預算目標。這種由高階主管所主導而編製的預算稱為**強制性預算** (imposed budget)。這種預算方式是指高階主管要求下屬要達到既定目標，對於達成者給予報酬，未達成者給予懲罰。在此情況下完全不考慮員工是否可以達成既定的目標。強制性預算容易引起員工的反彈，通常這種預算只適合在一些剛成立的企業、小規模企業或有經營危機的企業。對一般營利事業而言，強制性預算的適用性很低。

若讓組織內的員工直接參與目標的訂定程序，則大多數的員工對目標有認同感，更會努力的達成目標，這就是所謂的**目標管理** (Management By Objectives, MBO)。這種觀念應用到預算過程即所謂的**參與式預算** (participative budgeting)，它是讓組織內所有與預算有關的員工參與預算的編製工作。這種參與方式會使員工覺得這是他們的預算，而非管理者強迫性的預算，自然願意盡心盡力的努力達成目標。參與式預算是有正面的效果，但也有缺點存在。例如因為太多的參與和討論，常導致猶豫或延遲進度，最重要的就是預算鬆弛問題。

預算鬆弛 (budgetary slack) 又稱填塞預算 (padding the budget)，通常發生在參與式預算的編製過程中，故意的高估費用或低估收入，讓預算執行者以較少努力即能達到目標。例如工廠經理相信每年的原料成本為 $55,000，但做預算計畫時卻編列 $60,000，這時會有 $5,000 寬鬆部分。在預算編製過程中，預算鬆弛會對組成的各項預算產生互動的影響，例如銷售低估對生產、採購和人工等預算均有所影響。

預算鬆弛的主要的原因可歸納為：(1)令人覺得這種方式所訂定的目標較容易達成，績效評估的成果較好；(2)預算鬆弛對於不確定性情況的發生較容易應付，例如

偶發性的機器故障，使生產過程中斷，生產成本提高。預算鬆弛在這種情況下，不必去調整目標也不會產生不利的差異；(3)各部門所估列的預算常遭到上司的刪減，因此就刻意高估，以便讓管理當局刪減。但這會產生惡性循環，各部門預期可能會遭刪減而虛報，而且上司也預期下屬會虛報就刪減。

企業解決預算鬆弛的問題，可採用的方法如下：(1)避免使用預算來作為負面的衡量工具，如果對於支出超過預算的主管給予重罰，預算鬆弛的情況會越嚴重；(2)提供獎勵給達成預算目標者，同時也鼓勵主管提供正確的資料；(3)訂定合理的獎勵辦法，高階主管可以把預算目標訂在高水準，並且對於達成者給予較大的報酬；或將預算目標訂在低水準，對於達到水準者只給較少的報酬。

9.3.2 零基預算

零基預算 (zero-based budgeting) 是指管理者編製預算的基礎是從零開始，每次預算編製就像第一次編製預算。傳統的預算制度是以過去的預算為基礎，再根據預期的需要來增減一定的金額。零基預算和傳統預算制度大不相同，沒有任何成本是具有延續性，無論何種成本每年都是重新開始。例如廣告費用預算不是依去年資料加以增減，而是行銷部門判斷今年是否需有廣告費的支出必要。也就是說零基預算促使高階主管在每年分配資源之前，重新思考企業的營運計畫，再決定資源分配預算。

零基預算制度是利用**決策包** (decision package) 來完成。所謂的決策包是指每個部門或單位的營運目標和所有與企業目標有關的活動。每一個決策包必須是完整而且獨立的，包括了所有的直接成本和間接成本。零基預算的基本步驟為：(1)發展各部門的決策包；(2)評估每個決策包；(3)把全部決策包排序；(4)將可接受的決策包放入預算做資源分配；(5)監督、控制和事後追蹤。這種依重要性將企業內的各種活動予以排序，刪除較不重要或較不值得做的活動，再列出企業下年度的營運活動，就是零基預算的步驟。

零基預算的基本觀念是將各部門的成本，每年作一次深入的檢討。這種制度也有缺點，主要受批評的地方在於程序太過繁雜，有人認為應該是四至五年重新評估一次。每年做檢討，長期而言不但費時費錢，也可能會使檢討流於形式化。零基預算已受到廣泛的重視和採用，在美國已有許多的政府機構和民間企業普遍採用。近年來，政府單位為提高各項重要計畫的執行績效，也採用零基預算來防止浪費情況的產生。

實務應用　零基預算防止浪費

企業要因應客戶的需求及外在環境的變化，應隨時檢視財務收支狀況，了解是否將有限資源合理的進行運用，達到充分發揮資源配置的效果。

零基預算提供高階主管另一種的預算編製方向，可以有效達到成本控管的經營目標。零基預算的基本概念為，每年編製預算時，不必理會過去預算編列的情形，皆是從「零」開始分配。此方法可以促使高階主管重新思考組織的營運目標並擬定目標執行計畫，並依據計畫深入檢討目標達成的情況。

財務人員在其中扮演的角色，不應只是進行預算整合的記錄工作，應發揮成本控制與管理的功能；亦即，除了充分掌握資金的流入與流出的狀況外，並配合公司目標執行分析管理，為公司的資金運用進行把關。

9.3.3 設計計畫預算制度

設計計畫預算制度 (Planning, Programming, and Budgeting System, PPBS) 通常使用在非營利事業組織，所強調的是計畫的產出面而非投入面。一個計畫可為執行一個特定的活動或是一些為達到某種目標而組成的活動，例如政府單位以減少因火災所造成的生命財產損失為目標，此時計畫的內容包括了火災預防活動、滅火訓練、防火教育和火源的管制與檢驗。設計計畫預算制度是基於三個理念：(1)一個正式的計畫制度；(2)預算依據所規劃的計畫而訂定；(3)強調成本與效益的分析。實施設計計畫預算制度的第一步驟是分析計畫的目標，第二步驟衡量各期間的總成本，第三步驟分析各種可能的方案，並基於最大效益考量選擇一個方案，最後一個步驟是有系統地執行計畫。基本上，設計計畫預算制度的精神和目標管理相似，在設定目標之後擬出計畫，加上成本與效益的分析，作出最佳的選擇。

設計計畫預算比較著重於效果評估，查核計畫執行的結果是否與設定目標相符。

在實務上，也有其缺點：(1)管理者必須將企業的目標和所有活動做連結，這種過程往往是費時且複雜；(2)作成本與效益的分析是很困難的，尤其在無形效益的衡量方面。因此，設計計畫預算制度在營利事業組織的使用情況不普遍。

9.4 預算制度與營運管理

傳統的預算編列大都是靜態的，由會計部門人員負責把各部門的資料彙總，再編製成預算書給高階主管和董事會審查；只要經董事會核准通過，會計部門即將預算數作為支出上限，平時藉此控管各單位的成本支出，年終結帳後再比較實際支出數與預算數。由於是在年底才找出實際數與預算數兩者差異的部分，所以對當期績效的改善沒有實質的意義。

營業預算的主要部分是例行性預算，除非是新公司或是新產品推出，才會有新的預算模式；至於財務預算也偏向於例行性預算，僅於公司需大量資金時才會有些變化。如果新計畫的金額大且時間長，會計部門需要彙總相關部門的意見，也可請專業人士協助，仔細評估新計畫的可行性再編列預算，以降低失敗的機率。

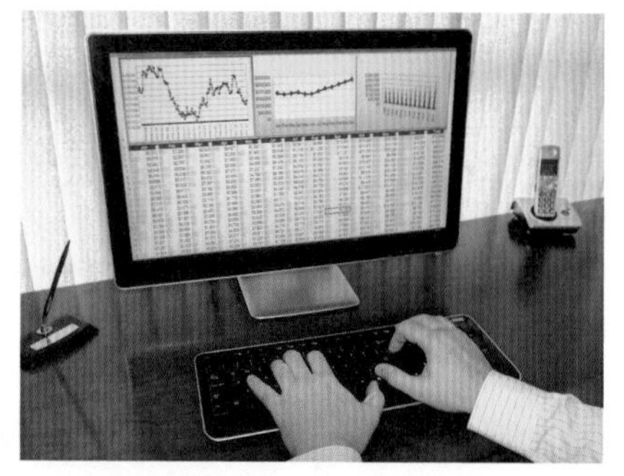

尤其是資訊科技的進步，預算編製程序可電腦化處理，促使傳統整年度、每季、每月的定型式預算，可改變為每日隨時更新的動態式預算。因此相關人員在授權範圍內，可隨時視需要更新原有的預算，即所謂的持續性更新預算制度。如此，各部門主管可隨時了解實際營運成果與預計結果的差異，適時予以控管差異，才能提升公司整體績效。

9.4.1 標竿制度運用

在編製預算時，模擬競爭廠商的年度預算作為標竿，兩相比較更能找出差異加以改善。**標竿制度 (benchmarking)** 是指選定預期的績效水準作為追求的目標，可以是財務性指標，也可以是非財務性指標。企業可以同業中營業績效最好的公司為標竿，努力去改善自己的績效，希望能有機會向最高績效的公司看齊；此外，也可在企業內的各個單位中選出成績表現良好的單位，作為其他單位學習的榜樣。

標竿制度起源於全錄公司 (Xerox)，當時為改善公司績效，全錄以事務機器的競爭廠商為學習目標，作為公司整體績效的改善計畫，使得營運績效大為提升。標竿制度實施的重點在於追求卓越、促使公司利潤最大化，所以各國企業運用標竿制度以控制成本和改善營業績效。

在競爭激烈的時代，市場的競爭是公平的，唯有適者才能生存。所以公司在編製年度預算時，可採虛擬實境方式，在編製自己預算的同時，也模擬競爭廠商的年度預算。尤其是在資訊發達的時代，市面上有多種來源可得知同業的財務資料，特別是上市上櫃公司的資料。

將標竿制度導入預算編製的程序，可以比較公司年度預算與虛擬競爭廠商的年度預算，找出兩者差異之處，進一步探討改善的方式。預估的銷售收入與營業利潤可作為主要績效指標，企業自我衡量是否有能力達到與競爭廠商一樣的績效水準。如果可以自我提升來改善現況，營業者要提出具體的方案，例如運用企業流程再造去除一些無效率的活動，減少不必要的浪費。如果企業自行評估在短期內不易改善，也需要仔細想想未來是否有改善的可能。

實務應用　建立標竿管理制度

很多企業都認為追求永續發展會增加企業開銷，因此對於與「環保」相關的作法都敬而遠之；事實上，若企業能以永續發展的想法經營 ， 在政策中加入節能減碳的措施，勢必能減少資源的浪費。從長遠來看，企業善盡社會責任，對營運一定會有正面的效果。

有鑑於此 ， 印度工業總會 (Confederation of Indian Industry, CII) 發表了「綠色評量認證系統」，這套系統會衡量：(1)能源效率；(2)節約水量；(3)再生能源；(4)溫室氣體減量；(5)資源保存、回收、再利用；(6)廢棄物管理；(7)綠色供應鏈；(8)產品管理；(9)生命周期評估；(10)其他（如地點選擇與創新等）等十項指標，希望能讓企業了解企業目前在綠能投資上的績效與成果，藉此提高自身的綠色競爭力。此作法值得我國企業參考，以提升公司和產業競爭力。

參考資料：財團法人中國生產力中心全球資訊網 http://www.cpc.org.tw/

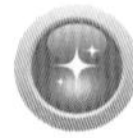 9.4.2 人事預算控制

組織營業愈久，隨著營業額的增加，員工人數自然增加，所以人事費用呈現逐年上漲的趨勢。而且，每年即使用人數不增加，也會因為調薪而增加費用。為避免人事費用持續膨脹，形成經營上的重大負擔，必須編列有效預算來控制人事費用支出。

在編列年度人事費用預算時，應考慮企業的營運目標、預算盈餘、銷貨收入及營業成本等因素。新年度的人事費用預算之編列，除政策性考量外，係以年度預算所列銷貨收入乘以最近三年度平均人事費用比率，核列為新年度人事費用總額。當總額確定後，先按現行待遇標準核列各項人事費用外，再將餘額依公司所訂定之經營績效獎金核發為原則，編列為績效獎金；如果仍然有足夠的預算餘額者，再考慮是否列為待遇調整經費。

在此，要提醒經營者，績效獎金發放與待遇調整有很大差異。獎金發放可視為單一事件，公司盈餘超過一定比率才需要發放獎金，不是強迫性的行為。相對的，待遇調整決策一旦執行，日後每年要逐年編列預算，對營業費用有長期性的影響。所以前述待遇授權訂定基本原則要嚴格規定，各營利事業必須提升其經營績效，增加銷貨收入，同時盈餘維持一定的水準，才能增加人事成本預算之編列。如此可有效地限制員工調整薪資待遇，與福利支出的增加幅度，以避免薪資費用增加數，超過員工勞動生產力之提升幅度。

本章彙總

預算說明企業在未來某一期間的資源取得或使用計畫，利用財務數字將計畫具體的表示。預算制度是用來做規劃、溝通和協調營運活動，藉由分配資源，控制企業營運和評估績效以提供獎勵。規劃、控制和預算三者的關係是密不可分的，所以預算在管理上扮演著極重要的角色。

年度整體預算包括營業預算和財務預算，營業預算包括銷售預算、生產預算、採購預算、直接人工預算、製造費用預算和管銷費用預算；而財務預算包括現金支出預算、現金收入預算、現金預算和資本預算。依據營業預算和財務預算，則可編製預計財務報表。

強制性預算在現今逐漸被參與式的預算所取代，讓執行預算的員工參與預算的編製過程，使員工對預算有認同感而盡心盡力達成企業目標。在參與式預算的編製過程中，所產生的預算鬆弛問題，必須妥善處理。

為有效運用預算制度來提升經營績效，可將預算制度和營運管理作適當的結合。標竿制度可將產業內最優秀的公司，或公司內表現最好單位作為其他單位努力的目標，有助於善用預算目標來激發員工努力。此外，也可用預算制度來控管人事費用，以減少不必要的浪費。

關鍵詞

預算 (budget)
預算程序 (budgeting process)
預算制度 (budgeting system)
策略性計畫 (strategic plan)
戰術性計畫 (tactical plan)
整體預算 (master budget)
營業預算 (operational budget)
財務預算 (financial budget)
銷售預測 (sales forecast)
銷售預算 (sales budget)
直接原料採購預算 (direct material purchases budget)
直接人工預算 (direct labor budget)
製造費用預算 (factory overhead budget)
銷售與管理費用預算 (selling and administrative expenses budget)
現金支出預算 (cash disbursement budget)
預計綜合損益表 (budgeted comprehensive income statement)
預計資產負債表 (budgeted balance sheet)
預計現金流量表 (budgeted statement of cash flow)
強制性預算 (imposed budget)
目標管理 (Management By Objectives, MBO)
參與式預算 (participative budgeting)
預算鬆弛 (budgetary slack)
零基預算 (zero-based budgeting)
決策包 (decision package)
設計計畫預算制度 (Planning, Programming, and Budgeting System, PPBS)
標竿制度 (benchmarking)

作　業

一、選擇題

(　) 1. 企業在編製預算之前應先確定：　(A)企業的長期目標　(B)策略性計畫　(C)現金預算　(D)利潤計畫。

(　) 2. 預算應具有三項特性，請問下列哪一項不正確：　(A)必須依循企業的營業目標來編製營運計畫　(B)強調企業的整體性，亦即組織內各部門或各單位的預算，需以企業整體目標為依歸　(C)盡量以數量化資料為營運計畫的主要內容　(D)盡量以非數量化資料為營運計畫的主要內容。

(　) 3. 關於總預算 (master budget) 之敘述，下列何者錯誤？　(A)就目的而言，總預算是一種短期利潤計畫，為即將來臨之年度規劃，並將企業之目標以數字呈現　(B)就內容而言，總預算包括營業預算與財務預算，前者為營運收支之規劃，後者為資金運用之規劃　(C)就編製基礎而言，總預算係根據某一特定作業水準為基礎而編製，因而在性質上是屬於靜態預算　(D)就編製步驟而言，總預算之編製始於可靠之生產預測，然後再引導生產預算、銷貨預算等之編製。【104 年高考】

(　) 4. 有關預算之敘述，下列何者正確？
①彈性預算差異可能是因銷量預測錯誤所導致
②總預算 (master budget) 不包括現金預算
③若預算編製較為寬鬆，則較會產生有利的成本差異
④與銷貨收入有關的彈性預算差異亦稱之為銷售價格差異 (selling-price variance)
(A)②④　(B)③④　(C)②③④　(D)①②③。【105 年高考】

(　) 5. 台北公司估計 2013 年前四個月的銷售量分別如下：

月份	銷量
1 月	6,050
2 月	8,470
3 月	7,865
4 月	9,680

2012 年年底製成品存貨為 1,815 單位。各月應有的期末存貨水準為下月銷售量的 30%。試問：2013 年第一季應生產多少單位的產品？　(A) 22,385 單位　(B) 23,474 單位　(C) 25,289 單位　(D) 27,104 單位。【104 年會計師】

(　) 6. 內湖公司提供明年銷貨預算前四個月的資料如下：

月份	預計銷貨額
一月	$240,000
二月	$216,000
三月	$264,000
四月	$288,000

銷貨毛利率為 40%。今年底存貨為 $43,200，且每月月底應維持的期末存貨額為下個月銷貨所需的 30%。請問：二月份的商品採購預算金額為何？ (A) $138,240 (B) $120,960 (C) $230,400 (D) $129,600。【105 年會計師】

(　) 7. 甲公司預計 5 月份的存貨資料如下：

存貨	5 月 1 日	5 月 31 日
製成品	7,200 單位	10,800 單位
材料	15,000 公克	21,000 公克

每單位產品需耗用 30 公克材料，材料於製造的初期就需要加入。5 月份甲公司預計將銷售 600,000 單位的產品，每單位製成品的加工成本是 $90，材料每公克的市場價格為 $7。試求：5 月份材料採購成本應該是多少？ (A) $18,114,000 (B) $18,006,000 (C) $126,042,000 (D) $126,798,000。【106 年會計師】

(　) 8. 丙公司在開始生產產品前一個月須先購入原料，且在預計銷售前一個月開始進行生產作業。丙公司在購買原料當月即支付價款的 75%，剩餘 25% 的價款則於次月支付。在各月預計銷貨成本中，所包含的原料成本分別如下所示：

6 月	7 月	8 月	9 月	10 月
$10,000	$12,000	$14,000	$16,000	$16,000

丙公司在 7 月份關於原料成本的現金支出預算為何？ (A) $11,500 (B) $13,500 (C) $15,500 (D) $16,000。【106 年會計師】

(　) 9. 丁公司之原料期初存貨為 120,000 單位，本期欲生產產品 84,000 單位，每單位產品須用 2.5 單位之原料，若丁公司欲降低原料期末存貨水準，使其為期初存貨的 60%，則本期應購進多少單位原料？ (A) 36,000 單位 (B) 90,000 單位 (C) 138,000 單位 (D) 162,000 單位。【106 年高考】

(　) 10. 財務預算的內容包括： (A)銷售預算 (B)現金預算 (C)生產預算 (D)製造費用預算。

(　) 11. 預算編製包含：①生產預算②現金預算③原料採購預算④銷售預算。最符合邏輯的預算編製順序為： (A)①④③② (B)②④①③ (C)③①②④ (D)④①③②。【103 年普考】

( ) 12.甲公司專門販售一種特殊螺絲商品。公司編製 20X1 年關於該商品進貨的現金預算，相關資訊如下所示：

20X1 年銷貨成本 $510,000
應付帳款 ,20X1/1/1 34,000
存貨 ,20X1/1/1 51,000
存貨 ,20X1/12/31 71,400

這項螺絲商品的進貨將在未來 12 個月平均購入，每個月的進貨皆在次月付款。就此特殊螺絲之採購而言，甲公司於 20X1 年之預計現金支出為何？ (A) $501,500 (B) $510,000 (C) $530,400 (D) $520,200。 【106 年會計師】

( ) 13.甲公司 1 月份至 5 月份之採購預算資料如下：

月份	預計採購額
1 月份	$26,800
2 月份	29,000
3 月份	30,520
4 月份	29,480
5 月份	27,680

每月份採購之付款情形如下：採購額之 10% 於當月付款，50% 於次月付款，40% 於再次月付款。試問 5 月份採購之付款金額預計為何？ (A) $13,840 (B) $25,632 (C) $27,680 (D) $29,716。 【105 年普考】

( ) 14.乙公司有 A 原料期初存貨 20,000 單位，本期希望期末減少原料庫存 30%；若本期欲生產產品 10,000 單位，且每單位產品須耗用 4 單位 A 原料，則本期應採購 A 原料多少單位？ (A) 26,000 單位 (B) 34,000 單位 (C) 46,000 單位 (D) 54,000 單位。

【106 年普考】

( ) 15.甲公司 X1 年銷貨收入為 $1,000,000，變動製造成本 $300,000，固定製造成本 $200,000，變動營業費用 $150,000，固定營業費用 $100,000。預估 X2 年銷貨收入與 X1 年相同，甲公司為改善成本而進行成本抑減，變動製造成本減少 3%，變動營業費用減少 2%，試問甲公司 X2 年預計營業利益為何？ (A) $250,000 (B) $262,000 (C) $268,000 (D) $270,000。 【105 年普考】

( ) 16.乙公司本年度第三季的銷貨金額為 $4,000,000，毛利為銷貨成本的 25%，當年度 7 月 1 日及 9 月 30 日的存貨金額分別為 $960,000 及 $1,280,000，則第三季的進貨金額為何？ (A) $2,680,000 (B) $2,880,000 (C) $3,320,000 (D) $3,520,000。

【102 年高考】

(　) 17.零基預算：(A)著重於每年計畫收入之間的關係 (B)不提供每年支出的計畫 (C)是一種特別針對計畫預算的方法 (D)評估長期計畫，不論新舊計畫，評估方式皆歸零處理。

(　) 18.下列何者為非營利組織預算編製的起點？ (A)預算期間的總收入概估數 (B)組織的功能 (C)預算期間的募款概估數 (D)前期預算的達成率。【102 年鐵路特考】

(　) 19.下列何項制度要求每一部門主管為其所負責之業務或作業，準備一份決策囊 (decision package)，決策囊中明確列示所有業務或作業的重要性及相對優先順序？ (A)零基預算 (B)標準成本制度 (C)平衡計分卡 (D)標竿制度。【101 年高考】

(　) 20.乙公司有 A 原料期初存貨 20,000 單位，本期希望期末減少原料庫存 30%；若本期欲生產產品 10,000 單位，且每單位產品須耗用 4 單位 A 原料，則本期應採購 A 原料多少單位？ (A) 26,000 單位 (B) 34,000 單位 (C) 46,000 單位 (D) 54,000 單位【106 年普考】

二、練習題

E9–1　品高公司經銷三種產品：X、Y、Z。該公司 2018 年度的相關資料如下：

產　品	銷量（件）	每件平均單價	每件毛利
X	15,000	$64	$24
Y	12,000	$50	$20
Z	8,000	$40	$14

上列三種產品中，X 產品最受歡迎，預期 2019 年度的需求量將為 2018 年的 200%。Y 的需求量也極可能會增加 30%，至於 Z 的需求則維持不變。而 X 的售價提高 20%，Y、Z 之售價均調高 10%，單位銷貨成本將依下列倍數增加：X: 25%、Y: 15%、Z: 20%。

試作：編製 2018 年度產品別的預算銷貨收入及銷貨毛利。

E9–2　道格製造公司生產高品質的音響零件，公司預估 2019 年度將銷售 50,000 組 CD 唱盤，每個 CD 唱盤由五個零件組成。預估組成零件和 CD 唱盤的期初和期末存貨量如下：

	2019/1/1	2019/12/31
組成零件	400,000	600,000
CD 唱盤	10,000	6,000

試作：

1. 編列 CD 唱盤的生產預算。
2. 編列組成零件的購買預算。

E9–3　麥斯公司製造銷售檯燈，公司預估 2019 年第一季的每月份銷售數量如下：

月　份	預算銷售數量
1 月	20,000
2 月	24,000
3 月	36,000

第二季預測銷售數量為 90,000 臺，假設第二季的銷售每個月數量皆相同。麥斯公司的行銷部門希望在 2019 年，每臺檯燈能賣 $40。為了增加銷售，他們計畫用 5% 的銷貨收入來支付佣金費用，且每個月廣告和其他促銷費用為 $26,000。

公司經理預計 2019 年所發生的管理費用如下：

公司設備的折舊	每月 $12,000
辦公室租金	每月 $8,800
薪　資	每月 $18,000
保險費用	每月 $3,000
辦公用品	銷貨收入的 0.2%

試作：

1. 編列 2019 年第一季每月的預估銷貨收入和相關行銷費用。
2. 編列 2019 年第一季每月的預估管理費用。

E9–4　元智公司擬預測 1 月份之營業狀況，相關資料如下：

(1)銷貨收入	$700,000
銷貨毛利	30%
本月應收帳款淨增加數（減備抵壞帳後）	$ 20,000
本月應收帳款變動數	0
本月存貨增加數	$ 10,000

(2)備抵壞帳依銷貨額的 1% 提列，包括於變動管銷費用中。

(3)每月變動管銷費用估計為：15% × 銷貨額

(4)每月之折舊費用為 $40,000，包括於固定管銷費用 $70,000 中。

試作：

1. 估計 1 月份之營業現金收入。
2. 估計 1 月份之營業現金支出。

E9–5　翊寧公司 1 月 1 日開始營業時的資產如下：
設備成本 $400,000 有二十年的耐用年限，無殘值。第一季的預計銷貨額為 $250,000，第二季 $500,000，第三季之預計銷貨額則為 $600,000。銷貨收入的 2% 可能為壞帳。毛利率為 40%，變動推銷費用預計為銷貨收入的 10%，固定推銷費用（不含折舊）$25,000，管理費用 $20,000。試作：編製第二季預計綜合損益表。

10 責任會計與轉撥計價

學習目標

1. 認識分權化組織與責任中心
2. 敘述責任會計的特性
3. 評估投資中心績效
4. 分析內部轉撥計價

多國藉企業的轉撥計價

神達電腦集團為全球 ICT 產業領導廠商，於 1982 年在臺灣新竹科學園區成立，成為第一家進駐新竹科學園區的電腦公司。神達集團積極推動專業分工，以達到集團轉型與提升整體競爭力之目的，2013 年 9 月 12 日神達電腦股份有限公司（神達電腦）百分之百股權轉換成立神達投資控股股份有限公司（神達投控）。神達進行組織重組以符合集團未來營運方向，並依據既定規劃，將旗下神達電腦公司之雲端運算產品事業，於 2014 年 9 月 1 日，切割獨立成立神雲科技股份有限公司（神雲科技）。

神達發展成為含有 JDM/ODM/OEM/OPM(Original Product Manufacture)、設計研發、製造、組裝、行銷及服務的跨國集團，其產品及服務更是行銷全世界。當客戶下訂單時，由總公司傳進來，交貨是由全世界各地適時組裝完成，稱為接單後生產 (build to order)。公司採用企業資源規劃 (ERP) 系統，使所有的資訊都透明化。

神達電腦為一個多國籍企業，總公司與各個子公司間，以及部門間產品的移轉十分頻繁。因此，部門間產品移轉的訂價決策，會影響公司產品成本的計算。為因應市場需求多變化和績效評估客觀化，神達電腦公司主要採用市價作為產品移轉價格的基礎。

神達電腦股份有限公司 http://mitac.mic.com.tw

引　言 introduction

當企業成長或營運更多樣化時，不可能由一個人制定所有的決策。也就是說，公司成長到一定程度，需要分權化的經營管理方式，更需要良好的制度才能有效地管理公司的資源與人員。

尤其在集團企業，組織愈大，單位也就愈多，部門之間彼此有互相銷售產品或提供勞務的情形；對於這種內部交易的評價問題，也就是所謂的內部轉撥計價問題。因為價格決策會影響到買賣雙方兩個單位的績效，有必要採用客觀的方法來訂定價格。本章先討論責任中心的特性，說明部門績效報告的編製，並且對投資中心的績效做進一步的說明。最後，敘述內部轉撥計價的計算方式。

章節架構圖

責任會計與轉撥計價

- **分權化的特性與責任中心**
  - 分權化的組織結構
  - 分權化的效益
  - 分權化的成本
  - 責任中心
- **責任會計**
  - 責任會計的意義
  - 責任會計的釋例
  - 責任會計的特質
  - 績效報告釋例
  - 營運部門的績效報告
  - 責任會計的行為面
- **投資中心的績效衡量**
  - 投資報酬率
  - 採用投資報酬率的問題
  - 剩餘利潤
  - 部門績效評估的其他考量
- **內部轉撥計價**
  - 轉撥計價的評估準則
  - 轉撥計價的一般通則
  - 設定轉撥計價的方法
  - 選擇利潤指標

10.1 分權化的特性與責任中心

一個企業組織的經營，可分為**集權化** (centralization) 與**分權化** (decentralization)。當企業組織成長到一定程度後，集權化經營變得不容易，因為經營者所管轄的範圍超過一位經營者所能負荷的管理幅度。企業組織的分權化是指規劃與控制營運的責任，在授權範圍內單位主管不需要徵求上級主管的同意即可作決策。實務上，一個企業組織經營不太可能完全集權化或完全分權化，通常介於二者之間而趨向分權化。一個企業組織分權化的程度，應視公司規模、所處的經營環境及分權化的成本與效益，來決定最適合的分權化程度。有些公司為顧及決策與分工的有效性，公司基本政策與主要策略由總公司負責控管；在清楚職掌與分層負責架構下，一些例行性決策授權由單位主管負責執行。

10.1.1 分權化的組織結構

最高管理當局在建立分權化的組織結構時，通常有三種劃分組織的方法，可依功能別 (functional approach)、產品別 (product approach) 及地區別 (geographical approach) 不同的方法，來建立組織結構型態。三種方法的選擇，應視公司營運活動的性質，以及營運活動的分權化程度。

公司可依功能別，將公司劃分為行銷、製造、財務及人事等部門。一般而言，功能別組織結構由總經理控制，茲以圖 10.1 列示功能別組織結構的組織圖及簡單的責任報告，以製造部門為例，各單位所編製的報告由下往上呈報。釋例中的責任報告是一個簡化的格式，係為了便利讀者了解各組織階層之間的關聯性。至於有關責任會計報告（亦即績效報告）的編製與應用，將在本章後半段詳細介紹。

1. 功能別組織結構

在圖 10.1 的組織上，織布部門的總費用 $122,500 是彙總監工辦公室和三個成本中心的所有費用；化纖廠內的三個部門和經理辦公室，經理負責化纖廠的全部費用 $337,500 的支出控制。製造部門副總經理的管轄範圍是塑膠、化纖、化學三個廠以及副總經理辦公室，要對製造部門所花的費用 $887,500 負責。

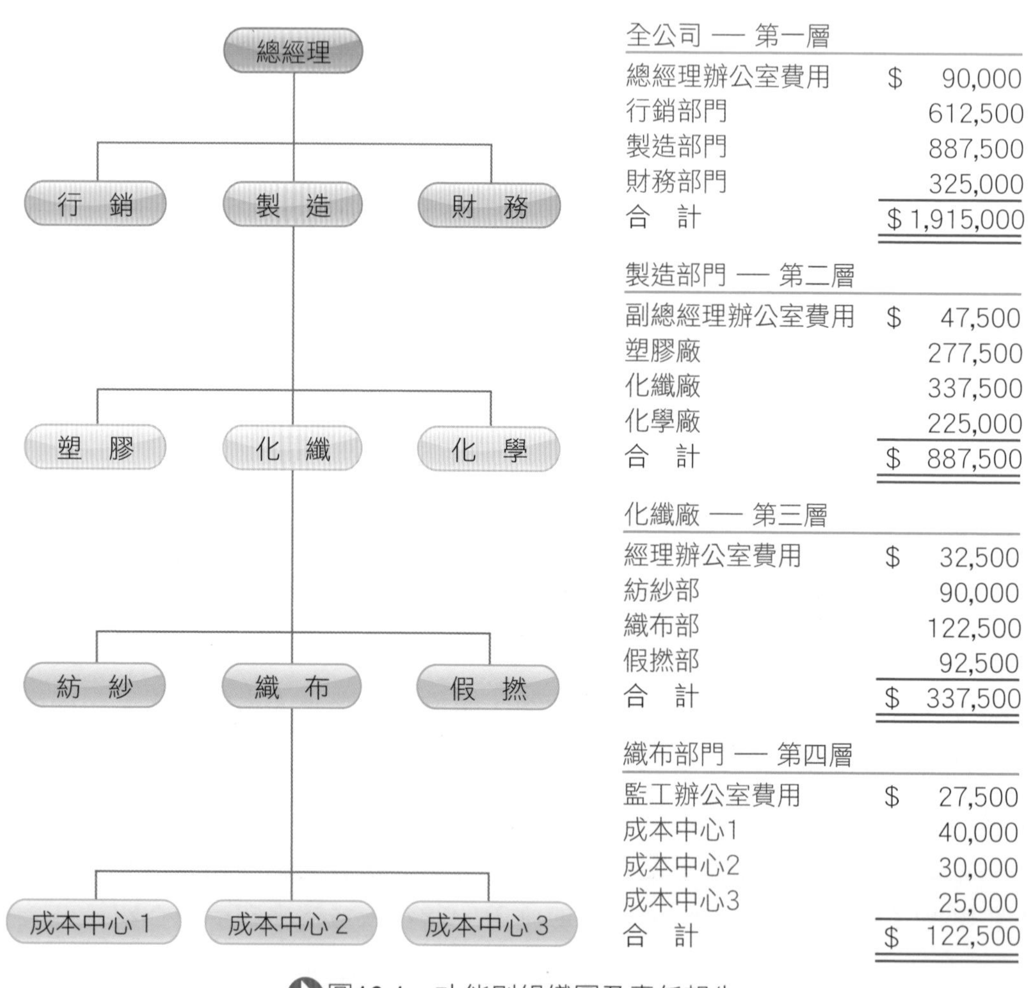

全公司 — 第一層	
總經理辦公室費用	$ 90,000
行銷部門	612,500
製造部門	887,500
財務部門	325,000
合 計	$ 1,915,000

製造部門 — 第二層	
副總經理辦公室費用	$ 47,500
塑膠廠	277,500
化纖廠	337,500
化學廠	225,000
合 計	$ 887,500

化纖廠 — 第三層	
經理辦公室費用	$ 32,500
紡紗部	90,000
織布部	122,500
假撚部	92,500
合 計	$ 337,500

織布部門 — 第四層	
監工辦公室費用	$ 27,500
成本中心1	40,000
成本中心2	30,000
成本中心3	25,000
合 計	$ 122,500

圖10.1 功能別組織圖及責任報告

2. 產品別組織結構

在圖 10.2 上，公司組織是依產品別來安排，為一個化學工業公司的組織圖。裝瓶單位的監工負責三個成本中心，與其辦公室的全部費用支出 $90,000。製藥部門經理負責辦公室和混合、裝瓶、包裝三個單位的費用 $252,500。至於藥品部門的副總經理負責三個部門和其辦公室的全部費用 $635,000。

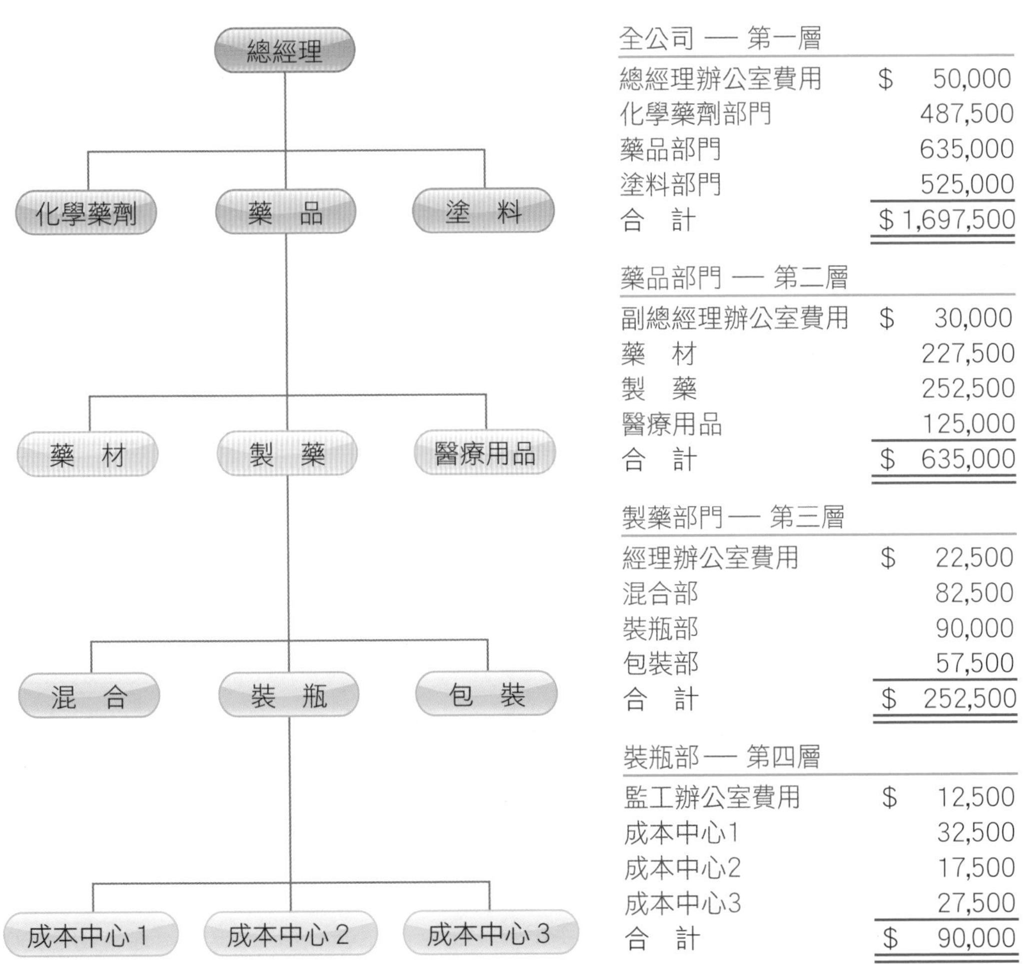

全公司 — 第一層	
總經理辦公室費用	$ 50,000
化學藥劑部門	487,500
藥品部門	635,000
塗料部門	525,000
合　計	$ 1,697,500

藥品部門 — 第二層	
副總經理辦公室費用	$ 30,000
藥　材	227,500
製　藥	252,500
醫療用品	125,000
合　計	$ 635,000

製藥部門 — 第三層	
經理辦公室費用	$ 22,500
混合部	82,500
裝瓶部	90,000
包裝部	57,500
合　計	$ 252,500

裝瓶部 — 第四層	
監工辦公室費用	$ 12,500
成本中心1	32,500
成本中心2	17,500
成本中心3	27,500
合　計	$ 90,000

圖10.2　產品別組織圖及責任報告

3. 地區別組織結構

以地區別來劃分組織的方式列示在圖 10.3 上，油脂部主管負責其下的三個成本中心和其辦公室的費用 $102,500。臺南二廠經理負責經理辦公室和飼料部、油脂部與麵粉部的費用支出 $305,000。南區副總經理則負責臺南一、二廠，高雄廠和副總經理辦公室費用 $845,000。每位主管在其管轄區內分層負責。

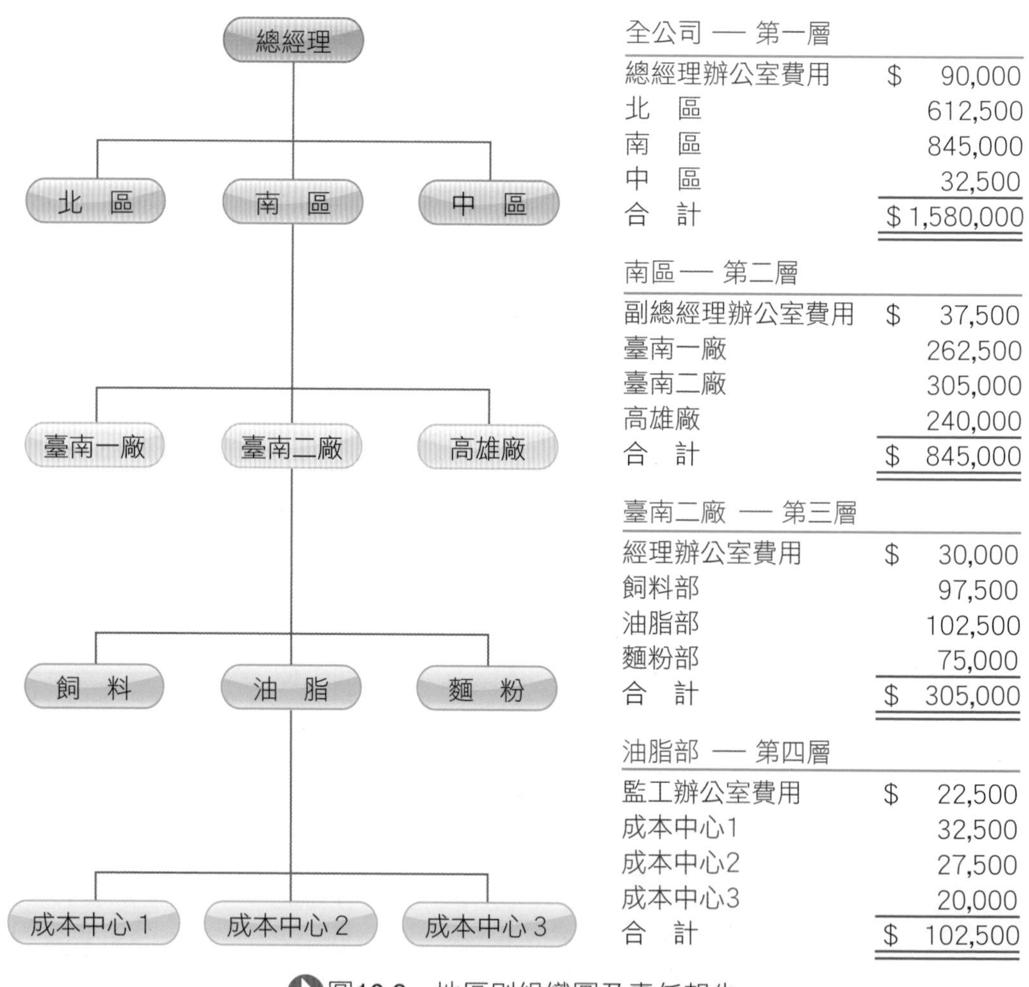

全公司 — 第一層	
總經理辦公室費用	$ 90,000
北　區	612,500
南　區	845,000
中　區	32,500
合　計	$ 1,580,000

南區 — 第二層	
副總經理辦公室費用	$ 37,500
臺南一廠	262,500
臺南二廠	305,000
高雄廠	240,000
合　計	$ 845,000

臺南二廠 — 第三層	
經理辦公室費用	$ 30,000
飼料部	97,500
油脂部	102,500
麵粉部	75,000
合　計	$ 305,000

油脂部 — 第四層	
監工辦公室費用	$ 22,500
成本中心1	32,500
成本中心2	27,500
成本中心3	20,000
合　計	$ 102,500

圖10.3　地區別組織圖及責任報告

10.1.2　分權化的效益

很多大型組織採用分權化的經營管理方式，以便控制各單位的營運狀況，有關分權化的效益如下：

1.資訊專業化

管理者所取得的資訊內容，會影響決策的品質。當公司規模擴大與營運多角化後，高階主管對於區域性資訊的取得，需要透過行政體系與決策系統，部門經理對區域性的營運資訊最為清楚。如果部門經理能將更多有關區域性需求與供給狀況的資訊納入決策系統，使得各階層主管易於取得參考資料，高階主管可制定更好的決策。

2.及時反應

在分權化的組織下，部門經理的決策與執行，在一定的授權範圍內，不需高階主管的核准即能作決定，所以能夠快速地回應問題。在集權化的組織，凡事均要由高階主管決定，因此會產生決策落後的現象。集權化決策的時效落後，其原因分析如下：

⑴由部門經理傳遞資訊需花費時間。

⑵決策單位需耗時召集相關人員來訂決策。

⑶將高階主管的最終決策傳遞給部門經理執行時，亦曠日費時。

在傳遞資訊時，可能使執行的單位誤解高階主管的命令，而做出錯誤的決策，降低行動的效率。然而，在分權化的組織下，部門經理可以同時制定、執行決策，所以有關上述決策落後的現象便可避免。

3.節省高階主管的時間

高階主管的時間是公司有限的資源之一，有必要妥善地規劃。雖然高階主管的決策品質可能高於部門經理，但由其制定所有決策是不可能的，因為高階主管所著重的應是公司整體策略的規劃。分權化可使高階主管減少在日常營運決策的負擔，而將更多的時間與精力，用於公司整體的策略規劃。有一點應注意，最高管理者授權給部門經理並不表示就沒有責任，應是透過分層負責與授權制度將決策權下放，最高管理者仍需為部門經理執行的工作結果負責。

4.訓練及評估部門經理

如果所有重大決策均由高階主管制定，部門經理僅執行既定的決策，將無法使部門經理學習如何制定決策的全部過程。在分權化的組織中，部門經理必須同時制定並執行日常營運決策，藉著賦予部門經理較大的責任，可以提升其管理能力；同時高階主管亦可藉此評估部門經

理，以決定是否調升為更高階的主管。

5. **激勵部門經理**

好的經理人員多半以自己的工作為榮，如果只是接受較高管理當局的命令行事而無決策自主權，會使部門經理逐漸地失去對工作的興趣與熱誠。在分權化下，部門經理被賦予較大的決策權，能符合其自我實現的期望，而得到較大的工作滿足，及激勵其發揮更大的創造力。然而，除了賦予較大的決策自主權以激勵部門經理之外，適當的績效評估與獎酬制度作配套，亦是必要的。

10.1.3 分權化的成本

儘管分權化有上述的效益，但將決策自主權授與部門經理，亦可能發生下列的缺點，這些缺點就是分權化的成本，玆說明如下：

1. **反功能決策**

分權化最主要的成本，乃是部門經理可能做出對自己單位有利，而對公司整體不利的決策，此現象即所謂的**反功能決策** (dysfunctional decision making)。例如，銷售經理可能為了增加總銷售額而削價出售，卻使公司的整體利潤降低。

在分權化的組織內，部門經理通常只重視自己部門的績效，而未顧及公司整體目標是否達成。當公司內某一部門經理的決策會影響到另一部門經理決策時，反功能決策最易發生。例如二個部門經理之客戶群類似，可能會使部門經理為了爭取客戶而採取競價方式，使公司整體利潤下降。

2. **作業重複**

分權化的另一個成本，是作業或服務的重複，例如公司內二個分權單位分別有自己的電腦主機與資訊人員，而事實上只需一部電腦主機與一組人員即可完成同樣的工作。如果將這些電腦設備與資訊人員由中央單位統籌管理，可降低成本。另外，分權化下可能會使各部門各自蒐集資訊，其成本亦大於由中央單位蒐集資料所花費的成本。

10.1.4 責任中心

集權化與分權化的組織，均可實施責任會計制度。企業組織實行責任會計制度的首要工作，是將組織區分為若干個責任中心。所謂**責任中心** (responsibility center) 即為分權化的單位，係由某一經理人員負責的範圍，為具有既定目標的企業組織單位。責任中心可大可小，階層亦有高有低，所以責任中心可能是一個單位，亦可能是公司整體。如圖 10.1、圖 10.2 及圖 10.3，組織圖內的任何一個方格均為責任中心。

在責任中心內，將原料、人工、服務等投入因素，利用該責任中心的機器設備、人工及其他資源處理後，產出各項有形、無形的商品或勞務。各單位在投入的選擇、產出的衡量及產出的型態與組合均有所不同，組織可視賦予部門經理之權力與責任程度，及產出衡量的困難性，將分權化的責任中心單位區分為成本中心、收入中心、利潤中心及投資中心四種，分別敘述如下：

1. **成本中心**

當責任中心主管只負責成本的發生，無法決定售價、不對收入或利潤負責時，此中心稱為**成本中心** (cost center)，成本中心又可分為標準成本中心及斟酌成本中心。標準成本中心適用於投入與相對產出間具有明確關係的成本。一般而言，製造業由於投入與產出容易認定，較常設立標準成本中心。

在圖 10.4 中，臺南廠廠長及其下的監工即屬於標準成本中心。標準成本中心可適用於任何重複性較高的作業，例如速食連鎖店的廚房部門可建立標準成本；在銀行可以為存款部建立標準成本，因此存款部可視為一標準成本中心 ； 在醫院體系內的清潔部通常亦為標準成本中心。

實務應用　**建立責任中心提升績效**

震旦辦公家具在打響品牌知名度之後 ， 為了達成企業的永續經營目標，提高獲利率是一個重要的使命。為此，建立「責任中心」的制度為其大方向，讓每間分店為其規劃及控管全權負責，就如同一個獨立的企業組織必須負起盈虧的責任。經由分權化，實施責任會計制度，震旦辦公家具在組織調整過後，樹立了企業實施責任中心管理模式的良好典範。

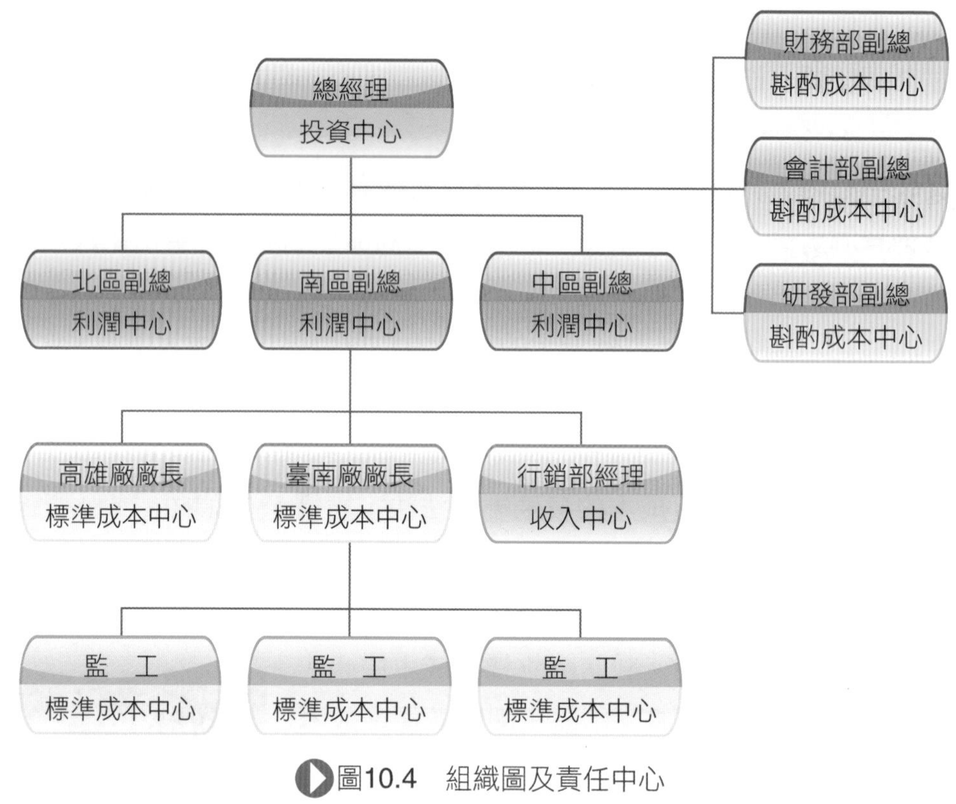

圖10.4　組織圖及責任中心

如前所述，每一責任中心均有一個既定的目標，為了解每一責任中心執行成果，最高管理當局通常會定期衡量該責任中心的績效。至於績效衡量方面，可由下列二點說明：

⑴效率：投入與產出的關係，就是所謂的**效率** (efficiency)。例如 A 生產單位投入原料、人工、製造費用共 $45,000，產出 1,500 單位，則 $45,000 與 1,500 單位之關係即為效率。若另 B 生產單位投入 $42,000，產出 1,500 單位，則較前者有效率。換言之，效率是指將事情做好 (do the thing right)。

⑵效果：責任會計制度的最主要目的，是促使達成企業組織目標一致性，所以當責任中心對企業整體目標有貢獻時，就是有**效果** (effectiveness)。前面所說的分權化的成本之一，反功能決策就是不具有效果。換言之，效果是指要做對的事情 (do the right thing)。

標準成本中心之績效衡量在效率方面，一般應用彈性預算與差異分析；在效果方面，應視該責任中心是否完成生產計畫，且符合品質與時效性的要求。

如果成本中心的單位產出難以衡量，或投入成本與產出結果間無明確關係的部門，都稱為斟酌成本中心。在研究發展部門中（如圖 10.4），可以衡量其是否有「效果」，亦即衡量目標的達成程度。但由於其投入、產出間之關係較弱，無法衡量其是否有「效率」。在衡量績效時應非常謹慎，注意支出若低於預算並不見得好，仍應同時兼顧品質；另外，成本超過預算也並非一定不好，因為可能會造成其他效果。

2. **收入中心**

收入中心收到製造部門的製成品，再負責將這些商品銷售及分配。圖 10.4 中的行銷部門為收入中心的例子，如果收入中心主管有訂價權，則該部門主管應負責總收入；如果收入中心主管沒有產品訂價權，則該部門主管只負責產品數量與銷售組合。**收入中心 (revenue center)** 係指單位主管只負責收入的目標達成。

在評估收入中心部門主管績效時，亦應注意成本的發生，使部門主管重視公司銷貨毛利而非僅銷貨收入。如果評估僅注重銷貨收入，會誘導部門主管做出一些反功能決策，例如削價以增加總銷售額、投入大量的廣告費用、促銷低獲利率的商品等，上述的這些削價促銷活動，雖然會增加總銷貨收入，卻會降低公司整體的獲利能力。

實務應用　借鏡日韓作法，降低臺商風險

過去許多臺灣企業為降低成本、尋找商機，前往中國投資設廠。但是，近年來由於中國經濟結構轉型，工資及原料等生產成本提高，逐漸壓縮臺商獲利空間，連帶影響臺灣經濟發展。對於目前的處境，政府可借鏡日、韓等國作法。例如，利用在中國的據點，提供臺商如市場調查、經貿商情等資訊以降低企業經營決策之風險、培育優秀人才以符合企業之所需，以及投資、管理等諮詢服務以協助企業發展。

3. **利潤中心**

前述的二種責任中心都是有限的分權，成本中心對成本投入有控制權，而其產出卻由其他責任中心決定；收入中心只管銷售部分，其主管僅對銷售活動負責而不管商品之生產。**利潤中心 (profit center)** 是一個產銷合一的責任中心，其主管應對收入與成本（亦即利潤）負責。根據利潤中心銷售的對象可區分為：天然利潤中心 (natural profit center) 及人為利潤中心 (artificial profit center)。天然利潤中心的市場機

能健全，價格由供需面決定。當利潤中心將其產出銷售給組織內的另一責任中心時，由於其間的價格並非由市場機能決定，則稱人為利潤中心。

利潤中心主管通常要負責生產、產品品質、價格、銷售及配銷，亦需決定產品組合及資源分配。至於其績效衡量，主要是比較實際利潤數與預計利潤數。

實務應用 利潤中心激勵員工績效

王品集團 1993 年成立王品台塑牛排餐飲系統， 第一間分店:「台中文心店」。一直以來，王品集團在作任何重大決策時，均會考量到是否可長遠發展。原先預定在 2020 年後才開始將品牌授權給國外企業，但營運狀況比預期順利，遂提早於 2011 年完成「陶板屋」授權給泰國 Oishi 餐飲集團新創立的 Mai Tan 公司。

究竟是什麼原因讓王品在近幾年中營運規模快速成長?其實與王品集團一直實施的利潤中心與股東分紅有密切關係。雖然王品在 2011 年掛牌上市，但各子公司仍維持「利潤中心」的利潤共享分紅制度，將每個月的盈餘均分為三等分，分給員工、股東及公司。有獎勵制度作誘因，王品集團的員工就更樂於為公司效命。

參考資料：王品集團 http://www.wowprime.com/

4. **投資中心**

當責任中心主管的管轄範圍，除了負責利潤中心主管所有的責任外，亦對營運資金運用及實體資產投資負責其成敗， 此類責任中心就是**投資中心** (investment center)，圖 10.4 中的總經理即為一投資中心。雖然利潤中心與投資中心在觀念上有所不同，但實務上，這兩種中心常被視為一體。有些管理人員所指的利潤中心，常包括投資中心及利潤中心， 所以當企業人士談論到有關利潤中心時，可能是上述定義中的利潤中心，亦可能為投資中心。投資中心的績效衡量，是利用投資報酬率、剩餘利潤來衡量。

10.2 責任會計

管理會計制度的建立，大多為了存貨計價及一般成本控制之目的，會計人員必須記錄產品成本及期間成本，以編製綜合損益表及資產負債表。管理會計制度可以記載資源的消耗成本，卻無法決定誰應對所發生成本負責，也無法在必要時決定如何採取適當且正確的行動來解決問題。為了彌補管理會計之不足，便產生了所謂的**責任會計** (responsibility accounting)。

10.2.1 責任會計的意義

在認識責任會計之前，首先應明白責任會計的定義。責任會計是一個依責任中心來計算、報告成本與收入的制度，每一個責任中心主管只負責他所能控制的成本與收入。

責任會計常被誤認為只是控制的工具，其實它兼具了規劃與控制的功能。在第 9 章中，曾述及公司應定期編製整體預算，通常由責任中心的主管編製。在整體預算中，可以看到每個責任中心的主管均有一個合理可達成的目標。

10.2.2 責任會計的釋例

為了說明責任會計的觀念，在此以一個國際連鎖觀光旅館為例。怡星國際觀光娛樂事業共有十家豪華觀光旅館，分立於新加坡、日本及臺灣，在臺灣的北、中、南各有一家分館，圖 10.5 是怡星國際觀光娛樂事業集團的組織圖。

第一層：怡星國際觀光娛樂事業集團的最高管理當局是總裁，總裁必須對公司股東負責，開發國際營運據點，且對公司的利潤及資產的取得決策有控制權，因此為投資中心。

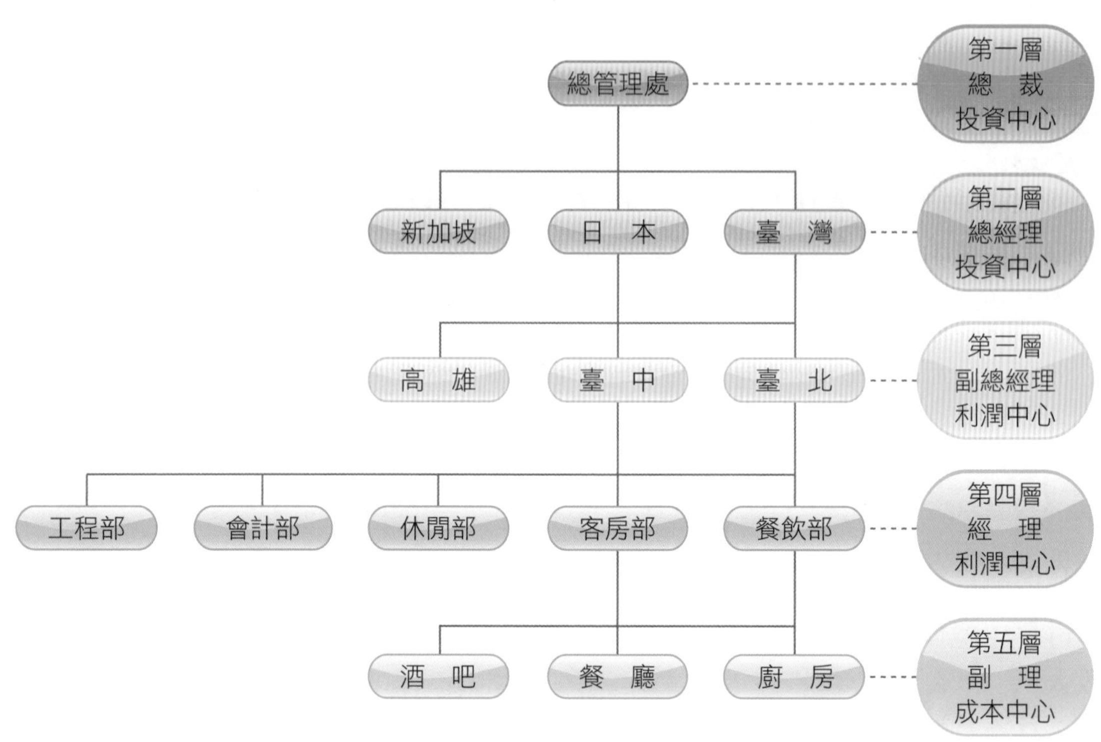

圖10.5　組織圖：怡星國際觀光娛樂事業集團

第二層：臺灣的總經理策劃及督導三家分館的營業活動，對利潤及資產的取得有決策權，所以臺灣怡星觀光旅館亦為投資中心。總經理對 7,000 萬元以下的投資可自行決定，而不須請示總裁；但是一旦投資額超過限額，便無決策權。

第三層：臺北怡星觀光旅館的副總經理負責與營運有關的政策，但卻無投資決策的自主權。例如，臺北的副總經理可以雇用其管轄區內所有的經理人員、決定薪資率及其他與公司營運有關的決策，但無法決定投資的項目及金額，所以臺北怡星觀光旅館為利潤中心。

第四層：臺北怡星觀光旅館共有五個部門，工程部負責旅館工程營建及設備保養維修事項；會計部負責各項會計帳務之處理、財務報告之編製、年報預算之編訂、各項稅捐之申報等事項；休閒部經營一些與休閒有關的活動，例如游泳池、卡拉 OK、網球場等；客房部則包括總機、櫃檯、房務清潔。上述四個部門並未直接向顧客收費，只是為其他部門提供必要的服務，所以稱之為服務部門，為成本中心。

餐飲部經理負責該組織單位的營運所賺取的利潤，因此餐飲部是一個利潤中心。該部經理有權核准菜單、商品的訂價，雇用服務生及其他與餐飲部有關的營運。

第五層：餐飲部之下又分為廚房、餐廳、酒吧三個組織單位，廚房的副理必須對成本發生負責，所以廚房是成本中心。該副理可以雇用廚房人員、選擇食物供應商等，其責任是在以最少的成本提供最高品質的食物。

 *10.2.3* 責任會計的特質

責任會計制度可讓管理階層的經理人員評估其本身及其下層單位的績效，有效地控制該組織的營運。責任會計制度中通常會比較實際執行結果的績效及預期績效，本小節將探討責任會計制度的三個重要特質：差異、績效報告及彈性預算。

1. **差　異**

所謂**差異** (variance) 是指實際績效與預期績效間的差距，是責任會計中最基本的特質。例如公司的預期收入為 \$105,000,000，而實際收入則有 \$118,500,000，便產生 \$13,500,000 的差異。

實際績效與預期績效間的差異，又可區分為**有利差異** (favorable variance) 與**不利差異** (unfavorable variance)，如果是收入或利潤項目，有利差異表示實際數大於預期數；反之，則為不利差異。上述的 \$13,500,000 即為有利差異。如果是成本或費用項目，有利差異表示實際數小於預期數；當實際數大於預期數時，則為不利差異。

對管理者而言，有利差異與不利差異，僅表示實際績效與預期績效的差距，其背後的理由，才是管理者應留意與分析的。

2. **績效報告**

責任會計制度下所編製的報告稱之為**績效報告** (performance reports)，每個責任中心的績效都是彙總在績效報告中。績效報告列示各個責任中心營運的實際結果與預計結果，另外亦列出二者的差異。實務上的績效報告方式，有下列四種方式：

(1)只列示差異。

(2)只列出實際結果與預計結果。

(3)只列出實際結果與差異。

(4)只列出預計結果與差異。

如前所述，管理當局不應只注意差異本身，而應留意差異所隱含的意義，有時差異小並不表示不重要，因其可能對公司營運有重大影響。績效報告中的資料可以幫助管理當局使用**例外管理** (management by exception) 方式來有效控制組織的

營運，管理重點在於異常部分，表 10.1 為上述責任會計釋例的第五層的績效報告。

表 10.1 中首先列出廚房的實際成本，接著列示預算數，最後計算出差異。由於廚房為一成本中心，所以當實際數大於預算數時為不利差異，差異數後的 "U" 表示不利差異，而 "F" 則為有利差異。

表10.1 績效報告：廚房

	實際數	預算數（靜態）	差 異	
	11,000 人次	10,000 人次		
副理辦公室費用（固定）	$ 1,200	$ 1,100	$ 100	U
廚房人員費用	9,200	9,000	200	U
食 物	16,000	15,000	1,000	U
紙製品	3,000	3,200	(200)	F
變動製造費用	6,400	7,000	(600)	F
固定製造費用	2,900	2,800	100	U
合 計	$38,700	$38,100	$ 600	U

*U：不利差異
F：有利差異

3. 彈性預算

在編製績效報告時，特別是成本中心，常使用**彈性預算** (flexible budget) 而非**靜態預算** (static budget)。因為成本中心主管通常無法決定確定的生產數量，而由產品需求面決定。成本中心主管所能做的是盡量符合計算和預算的需求，有些成本會隨作業水準增加而增加。如果僅採用一種作業水準來估計預算的靜態預算，則無法適當的評估成本中心的績效，所以採用彈性預算，可因作業水準不同而調整預算。

以表 10.1 為例，實際成本為 $38,700，而預算成本則只有 $38,100，其間存有不利差異 $600，此不利差異真能評估廚房的績效嗎？如果表 10.1 中的預算數為顧客人次 10,000 時的預算結果，而該旅館 4 月共有 11,000 人次的顧客，因為實際人次與預計人次有差異，$600 的不利差異對該責任中心績效評估並無多大用處。

由於成本中心的變動成本會隨作業水準增加而增加，因此當顧客人次由 10,000 人次增為 11,000 人次時，新增的 1,000 人次會造成額外的成本。然而，使用靜態預算所計算的差異並無法包括非預期的 1,000 人。此時應使用彈性預算，彈性預算可以調整預算去反映實際績效與預計績效間的差異。如果使用彈性預算，怡星國際觀光旅館的會計部門可以輕易的修正預算，以符合需求量的改變。

表10.2　績效報告：廚房

	實際數	預算數（彈性）	差　異	
	11,000 人次	11,000 人次		
副理辦公室費用（固定）	$ 1,200	$ 1,100	$ 100	U
廚房人員費用	9,200	9,900	(700)	F
食　物	16,000	16,500	(500)	F
紙製品	3,000	3,520	(520)	F
變動製造費用	6,400	7,700	(1,300)	F
固定製造費用	2,900	2,800	100	U
合　計	$38,700	$41,520	$(2,820)	F

*U：不利差異
 F：有利差異

表 10.2 列示基於彈性預算所編製的績效報告，由表 10.2 中可看出，廚房人員費用及食物費用由不利差異轉為有利差異，而總差異則由不利差異的 $600 轉為有利差異 $2,820，副理辦公室費用及固定製造費用因為是固定費用，所以並沒有改變。由上可知，使用彈性預算較可正確地評估成本中心的績效。

10.2.4　績效報告釋例

如圖 10.5 的組織圖所示，公司組織是有層級性的，績效報告亦需一級一級往上呈報，例如廚房副理的績效報告是餐飲部經理績效報告的一部分。表 10.3 列出怡星國際觀光娛樂事業集團的績效報告關聯圖。

表10.3　績效報告的關聯性

	實際數	預算數（彈性）	差　異	
總　裁				
總裁辦公室費用	$ 10,100	$ 10,000	$ 100	U
新加坡	704,600	710,000	(5,400)	F
日　本	1,004,200	1,000,000	4,200	U
臺　灣	804,640	807,320	(2,680)	F
合　計	$2,523,540	$2,527,320	$(3,780)	F
臺　灣				
總經理辦公室費用	$ 6,900	$ 7,000	$ (100)	F
臺　北	215,200	214,000	1,200	U

臺　中	211,000	212,000	(1,000) F
高　雄	371,540	374,320	(2,780) F
合　計	$ 804,640	$ 807,320	$(2,680) F
高　雄			
副總辦公室費用	$ 6,100	$ 6,200	$ (100) F
工程部	27,140	27,000	140 U
會計部	31,400	31,500	(100) F
休閒部	95,000	94,800	200 U
客房部	100,200	100,000	200 U
餐飲部	111,700	114,820	(3,120) F
合　計	$ 371,540	$ 374,320	$(2,780) F
餐飲部			
經理辦公室費用	$ 2,000	$ 2,000	$ 0
酒　吧	33,600	33,400	200 U
餐　廳	37,400	37,900	(500) F
廚　房	38,700	41,520	(2,820) F
合　計	$ 111,700	$ 114,820	$(3,120) F
廚　房			
副理辦公室費用	$ 1,200	$ 1,100	$ 100 U
廚房人員費用	9,200	9,900	(700) F
食　物	16,000	16,500	(500) F
紙製品	3,000	3,520	(520) F
變動製造費用	6,400	7,700	(1,300) F
固定製造費用	2,900	2,800	100 U
合　計	$ 38,700	$ 41,520	$(2,820) F

*U：不利差異
F：有利差異

為了使報告上的資訊更具有參考性，編製績效報告應特別注意下列事項：

1.報導項目的選擇

管理人員負責的績效報告所包含的項目，應以其所能控制的項目為限。例如一個經理有雇用人員的權限，則薪資成本為該經理的可控制成本；如果人員係由人力資源部統一雇用，則經理的績效報告不應包括此資訊。

除了可控制的項目外，績效報告中亦會加入一些經理人員不能控制的項目，例如廚房中的副理辦公室費用。這些項目包括在績效報告中，乃是最高管理當局希望部門經理注意全部成本，而非僅他們本身所能控制的成本。

2. **績效報告間的關聯性**

績效報告編製完成後，將會送給部門經理及其上級單位，但二者的詳細程度不同。表 10.3 可看出五個層級間的關聯性，廚房副理收到的報告可提供他評估自己的績效，及幫助他去管理他的責任中心 (成本中心)，他亦可以此為基礎向餐飲部經理說明他的績效。廚房副理的報告詳細列示他應負責的項目，餐飲部經理亦收到比較廚房副理實際績效與預期績效的報告，並利用此報告評估廚房副理的績效。

如果每位經理收到的報告都一樣，則愈高層級的經理人員會收到太多資訊的報告，對策略並沒有益處。因此，績效報告應考慮管理當局的層級，而提供合適的報告，愈下層的內容愈詳細，愈上層的內容愈簡要。

10.2.5　營運部門的績效報告

由於企業投資範圍逐漸全球化，採行多角化經營，使企業在不同地區、不同產業所進行的各項投資，其個別承擔的風險以及獲利的情況會有所差異。針對編製與揭露企業責任中心的績效報告，國際財務報導準則第 8 號 (IFRS8)「營運部門」(operating segments) 準則與國際會計準則第 14 號 (IAS14)「部門別報導」(segment reporting) 準則，皆規範企業必須提供財務報表使用者有關評估企業資源配置與經營績效所需的資訊。值得一提的是，有別於 IAS14，IFRS8 在辨識和揭露營運部門資訊方面，係以內部管理資訊為揭露重點，讓外界報表使用者也能如同企業內部管理者獲得營運成果的相關資訊；其差異可從「部門之辨識」、「應報導部門」、「部門資訊之衡量與揭露」三方面來說明，分述如下：

1. **部門之辨識**

IFRS8 最大的特色，是以「管理法」來辨識和揭露營運部門資訊。營運部門之辨識，係以「主要營運決策者」(chief operating decision maker) 的觀點，定期複核用以分配資源予部門與評量績效之內部報告。「主要營運決策者」不必然為有特定職稱之經理人，多為分配資源予企業營運部門並評量其績效的角色，包括執行長、營運長、執行董事團隊或其他人員。營運部門必須符合下列特性：

(1)該部門從事營運活動可能賺得收入並發生費用。

(2)該部門之營運結果定期由該企業之主要營運決策者複核，並根據複核結果作為績效評比及分配部門資源之依據。

(3)該部門已有單獨之財務資訊者。

2. **應報導部門**

企業管理階層必須依照重大性原則來選擇營運部門，在財務報表上應揭露資訊之部門，即所謂應報導部門 (reportable segments)。依據 IFRS8 規定，營運部門只要依次進行「收入測試」、「損益測試」及「資產測試」來決定該部門是否視為應報導部門：

(1)該營運部門之「報導收入」(包括對外部客戶之銷售及部門間銷售或轉撥）達所有營運部門收入（包括部門間收入）合計數之 10% 以上者。

例如，和平公司營運部門甲的收入為 \$800,000（包括外部收入 \$500,000 + 內部收入 \$300,000)，和平公司所有營運部門收入合計數為 \$7,000,000，營運部門甲的收入測試為 11%(= \$800,000 ÷ \$7,000,000)，超過所有營運部門收入合計數之 10% 以上。因此，營運部門甲為應報導部門。

單位：千元

營運部門甲

外部收入	內部收入	部門收入
\$500	\$300	\$800

所有營運部門收入合計數
\$7,000

部門甲收入測試
$\frac{\$800}{\$7,000}$=11.43%(>10%)

(2)該營運部門之「報導損益絕對值」達下列兩項絕對值「較大者」之 10% 以上者：(a)所有無報導損失之營運部門利益合計數；及(b)所有有報導損失之營運部門損失合計數。

例如，大井公司營運部門乙的收入為 \$600,000，大井公司所有營運部門收入合計數（包括部門間收入）為 \$7,500,000，營運部門乙的收入測試為 8%(= \$600,000 ÷ \$7,500,000)，未超過所有營運部門收入合計數之 10%，則可繼續了

解是否有符合第二個條件。因為部門損失為 –$360,000，且所有無報導損失之營運部門利益合計數 $3,000,000 大於所有有報導損失之營運部門損失合計數 –$1,350,000 的絕對值，營運部門乙的損益測試為 12%(= |–$360,000| ÷ $3,000,000)，超過無報導損失之所有營運部門利益合計數之 10%。因此，營運部門乙為一個應報導部門。

單位：千元

營運部門乙		
部門收入	部門損失	
$600	–$360	
所有營運部門收入合計數	所有無報導損失之營運部門利益合計數	所有有報導損失之營運部門損失合計數
$7,500	$3,000	–$1,350
部門乙收入測試	部門乙損益測試	
$\frac{\$600}{\$7,500}$=8%(<10%)	$\frac{\lvert -\$360 \rvert}{\$3,000}$=12%(>10%)	

(3)該營運部門之「報導資產」達所有營運部門資產合計數之 10% 以上者。

例如，勝利公司營運部門丙的收入為 $960,000，勝利公司所有營運部門收入合計數（包括部門間收入）為 $12,000,000，營運部門丙的收入測試為 8%(= $960,000 ÷ $12,000,000)，未超過所有營運部門收入合計數之 10%。由於該公司無虧損之部門，所有無報導損失之營運部門利益合計數為 $2,400,000，營運部門丙的損益測試為 5%(= $120,000 ÷ $2,400,000)，未超過所有無報導損失之營運部門利益合計數之 10%。營運部門丙的部門資產為 $4,000,000，勝利公司所有營運部門資產合計數為 $8,000,000，營運部門丙的資產測試為 50%(= $4,000,000 ÷ $8,000,000)，超過所有營運部門資產合計數之 10%，所以營運部門丙為一個應報導部門。

單位：千元

營運部門丙		
部門收入	部門利益	部門資產
$960	$120	$4,000
所有營運部門收入合計數	所有無報導損失之營運部門利益合計數	所有營運部門資產合計數
$1,200	$2,400	$8,000
部門丙收入測試	部門丙損益測試	部門丙資產測試
$\frac{\$960}{\$12,000}$=8%(<10%)	$\frac{\$120}{\$2,400}$=5%(<10%)	$\frac{\$4,000}{\$8,000}$=50%(>10%)

(4)未符合任何量化門檻之營運部門，若管理階層認為與該部門相關之資訊對財務報表使用者有用時，亦可被視為應報導部門而分別揭露。

企業僅於營運部門具有相似之經濟特性且符合前段所述之大多數彙總基準時，得將未符合量化門檻之營運部門與未符合量化門檻之其他營運部門之相關資訊合併，以產生一應報導部門。若營運部門所報導之外部收入總額小於企業收入之 75%，則應辨識額外之營運部門作為應報導部門，直至應報導部門之收入至少達企業收入之 75% 為止。

3.部門資訊之衡量與揭露

IFRS8 規定每一營運部門揭露各個營運項目之金額，且該金額應為提供主要營運決策者用以分配資源予部門及評估部門績效所用之衡量金額。在揭露方面，IFRS8 要求企業（包括僅有單一應報導部門之企業）揭露關於其產品與勞務、地區及主要客戶之企業整體資訊。此外，IFRS8 要求企業將每一應報導部門之利息收入與利息費用分別報導；除非部門收入大部分來自於利息，且主要營運決策者主要仰賴淨利息收入以評估部門績效及制定決策，則可不需列報。企業依據 IFRS8 要求，必須揭露下列與營運部門相關的資訊：

(1)一般性資訊：辨識應報導部門之因素；及每一個應報導部門所銷售的產品或所提供的勞務類型。

(2)各個應報導部門之損益及兩種收入資訊。兩種收入資訊分別是來自企業外部客戶之收入，及企業內部其他營運部門之收入。

 10.2.6　責任會計的行為面

責任會計制度的實施，會影響組織內人員的行為，有時會激勵員工以提高績效，但有時會引起人員的不滿而造成反彈。因此高階主管在擬訂和執行責任會計制度時，要掌握住制度施行的主要重點。在本小節中，敘述制度實施的三項重點，供管理者參考。

1. 資訊性

任何組織實施責任會計制度，主要目的是在運用此制度來提供足夠的資訊，以協助管理者從事規劃和控制營運活動。一個良好的責任會計制度，可提供明確的資訊來告訴管理者，有關組織內每個人、每件事或每個單位的績效是處於良好狀態或較差狀態。除此之外，管理者還要從中了解造成各種結果的原因，對於績效好的部分，要仔細分析其持續性；對於績效差的部分，要進一步探討其原因。

高階主管在實施責任會計制度時，要使組織內人員了解該制度的重點，是用來協助大家提升績效，不是用來作為懲罰員工的工具。這樣才不會使員工對責任會計制度產生反感，進而願意與公司政策配合。

2. 控制性

一旦組織採用責任中心制度，每個單位的績效報告形式，可依各個單位的特性而改變。基本上，對一個單位主管的考核，應以其可控制的部分來評估。換句話說，績效報告上的成本和收入資料，可明確的區分為可控制和不可控制兩部分，單位主管是對可控制的成本或收入來負責，對於不可控制部分也要了解其增減的原因。

3. 激勵性

在責任會計制度下，每一個單位的責任歸屬很明確，有助於達成單位的目標。在同一單位的人，共同努力將其績效提升。有時各個單位為提高自己的績效，卻忽略了組織整體的績效。例如某公司的銷售單位是收入中心，生產單位屬成本中心。銷售人員為達到當月的銷售額標準，接受一個量大價低的特殊訂單。如果當月份生產單位很忙碌，機器使用率已達頂點，若接受該特殊訂單，會造成加班趕工的現象，因此生產單位不願意接受此特殊訂單。在這種情況下，高階主管要出面協調，首先要求銷售部門提出該特殊訂單可能帶來的收入資料，再要求生產單

位提出為生產該訂單所需增加的成本資料，就效益與成本二方面，從公司整體來考慮。原則上，責任會計制度是用來提高組織整體的績效。

10.3 投資中心的績效衡量

投資中心的主管需對成本及收入負責，亦可決定該責任中心的投資決策。利潤中心和投資中心的評估方式，皆是衡量責任中心的利潤。因此，投資中心的績效評估，應同時考慮部門利潤及其投資額，才較為合理。此處將介紹管理會計人員常用的兩項績效指標：投資報酬率及剩餘利潤。

10.3.1 投資報酬率

投資報酬率 (Return On Investment, ROI) 是評估投資中心績效最常採行的一種指標，其定義為「每一塊錢投資所賺得的利潤」，其公式如下：

$$\text{投資報酬率} = \frac{\text{營業利潤}}{\text{投資額}}$$

假設 A 投資中心及 B 投資中心每一塊錢投資所賺得的利潤分別是 $3,000,000 ÷ $15,000,000 = 0.2 及 $6,000,000 ÷ $60,000,000 = 0.1，以百分比表示為 20% 及 10%，這便是這兩個投資中心的投資報酬率。

杜邦公司 (Dupont Powder Company) 是最早使用投資報酬率的公司，其高階主管唐納德森・布朗 (Donaldson Brown) 最早在 1922 年將投資報酬率分解為二個比率，所以下列公式亦可稱為杜邦公式 (Dupont Formula)。

$$\text{投資報酬率} = \frac{\text{營業利潤}}{\text{銷售額}} \times \frac{\text{銷售額}}{\text{投資額}} = \text{銷售利潤率} \times \text{資產周轉率}$$

早期杜邦公司利用投資報酬率去指引個別部門的投資決策，而未使用於評估部門或部門主管的績效。1920 年代以後，有些大型公司，例如通用汽車公司 (General Motors, GM) 的部門愈來愈多，部門主管面臨愈來愈多的營運及投資決策，投資報酬率開始被用來衡量部門及部門主管的績效。杜邦公司及通用汽車公司在組織結構及會計制度上的革新，漸漸地被美國其他公司採用，尤其在第二次世界大戰後更為流行。至今，投資報酬率仍為美國產業對衡量投資中心績效，最普遍的一種指標。

將投資報酬率分解成銷售利潤率 (Return On Sales, ROS) 和資產周轉率 (turnover ratio of sales to assets) 可以在績效評估上獲得更多的資訊，如表 10.4 所示，雲頂公司四年的投資報酬率逐年增加。

表10.4　投資報酬率的分析

年　份	投資報酬率	=	銷售利潤率	×	資產周轉率
1	13.50%	=	18%	×	0.75
2	17.28%	=	24%	×	0.72
3	21.78%	=	33%	×	0.66
4	25.35%	=	39%	×	0.65

在表 10.4 中，雲頂公司每年的投資報酬率呈現成長趨勢，但將其分解後，可以看出銷售利潤率增加而資產周轉率下降。在調查上述情況發生之原因時，高階主管可能會發現部門主管增加第二、三、四年的售價，而企圖去操縱部門的績效。

因為投資報酬率會受到銷售利潤率和資產周轉率二者的影響，部門主管可透過下列兩個方法來改善投資報酬率：

1. 提高銷售利潤率

為了提高銷售利潤率，部門主管可以提高售價或降低成本，然而這卻不易達成。在提高售價的同時，部門主管應注意不要使總銷貨收入下降；在降低成本時，部門主管應注意不要降低產品品質或服務品質，否則會使銷貨收入下降。

2. 提高資產周轉率

部門主管可以增加銷貨收入或減少存貨的投資資本，以提高資產周轉率。有時因減少存貨可能導致缺貨，進而損失銷貨收入的問題，所以減少存貨的影響也要注意。

實務應用 新產品增收入

蘋果電腦每一次有新產品上市，都能在市場造成風潮，總有「讓人驚豔、嘆為觀止」的感覺。從產品設計邁向商業模式的創新，由個人電腦跨足到消費性電子產業，「創新」成了蘋果電腦最大的獲利來源。具新鮮感及時尚感的設計挑起消費者想擁有的渴望，也讓蘋果電腦能突破一次又一次的困境，而開創出今日的局面。

參考資料：蘋果電腦 http://www.apple.com/

10.3.2 採用投資報酬率的問題

雖然使用投資報酬率作為績效評估指標很吸引人，但其仍有一些技術上的限制，各項說明如下：

1. 過分強調單一的短期衡量指標，可能造成與公司目標不一致的現象

採用投資報酬率可能造成部門主管與公司目標不一致，部門主管可能因為怕會降低該部門的投資報酬率，而拒絕一個可使公司利潤增加的計畫。如部門 A 在現行情況下稅前利潤為 \$50,000，投資額為 \$200,000，可知：

$$\text{部門 A 投資報酬率} = \frac{\$50,000}{\$200,000} = 25\%$$

假設部門 A 的資金成本為 16%，主管正要評估一個新的投資計畫需要投資 \$60,000，可以產生 \$12,000 的利潤，此一新計畫的投資報酬率為 20%，高於部門的資金成本。如果執行該新計畫將使部門 A 的投資報酬率變成 23.85%，其計算如下：

$$\text{部門 A 投資報酬率} = \frac{\$50,000 + \$12,000}{\$200,000 + \$60,000} = 23.85\%$$

所以，部門 A 的主管會拒絕此一投資機會，即使它大於部門資金成本，拒絕原因為該計畫會使部門 A 的投資報酬率降低。

2. **處分資產以提高投資報酬率**

部門主管可藉由資產的處分而提高投資報酬率，如有一資產 $50,000，可產生 $11,000 的利潤，則此資產的獲利力為 22%。部門主管將此資產處分後的投資報酬率為：

$$\text{部門 A 投資報酬率} = \frac{\$50,000 - \$11,000}{\$200,000 - \$50,000} = 26\%$$

也許該資產並未到處分的時機，但部門經理可能為了提高其部門 A 投資報酬率，而處分該資產。

3. **投資基準不同不可比較績效**

當部門間的投資基準不同時，則這些部門之間的績效難以比較。假設部門 B 的投資基準為 $100,000，可以產生 $28,000 的利潤，其投資報酬率為 28%。表面上看來部門 B 的績效高於部門 A，因為 28% 大於 25%。就這個部門的投資額和利潤比較看來，部門 A 與部門 B 的差異為 A 有增額的投資 $100,000 (= $200,000 – $100,000)，增額利潤 $22,000 (= $50,000 – $28,000)，所以部門 A 有增額投資報酬率：

$$\text{投資報酬率（部門 A 增額部分）} = \frac{\$50,000 - \$28,000}{\$200,000 - \$100,000} = 22\%$$

22% 大於公司資金成本 16%，因此部門 A 的獲利能力並不差。

4. **藉比率之改變而提高其績效**

部門主管以投資報酬率極大化為目的，因此他可以藉由增加分子（以現有的資產賺更多的利潤），或減少分母（縮減投資額，及放棄大於公司資金成本而小於部門現有利潤率的投資機會），以提高投資報酬率。任何計畫的資產利潤率小於部門現有平均利潤率，將會被處分或被放棄，因為這樣會使投資額下降而提高投資報酬率。

然而，僅提高比率並不代表其績效提高，所以公司除了以投資報酬率為衡量指標，亦應再設立其他非財務指標。

10.3.3　剩餘利潤

採用投資報酬率所造成的反功能決策，可透過使用**剩餘利潤** (Residual Income, RI) 來解決，其計算公式如下：

剩餘利潤 = 營業利潤 − 投資額 × 規定的最低報酬率

上式的重點，在於實際利潤超過預期利潤的部分，一般預期利潤率是以規定的最低報酬率來代替，在這繼續沿用上面的例子，部門 A 與 B 的剩餘利潤計算如表 10.5 所示。

表 10.5 二部門剩餘利潤有 $6,000 的差異，是由於部門 A 的增額投資報酬率 22% 高於規定的最低報酬率 16% 的比率 (0.22 − 0.16 = 0.06) 乘上部門 A 的增額投資 $100,000 (= $200,000 − $100,000) 所致。

如果部門 A 有一個報酬率為 20% 的投資機會，其投資額要增加 $60,000，會使其剩餘利潤增加。若部門 A 處分一報酬率 22% 的資產，其價值為 $50,000，將使其剩餘利潤減少。計算見表 10.6。

表10.5　剩餘利潤的計算：增額投資分析

	部門 A	部門 B
投資額	$200,000	$100,000
稅前利潤	$ 50,000	$ 28,000
規定的最低報酬率 (@16%)	(32,000)	(16,000)
剩餘利潤	$ 18,000	$ 12,000
	$6,000	

表10.6　部門 A 的選擇方案分析

	現　況	方案一 (新投資 $60,000)	方案二 (處分資產 $50,000)
營業資產	$200,000	$260,000	$150,000
稅前利潤	$ 50,000	$ 62,000	$ 39,000
規定的最低報酬 (@16%)	(32,000)	(41,600)	(24,000)
剩餘利潤	$ 18,000	$ 20,400	$ 15,000

當所增加的投資，其報酬率大於公司規定的最低利潤時，剩餘利潤會增加；相對地，如果所增加的投資，其報酬率小於公司規定的最低利潤時，剩餘利潤會減少。因此，剩餘利潤符合目標一致的原則，不會有反功能決策。當各個投資計畫的投資額相同，剩餘利潤優於投資報酬率，因為不會受到比率的四捨五入影響而找不出投

資計畫之間的差異。另外，剩餘利潤亦更具彈性，因為對不同風險的投資可適用不同公司規定的最低利潤。公司規定的最低利潤，可視為**資金成本** (cost of capital)，企業間各部門的資金成本可能不同，甚至同一部門內不同資產的風險亦可能不同，剩餘利潤允許部門主管設定不同的資金成本，投資報酬率卻不能做到此點。

剩餘利潤乃一絕對數字，未考慮部門規模大小 (銷售額或資產)，所以投資金額大部門比投資金額小部門更易達成目標。所以，剩餘利潤的主要缺點是缺乏不同投資額計畫之間的比較性。可以表 10.7 說明之。

由表 10.7 分析，部門 C 的投資額 $200,000 較部門 D 的投資額 $2,000,000 為少，部門 C 的剩餘利潤 $20,000 比部門 D 的剩餘利潤 $100,000 為少，藉此可能推論部門 C 的績效不如部門 D。但是，如果以投資報酬率分析，部門 C 的投資報酬率 30% 比部門 D 的投資報酬率 25% 為高，部門 C 的績效並不差。因此，當各個投資計畫的投資金額差異大時，不宜採用剩餘利潤為投資計畫評估方法。

表10.7　剩餘利潤的計算：投資額不同的分析

	部門 C	部門 D
投資額	$200,000	$2,000,000
稅前利潤	$ 60,000	$ 500,000
規定的最低報酬率 (@20%)	(40,000)	(400,000)
剩餘利潤	$ 20,000	$ 100,000
投資報酬率	30%	25%

10.3.4　部門績效評估的其他考量

有關績效指標的選擇，不論投資報酬率或剩餘利潤，均不能對投資中心提供完美的績效評估工具，前者傷害目標一致性，而後者扭曲不同規模投資中心的比較性。所以，一些公司常同時採用這兩種方法來評估投資中心的績效，更有公司發展出投資報酬率和剩餘利潤外的財務性指標及非財務性指標以補充不足，例如平衡計分卡。

雖然剩餘利潤有一些吸引人的特性，但在實務上大多數公司仍使用投資報酬率。很少有公司以剩餘利潤取代投資報酬率，有些公司則以剩餘利潤作為投資報酬率的補充資料。

本章已介紹投資報酬率、剩餘利潤的計算及損益與投資額的衡量問題，本小節提出投資報酬率、剩餘利潤以外的指標以評估投資中心績效。另外，亦將說明非財務指標的重要性。

由於投資報酬率、剩餘利潤有一些限制存在，且只著重於當期，是一種短期的績效衡量指標。投資中心的投資往往歷時數年，為了避免只著重於短期績效評估，一些公司並不重視投資報酬率、剩餘利潤，而較喜歡其他衡量指標。有些學者主張將分子和分母分開控制，固定資產應由「資本預算分析」及「事後的投資審核」來控制，而部門的利潤績效應藉由定期比較真實與預計利潤來評估。

對這些公司而言，評估投資中心績效較好的方法，是透過彈性預算及差異分析來定期的評估利潤，再加上對主要投資決策的事後審核。雖然此法較為複雜，但它可以幫助部門主管避免單一期間衡量指標的缺點。

財務衡量如部門利潤、投資報酬率及剩餘利潤，被廣泛的使用來做績效評估，但是非財務衡量仍非常重要。因為財務性指標係屬短期衡量指標，部門主管可能會傷害公司長期利益以提高其短期的利益，所以公司應設定一些與長期利益關聯的績效衡量指標。高階主管亦可設定市場占有率、顧客滿意程度、員工流動率等為衡量指標，藉著賦予部門主管注意長期衡量指標的重要性，以消除過分強調投資報酬率、剩餘利潤的缺點。以通用公司為例，其非財務指標有市場地位、生產力、產品領導地位、人員發展、員工態度、公共責任等項目。一個良好的績效評估系統，應使用**多元績效衡量方法** (multiple performance measures)，除了有財務指標，亦有非財務指標。

10.4 內部轉撥計價

當責任中心之間有產品或勞務的移轉時，投資中心與利潤中心的績效衡量問題就更加複雜。一個部門出售產品或勞務給另一個部門稱之為**移轉** (transfer)。當有移轉存在時，便需決定該產品或勞務的價格，設定該項移轉的價格稱之為**轉撥計價** (transfer pricing)。轉撥計價的設定會影響出售部門（亦可稱為轉出部門）及購買部門（亦可稱為轉入部門）的利潤。由於購買部門想要有較低的轉撥計價，而出售部門卻希望有較高的轉撥計價，其中會有衝突發生，如何制定一合理的轉撥計價，便是一重要問題。

 10.4.1　轉撥計價的評估準則

在分權組織下，部門間的交易愈多，即產品或勞務的移轉愈多，對轉撥計價的需求愈大，可能對下列三方面產生影響：

1. 對績效評估的影響

最初採用轉撥計價，目的是為了衡量部門的績效，圖 10.6 列示出責任中心間可能的產品或勞務移轉，將利潤中心與投資中心二者合併，乃因兩個責任中心均使用利潤來評估，因此轉撥計價對這兩個責任中心主管的影響是一樣的。

為了解轉撥計價如何影響部門績效評估，可考慮轉撥計價對出售部門及購買部門的影響。

(1)出售部門：如果出售部門為收入中心，則轉撥計價是決定收入的因素，自然會影響其績效。因為轉撥計價是用於計算利潤的基礎，所以也會影響利潤中心及投資中心的績效評估。

(2)購買部門：對該責任中心而言，轉撥計價為成本的決定因素。因此轉撥計價會影響成本中心、利潤中心及投資中心的績效評估。

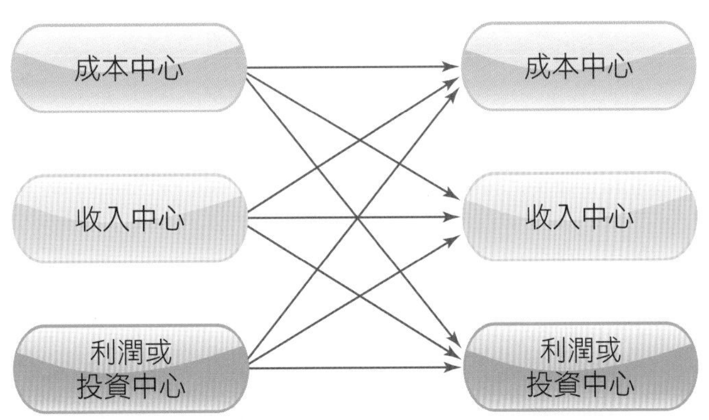

圖10.6　責任中心之間可能的產品或勞務移轉

2. 對公司整體利潤的影響

內部轉撥計價亦會影響公司整體利潤，部門經理設定的轉撥計價可能使該部門的利潤極大化，卻對公司整體利潤有相反的影響。由此可知，轉撥計價扮演著下列兩種角色：

(1)指引部門經理作成本計算和價格訂定的參考。

⑵可幫助高階主管評估利潤中心或投資中心的績效。

有時，某一轉撥計價可產生對公司整體最有利的決策，但卻造成某些部門績效不佳的後果。同樣的，有時轉撥計價雖可滿足評估部門績效之目的；但對公司整體而言，卻導致次佳的決策。因此，轉撥計價的設定應以公司整體利潤為主體，這也就是所謂的**目標一致性** (goal congruence)。

3. **對部門自主性的影響**

由於內部轉撥計價會影響公司整體的利潤，高階主管通常會干涉部門間轉撥計價的設定。在分權化經營的公司，如果高階主管經常介入轉撥計價的設定，則會損及部門的自主性，而無法實現分權化經營的利益。然而，分權化亦會造成部門與公司整體的目標不一致，所以高階主管應權衡其成本效益，再決定是否介入轉撥計價的設定。

10.4.2 轉撥計價的一般通則

高階主管干預轉撥計價的設定，會損及部門主管的自主性，所以發展內部轉撥計價的一般原則或政策非常需要，內部轉撥計價的一般通則如下：

轉撥計價 = 每單位變動成本 + 每單位機會成本

一般通則將轉撥計價分為兩部分：第一部分為出售部門所支出的變動成本，如直接原料成本、直接人工成本及變動製造費用等。第二部分則是全公司因移轉所產生的機會成本。所謂**機會成本** (opportunity cost) 是指出售部門放棄對外銷售時所遭受的單位邊際貢獻之損失，亦即所放棄的決策可能帶來的預期利潤。

藍天公司有許多的利潤中心，其中包括購買部門甲及出售部門乙。甲需要 20,000 單位的零件 X，因為零件 X 是產品 Z 的一部分原料。甲製造產品 Z 且售價為 $960，零件 X 可由甲向烏莎吉公司以 $760 購得或自乙部門取得。零件 X 及產品 Z 的標準及實際的可控制成本如表 10.8。

本小節將出售部門分二種情況：無閒置產能和有閒置產能，來說明內部轉撥計價的一般通則之應用。

表10.8　藍天公司的成本資料

	單位成本			
	出售部門：乙		購買部門：甲	
	零件 X		產品 Z	
	標準成本	實際成本	標準成本	實際成本
轉撥計價			?	?
直接原料成本	$ 88	$ 92	$20	$22
直接人工成本	80	90	40	42
變動製造費用	160	152	60	64
固定製造費用	60*	60	16**	16
變動銷售費用	100	102	12	14
固定銷售費用	20*	20	4**	6
可控成本總額	$508	$516	$?	$?

*單位固定成本的計算是基於生產及銷售 100,000 單位

**單位固定成本的計算是基於生產及銷售 20,000 單位

1. 出售部門無閒置產能

如果部門乙可以市價 $760 出售所有的零件 X，則表示部門乙無閒置產能；只有當零件 X 供過於求時，部門乙才有閒置產能。當部門乙無閒置產能時，其轉撥計價應為：

每單位變動成本		每單位機會成本	
直接原料成本	$ 88	市　價	$ 760
直接人工成本	80	變動成本	(428)
變動製造費用	160		$ 332
變動銷售費用	100		
	$428		

轉撥計價 = $428 + $332 = $760

由於部門乙無閒置產能，所以內部移轉價格為 $428，將使部門乙損失了出售零件 X 的邊際貢獻，也就是機會成本為 $332。

2. 出售部門有閒置產能

當部門乙所生產的零件 X，可以足夠供應外部需求者及部門甲後仍有剩餘產品，則表示部門乙有閒置產能。當出售部門有閒置產能時，其轉撥計價的計算如下：

轉撥計價 = $428 + $0 = $428

部門乙的變動成本不會因是否有閒置產能而有所不同，所以每單位變動成本仍為 $428。當部門有閒置產能時，外面訂單只要價格超過 $428，將對公司整體利潤有所幫助。

雖然一般通則產生的轉撥計價，可使部門經理採取對公司最有利的轉撥計價，但亦有其執行上的困難及不公平的情況產生：

(1)機會成本難以認定。

(2)移轉所產生的邊際貢獻全歸入購買部門，對出售部門不公平。

(3)只考慮出售部門的資訊。

 *10.4.3* 設定轉撥計價的方法

設定轉撥計價的方法可分為：以市價為基礎、以協議價格為基礎、以成本為基礎的轉撥計價及雙重轉撥計價等。

1. 以市價為基礎

如果中間產品市場存在，且該市場處於完全競爭的情況下，以市場價格作為轉撥計價之基礎最為適當。此時，部門主管的決策會同時決定公司整體利潤，符合績效評估原則，且高階主管不會干預。

當出售部門無閒置產能且市場完全競爭，任何生產者均無法影響市價時，一般通則及市價法會有相同的轉撥計價，即 $428 + $332 = $760。但當出售部門有閒置產能或市場不完全競爭時，二者產生的轉撥計價便不相同。

實務上，以市價作為轉撥計價有許多修正的模式：

(1)為鼓勵內部移轉，可以市價減去折扣後之價格作為內部轉撥計價之基礎，而該折扣等於內部移轉可節省的一些費用，這些費用在外部移轉時無法避免，如運費、廣告費及佣金等。

(2)為維持產品品質及產品的可信賴度，而必須由內部移轉時，可以市價加上為符合高品質或某些特性而發生的額外成本，作為內部轉撥計價的基礎。

在出售部門無閒置產能時，產品 Z 的銷售對出售部門和公司整體的損益產生不同的結果。如下表，出售部門的利潤為 $68，但對公司整體而言，此產品利潤為 $400。

	購買部門	公司整體
產品 Z 的市價	$960	$960
相關成本：		
變動成本	$132	$132
轉撥計價	760	428
總相關成本	$892	$560
利　潤	$ 68	$400

2.**以協議價格為基礎**

市價法中的修正模式，亦可稱之為協議價格。另一種情況，是當移轉產品無市價時，可以出售部門及購買部門主管共同協議的價格為轉撥計價。協議價格是買賣雙方共同商議所產生的協商後內部轉撥計價。

以協議價格作為內部轉撥計價基礎之情形：

(1)中間產品市場不存在。

(2)中間產品市場存在，但出售部門有閒置產能。

以協議價格作為轉撥計價基礎，所需的成功要件如下：(1)有外在的中間產品市場；(2)協議者分享所有的市場資訊；(3)可自由向外購買或出售；(4)需要高階主管的支持及適時的干涉。

協議價格制度的缺點：(1)浪費時間；(2)造成部門間的衝突；(3)對部門獲利能力之衡量，將因該部門經理談判技巧受到影響；(4)高階主管需花費時間於監督談判過程與調解爭執；(5)可能導致次佳的產出水準。

由下表看來，對公司整體而言，利潤仍是 $400。但因轉撥計價 $660 是由雙方議價而來，所以出售部門利潤為 $168。

	購買部門	公司整體
產品 Z 的市價	$960	$960
相關成本：		
變動成本	$132	$132
轉撥計價	660	428
總相關成本	$792	$560
利　潤	$168	$400

3. **以成本為基礎**

當公司無法使用市價及協議價格時，通常會轉而使用以成本為基礎的轉撥計價。為了避免將出售部門的無效率轉給購買部門，可考慮計算過程以標準成本為準。一般而言，可分為變動成本法、全部成本法和成本加成法三種。

(1)變動成本法：當公司以變動成本為轉撥計價時，不論出售部門是否有閒置產能，該部門的邊際貢獻均為 0 (= $428 − $428)，而全部的邊際貢獻均由購買部門所享有，如下所示。

	購買部門	公司整體
產品 Z 的市價	$960	$960
相關成本：		
變動成本	$132	$132
轉撥計價	428	428
總相關成本	$560	$560
利　潤	$400	$400

轉撥計價為變動成本將符合目標一致性，但就出售部門的觀點而言，卻傷害了正確評估績效，以 $428 為轉撥計價使出售部門沒有利潤。短期內雖沒有損失，但長期而言，卻無法涵蓋全部成本 $508。如果出售部門反對移轉，但高階主管強迫其接受此一價格，就不能滿足自主性的原則了。

有些公司為了避免上述情況發生，便採用變動成本加成法，而使出售部門有正的邊際貢獻。

(2)全部成本法：實務上最常用全部成本法作為轉撥計價，所謂全部成本等於變動成本加分攤的固定成本。

全部成本 = $428 + $80 = $508

在全部成本法中，轉撥計價為 $508，但此法會導致管理當局做出反功能決策。當公司正考慮是否接受一特定訂單合約(此合約將以 $488 購買出售部門的零件 X) 時，如果以全部成本法為轉撥計價，出售部門主管將會拒絕此一合約，因為此合約會使出售部門損失 $20，其計算過程如下：

特定訂單合約價格	$488
以全部成本為基礎的轉撥計價	508
出售部門的利潤（虧損）	$(20)

但對公司整體而言，固定成本屬於沉沒成本，在短期特定訂單決策時可暫不考慮，所以接受此特殊合約會使公司增加 $60 的邊際貢獻：

特定合約價格	$488
出售部門的變動成本	428
公司整體的利潤	$ 60

(3)成本加成法：有些公司利用成本加成法，來解決變動成本法及全部成本法所不能達成的績效評估問題。可採用變動成本加成法或全部成本加成法，即使轉撥計價較變動成本或全部成本為高，這對購買部門及公司均是有利的。如果加成率可以協議，亦為協議價格的一種。

4. 雙重轉撥計價

為了避免部門主管做出反功能決策，轉撥計價可採用雙重轉撥計價。在雙重轉撥計價法下：

(1)出售部門收到之價款（帳面上的）= 變動成本加成數或全部成本加成數。

(2)購買部門付出之成本（帳面上的）= 生產該產品之變動成本與機會成本之總數。

本例中，出售部門以成本加利潤計算的轉撥計價，可使出售部門得到正確的績效評估；而購買部門所設定的價格亦不會產生反功能決策。此時公司整體利益會比兩部門利益總和為低，主要是因為出售部門包含了內部利潤所致，因此在編製財務報表時，出售部門之利潤應予以消除。出售部門和購買部門的利潤總和為 $492，比公司整體的利潤 $400 多出 $92，應該予以沖銷。

此法雖可符合內部轉撥計價的三原則（績效評估、目標一致性，及部門自主性），但亦有下列缺點：(1)帳務處理複雜；(2)減少部門間相互監督之激勵效果；(3)各部門間的利益難以比較。

	出售部門內部移轉	購買部門內部移轉	公司整體內部移轉
產品的價格	$520	$960	$960
相關成本：			
變動成本	$428	$132	$132
轉撥計價		428	428
		$560	$560
利　潤	$ 92	$400	$400
	$492		

10.4.4 選擇利潤指標

一般來說，評估部門主管的績效應僅著重於他們所能控制的項目。投資中心及利潤中心的綜合損益表，通常會包括一些投資中心及利潤中心主管無法控制的項目。為了幫助高階主管評估績效，用於績效評估的綜合損益表通常有較多的分類，如表 10.9 列示的綜合損益表。

表10.9　評估投資中心及利潤中心績效的綜合損益表

	部門 A	部門 B	公司整體
銷貨收入	$825,000	$937,500	$1,762,500
減：變動成本	502,500	558,750	1,061,250
(1)邊際貢獻	$322,500	$378,750	$ 701,250
減：可控制固定成本	108,000	118,500	226,500
(2)可控制邊際貢獻	$214,500	$260,250	$ 474,750
減：不可控制固定成本	84,000	120,000	204,000
(3)部門邊際貢獻	$130,500	$140,250	$ 270,750
減：共同固定成本（10% 銷貨收入）	82,500	93,750	176,250
(4)部門稅前淨利	$ 48,000	$ 46,500	$ 94,500

邊際貢獻有助於了解短期成本一數量一利潤之關係，但未將部門主管可控制固定成本考慮在內，故此指標並非為衡量部門主管績效的良好指標。

計算可控制邊際貢獻時，應將銷貨收入扣除所有部門主管可控制成本，由於變動成本依作業量而不同，所以其發生水準係由部門主管決定；另外，亦有一些固定成本的發生由部門主管決定，稱之為可控制固定成本，一旦投資中心或利潤中心關閉，這些成本通常可免除。例如廣告費可以促進產品的銷售，如果利潤中心主管可決定廣告費之型態及金額，則此廣告費即為可控制固定成本；反之，如果係由公司制定廣告策略，則廣告費雖仍為固定成本，卻變成不可控制固定成本。

在表 10.9 上，可控制邊際貢獻是四個指標中，衡量部門主管績效的最佳指標。但此指標仍有下列限制：

⑴有些成本不易區分為可控制或不可控制固定成本。

⑵忽略了某些可合法分攤給該部門的長期成本，及部門加諸於組織的成本。

減除不可控制固定成本後得到部門邊際貢獻，此指標為衡量部門績效之良好指標。最後一項成本是部門主管不可控制且不可直接歸屬至責任中心的固定成本，稱之為**共同固定成本** (common fixed cost)，通常指責任中心間接使用的資源，如總公司的辦公費用。雖然投資中心或利潤中心自總公司取得利益，但並未直接使用總公司的勞務。

共同固定成本通常利用分攤基礎將成本歸屬給利潤中心或投資中心。由表 10.9 中可知，各責任中心的共同固定成本係以銷貨收入的 10% 分攤。然而，有些公司並不分攤共同固定成本，因為高階主管希望專注在部門的邊際貢獻。

綜合損益表中最後一個數字為部門稅前利潤，雖然此數字可以提醒部門主管注意該部門營運時所產生的全部成本，卻不宜作為評估利潤中心或投資中心績效的指標。

本章彙總

責任會計制度的主要用意，在於促使分權化組織內的經理人員達成組織的共同目標。任何一個組織，可依其特性來區分為成本中心、收入中心、利潤中心和投資中心四種不同型態的責任中心。每一種責任中心的績效評估方式，會隨著各中心既定的目標而改變。

一旦責任中心確定後，各個單位可編製績效報告，基本架構為實際數與預算數比較，再列出差異數。至於預算數的編製方式，可採靜態預算或彈性預算。在 IFRS8 規範下，績效報告的方式有所不同，主要重點在於評估主要營運決策者的經營績效成果。管理者對任何一種差異除了解其大小外，對於造成差異的原因也要加以探討，以作為日後改善績效的參考。

當組織內的部門之間有內部產品銷售或勞務提供的現象，轉撥計價的問題便值得重視，因為移轉價格的訂定會影響購買和出售部門的利潤績效。設定移轉價格的方法有四種：(1)以市價為基礎；(2)以協議價格為基礎；(3)以成本為基礎；(4)雙重轉撥計價。這種內部移轉產品或勞務的轉撥計價，主要是符合績效評估、目標一致性和部門自主性三項原則。

在評估組織內各部門績效所採用的衡量方法，主要為投資報酬率和剩餘利潤。投資報酬率是評估投資中心績效最常被採用的一種指標，其公式為利潤除以投資額，可分解為銷售利潤率和資產周轉率兩項比率。在計算投資報酬率時，管理會計人員要決定採用哪種合理的數字代入公式，原則上以部門主管最能控制的部分為優先考慮；至於剩餘利潤是指實際利潤超過預期利潤的部分。這兩種衡量績效的方法，都屬於財務性績效指標，有時被人批評為只重短期利益而忽略長期效益。管理會計人員在採用評估方法之前，要先了解各個方法的優缺點，再作適當的選擇。

關鍵詞

集權化 (centralization)
分權化 (decentralization)
反功能決策 (dysfunctional decision making)
責任中心 (responsibility center)
成本中心 (cost center)
效率 (efficiency)
效果 (effectiveness)
收入中心 (revenue center)
利潤中心 (profit center)
投資中心 (investment center)
責任會計 (responsibility accounting)
差異 (variance)
有利差異 (favorable variance)
不利差異 (unfavorable variance)
績效報告 (performance reports)
例外管理 (management by exception)
彈性預算 (flexible budget)
靜態預算 (static budget)
投資報酬率 (Return On Investment, ROI)
剩餘利潤 (Residual Income, RI)
資金成本 (cost of capital)
多元績效衡量方法 (multiple performance measures)
移轉 (transfer)
轉撥計價 (transfer pricing)
目標一致性 (goal congruence)
機會成本 (opportunity cost)
共同固定成本 (common fixed cost)

作　業

一、選擇題

(　) 1. 大發公司將企業劃分為行銷、製造、財務及人事等部門，問其屬於何種組織結構？ (A)功能別組織結構 (B)地區別組織結構 (C)產品別組織結構 (D)以上皆非。

(　) 2. 甲公司正在為其所屬部門設計績效評估制度，該部門主要負責銷售汽車零件。下列那一項設計最不適合該部門？ (A)成本中心 (cost center) (B)收入中心 (revenue center) (C)利潤中心 (profit center) (D)投資中心 (investment center)。【104 年高考】

(　) 3. 收入中心的管理人員需要負責的項目不包括下列何者？ (A)產品銷售的單位數量 (B)產品售價及促銷活動 (C)所銷售之產品或服務的取得成本 (D)服務品質與產品組合。【106 年高考】

(　) 4. 甲公司為一家速食業者，該公司設有中央廚房，主要之食物均由中央廚房烹製而成，再以專車運送至各地之門市進行加熱，販售給消費者。甲公司擬採責任中心制，試問該公司之中央廚房應歸屬之類別為： (A)成本中心 (B)收入中心 (C)利潤中心 (D)投資中心。【103 年普考】

( ) 5.有關成本中心的敘述，下列何者錯誤？ (A)投資報酬率為常用以評估成本中心績效的指標 (B)成本中心可以區分為標準成本中心與裁量性費用中心 (C)標準成本中心的投入與產出具有明確的關係 (D)企業的會計部門屬於裁量性費用中心。

【101 年會計師】

( ) 6.當決定如何將組織分至各個責任中心時，經理人員應考慮所有要素，除了何者以外？ (A)單位大小 (B)特殊知識 (C)產品特性 (D)預算。

( ) 7.下列有關責任會計制度之敘述，何者錯誤？ (A)經濟附加價值 (economic value added) 是考慮所有負債均需負擔利息的績效指標 (B)責任中心若設計為收入中心將缺乏效率之評估 (C)裁量性費用中心之產出結果無法以財務性量化衡量，故難以評估其效率及效果 (D)剩餘利益 (residual income) 乃欲對投資報酬率的缺失提出改進。

【102 年高考】

( ) 8.大方公司之總資產為 \$600,000，剩餘利潤為 \$375,000，必要報酬率為 12%，營業淨利率為 15%，則該公司之銷貨收入為： (A) \$2,500,000 (B) \$2,980,000 (C) \$3,875,000 (D) \$5,000,000。 【104 年會計師】

( ) 9.東原事業單位正在規劃下一年度的營業預算，目標投資報酬率為 20%，預計銷售量為 5,000 單位，變動成本率為 60%，固定成本為 \$70,000，公司要求的最低報酬率為 15%，若欲達成 \$20,000 的剩餘利潤，則每單位產品的售價應為： (A) \$55 (B) \$75 (C) \$80 (D) \$90。 【104 年會計師】

( ) 10.大直公司有兩個部門，A 部門銷售豆粉給 B 部門，B 部門再以每公斤 \$5 出售製成品「豆乳」給顧客。A 部門成本每公斤 \$0.75，其內部轉撥價格訂為每公斤 \$1.25，而 B 部門另外發生成本每公斤 \$2.50 來完成其製造與銷售，則大直公司每公斤的營業利潤是多少？ (A) \$1.75 (B) \$1.25 (C) \$0.50 (D) \$0。 【105 年會計師】

( ) 11.如果績效報告只列出下列何者，不算是完整的報告？ (A)實際數與預算數 (B)實際數 (C)實際數與差異 (D)差異。

( ) 12.關於獎酬與績效評估之敘述，下列何者不正確？ (A)在評估部門經理個人績效時，宜採用與評估部門整體績效一致之績效指標 (B)在評估部門經理個人績效時，宜採用與評估部門整體績效不同之績效指標 (C)給予經理人固定獎酬容易產生道德危險 (moral hazard)，但經理人所承擔的風險較小 (D)給予經理人變動獎酬能提供較高之努力誘因，但經理人亦承擔較高之風險。 【105 年會計師】

( ) 13.採用責任會計時，下列何項成本最不可能出現在組裝線經理的績效報告 (performance report) 中： (A)組裝線原料使用成本 (B)組裝線直接人工成本 (C)組裝線設備維修成本 (D)組裝線機器折舊成本。 【103 年普考】

( ) 14.以產品之全部成本作為企業內部轉撥計價時，下列何者錯誤？ (A)造成部門本位主義 (B)造成轉出部門之浪費 (C)降低轉入部門之競爭力 (D)增加帳務處理之成本。

【106 年會計師】

(　) 15.長春公司的資金成本為 12%，其禮品部門之營業資產為 $800,000，資產週轉率為 4，利潤率為 5%。若該部門經理之獎金是按剩餘利潤的 20% 計算，請問該部門經理可拿到的獎金為多少？ (A) $8,000 (B) $9,600 (C) $12,800 (D) $20,000。
【103 年會計師】

(　) 16.甲公司以剩餘利益 (residual income) 評估其歐洲事業部及美洲事業部之績效，下列敘述何者正確？①以剩餘利益評估歐洲事業部之績效將使其做出與總公司利益一致的決策②以剩餘利益評估美洲事業部之績效將使其做出與總公司利益一致的決策③以剩餘利益評估歐洲事業部之績效將使其做出與美洲事業部利益不一致的決策④以剩餘利益評估美洲事業部之績效將使其做出與歐洲事業部利益不一致的決策 (A)僅①② (B)僅②③ (C)僅③④ (D)僅④①。
【104 年普考】

(　) 17.甲超商公司考慮以剩餘利益或投資報酬率評估各投資中心績效，此二績效評估指標的計算皆同時用到的資訊為何？ (A)智慧資本 (B)投入資本 (C)資金成本 (D)現金流量。
【105 年普考】

(　) 18.下列對移轉價格的敘述，何者為真？ (A)市價制度容易造成部門間的衝突 (B)協議價格制度十分客觀 (C)成本是最簡單的移轉價格 (D)雙重計價制度是理論上可行的制度，於實務上並不適用。

(　) 19.在無閒置產能的情況下，理想的內部轉撥價格為何？ (A)標準成本 (B)變動成本 (C)全部成本 (D)市場價格。
【104 年高考】

(　) 20.下列何種情況下，以市價作為產品或勞務的內部移轉價格，可以作出公司整體最佳的決策？ ①中間性產品的市場是完全競爭市場 ②公司內部子單位之間的相依性是最低的 ③公司向外部市場購買或出售產品來替代內部交易，會為公司整體帶來額外的成本。
(A)僅①② (B)僅②③ (C)僅①③ (D)①②③。
【106 年高考】

二、練習題

E10–1　就以下各組織單位，指出其最適合何種責任中心型態。

1. 連鎖性電影院組織的各家電影院。
2. 保險公司的訴訟部門。
3. 航空公司的售票部門。
4. 汽水製造公司的裝瓶部門。
5. 國立大學的工學院。
6. 國際汽車製造公司的歐洲區分公司，負責該地區汽車的生產與銷售。
7. 以利潤為目的的醫院中，診療病人的門診部門。
8. 臺北市政府的市長辦公室。

E10–2　王剛華是汽車公司的總裁，他想將責任會計制度應用到公司的兩個營運部門——零件服務部、汽車銷售部。他認為零件服務部是成本中心，而汽車銷售部是利潤中心，藉著這兩個責任中心來彙總會計資料。

試作：若公司依王剛華的意見執行，你認為是否合適？你有何改善建議？

E10–3　道奇公司預計 3 月份的製造費用如下：

固定成本：	
房　租	$16,000
稅　金	3,400
保險費	3,000
間接人工成本	8,000
變動成本（每單位）：	
直接原料成本	$1.20
直接人工成本	0.80
電　費	0.24

在 3 月份共生產了 100,000 單位，實際製造費用如下：

房　租	$ 16,000
稅　金	3,600
保險費	2,850
人工成本（含直接和間接）	86,995
直接原料成本	123,406
電　費	27,265

試作：編製道奇公司 3 月份之製造費用績效報告。

E10–4　在下列情況下，如果公司實施責任會計制度，則與當機有關的成本，應由誰負責？

1. 甲部門製造一種零件，而此零件係提供乙部門生產使用。甲部門用來製造該零件的機器最近當機了，因此乙部門被迫縮減生產，並且因閒置時間造成高額成本。一項調查指出甲部門的機器並未妥善維護，所以有當機的情況產生。
2. 其他狀況如上所述，但假設調查指出甲部門已對機器作妥善的維護。

E10–5　對下列各情況，請分別考慮投資報酬率將會增加、降低或不變。

1. 資產周轉率由 6 改為 5。
2. 銷貨毛利率由 30% 降至 27%。
3. 資產周轉率由 3.1 降至 2.5，且銷貨毛利率也下降。
4. 銷貨毛利率由 15% 升至 16%，且資產周轉率增加。
5. 因公司降低銷貨成本而導致的銷貨毛利率增加。
6. 公司重整營運使得在同樣的投資金額下能製造更多的產量單位，因此使資產周轉率增加。

E10–6　甲投資方案經評估後之剩餘利潤為 $300,000，淨利為 $800,000。設該投資案所需之最低報酬率為 20%，試計算該投資方案預計可達之投資報酬率。

E10–7　請由下列資料計算剩餘利潤：

銷貨收入	$6,000,000
平均營業用資產	1,500,000
營業淨利	300,000
股東權益	750,000
最低要求投資報酬率	14%

E10–8　光明公司的臺北廠是一個投資中心，在 2018 年度賺得 $80,000。為了賺取這些利潤，此廠投資了 $500,000。

試作：

1. 計算臺北廠 2018 年度的投資報酬率。
2. 假設光明公司評估各投資公司是基於剩餘利潤，則在公司管理當局設定目標報酬率為 14% 的情況下，臺北廠 2018 年度的剩餘利潤為何？
3. 若設定目標報酬率為 18%，則臺北廠 2018 年度的剩餘利潤為何？
4. 若設定目標報酬率為 16%，則臺北廠 2018 年度的剩餘利潤為何？
5. 由問題 1 至問題 4 的答案中，請問你認為目標報酬率、剩餘利潤及投資報酬率間的關係為何？

E10–9　威爾公司的臺北廠是個利潤中心，可製造螺絲 20,000 單位，此螺絲是提供臺中廠製造產品使用。臺北廠有關此零件的成本資料如下：

直接原料成本	$12 / 每單位
直接人工成本	5 / 每單位
變動製造費用	5 / 每單位
固定製造費用	10 / 每單位
合　計	$32 / 每單位

每單位固定製造費用是由每月總固定製造費用 $200,000 計算得之。此螺絲零件，並無對外銷售；同時對臺北廠而言，此零件也無其他用途。

威爾公司的政策是允許利潤中心的經理自行決定是否製造和移轉零件，而臺北廠的經理將會以利潤高低為決策主要考量。

試作：臺北廠的經理在下列三種情況下，是否會製造和移轉此產品？

1. 移轉價格為 $30。
2. 移轉價格為 $25。
3. 移轉價格為 $20。

E10–10　長島公司的臺北廠出售機器零件給臺中廠。零件的標準成本如下：

直接原料成本（1.5 公斤 × $8 / 公斤）	$12.0
直接人工成本（0.5 小時 × $20 / 小時）	$10.0

臺北廠的製造費用是以每直接人工小時 $22 為預計分攤率，而長島公司估計其中大約 30% 為變動成本。

試作：

1. 計算機器零件以全部成本法為基礎的移轉價格。
2. 計算機器零件以變動成本法為基礎的移轉價格。

Memo

11 公司治理與風險管理

學習目標

1. 強化公司治理
2. 重視誠信經營
3. 瞭解企業社會責任
4. 認知風險管理

落實有效的董事會運作

台灣大哥大公司認為有效的董事會運作，是永續經營的根基。台灣大哥大連續三年勇奪「公司治理評鑑」排名前5%，並且獲得《亞洲公司治理》雜誌評選 2017 Asian Excellence Awards「最佳投資人關係」及「最佳財務長」。

公司董事會成員由九席董事組成，設有四席獨立董事；為強化管理機能，於董事會下設置「審計委員會」及「薪資報酬委員會」，均由全體獨立董事組成。公司訂有「董事選舉辦法」來規範全體董事選舉，採候選人提名制度；另制定「董事會績效評估辦法」，就董事會績效予以評估，再由薪資報酬委員會彙總分析後，向董事會提出評估報告及具體改善建議方案。

台灣大哥大股份有限公司 https://corp.taiwanmobile.com

引言 introduction

股東投資企業都是期望公司業績持續增加，並且能創造長期的股東價值，進而建立與利害關係人相關的企業社會責任和永續發展策略。要想達成這些期望，公司治理與風險管理扮演著重要的角色。公司治理主要是要求企業經營者和高階主管落實良善管理人的責任，並保障股東的合法權益及兼顧其他利害關係人的利益。

良好的公司治理應具有促使董事會與管理階層以正當方式營運的誘因，以符合公司與全體股東的最大利益。其中，公司的董事會成員、經理人和員工要遵守誠信經營的規範，以及公司要善盡企業社會責任，兩者都是達成良好公司治理的必要條件，在本章也有逐項討論。此外，企業風險管理的認識和降低風險的方法放在最後一節分析。

章節架構圖

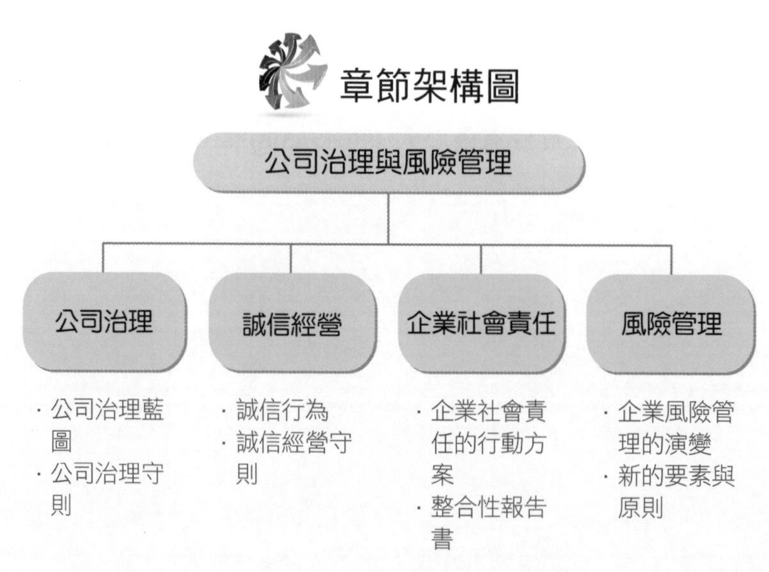

11.1 公司治理

公司治理 (corporate governance) 又稱公司管治或企業管治，是一套程式、慣例、政策、法律及機構，影響著經營者和高階主管帶領、管理及控制公司。公司治理範圍包括公司內部利害關係人，以及公司治理的眾多目標之間的利害關係人。主要利害關係人包括股東、管理人員和理事；其他利害關係人包括僱員、供應商、顧客、銀行和其他貸款人、政府主管機關、環境和整個社區等。從公司治理的產生和發展來看，公司治理可以分為狹義的公司治理和廣義的公司治理兩個層次。

狹義的公司治理，係指股權所有者（主要是股東），對經營者的一種監督與制衡機制；亦即通過一種制度安排，來合理地界定和配置所有者與經營者之間的權利與責任關係。公司治理的目標是保證股東利益的最大化，防止經營者與所有者利益的背離；其主要特點是通過股東大會、董事會、監事會及經理層所組成的內部治理結構。

廣義的公司治理係指通過一整套包括正式或非正式的、內部的或外部的制度，來協調公司與所有利害關係人之間（股東、債權人、職工、潛在的投資者等）的利害關係，以保證公司決策的科學性與有效性，進而最終維護公司各方面的利益。

11.1.1　公司治理藍圖

金管會於 2018 年 3 月 27 日公布「新版公司治理藍圖 (2018～2020)」未來推動方向，主要是強化我國資本市場的國際競爭力。新版藍圖推動之重點措施包括研議公司治理評鑑質化事項、要求金融業及實收資本額達 100 億元之上市櫃公司自 2019 年起設置公司治理人員、要求上市櫃公司及興櫃公司於 2020 年至 2022 年完成設置審計委員會及獨立董事、推動外資持股比率達 30% 或實收資本額達 100 億元之上市櫃公司自 2019 年起出具英文財報等資訊。金管會、證交所及櫃買中心將儘速修訂相關法令規章，以利相關金融業及上市櫃公司遵循。

如圖 11.1 所示，新版藍圖期望透過深化公司治理及企業社會責任文化、有效發揮董事職能、促進股東行動主義、提升資訊揭露品質，以及強化相關法令規章之遵循等面向，鼓勵企業及投資者重視公司治理，並以根植公司治理文化、創造友善投資環境及提升資本市場國際競爭力為主要目標。如表 11.1 所列的五個計畫項目，以及各個項目的策略目標。

· 根植公司治理文化
· 創造友善投資環境
· 提升資本市場國際競爭力

深化公司治理及企業社會責任文化
強化相關法令規章之遵循
有效發揮董事職能
促進股東行動主義
提升資訊揭露品質

公司治理藍圖2018～2020

圖11.1　新版公司治理藍圖

表11.1　新版公司治理策略目標

計畫項目	深化公司治理及企業社會責任文化	有效發揮董事職能	促進股東行動主義	提升資訊揭露品質	強化相關法令規章之遵循
策略目標	1. 強化公司治理評鑑效度 2. 引導投資人重視公司治理指數及永續指數 3. 深化公司治理及企業社會責任觀念	4. 強化董事會之監督功能 5. 促進董監薪酬合理訂定 6. 增加對董事之支援，以提升董事會效能 7. 強化內部稽核之獨立性	8. 便利股東行使股東權利，督促企業落實公司治理 9. 強化機構投資人對公司治理之影響	10. 提高上市櫃公司英文資訊揭露比率，並強化投資人關係 11. 提升資訊揭露時效、可比較性及內容 12. 提升非財務資訊之揭露品質	13. 強化公司治理相關法令規章之規範性

 *11.1.2* 公司治理守則

英國基於其原有提供機構法人自願性遵守的守則，首先於 2010 年發展成「英國盡職治理守則」(The UK Stewardship Code, 2010)，也成為國際間有關盡職治理守則的起點。此後，許多國家紛紛依據各國公司發展情形、市場狀況與公司治理目標，研擬符合該國所需的盡職治理守則。

為協助上市上櫃公司建立良好之公司治理制度，並促進證券市場健全發展，臺灣證券交易所股份有限公司及財團法人中華民國證券櫃檯買賣中心，共同制定「上市上櫃公司治理實務守則」，內容有 7 章 60 條。上市上櫃公司宜參照該守則相關規定，訂定公司本身之公司治理守則，建置有效的公司治理架構。

依據該守則第 2 條（公司治理之原則），上市上櫃公司建立公司治理制度，除應遵守法令及章程之規定，暨與證券交易所或櫃檯買賣中心所簽訂之契約及相關規範事項外，應依下列原則為之：

⑴保障股東權益。

⑵強化董事會職能。

⑶發揮監察人功能。

⑷尊重利害關係人權益。

⑸提升資訊透明度。

另外，守則第 15 條（經理人不應與關係企業之經理人互為兼任）規範上市上櫃公司之經理人，除法令另有規定外，不應與關係企業之經理人互為兼任。董事為自己或他人為屬於公司營業範圍內之行為，應對股東會說明其行為之重要內容，並取得其許可。再者，守則第 16 條（建立健全之財務、業務及會計管理制度）要求，上市上櫃公司應按照相關法令規範建立健全之財務、業務及會計之管理目標與制度，並應與其關係企業就主要往來銀行、客戶及供應商妥適執行綜合之風險評估，實施必要之控管機制，以降低信用風險。

良好的公司治理必須符合公平性、責任性、課責性、透明性 4 個原則。例如，董事長不兼任總經理，董事會成立審計委員會、薪酬委員會等功能性委員會，延聘 3 名（含）以上獨立董事，由審計委員會向董事會推薦簽證會計師等。依據守則第 20 條，上市上櫃公司之董事會應指導公司策略、監督管理階層、對公司及股東負責，其公司治理制度之各項作業與安排，應確保董事會依照法令、公司章程之規定或股

東會決議行使職權。上市上櫃公司之董事會結構，應就公司經營發展規模及其主要股東持股情形，衡酌實務運作需要，決定 5 人以上之適當董事席次。

董事會成員組成應考量多元化，除兼任公司經理人之董事不宜逾董事席次三分之一外，並就本身運作、營運型態及發展需求以擬訂適當之多元化方針，宜包括但不限於以下二大面向之標準：(1)基本條件與價值：性別、年齡、國籍及文化等；(2)專業知識與技能：專業背景（如法律、會計、產業、財務、行銷或科技）、專業技能及產業經歷等。董事會成員應普遍具備執行職務所必須之知識、技能及素養。為達到公司治理之理想目標，董事會整體應具備之能力如下：

(1)營運判斷能力。

(2)會計及財務分析能力。

(3)經營管理能力。

(4)危機處理能力。

(5)產業知識。

(6)國際市場觀。

(7)領導能力。

(8)決策能力。

在尊重利害關係人權益方面，主要依據守則第 51 條到 54 條。上市上櫃公司應與往來銀行及其他債權人、員工、消費者、供應商、社區或公司之其他利害關係人，保持暢通之溝通管道，並尊重、維護其應有之合法權益，且應於公司網站設置利害關係人專區。當利害關係人之合法權益受到侵害時，公司應秉持誠信原則妥適處理。

對於往來銀行及其他債權人，應提供充足之資訊，以便其對公司之經營及財務狀況，作出判斷及進行決策。當其合法權益受到侵害時，公司應正面回應，並以勇於負責之態度，讓債權人有適當途徑獲得補償。此外，公司應建立員工溝通管道，鼓勵員工與管理階層、董事或監察人直接進行溝通，適度反映員工對公司經營及財務狀況或涉及員工利益重大決策之意見。上市上櫃公司在保持正常經營發展以及實現股東利益最大化之同時，應關注消費者權益、社區環保及公益等問題，並重視公司之社會責任。

實務應用　重視公司治理

2017 年 5 月 23 日，為表揚第三屆公司治理評鑑排名前 5% 之上市公司 43 家及上櫃公司 33 家，臺灣證券交易所協同櫃檯買賣中心共同盛大舉行頒獎典禮。另外，對於積極提升公司治理，主動採用良善公司治理制度之企業，也給予肯定與鼓勵。本次頒獎典禮，針對上市、上櫃公司分數進步最多之前十名者，也頒發最佳進步獎。

證交所表示，依據公司治理藍圖規劃，第三屆公司治理評鑑多項指標皆較法令要求為高，評分標準亦持續較前兩屆提升，以逐步導引企業採行更良善之公司治理機制。

證交所公司治理中心希望藉由獎勵治理優良公司，發揮標竿功能，期望促使企業更重視公司治理，進一步提升我國公司治理的文化。

11.2 誠信經營

全球各國政府近年來持續不斷的加強**海外反腐敗法** (Foreign Corrupt Practices Act, FCPA) 的執法，多家國際知名企業除了公司受到鉅額罰金外，部分主管與相關單位人員並受到刑事追訴。因此，企業的誠信經營受到高度的重視。

11.2.1 誠信行為

公司訂定誠信經營守則，所規範的項目，至少包括：(1)禁止不誠信行為；(2)禁止行賄及收賄；(3)禁止提供不法政治獻金。作為一個想要鼓勵員工遵守職場道德的領導者，首先要以身作則來作其他員工的好榜樣，協助企業建立與職場道德有關的規範，以及協助員工解決職場道德問題。一個具有誠信原則的從業人員，其基本該遵守的行為，至少包括服務誠信、善盡公司資訊保密之責、正確的財務報導等。

近年來，企業與利害關係人之間的良性互動逐漸變得重要，企業作為社會一份子必須善盡社會責任，這樣來自社會的支持才會延續下去。因此，企業體認到建立企業倫理文化的重要，領導者和管理者要以身作則遵守企業倫理與誠信守則，並加強品性道德的教育訓練，以提醒員工遵守公司的誠信經營與行為規範。

 11.2.2 誠信經營守則

依據「上市上櫃公司誠信經營守則」總說明，鑒於聯合國反腐敗公約第 12 條規定，各國均應依其法律之基本原則採取措施，以防止企業貪腐，並確保企業實施有助於預防及發現貪腐之內控機制。為提供上市上櫃公司建立良好商業運作之參考架構，並協助企業建立誠信之企業文化以健全經營。因此，上市上櫃公司為建立誠信經營之企業文化及健全發展，可參考「上市上櫃公司誠信經營守則」，自行建立良好商業運作之誠信經營守則，適用範圍為母公司及其子公司，以及相關附屬單位。

我國金管會經參酌國際透明組織 2009 年「企業反貪腐暨透明作為評比報告」、國際透明組織與社會課責國際組織之「商業反賄賂守則」、國際商會之「打擊勒索和賄賂行為準則與建議」、香港廉政公署之「上市公司防貪指引」及我國「上市上櫃公司訂定道德行為準則參考範例」等規定訂定「上市上櫃公司誠信經營守則」，俾供上市上櫃公司遵循辦理，以符合國際潮流。該守則共計 23 條，要點臚列如下：

⑴本守則訂定目的。(第 1 條)

⑵明訂禁止不誠信行為及利益之態樣。(第 2、3 條)

⑶明訂公司應遵守有關法令，落實誠信經營。(第 4 條)

⑷為創造永續發展之經營環境，明訂公司應訂定以誠信為基礎之政策，並建立良好之公司治理與風險控管機制。(第 5 條)

⑸為落實政策，規範企業應訂定防範不誠信行為方案及訂定時應注意事項。(第 6 條)

⑹明訂防範不誠信行為方案之範圍。(第 7 條)

⑺為強化企業對誠信經營之決心與承諾，明訂公司應於公司規章及對外文件等明示誠信經營之政策並確實執行。(第 8 條)

⑻為期公司能以公平與透明之方式進行商業活動，明訂公司宜避免與不誠信行為紀錄者進行交易。(第 9 條)

⑼明訂禁止行賄及收賄、提供非法政治獻金、不當慈善捐贈或贊助及提供不合理禮物、款待或其他不正當利益。(第 10 條至第 13 條)

⑽明訂董事會應督促公司防止不誠信行為及確保政策之落實，並宜由專責單位負責。(第 14 條)

⑾為落實企業誠信經營，明訂公司董事、監察人、經理人、受僱人與實質控制

者執行業務應遵守法令規定及防範不誠信行為方案。(第 15 條)

⑿明訂公司應訂定董事、監察人及經理人之利益衝突迴避政策。(第 16 條)

⒀為確保誠信經營之落實，公司應建立有效會計制度及內部控制制度，內部稽核人員亦應定期查核其遵循情形。(第 17 條)

⒁為利董事、監察人、經理人、受僱人及實質控制者於執行業務遵循辦理，以落實誠信經營，明訂公司應訂定相關作業程序及行為指南。(第 18 條)

⒂為落實推動誠信經營，明訂公司應定期舉辦教育訓練及宣導，並建立合宜檢舉及懲戒制度。(第 19、20 條)

⒃明訂公司應強化企業履行誠信經營資訊之揭露。(第 21 條)

⒄明訂企業應隨時注意國內外規範發展並鼓勵相關人員提出建議，據以檢討修正其誠信經營守則。(第 22 條)

11.3 企業社會責任

依據世界永續發展協會 (WBCSD) 的定義，**企業社會責任** (Corporate Social Responsibility, CSR) 泛指企業在創造利潤、對股東利益負責的同時，還要承擔對所有利害關係人的責任，以達成經濟繁榮、社會公益及環保永續之理念。企業承諾為經濟、社會、環境做出貢獻，並且改善員工及其家庭、企業所在地的社區與社會的生活品質。如同管理大師 Michael Porter 所云，企業社會責任範圍不僅只是從事慈善行為而已，最好把競爭策略與社會責任相結合。如此，可幫企業尋找新競爭優勢有助於永續經營，也可能有助於總體社會的發展。

11.3.1 企業社會責任的行動方案

近年來，社會發生黑心食品與公共安全等事件，有可能一家公司的違法行為造成人民、社會、國家的嚴重傷害，並且需要一段期間才能恢復。因此，各國金融監理機構皆紛紛立法來規範，要求上市上櫃公司要善盡企業社會責任。我國金管會在推動企業社會責任的行動方案包括：(1)訂定和推廣「上市上櫃公司企業社會責任實務守則」作為公司推動實務之參考指引；(2)修正「公開發行公司建立內部控制制度處理準則」，強化產品安全、環境安全等控制作業；(3)加強企業社會責任資訊揭露，及強制規範對象編製與發佈企業社會責任報告書；(4)公司治理評鑑納入企業社會責任指標，以及在資本市場推動泛 CSR 指數。

企業社會責任評鑑指標已成為世界企業用於衡量營運績效之新指標，所以企業藉此能提高公司聲譽，更進一步增進業務擴展，對營收和利潤都會有正面影響。企業社會責任策略規劃，至少要包括公司治理目標、員工福利政策、環境保護政策、社會公益關懷等方面。

企業是營利事業，其最大的責任就是「賺錢」，企業經營者要幫股東賺錢，因此要努力達成贏得消費者信賴、提高公司信譽、維繫良好員工關係、吸引優秀人才等目標。以美國百年企業奇異 (GE) 公司為例，結合永續發展於經營策略，致力於以環保產品來主導市場為競爭策略，發展一系列環保產品，以符合為股東賺錢、遵循道德標準、達到市場區隔的三項永續經營策略原則。因此，奇異公司是美國道瓊永續性指數的主要持股公司，也是世界創新環保產品的市場霸主，並且奇異集團營收與獲利皆因環保產品大幅成長而持續增長。

全球汽車大廠豐田汽車公司社長豐田章男，在日本有「汽車男」封號，豐田章男展現要以「綠色」來打造未來汽車的決心；他領導的電動汽車部門，象徵著豐田汽車進軍電動技術領域，大規模的研發投入，讓豐田成為綠能汽車的領導廠商，能加快全球電動汽車發展速度。豐田汽車在社長豐田章男領導下，2016 年度的營收和獲利皆創下歷史新高，尤其來自綠能汽車的營收遠遠超過其他競爭對手。

我國積極推動企業社會責任觀念與規範，並鼓勵上市上櫃公司發行企業社會責任報告書，或以其他方式揭露企業社會責任相關資訊，以加強企業對維持永續經營及維護環境與社會公益的重視與投入，更進一步有效落實企業社會責任。不少跨國企業因應世界潮流所趨，要求合作廠商須提供企業社會責任報告書；國際間亦積極提倡企業社會責任之落實，眾多大型企業均設專責部門，負責企業社會責任計畫之推動。因此，我國企業應更重視企業社會責任議題及報告書之編製，以提升臺灣在國際市場之競爭力。

11.3.2 整合性報告書

整合性報告書 (integrated report) 是以財務報告及企業社會責任報告為主的報導，使得利害關係人可清楚看見財務與非財務資訊之間的連結，更能了解企業價值及長期獲利能力。一本整合性報告書的架構，大致上將企業活動分類為六種資本，分別為財務資本、製造資本、人力資本、智慧資本、社會與關係資本、自然資本。

整合性報告書的出現，使跨部門**協同效應** (synergy) 成為重要的概念，企業營運與管理不再由各部門各自單打獨鬥，而是必須考量跨部門間的綜效。從整合性報告書的編製，投資者可看出企業對於自己情況的掌握程度，以及對不同項目成本衡量的精確性。如此，投資人可進一步評判企業的公司治理結構，這正是投資決策不可或缺的評估方法與考量面向。

實務應用　整合性報告書

面對數位化時代之來臨，以及國際會計、審計方面之發展趨勢，財團法人中華民國會計研究發展基金會扮演著我國會計專業的領航者，積極推動新思維和新作法，讓社會大眾更容易了解的會計相關議題。

會計研究發展基金會努力邁向善盡社會責任，具有高度的課責性標準，非常重視組織治理與資訊透明，董事長與營運團隊定期向董事會報告營運風險與機會，以及策略目標的達成結果。自 2016 年度開始，會計研究發展基金會每年持續地編製基金會的整合性報告書，這也是我國非營利組織的第一份整合性報告書；其內容除了財務報表上的數字，更揭露基金會各項績效成果，充分展現出組織整體的價值與貢獻。

參考資料：財團法人中華民國會計研究發展基金會 http://www.ardf.org.tw

11.4 風險管理

針對公司永續經營的有效管理，需要建立一個綜合有效的**治理、風險管理和內部控制** (Governance, Risk management, Control, GRC) **體系**，對於所有類型的組織都是可適用的，並且可以為實現持續的組織成功做出貢獻。公司治理係屬董事會和高階主管的責任，主要負責訂定組織整體目標、規劃資源分配原則和監督組織達成整體目標的績效。風險管理主要是衡量目標達成的可能性，把風險分為可控制的風險和不可控制的風險，再分別作適當的處理。內部控制主要是針對可控制的風險，運用**政策** (policy) 和**程序** (procedure) 把相關風險降到最低。政策是指組織所要達成的事項；程序是如何達成事項的步驟，兩者要配合好才能有效執行內部控制。

當組織的治理、風險管理和內部控制體系失敗時，不管規模或結構大小，無論是在民營企業還是公共部門，皆會導致各種不良後果，這些包括社會、財務、經濟或環境價值的損失。對企業的風險管理，世界各國主要採用 COSO ERM 的企業風險管理模式。風險管理在現今經營環境呈現著動態式的轉變，風險會發生在目標設定、任務執行、績效成果不同的階段，經營者對風險要有不同的思維。

11.4.1 企業風險管理的演變

執行企業風險管理，要採取職能分工的方式，把辨識風險與分析風險區分為兩項工作，最好由不同人來分別執行，以避免某項攸關的風險被忽略。因此，有效風險管理組織運作方式，可掌握四個重點：(1)強調風險產生單位與監督單位，彼此互相獨立；(2)風險管理的決策過程，涵蓋「從上而下」與「由下往上」兩種；(3)不論哪種風險類型，均應詳細釐清前臺、中臺及後臺的工作職掌，述明是集中控制還是分權營運；(4)業務管理部門須定期評估所有營業單位的營業概況，包括不同業務的收支、利潤與風險承擔情形。

企業風險管理 (enterprise risk management) 定義為企業是一項過程，範圍涉及企業整體和各個層面，該過程受其董事會、管理階層或其他人士之影響，用以制定策略、辨認可能影響企業之潛在事項、管理企業之風險，使其不超過企業之風險偏好，以合理保證其目標之達成。企業在實現其目標的過程中願意接受的風險程度，稱為**風險偏好** (risk appetite)。

在 2004 年美國 COSO 委員會 (The COSO of the Treadway Commission) 提出「企業風險管理——整合架構」(Enterprise Risk Management—Integrated Framework)，在 COSO 1992 年「內部控制——整合架構」報告的基礎上，結合沙賓法案在財務報告方面的要求，擴增為四大主要目標和八個組成要素。企業風險管理的主要目標與組成要素之間，存有直接關係。目標是企業極力欲達成者；組成要素則代表達成目標所需者。管理風險之目標，係使企業所面臨之風險不要超出其風險偏好。

為因應多變的經營環境，在 2017 年美國 COSO 委員會提出「企業風險管理——整合策略與績效」(Enterprise Risk Management—Integrating with Strategy and Performance)，COSO ERM 2017 年版把風險管理與公司治理和內部控制做好連結，有助於企業在設定和執行策略方面，降低與機構的任務、願景及核心價值不一致的可能性。

1. **2004 版與 2017 版的主要差異**

全球內部控制權威機構 COSO 委員會針對 COSO ERM 2004 年版本進行更新，提出 COSO ERM 2017 年版一個簡明的架構，主要係為因應企業風險管理的演變，以及滿足機構改善其管理風險方法的需要，以符合一個持續演變商業環境之需求，增加管理階層與利害關係人的信心。

有關 COSO ERM 2017 的主要特色，在治理、風險管理和內部控制的體系，風險管理連結公司治理與內部控制，將風險評估與分析成功地整合到了一些關鍵決策和流程中，並使用適當的量化風險分析工具，用以辨識風險如何影響決策制定。這就是所謂 COSO ERM 2017 與 COSO ERM 2004 的主要差異，充分補足 COSO ERM 2004 的不完善之處。

2. **COSO ERM 2017 特色**

更新後的 COSO ERM，新標題為「企業風險管理——整合策略與績效」，強調在策略設定與驅動績效過程中考量風險的重要性。更新版的第一部分，針對企業風險管理之當前與持續演變觀念與應用提供一種見解；第二部分，本架構係由五個容易理解的要素所組成，以適應不同的觀點與營運結構，及強化策略與決策制定。簡言之，2017 版本更新重點如下：

(1)在設定與執行策略時，對企業風險管理之價值提供更深入的洞察。

(2)強化績效與風險管理之間的一致性，以改善績效目標的設定，及了解風險對績效的影響。

(3)滿足治理與監督的期望。

(4)體認市場與營運之全球化，及在各個地域間應用一種共同方法的需要，儘管需要量身訂製。

(5)在業務複雜性漸增的脈絡下，提出新方法以檢視設定與達成目標之相關風險。

(6)擴大報導範圍以滿足利害關係人對資訊透明度較高的期望。

(7)適應不斷演變的科技、以及在支持決策制定之資料與分析增值。

(8)在設計、實施及執行企業風險管理實務時，為各層級管理階層訂定核心定義、要素及原則。

有關 COSO ERM 2017 年版出版品，可說是 COSO 2013 年版的內部控制一整合架構的互補版本。兩份出版品是有區別的，各本有各的焦點，彼此不會互相取代；然而，兩者確實是息息相關的。內部控制一整合架構所包含的內部控制，在新版本中同樣被引用。因此，內部控制一整合架構內容仍然是可行的，且適合於設計、實施、執行及評估內部控制，以及後續的報導。

 11.4.2 新的要素與原則

COSO ERM 2017 年版有更多關於公司治理和公司管理，還要注意與企業所在國家相關的任何治理相關準則，並且符合 COSO 內部控制——整合架構的營運、報導、遵循三大目標。將企業風險管理實踐整合到整個組織中，可以改善治理、策略、目標設定和日常營運決策；它通過將策略和業務目標與風險更緊密地聯繫起來，有助於提高整體績效。此外，COSO ERM 2017 將企業風險管理實踐融入設定策略的組織，為管理層提供了考慮替代策略所需的風險訊息，可作為最終採用所選策略的參考。

在企業設定策略時，企業風險管理可協助機構更透徹地理解和考量任務、願景及核心價值觀，以及有關可接受風險類型。如此，可降低策略與業務目標與任務、願景及核心價值不一致的可能性。機構潛在地暴露在某些類型的風險，藉著管理其選定的策略與達成業務目標之固有風險，使這種風險水準降到可接受程度，最終才能增加價值。圖 11.2 係闡述在任務、願景及核心價值脈絡下的策略，及作為機構整體方向與績效的一項驅動因素。企業風險管理提升策略選擇，要求進行結構化的決策制定，其可以分析風險即使資源與機構的任務與願景相一致。

圖11.2 脈絡中的策略

有關 COSO ERM 2017 架構，係由企業風險管理五個相關要素所組成。圖 11.3 企業風險管理五大要素，說明這些要素及其與個體的任務、願景及核心價值的關係。

在圖中，有關策略與目標設定、執行、及複核與修正等三條色帶代表流經個體的「共同流程」；其他兩條色帶，治理與文化，以及資訊、溝通及報導，代表企業風險管理的「支持面向」。

該圖進一步說明，當企業風險管理經整合跨過整個策略發展、業務目標建立、及實施與績效時，它可以提升價值。企業風險管理不是一成不變的，它是被納入策略之發展、業務目標之建立、以及透過日常決策制定而實施這些目標。

圖11.3　企業風險管理五大要素

五大要素分別敘述如下：

(1)治理與文化：治理與文化係企業風險管理其他四個要素之共同基礎。治理奠定機構的基調、強化企業風險管理的重要性、及建立企業風險管理之監督責任；文化則被反映於決策制定過程中。

(2)策略與目標設定：透過設定策略與業務目標的過程，企業風險管理被整合於機構策略計畫中。具備對業務脈絡之了解，機構可以洞察各種內部與外部因素及其對風險的影響。機構設定其風險胃納，須與策略設定相連結；業務目標使策略可以付諸實行，及形成機構的日常營運與優先事項。

(3)執行：作為追求成功的一部分，機構辨識及評估可能會影響能達成其策略與業務目標的各種風險。依據風險的嚴重性及考量機構的風險胃納，機構排定風險優先順序；然後，機構選擇風險回應及監督改變之執行。透過這種方式，機構建立風險數額的組合觀點，其為在追求其策略與機構層級業務目標時所承擔的風險。

⑷複核與修正：透過複核企業風險管理能力與實務，以及該機構相關目標水準之績效，可以考量企業風險管理能力與實務如何依據重大變化繼續推動其價值。

⑸資訊、溝通及報導：溝通是蒐集資訊及將其分享至整個機構中之連續、反覆的過程。管理階層使用內部與外部來源之攸關資訊，以支持企業風險管理。機構利用資訊系統擷取、處理及管理資料與資訊，透過使用可應用於所有要素的資訊，機構針對風險、文化及績效進行報導。

在這五大要素中有一系列的原則，如圖 11.4 所示，各原則代表與其相關各要素之基本觀念。這些原則係用文字表達機構將要執行的各種事情，其為個體企業風險管理實務的一部分。儘管這些原則是普遍的，且係構成任何有效企業風險管理行動的一部分，管理階層在應用各原則時必須作出判斷。

治理與文化	策略與目標設定	執行	複核與修正	資訊、溝通及報導
1. 董事會行使風險監督 2. 建立營運結構 3. 定義期望的文化 4. 展現對核心價值的承諾 5. 延攬、培養及留用人才	6. 分析業務脈絡 7. 定義風險胃納 8. 評估備選策略 9. 訂定業務目標	10. 辨識風險 11. 評估風險的嚴重性 12. 風險排序 13. 實施風險回應 14. 建立風險組合觀點	15. 評估重大的改變 16. 複核風險與績效 17. 追求企業風險管理的改善	18. 運用資訊與科技 19. 溝通風險資訊 20. 報導風險、文化及績效

圖11.4　風險管理 20 個原則

實務應用　企業風險管理整合架構

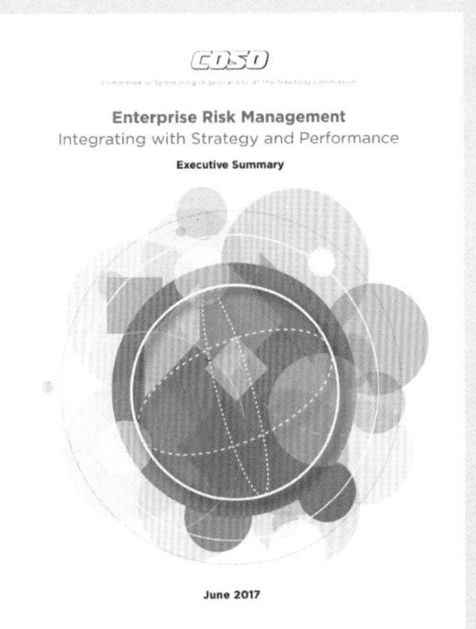

當機構的組織治理、風險管理和內部控制體系失敗時，不管其規模或結構大小，無論是在民營企業還是公部門，皆會導致各種不良後果，包括社會、財務、經濟或環境價值的損失。國際稽核協會出版的企業風險管理 (COSO ERM 2017) 提供企業風險管理整合架構，把風險管理與公司治理和內部控制做好連結。如此，有助於企業在設定和執行策略方面，降低與機構的任務、願景及核心價值不一致的可能性。

尤其在經營環境多變的時代，大多數風險管理人員需要使用風險模型、決策樹和統計模擬等分析工具。如 COSO ERM 2017 所述，將風險管理與策略和績效管理聯繫起來，尤其針對主要業務活動。如此，有效的風險管理整合架構，企業更能因應數位時代的挑戰，以及滿足機構改善其管理風險方法的需要，進而增強公司經理人與利害關係人的信心。

參考資料：中華民國內部稽核協會 https://www.iia.org.tw

本章彙總

在利害關係人受到高度重視的時代，企業不斷地面臨來自政府、員工、利害關係人的挑戰。每個企業的存在，必須要為其利害關係人提供價值。因此，公司治理、誠信經營、企業社會責任和風險管理的重要性，越來越受到各界人士的關注。董事會和高階主管要負責公司治理，為企業訂定營運目標，把資源做適度的配置，並監督企業管理階層和員工達成既定的目標。其中，公司治理藍圖和公司治理守則指引公司的董事會和高階主管如何做好公司治理。

誠信經營是企業永續經營的重要基礎之一，高階主管要能以身作則，遵守公司所定的誠信經營守則，並且公司要有適當機制監督員工的行為與作法符合公司的道德規範與行為準則。此外，經營企業者要承諾為經濟、社會、環境方面做出貢獻，善盡企業社會責任，盡力符合股東、顧客、員工、供應商、社區等利害關係人的期待。

尤其在面臨不確定性時，需善用企業風險管理，使管理者能夠有效地管理風險和利基。風險管理的重點，是協助管理者用來管理不確定性的能力，並考慮多大的風險接受程度，仍可增加利害關係人的價值。近十年來，企業經營環境趨向更複雜的科技驅動，風險的複雜性和速度不斷增長，利害關係人更多參與並尋求更大的透明度和課責性。

關鍵詞

公司治理 (corporate governance)
海外反腐敗法 (Foreign Corrupt Practices Act, FCPA)
企業社會責任 (Corporate Social Responsibility, CSR)
整合性報告書 (integrated report)
協同效應 (synergy)
治理、風險管理和內部控制 (Governance, Risk management, Control, GRC)
政策 (policy)
程序 (procedure)
企業風險管理 (enterprise risk management)
風險偏好 (risk appetite)

作　業

一、選擇題

(　) 1. 下列何者為較佳之公司治理？ (A)董事長兼任總經理 (B)董事與會計師定期溝通 (C)資訊揭露為顧及時效不必文件化 (D)董監質押比率高。 【106 年高考】

(　) 2. 下列何者非公司治理的基本原則？ (A)公平對待所有的投資人 (B)經營資訊應嚴守秘密 (C)發揮董事會之有效監督與對股東的責任 (D)強調重視投資人的權益。 【99 年郵局】

(　) 3. 有關公司治理 (corporate governance) 的基本精神，下列敘述何者有誤？ (A)獨立董事擁有多數股權並協助企業經營 (B)強化董事會運作 (C)追求股東利潤最大化 (D)加強經營資訊透明化。【102 年台電】

(　) 4. 設定一種監督與制衡機制，保障股東利益最大化是何種機制？ (A)績效評估 (B)公司治理 (C)企業標竿 (D)平衡計分卡。【103 年公務人員特種考試原住民族考試】

(　) 5. 下列何項是與良好的公司治理相違背？ (A)董事會中成立薪酬委員會 (B)延聘獨立董事 (C)由審計委員會向董事會推薦簽證會計師 (D)董事長兼總經理。【97 年四等考試】

(　) 6. 公司訂定誠信經營守則時，不包括下列何者？ (A)禁止不誠信行為 (B)禁止行賄及收賄 (C)禁止提供不法政治獻金 (D)禁止適當慈善捐助或贊助。

(　) 7. 作為一個想要鼓勵員工遵守職場道德的領導者，下列哪個行為並不恰當？ (A)協助員工解決職場道德問題 (B)協助企業建立與職場道德有關的規範 (C)做其他員工的好榜樣 (D)隨時準備在員工違背職場道德時承擔社會大眾的責難。【106 年台糖】

(　) 8. 現代企業與社會之間的互動非常頻繁，企業作為社會一份子必須善盡社會責任，這樣來自社會的支持才會延續下去。下列何者不是企業在建立企業倫理文化的重要工作？ (A)提高企業獲利 (B)加強教育訓練 (C)管理者以身作則 (D)提升員工知覺。【102 年台灣自來水公司】

(　) 9. 關於企業社會責任的敘述，下列何者正確？ (A)企業社會責任對於競爭力較強的企業來說並不重要 (B)企業社會責任與成本無關 (C)企業社會責任會提高企業的成本負擔，不過對於企業以及社會整體有益 (D)企業社會責任會降低企業的競爭力。【106 年台糖】

(　) 10. 關於企業社會責任的觀點中，下列何者錯誤？ (A)「社會義務」是指企業只要滿足其經濟及法律責任的義務 (B)「社會責任」比較重視企業長期道德觀的實踐 (C)「社會回應」比較重視實際的中短期目標 (D)「社會任務」是指企業只有在其所追求的社會責任，有助於其經濟目標達成時才需擔負。【102 年鐵路特考】

(　) 11. 有關管理者對於社會責任之敘述，下列何者錯誤？ (A)管理者除了追求利潤最大以外，並沒有其他的責任 (B)社會責任的承擔有助於提升形象 (C)社會責任的承擔對於社會大眾的福祉可以有所提升 (D)企業承擔社會責任並不一定需要花費高昂的成本。【102 年中華郵政】

(　) 12. 企業之風險管理中，對影響重大及發生的可能性高（高強度、高頻率）的風險： (A)通常不須認真考量風險管理 (B)即應考量風險管理 (C)須加以衡量和判斷風險應如何管理 (D)仍須設法考量風險管理。【104 年金融證照：企業內部控制】

(　) 13. 企業之風險管理，採取嚴格的信用政策會造成什麼風險？ (A)現金被竊 (B)銷貨減少 (C)壞帳增加 (D)賒銷增加。【104 年金融證照：企業內部控制】

(　) 14.管理階層在為企業創造價值的過程中，其風險管理之進行始於： (A)企業目標設定之後 (B)企業目標設立之同時 (C)企業承擔了過多風險時 (D)企業目標設定改變之後。

【104 年金融證照：企業內部控制】

(　) 15.企業建立有效的關鍵風險指標 (Key Risk Indicators) 時，何者為非？ (A)須與企業策略相結合 (B)須評估發生風險事件前，其中間事件或根本原因可觀察的指標或事件 (C)指標提供前瞻性策略風險管理的機會 (D)指標必須能反映企業當期營運的績效。

【104 年金融證照：企業內部控制】

二、練習題

E11–1　良好的公司治理必須符合的四個原則為何？

E11–2　為達到公司治理之理想目標，董事會整體應具備之能力，請列舉三項。

E11–3　一個具有誠信原則的金融從業人員，其基本該遵守的行為，請列舉三項。

E11–4　何謂企業社會責任？

E11–5　執行企業風險管理，要採取哪種職能分工的方式？

E11–6　關於企業風險管理組織運作方式，可掌握哪些重點？

E11–7　依據 COSO 2017 版，企業風險管理的五大要素為何？

Memo

12 內部控制與內部稽核

學習目標

1. 敘述內部控制
2. 說明內部控制三道防線
3. 強化內部稽核
4. 闡述舞弊的認識

力求商品物美價廉

全聯公司的目標，是成為臺灣第一大超級市場。全聯打造智慧總部，作為第一線營業所同仁最堅實的後盾，打造最懂得顧客的賣場，提供消費者一次購足的服務。

尤其食安問題發生後，全聯即以提供消費者「平價」且「優質」的生鮮商品，為其經營重點。為實踐平價生鮮的理想，公司努力於提供顧客具有「品質」、「鮮度」與「價格」的生鮮商品，促使全聯成為臺灣最大的農產品現代化銷售通路。

全聯希望帶給消費者的不再只是省錢方便，還要能有更好的購物體驗，全聯公司重視內部控制與內部稽核，在放心、安心、用心、貼心外，進一步追求更美好的生活。至今，全臺已超過 900 間門市，成為全臺最大連鎖超市。

引言 introduction

美國 COSO 委員會於 2013 年提出此新版**內部控制——整合架構** (internal control—integrated framework)，有助於各機構以有效果及有效率的方式來建立及維持內部控制制度，用以提高組織目標達成之可能性，以及適應營運環境之各種變化。本架構保留內部控制之核心定義及內部控制之五大要素，本架構持續強調機構在設計、執行和管理內部控制以及評估內部控制制度之有效性時，管理階層的專業判斷是很重要的。

推動內部控制三道防線理念之落實，企業應明確釐清三道防線之權責範圍，以利各單位了解其在企業整體內部控制架構所扮演之角色功能。公司應建立內部控制三道防線架構，加強內部控制工作的溝通協調，三道防線各司其職。本架構藉由擴大財務報導目標類型至包含諸如非財務與內部報導等其他重要報導形式而增強。

內部稽核是內部控制第三道防線，在例行性和專案性監督，都扮演著重要角色。若內部稽核未能發揮既有監督與制衡功能，除舞弊警訊可能遭到長期忽視外，作業流程中將有越來越多的內控弱點。因此，讓組織有效從根本改善內控缺失，降低風險的目標，企業長期價值才能提高。

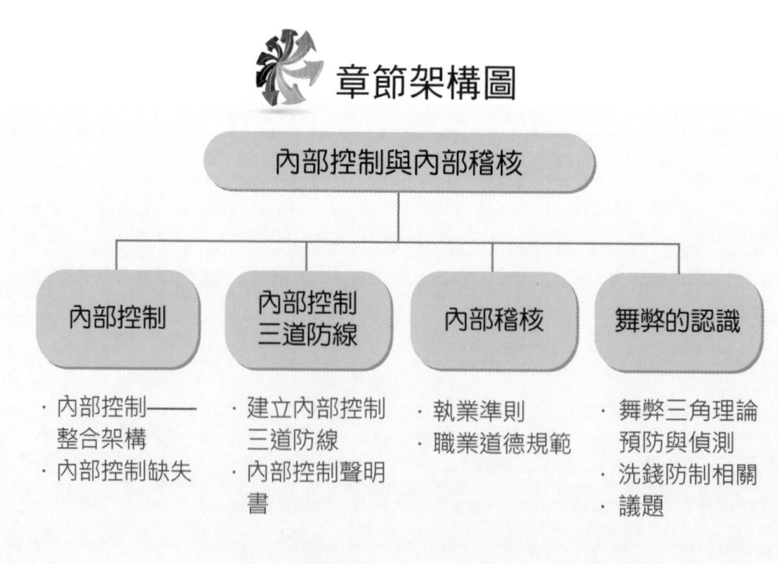

12.1 內部控制

依據美國 COSO 委員會**內部控制** (internal control) 定義，內部控制是一種過程，由組織之董事會、管理階層及其他成員負責執行，以合理確認營運、報導及遵循等相關目標之達成。本定義係為廣義的定義，闡述一些重要基本觀念，包括機構如何設計、執行和控管內部控制，為各種不同結構、產業或區域的機構，提供一個運用內部控制的基礎。

12.1.1 內部控制——整合架構

運用 COSO 內部控制——整合架構，如圖 12.1 所示，包括三大目標與五大要素，促使機構可以有效果及有效率地建立和執行內部控制制度，用以順應變動之業務及營運環境、降低風險至可接受水準、支持良好決策及機構治理。各個單位要設計及執行一個有效內部控制制度可能會面臨挑戰，尤其新的及快速變動的商業模式、更廣泛使用及倚賴科技、日益嚴格法規要求及監督等，因此需要能敏捷地適應市場、營運及法規環境變動的內部控制制度。

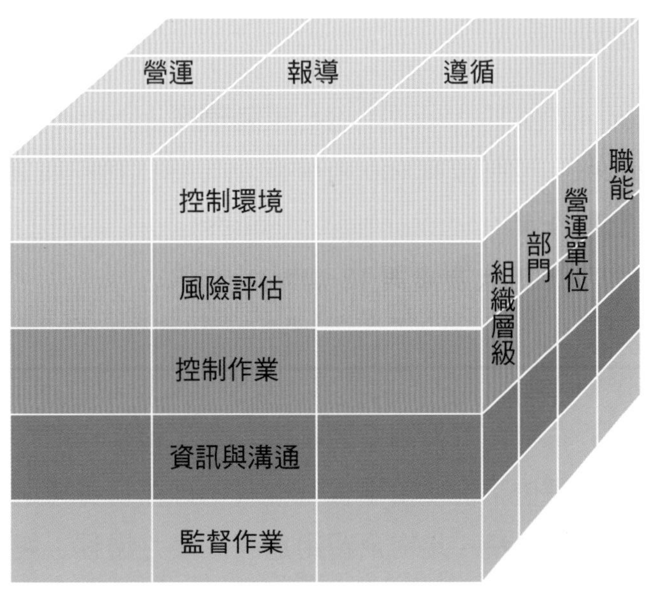

圖12.1　COSO 內部控制——整合架構

1. 三大目標

美國 COSO 整合架構，提供**營運** (operations)、**報導** (reporting)、**遵循** (compliance) 三大目標，俾利機構聚焦於內部控制之三個構面如下：

⑴營運目標——是關於單位營運之效果及效率，包括營運及財務績效目標、維護資產安全免受損失。

⑵報導目標——是關於內部及外部的財務與非財務報導，且可能涵蓋可靠、及時、透明，或由管制者、公認準則訂定者或單位政策等所列之其他條件。

⑶遵循目標——是關於單位必須遵循之法令規章。

依據我國公開發行公司建立內部控制制度處理準則第 3 條規定，公開發行公司之內部控制制度係由經理人所設計，董事會通過，並由董事會、經理人及其他員工執行之管理過程，其目的在於促進公司之健全經營，以合理確保下列目標之達成：

⑴營運之效果及效率。

⑵報導具可靠性、及時性、透明性及符合相關規範。

⑶相關法令規章之遵循。

上面第一項所稱營運之效果及效率目標，包括獲利、績效及保障資產安全等目標。第二項所稱之報導，包括公司內部與外部財務報導及非財務報導。其中外部財務報導之目標，包括確保對外之財務報表係依照證券發行人財務報告編製準則及一般公認會計原則編製，交易經適當核准等目標。

2. 五大要素

內部控制是由五大要素所整合組成，包括**控制環境** (control environment)、**風險評估** (risk assessment)、**控制作業** (control activities)、**資訊與溝通** (information & communication)、**監督作業** (monitoring activities)。每個要素有不同的原則作為指引，如表 12.1 內部控制的五大要素與 17 個原則。

⑴控制環境

控制環境是各種準則、過程及結構之集合，為整個組織執行內部控制提供基礎。董事會及高階主管應建立有關內部控制重要性之基調，包括預期行為準則。控制環境包含機構的誠信及道德價值；促使董事會行使其治理監督責任之各種因素；組織架構、權限及責任之分配；延攬、培育及留用適任人才之過程；與推動績效相關績效衡量、激勵措施及獎勵方式之課責性程度。

表12.1　內部控制的五大要素與 17 個原則

要素	原則
控制環境	1.展現誠信與道德價值之承諾 2.行使監督責任 3.建立結構、權限與責任 4.展現對於適任人才之承諾 5.強化課責性
風險評估	6.具體指明適合目標 7.辨識及分析風險 8.評估舞弊風險 9.辨識及分析重大改變
控制作業	10.選擇及建立控制作業 11.選擇及建立科技之一般控制 12.透過各項政策與程序建置
資訊與溝通	13.使用攸關資訊 14.內部溝通 15.外部溝通
監督作業	16.進行持續性及（或）個別評估 17.評估及溝通缺失

⑵風險評估

風險被定義為一個事項將發生且會負面影響目標達成之可能性，每個組織皆面臨來自外部及內部來源之多種風險。風險評估涉及一個動態及反覆過程，為能辨識及評估目標達成之各種風險。風險評估之先決條件為確立各項目標，並與組織不同層級相連結。管理階層在指明攸關營運、報導及遵循等三類目標時，應充分清晰明確，俾能辨識及分析攸關該等目標之各種風險。管理階層也需考慮組織目標的適合性。風險評估另要求管理階層應考量包括外部環境及其本身商業模式各種可能變革之影響，其可能導致內部控制無效果。

⑶控制作業

控制作業是各種政策與程序所訂定之行動，協助確保管理階層關於降低風險之指示已被有效執行，控制作業之執行遍及組織所有層級、業務流程內之各個階段、及所有科技環境等。這些控制作業本質上可能具有預防或偵測功能、亦可能涵蓋一系列人工及自動化作業，諸如授權與核准、驗證、調節、績效複核等。當職責分工是不可行時，管理階層應選擇及建立替代控制作業。

⑷資訊與溝通

當組織在行使為支持目標達成之內部控制責任時，資訊是必要的。管理階層蒐集或產生及使用來自內、外部來源之攸關、具品質資訊，用以支持內部控制其他要素之運作情形。溝通是提供、分享、蒐集必要資訊之持續及反覆過程，內部溝通是資訊被傳遞之各種方法，在整個組織內，向上、向下及橫跨整個組織。內部溝通可使員工接收來自高階主管之明確訊息，述明控制責任須被審慎處理。外部溝通包含兩方面：它可提升攸關外部資訊在內部溝通；可提供資訊給外界人士以回應各種要求及期望。

⑸監督作業

組織運用持續性評估、個別評估或兩者兼用，用以確定內部控制五大要素之每個要素是否已經存在及持續運作，包括每個要素內與各原則相關之控制作業，持續性評估——被嵌入組織不同層級之營運過程中，能提供及時資訊。個別評估不定期地被執行，其範圍及頻率將因風險評估、持續性評估之效果及其他管理階層之考量等而有所不同。組織依據管制機構、準則制定團體、或管理階層與董事會等所制定標準，對各種監督發現進行評估；於必要時，向適當層級的管理階層與董事會溝通各種缺失，以及後續作缺失改善的追蹤工作。

 *12.1.2* 內部控制缺失

辨識內部控制缺失的潛在來源，包括組織監督作業、其他要素及外部人士，其提供關於各要素及各原則存在及持續運作的意見。**內部控制缺失** (internal control deficiency) 係指一個要素或各要素及各攸關原則之一項缺點，其會降低達成其目標之可能性。如表 12.2 所示，「一般缺失」是與既定的政策、程序、預算、計畫等有偏離；一項或整合性內部控制缺失，其會嚴重地降低一個組織達成其目標之可能性，也有可能是職能分工不良，有舞弊發生的可能性，即被稱為一項「重大缺失」；真正發生違法情事時，即為「重大缺陷」。

當存在一項重大缺失時，組織無法作成已符合有效內部控制制度要求之結論。當管理階層確定一個要素及一項或更多項攸關原則是不存在或不持續運作，或各要素不是整體運作時，內部控制制度存在一項重大缺失。一個要素存有一項重大缺失，無法透過另一個要素之存在及持續運作，來降低其缺失至可接受程度；同樣地，一

項原則存有一項重大缺失，無法透過其他原則降低其缺失至可接受程度。

在確定各要素及各攸關原則是否已存在及持續運作時，管理階層可考量影響各原則之控制。例如，在評估原則是否進行舞弊風險評估時，其可能是不存在及持續運作，機構可考量影響其他原則之控制，諸如關於建立結構、權限、責任及強制課責等。經由考量其他原則已被考量之初步控制，管理階層可能可以決定對原則進行舞弊風險評估是存在及持續運作。

表12.2　內部控制的三種缺失

缺失類型	缺失說明
一般缺失	與既定的政策、程序、預算、計畫等有偏離
重大缺失	職能分工不良，有舞弊發生的可能性
重大缺陷	真正發生違法情事

實務應用　重大缺陷的沈思

兆豐銀行紐約分行違反美國洗錢防制法，遭美國紐約州金融服務署 (DFS) 重罰 1.8 億美元（約 57 億新臺幣）。經過臺北地檢署調查洗錢案情部分，認定兆豐銀行不了解美國洗錢防制法規才被罰，實情並未涉及洗錢行為，近期全案簽結。有關兆豐銀行美國紐約分行，因內部控制缺失遭受重罰，問題從一般缺失到重大缺陷，以及後來的改善過程，整理如下表。

一般缺失	因為兆豐在轉帳問題發生的第一時間，沒有遵照美國紐約金融局規定申報可疑資金的轉帳過程。
重大缺陷	美國金融局第一次通知有缺失時，兆豐沒有立即改善，反而忽視美國官方糾正意見，才引起後面的風波。
改善方案	兆豐從董事會到各個階層都要建立和落實良好內部控制制度，並且有缺失要立即改善處理和檢查改善結果。

12.2 內部控制三道防線

內控三道防線的重要性為促使組織達成目標，善用三道防線，作好設計和執行內部控制，以降低風險到組織可接受的水準。

 12.2.1 建立內部控制三道防線

有效管理風險需要運用 COSO 目標、要素和原則，來執行內部控制，才能有效管理風險。三道防線的每一道防線，在風險管理和內部控制各司其職，彼此互相合作，使風管和內控之間沒有間隙。目標、架構和三道防線模式的關係如下：

⑴目標：董事會設定組織目標。

⑵架構：COSO 三大目標、五大要素、17 個原則用來管理風險和控制以達成目標。

⑶三道防線模式：不管組織的大小或複雜程度，運用組織架構，說明各單位的角色和責任，用來執行風險管理和內部控制工作。

三道防線清楚說明稽核的確認作業和其他監督作業，分別敘述如下：⑴第一道防線：直線單位的管理控制、內部控制衡量指標；⑵第二道防線：幕僚單位的財務控制、安全管制、風險管理、品質管理、檢驗、法遵；⑶第三道防線：內部稽核。

每一道防線在組織的治理架構下，扮演著重要的角色。當每一道防線有效作好其被指派的角色，組織更可能成功地達成目標，詳細闡述如下：

⑴第一道防線：直線單位管理控制

第一線管理階層擁有營運風險，且負責管理並控制這些風險，包括對組織有正面影響和負面影響的風險。第一道防線的人員擁有風險，掌握正面影響的風險來增加組織價值，並且設計和執行組織控制來回應風險。

⑵第二道防線：幕僚單位（財務控制、安全管制、風險管理、品質管理、檢驗、法遵）

監督風險與管理以支持管理階層（由管理階層設定風險、控制和法遵功能），可以引進專家、流程卓越、管理監督第一道防線，協助確保風險和控制被有效地管理。

⑶第三道防線：內部稽核

內部稽核向董事會和高階主管提供獨立的確認服務，確認第一道防線和第二道防線的努力結果，都和董事會與高階主管的期待一致。第三道防線為維護內部稽核的客觀性和組織的獨立性，內部稽核不能承擔管理者的工作。

第三道防線是確認服務不是管理功能，和第二道防線不同。另外，可加上第四道防線一外部審計；第五道防線一主管機關。組織內每位人員對內部控制有其責任，確保其表現如同預期的結果。內控三道防線模式更清楚界定特定的角色和責任，因

此各單位工作可以避免不必要或不預期的重複努力；亦可能增加機會收到客觀資訊，針對組織最重要的風險作即時回應。

任何組織的目標達成，包括抓住機會、追求成長、承擔風險、管理風險等。因此，組織若沒有承擔適當的風險、沒有適當管理和控制風險，會影響組織達成既定目標。

 *12.2.2* 內部控制聲明書

機構為合理確保達成內部控制的既定目標，每年由首長簽署內部控制聲明書，以強化內部控制自主管理的機制；事實上，在我國私部門（上市上櫃公司）與公部門都有落實此機制。

1.私部門

依據《證券交易法》第 14 條之 1（內部控制制度之建立），公開發行公司、證券交易所、證券商及第 18 條所定之事業應建立財務、業務之內部控制制度。主管機關得訂定前項公司或事業內部控制制度之準則。第一項之公司或事業，除經主管機關核准者外，應於每會計年度終了後三個月內，向主管機關申報**內部控制聲明書** (management's reports on internal control)。

公開發行公司建立內部控制制度處理準則，針對上市上櫃公開發行公司的內部控制自行評估，以及申報內部控制聲明書，都有明確的規範。公開發行公司自行評估內部控制制度之目的，在落實公司自我監督的機制、及時因應環境的改變，以調整內部控制制度之設計及執行，並提升內部稽核部門的稽核品質及效率；其自行評估之範圍，應涵蓋公司各類內部控制制度之設計及執行。

公開發行公司執行前項評估，應於內部控制制度訂定自行評估作業之程序及方法。公開發行公司應注意相關法令規章遵循事項並依風險評估結果，決定前項自行評估作業程序及方法，並至少包含下列項目：(1)確定應進行測試之控制作業；(2)確認應納入自行評估之營運單位；(3)評估各項控制作業設計之有效性；(4)評估各項控制作業執行之有效性。

公開發行公司自行評估內部控制制度之結果，分為「有效之內部控制制度」或「有重大缺失之內部控制制度」，以檢視公司之內部控制制度是否能合理確保下列事項：(1)董事會及總經理了解營運之效果及效率目標達成程度；(2)報導係屬可靠、及時、透明及符合相關規範；(3)已遵循相關法令規章。

2. 公部門

此外，我國公部門也落實機關首長簽署內控聲明書的制度。各機關應每年評估當年度整體內部控制有效程度，並出具內部控制聲明書，由機關首長與督導內部控制及內部稽核業務之召集人於翌年 4 月底前共同簽署，公開於各該機關網站之政府資訊公開專區。但依《國立大學校院校務基金管理及監督辦法》辦理稽核工作之國立大學校院，應於年度校務基金績效報告書提送校務會議通過前簽署內部控制聲明書。

各機關原則於內部控制聲明書聲明日（即年度終了日）前，完成當年度自行評估及內部稽核工作，俾及時發現內部控制缺失並採行改善措施。但當年度下半年部分期間，若未能及時辦理自行評估及內部稽核，得參酌前一年度同期間之評估及稽核結果，綜合判斷當年度該期間之內部控制建立及執行情形。

簽署內部控制聲明書，各機關應針對機關當年度自行評估結果、內部稽核報告、稽核評估職能單位及上級與各權責機關（單位）督導等所發現之內部控制缺失，並參考監察院彈劾、糾正（舉）或提出其他調查意見及審計部中央政府總決算審核報告重要審核意見等涉及內部控制缺失事項，評估截至當年度聲明日尚未完成改善部分對內部控制目標達成之影響，作為判斷整體內部控制有效程度之依據。

公部門的內部控制聲明書，前項內部控制之有效程度聲明僅提供合理確認，且不包括機關內部控制無法掌握之外部風險。按整體內部控制之有效程度，區分為下列「有效」、「部分有效」及「少部分有效」3 種類型：

(1)「有效」：無內部控制缺失，或存有內部控制缺失，並已於聲明日前採行改善措施，其整體內部控制之建立及執行能合理確保內部控制目標之達成。

(2)「部分有效」：存有內部控制重大缺失，並已於聲明日前採行改善措施，或存有非屬重大之內部控制缺失，其整體內部控制之建立及執行僅能合理確保部分內部控制目標之達成。

(3)「少部分有效」：存有內部控制重大缺失，於聲明日前尚未採行改善措施，或採行改善措施，惟其整體內部控制之建立及執行難以合理確保內部控制目標之達成。

實務應用　政府推動內控聲明書

我國行政院推動內部控制相關工作，自 2000 年起即陸續函頒「健全財務秩序與強化內部控制實施方案」等規範，要求各機關建立內部控管機制以強化內部管理。嗣於 2010 年底籌組成立跨部會之內部控制推動及督導小組（以下簡稱行政院內控小組），由行政院主計總處（以下簡稱本總處）擔任幕僚，透過行政部門之縱向協助與督導，以及加強機關內部各單位之橫向聯繫與統合，以整合及強化政府機關原有之內部控制機制。

近年來，行政院內控小組逐步推動包括組成內部控制推動單位、訂頒內部控制相關規範、辦理內部控制宣導訓練、檢討強化內部控制作業、設計維持有效內控制度、檢查評估制度執行情形、逐級督導落實執行方案及試辦簽署內部控制制度聲明書（以下簡稱內控聲明書）等具體作法。

行政院主計總處
內部控制聲明書

本總處民國 106 年度之內部控制，依據評估及稽核之結果，謹聲明如下：

一、本總處確知建立、執行及維持有效的內部控制係由機關全體人員共同參與，並依風險評估結果建立相關內部控制，其目的係在對實現施政效能、提供可靠資訊、遵循法令規定及保障資產安全等目標之達成，提供合理的確認，但不包括機關內部控制無法掌握之外部風險。

二、內部控制有其先天限制，不論控制機制如何完善，有效之內部控制僅能對相關目標之達成提供合理的確認，另環境、情況之改變，內部控制之有效性亦可能隨之改變，惟本總處之內部控制設有監督機制，針對內部控制缺失進行追蹤改善。

三、本總處依106年度之內部控制建立及執行情形辦理評估及稽核之結果，認為本總處於106年12月31日整體內部控制之建立及執行係屬有效，其能合理確保上述目標之達成。

機關首長：朱澤民（署名）
內控（內稽）召集人：陳瑞敏（署名）
簽署日期：107 年 3 月 29 日

立法委員費鴻泰質詢行政院，為提升政府整體施政效能與達到興利及防弊功能，我國政府單位於 2013 年 8 月、2014 年 10 月及 2015 年 5 月分別推動第一階段、第二階段及第三階段試辦簽署內部控制聲明書計畫等。整體而言，中央政府各機關內部控制制度建立與執行之相關規定，已漸趨完備。

12.3 內部稽核

內部稽核工作之執行，其所涉及的機構之目的、大小、複雜性及結構有別，依不同情況可由機構內部或外部人員執行。基本上，**國際內部稽核執業準則** (International Standards for the Professional Practice of Internal Auditing) 是執行稽核工作所要遵循的基本原則。內部稽核人員及內部稽核單位要善盡職責，遵循國際內部稽核執業準則，該準則之目的在於：(1)引導對於國際專業實務架構強制性要素的遵循；(2)提供一個架構，以便於執行與促進廣泛的具附加價值之內部稽核服務；(3)建立內部稽核績效評估的基礎；(4)促進機構流程及營運之改善。這套準則是以原則為基礎的強制性規定，其包含內部稽核專業實務及其成效評估之核心規定，其適用於各個稽核單位與稽核人員。

實務應用　遵循資訊安全共同準則

資訊技術安全評估共同準則（Common Criteria for Information Technology Security Evaluation，即 ISO/IEC 15408，簡稱共同準則），為世界各國進行資通安全產品評估及驗證時所遵循之共同標準，依其定義之評估保證等級，來判定產品之安全等級。共同準則具體說明資通安全產品於驗證過程中，從初期產品設計 (design)、生產 (production)、交付 (delivery)，及運作 (operation) 等階段。

財團法人電信技術中心（簡稱電信中心）之「資通安全檢測實驗室」（為我國第一家取得 ISO/IEC 17025 認證之資通安全檢測實驗室），以資訊技術安全評估共同準則為規範，在於協助廠商有系統地開發、設計及製造符合國際標準之可信賴資通安全產品，以滿足消費者或政府之需求，期望為國內資安產業注入新動力。

參考資料：財團法人電信技術中心 http://www.ttc.org.tw

12.3.1　執業準則

國際內部稽核執業準則有兩個主要類型：**一般準則** (attribute standards) 及**作業準則** (performance standards)，一般準則與作業準則適用於所有的內部稽核服務。一般準則係探討執行內部稽核活動之機構及個人的特性，內容的主要架構如表 12.3。作業準則是描述內部稽核服務的性質，並提供用以評估內部稽核服務執行情形的品質標準，內容的主要架構如表 12.4。

表12.3　一般準則主要架構的條文內容

編號	標題	條文內容
1000	目的、職權及責任	內部稽核單位之目的、職權及責任，須明訂於內部稽核規程，其內容須符合內部稽核任務及專業實務架構之強制性要素（內部稽核專業實務核心原則、職業道德規範、準則及內部稽核定義）。內部稽核主管須定期檢討內部稽核規程，並將其提報高階管理階層及董事會通過。
1100	獨立性與客觀性	內部稽核單位須具超然獨立之地位，內部稽核人員執行業務須保持客觀。
1200	技能專精及專業上應有之注意	內部稽核工作之執行，須具備熟練之專業技能，並盡專業上應有之注意。
1300	品質保證與改善計畫	內部稽核主管須訂定及維持一套涵蓋內部稽核單位所有層面之品質保證與改善計畫。

實施準則屬於一般準則及作業準則之延伸，提供適用於**確認性** (assurance) 或**諮詢** (consulting) 服務的規定。確認性服務包括內部稽核人員對於證據之客觀評估，以便針對機構、營運、職能、流程、系統或其他主題提出意見或結論。諮詢專案之性質與範圍，取決於與專案客戶之協議。諮詢服務通常涉及雙方當事人：(1)提供該項諮詢的人員或團體，係指內部稽核人員；(2)尋求及接受諮詢的人員或團體，係指專案客戶。進行諮詢服務時，內部稽核人員應維持客觀性，並且不得承擔管理階層之責任。

表12.4　作業準則主要架構的條文內容

編　號	標　題	條文內容
2000	內部稽核單位之管理	內部稽核主管須有效管理內部稽核單位，以確保對機構產生價值。
2100	工作性質	內部稽核單位須以有系統、有紀律及以風險為基礎之方法，評估及協助改善機構之治理、風險管理及控制過程。當稽核人員主動且其評估可提供新見解及考量未來影響時，內部稽核之可信度及價值獲得提升。
2200	專案之規劃	內部稽核人員須就每項專案擬訂書面計畫，其內容應包含該專案之目的、範圍、時程及資源配置。該項計畫須考量與該專案攸關之機構策略、目標及風險。
2300	專案之執行	內部稽核人員須辨識、分析、評估及記錄充分之資訊，以達成專案之目標。
2400	結果之溝通	內部稽核人員須與有關人員溝通專案結果。
2500	進度之監控	內部稽核主管須建立並維持監控制度，以追蹤管理階層收受專案報告後之處理情形。
2600	承受風險之溝通	內部稽核主管若認定高階管理階層決定承擔之風險水準超過機構可承受之水準，須就此事項與高階管理階層討論。若內部稽核主管認為該事項未能獲得解決，須向董事會報告此事項。

執業準則適用於個別內部稽核人員以及內部稽核單位。所有內部稽核人員應遵循有關個人的客觀性、專精、專業上應有注意之準則，及稽核人員履行其工作職責之準則。內部稽核主管應對內部稽核單位之全面遵循執業準則負責。

 12.3.2　職業道德規範

職業道德規範之目的，在於增進內部稽核專業之道德文化。內部稽核為獨立、

客觀的確認性服務及諮詢服務，用以增加價值及改善機構營運。內部稽核協助機構透過有系統及有紀律之方法，評估及改善風險管理、控制及治理過程之效果，以達成機構目標。內部稽核專業基於其對風險、控制與治理執行客觀確認時，所得到之信任，因此需要一套職業道德規範。如表 12.5，職業道德規範適用於提供內部稽核服務之單位和個人，其包含兩個要素：(1)攸關內部稽核專業及實務之基本原則；(2)對內部稽核人員行為標準表達期望之行為準則。

表12.5　職業道德規範的內容

項　目	基本原則	行為準則
誠　正	內部稽核人員之誠正，樹立了他人之信任，因而提供對其判斷寄予信賴之基礎。	1.1 應以誠實、嚴謹及負責之態度執行其任務。 1.2 應遵守法律並依照法律及稽核專業之要求做適當揭露。 1.3 不得明知而涉入任何不法活動，或從事有玷辱內部稽核專業或其服務機構之行為或活動。 1.4 應尊重其服務機構之既定目標及倫理目標並作出貢獻。
客　觀	內部稽核人員於蒐集、評估及溝通有關檢查活動或流程之資訊時，應表現最高度之專業客觀性。內部稽核人員對所有攸關情況之評估應力求平衡，在作成判斷時不受個人利益或他人之不當影響。	2.1 不得參與任何可能損害或被認為損害其公正評估之活動或關係。此項參與包括與其服務機構利益可能衝突之活動或關係。 2.2 不得接受任何可能損害或被視為損害其專業判斷之東西。 2.3 應揭露所有獲悉之重大事實，否則，可能使其對營運活動複核所提之報告產生誤導。
保　密	內部稽核人員應尊重其所獲得資訊之價值及所有權，非經適當授權不得揭露此等資訊；但有法律或專業義務應予揭露者不在此限。	3.1 應謹慎使用及保護其在執行任務過程所獲得之資訊。 3.2 不得使用資訊以圖個人利益，亦不得以違法或有損其服務機構之既定及倫理目標的任何方式使用資訊。
適　任	內部稽核人員於提供內部稽核服務時，應能運用所需之知識、技能及經驗。	4.1 應僅從事其具有專業知識、技能及經驗之服務。 4.2 應依照內部稽核執業準則提供內部稽核服務 。 4.3 應持續改善其專業能力及服務之效果與品質 。

實務應用　內部稽核的獨立性

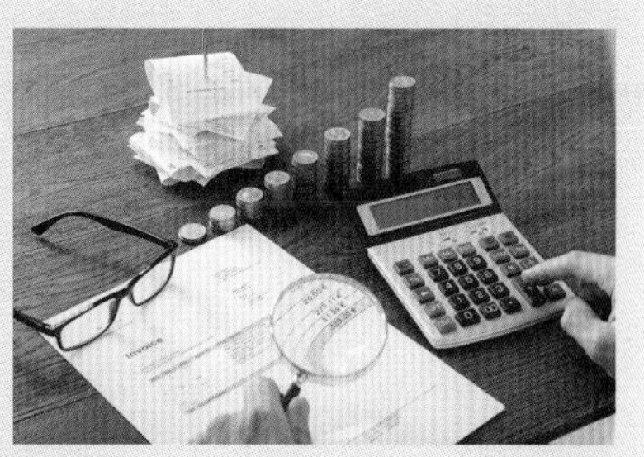

台積電公司內部稽核單位直接隸屬董事會，為獨立單位。內部稽核覆核各單位所執行的自行檢查，並綜合自行檢查結果，稽核主管除在董事會作例行會議報告外，並每季或必要時向董事長、審計委員會及營運委員會報告。台積電公司內部稽核規程明訂，內部稽核覆核公司作業程序的內部控制，並報告內部控制之設計及例行實務作業的效果和效率，其範圍包涵公司所有作業及其子公司。

依據台積電公司董事會通過的稽核計畫，執行風險辨識工作，另視需要執行專案稽核或覆核。藉著一般性及專案的稽核計畫執行，提供管理階層內部控制功能運作狀況報告，並及時提供改善或潛在問題的相關訊息。

參考資料：台灣積體電路製造股份有限公司 http://www.tsmc.com/chinese/default.htm

12.4 舞弊的認識

舞弊類型包括不實報導、腐敗、管理者逾越等行為；舞弊負面影響到組織許多層面，包括：(1)金融、(2)聲譽、(3)心理、(4)社會影響。舞弊、浪費與濫用的行為，是存在於每個組織中，但卻是容易被忽略的風險。當舞弊行為被發現時，往往已造成一定程度的損失，不論財務層面和非財務層面；舞弊也會對組織文化與運作造成衝擊，影響員工士氣。有時，企業的嚴重舞弊事件會被媒體揭露和司法調查，造成企業整體商譽的損失。

 *12.4.1* 舞弊三角理論

關於舞弊行為的造成要素，**舞弊三角** (fraud triangle) 是最被各界接受的理論，其因素包括：(1)**壓力** (pressure)、(2)**機會** (opportunity)、(3)**合理化** (rationalization)，如圖 12.2 舞弊三角圖所示。以企業經營為例，壓力是舞弊者的行為動機。刺激個人為其自身利益而進行企業舞弊的壓力，大體上可分為經濟壓力、惡癖的壓力、與工作相關的壓力和其他壓力四類。

機會係指可進行企業舞弊，而又能掩蓋起來不被發現，或能逃避懲罰的時機；

機會可能是寬鬆的或鬆懈的控制，以及相關資訊不對稱。合理化係指為自己找藉口，亦即舞弊者必須找到某個理由，使舞弊行為與其本人的道德觀念、行為準則相吻合，舞弊者就把自己行為合理化。例如，員工自我週轉公司的錢，認為是：「我只是暫時向公司借錢而不是偷錢，為了渡過個人財務困難時期。」

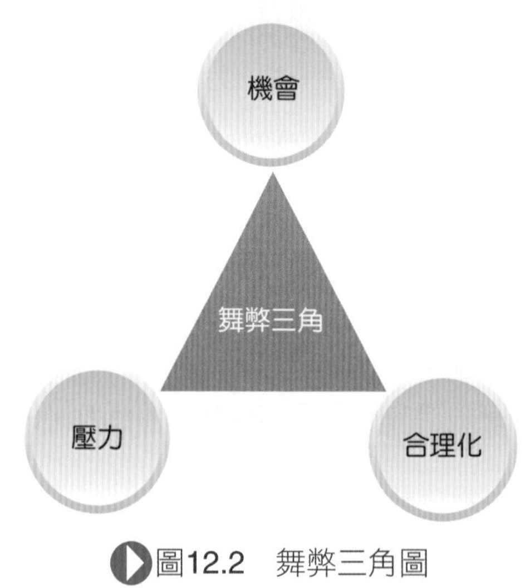

圖12.2　舞弊三角圖

當舞弊情況發生時，同時會具備此舞弊三角的每一個要素。如同燃燒的現象，必須同時具備一定的熱度、燃料、氧氣這三要素才能燃燒；亦即，舞弊三角中的 3 個要素，是兩兩相互作用的；缺少了上述任何一項要素，都不可能真正形成舞弊行為。

12.4.2　預防與偵測

企業舞弊風險管理策略，主要在「預防勝於偵測」。因此，公司應將舞弊風險管理落實於公司治理、風險管理、內部控制的範疇，才能落實企業防治舞弊與降低營運風險的工作。管理舞弊風險時，必須善用誠信政策、流程控制、行為準則以及偵測機制。如此一來，企業才能有效地消除潛在舞弊者可利用的機會與合理化藉口；並於流程中設置監測點，藉由通報與處置流程，方能提早發掘潛在疑慮，防止不當行為的持續，以全面性的降低公司在舞弊風險上的曝險程度。

此外，企業要強化員工誠信意識，並提升內部人員舞弊風險意識與風險管理能力。我國的上市上櫃誠信經營守則，亦要求企業應分析營業範圍內，具較高不誠信行為風險之營業活動，並加強相關防範措施，和企業應有因應對策。

公司可結合內部與外部的營運、會計、科技、法律等專業人才，考量舞弊風險管理結構，建構能夠協助企業辨識、評估與回應舞弊風險的解決方案。為做好舞弊風險管理的預防和偵測工作，公司可運用設計政策與規範、強化流程控制與設定監控點、設計利益衝突管理、建置系統與數據偵防環境等項目，協助企業有效處理舞弊風險管理相關配套措施。

12.4.3　洗錢防制相關議題

企業營運在國際間交易行為，要注意可能因觸犯國際性法規，例如各國的洗錢防制法與資恐防制法與美國海外反貪腐法 (FCPA) 等，造成違法更導致嚴重的裁罰。因此，在實務上皆將舞弊風險的預防與因應，納入優先風險管理重點。

反洗錢 (Anti-Money Laundering, AML) 係指為預防通過各種方式掩飾、隱瞞毒品犯罪、黑社會性質的組織犯罪、恐怖活動犯罪、走私犯罪、貪污賄賂犯罪、破壞金融管理秩序犯罪等犯罪所得，以及其收益的來源和性質的洗錢活動。目前，常見的洗錢途徑廣泛涉及銀行、保險、證券、房地產等各種領域。與洗錢防制相關議題包括**認識你的客戶** (Know Your Customer, KYC)、**認識你的交易** (Know Your Transaction, KYT)、**認識你的資料** (Know Your Data, KYD)。如表 12.6 所示，洗錢防制相關議題的定義與應用說明，針對每個議題來舉例說明在商業銀行業的應用，有助讀者了解這些議題。

表12.6　洗錢防制相關議題的定義與應用說明

議　題	定　義	應用說明（以商業銀行為例）
KYC	KYC 就是認識你的客戶。對業務人員而言，其 KYC 的目的可能在於「預先蒐集客戶相關基本資料，以判斷客戶是否有合法的資金來源」？	臨櫃人員詢問顧客一些與資金來源和用途有關的問題再記錄。例如：有沒有固定的收入來源？銀行針對一定金額的交易，要求要簽署另外的聲明書，說明資金的來源和用途。
KYT	KYT 就是認識你的交易。對業務交易流程的起始、過程、終點要了解，與各關鍵流程的相關風險點要注意。	銀行處理大筆資金轉帳的所有行員，要能了解跨部門的各種交易處理訊息。
KYD	KYD 就是認識你的資料。業務處理者要掌握交易過程中，所有單據資料的輸入真實性、處理完整性、報告保密性。	處理大筆資金的所有行員，要能跨部門做好所有單據資料的輸入真實性、處理完整性、報告保密性。

本章彙總

內部控制可為董事會和管理階層提供檢視達成目標之更多訊息，包括提供企業運作之回饋資訊，以及協助降低意外事件的發生機率。落實內部控制之顯著效益，是能合理確認企業達成營運、報導、遵循的三大目標；尤其，上市上櫃公司更能符合資本市場的法令規範、提供資本導向創新及永續成長。例如，有效的內部控制，支持可靠外部財務報導；反過來，可靠外部財務報導有助提升投資者對所投資公司之信心。

企業要有效地設計、執行和監督一個內部控制制度，首先要了解具體合適目標之重要性，其可能聚焦於管理階層關注與達成該等目標最重要之風險及控制。因此，善用內部控制三道防線，清楚說明稽核的確認作業和其他監督作業，分別敘述如下：(1)第一道防線：直線單位的管理控制；(2)第二道防線：幕僚單位包括財務控制、安全管制、風險管理、品質管理、檢驗、法遵等；(3)第三道防線：內部稽核。

內部稽核為獨立、客觀之確認性服務及諮詢服務，用以增加機構價值及改善營運。內部稽核協助機構透過有系統及有紀律之方法，評估及改善風險管理、控制及治理過程之效果，以達成機構目標。內部稽核專業奠基於其對風險、控制與治理執行客觀確認時所受到之信任。因此，內部稽核單位和稽核人員都要遵守國際內部稽核執業準則與職業道德規範。

另外，在企業舞弊行為發生後，使得各界意識到舞弊行為會產生巨大損失。因此，對舞弊的肇因與影響非常重視，需要清楚認識舞弊三角理論、有效的預防與偵測，以及洗錢防制法與資恐防制法相關規範。

關鍵詞

內部控制——整合架構 (internal control—integrated framework)
內部控制 (internal control)
營運 (operations)
報導 (reporting)
遵循 (compliance)
控制環境 (control environment)
風險評估 (risk assessment)
控制作業 (control activities)
資訊與溝通 (information & communication)
監督作業 (monitoring activities)
內部控制缺失 (internal control deficiency)
內部控制聲明書 (management's reports on internal control)
國際內部稽核執業準則 (International Standards for the Professional Practice of Internal Auditing)
一般準則 (attribute standards)
作業準則 (performance standards)
確認性 (assurance)
諮詢 (consulting)
舞弊三角 (fraud triangle)
壓力 (pressure)

機會 (opportunity)
合理化 (rationalization)
反洗錢 (Anti-Money Laundering, AML)
認識你的客户 (Know Your Customer, KYC)
認識你的交易 (Know Your Transaction, KYT)
認識你的資料 (Know Your Data, KYD)

作　業

一、選擇題

(　) 1. 有關內部控制未來期間有效性的敘述，下列何項錯誤？ (A)內部控制是一種過程，其講究的是結果本身 (B)內部控制是循序漸進的，受企業中各個層級人員的影響 (C)內部控制的有效性，係指該過程在特定時點或特定時段的狀態或情況 (D)內部控制只能被期待為企業管理階層和董事會提供合理確保，而不是絕對確保。

(　) 2. 建立和維護公司的內部控制是下列何者的職責？ (A)內部稽核 (B)董事會成員 (C)管理當局 (D)審計委員會。【106 年普考】

(　) 3. 下列選項中，何者並非屬於控制環境的一部分？ (A)職能分工 (B)正直與道德觀 (C)管理哲學及經營型態 (D)人力資源政策。【106 年高考】

(　) 4. 對於較小型規模的上市櫃企業，其員工人數較少，職能分工難臻完善，惟企業仍須以合理有效的方式，提升內部控制之效果。下列何項是適當的作法？ (A)業主積極參與各項交易及會計事務 (B)高階主管廣泛與直接的參與營運活動 (C)妥善利用資訊科技 (D)委請查核會計師代為記帳。【103 年地特】

(　) 5. 中小企業由於員工人數不多，難以進行有效的職能分工，因此通常藉由下列那一種方式提升其內部控制的效果？ (A)聘任獨立的會計師從事記帳工作 (B)指派每位職員對於每一交易循環負起監督之責 (C)業主直接參與各項控制作業 (D)使用資訊科技的協助。【103 年高考】

(　) 6. 如何防止依訂單出貨後漏（未）開發票請款？ (A)規定銷貨發票應預編序號，且均應具備相關出貨單才可結案 (B)每天就銷貨簿記錄逐筆核對發票及出貨單 (C)規定訂單須經批准才可出貨，且開發票前應先經過徵信部門核准賒銷 (D)規定出貨單應附有預編序號之發票才可結案。

(　) 7. 下列那項通常不是企業用以防止商品尚未出貨即認列銷貨收入之控制作業？ (A)職能分工 (B)依據經核准之客户訂單、出貨單據文件與發票認列銷貨收入 (C)每月與客户進行銷貨收入之對帳 (D)每月就總帳與明細帳進行調節。【106 年高考】

(　) 8. 企業之內部控制中，預算制度是一種： (A)會計紀錄 (B)評估績效的標準 (C)調節盈餘的參考 (D)獨立內部複核之工具。

( ) 9. 下列何者非「內部控制制度聲明書」應述明能否合理確保的項目？ (A)董事會及總經理知悉營運之效果及效率目標達成程度 (B)董事會及總經理保證所屬員工無舞弊之行為 (C)財務報導係屬可靠 (D)已遵循相關法令。

( ) 10. 內部稽核與內部控制之關聯為何？ (A)內部稽核人員設計內部控制的制度 (B)內部稽核應保證內部控制有效執行 (C)內部稽核驗證內部控制的執行 (D)內部稽核人員建立企業內部控制的政策。

( ) 11. 內部稽核單位宜直屬哪一單位較理想？ (A)總經理 (B)董事會 (C)公司股東 (D)財務長。

( ) 12. 內部稽核單位的職權是被誰所授與？ (A)董事會和會計長 (B)高階管理階層和執業準則 (C)管理階層和董事會 (D)董事會和財務長。

( ) 13. 內部稽核人員之何種行為，最可能損及其客觀性？ (A)繼續一個專案，且該專案為其將因為升遷而負責之部門 (B)由於預算限制，導致專案範圍之減少 (C)參與一個工作小組，其針對一個新的配銷系統之控制，提出建議之標準 (D)在實際執行之前，複核一個採購人員之契約草稿。

( ) 14. 為強化內部管理，有效杜絕弊端，有關檢討內部稽核工作之執行，下列敘述何者錯誤？ (A)內部稽核工作是否能適時提供改進建議 (B)內部稽核工作是否能考核自行查核辦理績效 (C)內部稽核工作是否能覆核整體經營策略與重大政策 (D)內部稽核工作是否能確實協助管理階層調查、評估內部控制制度之運作情形。

( ) 15. 有關「內部稽核」，下列敘述何者錯誤？ (A)內部稽核人員或執行類似功能之員工，可經由個別評核以進行對受查者控制之監督 (B)內部稽核之職責可能僅限於營運資源使用之節約、營運效果與效率之複核，而與受查者之財務報導無關 (C)內部稽核人員已對應收帳款執行函證程序，則查核人員可藉評估其稽核結果，以改變其對應收帳款函證之查核時間及範圍 (D)內部稽核之目標、職責之性質及其於組織中之定位，並不會因受查者之規模、組織架構及管理階層與治理單位的要求而有所不同。

【101 年高考】

( ) 16. 下列有關錯誤與舞弊之敘述，何者錯誤？ (A)防止及偵查舞弊係受查者治理單位與管理階層之責任 (B)若期後發現因舞弊而導致財務報表重大不實表達，則表示查核人員未依一般公認審計準則執行查核 (C)錯誤或舞弊可以藉內部控制制度之設計及執行予以減低但無法完全消除 (D)查核人員未能偵出因舞弊而導致重大不實表達之風險，大於未能偵出因錯誤而導致之風險。 【104 年普考】

( ) 17. 下列有關與受查者管理階層及治理單位溝通之敘述，何者正確？ (A)查核人員如已發現存有舞弊，或已取得之資訊顯示可能存有舞弊，則查核人員應儘速與適當之管理階層溝通 (B)查核人員如對管理階層或治理單位之誠實與正直存有懷疑，應考量是否尋求該公司之法務主管協助，以決定採取適當之措施 (C)查核人員發現受查者基層員工盜用小額公款，即應基於專業判斷與重大性因素考量，而將此事記錄於工作底稿，不必事事均與管理階層溝通　(D)查核人員一旦發現在受查者內部控制中扮演重要角色之員工涉及舞弊，僅須與受查者管理階層溝通。【104 年會計師】

(　) 18.下列何項最可能為舞弊指標的考量？　(A)敵意接管後更換管理階層　(B)機構財務主管快速週轉　(C)快速擴充新市場　(D)政府稽核機構的稅務申報。

二、練習題

E12–1　何謂內部控制的三大目標？

E12–2　何謂內部控制的五大要素？

E12–3　請說明內部控制的三種缺失。

E12–4　請敘述內部控制的三道防線。

E12–5　請列示國際內部稽核執業準則的兩個主要類型。

E12–6　何謂舞弊三角？

E12–7　請說明這三個英文縮寫 (KYC、KYT、KYD) 的意思。

Memo

第四篇

決策篇

第13章 攸關性決策

第14章 資本預算決策

第15章 數位科技決策考量

13 攸關性決策

學習目標

1. 說明決策制定的程序
2. 分析產品成本與訂價的關係
3. 辨識特殊訂單的訂價決策
4. 討論銷貨毛利分析

優質決策創造淨利

中華航空公司成立至今，秉持著「滿意的顧客、快樂的員工、創造股東與社會的最大價值」為經營理念，致力於成為最值得信賴的國際級航空公司。面臨全球經濟成長有限、油價持續波動 、 低成本航空公司的競爭與貨運市場尚未全面復甦等挑戰，華航仍積極提升服務品質與布建新航線，客運營運動能仍持續成長。

在公司治理方面，華航重視績效管理，除了導入「績效指標資訊系統」，為公司整體績效進行評比，在部門及個人層面也分別設立目標管理、績效考核等制度；個人的調薪、年終獎金 ， 以及公司內的各項升遷發展也都與績效有高度關連性。另外，華航也力行綠色採購並推動供應商環境管理方案，邀請供應商參與企業環境管理教育訓練，以行動支持夥伴共同成長 ， 帶領關係企業及供應鏈夥伴共同為環境永續而努力。

華航的管理者每天面臨不同的決策 ， 運用資源來發揮最大的效益為主要的考量 。 為提供高階主管各項與經營決策有關的資訊，例如一般的訂價決策、產品選擇、特殊訂單的訂價決策、生產線改變等，會計人員需要運用各種分析方法，來提供各項攸關資訊，使管理者作出最理想的決策，為公司創造理想的淨利。

中華航空股份有限公司 http://www.china-airlines.com

引言

introduction

在各種組織中，管理者都會面臨不同的決策，包括設備採購、製造方式、產品組合及產品訂價等。在這些決策過程中，會計人員是經營者決策資訊的主要提供者。因此，會計人員必須了解與決策攸關的成本與效益資訊，以及特殊決策之分析方法應用，才能提供對決策者有用的資訊。

一般攸關性決策被視為短期性決策，即其影響的時效不超過一年。事實上，許多特殊決策都會對企業的經營有著長期影響。例如，特殊訂單的價格可能會引起市場價格的變動；增加或放棄某一產品線，會對其他產品產生影響，甚至會造成牽一髮而動全身的效應。因此，不應把眼光完全投注於短期效益，還須注意各項決策對長期營運的影響。本章討論特殊情況的訂價決策，並作各種成本與效益分析，最後也討論銷貨毛利分析。

章節架構圖

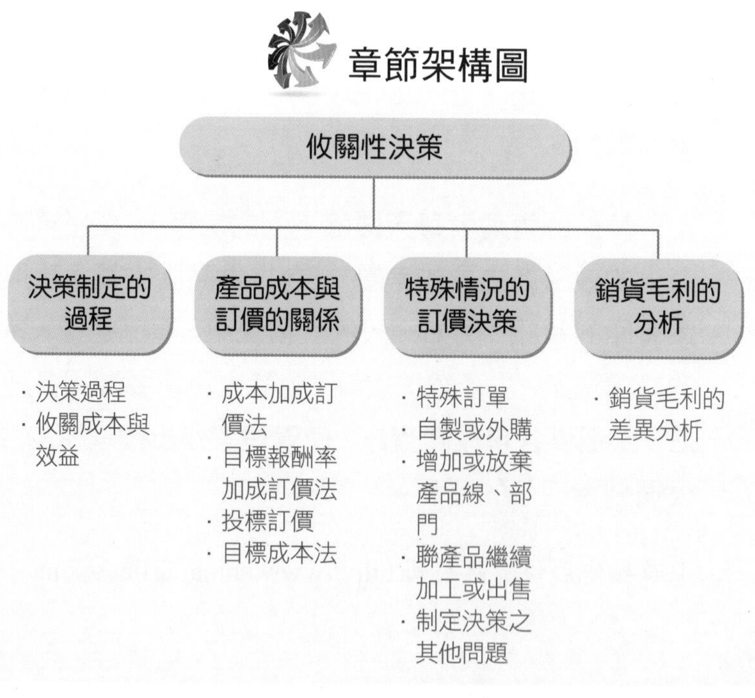

13.1 決策制定的過程

企業經營隨時都面臨著許多挑戰，必須不斷地制定決策來因應。所面臨的問題乃是指實際情況與理想情況之間的差距，其形式可能是程式化，亦可能是非程式化。所謂**程式化問題** (programmed problem) 是指採用例行性、重複性之決策技術，即可解決的問題；然而，**非程式化問題** (non-programmed problem)，則指獨特且非例行性的問題。前者以支付經常性廣告費用的過程為例，其可藉由標準作業過程來解決；後者如新產品廣告預算之設定，需要先調查市場對新產品的接受性。總之，無論問題是否屬於程式化性質，制定決策之步驟都是類似的。

13.1.1　決策過程

決策過程依其順序可歸納為七項，分別敘述如下：

1. 釐清決策問題與決策目標

由於決策是為解決問題和實現預期目標，所以要在決策初期，釐清決策的問題與目標。然後，針對問題來確定目標，也就是清楚辨識一項決策要解決什麼問題，達到什麼目標。為使決策過程有效率，目標訂定時要注意下列三種特性：

⑴目標內容要具體明確。

⑵目標執行方法是可行的。

⑶目標執行成果可以數量化，以利目標之評估使方案的選擇有明確的依據。

2. 擬訂決策準則

在問題確認之後，管理者便需提出制定決策所要遵循的準則。一般而言，公司所追求的目標有營業淨利極大化、擴大市場占有率、降低成本，或是增進公共關係等。有時這些目標是彼此衝突的，因此就需要列出各個目標的優先順序，以追求主要目標為終極境界，其他目標則分別予以配合。

3. 確認決策方案

制定決策即是從多重方案中，挑選出一最佳方案。假設某一機器發生嚴重故障，管理者有哪些可行動方案？機器修理或重置？如果重置又可分為購買或租賃兩方案。在決策步驟中，需擬訂各種可行方案，考慮相關成本與效益，否則不可能形成最佳的決策。

4. **發展決策模式**

一個決策模式即是將上述三個步驟作適當聯結，省略不需要的細節，並把最重要的步驟標示出來，使管理者一目了然，便於決策制定步驟。

5. **蒐集資料**

雖然管理會計人員常會參與前四項步驟，但此階段蒐集資料才是管理會計人員最主要的任務。在蒐集的過程中，這些資料必須是具有攸關性的，對決策過程才有用處。

在決策過程中，蒐集資料是非常關鍵的要素，要盡量蒐集與決策目標相關的訊息。所蒐集的資料性質，包括財務訊息與非財務訊息，力求達到「去偽存真」的境界，才能使所蒐集的訊息具有決策的攸關性和有用性。

6. **選擇最佳方案**

管理者根據決策模式及所掌握的資料，加以詳細的分析，選擇出可行的最佳方案。一般在作最後決定之前，決策者要衡量各個方案的成本與效益；尤其對組織有長期影響者，更需要有嚴謹的評估過程。

7. **監督方案的實施和修正偏差回饋**

當決策方案選定後，就應將執行計畫與組織體系相結合，讓日常營運人員能確實地執行方案。為確保決策品質，要監督執行結果，定期與既定的決策目標相比較，找出與目標偏離的差異及其原因，才能做好訊息回饋工作。

以上的決策過程如圖 13.1，在決策過程中所採用的會計資料主要是屬於數量性，大部分的決策準則為營業淨利極大化或成本極小化。然而，當決策者在作最後決定時，還需考慮各方案之不可量化的品質因素，因其可能與數量指標同樣重要。例如，產品品質改良的研究發展費用支出會減少短期營業淨利；然而其可維持市場占有率和公司的企業形象，對公司的長期發展有正面的影響。

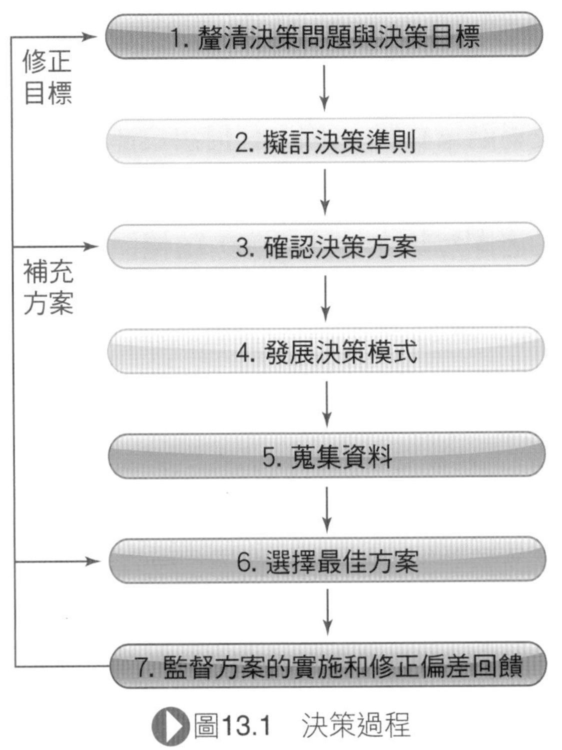

圖13.1　決策過程

13.1.2　攸關成本與效益

提供經營者決策所需的資料分析，是會計人員最主要的任務，首先要認識決策成本與效益的重要性，才能真正提供攸關性資訊。尤其導入國際財務報導準則後，特別強調資訊攸關性與決策者的專業判斷能力，會計人員更需要注意所提供的財務報告能忠實表達企業之財務狀況。財務績效與現金流量，並且反映交易之經濟實質，與顧及資訊內容的客觀性、審慎性、完整性。

如果會計人員把非攸關的資訊提供給決策者時，可能會導致下列的不良結果：

(1)浪費資源：由於資訊的準備是耗費成本的活動，所以提供與決策無關的資訊，就可能造成資源的浪費。

(2)誤導決策者：若決策者本身對於資訊的攸關性沒有很清楚的認識，或者基於時間急迫無法仔細地分析，則所獲得的非攸關資訊將導致錯誤的考量，不只浪費決策者很多時間，更忽略了真正攸關的資訊。

管理會計人員與決策者，都必須能分辨攸關成本與效益。資訊與決策要具有攸關性，必須同時符合二項條件：(1)與未來交易事件有關；(2)各項方案的資料具有差異性。

1. 與未來交易事件有關

決策訊息要符合攸關成本與效益原則的第一要件，即是其必須與未來的交易結果有關。因為任何決策都不能改變過去的事實，只可能影響未來的狀況。

假設卡莫里公司的老闆每年支付 $40,000 的機器租金，該機器是用以製造一個新產品，其單位變動生產成本是 $16。明年預定生產並銷售 20,000 單位。就在剛簽過租賃合約並支付 $40,000 後，老闆發現了另一種更有效率的機器，單位變動生產成本只需 $8，但是租金則需要支付 $64,000。在此情況下，老闆面臨了兩種方案的選擇：

(1)再租用第二種機器來製造產品，讓第一種機器閒置。

(2)仍然利用已租用的第一種機器生產。

在作決策之前，要參考各項與未來交易有關的資料，首先找出哪些資訊具有攸關性？在本例中，第二種機器的租金是攸關成本，因其目前尚未支付，會受未來決策影響。此外，使用各種機器的變動生產成本也都是攸關的，因為不同機器所投入的變動成本也有所差異。

該公司會計人員為協助其老闆作決策，進行表 13.1 的數量分析。當使用第一種機器時，總攸關成本為 $320,000；而租用第二種機器的總攸關成本則為 $224,000，所以管理者應採用第二個方案，以節省 $96,000 之成本。在此例中，第一種機器的租金為非攸關成本，因其在簽約時已支付且無法退回，是一項**沉沒成本** (sunk cost)。

所謂沉沒成本，乃指已經發生的成本，不會因為現在或將來的任何決策變更而改變，如前例中第一種機器的租金成本即是。在一般的處理過程中，沉沒成本即使納入計算過程，亦不會影響決策結果。表 13.2 仍是將沉沒成本列入決策分析。

表13.1　選擇機器決策分析：未包括沉沒成本

	使用第一種機器	租用第二種機器
	$ 16	$ 8
	× 20,000	× 20,000
營運成本	$320,000	$160,000
第二種機器租金		64,000
總攸關成本	320,000	$224,000

在表 13.2 中，無論採用何種方案，第一種機器的租金都已經支付，故與未來決策無關。即使此沉沒成本列入計算後，租用第二種機器的總攸關成本較低，且差額依然是 $96,000。由此可知，沉沒成本是否納入分析，對決策的結果不會產生影響。如果決策者對沉沒成本的觀念了解不清，有時沉沒成本會使經理人員作錯誤的考慮。

表13.2　選擇機器決策分析：包括沉沒成本

	使用第一種機器	租用第二種機器
	$　16	$　8
	× 20,000	× 20,000
營運成本	$320,000	$160,000
第一種機器租金	40,000	40,000
第二種機器租金		64,000
總攸關成本	$360,000	$264,000

2. **各種方案資料的差異性**

有些成本和效益雖然決定於未來的交易事項，但仍可能不是攸關的資訊，除非在各方案下具有差異性。前例中，在決定是否租用第二種機器時，並沒有考慮銷售額及任何管銷費用。這些收入及費用雖然也尚未發生，但無論選擇何種方案，其結果都不會因此而改變，所以不納入分析過程中。另外，在決策過程中，也可將**機會成本** (opportunity cost) 的觀念予以考慮。機會成本係指因選擇某個最滿意方案，而放棄次滿意方案的可計量價值之利益。在此舉例說明以釐清此概念。

經理要擬訂增加甲產品或乙產品 。 甲產品線將使公司增加 $136,000 的收入和 $100,000 的成本；乙產品線則為增加 $192,000 的收入及 $162,000 的成本，其分析方法可列示如下：

	增加甲產品線	增加乙產品線
增額收入	$136,000	$192,000
增額成本	100,000	162,000
增額淨利	$ 36,000	$ 30,000

差異 $6,000

明顯地，增加甲產品線可比增加乙產品線多獲得 $6,000 的淨利。如果從機會成本的觀念來探討，分析的方法則有所改變。增加甲產品線，就不能增加乙產品線，後者的增額淨利即是前者的機會成本。如果增加了甲產品線，就必須放棄乙產品線所能產生的淨利增加數 $30,000。此分析方法可列示於下：

	增加甲產品線
增額收入	$ 136,000
增額成本	(100,000)
機會成本（放棄乙產品）	(30,000)
增額淨利的差異	$ 6,000

由於仍有營業淨利產生，故增加甲產品線是較為有利的。在前面用第一種分析方法時，二方案之增額淨利相差 $6,000 (= $36,000 − $30,000)，與第二種方法求出的增額淨利的差異相等。無論採用何種方法，所得結果是完全相同的。因此，分析方法的選用，可視決策者的偏好來決定。

13.2 產品成本與訂價的關係

企業管理者在日常營運中，產品訂價決策為經常性的決策，管理者要考慮組織內部與外界環境的因素，再審慎選擇合理的訂價模式。在競爭激烈的市場下，產品價格的訂定以市場需求為導向，由行銷部門估計在各種不同價格時的市場需求量。一般而言，需求曲線的估計不僅成本高，更因為許多因素造成曲線的變動，例如所得水準、競爭者所訂的價格等因素之變動，使得需求曲線經常需要重新估計。由於這些估計資料的取得需要耗用許多成本，並且有不確定因素的存在，故通常行銷研究只估計一些特定產品的價格與需求量。廠商通常利用其他的方法來訂價，管理者希望運用這些方法所得到的價格，與使用需求曲線及邊際分析所訂出的價格，彼此不會產生太大的差異。本節主要說明如何以產品成本為基礎，以訂定產品的價格。

13.2.1 成本加成訂價法

成本加成訂價法 (cost-plus pricing techniques) 為常用的一種訂價方法，是以產品成本和「加成」(markup) 為基礎來計算。「加成」是以產品成本的百分比，或每件產品的加成價來表達。如果加成是以產品成本的百分比來表示，其公式如下：

價格 = 成本 ×（1 + 加成百分比）

假設產品成本是 \$6,000，加成百分比為 30%，利用上式可得到價格為：

\$6,000 × (1 + 30%) = \$7,800

如果是以每件產品的加成價來表達，則公式改為如下：

價格 = 成本 + 加成價

假設產品成本是 \$6,000，每件產品加成價為 \$1,600，得到價格為 \$7,600 (= \$6,000 + \$1,600)。

成本加成訂價法有上述兩種不同的計算方式，管理者可隨情況予以運用。如果管理者面臨多種成本差距大的產品訂價決策時，通常會使用加成百分比法，才能將「成本決定加成價」的意義表達出來。因此，一個成本低的產品，其單位加成價較低；成本高的產品，每件產品的加成價較高。另外，當廠商生產一種新產品時，通常也使用這種訂價方式，亦即新產品價格決定於該產品的成本及事先所擬定的加成百分比。

當廠商只有一種或幾種成本差異不大的產品時，通常管理者可使用加成價的方法。這種方法的使用有助於確認所訂的價格是否達到所預期的利益目標，訂價公式可改為：

單位價格 = 單位變動成本 + 單位固定成本 + 單位稅前淨利

由上可知，價格由三個要素所組成：單位變動成本、單位固定成本及單位稅前淨利。前兩個要素是成本部分，最後一個要素即是加成價部分。由加成價的高低，可看出經營淨利目標的達成程度。

從前面的計算中，可得知成本加成訂價法所用的成本，其範圍包含生產及銷售成本，有些人認為成本加成訂價法中的成本，就是製造廠商的生產成本，或是買賣業向供應商購買產品的成本。如果所估計的成本較實際成本低，可調高前面所算出的加成價或加成百分比，而不必重新估計成本，只要使售價的金額高於估計成本與預期營業淨利的總和。

13.2.2 目標報酬率加成訂價法

目標報酬率加成訂價法是將稅前淨利決定後，才來決定價格的一種訂價方法。經理人員先訂出目標報酬率，即可計算加成數，再將其分配到每個產品上，其公式如下：

$$\text{每單位加成數} = \frac{\dfrac{\text{目標報酬率} \times \text{使用資產}}{1 - \text{稅率}}}{\text{生產或銷售的數量}}$$

在此以柯普公司為例，假設柯普公司下年度的預期成本如下：

直接原料成本	每單位 $300
直接人工成本	每單位 $150
變動製造費用	每單位 $30
固定製造費用	$12,000,000
變動管銷費用	每單位 $40
固定管銷費用	$18,000,000

經理人員訂出目標報酬率為 10%，並期望使用 $120,000,000 的資產來生產與銷售 300,000 單位的產品。為便於說明計算過程，本例中不考慮所得稅的問題。由上述資料得知，柯普公司生產及銷售的總成本為每單位 $620，計算如表 13.3。柯普公司的稅後營運淨利是目標報酬率 10% 和總資產 $120,000,000 的乘積，計算後得到稅前淨營運淨利為 $12,000,000，除以總銷售量 300,000 單位，得到每單位的加成價 $40。價格 $660 則是以每單位成本 $620 加上加成價 $40 而得。

如果只以生產成本來作成本計算的基礎，則加成價會比較大。仍以上例來說明，單位成本改為 $520，單位加成價由 $40 改為 $140，目標價格仍為 $660，其計算過程如下：

直接原料成本	$300
直接人工成本	150
變動製造費用	30
單位固定製造費用	40
單位成本	$520

表13.3　柯普製造公司：目標報酬率加成之價格計算

成本計算				
直接原料成本			每單位	$300
直接人工成本				150
變動製造費用				30
變動管銷費用				40
單位總變動費用				$520
單位固定製造費用*	每單位	$40		
單位固定管銷費用**		60		
單位總固定費用			每單位	100
單位產品的總成本			每單位	$620
加成計算				
稅後營運淨利 10% × $120,000,000 = $12,000,000				
單位營業淨利 $12,000,000 ÷ 300,000 = $40（每單位）				
價格計算（每單位）				
成　本				$620
加：加成價				40
目標價格				$660

*$12,000,000 ÷ 300,000 = $40
**$18,000,000 ÷ 300,000 = $60

加成價則計算如下：

變動管銷費用	$ 40
單位固定管銷費用	60
單位營業淨利	40
單位加成價	$140

目標價格仍是 $660 (= $520 + $140)。

由上可知，不論所採用的單位成本之組成項目為何，加成價或加成百分比可予以適度調整而得到預期的營業淨利。

13.2.3 投標訂價

在數家廠商競標的情況，特別需注意競爭廠商的動態。每個廠商都想以高價得標而獲取較高營業淨利，但一般只有最低價者可得標。如果經理人員想要確保得標，即可將增額成本作為訂價基礎，增額成本即因接受該投標所增加支出的成本。在公司有短期超額產能時，可只考慮變動成本，雖然無法賺取較高營業淨利，但可維持員工的穩定性，不必作調整性的員工解雇。此外，增額成本加成法可強化公司之社會責任行為，例如以低價售貨給慈善機構，可提升公司形象。有關投標訂價決策也會應用到長期工程的建造合約，可採用國際會計準則第 11 號 (IAS11)「建造合約」的相關規定。

實務應用　建造合約的會計處理

依據國際會計準則第 11 號 (IAS11)「建造合約」規定，建造合約係指為建造一項或一組彼此密切相關或相互依存的資產而特別議訂之合約。建造合約可能只建造單項資產，如橋樑、水壩、船舶等；亦可能涉及數項資產組合，如建造提煉廠、廠房或設備之組成項目。由於建造合約可以多種方式訂立，IAS11 將建造合約劃分為「固定價格合約」及「成本加成合約」。某些建造合約可能同時具有固定價格合約及成本加成合約之特性，例如附有合約價格上限之成本加成合約即為一例。

建造合約之會計處理，若結果為可靠估計時，依完工百分比法處理；若結果無法可靠估計時，採成本回收法處理。建造合約之收入和費用採取完工比例法認列時，此方法與一般勞務收入認列方法相似，收入、費用、淨利的認列時點隨著合約發展而發生。如果合約完工程度無法客觀衡量時，則僅能在可回收的已發生成本之範圍內認列收入，而合約成本應於發生當期予以費用化。當建造合約之收入可能低於合約成本時，應立即認列預計的損失。

參考資料：國際會計準則第 11 號 (IAS11)

 13.2.4　目標成本法

目標成本法 (target costing) 是一種以目標價格和目標營業淨利為基礎的成本計算方法。所謂目標價格係指預計潛在顧客願意接受的價格；目標營業淨利為公司所預期要賺取的營業淨利。換句話說，目標成本是為企業帶來目標營業淨利的產品或服務，所需支付之預計長期成本，其計算公式如下：

目標成本 = 目標價格 − 目標營業淨利

目標成本法早期由日本企業採用於營運決策過程，此法特別適合用於新產品進入市場的訂價決策制定。為促使新產品能順利上市，通常目標成本法要與價值工程法互相配合實施，尤其在產品開發和設計階段就要做好模擬作業，才能在滿足產品必要功能的前提下，維持一定營業淨利，進而達到降低成本的目標。

13.3 特殊情況的訂價決策

在了解一般決策步驟、相關資訊的概念和產品訂價決策後，本節以舉例方式來解說特殊決策之分析過程，及攸關性資訊的運用。這些釋例包括以下四項：(1)特殊訂單；(2)自製或外購；(3)增加或放棄產品線、部門；(4)聯產品是否繼續加工或出售。

 13.3.1　特殊訂單

企業在營運過程中，有時會接到低於一般售價的特殊價格訂單，所以管理者要仔細考量各方面的成本與效益分析，才適合做出明智的決策。通常，經營管理者應考慮公司產能是否閒置，特殊價格是否對公司長期營業淨利產生影響等因素，經過通盤考量再做決定。

黃小華是真善美航空的營業副總裁，負責票務銷售及航班安排等決策。有一旅行業者與其洽談從臺北到泰國的包機業務，提出一趟來回價格為 $7,500,000。在相同的路線下，一般的價格是 $12,500,000，面對此一特殊包機的訂單，黃小華必須仔細地分析。目前該公司有兩架噴射機正處於閒置狀態，因其原來的航程業務屢遭虧損，且目前又沒有適合的航程。在分析的過程中，黃小華從會計部門取得臺北到泰國航線的歷史資料，如表 13.4 所示。

表13.4 臺北至泰國來回一趟之會計資料

收入：		
乘　客	$12,500,000	
貨　運	1,500,000	
總收入		$ 14,000,000
成本：		
變動飛行成本	$ 4,500,000	
分攤至各航次之固定成本	5,000,000	
總費用		(9,500,000)
利　潤		$ 4,500,000

變動成本包括燃料維護費用、飛航人員薪資及降落點規費 (landing fees)。固定成本則包含全公司的管理成本、飛機折舊、設備折舊及維護成本。如果黃小華以一般財務會計方法來分析，會產生下列的結果：

特殊訂單之收入	$ 7,500,000
總費用	(9,500,000)
接受訂單之損失	$(2,000,000)

此分析把分攤的固定成本也列入計算，如此的結果將會拒絕該訂單。事實上，固定成本與此決策不相關，因為不論是否接受訂單，固定成本皆為沉沒成本。

黃小華畢竟是學有專精，並沒有犯了以上的錯誤。他知道對於短期決策只有變動成本才具有攸關性，且該批訂單的變動成本還比一般營運的變動成本低，因為可省下票務處理成本 $250,000。黃小華的分析如下所示：

特殊訂單價格		$ 7,500,000
一般營運之變動成本	$4,500,000	
減：票務處理成本	250,000	
特殊訂單之變動成本		(4,250,000)
特殊訂單之營業淨利		$ 3,250,000

由於有 $3,250,000 的營業淨利，黃小華決定接受該訂單。但是上例是假設真善美航空有多餘的飛機 (即有閒置產能)，若是沒有閒置的飛機，其分析結果會改變。

假設真善美航空並無閒置的飛機，如要接受該特殊訂單，則必須放棄一條獲利能力最差的航線——臺北到琉球。此航線可獲得 $4,000,000 的營業淨利，亦即成為接受特殊訂單的機會成本。黃小華的分析如下：

特殊訂單價格		$7,500,000
一般營運之變動費用	$4,500,000	
減：票務處理成本	250,000	
特殊訂單之變動費用	$4,250,000	
加：機會成本	4,000,000	8,250,000
特殊訂單之營業淨利		$ (750,000)

由上可知，如果真善美航空沒有閒置的飛機，便應該拒絕該筆訂單，因為若接受該訂單會導致 $750,000 的損失。

特殊訂單決策不論在製造業或服務業都會發生，行業雖不同，但所使用的分析方法略同。制定此類決策時，必須仔細分析攸關收入與成本，才能作出正確的決定。除了數量分析之外，還要考慮質方面的因素，例如接受較低價的訂單，可能會引起一般客戶不滿，或許客戶以後也要求按此低價購貨；也可能該特定客戶會將低價購得之產品，轉售予其他客戶，造成公司的損失。

實務應用　品質與創新

華碩電腦股份有限公司創立於 1989 年，自始至終都堅持品質與創新，為全球最大的主機板製造商，並躋身全球前三大消費性筆記型電腦品牌。華碩的品牌基礎來自於公司的四大核心價值：「華碩五德」、「崇本務實」、「精實思維」及「創新惟美」。

此外，華碩更積極布局行動雲端計畫，要為世界創造無限可能。在著重創新與品質之餘，亦投注心力於社會公益、教育文化及綠色環保等方面，以設計體貼人性、感動人心的 3C 科技產品為初衷，持續為消費者帶來更好的體驗價值；並在歐、美、日及臺灣本地等國際環保標章上，領先取得多項肯定與認證。

不斷為消費者及企業用戶提供嶄新的科技解決方案，在「全面品質管理」過程，華碩尤其掌控成本控制與上市時程，盡量提供物美價廉的時尚資訊產品。

資料來源：華碩電腦 http://taiwan.asus.com.tw/

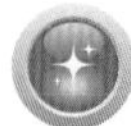

13.3.2 自製或外購

零件自製或外購決策，與前述的特殊訂單決策所考慮的因素相類似，需考慮自身廠房設備之產能水準，以成本與效益為考量基準。在作此類決策時，通常會考慮下列四個項目：

⑴增額成本：係指增加一個項目所發生的額外成本。

⑵差異成本：係指在兩個替代方案的總成本差異。

⑶增額收益：係指增加一個項目所發生的額外收益。

⑷差異收益：係指在兩個替代方案的總收益差異。

何美麗是真善美航空的飛行服務部經理，主管空服員及飛機上旅客的餐飲。本來甜點一直是真善美航空自行製作，但目前面臨是否向好良心食品公司購買甜點的決策。自行製作的攸關成本資料列於表 13.5。何美麗本來傾向於接受這筆交易，因為好良心公司的報價每單位 $40，與目前自製的單位成本 $50 相比，似乎可節省 $10，但是財務長提醒他表 13.5 之成本並非全部具有攸關性，建議重新編製表 13.6。

表13.5　自行製作甜點之成本

變動成本：	
直接原料成本	$12
直接人工成本	8
變動製造費用	8
固定成本（分攤）：	
管理員薪資	8
折　舊	14
單位總成本	$50

如果真善美航空停止生產甜點，則可省下全部的變動成本，但只能省下部分的固定成本，該固定成本的減少是因為少雇用二位管理員。看了財務長的分析，何美麗知道應該自行製作甜點，因為向外購買的單位成本除 $40 外，還要加上不可避免的單位固定成本 $20 (= $50 − $30)，其總數為 $60，比自行製作的單位成本 $50 為高。

表13.6　購買甜點之成本節省

	單位成本	購買甜點可節省的成本
變動成本：		
直接原料成本	$12	$12
直接人工成本	8	8
變動製造費用	8	8
固定成本（分攤）：		
管理員薪資	8	2
折　舊	14	0
單位總成本	$50	$30
不可避免的單位固定成本		$20
購買甜點之單位成本		40
向外購買甜點的單位總成本		$60

固定成本通常分攤至各產品或服務項目以計算單位成本，大體上可區分為可避免和不可避免二部分。在作決策時，要將此二部分劃分清楚，以免引起誤解。**可避免成本** (avoidable cost) 是指經過某項決策方案可以改變其成本發生情況。相對地，**不可避免成本** (unavoidable cost) 是指任何決策方案皆不會影響此項成本的發生情況。一個方案的取捨，主要是看可避免成本，因為不可避免成本是目前已經存在的客觀成本，與新方案選擇決策無關。

 13.3.3　增加或放棄產品線、部門

真善美航空為招攬顧客加入真善美航空俱樂部，其會員可享用機場之餐廳、特別休息室及三溫暖。看了表 13.7 的 8 月份綜合損益表，總裁李佳佳擔心俱樂部並不賺錢，財務長指出即使結束該俱樂部，也不能省去所有的成本。營業副總認為俱樂部可以吸引乘客，否則部分生意可能會被別家航空公司搶去。李總裁要求財務長編製攸關成本之分析表，如表 13.8 所示。該表包括兩部分：第 i 部分只單就真善美航空俱樂部來分析，而忽略其對於一般業務之影響。(a)欄之數字來自表 13.7；(b)欄列出若結束俱樂部仍需發生之成本，稱為「不可避免成本」。相反的，(a)欄與(b)欄的差額則稱作「可避免成本」，表示該俱樂部如果結束後，此部分的成本可節省下來。

表13.7 真善美航空俱樂部 8 月份綜合損益表

收　入		$400,000
減：變動成本：		
食物及飲料	$140,000	
人事費用	80,000	
變動製造費用	50,000	270,000
邊際貢獻		$130,000
減：固定成本：		
折　舊	$ 60,000	
管理員薪資	40,000	
保險費	20,000	
機場規費	10,000	
分攤製造費用	20,000	150,000
淨　損		$ (20,000)

所有的變動費用都是可避免的，而部分固定費用則是無法避免的。表 13.8 中的折舊費用來自於俱樂部專用設備，不能作其他用途且不可變賣。管理員薪資是可避免的，因為若結束俱樂部則不必聘用管理員。保險費是無法退還的，故屬不可避免的成本。最後，分攤之製造費用也是不可避免的，其不會因俱樂部之結束而免於支出。

從表 13.8 第 i 部分的分析結果看來，不應該結束該俱樂部。如果俱樂部停業，則真善美航空將失去邊際貢獻 $130,000，而只節省 $70,000 之可避免成本。也就是說，如果俱樂部繼續營業，$130,000 之俱樂部邊際貢獻足以補足 $70,000 之可避免成本，而產生 $60,000 對不可避免之固定成本的貢獻。

俱樂部之邊際貢獻	$130,000
可避免之邊際成本	(70,000)
對不可避免之固定成本的貢獻	$ 60,000

現在再看看表 13.8 的第 ii 部分，如營業副總所言，俱樂部可吸引許多旅客。財務長估計若結束俱樂部，每個月將使一般業務收入減少 $120,000，此即結束俱樂部的機會成本。

將表 13.8 中第 i 與第 ii 部分合併分析可知，真善美航空若繼續經營俱樂部，則每月可增加 $180,000 (= $60,000 + $120,000) 營業淨利。總而言之，在決定停業之前所考慮的主要因素為下列二項：

(1)若停業則只有節省可避免成本，包括變動和固定二部分成本。

(2)若停業，對一般業務收入有不良影響。

表13.8　真善美航空俱樂部之攸關成本及效益

	(a) 繼續營業	(b) 結束營業	差　額
第 i 部分			
收　入	$ 400,000	$ 0	$400,000
減：變動成本：			
食物及飲料	140,000	0	140,000
人事費用	80,000	0	80,000
變動製造費用	50,000	0	50,000
邊際貢獻	$ 130,000	$ 0	$130,000
減：固定成本：			
折　舊	60,000	40,000	20,000
管理員薪資	40,000	0	40,000
保險費	20,000	20,000	0
機場規費	10,000	0	10,000
分攤製造費用	20,000	20,000	0
營業淨利（淨損）	$ (20,000)	$(80,000)	$ 60,000
第 ii 部分			
若結束俱樂部所引起一般業務收入之減少	$ 120,000	$ 0	$120,000

實務應用　擴大委外代工以降低成本

為了降低成本及加速產品的上市時程，包括索尼、東芝等日系大廠於 2011 年開始售出海外工廠，轉而擴大委外代工比重。而向來以大規模垂直整合著稱的南韓廠商，也改變其生產策略，開始釋出代工訂單，例如 2012 年三星預計釋出完成面板模組、電視機前框組裝訂單，委外代工數量估計有 1,350 萬臺。隨著日、韓大廠逐步釋出代工訂單的趨勢，美國顯示器研究調查機構 DisplaySearch 預估，2012 年全球液晶電視委外代工的比重將會上看 40%。

13.3.4　聯產品繼續加工或出售

在聯合生產過程 (joint production process) 中產出兩種或更多的主要產品，稱為**聯產品** (joint product)。在決定聯產品是否繼續加工或出售時，必須分析每一項方案的成本與效益，茲舉一例予以說明。

一家香水工廠的聯合生產過程同時產出 A 產物與 B 產物各 400 品脫，其在分離點 (split-off point) 的售價分別為每品脫 \$16 及 \$8，聯產品成本 (joint product cost) 則為 \$4,400。該工廠廠長可將 B 產物再加工為 400 品脫的 C 產物，此額外之加工成本為 \$500，而每品脫售價則可成為 \$12，上述諸項之關係可彙總於下：

廠長必須決定是否要將 B 產物加工為 C 產物後才出售。正確的分析方法是比較增額的收入與增額的成本。如果有營業淨利產生，則可繼續加工，否則不值得加工。如下面的分析，可將 B 產物加工到 C 產物。

C 產物的增額收入 ($12 − $8) × 400 品脫	$1,600
B 產物加工為 C 產物之增額成本	500
增額淨利	$1,100

另一個分析方法如下：

C 成本：產物之收入 $12 × 400 品脫		$4,800
加工成本	$ 500	
放棄出售 B 產物之機會成本	3,200	3,700
將 B 產物加工至 C 產物之增額淨利		$1,100

就聯產品成本的分攤而言，以數量為基礎的傳統聯產品成本分攤方式，很可能會造成產品成本扭曲問題，除非產品之間性質類似。如上例中，將聯產品成本 $4,400 依產量來分攤到 A 產物與 B 產物：

產物	品脫數	權重比例		聯產品成本		分攤數
A	400	400 ÷ 800	×	$4,400	=	$2,200
B	400	400 ÷ 800	×	$4,400	=	$2,200
	800					$4,400

如果管理者決定生產 A 產物和 C 產物，綜合損益表會因上面的聯產品成本分攤而有下面的結果：

	A 產物		C 產物	
銷貨收入		$ 6,400		$ 4,800
銷貨成本：				
分攤的聯產品成本	$(2,200)		$(2,200)	
加工成本	0		(500)	
總銷貨成本		(2,200)		(2,700)
銷貨毛利		$ 4,200		$ 2,100

看來將 B 產物加工至 C 產物才出售，有 $2,100 的毛利，因此值得將 B 產物加工成 C 產物。做短期決策時，只要增額收入超過增額成本及機會成本，就可加工後再出售。所以該香水廠仍可將 B 產物加工到 C 產物才出售。

13.3.5 制定決策之其他問題

在上面的各個釋例中，都已將問題單純化，假設管理當局會依據所有的攸關資料，制定對公司最有利的決策。但是，實際情況可能並非如此，會有例外的情形產生，這也是本小節所要討論的主題。

在本章前面的分析中，都假設所有的攸關資料是正確的；實際上，資料的正確程度會隨情況而不同。通常可以用**敏感度分析** (sensitivity analysis) 來處理不確定的狀況。此項分析運用於當一項重要預估或假設改變時，分析其改變對結果有何影響的技術。

假設芳和公司要決定如何使用剩餘的 200 機器小時，由表 13.9 可知，X 產品每機器小時的邊際貢獻較 Y 產品高。若不完全確定 X 產品之邊際貢獻，則可利用敏感度分析來測試該決策對不確定參數的敏感性。如表 13.9 所示，X 產品的單位邊際貢獻在降為 $8 之前，不會更改決策結果，因為在 $8 之前，生產 X 之邊際貢獻仍高於 Y。也就是說，只要 X 產品的單位邊際貢獻超過 $8，則 200 機器小時都應作為生產 X 產品之用。

敏感度分析可幫助管理會計人員了解在分析中，哪些參數最需要估計準確。由表 13.9，管理會計人員可得知，即使 X 產品的單位邊際貢獻比預估數減少 $2 (= $10 – $8)，仍不至於影響決策。

另一個處理不確定的方法是**期望值** (expected value)。一個隨機變數的期望值等於所有可能值乘以相對應之機率後再予以加總。假設原先例子中的資料改為如表 13.10 所示，決策將會隨著各產品單位邊際貢獻的期望值而定。

表13.9 敏感度分析

原始分析		
	X 產品	Y 產品
(a)預測之單位邊際貢獻	$10	$20
(b)每單位所需機器小時	0.04	0.1
(a) / (b)每機器小時之邊際貢獻	$250	$200
敏感度分析		
(c)敏感度分析所假設之單位邊際貢獻	$8	
(d)每單位所需機器小時	0.04	
(c) / (d)每機器小時之邊際貢獻	$200 ←	

表13.10　期望值之利用

X 產品			Y 產品	
邊際貢獻之可能值	機　率		邊際貢獻之可能值	機　率
$ 7.5	0.5		$15.0	0.3
$12.5	0.5		$20.0	0.4
			$25.0	0.3

期望值

X 產品：(0.5)($7.5) + (0.5)($12.5) = $10

Y 產品：(0.3)($15.0) + (0.4)($20.0) + (0.3)($25.0) = $20

每單位所需機器小時

X 產品：0.04

Y 產品：0.1

每機器小時期望之邊際貢獻

X 產品：$250

Y 產品：$200

期望值計算在統計學上已發展出許多其他處理的方法，於統計與決策理論之課程中可討論，本書不擬詳細討論。

在制定任何企業決策時，確認攸關成本與效益是極重要的一項步驟。然而，分析人員常忽略攸關資料或是錯誤地考慮非攸關資料，以下將概要說明幾點制定決策時易犯的錯誤。

1. 把沉沒成本納入決策分析中

沉沒成本的發生，是因為過去決策的結果所造成，不會受到現在或未來決策的影響。沉沒成本與未來的交易無關，應視為非攸關成本。

2. 將固定成本單位化

為了計算產品的單位成本，將固定成本分攤至各個產品上。如此的作法使固定成本和變動成本一樣用來計算單位成本，容易誤導決策。在作決策分析時，應把固定成本作總體的衡量，而不作硬性的分攤。

3. 固定成本的歸屬

在決定結束某部門營運時，必須確定有哪些成本是可避免的。當結束該部門後，該部門的不可避免之固定成本，是否應該歸屬到其他部門，會計人員要有適當的會計處理。

4. 機會成本的忽略

一般人傾向於忽略機會成本，或視其重要性次於實際支出成本。事實上，機會成本與任何其他攸關成本同樣重要，不可忽略。

13.4 銷貨毛利的分析

當一個營業單位或整個公司的營業結果未達到預期目標時，其單位的負責主管將極欲了解引起該不利差異的主要原因。為達到充分了解之目的，則需將營業結果之組成項目予以劃分，對各個項目加以分析與調查。至於劃分的詳細與否，則需視個別公司的需要，並且符合成本與效益分析 (cost-benefit analysis)。一般而言，營業淨利通常受到銷貨收入、銷貨成本、銷貨毛利以及營業費用等項目的影響。

13.4.1 銷貨毛利的差異分析

用來解釋銷貨收入與銷貨成本發生變動原因的方法 ， 稱之為**銷貨毛利分析 (gross profit analysis)**。銷貨毛利 (gross profit or gross margin) 係銷貨收入減去銷貨成本後之餘額，銷貨毛利的變動直接影響營業淨利之多寡，故對銷貨毛利的變動需詳加分析。引起銷貨毛利發生變化的主要原因包括銷售價格、銷售數量、銷售組合及成本要素(如直接原料成本、直接人工成本及製造費用)等因素的變動，如圖 13.2。

在圖 13.2 上所列的各項差異因素並非相互獨立，有時彼此往往相互影響，其中一種因素改變可能導致其他因素發生變動，例如當產品售價提高時，將可能導致銷售數量減少。長期性銷量減少，使產量也同樣下降，會造成單位固定成本提高，其對毛利之影響，則需視售價、成本與數量的變動程度而定。以下將逐一討論毛利差異的組成因素。

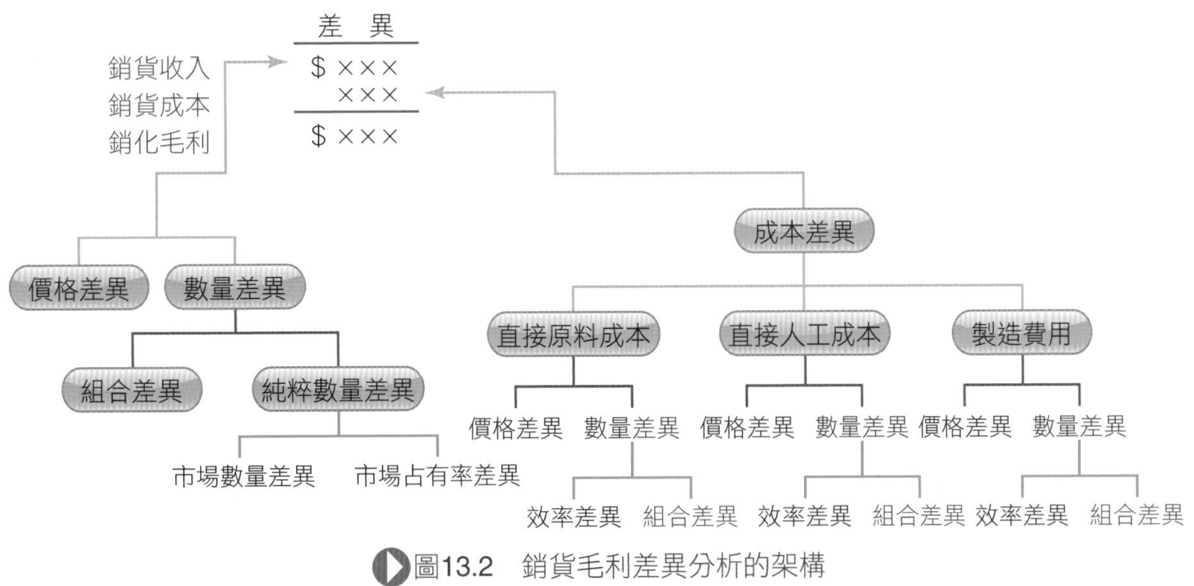

圖13.2　銷貨毛利差異分析的架構

為簡化起見，以單一產品為例，來說明銷貨毛利分析。宏泰公司係一電子產品製造商，假設其僅產銷單一型式的電子產品，其 2018 年度的相關資料如下：

	實際數	預算數	差異數	
銷售數量	36,000	24,000	12,000	
銷貨收入	$576,000	$480,000	$ 96,000	有利
銷貨成本	468,000	288,000	180,000	（不利）
銷貨毛利	$108,000	$192,000	$ 84,000	（不利）
銷售單價	$16	$20		
單位成本	$13	$12		
單位毛利	$3	$8		

1. **銷售價格差異**

銷售價格差異 (sales price variance) 係由於實際銷售單價與預計銷售單價不同所產生，其計算公式為實際銷售單價減預計銷售單價再乘上實際銷售數量。故宏泰公司之銷售價格差異即為不利差異 $144,000（= ($16 − $20) × 36,000）。換言之，由於銷售價格的降低，使得銷售毛利減少 $144,000。

2. **成本差異**

成本差異 (cost variance) 係由於單位成本增加或減少而導致銷貨毛利發生變動，其計算方式為實際單位成本減預計單位成本再乘上實際銷售數量。在本例中，其成本差異即為不利差異 \$36,000 (= (\$13 − \$12) × 36,000)。此不利的成本差異，顯示管理人員對於直接原料、直接人工、製造費用之控制不當。

3. **銷售數量差異**

銷售數量差異 (sales volume variance) 係由於實際銷售數量與預計銷售數量不同而導致之銷貨毛利所發生的變動，其計算方式為實際銷售數量減預計銷售數量乘上預計單位毛利。以本例而言，銷售數量差異為有利差異 \$96,000 [= (36,000 − 24,000) × \$8]，此有利差異是由於實際銷售數量較高所產生。

若將銷售數量差異與銷售價格差異相比較，可發現銷售價格降低雖使得銷售數量因而增加，但前者所減少的銷貨毛利卻大於後者所增加的銷貨毛利，由管理者的立場來看，此一降價促銷的策略並不適當。

根據上面的分析，可知銷貨毛利減少 \$84,000，係由於銷售價格的不利差異 \$144,000，不利的成本差異 \$36,000，以及銷售數量的有利差異 \$96,000 所組成。

茲將差異彙總如下：

銷售價格差異	\$ 144,000	（不利）
成本差異	36,000	（不利）
銷售數量差異	(96,000)	有利
	\$ 84,000	（不利）

本章彙總

每日的營運過程中，管理者都會面臨設備購買、製造方式、產品組合及產品訂價等類型決策。在這些決策過程中，會計人員所扮演的角色，是提供決策制定者相關資訊，協助提升決策品質。因此，會計人員必須對攸關成本與效益的觀念，以及特殊決策之分析方法有正確的了解，才能提供出正確且攸關的資訊。

攸關性決策歸類為短期性決策，即其影響的時效不超過一年。事實上，許多特殊決策都會對企業的經營有著長期影響，例如特殊訂單之訂價可能會引起市場價格的變動；增加或放棄某一產品線，會對其他產品產生影響，甚至會造成牽一髮而動全身的反應。因此，不應把眼光完全投注於短期效益，而忽略了各項決策對長期營運的影響。

將有限的資源發揮最大的效益，或是以最少的成本達到既定的目標，可說是企業所追求的淨利最大化和成本最小化目標。任何組織的管理者皆希望能有效率地利用資源，同時又可達到組織所定的終極目標。因此，管理者面臨資源分配決策時，需要應用與決策相關的會計資訊來作增量分析，並將因執行決策所得的增量收入與所支出的增量成本相比較，選擇的方案要達到預期的效益才能被接受。

銷貨毛利分析可細分為銷售價格差異、成本差異、銷售組合差異及純粹銷售數量差異，且常被用來解釋銷貨毛利發生變動的原因。邊際貢獻差異分析的公式和銷貨毛利分析類似，只是邊際貢獻分析將成本細分為固定和變動兩大類，更有助於管理者判斷，以及作為增減獲利能力決策的依據。

關鍵詞

程式化問題 (programmed problem)
非程式化問題 (non-programmed problem)
沉沒成本 (sunk cost)
機會成本 (opportunity cost)
成本加成訂價法 (cost-plus pricing techniques)
目標成本法 (target costing)
可避免成本 (avoidable cost)
不可避免成本 (unavoidable cost)
聯產品 (joint product)
敏感度分析 (sensitivity analysis)
期望值 (expected value)
銷貨毛利分析 (gross profit analysis)
銷售價格差異 (sales price variance)
成本差異 (cost variance)
銷售數量差異 (sales volume variance)

作　業

一、選擇題

(　) 1. 針對短期性的決策，下列何者是正確的？ (A)不將固定成本分攤至各個產品 (B)將沉沒成本考慮於決策分析中 (C)不需要考慮機會成本 (D)將停止營運部門之不可避免固定成本，歸屬到適當的部門。

(　) 2. 企業在制定決策時，下列敘述何者最為正確？ (A)因為固定成本在各種方案中都一樣，所以是一種沉沒成本 (B)一成本在某一方案中是攸關的，在另一方案中則不一定攸關 (C)可免成本就是在一決策中可刪除全部或部分的沉沒成本 (D)一設備在報表上之帳面價值，在考慮該設備是否應汰換之政策，是一項攸關資訊。【102 年地特】

(　) 3. 甲公司產能為 30,000 人工小時，每期產銷單一產品 9,000 單位。該產品之單位成本為直接材料 $2，直接人工 $1.5（每人工小時 $0.5），變動製造費用 $0.8，固定製造費用 $0.6，變動銷管費用 $0.2，固定銷管費用 $0.4。若公司接獲不影響正常客戶且無銷管費用之 1,000 單位特殊訂單，則接受此特殊訂單之每單位機會成本為： (A) $5.5 (B) $4.5 (C) $4.3 (D) $0。【101 年高考】

(　) 4. 在數家廠商競標的情況下，公司若要做訂價決策，最好是採： (A)特殊訂單訂價決策 (B)目標報酬率訂價決策 (C)成本加價訂價決策 (D)投標訂價決策。

(　) 5. 大新公司乙產品之需求函數為：Q=150−P，其總成本函數為：100+2Q，其中 Q 代表產量，P 代表單位售價。若該公司欲獲取最大淨利，則該產品之單位售價應訂為多少元？ (A) 60 元 (B) 76 元 (C) 70 元 (D) 65 元。【103 年高考】

(　) 6. 成本基礎的訂價方法中，最後才決定的是： (A)目標淨利 (B)製造成本 (C)銷售價格 (D)裁決性固定成本。【101 年普考】

(　) 7. 丙公司是手錶製造商，該公司的訂價策略向來都是以產品的全部成本加成 25% 來決定售價。該公司有一款電子式手錶，售價為 $2,500，每單位標準成本如下：

變動製造成本 $950　已分攤固定製造成本 $400

變動銷管費用 $300　已分攤固定銷管費用？

丙公司每支手錶分攤之固定銷管費用為何？ (A) $0 (B) $350 (C) $650 (D) $750。

【106 年會計師】

(　) 8. 海角公司產銷涼鞋，每雙售價為 $100、變動製造成本 $45、變動行銷費用 $10，已分攤固定製造成本為 $15。目前有閒置產能 30,000 雙，今接到 20,000 雙涼鞋之一次性訂單，每雙報價 $60，此訂單並不會影響目前正常之銷量。若接受此訂單無需增加任何行銷費用。試問接受此訂單，公司利潤將增加多少？ (A) $0 (B) $100,000 (C) $300,000 (D) $450,000。【105 年會計師】

(　) 9. 在接受特殊訂單之決策中，下列何者屬非攸關成本？ (A)接受特殊訂單所需額外投入

之固定成本　(B)接受特殊訂單所需額外投入之變動成本　(C)無論接受特殊訂單與否都無法免除之固定成本　(D)接受特殊訂單可免除之固定成本。【106 年高考】

(　) 10.當公司決定裁撤某部門時，下列那一項並非攸關成本？　(A)可被消除的固定管理成本　(B)每銷售一單位的變動行銷成本　(C)變動的銷貨成本　(D)將持續發生的未來管理成本。【104 年普考】

(　) 11.自製的攸關成本與外購的攸關成本兩者的比較是為了做何種決策？　(A)為所製的產品訂價　(B)決定是否增加新產品線或刪掉舊產品線　(C)自製或外購決策　(D)找出總攸關成本。

(　) 12.甲公司考慮是否將其目前亞洲工廠製造之 Y 零件委外製造，該決策之攸關成本最不可能為：　(A) Y 零件委外製造後節省之機器維修成本　(B)目前由亞洲工廠製造 Y 零件之原料成本　(C)目前亞洲工廠專門製造 Y 零件且無處分殘值之機器成本　(D) Y 零件委外製造後可停止支付亞洲工廠廠長之固定薪資。【103 年普考】

(　) 13.某公司產品單位成本資料如下：變動製造成本 $600；已分攤固定製造成本 $300；變動銷管費用 $200；已分攤固定銷管費用 $100。若該公司採全部製造成本加成訂價，擬將產品以 $1,500 出售，則加成比率為何？　(A) 0.25　(B) 0.364　(C) 0.667　(D) 0.875。【104 年高考】

(　) 14.某餐廳為搭配套餐，過去都是以每份 $25 向外購買水果冰淇淋，每月購買 6,000 份，由於供應商打算在下個月漲價至每份 $40，餐廳考慮自行製造。若自行製造，每份水果冰淇淋需投入之變動成本為 $26，並增加固定成本每月 $24,000。若餐廳下個月自行製造水果冰淇淋，而非向外購買，則對該月成本的影響為何？　(A)減少 $60,000　(B)減少 $84,000　(C)增加 $6,000　(D)增加 $30,000。【105 年普考】

(　) 15.大力士公司在海外設廠生產聯產品；其中一項稱為 Strong 的產品計有 100 單位，可在分離點立即出售，亦可選擇繼續加工後變成一種酒精飲料，以售價 $120 賣出，但須同時支付飲料售價的 20% 作為菸酒稅。分攤到 Strong 之聯合成本為 $2,000，已知繼續加工所需成本為 $1,600。試問：Strong 產品在分離點訂定售價為多少時，將使繼續加工與不加工在利潤上並無差異？　(A) $120　(B) $100　(C) $90　(D) $80。【105 年會計師】

(　) 16.對於聯產品逕行出售或繼續加工再行出售決策，下列敘述何者錯誤？①決策者應小心選擇聯合成本之分攤方法，因為分攤成本之多寡將影響決策②聯合成本係沈沒成本，不應影響決策③當繼續加工後之增額收入大於增額成本時，選擇繼續加工方案將增加公司淨利④由於質性因素不易量化，故決策者不須考慮　(A)①④　(B)②③　(C)①③④　(D)②③④。【104 年高考】

( ) 17.甲公司計畫將某一個部門結束營業，這個部門的邊際貢獻為 $28,000，其固定成本為 $55,000。而這些固定成本，其中有 $21,000 是屬於不可免除的。試問，此部門結束營業將使得甲公司的營業損益如何？ (A)減少 $6,000 (B)增加 $6,000 (C)減少 $27,000 (D)增加 $27,000。【106 年會計師】

( ) 18.某公司正考慮是否裁撤某一產品線，該產品線的成本除了變動成本外，尚包括所分攤而來的固定成本。一旦決定裁撤，則目前被分攤到該產品線的固定成本將會轉分攤至其他產品線。若該產品線確認停工，則下列敘述何者正確？ (A)公司的固定成本總額將會增加 (B)該停工產品線的固定成本金額必然免除 (C)該停工產品線的邊際貢獻消失，公司整體淨利隨之減少 (D)公司整體固定成本減少的金額即為該停工產品線的固定成本金額。【105 年普考】

( ) 19.下列何者為聯產品在分離點直接出售或繼續加工之決策準則？ (A)繼續加工之總收入大於直接出售之總收入時，應選擇繼續加工 (B)繼續加工之增額收入大於繼續加工所增加之變動成本時，應選擇繼續加工 (C)繼續加工之增額收入大於繼續加工之增額成本時，應選擇繼續加工 (D)分離點後的可免固定成本大於直接出售之總收入，應選擇直接出售。【106 年普考】

( ) 20. A 部門目前虧損 $24,000，其中成本包含分攤共同成本 $46,000，若結束 A 部門，共同成本可節省 $21,000，試問結束 A 部門將使全公司淨利增（減）若干？ (A)減少 $1,000 (B)增加 $1,000 (C)減少 $3,000 (D)增加 $3,000。【101 年普考】

( ) 21.引起銷貨毛利發生變化的主要原因不包括： (A)銷售數量的變動 (B)銷售方式的改變 (C)銷售組合的變動 (D)銷售價格的改變。

( ) 22.某公司的甲產品生產線經歷虧損後，該公司面臨是否裁撤甲產品生產線的決策。本季甲產品的相關財務資料如下所示：銷貨收入 $1,200,000、直接材料 $600,000、直接人工 $240,000、製造費用 $400,000。製造費用中 70% 為變動部分，30% 為製造甲產品之特殊設備的折舊，該設備無其他用途，亦無轉售價值。若本季裁撤甲產品的生產線，則該公司整體營業利潤將有何改變 ？ (A)營業利潤增加 $40,000 (B)營業利潤減少 $40,000 (C)營業利潤減少 $80,000 (D)營業利潤增加 $120,000。【106 年普考】

( ) 23.下列敘述中，何者錯誤？①當某產品的實際銷售組合比例較預計銷售組合比例低時，則該產品將產生不利的銷售組合差異 (sales-mix variance) ②當獲利性較低之產品的實際銷售比例較預計銷售比例低時，公司整體將會產生不利的銷售組合差異③當經濟景氣好轉時，可能產生有利的市場規模差異 (market-size variance) ④公司管理者應對不利的市場規模差異負責 (A)②③ (B)①④ (C)②④ (D)①②④。【105 年會計師】

(　) 24.丁公司 5 月份銷售產品 T 之有關資料如下：

	預計資料	實際資料
銷貨單位	150,000 單位	155,200 單位
銷貨收入	$817,500	$838,000
變動成本	$525,000	$551,000

該產品於 5 月份，整體市場之預計銷售數量為 500,000 單位，整體市場之實際銷售數量為 485,000 單位，則 5 月份以邊際貢獻計算之：(A)市場占有率差異為 $18,915 有利；市場規模差異為 $8,775 不利 (B)市場占有率差異為 $19,500 有利；市場規模差異為 $8,775 不利 (C)市場占有率差異為 $18,915 有利；市場規模差異為 $9,360 不利 (D)市場占有率差異為 $8,775 有利；市場規模差異為 $18,915 不利。【103 年高考】

(　) 25.丁公司 X8 年預計及實際銷貨資料如下：

	產品甲		產品乙	
	預計	實際	預計	實際
銷售單位	30,000	42,500	15,000	17,500
單位毛利	$40	$42	$20	$18

該公司 X8 年之銷貨組合差異為：(A)甲 $500,000（有利），乙 $450,000（有利） (B)甲 $100,000（有利），乙 $50,000（不利） (C)甲 $85,000（有利），乙 $35,000（不利） (D)甲 $400,000（有利），乙 $100,000（有利）。【102 年高考】

(　) 26.在進行銷貨毛利差異分析時，下列何者將使多種產品之銷售組合存在有利的銷售組合差異？(A)實際銷售價格較預計銷售價格提高 (B)實際銷貨成本較預計銷貨成本增加 (C)毛利較低產品之銷售比例較預計比例降低 (D)所有產品實際總銷售量較預計銷售量增加。【104 年高考】

(　) 27.管理者在分析利潤差異時，經常分解為諸多差異，下列關於差異間關係之敘述，何者錯誤？(A)銷貨收入總差異可區分為銷售價格差異與銷售數量差異 (B)銷貨毛利價格差異可區分為銷售價格差異與生產成本差異 (C)邊際貢獻總差異可區分為變動成本差異與固定成本差異 (D)銷售數量差異可區分為銷售組合差異與純銷售數量差異。【106 年普考】

二、練習題

E13–1　羅盛公司於二年前以 $360,000 購入一部機器，採直線法提列折舊，估計可使用十二年，無殘值。現有一種自動控制機器可取代上述機器，其成本 $450,000，但每年可節省製造成本 $60,000，估計可使用十年，無殘值，而原機器僅可出售 $120,000，該公司經理曾提出下列分析表：

新機器可節省成本：($60,000 × 10)		$600,000
新機器成本：		
購　價	$450,000	
舊機器出售損失	180,000	630,000
購置新機器之損失		$ (30,000)
舊機器每年製造成本		$162,000

該公司經理因此認為不宜更換機器。(購買新機器或繼續使用舊機器，其每年銷售額均為 $300,000，銷售及管理費用每年為 $50,000)

試作：

1. 評論該公司經理所提出之分析表。
2. 試按不更新及更新機器情況下編製十年彙總綜合損益表。
3. 應用攸關成本觀念分析是否更新。

E13–2　下列是關於揚清公司最高級的割草機成本資料：

變動製造費用	$375
已分配固定製造費用	75
變動管銷費用	90
分攤固定管銷費用	?

為了達到每臺割草機的目標價格 $900，加成百分比為總單位成本的 25%。

試作：

1. 分攤至揚清最高級的割草機之每單位固定管銷費用為何？
2. 以下面各項成本為基礎，導出每臺割草機目標價格 $900 之成本加價訂價算式：(1)變動製造費用；(2)製造費用；(3)總變動成本。

E13–3　愛華公司 2018 年出售 20,000 個手機套之相關資訊如下：

銷售金額	$500,000
變動製造成本	200,000
固定製造成本	120,000
變動行銷成本	50,000
固定行銷成本	30,000

愛華公司預期 2019 年之營運結果大致與 2018 年相類似。在 2019 年期間，一個新客戶突然向愛華公司提出以每個 $15，共 5,000 個手機套之訂單以供銷貨到國外。該新客戶之訂單並不會影響愛華公司國內客戶，因此無需任何變動行銷成本。愛華公司擬接受此一訂單。

試問：

1. 若愛華公司有多餘產能，該公司營業利益之變動金額為何？
2. 若愛華公司無多餘產能，該公司營業利益之變動金額為何？

E13–4　歌林公司自製兩種主要的產品，以下是該公司自行生產的成本：

	產品 P	產品 X
直接材料	$ 20	$400
直接人工	50	235
製造費用	200	100
每單位標準成本	$270	$735
每年需求單位數	6,000	8,000
每單位機器小時	4 小時	2 小時
外購單位成本	$250	$750

製造費用的分攤方式為每機器小時 $50，其中 60% 乃分攤固定製造費用；不論該公司是否自製，固定製造費用均不會改變。然而今年由於閒置之機器小時僅剩 30,000 小時，產能不足以自製所需的全部產品，故公司必須考慮該向外界購買何種產品，方能達成最高成本的目標。

試作：

1. 計算歌林公司在考慮自製或外購時，所需考慮的攸關成本。
2. 根據該公司今年的閒置機器小時，計算產品 P 及產品 X 所應自製的單位數。

E13–5　雙城公司的會計人員提供兩條產品線的綜合損益表，列示於下：

	產品線 A	產品線 B	合　計
銷貨收入	$ 300,000	$ 450,000	$ 750,000
變動製造費用	(120,000)	(225,000)	(345,000)
固定製造費用	(135,000)	(105,000)	(240,000)
一般固定管理費用	(60,000)	(90,000)	(150,000)
本期淨利	$ (15,000)	$ 30,000	$ 15,000

如果放棄一條產品線，所有關於該產品線的固定製造費用可以完全避免；一般固定管理費用則不會因產品線的放棄而有所改變，其分攤基礎為銷貨金額。

試作：

1. 若放棄產品線 A，則雙城公司的淨利增加或減少多少金額？
2. 若放棄產品線 B，則該公司的淨利增加或減少多少金額？

E13–6　華慶公司由聯合生產過程製造出三種產品 X、Y 和 Z，每種產品可於分離點出售或再加工後銷售，並且進一步加工並不需要特殊設備。再加工的製造費用均屬變動，而且可歸屬至產品上。在 2018 年時，三種產品均於分離點後再加工，聯合產品成本為 $80,000，為評估華慶公司 2018 年度生產政策，各產品的銷售價值與成本資料如下：

	產　品		
	X	Y	Z
生產量	6,000	4,000	2,000
分離點的銷售價值	$24,000	$37,000	$22,000
如果再加工的銷售價值和增額成本：			
銷售價值	$40,000	$41,000	$33,000
增額成本	9,000	7,000	8,000

試作：為了使淨利最大化，華慶公司應再加工哪種產品？

E13–7　勝利超商出售麵包，每個售價 $10，成本 $7，當日無法銷售的即予以丟棄。根據多年來的統計資料，該超商銷售麵包之機率如下：

每天銷售量	機　率
200 個	10%
400 個	50%
600 個	40%

試作：

1. 計算該超商訂購 200 個、400 個及 600 個麵包之期望值。
2. 就長期而言，該超商訂購幾個麵包最為有利？

E13–8　大馬公司提供下列綜合損益表來表達公司唯一產品的預計與實際邊際貢獻：

	預計數	實際數
銷售數量	5,600	5,500
銷售金額	$532,000	$517,000
變動成本	308,000	269,500
邊際貢獻	$224,000	$247,500

試作：計算銷售價格差異、銷售數量差異及變動成本差異。

14 資本預算決策

學習目標

1. 辨別資本預算決策種類
2. 認識現金流量和貨幣的時間價值
3. 討論投資方案的評估方法
4. 考量投資計畫的風險
5. 分析資本預算的其他考量

投資重視高效能

創見資訊成立於 1988 年，總部設於臺灣，如今已成為全球消費性電子與工業用產品領導廠商 。 創見秉持高品質的產品理念，擁有專業的研發、生產、業務與行銷團隊，並以客戶為中心，提供最專業的客戶服務。

根據市場的需求預測 ，訂定需求計畫 ，進行計畫性生產 ，以及建立機動彈性的接單後生產制度 (Build to Order, BTO)。即使需要生產兩千多種產品，創見也能完善控管產品庫存量，及時回應客戶端的需求。此外，創見以精細的工藝技術提供隨身碟商標印製與預載內容等一系列客製化服務，為企業打造專屬的隨身碟。創見廠房設備的投資，非常重視高效能，所有工業用產品採百分之百實機測試，以保證產品最高的穩定性和可靠性 。創見共有 16 條高速 SMT 產線生產製造，以最高規格設備和超越業界的產能，滿足工業應用產品客製化和彈性生產的需求。為確保品質的穩定性，創見建構完整的生產測試系統，從產品開發到量產階段，皆須通過嚴謹品質管制測試計畫。

創見資訊股份有限公司 http://tw.transcend-info.com

引言 introduction

成功的企業永續經營，必須要有全方位的長期規劃，善用有限的資源來發揮最大的效益，進而達到利害關係人所期待的目標。這項規劃工作可由資本預算決策來達成，例如建造新的廠房、機器設備的淘汰換新、生產線的增設或新產品的研究與開發等等，這些決策與公司的永續經營有密切關係。

管理當局應在完成適當的資本預算決策之前，盡量蒐集各方面的資訊，以決定資源有效分配。本章討論資本預算決策的種類、現金流量、貨幣的時間價值、五種比較常用的資本預算評估方法；並且考慮投資計畫的風險分析。

章節架構圖

資本預算決策

- 資本預算決策
  - 資本預算決策
  - 資本分配決策
- 現金流量與貨幣的時間價值
  - 現金流量
  - 貨幣的時間價值
- 投資方案的評估方法
  - 還本期間法
  - 會計報酬率法
  - 淨現值法
  - 內部報酬率法
  - 淨現值率法
  - 所得稅的影響
- 投資計畫的風險考量
  - 投資計畫的再評估
  - 投資計畫風險的衡量技術
- 資本預算的其他考量
  - 通貨膨脹的影響
  - 策略性價值
  - 放棄價值

14.1 資本預算決策

在日常營運下，企業的支出可依其受益期間的長短，區分為**收益支出** (revenue expenditure) 和**資本支出** (capital expenditure) 二大類。前者屬於經常性支出，例如水電費、廣告費等，費用的支付與受益的時間，皆發生在同一會計年度。一般而言，收益支出為短期性費用，對企業的營運較無長久性的影響，也可稱為營業支出。相對的，資本支出為長期性且不經常發生的支出，例如新廠房的設置成本、機器設備的購買成本等，這些成本的效益會延伸到以後的會計年度。此項支出一般是與長期資產的購買有關，因此支付的金額通常較大，一旦決定資本支出，管理者不易變更其決定。因此，管理者在作長期投資決策時，為使企業未來保持良好的經營狀態和營利能力，必須審慎地評估該項投資計畫的可行性。

依據國際會計準則第 16 號 (IAS16)「不動產、廠房及設備」規定，不動產、廠房及設備係指同時符合下列條件之有形項目：(1)用於商品或勞務之生產或提供、出租予他人或供管理目的而持有；及(2)預期使用期間超過一年。此外，符合資產之不動產、廠房及設備項目之認列條件，為該資產的成本可以客觀衡量，且未來可能從該資產得到經濟效益。不動產、廠房及設備項目得以歷史成本減去累計折舊費用與任何累計減損損失來衡量，即所謂的「成本模式」；或是以重估成本減去累計折舊費用與後續的累計減損損失來衡量，即所謂的「重估模式」。

14.1.1 資本預算決策

資本預算 (capital budgeting) 是指評估資本支出的過程，以數量性方法來衡量資本投資的成本與效益。對企業而言，資本預算決策的主要目標，是選擇適當的投資標的物，以增加企業的價值，並提升公司整體的投資報酬率。例如梧提公司考慮是否要投資於整廠自動化的大型計畫，此項支出成本龐大，如果投資成功，公司的產能增加、品質提高、成本降低，對公司的獲利能力有長期的正面影響；相反的，如果投資失敗，公司可能會面臨倒閉的危機。由此看來，資本預算決策的成敗，對企業的生存成長有著關鍵性的影響，所以公司決策者必須要以客觀且周全的方法，來完成資本預算決策分析。

如果企業的投資決策，其現金的流出與流入期間超過一年以上，可稱為資本預算決策。依性質的不同，管理者所面臨的資本預算決策，可分為兩大類：

⑴接受或拒絕決策。

⑵資本分配決策。

第一種決策所發生的情況，是當所需的資金已足夠或預期可得到，管理者要決定是否接受某一特定的資本投資計畫，其決策準則是該計畫的預期效益要超過公司既定盈利目標。例如，玉峰公司主管考慮是否要更換公司陳舊的機器，此時主管所關心的是使用新機器的營運成本與購置成本，是否低於現有舊機器之營運成本。在維持相同品質水準之下，如果能達到降低營運成本的目標，新機器才值得購買。至於資本分配決策是指如何把有限的資源，適當的分配到各項投資計畫，使企業整體效益提升。

實務應用 營運據點全球布局

光寶集團成立於 1975 年，由生產發光二極管 (LED) 起家，為臺灣第一家掛牌上市的電子公司。目前與台達 (Delta)、Emerson 為全球三大電源供應器廠商，亦是許多世界第一線知名品牌（Philips、Sony、Lenovo、HP、Dell、GE、BMW 等）的合作夥伴。集團具備深厚的研發能力，擁有將近 2,500 個專利，產品多元，包含：光驅、固態硬盤、電源供應器、高功能伺服電源、車用電子、電動車充設備、LED 照明設備及光耦合器、網通設備及模塊、相機模塊、手機與計算機機殼等。

光寶科技展望自動化技術的未來發展，終將跳脫單純工業應用，透過導入傳統工業元素至新興智能領域，成為與人們生活息息相關的一環。為此，光寶科技工業自動化事業部積極投入研發更加符合人們需求的產品與解決方案，逐步縮小相關技術與日常生活的藩籬，實現智能生活的願景。

參考資料：光寶集團 http://www.liteon-ia.com/TW/index.php

14.1.2　資本分配決策

由於企業的資金有限，管理階層必須要有詳盡的資金規劃，使其發揮最大的效用。所謂**資本分配決策** (capital rationing decision) 是指管理者同時面臨多項投資計畫，每一項計畫的淨現值皆為正數。由於資金有限無法執行全部投資計畫，而只能從中挑選較好者進行投資。

當進行資本分配決策時，管理者的投資準則是：「找出一組投資計畫組合，該組合內各計畫的投資總額不超過現有資金，而總淨現值為各種組合中最高者。」在作資本分配決策之前，管理者可先找出所有可行的投資方案，並且分別計算其淨現值，將淨現值為正值者列為可考慮投資的方案。

假設勝利公司為一家體育用品批發商，正在考慮增設幾家零售店，以增加其銷售量，其目前可運用的資金為 $420,000,000。經過該公司市場調查部的分析，提出了五個可行方案，在各個不同地區設立零售商，各項方案所需的投資總額和所得的淨現值列於表 14.1。

由表 14.1 中得知每一項投資方案的淨現值都為正數，皆為可接受的方案。如果勝利公司五個方案都採行，總共需要資金 $660,000,000，超過了該公司目前可運用的資金 $420,000,000。因此，管理者只能從其中挑選出幾項方案，在有限的資金範圍內，找出投資組合的最高總淨現值者。由表 14.2 看來，投資方案「A、C、E」的組合，所需的投資總額為 $420,000,000，但其總淨現值 $39,000,000，並不是最高者。相對的，投資方案「C、D、E」的組合，所得的總淨現值 $40,000,000 為各種組合中最高者，其所需的投資總額 $380,000,000，低於勝利公司的投資限額。因此，勝利公司的管理者可採用 C、D、E 此方案的投資組合。

表14.1　可行投資方案分析

勝利公司		
投資方案	投資總額	淨現值
A	$200,000,000	$16,000,000
B	80,000,000	8,000,000
C	120,000,000	14,000,000
D	160,000,000	17,000,000
E	100,000,000	9,000,000

表14.2 投資組合分析

勝利公司		
投資組合	投資總額	總淨現值
A、B、C	$400,000,000	$38,000,000
A、B、E	380,000,000	33,000,000
A、C、E	420,000,000	39,000,000
B、C、D	360,000,000	39,000,000
B、C、E	300,000,000	31,000,000
B、D、E	340,000,000	34,000,000
C、D、E	380,000,000	40,000,000

14.2 現金流量與貨幣的時間價值

由於長期投資計畫所涉及的期間較長，有必要考慮現金流量的意義，以及明白貨幣的時間價值。

14.2.1 現金流量

資本預算方法需要使用現金流量的資訊，來評估投資計畫的成效。對每一項投資計畫，決策者要了解其現金流出量與現金流入量所涵蓋的範圍。

在資本預算決策中，現金流出量主要包括下列五項需要資金的方式：

(1)第一次的投資總額。

(2)該項投資每年所需增加的營運成本。

(3)與該項投資有關的維修費用。

(4)在執行該項計畫時，為營運周轉需要較多的存貨與產生較多的應收帳款時，而使現金積壓的金額。

(5)償付到期的應付帳款。

至於現金流入量方面，包括以下五項所造成增加現金的方式：

(1)由該項投資所增加的收入。

(2)因該項投資提高生產效率所降低的生產成本。

(3)折舊費用所導致的所得稅減少數。

⑷投資計畫結束後，廠房設備出售的殘值收入。

⑸結束投資計畫時，現金的餘額會因存貨出售和應收帳款的收現而增加。

這裡所談的收入和費用，不是指總數，而是指因投資計畫的執行，所導致企業收入和費用的增加量，這也就是所謂的現金流量的增量分析 (incremental analysis)。第一次的投資總額包括新廠房設置的購置成本、人員的召募與訓練成本、原料的採購成本等項目。在計畫執行期間，會發生不少營運成本，例如工資、保險費、稅金和水電費等。由於機器設備的購置成本，在計畫執行的前期已完全支付，所以不將折舊費用列為各期的現金流出。折舊費用引起之所得稅減少額，乃列為現金流入量的一部分。另外，由於新設備的購置使製造成本降低，這部分所節省下來的錢，也列為現金流入量。

梅花公司正在考慮是否購置新機器。在做決策之前，總經理要求會計部門提供有關資料，並做出適當的分析。會計經理先提出下列的資料：

⑴新機器的購買成本為 $400,000，預定的使用年數為五年，最後的殘值可出售，且價值約為 $40,000。為保持機器的製造效率，該機器使用二年半後，要花費 $80,000 將引擎重新保養。

⑵由於新設備的擴充，產能每年可增加 2,000 個單位。

⑶製造成本每年可減少 $60,000。

⑷產品的銷售單價為 $110，單位變動成本為 $60。

⑸目前舊機器的帳面價值為 $32,000，如果現在將其出售，價格與帳面價值相同。如果繼續使用，仍可再使用五年，但那時所剩殘值為零。

⑹除了上述五項資料外，其他的收入與費用資料不改變。

為了使總經理清楚了解這些資料，會計經理將相關資料列在表 14.3 上。現金流入量以正數來表示；現金流出量以負數來表示，也就是將數字列在括弧內，以表示負數。由於該設備預定使用五年，所以在表 14.3 中，列出五年期間的現金流入量和現金流出量。

表14.3 梅花公司：現金流量分析

	投資年	第一年	第二年	第三年	第四年	第五年
購買新機器	$(400,000)					
殘　值						$ 40,000
出售舊機器	32,000					
銷售額增加數		$ 220,000	$ 220,000	$ 220,000	$ 220,000	$ 220,000
變動成本增加數		(120,000)	(120,000)	(120,000)	(120,000)	(120,000)
製造成本節省數		60,000	60,000	60,000	60,000	60,000
引擎維護費				(80,000)		
淨現金流量	$(368,000)	$ 160,000	$ 160,000	$ 80,000	$ 160,000	$ 200,000

由表 14.3 的結果顯示，除了投資年的淨現金流量為負的 $368,000，其餘幾年皆為正數。第三年是因為花費 $80,000 來維修引擎，以保持機器的製造效率，所以現金流量淨額較前二年少 $80,000。至於第五年較前四年的現金流量淨額多 $40,000，是因為出售機器的殘值。

14.2.2 貨幣的時間價值

對一般公司而言，投資計畫的執行期間大部分是三年以上，在這期間內有不少與現金流量有關的交易行為發生。所以在資本預算決策的分析過程中，首先要了解**貨幣的時間價值** (time value of money)。如果有人問你，要今天先拿 $400，還是一年以後再來拿 $400？大部分的答案是今天先拿 $400，不必再等一年以後才得到。另一方面，如果目前的一年期定存利率為 5%，現在將 $400 存入銀行，一年後可得 $420。換言之，$400 的**終值** (future value) 為 $420；$420 的**現值** (present value) 為 $400 (皆為一年期)。在作資本預算決策分析時，未來期間所收到的現金為終值，為了與現在所投入的現金相比，必須將終值折現成為現值，才能作出較為正確的投資方案評估。

就一般利息的計算方式，有單利 (simple interest) 和複利 (compound interest) 兩種。單利方式是指同一本金每期的利息皆相同；複利方式則是以本金加上前期利息的累加數，來計算本期的利息。這兩種方式所計算出利息的不同，可由表 14.4 得知。

表14.4　單利與複利的計算

單　利	本　金	×	利　率	=	利　息
第一年	\$400	×	5%	=	\$20
第二年	\$400	×	5%	=	\$20
第三年	\$400	×	5%	=	\$20
複　利	本金 + 前期利息	×	利　率	=	利　息
第一年	\$400	×	5%	=	\$20
第二年	\$(400 + 20)	×	5%	=	\$21
第三年	\$(400 + 41)	×	5%	=	\$22.05

由上表看來，利息的金額在複利的計算方式下，會隨著期間的增加而增加，並且計算公式可以終值的計算公式來表示。

$$F_n = P(1 + r)^n$$

F_n: 終值

P: 本金

r: 年利率

n: 年數

如果以三年代入終值公式，所得結果與表 14.4 相同。

$$\begin{aligned} F_3 &= \$400 \times (1 + 5\%)^3 \\ &= \$400 \times (1.1576) \\ &= \$463.05 \end{aligned}$$

$$F_3 = \$400 + \$20 + \$21 + \$22.05 = \$463.05$$

同樣的，現值的計算公式也可以下面的公式來表示。

$$P = F_n \times [\frac{1}{(1 + r)^n}]$$

如果三年後的終值是 \$463.05，現值的計算如下：

$$P = \$463.05\left[\frac{1}{(1+5\%)^3}\right]$$
$$= \$463.05\left[\frac{1}{1.157625}\right]$$
$$= \$463.05(0.86383)$$
$$= \$400$$

由上述的計算過程，可說明今天的 $400 在未來三年後的價值是 $463.05；意即三年後的 $463.05，其現值為 $400。此外，還可以查表的方式來找出複利終值係數 (1.1576) 和複利現值係數 (0.86383)，請參考附錄 12A.1 與附錄 12A.3，期間為三年且利率為 5% 的係數。

就資本投資計畫而言，在計畫執行的初期，需要投入大筆的資金來購買廠房設備，但投資效益是在未來的幾年中陸續實現。例如杰拉華公司投資 $10,000,000 來買新機器，其使用年數預計是五年，每年可節省公司 $3,000,000 的製造成本。目前市場上的年利率假設為 6%，並且採用複利方式來計算利息。這些未來的成本節省部分若換算成現在的價值，可由表 14.5 來說明。

在表 14.5 中，複利現值係數取自於附錄 12A.3，每年分別予以計算，再將五年的總數加以彙總而得 $12,666,000，也就是未來五年的成本節省數之現值。另一種計算方式較為簡單，採用附錄 12A.4 的年金現值係數 (4.222) 乘上 $3,000,000，同樣得到 $12,666,000。

表14.5　複利現值的計算

第一年	$\$3{,}000{,}000 \times \left(\frac{1}{(1+0.06)^1}\right) = \$3{,}000{,}000 \times (0.943) =$	$ 2,829,000
第二年	$\$3{,}000{,}000 \times \left(\frac{1}{(1+0.06)^2}\right) = \$3{,}000{,}000 \times (0.900) =$	$ 2,700,000
第三年	$\$3{,}000{,}000 \times \left(\frac{1}{(1+0.06)^3}\right) = \$3{,}000{,}000 \times (0.840) =$	$ 2,520,000
第四年	$\$3{,}000{,}000 \times \left(\frac{1}{(1+0.06)^4}\right) = \$3{,}000{,}000 \times (0.792) =$	$ 2,376,000
第五年	$\$3{,}000{,}000 \times \left(\frac{1}{(1+0.06)^5}\right) = \$3{,}000{,}000 \times (0.747) =$	$ 2,241,000
連續五年的複利現值之總和		$12,666,000
採用年金現值表的計算方式：$3,000,000 × (4.222) = $12,666,000		

14.3 投資方案的評估方法

評估投資計畫的方法，大致上可分為五種方法：(1)還本期間法；(2)會計報酬率法；(3)淨現值法；(4)內部報酬率法；(5)淨現值率法。各項方法，在本節分別予以說明，最後，再說明所得稅對長期投資的影響。

 14.3.1 還本期間法

還本期間法 (payback period method) 的主要目的在於計算投資額多久才能回收，所以也稱之為回收期限法。由於計算方式較為簡單，廣受企業界使用。如果公司面臨兩種投資方案之選擇，其投資額皆相同，但各方案的每期現金收回金額與時間不同，其中回收期較短的方案，被視為值得投資的方案。因為投資回收期越長，不確定因素越多，風險也就相對地提高。

假如每年的淨現金流量相同，則還本期間 (payback period) 的計算，只是將投資總額除以每年的淨現金流入量或成本節省數。例如某一投資計畫所需投入的金額為 \$480,000，每年可得現金 \$192,000，以還本期間法來計算還本期間應為二年半 (= \$480,000 ÷ \$192,000)。在此種方法下，只考慮還本期間內的現金流量，至於還本期間以後的現金流量不予以考慮。如同前例，也許該計畫可維持二十年，但超過二年半以後的淨現金流量，對還本期間的計算沒有影響。

如果每年的現金流量不相同時，還本期間的計算如表 14.6。還本期間的計算，主要是看「未回收金額」，要將 \$480,000 在第四年內還清需要 \$80,000，占第四年現金流入量 \$160,000 的 50%，所以還本期間為三年半。此乃假設淨現金流入平均發生於一年當中。

表14.6　還本期間的計算：每年現金流量不同

年　度	現金流量（流出）	未回收金額
投資年	\$(480,000)	\$480,000
1	160,000	320,000
2	160,000	160,000
3	80,000	80,000
4	160,000	0
5	112,000	0

還本期間 $= 3 + (\frac{80,000}{160,000}) = 3.5$（年）

當管理者同時面臨數種方案時，大部分會選擇投資還本期較短者。有些公司的投資政策，甚至於明確規定還本期間不得超過五年。由於還本期間法的計算過程很簡單，所以廣為企業界所使用，但仍有其缺點。此方法主要被批評的問題可歸納為兩類：(1)未考慮貨幣的時間價值；(2)未考慮還本期間以後的現金流量。針對第一個問題，可將複利現值列入計算過程。在表 14.7 中，使用與表 14.6 相同的資料，加上年利率 6% 的假設，計算出每年現金流入量的現值。

表14.7　還本期間的計算：考慮現值

年　度	現金流量（流出）		現值係數		現金流入量現值	未回收金額
投資年	$(480,000)					$480,000
1	160,000	×	0.943	=	$150,880	329,120
2	160,000	×	0.890	=	142,400	186,720
3	80,000	×	0.840	=	67,200	119,520
4	160,000	×	0.792	=	126,720	0
5	112,000	×	0.747	=	83,664	0

還本期間 $= 3 + (\frac{119{,}520}{126{,}720}) = 3.94$（年）

在表 14.7 中，將每年的現金流入量折現為投資年的價值，再用這些現值來計算投資 $480,000 的還本期間。在「未回收金額」欄中，第四年內需要 $119,520，約占第四年現金流入量現值 $126,720 的 94%，所以還本期間為 3.94 年。此結果與表 14.6 的結果相比較，可以得知將現值觀念加入還本期間計算時，可解決還本期間法的第一個問題，以求得較合理的還本期間。

14.3.2 會計報酬率法

會計報酬率法 (Accounting Rate of Return, ARR) 也就是所謂的資產報酬率 (return on assets)，也稱為投資報酬率 (return on investment)。會計報酬率法所採用的公式是每年的淨收益除以投資額，或是年平均收益除以平均經營資產，其公式如下：

$$\text{會計報酬率} = \frac{\text{淨收益}}{\text{投資額}} = \frac{\text{年平均收益}}{\text{平均經營資產}}$$

公式中分母的部分，可為原始投資額、原始投資額和殘值的平均數，或每年投資資產的帳面價值之平均數。公司管理者可自行決定採用哪一項目為分母。假如公司要每年分別計算其投資計畫的會計報酬率，要注意採用每年投資資產的帳面價值之平均數所產生的結果。由於資產的帳面價值會隨時間的增加而減少，因而造成每年的會計報酬率增加。此情形可由表 14.8 來說明，每年的預期收益皆為 $60,000，但因為每年資產的帳面價值之平均數下降，使會計報酬率由第一年的 20% 上升到第五年的 75%。事實上，獲利的情形每年相同。

會計報酬率法的計算過程簡單，投資方案的選擇準則是選擇投資報酬率較高者，在實務界有不少公司使用此法，但仍有其缺點如下：

⑴忽略貨幣的時間價值。

⑵未考慮現金流量的問題。

表14.8　會計報酬率法

年　度	資產帳面價值的平均數	預期收益	會計報酬率
1	$400,000	$60,000	15.00%
2	320,000	60,000	18.75%
3	240,000	60,000	25.00%
4	160,000	60,000	37.50%
5	80,000	60,000	75.00%

14.3.3　淨現值法

淨現值法 (Net Present Value, NPV) 又稱為現值法 (present value method)，係將一項投資計畫之各期現金流量（包括收入和支出兩項）以一適當的折現率（通常為公司的加權平均資金成本）折為現值，予以加總，即得到所謂的淨現值。計算公式如下：

$$NPV = \frac{C_0}{(1+r)^0} + \frac{C_1}{(1+r)^1} + \frac{C_2}{(1+r)^2} + \cdots + \frac{C_n}{(1+r)^n} = \sum_{t=0}^{n} \frac{C_t}{(1+r)^t}$$

在上面的公式中，C_t 代表計畫執行中之各期現金流量（若是淨現金流入量，則 C_t 為正值；若為淨現金流出量，則 C_t 為負值。C_0 即代表原始投資額，故必為負值），r 為折現率。若計畫的淨現值為正數，則可接受之；若其淨現值為負數，應拒絕該計畫，因其無法為公司賺得必要的報酬率（即所採用之折現率）。

假設有一甲投資方案，原始投資額為 \$200,000，執行期間為五年，每年年底將產生 \$50,000 的淨現金流入，所採用之折現率為 10%。如表 14.9 之計算，甲方案之淨現值為 \$(10,460)，故應拒絕之。

表14.9　甲投資方案淨現值之計算

年　度					
0	\$(200,000)	÷	$(1+0.10)^0$	=	\$(200,000)
1	50,000	÷	$(1+0.10)^1$	=	45,455
2	50,000	÷	$(1+0.10)^2$	=	41,322
3	50,000	÷	$(1+0.10)^3$	=	37,566
4	50,000	÷	$(1+0.10)^4$	=	34,151
5	50,000	÷	$(1+0.10)^5$	=	31,046
淨現值					\$ (10,460)

假設另有一乙投資方案，原始投資額亦為 \$200,000，執行期間為五年，每年年底之淨現金流入分別為 \$100,000、\$80,000、\$50,000、\$10,000、\$10,000，也同時用 10% 的折現率。計算而得的淨現值為 \$7,630，故應接受乙方案，詳細之計算過程參見表 14.10。

表14.10　乙投資方案淨現值之計算

年　度					
0	\$(200,000)	÷	$(1+0.10)^0$	=	\$(200,000)
1	100,000	÷	$(1+0.10)^1$	=	90,909
2	80,000	÷	$(1+0.10)^2$	=	66,116
3	50,000	÷	$(1+0.10)^3$	=	37,566
4	10,000	÷	$(1+0.10)^4$	=	6,830
5	10,000	÷	$(1+0.10)^5$	=	6,209
淨現值					\$ 7,630

淨現值法是評估資本支出決策的最佳方法之一，其優點如下：

⑴考慮貨幣的時間價值。

⑵考慮整個投資計畫整個經濟年限內的現金流量。

(3)當各期現金流量呈現不規則的變動時，較易於運用之。

此法之缺點則為：

(1)折現率之決定常偏向主觀。

(2)當各投資之經濟年限或投資額不相等時，無法加以比較來決定優先次序，必須由管理人員主觀判定。

14.3.4　內部報酬率法

內部報酬率 (Internal Rate of Return, IRR) 是使投資方案的淨現值為零的折現率，若其大於管理當局所定的最低報酬率，則可接受此方案；若小於最低報酬率，則應拒絕之。由於各個投資計畫的現金流量所發生的時間不同，故應用公式計算內部報酬率時，可分為兩種情況來探討：

1. 各年淨現金流入量相等

在此種情況下，計算內部報酬率較為容易，計算過程如下所示：

$$\frac{-C_0}{(1+IRR)^0}+\frac{C_1}{(1+IRR)^1}+\frac{C_2}{(1+IRR)^2}+\cdots+\frac{C_n}{(1+IRR)^n}=0$$

其中，$C_1=C_2=C_3=\cdots=C_n$，故上式可改寫為

$$C_0=C_1[\frac{C_1}{(1+IRR)^1}+\frac{C_2}{(1+IRR)^2}+\cdots+\frac{C_n}{(1+IRR)^n}]$$

$$=C_1\times P_nIRR$$

（P_nIRR 表示利率為 IRR，n 年期之年金現值係數）

$$\Rightarrow\frac{C_0}{C_1}=P_nIRR$$

當 C_0（原始投資額）、C_1（各年之淨現金流入量）及 n（經濟年限）為已知，則查年金現值表可得 IRR。

假設聖帕公司正考慮是否要購置一新機器，成本為 $68,662，耐用年限為五年，五年後無殘值。使用該機器後，每年可節省付現的營業成本 $20,000，資金成本為 12%。茲計算其內部報酬率如下：

$$\frac{C_0}{C_1}=\frac{\$68,662}{\$20,000}=3.433=P_5IRR$$

查年金現值表之五年期部分，得知年金現值係數 3.433 之折現率為 14%。由於內部報酬率 14% 大於資金成本 12%，故應可購置此新機器。本例之年金現值恰可在年金現值表中查得，故解題極為容易。如果無法從表中查得時，則可用插補法 (interpolation) 求出近似的內部報酬率。例如，前例之機器的成本為 \$67,662 而非 \$68,662，其殘值亦相同，則其年金現值係數為 3.383 (= \$67,662 ÷ \$20,000)。查年金現值表，五年期的年金現值係數 3.383 介於 3.433 與 3.274 之間，表示其折現率介於 14% 與 16% 之間，利用插補法計算如下：

	現值係數	現值係數
14% 折現率	3.433	3.433
真實折現率		3.383
16% 折現率	3.274	
折現率差距	0.159	0.050

$$\text{內部報酬率} = 14\% + \left(\frac{0.050}{0.159} \times 2\%\right) = 14\% + 0.629\%$$

$$= 14.629\%$$

14.629% 之內部報酬率依然大於資金成本 12%，故仍可購置該機器。

2. **各年淨現金流入量不相等**

在此情況下，需用試誤法 (trial and error) 來計算，即逐次使用不同的折現率，直到現金流量的淨現值為零，此時之折現率即為內部報酬率。

假設米勒公司正評估一投資計畫，原始投資額為 \$400,000，耐用年限五年，五年後無殘值，每年預期之淨現金流入分別為：\$160,000、\$120,000、\$100,000、\$60,000、\$40,000。

內部報酬率之計算如下：

$$\frac{\$160,000}{(1+IRR)^1} + \frac{\$120,000}{(1+IRR)^2} + \frac{\$100,000}{(1+IRR)^3} + \frac{\$60,000}{(1+IRR)^4} + \frac{\$40,000}{(1+IRR)^5} = \$400,000$$

利用試誤法計算如表 14.11 所示。

表14.11　內部報酬率的計算：試誤法

年　度	淨現金流量	第一次試誤 (10%折現率) 現值係數	現　值	第二次試誤 (9%折現率) 現值係數	現　值	第三次試誤 (8%折現率) 現值係數	現　值
0	$(400,000)	1.0000	$(400,000)	1.0000	$(400,000)	1.0000	$(400,000)
1	160,000	0.9091	145,456	0.9174	146,784	0.9259	148,144
2	120,000	0.8264	99,168	0.8417	101,004	0.8573	102,876
3	100,000	0.7513	75,130	0.7722	77,220	0.7938	79,380
4	60,000	0.6830	40,980	0.7084	42,504	0.7350	44,100
5	40,000	0.6209	24,836	0.6499	25,996	0.6806	27,224
淨現值			$ (14,430)		$ (6,492)		$ 1,724

第一次以 10% 之折現率來計算，其淨現值 $(13,430) 小於零，表示所用的折現率太高。第二次以 9% 來折現，得到淨現值 $(6,492)，仍然小於零，故尚需降低折現率。第三次用 8% 為折現率，所得淨現值為 $1,724，表示此計畫之真正內部報酬率高於 8%，而較 9% 為低。以插補法計算如下：

$$8\% + \frac{1,724}{(1,724 + 6,492)} \times 1\% = 8.2098\%$$

$$\text{或：} 9\% + \frac{(-6,492)}{(1,724 + 6,492)} \times 1\% = 8.2098\%$$

	9%	IRR	8%
NPV =	−6,492	0	$1,724
		$8,216	

使用插補法後，求得內部報酬率為 8.2098%。本例之試誤僅做了三次，算是相當幸運，在多數的情況下，都需試誤不少次。一般說來，內部報酬率法是次優於淨現值法之方案評估方法。採用內部報酬率法具有以下之優點：

(1)考慮貨幣之時間價值。

(2)考慮到整個投資計畫經濟年限內的全部現金流量。

至於內部報酬率法的缺點，主要是計算的過程較為複雜。針對此點的解決之道，可藉電腦來完成繁複的計算程序。

除了以複雜方式計算內部報酬率外，還有一種較為簡單的方法。若符合以下二項條件，則內部報酬率可依據還本期間及期望之計畫持續期間來估計：

(1)該計畫有相當高的報酬率（超過 20%）。

(2)還本期間短於計畫持續期間的一半。

例如，一項至少持續十五年之 \$200,000 投資，每年可賺得 \$60,000。還本期間為 3 又 1/3 年，其倒數則為 3/10 或 30%。從年金現值表中可查得，現值係數為 3.33 (= \$200,000 ÷ \$60,000)，而持續期間是十五年的報酬率，是介於 28% 與 30% 之間，與還本期間的倒數十分接近。如果計畫之持續期間很長，例如五十年，則還本期間之倒數幾乎可完全正確地估得內部報酬率。

 14.3.5 淨現值率法

評估投資計畫的另一個方法是**淨現值率法** (Net Present Value Rate, NPVR)，或稱為超額現值指數 (excess present value index)，定義如下：

$$淨現值率 = \frac{除原始投資額外的現金流量現值之總和}{原始投資額}$$

為使讀者便於了解，茲舉一簡單的例子來說明。假設莫柏公司管理者正評估甲、乙二項投資方案，甲方案之原始投資額為 \$200,000，經濟年限為二年，每年的淨現金流量分別為 \$160,000 及 \$100,000；乙方案之原始投資額為 \$140,000，經濟年限為二年，每年的淨現金流量分別為 \$100,000 及 \$92,000，折現率皆為 10%。此二項投資的淨現值率法計算如表 14.12。

表14.12　淨現值率的計算

	甲方案		乙方案	
年　度	淨現金流量	10% 折現值	淨現金流量	10% 折現值
0	\$(200,000)	\$(200,000)	\$(140,000)	\$(140,000)
1	160,000	145,455	100,000	90,909
2	100,000	82,645	92,000	76,033

淨現值率法：

甲方案 = (\$145,455 + \$82,645) ÷ \$200,000 = 1.1405

乙方案 = (\$90,909 + \$76,033) ÷ \$140,000 = 1.1924

由表 14.12 可知，乙方案的淨現值率大於甲方案，似乎表示乙方案的獲利能力較佳，而應選擇乙方案（假設資金有限或二方案互斥）。但是甲方案之淨現值 $28,100 大於乙方案的 $26,942，使得二種評估產生矛盾。面臨矛盾狀況時，多需仰賴管理者主觀的判斷。一般而言，當淨現值率大於 1 時，淨現值一定為正值。

14.3.6　所得稅的影響

任何營利事業單位都必須在年底申報所得，並繳納營利事業所得稅。在評估長期投資方案時，資本預算方法主要是以現金流量來衡量各項投資的效益，故必須將稅法的影響 (tax implications) 列入現金流量的分析過程，以求得稅後的現金流量 (cash flow after tax)。要了解可減稅的現金收入及其稅後現金流入，亦即淨現金流入；以及明白可減稅的現金支出及其稅後現金流出，亦即淨現金流出。請參考下列公式：

可減稅現金收入 ×（1 – 所得稅率）= 淨現金流入
可減稅現金支出 ×（1 – 所得稅率）= 淨現金流出

假設朵麗絲公司管理階層正在考慮是否購買二輛送貨卡車，以增加送貨到家的服務項目。採購部門建議在 2018 年 7 月 1 日買入二輛價值合計 $2,000,000 的貨車，使用年數估計為四年，殘值為零。目前所得稅率為 17%。朵麗絲公司提出「凡一次購買 $6,000 以上貨品的顧客，公司免費送貨到家」的促銷策略，管理階層估計在未來幾年中，每年的現金銷售額會增加 $5,000,000，而維護費及油費約需 $400,000，薪資費用 $1,000,000。如果將所得稅列入現金流入量和現金流出量中計算，其過程如下：

現金銷售額：$5,000,000 – $5,000,000 × 17% = 5,000,000 × (1 – 17%) = $4,150,000
維護費及油費：$400,000 – $400,000 × 17% = $400,000 × (1 – 17%) = $332,000
薪資費用：$1,000,000 – $1,000,000 × 17% = $1,000,000 × (1 – 17%) = $830,000

除此之外，還需要考慮一項非現金支出費用的折舊費用，假設朵麗絲公司採用直線法來攤提折舊費用，每年的折舊費用表如下：

折舊費用		$250,000	$500,000	$500,000	$500,000	$250,000
時　間	2018/07/01	2018/12/31	2019/12/31	2020/12/31	2021/12/31	2022/06/30

由於折舊費用為一項費用，要列入營業收益的計算過程而扣抵所得稅款，此現象稱之為折舊稅盾 (depreciation tax shield)，可視為可減稅部分形成的現金流入。以表 14.13 列出朵麗絲公司在 2018 年至 2022 年期間，折舊費用對現金流量的影響。

表14.13　折舊費用對現金流量的影響

艾維尼公司			
期　間	折舊費用	稅　率	可減稅部分形成的現金流入
2018/12/31	$250,000	17%	$42,500
2019/12/31	$500,000	17%	$85,000
2020/12/31	$500,000	17%	$85,000
2021/12/31	$500,000	17%	$85,000
2022/06/30	$250,000	17%	$42,500

表 14.14 是朵麗絲公司稅後現金流量的淨現值分析，包括卡車投資成本 $2,000,000，每年的稅後現金流入量、稅後現金流出量和折舊費用所造成的現金流量增加量，再以 10% 為折現率，在複利現值表中找出現值係數，以計算出每年的現值，進而求出此投資計畫的淨現值。由分析結果顯示，淨現值為 $7,295,826，故此計畫值得投資。

表14.14　稅後現金流量的淨現值分析

艾維尼公司						
項目＼期間	2018/07/01	2018/12/31	2019/12/31	2020/12/31	2021/12/31	2022/06/30
購買成本	$(2,000,000)					
銷售增加所造成的稅後現金流入量		$2,075,000	$4,150,000	$4,150,000	$4,150,000	$2,075,000
維護費和油費		(166,000)	(332,000)	(332,000)	(332,000)	(166,000)
薪資增加所造成的稅後現金流出量		(415,000)	(830,000)	(830,000)	(830,000)	(415,000)
折舊稅盾所造成的現金流入量的增加		42,500	85,000	85,000	85,000	42,500
年度現金流量	$(2,000,000)	$1,536,500	$3,073,000	$3,073,000	$3,073,000	$1,536,500
現值係數 (10%)	1.000	0.909	0.826	0.751	0.683	0.621
年度現金流量現值	$(2,000,000)	$1,396,679	$2,538,298	$2,307,823	$2,098,859	$ 954,167
淨現值 $7,295,826						

14.4 投資計畫的風險考量

管理階層一旦決定執行某長期投資計畫，除了投資前的評估外，在計畫進行期間，仍然需要繼續評估計畫的執行績效。尤其是跨年度的投資計畫，管理者要在不同的查核點上，比較預期與實際的結果。

14.4.1 投資計畫的再評估

在各個評估階段，皆會面臨三項選擇方案：(1)繼續原計畫；(2)中止原計畫；(3)修改原計畫。在決定之前，管理階層要經過審慎的評估程序。每次進行投資計畫再評估的程序時，方式都如同作一個新的資本預算決策。由於有些原來預期的狀況可能已經改變，必須重新估計該計畫剩餘年限的淨現金流量。在作此新預測之前，管理人員應將已實現的淨現金流量數與原來預估數相比較，以決定是否繼續使用原來的評估方法。

假設德安公司正進行 A 專案投資計畫，在第一年年底時，對此計畫再作評估。原先預期有五年的經濟年數，故需重新預測未來四年的淨現金流量。即使已實現之第一年現金流量比預估的數額少了很多，德安公司仍可能繼續該計畫，因為管理階層也許預期未來四年的績效會有顯著改善。另一方面，管理當局認為已發生之現金流量已為非攸關性資訊，只要未來四年淨現金流量符合德安公司之資本預算原則即可。

反之，如果第一年計畫的執行結果，與預期成果相距甚遠，公司在短期內無法將此差異改善。在此情況下，管理當局可能會決定中止原計畫，以免影響公司的整體績效。例如，德安公司執行 A 專案計畫時，重點為擬定建造一座廠房，內部可供生產使用。在計畫執行後一年，遇上石油危機，所有建材價格高漲，與原先預算相差很大。此時，德安公司只有停止該計畫，以免造成資金周轉不靈，而面臨倒閉的危機。

最後一個可能的方案，是因應情況的改變而修改原計畫。德安公司也許當初過分樂觀，計畫投資建造一座規模龐大的廠房來增加生產量。由於市場受經濟不景氣的影響，現在預估未來銷售量並非原來估計的那樣高，故不需要太大的廠房。此時，管理主管可能決定並不中止該計畫，而是將原計畫修改為建造較小的廠房，或是將部分廠房設計為可出租的形式，以便未來靈活運用。

淨現金流量估計的準確度，對資本預算決策之正確性有著關鍵性的影響力。若過分不精確，可能導致公司錯誤地接受應捨棄的計畫，或放棄應接受的投資計畫。為避免發生一些人為的失誤，許多組織系統性地追蹤進行中之專案計畫的成效，找出差異之處，以便予以修正。此種查核的程序稱為**事後稽核** (post-audit or re-appraisal)。

進行事後稽核時，管理會計人員應蒐集與專案計畫實際現金流量相關的資料，並且重新計算淨現值 (net present value)，再把原來預估的數據和實際發生者相比，若相去太遠，則需謹慎的分析其原因。有時事後稽核會揭露出當初現金流量估計過程的缺失，應馬上採取預算重估的改善措施。如果錯誤已無法更正，即可推論當初所作的決策是不正確的，應放棄此投資計畫。然而，對於本應接受之計畫並無法從事後稽核中顯現出來，因為公司很少會對已放棄的計畫進行稽核。

 *14.4.2* 投資計畫風險的衡量技術

在資本預算決策過程中，現金的流入與流出是陸陸續續地發生在未來的數年內。在評估投資計畫時，所有的收入與支出資料，皆來自於管理階層的估計。計畫隨著經過時間的增加，估計錯誤的風險也隨之提高。例如，原先的投資計畫擬購買個人電腦來完成電腦製圖的工作；於計畫執行後，工作站型電腦推出，價格雖較個人電腦為高，但功能相對地也提高。此時管理階層可能要變更計畫，以符合時代的潮流。

有時經濟因素的改變，對企業的投資也會有影響。如同在 1970 年代的初期，第一次石油危機發生之前，有些航空公司因為旅客人數日益增加，而決定購買 747 型的新客機。但是在與飛機製造商簽定合約後，石油危機發生，引起全世界的經濟不景氣，並且此現象在短期內不會消除。旅客的人數較以前大為減少，而石油的價格天天上漲，航空公司可能會因為購買新飛機，造成營運的危機。如果管理階層在事先能預測石油危機的發生，購機計畫就不會執行。雖然預測未來事件是十分困難的，但仍有數量分析方法 (quantitative analysis method) 可被用來處理在風險情況下的資本預算，在此介紹三種方法。

1.敏感度分析

敏感度分析 (sensitivity analysis) 是一項非常普遍的分析工具，除可應用在攸關性決策外，也常在資本預算決策中使用。管理者由此方法可了解，在其他條件不變的情況下，當某項投入變數發生變化時，投資方案的淨現值或內部報酬率等跟著改變的程度。

假設選用淨現值來評估某項投資計畫的可行性，經理人員可多次改變原來所輸入變數的預估值，即可計算出數個淨現值，然後判斷實際輸入值是否可能導致不利的結果。若認為不可能有不利情形，便將更有信心地接受該計畫；如覺得淨現值可能為負值，則必須考慮公司是否願意承受預估錯誤的風險與接受較低的報酬率。

在新製造環境下，敏感度分析可應用在全自動化廠房的投資效益評估。由於該系統可產生相當大的無形效益 (intangible benefits)，但不易將其量化，所以淨現值可能為負數。此時，管理者可利用敏感度分析，估計無形效益必須達到何種程度才可使淨現值為正數，並且判斷該項計畫的效益是否能達到所期望的程度。

2.三點估計法

三點估計法 (three-point estimates approach) 又稱為情節分析法 (scenario analysis)，即對所有的現金流量之項目作出三點預測：(1)悲觀的預測 (pessimistic estimate)；(2)最可能的預測 (most likely estimate)；(3)樂觀的預測 (optimistic estimate)。將各個項目的三點估計值合併為三組現金流量，即悲觀的現金流量、最可能發生的現金流量及樂觀的現金流量。然後根據管理階層所採用的資本預算評估方法，算出三組數值。例如使用還本期間法，即計算出三組還本期間；若使用淨現值法，則算出三組淨現值。

如果計算出的三組數字，都顯示出該接受或該拒絕此方案，則經理人員可相當確定地做出決策。如果悲觀的現金流量顯示應拒絕該方案，但是另兩組現金流量預測顯示為可接受方案，則此時經理人員便應有較多的考慮，才合適做決策。

3.蒙地卡羅模擬法

蒙地卡羅模擬法 (Monte Carlo simulation) 是一種將敏感度分析與投入變數的機率分配二者結合起來，以衡量投資專案風險的分析技術。本法從名稱上即可知是從賭場中發展出來的，當初是賭客們為計算賭贏之機率而作此運算，後來在 1964 年被 David B. Hertz 應用在資本投資之風險分析上。

本法之第一步即確認每項有關現金流量的變數之可能出現的機率，最好能達到連續分配 (continuous distributions)。接著便進行以下的步驟：

(1)基於特定的機率分配，由電腦為每個不確定的變數隨機取值。

(2)電腦依據不確定之變數的隨機值與其他確定之變數值 (如稅率、折舊額等)，計算每年的淨現金流量，再依此算出專案的淨現值。

(3)重複(1)、(2)步驟多次，形成一專案的淨現值的機率分配。

本法利用統計原理作精細的計算，實務界的使用頻率日漸提高，但仍有以下的問題：

(1)投入變數的機率分配不易得到。

(2)當分析完成時，沒有明確的決策規則，因為無法確定以預期的淨現值來衡量專案計畫之獲利能力，是否足夠補償以模擬機率分配之變異數或變異係數來衡量的風險。

(3)忽略了同一公司有各項不同之專案，各個專案間可能彼此相關。

若能克服上述之問題，則蒙地卡羅模擬法的應用將更受歡迎。

14.5 資本預算的其他考量

在本節之前，現值折現率都未考慮通貨膨脹的問題，但在現實的情況下，通貨膨脹是一直存在的。本節討論通貨膨脹對折現率的影響，並將現金流量的現值重新計算。另外，在本節也討論策略性價值及放棄價值的觀念，使投資計畫的有形和無形效益之計算更為完整。

14.5.1 通貨膨脹的影響

在過去，大多數的國家都經歷了某種程度的**通貨膨脹** (inflation)。通貨膨脹可定義為貨幣單位 (monetary unit) 的一般購買力 (general purchasing power)，隨時間經過而下降的現象。由於資本預算決策涵蓋相當長的期間，其中可能有物價波動的現象發生，故應探討通貨膨脹對資本預算決策的影響。

有兩種方法可將通貨膨脹納入現金流量折現分析，只要分析者能謹慎地區分名目及實質的利率和貨幣。企業只要在每個期間一致地運用，則兩種方法皆可獲得正確的結果，現將相關的名詞敘述於下：

1. **實質利率或名目利率**

實質利率 (real rate) 乃補償投資人之投資風險及貨幣的時間價值；**名目利率** (nominal rate) 則為實質利率加上通貨膨脹的溢酬 (premium)。假設實質利率是 10%，通貨膨脹率 5%，則名目利率計算如下：

$$(1 + 10\%) \times (1 + 5\%) - 1 = 15.5\%$$

2. **名目貨幣或實質貨幣**

實際所看到的現金流量乃屬名目貨幣 (nominal dollars)，而經過物價指數 (price index) 調整後以反映實質購買力，則成為實質貨幣 (real dollars)。表 14.15 為五年期之現金流量資料，顯示名目與實質貨幣之間的關係，假設通貨膨脹率每年固定為 5%，2015 年為基礎年度 (base year)。

表14.15　名目和實質的現金流量

年　度	(a) 名目現金流量	(b) 物價指數	(a) ÷ (b) 實質現金流量
2018	$10,000	1.0000	$10,000
2019	10,500	$(1.05)^1 = 1.0500$	10,000
2020	11,025	$(1.05)^2 = 1.1025$	10,000
2021	11,576	$(1.05)^3 = 1.1576$	10,000
2022	12,155	$(1.05)^4 = 1.2155$	10,000

正確的資本預算決策分析可用以下任何一種方法：

(1)現金流量以名目貨幣來衡量，並且以名目利率決定折現率。

(2)現金流量以實質貨幣來衡量，並且以實質利率決定折現率。

在此舉例來說明上述二種方法。假設阿力克司公司對其出售的家電用品提供維修的服務，管理當局正考慮替換用來測試電視機與攝影機的精密儀器。新儀器之購置成本為 $100,000，估計耐用年限為四年，沒有殘值。假設所得稅率為 17%，該新儀器可產生如表 14.16 所示之成本節省及折舊稅盾的效果，該表之第(6)欄是以名目貨幣來衡量的稅後現金流量。

表14.16　現金流量資料：阿力克司公司

年　度	(1) 購置成本	(2) 成本節省	(3) = (2) × (1 − 0.17) 稅後成本節省	(4) 加速折舊	(5) = (4) × 0.17 折舊稅盾	(6) = (3) + (5) 稅後現金流量總額
2018	$(100,000)					
2019		$38,000	$31,540	$33,340	$5,668	$37,208
2020		40,000	33,200	44,460	7,558	40,758
2021		42,000	34,860	14,800	2,516	37,376
2022		50,000	41,500	7,400	1,258	42,758

⊙方法一：名目貨幣與名目折現率

在此法之下，將名目現金流量以名目折現率 15.5% 來折現，其淨現值分析如表 14.17 所示。

表14.17　名目貨幣的現值表

年　度	(1) 以名目貨幣表示之現金流量	(2) 15.5% 之現值係數	(3) = (1) × (2) 現　值
2018	$(100,000)	1.0000	$(100,000)
2019	37,208	0.8658	32,215
2020	40,758	0.7496	30,552
2021	37,376	0.6490	24,257
2022	42,758	0.5619	24,026
淨現值			$ 11,050

由於淨現值為正值，故阿力克司公司應購買該測試儀器。

⊙方法二：實質貨幣與實質折現率

在此方法下，首先將現金流量轉為以實質貨幣衡量，如表 14.18 所示。接著，將實質現金流量以實質利率 10% 來折現，列示於表 14.19。

表14.18　實質貨幣的現金流量表

年　度	(1) 以名目貨幣表示之現金流量	(2) 物價指數	(3) = (1) ÷ (2) 以實質貨幣表示之現金流量
2018	$(100,000)	1.0000	$(100,000)
2019	37,208	1.0500	35,436
2020	40,758	1.1025	36,969
2021	37,376	1.1576	32,287
2022	42,758	1.2155	35,177

表14.19　實質貨幣的現值表

年　度	(1) 以實質貨幣表示之現金流量	(2) 10% 之現值係數	(3) = (1) × (2) 現　值
2018	$(100,000)	1.000	$(100,000)
2019	35,436	0.909	32,211
2020	36,969	0.826	30,536
2021	32,287	0.751	24,248
2022	35,177	0.683	24,026
淨現值			$ 11,021

用兩種方法計算出來的淨現值，本應該相等，本例之些微差異乃因為小數的進位。

一個時常發生的錯誤是將現金流量轉換為實質貨幣，但卻以名目利率來折現。如此，可能導致拒絕本應接受的方案 (物價通常逐年上漲)。假設阿力克司公司錯誤地以表 14.20 之方法分析：

表14.20 實質貨幣的現值表：錯誤者

年 度	(1) 以實質貨幣表示之現金流量	(2) 15.5% 之現值係數	(3) = (1) × (2) 現 值
2018	$(100,000)	1.0000	$(100,000)
2019	35,436	0.8658	30,680
2020	36,969	0.7496	27,712
2021	32,287	0.6490	20,954
2022	35,177	0.5619	19,766
淨現值			$ (888)

表 14.20 計算出之淨現值較前面各表所得的淨現值低，可能將導致阿力克司公司做出錯誤的決策。唯有一致地運用名目及實質利率和貨幣，才能制定正確的決策。

 14.5.2 策略性價值

依據 IAS1「財務報表之表達」規定，集團管理資本之目標為：(1)確保企業繼續經營之能力，因而可以持續提供股東報酬及其他利害關係人利益，及(2)產品及服務依相對之風險水準訂價，維持企業營業利潤達一定水準，以提供股東合理的投資報酬率。因此，關於資本預算決策要考慮所可能面臨的問題，包括現金流量估計偏差，以及可能導致對專案之收益能力的錯誤估計。另一個要注意的重要問題是，一個方案的真實價值應包括策略性價值。所謂**策略性價值** (strategic value)，係指未來之投資機會（未來專案）的價值，而此一價值只有在目前所考慮之專案被接受的前提下才可實現。

假設尼伯特公司正考慮一項應用電腦控制系統的專案。此專案包括了一個微電腦系統的發展，它可控制一個家庭的冷暖系統、安全系統等。尼伯特公司的長期目標是建立在電腦控制系統市場的領導地位，包括住宅及商業用之控制系統。然而，要想進入商業控制系統市場，尼伯特公司目前尚未發展此專門技術，無法和工業界的巨人南瑪都與碧利斯兩家公司競爭。因此，尼伯特公司的策略之執行，倚賴應用控制電腦專案之發展，使公司技術改良並打響知名度。

在此情形下，可預見的是該專案較一般計畫更具潛在價值。因為它可能繼續發展出其他的後續計畫，以進入商用控制系統市場，而該後續計畫可能帶來非常大的

淨現值。雖然專案有一個策略性價值，但此價值在目前的專案分析中尚無法計入，如果要將其考慮，則成為一個預測的問題。尼伯特公司的管理當局可針對後續計畫的收益性及現金流量來估計，但其估計的準確度值得質疑，因為後續方案是假定一切事物都按計畫地進行所做的選擇。事情可能無法如預期般順利，且距離現在愈遠，預測愈困難。藉著接受該應用電腦控制系統的專案，尼伯特公司獲得了進行升級專案的選擇權 (option)。該選擇權的價值，隨後續專案被實行之可能性及對獲利能力之增加而提高。

14.5.3　放棄價值

習慣上，對一專案進行分析時有一個前提，即假定公司將依照計畫全程地完成。然而，這可能不是最好的方法，有時在計畫進行中即予以放棄，反而可能是較佳的方案。表 14.21 說明放棄價值在資本預算上的效果之概念。

表14.21　A 專案之現金流量及放棄價值

年份 (t)	現金流量	第 t 年之放棄價值
0	$(9,600)	$9,600
1	4,000	6,000
2	3,750	3,800
3	3,500	0

假設資金成本為 10%，則在三年的估計持續期間中，A 專案之預期淨現值為 $(235)。

$$\text{NPV} = \$(9{,}600) + \frac{\$4{,}000}{(1.10)^1} + \frac{\$3{,}750}{(1.10)^2} + \frac{\$3{,}500}{(1.10)^3} = \$(235)$$

因此，假如考慮的 A 專案是一個無「放棄價值」的三年計畫，則將會拒絕之，因其淨現值為負值。然而，若在兩年後即將之放棄，淨現值會有如何的變化？在此情況下，吾人將收到第一、二年的現金流量，加上第二年終了時的放棄價值，淨現值為 $275。

$$\text{NPV} = \$(9{,}600) + \frac{\$4{,}000}{(1.10)^1} + \frac{\$3{,}750}{(1.10)^2} + \frac{\$3{,}800}{(1.10)^2} = \$275$$

因此若計畫改為只運作 A 專案二年，則其將變成可接受的。為了完成此分析，假設在一年後就放棄 A 專案，淨現值將是 $(509)。

$$NPV = \$(9{,}600) + \frac{\$4{,}000}{(1.10)^1} + \frac{\$6{,}000}{(1.10)^1} = \$(509)$$

所以，此專案之最適運作期間為二年。

由上可知，只要當考慮放棄的時點之後所有的淨現金流量，折現至該時點的現值，小於放棄價值，則應將計畫放棄。故任何專案的**經濟年限** (economic life) 應定義為：使投資專案之淨現值極大之持續期間。

通常有兩種情形會決定放棄某專案，一是將仍可營運的資產賣給其他可利用該資產而獲得更大之淨現金流入的公司；一是結束造成虧損的計畫。無論是何種情況，在作資本預算分析時，都必須仔細納入考量，才不致錯誤地否決本應接受的專案計畫。

本章彙總

短期決策與長期決策是企業營運的兩種主要決策，短期決策的方法與應用在第 13 章已經討論過，本章重點在於討論長期決策。由於長期決策對企業所產生的影響較大，並且一般長期性資產的投資金額高且時間長，所以在投資之前，管理者需要蒐集足夠的資料，再採用客觀的方法來分析，才有助於訂定良好決策。在幾種可行的投資方案中，選擇最符合成本與效益原則的方案，這種決策的過程即為本章所介紹的資本預算。這些長期性資產，可為有形資產，例如廠房與設備；亦可為無形資產，例如商標與專利權。尤其，長期性資產的效益通常在短期內無法明確實現，因此在投資評估階段要特別注意。

本章先介紹現金流量和貨幣的時間價值，使讀者了解現金流入量與流出量的計算過程，以及認知折現的觀念。再討論資本預算的五種方法，即還本期間法、會計報酬率法、淨現值法、內部報酬率法和獲利能力指數。由於資本預算涉及長期設備投資，對未來年度的折舊費用會有影響，所以需要將所得稅的影響列入現金流量分析過程，一併作考量。

長期性投資一定會涉及風險考量，需要在投資過程的不同階段作客觀評估。在投資計畫進行中，會面臨繼續、中止、修改原計畫的決策，所以企業需善用衡量技術來評估風險。另外，在資本預算決策，還要考慮通貨膨脹的影響，以及投資計畫的策略性價值與放棄價值分析。

關鍵詞

收益支出 (revenue expenditure)
資本支出 (capital expenditure)
資本預算 (capital budgeting)
資本分配決策 (capital rationing decision)
貨幣的時間價值 (time value of money)
終值 (future value)
現值 (present value)
還本期間法 (payback period method)
會計報酬率法 (Accounting Rate of Return, ARR)
淨現值法 (Net Present Value, NPV)
內部報酬率 (Internal Rate of Return, IRR)
淨現值率法 (Net Present Value Rate, NPVR)
事後稽核 (post-audit or re-appraisal)
敏感度分析 (sensitivity analysis)
三點估計法 (three-point estimates approach)
蒙地卡羅模擬法 (Monte Carlo simulation)
通貨膨脹 (inflation)
實質利率 (real rate)
名目利率 (nominal rate)
策略性價值 (strategic value)
經濟年限 (economic life)

附錄 現值與終值表

14A.1 複利終值表

n 期利率為 i 的 $1 之複利終值

期間＼利率	4%	6%	8%	10%	12%	14%	20%
1	1.040	1.060	1.080	1.100	1.120	1.140	1.200
2	1.082	1.124	1.166	1.210	1.254	1.300	1.440
3	1.125	1.191	1.260	1.331	1.405	1.482	1.728
4	1.170	1.263	1.361	1.464	1.574	1.689	2.074
5	1.217	1.338	1.469	1.611	1.762	1.925	2.488
6	1.265	1.419	1.587	1.772	1.974	2.195	2.986
7	1.316	1.504	1.714	1.949	2.211	2.502	3.583
8	1.369	1.594	1.851	2.144	2.476	2.853	4.300
9	1.423	1.690	1.999	2.359	2.773	3.252	5.160
10	1.480	1.791	2.159	2.594	3.106	3.707	6.192
11	1.540	1.898	2.332	2.853	3.479	4.226	7.430
12	1.601	2.012	2.518	3.139	3.896	4.818	8.916
13	1.665	2.133	2.720	3.452	4.364	5.492	10.699
14	1.732	2.261	2.937	3.798	4.887	6.261	12.839
15	1.801	2.397	3.172	4.177	5.474	7.138	15.407
20	2.191	3.207	4.661	6.728	9.646	13.743	38.338
30	3.243	5.744	10.063	17.450	29.960	50.950	237.380
40	4.801	10.286	21.725	45.260	93.051	188.880	1469.800

14A.2 年金終值表

n 期利率為 i 的每期 $1 的年金終值

期間 \ 利率	4%	6%	8%	10%	12%	14%	20%
1	1.000	1.000	1.000	1.000	1.000	1.000	1.000
2	2.040	2.060	2.080	2.100	2.120	2.140	2.220
3	3.122	3.184	3.246	3.310	3.374	3.440	3.640
4	4.247	4.375	4.506	4.641	4.779	4.921	5.368
5	5.416	5.637	5.867	6.105	6.353	6.610	7.442
6	6.633	6.975	7.336	7.716	8.115	8.536	9.930
7	7.898	8.394	8.923	9.487	10.089	10.730	12.916
8	9.214	9.898	10.637	11.436	12.300	13.233	16.499
9	10.583	11.491	12.488	13.580	14.776	16.085	20.799
10	12.006	13.181	14.487	15.938	17.549	19.337	25.959
11	13.486	14.972	16.646	18.531	20.655	23.045	32.150
12	15.026	16.840	18.977	21.385	24.133	27.271	39.580
13	16.627	18.882	21.495	24.523	28.027	32.089	48.490
14	18.292	21.015	24.215	27.976	32.393	37.581	59.196
15	20.024	23.276	27.152	31.773	37.280	43.842	72.035
20	29.778	39.778	45.762	57.276	75.052	91.025	186.690
30	56.085	79.058	113.283	164.496	241.330	356.790	1181.900
40	95.026	154.742	259.057	442.597	767.090	1342.000	7343.900

14A.3 複利現值表

n 期利率為 i 的 $1 之複利現值

期間 \ 利率	4%	6%	8%	10%	12%	14%	16%	18%	20%	22%	24%	26%	28%	30%	32%
1	.926	.943	.926	.909	.893	.877	.862	.847	.833	.820	.806	.794	.781	.769	.758
2	.925	.890	.857	.826	.797	.769	.743	.718	.694	.672	.650	.630	.610	.592	.574
3	.889	.840	.794	.751	.712	.675	.641	.609	.579	.551	.524	.500	.477	.455	.435
4	.855	.792	.735	.683	.636	.592	.552	.516	.482	.451	.423	.397	.373	.350	.329
5	.822	.747	.681	.621	.567	.519	.476	.437	.402	.370	.341	.315	.291	.269	.250
6	.790	.705	.630	.564	.507	.456	.410	.370	.335	.303	.275	.250	.227	.207	.189
7	.760	.665	.583	.513	.452	.400	.354	.314	.279	.249	.222	.198	.178	.159	.143
8	.731	.627	.540	.467	.404	.351	.305	.266	.233	.204	.179	.157	.139	.123	.108
9	.703	.592	.500	.424	.361	.308	.263	.225	.194	.167	.144	.125	.108	.094	.082
10	.676	.558	.463	.386	.322	.270	.227	.191	.162	.137	.116	.099	.085	.073	.062
11	.650	.527	.429	.350	.287	.237	.195	.162	.135	.112	.094	.079	.066	.056	.047
12	.625	.497	.397	.319	.257	.208	.168	.137	.112	.092	.076	.062	.052	.043	.036
13	.601	.469	.368	.290	.229	.182	.145	.116	.093	.075	.061	.050	.040	.033	.027
14	.577	.442	.340	.263	.205	.160	.125	.099	.078	.062	.049	.039	.032	.025	.021
15	.555	.417	.315	.239	.183	.140	.108	.084	.065	.051	.040	.031	.025	.020	.016
16	.534	.394	.292	.218	.163	.123	.093	.071	.054	.042	.032	.025	.019	.015	.012
17	.513	.371	.270	.198	.146	.108	.080	.060	.045	.034	.026	.020	.015	.012	.009
18	.494	.350	.250	.180	.130	.095	.069	.051	.038	.028	.031	.016	.012	.009	.007
19	.475	.331	.232	.164	.116	.083	.060	.043	.031	.023	.017	.012	.009	.007	.005
20	.456	.312	.215	.149	.104	.073	.051	.037	.026	.019	.014	.010	.007	.005	.004
21	.439	.294	.199	.135	.093	.064	.044	.031	.022	.015	.011	.008	.006	.004	.003
22	.422	.278	.184	.123	.083	.056	.038	.026	.018	.013	.009	.006	.004	.003	.002
23	.406	.262	.170	.112	.074	.049	.033	.022	.015	.010	.007	.005	.003	.002	.002
24	.390	.247	.158	.102	.066	.043	.028	.019	.013	.008	.006	.004	.003	.002	.001
25	.375	.233	.146	.092	.059	.038	.024	.016	.010	.007	.005	.003	.002	.001	.001
26	.361	.220	.135	.084	.053	.033	.021	.014	.009	.006	.004	.002	.002	.001	.001
27	.347	.207	.125	.076	.047	.029	.018	.011	.007	.005	.003	.002	.001	.001	.001
28	.333	.196	.116	.069	.042	.026	.016	.010	.006	.004	.002	.002	.001	.001	–
29	.321	.185	.107	.063	.037	.022	.015	.008	.005	.003	.002	.001	.001	.001	–
30	.308	.174	.099	.057	.033	.020	.012	.007	.004	.003	.002	.001	.001	–	–
40	.208	.097	.046	.022	.011	.005	.003	.001	.001	–	–	–	–	–	–

14A.4 年金現值表

n 期利率為 i 每期 $1 的年金現值

利率 / 期間	4%	6%	8%	10%	12%	14%	16%	18%	20%	22%	24%	25%	26%	28%	30%
1	0.962	0.943	0.926	0.090	0.893	0.877	0.862	0.847	0.833	0.820	0.806	0.800	0.794	0.781	0.769
2	1.886	1.833	1.783	1.736	1.690	1.647	1.605	1.566	1.528	1.492	1.457	1.440	1.424	1.392	1.361
3	2.775	2.673	2.577	2.487	2.402	2.322	2.246	2.174	2.106	2.042	1.981	1.952	1.923	1.868	1.816
4	3.630	3.465	3.312	3.170	3.037	2.914	2.798	2.690	2.589	2.494	2.404	2.362	2.320	2.241	2.166
5	4.452	4.212	3.993	3.791	3.605	3.433	3.274	3.127	2.991	2.864	2.745	2.689	2.635	2.532	2.436
6	5.242	4.917	4.623	4.355	4.111	3.889	3.685	3.498	3.326	3.167	3.020	2.951	2.885	2.759	2.643
7	6.002	5.582	5.206	4.868	4.564	4.288	4.039	3.812	3.605	3.416	3.242	3.161	3.083	2.937	2.802
8	6.733	6.210	5.474	5.335	4.968	4.639	4.344	4.078	3.837	3.619	3.421	3.329	3.241	3.076	2.925
9	7.435	6.802	6.247	5.759	5.328	4.946	4.607	4.303	4.031	3.786	3.566	3.463	3.366	3.184	3.019
10	8.111	7.360	6.710	6.145	5.650	5.216	4.833	4.494	4.192	3.923	3.682	3.571	3.465	3.269	3.092
11	8.760	7.887	7.139	6.495	5.938	5.453	5.029	4.656	4.327	4.035	3.776	3.656	3.544	3.335	3.147
12	9.385	8.384	7.536	6.814	6.194	5.660	5.197	4.793	4.439	4.127	3.851	3.725	3.606	3.387	3.190
13	9.986	8.853	7.904	7.103	6.424	5.842	5.342	4.910	4.533	4.203	3.912	3.780	3.656	3.427	3.223
14	10.563	9.295	8.244	7.367	6.628	6.002	5.468	5.008	4.611	4.265	3.962	3.824	3.695	3.459	3.249
15	11.118	9.712	8.559	7.606	6.811	6.142	5.575	5.092	4.675	4.315	4.001	3.859	3.726	3.483	3.268
16	11.652	10.106	8.851	7.824	6.974	6.265	5.669	5.162	4.730	4.357	4.033	3.887	3.751	3.503	3.283
17	12.166	10.477	9.122	8.022	7.120	6.373	5.749	5.222	4.775	4.391	4.059	3.910	3.771	3.518	3.295
18	12.659	10.828	9.372	8.201	7.250	6.467	5.818	5.273	4.812	4.419	4.080	3.928	3.786	3.529	3.304
19	13.134	11.158	9.604	8.365	7.366	6.550	5.877	5.316	4.844	4.442	4.097	3.942	3.799	3.539	3.311
20	13.590	11.470	9.818	8.514	7.469	6.623	5.929	5.353	4.870	4.460	4.110	3.954	3.808	3.546	3.316
21	14.029	11.764	10.017	8.649	7.562	6.687	5.973	5.384	4.891	4.476	4.121	3.963	3.816	3.551	3.320
22	14.451	12.042	10.201	8.772	7.645	6.743	6.011	5.410	4.909	4.488	4.130	3.970	3.822	3.556	3.323
23	14.857	12.303	10.371	8.883	7.718	6.792	6.044	5.432	4.925	4.499	4.137	3.976	3.827	3.559	3.325
24	15.247	12.550	10.529	8.985	7.784	6.835	6.073	5.451	4.937	4.507	4.143	3.981	3.831	3.562	3.327
25	15.622	12.783	10.675	9.077	7.843	6.873	6.097	4.467	4.948	4.514	4.147	3.985	3.834	3.564	3.329
26	15.983	13.003	10.810	9.161	7.896	6.906	6.118	5.480	4.956	4.520	4.151	3.988	3.837	3.566	3.330
27	16.330	13.211	10.935	9.237	7.943	6.935	6.136	5.492	4.964	4.524	4.154	3.990	3.839	3.567	3.331
28	16.663	13.406	11.051	9.307	7.984	9.961	6.152	5.502	4.970	4.528	4.157	3.992	3.840	3.568	3.331
29	16.984	13.591	11.158	9.370	8.022	9.983	6.166	5.510	4.975	4.531	4.159	3.994	3.841	3.569	3.332
30	17.292	13.765	11.258	9.427	8.055	7.003	6.177	5.517	4.979	4.534	4.160	3.995	3.842	3.569	3.332
40	19.793	15.046	11.925	9.779	8.244	7.105	6.234	5.548	4.997	4.544	4.166	3.999	3.846	3.571	3.333

作　業

一、選擇題

(　) 1. 當管理人員致力於了解為何完整的計畫不能產生預期現金流量時，管理人員必須考慮： (A)績效衡量和計畫評估 (B)現值分析 (C)差異分析 (D)執行資本預算決策的過程。

(　) 2.「承諾續擴」(escalating commitment) 是經理人制訂資本投資決策常出現之現象，下列敘述何者最能描述「承諾續擴」？ (A)經理人員通常對已出現損失跡象的投資計畫，不但不立即終止，反而傾向繼續投入更多資金 (B)經理人對於已出現獲利跡象之投資計畫，會傾向再投入更多資金加以擴展 (C)經理人不論對損失或是獲利性之投資計畫，都會傾向過度樂觀，而呈現過度投資之現象 (D)經理人不論對損失或是獲利性之投資計畫，都會傾向過度悲觀，而呈現投資不足之現象。【99 年高考】

(　) 3. 正確的資本預算分析可用下列何種方法？ (A)現金流量以名目貨幣來衡量，並且以名目利率決定折現率 (B)現金流量以名目貨幣來衡量，並且以實質利率決定折現率 (C)現金流量以實質貨幣來衡量，並且以名目利率決定折現率 (D)以上皆可。

(　) 4. 假設不考慮所得稅的影響，在決定是否購置新機器以汰換舊機器時，應考慮下列何者？ (A)舊機器的帳面價值 (B)舊機器的成本 (C)新機器的購置金額 (D)處分舊機器的損益。【104 年普考】

(　) 5. 有關資本支出之特性，下列何者錯誤？ (A)資本支出對未來之營運與成長具長期性影響 (B)資本支出通常金額龐大，且計畫一旦執行，所投入之資金即為沉沒成本 (C)資本支出所需資金應該以短期籌資方式籌措 (D)使用淨現值法評估資本支出之適當性時，應考慮貨幣的時間價值。【105 年高考】

(　) 6. 甲公司本年度有 $400,000 之稅前淨利，該公司所得稅率為 25%，權益資金成本率為 15%，資產總額 $1,200,000，長期負債 $400,000，流動負債 $200,000，經濟附加價值 $180,000，而長期負債與權益之帳面價值與市價相同。試根據上述資料計算長期負債之利率。 (A) 9% (B) 10% (C) 11% (D) 12%。【101 年高考】

(　) 7. 甲公司打算進行一項 $120,000 的投資方案，並估計此方案在五年內每年將增加淨現金流入 $50,000 (以名目貨幣衡量)。公司要求之實質報酬率為 12%，通貨膨脹率為 3%，所得稅率為 20%，試問此投資方案之淨現值？ (A) $12,952 (B) $24,192 (C) $46,190 (D) $60,240。【100 年會計師】

(　) 8. 在投資期間中的每一年有相同的折現率，這種假設適用於下列資本預算工具中的哪一種？ (A)淨現值分析 (B)內部報酬率 (C)還本期間 (D)會計報酬率。

(　) 9. 臺北藥廠擬購入一台價值 $1,000,000 的製藥機器，預期可使用 10 年，採直線法提列折舊，無殘值，預計所生產的新藥每年將增加現金流入 $150,000 (稅前)，設所得稅率為

20%，此投資計畫的還本期間為幾年？ (A) 8.33 (B) 7.14 (C) 6.67 (D) 5.00。
【105 年會計師】

( ) 10.關於評估長期投資方案時，下列敘述何者正確？ (A)還本期間法 (payback period method) 已考慮還本後的現金流量 (B)折現還本期間法 (discounted payback period method) 只能使用在每一期現金流量相同的情況下 (C)淨現值大於零的投資方案，獲利指數一定會大於零 (D)淨現值法 (net present value method) 與內部報酬率法 (internal rate of return method) 對於資金再投資的假設相同。 【105 年會計師】

( ) 11.有關資本預算決策的收回期限法，下列敘述何者錯誤？ (A)此種方法之下應選擇較早回收資金之方案 (B)此種方法認為投資額回收期間的長短，可顯示風險程度之大小 (C)此種方法計算簡單，而且考慮貨幣的時間價值 (D)此種方法也適用於投資計畫的現金流量不穩定或不均等情況。 【104 年普考】

( ) 12.有關資本支出決策常用的回收期間法，下列敘述何者正確？①使用回收期間法可能造成選擇內部報酬率較低的投資方案②回收期間法不考慮投資回收以後的現金流量③回收期間法只有在每一期的現金流量相同時才能使用 (A)僅①② (B)僅①③ (C)僅②③ (D)①②③。 【106 年高考】

( ) 13.某機器之取得成本 $37,500，採直線法提列折舊，預期在未來五年每年產生現金收入 $12,000 及現金費用 $3,000，無殘值。若要求報酬率為 12%，投資該機器之淨現值最接近下列哪一選項： (A) $(5,757) (B) $(5,057) (C) $32,457 (D) $43,257。
【103 年普考】

( ) 14.下列何種情況下，投資者應拒絕投資計畫之執行？ (A)淨現值大於零 (B)獲利力指數大於 1 (C)折現收回期間短於投資計畫年限 (D)投資報酬率小於必要投資報酬率。
【105 年普考】

( ) 15.有關內部報酬率法與淨現值法之敘述，下列何者錯誤？ (A)內部報酬率法係以內部報酬率為折現率 (B)內部報酬率係指以回收之資金再投資之報酬率 (C)淨現值法係以資金成本率為折現率 (D)內部報酬率法與淨現值法兩者皆考慮貨幣的時間價值。
【106 年普考】

( ) 16.假設公司以投資報酬率衡量事業部的績效，目前事業部的投資報酬率是 10%，公司要求之必要報酬率 (required rate of return) 是 8%，若事業部經理追求部門績效極大化，對以下三個投資方案，您對事業部經理的建議為何？

方案	營業淨利	營業資產
A	$44,000	$400,000
B	70,000	800,000
C	30,000	600,000

(A)三個方案都接受 (B)接受 A 與 B 方案 (C)接受 A 與 C 方案 (D)只接受 A 方案。

( ) 17. 三點估計法不包括下列哪一點預測？ (A)悲觀的預測 (B)最好的預測 (C)最可能的預測 (D)樂觀的預測。

( ) 18. 資本預算決策涵蓋期間較長，故計算投資計畫之淨現值 (net present value, NPV) 時必須考慮物價波動因素。下列敘述中，那一項正確？ (A)會計資訊皆以名目貨幣表達，故計算 NPV 時，應以名目貨幣衡量現金流量，並使用實質利率來折現 (B)計算 NPV 時，若以名目貨幣衡量現金流量，並使用名目利率來折現，將低估 NPV (C) (1 + 實質利率) = (1 + 名目利率) × (1 + 通貨膨脹率) (D)實質利率包含無風險利率與風險溢酬 (risk premium) 【106 年會計師】

( ) 19. 利用放棄價值的觀念於資本預算決策時，何時應停止資本預算計畫？ (A)盈餘出現虧損時 (B)淨現值出現負數時 (C)放棄價值出現負數時 (D)淨現值小於放棄價值時。

( ) 20. 市場占有率差異 (market-share variance) 最有可能受到下列何項因素之影響？ (A)通貨膨脹率 (B)市場規模之變動 (C)整個產業景氣之好壞 (D)管理者相對於競爭對手的績效表現。 【100 年高考】

二、練習題

E14–1 甲公司上年度普通股利為 $100，預期未來三年股利將按 10% 成長，假定第一年後支付第一次股利。

試作：

1. 未來三年每年預期股利各是多少？
2. 此三年股利之現值共多少？(假設折現率 8%)

E14–2 布朗公司經理正在評估一項需要原始投資額 $7,500 的計畫，預估此計畫於五年內的淨現金流量如下：

年 份	預估淨現金流量
1	$3,000
2	2,700
3	2,400
4	2,700
5	3,000

布朗公司經理使用還本期間法來評估投資計畫。

試作：

1. 如果布朗公司經理要求三年回收投資額，在此要求下是否可接受此計畫？
2. 如果布朗公司經理要求二年半回收，是否可接受此計畫？

E14–3　設甲公司有一投資方案，投資為 $5,000，期限三年，每年稅前現金淨流入各為 $2,000、$3,000、$4,000，且該投資案採直線法計提折舊，殘值為 $200，稅率 17%。試計算該方案之會計報酬率。

E14–4　亞洲公司董事會正考慮是否購買一項新設備，其購買成本為 $180,000，而準備工作需花費 $50,000，耐用年限為十年。董事會雇用了一位顧問，他估計此新設備將可使營運成本每年減少 $40,000。為了融資此設備計畫，亞洲公司向政府申請年利率 6% 的低利貸款。
試作：新設備的淨現值，並建議董事會應否核准此計畫。

E14–5　陳國昌是柏格公司的經理，他正在評估一項原始投資為 $192,681 的計畫。這項計畫預期在未來六年內，每年年底可以增加現金淨流量 $45,000。
試作：
1. 求出此項計畫的內部報酬率。
2. 如果柏格公司可以承擔內部報酬率為 15% 的計畫，那麼陳國昌應否建議採納此計畫？

E14–6　太古公司正考慮採用新生產方法，可減少原料成本 $90,000，預期這個新方法可節省人工與製造成本 $80,000。這個方法所需的新設備將花費 $400,000。為了租稅上的目的，將採直線法提列折舊，十年後無殘值。所得稅稅率為 17%。(此題折現率為 10%)
試作：
1. 計算此投資計畫每年的淨現金流量。
2. 此投資可賺取 18% 的稅後報酬率嗎？

E14–7　凱城傳播公司的管理階層正在評估一個五年的資本計畫。預計從第一年到第五年的年底，每年可獲得 $15,600 的現金流入，其原始的支出為 $53,682。凱城公司管理階層使用現值分析及 9% 的折現率。管理階層較憂慮的是每年估計的現金流入量可能太高，或其原始支出的估計可能太低。
試作：
1. 若使用管理階層每年所估計的現金流入量及原始的支出，此計畫的淨現金流量為多少？
2. 若每年現金流入量為 $15,600，且計畫的淨現值為零，原始的支出應為多高？
3. 若此計畫的原始支出改為 $53,682，計畫的淨現值為零，每年現金流入量能多低？

E14–8　教育局局長正考慮要購買一部價值 $100,000 的新電腦。根據成本資料指出，購買後八年內此新電腦每年可節省 $30,000 (以實質貨幣衡量)。實質利率 22%，通貨膨脹率 10%。由於是政府的組織，因此教育局不用支付租稅。
試作：
1. 編製一以實質貨幣衡量的現金流量表。內容包括原始取得成本及往後八年所節省的成本。
2. 利用以實質貨幣衡量的現金流量來計算即將購置電腦的淨現值(實質折現率等於實質利率)。

E14–9　甲公司剛購買一設備，成本 $25,000，可使用五年，預計每年可帶來的現金流量（包含折舊）及放棄價值（稅後處分價值）如下：

年　份	現金流量	放棄價值
1	$6,500	$23,000
2	6,500	18,000
3	6,500	13,000
4	6,500	10,000
5	6,500	4,000

試作：該設備最適使用年限為何？(資金成本 10%)

Memo

15 數位科技決策考量

學習目標

1. 知識管理系統
2. 人工智慧
3. 區塊鏈
4. 金融科技

科技提供優質服務

臺灣星巴克股份有限公司是由美國 Starbucks Coffee International 公司，與臺灣統一集團旗下統一企業、統一超商三家公司合資成立，共同在臺灣開設經營 Starbucks Coffee 門市。星巴克經營特色是提供消費者高品質的咖啡，門市設計有書香和咖啡香的氣氛，成為顧客在居家與辦公室之外，第三個品嚐咖啡的好去處。

星巴克行動 APP 與消費者保持緊密的訊息互動，由此應用程式得知星巴克行銷活動訊息、查詢星巴克門市、商品等資訊，並提供星禮程會員進行星禮程交易與星星、回饋查詢。當顧客所獲得的星星數累計達到等級資格時，消費者可享有該等級的回饋項目。除了咖啡相關產品，顧客可透過星巴克網站上的線上購物專區做聯結，在線上購買商品。

不只賣咖啡產品，星巴克更像一間科技公司。從 2009 年星巴克行動 APP 開始使用，星巴克運用科技和大數據分析，創造個人化服務來抓住顧客的想法。星巴克上海旗艦店在 2017 年開幕，也是 Starbucks 目前全球最大門市，此店讓顧客有如走進星巴克咖啡奇幻樂園般。從星巴克的經營模式分析，隨各個門市的位置特性而設計不同的營運方式，有傳統的咖啡館和數位時代的時尚消費平臺，可以吸引不同的消費族群上門。

星巴克股份有限公司 https://www.starbucks.com.tw

引 言 introduction

在破壞式創新時代，會計資訊如何在創新過程中給決策者使用，成為值得重視的議題。因此，會計人需要了解在創新過程中，會計在形成決策過程中的功能。例如，資訊業新軟體版本開發計畫，在創新過程中面臨各種可行方案時，成本與效益分析訊息扮演著關鍵的角色。藉此，讓決策者評估創新各個階段的可能結果，以決定目前階段創新計畫的持續、改善或結束。

會計資訊的使用，影響現在和未來的經濟行為。新時代給會計專業帶來了新的挑戰與機會，因為涉及影響會計數據分析在決策過程的應用。在創新過程中，決策者需要尋找臨時或正式解決方案，會計資訊在這些程序中能提供參考訊息，有助於創新項目的評估決策。本章介紹一些新興議題，包括知識管理系統、人工智慧、區塊鏈與大數據、金融科技，以深入淺出的方式來說明每個主題和相關議題。決策者在數位科技投資、策略規劃、執行方案等決策考量時，本章內容可給予讀者清楚的會計與科技相關觀念。

章節架構圖

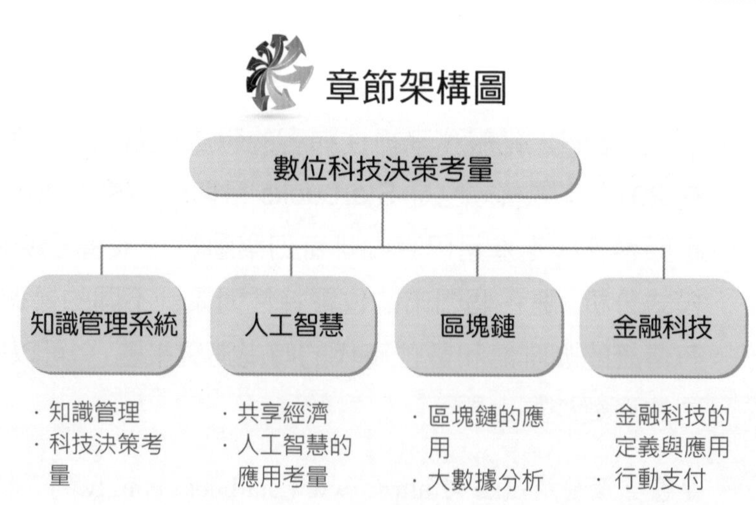

15.1 知識管理系統

自從電腦普及使用後，組織管理者每天收到過多的訊息，使得決策者面臨**資訊超載** (information overload) 的問題，因人的腦容量趕不上吸收大量資料，往往造成決策者收到太多資訊而不易找出重點。造成資訊超載的原因，可分析如下五點：(1)個人因素——有人隨時間不同而有不同的結果，例如上午閱讀資訊的能力比其他時間好；(2)資訊特性——人的理解情況可能隨資訊的難易程度而不同；(3)工作因素——面臨繁忙工作，決策者可能收到太多種類的訊息而不易聚焦；(4)組織設計——團隊決策方式會造成多方意見而不易有共識；(5)資訊科技——由於科技進步造成每天自動產生很多訊息，例如不時收到電子郵件和簡訊。因此，決策者需要知識管理系統，來幫忙處理資訊超載問題，以及提升決策品質。

 *15.1.1* 知識管理

在變化快速的經營環境，知識就是力量。尤其在知識經濟時代，針對決策問題的解決，企業要能蒐集、整理、分析資訊，才能對價值創造產生貢獻。**知識管理** (Knowledge Management, KM) 包括一系列組織內部定義、創建、傳播、採用新的知識和經驗，從組織的智慧和知識資產來產生價值。這些知識和經驗可以是個人知識，以及組織中作業流程的執行結果。

有關知識管理的四個目標，分別敘述如下：(1)創造知識庫——亦即建立組織知識圖書館，可包括內部研究成果、其他單位報告和經營環境分析等；(2)方便知識的存取——知識要分享才有價值，因此知識庫的設計，要使組織內人員在權限範圍內，方便存取決策所需的訊息；(3)強化知識環境——利害關係人有責任建立環境，有助於創造和分享知識，才有執行參與式管理、360 度績效評估、分權管理等項目。基本上，創造知識分享環境是一個組織文化的議題；(4)知識視同資產——資產在會計學定義為可創造未來經濟效益，知識可能為組織創造未來價值如同資產。但是，在財務報表上沒有「知識」的會計項目，可能歸到其他有形資產或無形資產。有關建立**知識管理系統** (knowledge management system)，有下列 7 個步驟：

(1)創造一個組織文化，用以支持知識分享與發展的想法，高階主管透過政策、行動、文字的支持是首要工作。

⑵定義知識管理可達成的組織目標，例如業務部門執行知識管理有助提高顧客滿意度的目標。

⑶執行知識稽核，用以辨識組織基礎內重覆與落差的部分。

⑷建立**知識地圖** (knowledge map)，說明各個知識的內容和彼此之間的相關性，有助於事後的知識稽核，例如調查顧客對產品的滿意度是否與公司事前預期目標相符。

⑸發展知識管理策略，還要連結相關配套措施，例如公司要增加產品的市場佔有率，就要定期收集銷售資料和顧客意見調查資料作分析，以評估策略目標的達成程度。

⑹外購或自建合適的工具，用來收集、分析、分類和傳播知識。例如公司運用條碼機和資料庫來收集資料，採用迴歸和數量方法來分析資料，以會議和電子報來傳播知識。

⑺定期評估知識管理系統的價值和做必要的調整，如同執行 COSO 內部控制的第五大要素「監督作業」，檢視實際結果與預期目標的差異。

實務應用　多功能的機器人

美國勞氏公司 (Lowe's) 主要銷售五金百貨與家電產品，是美國第十五大、世界第三十四大的零售商，在美國 40 個州擁有約 700 家商店，銷售近 40,000 種商品，為滿足每一位客戶的家庭裝修需求項目。於 2016 年 8 月 Lowe's 在美國加利福尼亞州舊金山灣區的 11 家商店，推出零售服務機器人 (LoweBot)。

此智慧型機器人為消費者提供便利的購物體驗，簡化尋找產品的過程，為他們提供個性化服務。顧客可在機器人螢幕上輸入要找的產品名稱，機器人會顯示出該項產品的位置和相關資料，還可以進一步帶顧客到正確的貨架位置。另外，智慧型機器人還可協助管理後端貨品資料，有助於公司員工的庫存管理。

參考資料：美國勞氏公司 http://www.lowes.com/

 *15.1.2* 科技決策考量

一個系統在開發決策訂定之前，系統需求要經過一定的審查過程；待審查機制

完成後，執行階段要依據已通過的計畫來務實執行，中間如有發生偏差要盡快處理；最後階段是測試、驗收，通過前二項後要安排適當的教育訓練計畫。這些決策過程的步驟，在數位科技投資決策也是要執行。有些新系統開發為降低失敗風險，可按模組創建系統模組，直至系統完成為止。

在**會計循環** (accounting cycle) 中，依序包括原始憑證的收集、登錄日記帳、過帳到分類帳、編製試算表、做調整分錄、調整後的試算表、編製損益表和資產負債表、做結帳分錄、編製結帳後資產負債表的程序。如圖 15.1 的**知識創造** (creation of knowledge) 所示，知識創造過程，由原始的**資料** (data) 經過收集、整理和分析，形成比較具體的**資訊** (information)，再匯集和統整成為**知識** (knowledge)。

圖15.1　知識創造

依據會計循環的步驟，原始憑證的收集和登錄日記帳，就是在收集、整理和分析原始資料；在過帳到分類帳、編製試算表、做調整分錄、調整後的試算表的部分，每個步驟產生不同的資訊，例如每個分類帳顯示一個會計項目的期初餘額、增減變化、期末餘額；編製損益表和資產負債表後，每個財務報表展示不同的知識，例如損益表列報一段期間的收入、支出和營運結果的盈或虧。

企業可善用不同的科技，來達成知識創造的全部程序。以銷售作業為例，從櫃臺刷商品條碼開始就啟動「銷售循環」的資料收集，資訊系統自動會連結關聯性資料庫，把現金（或應收帳款）、銷貨收入、銷貨成本、存貨等相關會計項目都會隨交易行為而更新各個系統的資訊，再彙整的編製該段期間財務報表系統以產製相關的營運知識。

數位化營運是現代組織發展的趨勢， 企業經營者需要更有**創意思考** (creative thinking)，以跳脫框架且創新點子的非傳統知識和技能的思維方式，來從事決策過程，創意思考包括(1)辨識：找出問題、相關資訊和不確定因素；(2)探索：解釋和統整資訊；(3)排序：把考慮、選擇和導入解決方案的考量因素，依優先順序排列；(4)構想：思考解決方案的限制，以及使用資訊來告知未來的決策。

以創意思考方式，來考量數位科技投資決策，可參考圖 15.2 的**數位三角** (digital

triangle) 的架構，包括**經紀人** (agent)、**基礎工程** (infrastructure)、**應用程式** (application) 三大要素。把數位三角架構應用到金融科技的情景，人工智慧扮演著經紀人的角色，依據決策者的指示，來下達指令給負責基礎工程的區塊鏈，同時決定如何啟動應用程式的金融科技，讓數位三角的三大要素一起來協同合作，共同達成決策者所交付的任務。

在此，以銀行函證寄送作業為例，說明數位三角的應用。扮演人工智慧（經紀人），收到審計人員（決策者）要做銀行函證工作，去下達指令給區塊鏈將審計人員要寄給銀行函證表的寄出收據加密後送出。銀行收到函證表，再運用金融科技（應用程式）來檢視帳戶餘額是否正確？如果資料正確，人工智慧再把驗證後的銀行函證表的回函收據加密後送回給審計人員，完成銀行函證作業。

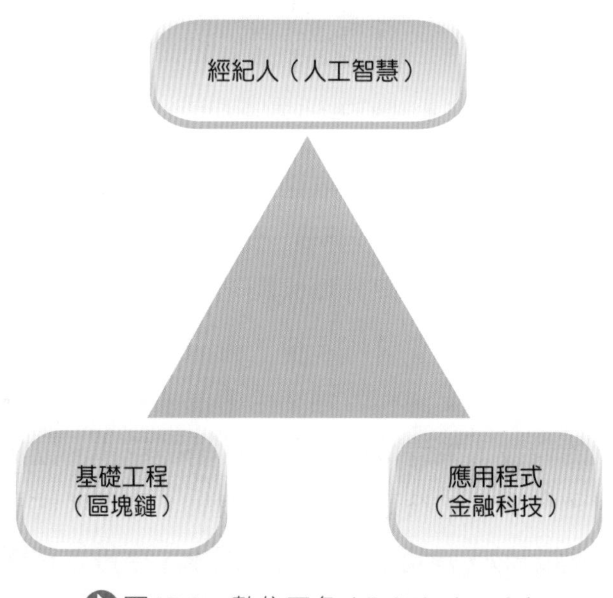

圖15.2　數位三角 (digital triangle)

銀行函證是會計師查核企業財務報表「銀行存款」和相關會計項目時，審計人員向金融機構的詢函，驗證被審計單位會計記錄所載銀行存款相關帳戶餘額與攸關資訊的重要程序。現行實務上，採人工紙本及郵寄方式。隨著網際科技及電子商務發展，電子函證平臺便孕育而生。原本一份紙本函證的來往處理需要 20 多天的時間，使用電子函證只需 1 至 3 天，充分發揮省時又有效率的功能。

另外，**資訊安全** (information security) 為保護資訊及資訊系統，資料內容不會受到未經授權的進入、使用、揭露、破壞、修改、記錄及銷毀等行為之影響。因此，資訊安全必須有專責單位負責或人員，定期與不定期執行資訊系統對資料輸入、處理、輸出的安全管制政策的檢視；如有發現異常問題，要有即時處理問題的能力。尤其是個人資料保護法與智慧財產權法受到各界的重視，保護機密的資訊是政府、企業、一般組織的要求，並且道德和法律上的需求。為保障資訊安全，通常要求有資訊來源認證、存取控制，不能有非法軟體駐留，以及不能有未授權的操作等行為。

組織建置適當的資訊系統，以保障資訊資產的安全，要包含資訊安全的組成三要素：

⑴機密性：適當保護資訊機密，並讓資訊可以合法使用。

⑵完備性：維持資訊資產內容的正確與完整。

⑶可用性：確保資訊系統能隨時提供使用。

15.2 人工智慧

共享經濟的知名成功案例，如 Uber 乘車分享服務，使擁有自己車輛的人，能夠為消費者提供搭乘服務，根據乘坐時間進行收費，透過手機和 Uber 的後端系統來處理叫車、收費和後臺服務。此外，還有 AirBnB 使用互聯網，來匹配想要租房的旅客與出租房屋的人，透過網路平臺來預約旅館訂房與收費手續。這種商業模式，使得消費者與賣家透過網路平臺來聯繫，不必經過傳統的中間人作轉介服務，自然減少服務費用，且加速服務訊息的傳遞。再者，雙方只要使用行動裝置，加上有人工智慧的網路平臺，就可以完成交易的預約聯繫、任務執行和帳務處理工作。在今天各國經濟都不景氣的時代，共享經濟發展是日益發達。

15.2.1 共享經濟

近幾年，出現**共享經濟** (sharing economy)，是一種共用資源與人力的社會運作方式，其包括不同個人與組織對產品和服務的創造、生產、配送、銷售和消費的共享模式。共享經濟的現象由來已久，尤其現代科技發達和應用普及，創造出一些新的商業模式，讓消費者能在網上貨比多家來增加購買選擇機會，自然增加數倍的買家與賣家。例如大學圖書館界的館際合作計畫，各校圖書館透過館際合作平臺，為讀者借還自己館藏沒有典藏的出版品。如此，各種類型圖書館藉著共享經濟的「館際合作計畫」，可以豐富各校的圖書館藏，同時滿足讀者多元的需求。

有時，共享經濟也稱為「協同消費」或「協同經濟」，在整體經濟景況較好的時候，人們共享的意願可能會降低。但是，在經濟不景氣的期間，共享經濟具有潛在的發展。基本上，共享經濟的概念是圍繞著對未使用資源的解鎖，促使閒置項目有再分配的機會；讓需求者得以較低的代價借用資源，同時讓資源持有者獲取一些回饋。這種共享經濟的交換模式，可達到一舉雙得之目的。尤其在社群媒體與行動裝置的助力下，共享經濟藉著科技來幫助這些人聚在一起，讓人們的新想法成真，更加速共享經濟的發展。

 *15.2.2* 人工智慧的應用考量

人工智慧 (Artificial Intelligence, AI) 亦稱人工智能或機器智慧，是指由人類製造出來的機器人，表現出來的人類智慧。機器人從傳統的操作人類所不願從事的重覆性工作，轉變為具有人工智慧的智慧型機器人。當人工智慧系統 AlphaGo 戰勝九段圍棋高手的那一時刻，讓人類開始擔心機器會取代很多人力操作；甚至有些職業會被自動化技術取代，造成結構性失業的問題。因此，企業經營決策者必須決定智慧型機器人所應該扮演的角色，並且人類需要學習如何與機器人溝通與合作完成任務，這樣的應用就是人工智慧的典型代表。

人工智慧讓機器具備和人類一樣的思考邏輯與行為模式，發展過程包括學習、感知、推理、自我校正，以及如何操縱或移動物件等。人工智慧發展的領域包括語音辨識、電腦視覺與**專家系統** (expert systems) 等。運用**基因演算法** (genetic algorithm)，人工智慧能保留較佳結果的輸入值，並不斷地重複配對測試，直到求得最佳解為止。人工智慧可以變更商業模式與營運流程，以及可能從根本上改變業務方式，來創造新的營運方式。

對於企業決策者來說，人工智慧主要是提高營運效率，可以消除無效率工作，也會從根本上改變工作流程。從長遠來看，可能創造新的就業機會，使得營運模式、合作方式和企業結構將受到影響。隨著人類提供機器人更多的學習模式和數據資料，機器人經過**深度學習** (deep learning) 使其能力逐漸提高，慢慢地進入每個行業的每一個角落。如此，機器人可以模仿人的動作，具有更高的精準度且不會變得疲憊。例如，機器人越來越多地在組裝線上工作，還可協助業務人員進行業務處理，並且

直接與客戶進行互動。

雖然智慧機器人的能力正在增加，而且成本下降。但是某些企業今天可能不會採用智慧機器人，原因有很多，其中包括：(1)法令規範的問題，例如無人駕車在發生車禍時，理賠責任的歸屬困難，因為沒有肇事者的存在，法律無法給予判刑和處罰。(2)勞工失業的問題，例如在裝配線上的智慧機器人取代作業員，對工會組織造成挑戰。(3)高額的新系統成本和維護費用，智慧機器人的開發成本和維護費用，會隨著科技不斷地提高，有時可能會令企業決策者望而卻步。人工智慧未來應用包含人臉、語音及圖像辨識、**大數據** (big data) 分析、機器語言翻譯及自我深度學習等，尤其對於金融業有顛覆性的影響。

15.3 區塊鏈

任何共享經濟應用，所面臨的一個大問題是彼此「信任」。尤其大家是在網路溝通交易訊息，如何確保買賣雙方都是秉持著誠信原則？因此，交易過程中需要使用密碼和確信機制，在共享經濟網絡中建立信任。區塊鏈有潛力成為建立買賣雙方彼此信任的客觀要素，透過區塊狀分析和分散式信任的應用，在電子商務等行業，建立在買賣雙方之間提供信任的商業模式。這是共享經濟和區塊鏈的應用機會，可以廣泛地擴展到現在所有的經濟活動，甚至可擴及非營利的社會服務活動。如此，共享經濟和區塊鏈運作模式，至少可活化一些閒置資源，達到「多人分享、多人受益」的目標。

15.3.1 區塊鏈的應用

區塊鏈 (block chain) 的核心概念，就是一本「公開且無法更改的記帳本。」這本帳本公開在網路上，由多人共同維護；雖然帳本公開，但是也能讓人有隱私，能藉由少量的資料傳輸、或是低廉的成本，完成交易或是傳遞訊息。從會計的觀點來看，區塊鏈是分佈式的分類帳，覆蓋對等網絡中的所有事務；此外，比特幣和其他加密貨幣的技術與區塊鏈並行運作，它有可能破壞既有各種各樣的業務流程。基於這些特性，創新者可以就此延伸和想像各種可能情況。

從區塊鏈所發展出來的共享分類帳和資料庫，核心要素包括分散式共享帳簿、智能合約、共識演算法、保存隱私等項目。區塊鏈的交易資訊，具有隱私安全性，主要是利用密碼學非對稱式公鑰和私鑰。區塊鏈會受各界的重視，與圖 15.3 所示《區塊鏈革命》的專書出版有關，作者是唐・泰普史考特 (Don Tapscott) 和其兒子亞力士・泰普史考特 (Alex Tapscott)；這是一本預言書，內容對區塊鏈技術的應用做出各種想像。

圖15.3　《區塊鏈革命》作者之一：唐・泰普史考特

有關區塊鏈應用的趨勢，在 2016 年被普華永道列為重要的有三項：(1)老牌公司專注於保護他們的知識產權，因為他們與客戶、供應商和競爭對手，皆在探索新的合作機會；(2)大型金融機構需要訂定科技風險參數的策略性計畫；(3)市場參與者將啟動開發圍繞交易層的新流程。如圖 15.4 所示，區塊鏈運作方式，包括下列三項：

(1)每個區塊相連才是有效的區塊，並且上面的資訊不能被竄改，才能被「信任」。
(2)區塊鏈是開放且加密架構，大家都看得見且資料具安全性，才算是「透明」。
(3)運算平臺是由參與挖礦自願者的電腦所組成，是一種分散式資料庫存取，沒有中央資料庫介入，也就是「去中心化」。

區塊鏈可能會導致金融服務業的一些現有業務消失，包括跨行轉帳、存戶開戶、投資理財等。有些金融機構已經開始意識到下一代業務流程的變革，著手在結構上改變客戶、競爭對手和供應商之間的業務往來作法。將區塊鏈納入交易的流程，金融科技將從臨櫃作業重點轉向包括更多的網路交易業務。金融機構使用「公共分類帳」，將繼續和營運基礎設施作整合，區塊鏈從此而崛起且會持續發展。

區塊鏈能被廣泛應用到金融、製造、零售服務等產業，因為區塊鏈有下列四大構成要素：

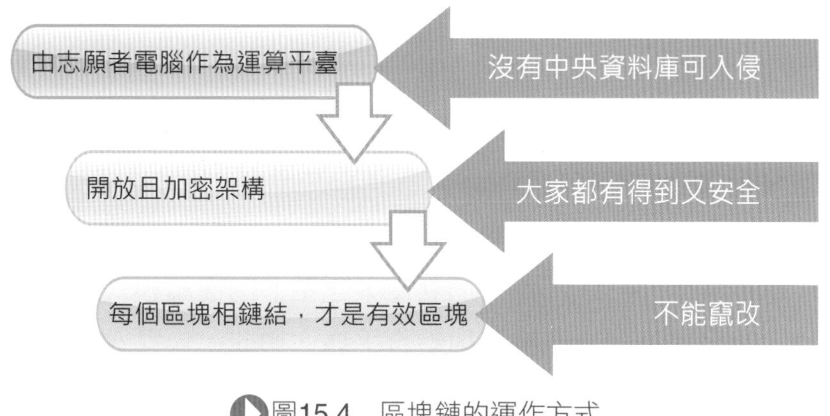

圖15.4　區塊鏈的運作方式

(1)共享帳簿

共享帳簿是一個去中心化、分散式紀錄、公開透明的共享大型網路帳本，分散儲存於多個網路節點中，並非儲存在單一的中央個體。共享帳簿所有節點上所發生的交易數據，會壓縮成**區塊** (block)；再和全部的節點複製共享，形成一串**鏈** (chain)，以記帳方式來永久記錄參與者所有交易行為。由於所有節點都會複製交易數據，無法在單個節點上偽造篡改數據或歷史紀錄。每次紀錄更動都是外加在舊有紀錄上，並且所有節點可以共同驗證共享帳簿數據的正確性，以及可追蹤性高。

(2)隱私安全

密碼學是保護區塊鏈資料庫數據準確性及保密性的主要核心項目，雖然區塊鏈技術會自動記錄交易參與者的所有行為；但是，交易參與者無須將個人資料與交易資訊連結在一起。同時，參與者要求其具有隱私權，可以指定哪些交易資訊可被授權對外公開，哪些交易資訊則不行。

(3)共識演算法

區塊鏈的共識演算法，只要某一參與者發起交易時，所有參與者都會在第一時間收到交易資訊，並經由共識演算法來決定誰可以驗證這筆交易。因此，紀錄是要經所有參與者同意與認證，以完整、不可篡改的方式來紀錄交易的全部過程。在驗證過程中的交易資料會被打包至區塊裡，並透過嚴格的密碼學規則來保護。如果區塊中的資料遭到篡改或不符合密碼學規則時，該區塊便會失效，無法完成交易驗證。

(4)智能合約

將交易合約中的交易條款或商業規則，用編碼方式寫入以區塊鏈為核心的交易紀錄上；在交易環節中適時的執行，確保**智能合約** (smart contract) 內容的各項條款都會被遵守。

15.3.2　大數據分析

工業 4.0 是德國政府提出的一個高科技製造策略計畫，目的是應用網際網路和人工智慧等新技術來造成高度自動化，大量降低勞動力。近年來，工業 4.0 促成製造業生產線資訊數據化，對製程良率和品質改進方面皆有正面影響。銀行業正邁向無人化服務的「Bank 4.0」時代，「銀行服務融入生活」的商業模式啟動；尤其「行動支付」的應用，讓各產業建立一系列的整合平臺。如此，使得雲端運算的功能日益重要。在這種環境下，決策者需要會計資訊提供即時的價值分析訊息。

如圖 15.5 列示，會計資訊在不同的版本所產生的不同影響範圍。會計 1.0 為傳統的借貸法則和會計循環，主要是在傳統的會計帳務處理和財務報表編製。會計 2.0 包括基本的會計套裝軟體和 Excel 電子試算表，所產生的會計資訊可用在課責性和財務面的內部控制，可強化績效控管的功能。會計 3.0 係指運用**企業資源規劃** (Enterprise Resource Planning, ERP) 系統，財務會計和管理會計系統連結銷售、生產、人力資源、專案管理等系統，形成一個整合性系統，所產生的資訊可用在組織治理、風險管理、內部控制、內部稽核等方面的決策。會計 4.0 是把會計資訊系統連結其他的相關系統，再加上**互聯網** (internet) 和**物聯網** (internet of things) 來連結更多的領域，可運用到雲端計算和大數據分析。

有關大數據資料庫的資料收集和存取安全性，盡量採用自動化的方法處理。例如，製造商使用條碼識別零件，可容易且快速記錄零件的進出異動；採用資料庫接觸控制，可以防止未經授權而擅自更改線上記錄。

雲端計算是將計算透過網路，交由遠端機器來執行。雲端計算的特色，包括資源虛擬化、資源共享、資源容易擴充、依需求量提供資源等。隨著網路的普及和雲端運算的發展，大數據的取得與分析，為人們帶來新的思維，顛覆了許多領域的理解與運作模式。

可結合大數據分析和生物辨識的應用，例如大賣場以臉部辨識技術來觀察客戶對數位看板播放內容的反應，推測客戶的喜好程度。可從電子商務、社交生活、健康醫療、到教育學習等方面，體會出破壞式創新與傳統經營模式的差異。因應資訊科技與數位金融的演變，會計人需要認知時代的變遷，對會計與科技有新思維，以及提出符合時代潮流的因應方法。

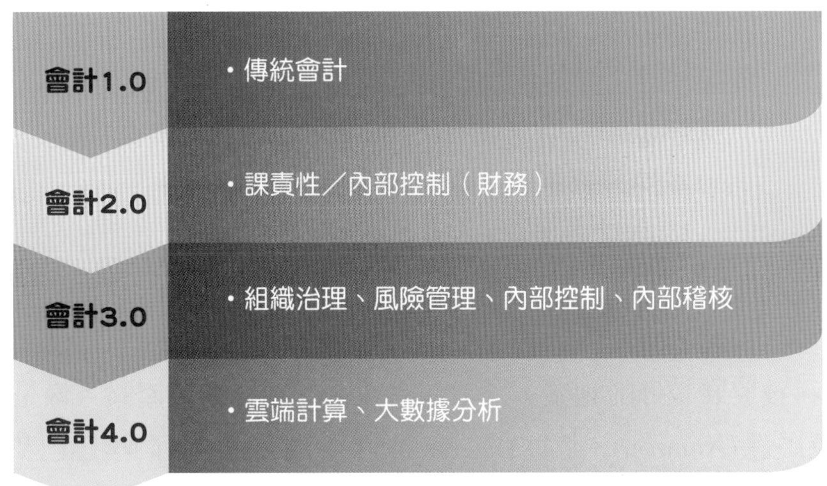

圖15.5　會計 1.0 至會計 4.0 資訊應用範圍

15.4 金融科技

金融業的服務流程，透過網際網路和資訊系統的功能，所創出新的金融服務方式，就是**金融科技** (FinTech)。“FinTech” 是由**金融** (financial) 及**科技** (technology) 組合而成的一個專有名詞，金融科技服務不是只將原本銀行的各項功能數位化，也能將其他應用服務帶進金融業的範疇，發展出新形態的金融服務。有關存錢、提款、理財、支付、繳費、貸款等項目，過去必須實際到銀行實地辦理；未來只要在行動裝置上操作，不用親自跑到銀行，就能完成大部分的金融業務。新興數位金融服務崛起，金融業積極跨業合作，以整合電子商務的物流、金流、資訊流。

15.4.1　金融科技的定義與應用

金融科技體現了金融服務與資訊科技的創新，所涵蓋的範圍可以指新創公司、科技公司，甚至是傳統資訊服務商。金融科技服務範圍的界線模糊不清，資訊科技和金融服務開始互相融合。隨著客戶在網路購買商品或服務，金融機構就要有金流服務的機制來配合客戶銷售作業。如圖 15.6，美國麻省理工學院 (MIT) 定義金融科技包括四個主題：金錢與支付、市場、基礎設施、市集，亦即金融科技要有支付行為、供需市場、電子交易平臺設施、電子交易市集等主要元素。

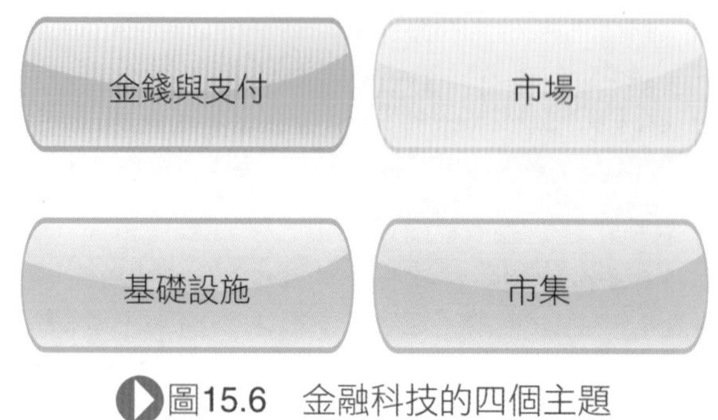

圖15.6　金融科技的四個主題

在金融科技發展較好的地區，通常都有很強的新興網路產業，像是美國的谷歌(Google)、亞馬遜 (Amazon)、臉書 (Facebook)，中國有百度、阿里巴巴和騰訊，這些網路新興公司對消費者生活的穿透力很強，運用大數據分析來規劃有效的網路行銷，電子商務的業績蒸蒸日上。

 *15.4.2* 行動支付

金管會推動「電子支付倍增計畫」，其中計畫項目之一，即為行動支付的應用。就目前我國情況，行動支付服務有 Taiwan Pay、Apple Pay、LINE Pay、Samsung Pay、Android Pay 等陸續提出。讓客戶更快體驗到創新科技的便利性，同時思考便利性與保密性，兩者往往是相衝突的。因為要便利就要快速，但太快對保密工作就不易做好。

為顧及付款方式的方便性和正確性，消費者最好一支手機只選擇一種行動支付的方式，因為每種行動支付要配合手機來使用。雖然，同一手機也可採用不同的行動支付服務，但要在同一手機為配合消費行為來隨時切換支付方式很不方便，這對有些人可能造成支付錯誤，反而得不償失。

目前不同的行動支付方式，各家服務供應商有不同的作法。有行動支付服務廠商，推出專門為 QR Code 所量身訂作的「特定行動支付收款平臺 APP」。如此，行動支付公司所扮演的角色，將從「支付方」，進一步雙向延伸到「收付方」。

第三方支付 (third-party payment) 係指由第三方業者居中於買家與賣家之間，進行收付款作業的交易方式。有關第三方支付，具有信用中介的角色，在消費者、賣家和銀行間建立支付的功能、以網路為基礎；但是，第三方支付不可能完全取代銀行的功能。目前主要的第三方支付平臺，包括支付寶 (阿里巴巴)、PayPal、微信支付 (騰訊)。

有些組織使用電子資金轉帳來支付供應商，而不是簽發支票。針對與簽發支票相關的風險，係屬風險管理技術之一「避免」方式。另外，為控管未授權者直接連接到電腦主機，可由系統自動關掉不常使用的帳戶，才不會讓外人接觸無人看守的數據終端機。

實務應用　數位金融服務

因應數位化趨勢，華南銀行積極投入數位金融服務，於 2017 年 9 月 30 日成立保險代理人部，同時開辦網路投保業務，立即發揮合併綜效。透過網路投保旅平險是一種直接銷售概念，比一般業務員通路提供之商品更具優勢。

隨著主管機關積極鼓勵保險業推動網路投保業務，華南銀行針對網路投保進一步開放，包括放寬旅平險投保金額上限、增加網路投保險種等措施。未來華南銀行將秉持創新的企業精神，代理優質保險商品，提升數位化多元投保管道，提升客戶投保便利性與認同。

接著，華南銀行陸續推出具市場競爭力的利變年金、定期壽險等商品，提供網路銀行客戶更完善的商品服務，以滿足不同客群的保險需求。

資料來源：華南銀行 http://www.hncb.com.tw

監理科技 (RegTech) 為**監理** (regulation) 與**科技** (technology) 的組合字，其為政府金融監理機關為因應當前金融數位環境所衍生之服務，將原監理制度導入資訊科技。亦即，政府金融機構可利用監理科技，來監控各個企業營運是否符合法令規定，或輔導新興業者之營運活動並協助其完善法令遵循行為。監理科技包括利用數據蒐集與分析技術，並搭配金融機構內部控制，建立以風險為導向之預防機制，來適應快速變動之金融市場環境。監理科技的實施考量重點，必須包括下列四項：(1)高度發揮數據利用與分析能量；(2)具備彈性與客製化擴充；(3)主動且有效率；(4)具多元整合與快速實施的能力。

本章彙總

在知識經濟時代，企業要能善用知識管理，採用新的知識和經驗，從組織的智慧和知識資產來提升企業整體價值。面對數位科技時代，企業經營者在數位化決策過程，首先要了解知識創造過程，由原始的資料經過收集、整理和分析，形成比較具體的資訊，再匯集和統整成為知識。另外，可參考數位三角的架構，內容包括經紀人、基礎工程、應用程式三大要素。人工智慧扮演著經紀人的角色，依據決策者的指示，來下達指令給負責基礎工程的區塊鏈，同時決定如何啟動應用程式的金融科技，共同達成決策者所交付的任務。

人工智慧近幾年進步很快，在十多年前網路並沒有這麼發達，因此機器人只能透過固定資料來自我學習。但是，現在網路快速發展，資料的收集與分析大量且快速，加上現在的運算技術，以及連結互聯網後，從機器人學習、深度學習，到可引導和影響人類決策過程的人工智慧。當共享經濟逐漸成為現代消費者所能接受的新營運方式，將更廣泛被應用。

任何共享經濟應用，所面臨的信任問題皆可採用區塊鏈解決，因其有信任、透明、去中心化的特性。會計 4.0 就是把會計資訊系統，連結其他的相關系統，再加上互聯網來連結更多的領域，可運用到雲端計算和大數據分析。金融科技發展造就出很強的新興網路產業，這些網路新興公司對消費者生活影響很強，運用大數據分析來規劃有效的網路行銷，促使業績達到目標。

關鍵詞

資訊超載 (information overload)
知識管理 (Knowledge Management, KM)
知識管理系統 (knowledge management system)
知識地圖 (knowledge map)
會計循環 (accounting cycle)
知識創造 (creation of knowledge)
資料 (data)
資訊 (information)
知識 (knowledge)
創意思考 (creative thinking)
數位三角 (digital triangle)
經紀人 (agent)
基礎工程 (infrastructure)
應用程式 (application)
資訊安全 (information security)
共享經濟 (sharing economy)
專家系統 (expert systems)
基因演算法 (genetic algorithm)
深度學習 (deep learning)
大數據 (big data)
區塊鏈 (block chain)
區塊 (block)
鏈 (chain)
智能合約 (smart contract)
企業資源規劃 (Enterprise Resource Planning, ERP)
互聯網 (internet)

物聯網 (internet of things)
第三方支付 (third-party payment)
金融科技 (FinTech)
監理科技 (RegTech)
金融 (financial)
監理 (regulation)
科技 (technology)

作　業

一、選擇題

(　) 1. 在設計任何新系統開發的系統元素之前，應該審查以下哪一項？ (A)競爭對手使用的處理系統類型 (B)系統所需的計算機設備 (C)負責計劃和控制的管理者之資訊需求 (D)當前系統的控制。

(　) 2. 一個資訊系統，使用者和管理層都核准之初始提案、設計規範、轉換計畫和測試計畫。這是哪一種例子？ (A)執行控制 (B)硬體控制 (C)電腦操作控制 (D)資料安全控制。

(　) 3. 一家電子公司決定採用快速應用程序開發技術，來執行一個新系統。新系統的開發中，將包括以下哪些內容？ (A)在最終模塊完成之前，推遲系統文檔的需求 (B)從開發團隊中刪除專案經理的職責 (C)按模組創建系統模塊，直至系統完成 (D)使用目標開發技術來最小化以前代碼的使用。

(　) 4. 下列何者不是基本的資訊安全要素？ (A)合法性 (B)完備性 (C)可用性 (D)一致性。

(　) 5. 當人工智慧系統 AlphaGo 戰勝人類九段圍棋高手的那一刻，全人類開始惶惑。有專家預言本世紀末，70% 的職業會被自動化技術取代，將有 50% 的白領智慧工作者會失業。上述所提及的失業類型，應屬於下列何者？ (A)摩擦性失業 (B)結構性失業 (C)循環性失業 (D)隱藏性失業。 【106 年鐵路特考】

(　) 6. 在下列人工智慧的技術中，何者能保留較佳結果的輸入值，並不斷地重複配對測試，直到求得最佳解為止？ (A)自然語言處理 (natural language processing) (B)模糊邏輯 (fuzzy logic) (C)基因演算法 (genetic algorithm) (D)智慧型代理人程式 (intelligent agent)。 【95 年中區縣市政府教師甄選策略聯盟】

(　) 7. 企業至今仍不會採用機器人，其原因有很多，何者不是所需考慮的問題？ (A)法令規範的問題 (B)勞工失業的問題 (C)高額的新系統成本和維護費用 (D)機器計算的問題。

(　) 8. 區塊鏈技術所架構出共享的分類帳和資料庫，下列何項不是其核心要素？ (A)分散式共享帳簿 (B)智慧合約 (C)共識演算法 (D)隱私共享。

(　) 9. 區塊鏈的交易資訊，具有隱私安全性主要是利用密碼學的何種技術？ (A)非對稱式公鑰和私鑰 (B)對稱金鑰 (C)轉置密碼 (D)替換式密碼。

( ) 10.有關區塊鏈之敘述，下列何者錯誤？ (A)區塊鏈技術是藉由先進「密碼學」(cryptography) 與網路通訊科技「共享帳簿」(shared ledger) 資料處理的電腦技術 (B)區塊鏈是一種分佈式多節點「共識」實現技術 (C)區塊鏈的形成按照時間先後順序進行連接 (D)區塊鏈技術是一種集中式資料庫存取，它通過網路中單一節點參與資料運算和紀錄，並互相驗證其區塊 (block) 內交易資料的有效性。

( ) 11.工業 4.0 是德國政府提出的一個高科技策略計畫，目的是應用網際網路及人工智慧等新技術提高製造業水準，並實現即時生產，以下關於工業 4.0 的敘述，何者正確？ (A)技術勞工跨國移動之中間障礙增加 (B)高度自動化致勞力影響力下降 (C)專業分工趨勢減緩 (D)微笑曲線理論瓦解。 【106 年全國高中職聯招】

( ) 12.為求儲存在雲端的資料不會被惡意竄改，雲端服務供應商需要實現資訊安全三要素中的哪一項？ (A)機密性 (confidentiality) (B)完備性 (integrity) (C)可用性 (availability) (D)不可否認性 (undeniable)。

( ) 13.下列何種說法比較符合雲端計算的描述？ (A)將計算透過網路交由遠端機器來執行 (B)一種人工智慧的程式能幫助飛機自動駕駛 (C)天氣模擬和預測的程式 (D)多媒體整合平臺。 【100 年國民中學正式教師聯合甄選】

( ) 14.下列哪一項是結合大數據分析和生物辨識的應用？ (A)以虹膜認證取代無卡提款 (B)以手機簽章對客戶進行身份認證 (C)以臉部辨識對客戶進行身份認證 (D)以臉部辨識技術來觀察客戶對數位看板播放內容的反應，推測客戶的喜好程度。

( ) 15.製造商使用條碼而不是其他方式識別零件的優點是： (A)所有零件的移動都受到控制 (B)零件的移動很容易和快速記錄 (C)供應商可以使用相同的零件號碼 (D)供應商使用相同的識別方法。

( ) 16.通過採用以下措施，可以防止未經授權擅自更改線上紀錄： (A)金鑰改變 (B)電腦序列檢查 (C)電腦配對 (D)資料庫接觸控制。

( ) 17.新興數位金融服務下，競爭對手多變化，金融業積極跨業合作，以整合電子商務之下列哪幾部分？ (A)人才流、服務流、設計流 (B)金流、物流、資訊流 (C)人才流、服務流、金流 (D)設計流、物流、資訊流。

( ) 18.有關第三方支付的敘述，下列何者錯誤？ (A)具有信用中介的角色 (B)在消費者、商家和銀行間建立支付的功能 (C)以網路為基礎 (D)可完全取代銀行的功能。

( ) 19.下列何者主要的服務不是第三方支付平臺？ (A)支付寶（阿里巴巴） (B)微信支付（騰訊） (C)愛金卡 (icash) (D) PayPal。

( ) 20.許多組織使用電子資金轉帳來支付供應商，而不是簽發支票。針對與簽發支票相關的風險，這代表以下哪種風險管理技術？ (A)控制 (B)驗收 (C)轉移 (D)避免。

(　) 21. 以下哪種安全直接控制，最能控管未授權者直接連接到電腦主機，接觸無人看守的數據終端機？ (A)使用帶有密碼的屏幕保護程序 (B)使用工作站腳本 (C)數據文件的加密 (D)自動關掉不常使用的帳戶。

(　) 22. 監理科技的實施考量重點，不包括下列何者？ (A)增加人工控制 (B)具備彈性與客製化擴充 (C)主動且有效率 (D)具多元整合與快速實施的能力。

二、練習題

E15–1　請問造成資訊超載的原因有哪五種？

E15–2　何謂知識創造 (creation of knowledge)？

E15–3　請說明數位三角 (digital triangle) 的架構。

E15–4　請說明企業不採用智慧機器人的理由。

E15–5　請列舉區塊鏈運作方式，至少有三項。

E15–6　請敘述區塊鏈四大構成要素。

E15–7　請問金融科技包括哪四個主題？

E15–8　何謂第三方支付 (third-party payment)？

作業簡答

【第 1 章】

一、選擇題

1.(A) 2.(C) 3.(D) 4.(C) 5.(C)
6.(C) 7.(D) 8.(B) 9.(D) 10.(D)

二、練習題

E1–1

長期性、長期性、短期性、短期性、短期性、長期性、長期性、短期性

E1–2

稅後淨利：$19,104

E1–3

稅後淨利：$186,200

E1–4

1. 風險評估
2. 控制作業
3. 控制環境
4. 資訊與溝通
5. 監督作業

【第 2 章】

一、選擇題

1.(B) 2.(B) 3.(D) 4.(D) 5.(D)
6.(A) 7.(C) 8.(B) 9.(A) 10.(C)
11.(C) 12.(D) 13.(D) 14.(C) 15.(B)

二、練習題

E2–1

1. 主要成本：$285,000
2. 加工成本：$406,500

E2–2

說明：D 是錯誤，因為可避免成本將會愈來愈多。

E2–3

1. 直接材料成本：$42,000
2. 期初材料存貨：$9,000
3. 期初在製品存貨：$60,000
4. 銷貨成本：$112,500

E2–4

期末存貨金額：$760,000

E2–5

例一：$121,250；例二：$93,750；例三：$400,000

E2–6

機會成本：$2,400

【第 3 章】

一、選擇題

1.(D) 2.(B) 3.(A) 4.(D) 5.(C)
6.(B) 7.(B) 8.(C) 9.(A) 10.(B)
11.(D) 12.(B) 13.(B) 14.(C) 15.(A)
16.(B) 17.(A) 18.(D) 19.(A) 20.(A)
21.(C)

二、練習題

E3–1

1. 直接原料成本 = $400,000（鋁片）、直接人工成本 = $80,000
2. 製造費用高估：$37,000

E3–2

銷貨毛利：$471,000

E3–3

總成本：$129,900

【第 4 章】

一、選擇題

1.(C) 2.(B) 3.(C) 4.(A) 5.(D)
6.(A) 7.(A) 8.(C) 9.(C) 10.(D)
11.(C) 12.(C) 13.(B) 14.(D) 15.(D)
16.(D)

二、練習題

E4–1

分批成本制度：1、3、9

E4–2

1. 先進先出法：原料成本 (9,600)；加工成本 (9,456)
2. 加權平均法：原料成本 (12,000)；加工成本 (10,656)

E4–3

1. 材料單位成本：$375
2. 加工成本的單位成本：$112
3. 完工轉出成本：$659,142
4. 月底在製品成本：$110,550

E4–4

1. 加工成本約當產量：10,200
2. 單位生產成本：$12.4
3. 轉到修飾部門成本：$128,800
4. 5 月底在製品成本：$16,240

E4–5

1. 經濟訂購量：240 單位
2. 每年訂購次數：100 次
3. $2,400
4. 再訂購點：160 單位

E4–6

1. 正常損壞單位數：1,050 單位
2. 異常損壞之成本：$3,902
3. 製成品成本：$220,066
4. 期末在製品成本：$23,706

E4–7

1. $13.4 / 單位
2. $10 / 單位
3. $35.6 / 片

【第 5 章】

一、選擇題

1.(C) 2.(B) 3.(D) 4.(B) 5.(A)
6.(D) 7.(C) 8.(D) 9.(D) 10.(D)
11.(C) 12.(A) 13.(D) 14.(A) 15.(A)
16.(D) 17.(B) 18.(A) 19.(B)

二、練習題

E5–1

1. 工作人員成本：7 月：$25 / 播放小時、8 月：$25 / 播放小時
   監督人員成本：7 月：$25 / 播放小時、8 月：$15.625 / 播放小時
2. 工作人員：$6,250；監督人員：$5,000
3. 工作人員：$25 / 播放小時；監督人員：$20 / 播放小時

E5–2

1. 固定成本：$25,500
2. $25,500 + $0.25 × 每月行駛公里數
3. $31,000

E5–3

Y = $9,221.21 + $6.97 × 服務病人天數

E5–4

營業淨利減少數：$6,960

E5–5

1. $225,000
2. $265,000

E5–6

1. 稅前淨利：$15,000
2. 稅前淨利：$18,750
3. 直接成本法利潤：$15,000、全部成本法利

潤：$18,750

E5–7

20 單位

【第 6 章】

一、選擇題

1.(A) 2.(D) 3.(C) 4.(D) 5.(D)
6.(B) 7.(B) 8.(C) 9.(A) 10.(A)
11.(B) 12.(B) 13.(D) 14.(D) 15.(A)
16.(C) 17.(D)

二、練習題

E6–1

1. $20
2. $12,500,000
3. 50%
4. 475,000（單位）

E6–2

1. 27,778 單位
2. 45,000 單位

E6–3

1. 損益平衡點：5,000（單位）
2. 7,667（單位）
3. 安全邊際：2,667（單位）；安全邊際率：34.78%

E6–4

1. 淨利(1～3 月)：$50,000、$50,000、$50,000
2. 2
3. 25%

E6–5

1. 損益兩平銷售額：$60,000
2. 損益兩平點下降，因為 A 產品邊際貢獻率 >B 產品邊際貢獻率。

E6–6

增加：1、3、5、8

【第 7 章】

一、選擇題

1.(C) 2.(B) 3.(C) 4.(B) 5.(B)
6.(D) 7.(D) 8.(C) 9.(C) 10.(C)
11.(B) 12.(D) 13.(D) 14.(A) 15.(C)
16.(C) 17.(B) 18.(B) 19.(C) 20.(D)

二、練習題

E7–1

1. 50（天）
2. 30（天）
3. 20（天）
4. 60%

E7–2

成本項目	成本動因
1. 廠房租金	d. 面積
2. 水電費	a. 機器小時
3. 產品設計成本	e. 設計時間
4. 原料處理成本	c. 訂單數量（b. 訂購數量）
5. 採購成本	c. 訂單數量

E7–3

成本項目	成本類型
1. 設備折舊費用	廠務支援成本
2. 直接原料成本	單位作業成本
3. 驗收成本	批次作業成本
4. 工程設計成本	產品支援成本
5. 總裁薪資	廠務支援成本
6. 直接人工成本	單位作業成本
7. 工廠警衛薪資	廠務支援成本
8. 廠房地價稅	廠務支援成本

E7–4

1. $0.5 / 每個零件
2. $5.5 / 每個零件
3. $12 / 每個機器小時

4. $2.5 / 每個人工小時
5. $100 / 每個訂單

E7–5

1. $3,280,000
2. $2,720,000
3. $1,760,000

E7–6

$139,100

E7–7

C：$20,800、D：$11,200

E7–8

1. 製造部門：$300,000、完工部門：$260,000
2. 製造部門：$307,200、完工部門：$252,800

E7–9

$20,425.5

【第 8 章】

一、選擇題

1.(C) 2.(B) 3.(C) 4.(D) 5.(C)
6.(D) 7.(B) 8.(D) 9.(D) 10.(B)
11.(D) 12.(C) 13.(C) 14.(B) 15.(B)
16.(D) 17.(C) 18.(B) 19.(B) 20.(C)

二、練習題

E8–1

1. $125,000（不利）
2. $(1,100) 有利

E8–2

$ 123

E8–3

1. $15,000（不利）
2. $(90,000) 有利
3. $(3,000) 有利
4. $(33,000) 有利

E8–4

	每單位 預算金額	不同產出水準		
單位數	-	4,000	5,000	6,000
銷貨收入	$30	$120,000	$150,000	$180,000
變動成本：				
直接原料	12	48,000	60,000	72,000
燃　料	3	12,000	15,000	18,000
固定成本：				
折　舊		15,000	15,000	15,000
薪　資		60,000	60,000	60,000

E8–5

(1)材料彈性預算差異 $1,350 不利；(2)材料靜態預算差異 $6,000 有利。

E8–6

變動製造費用差異分析：支出差異：$82（不利）、效率差異：$72（不利）

固定製造費用差異分析：預算差異：$(8) 有利、產能差異：$25（不利）

【第 9 章】

一、選擇題

1.(B) 2.(D) 3.(D) 4.(B) 5.(B)
6.(A) 7.(D) 8.(C) 9.(D) 10.(B)
11.(D) 12.(D) 13.(D) 14.(B) 15.(B)
16.(D) 17.(D) 18.(A) 19.(A) 20.(B)

二、練習題

E9–1

銷貨收入：$3,514,000

銷貨毛利：$1,226,200

E9–2

1. 所需生產數量：46,000
2. 組成零件所需購買量：430,000

E9–3

1.

	1月	2月	3月
銷貨收入	$800,000	$960,000	$1,440,000
相關行銷費用	$66,000	$74,000	$98,000

2.

	1月	2月	3月
管理費用總合	$43,400	$43,720	$44,680

E9–4

1. $673,000
2. $628,000

E9–5

稅前淨利：$90,000

【第 10 章】

一、選擇題

1.(A) 2.(A) 3.(C) 4.(A) 5.(A)
6.(D) 7.(A) 8.(B) 9.(B) 10.(A)
11.(B) 12.(A) 13.(D) 14.(D) 15.(C)
16.(A) 17.(B) 18.(C) 19.(D) 20.(A)

二、練習題

E10–1

項 目	成本中心	收入中心	利潤中心	投資中心
1.			◎	
2.	◎			
3.		◎		
4.	◎			
5.	◎			
6.				◎
7.			◎	
8.	◎			

E10–2

略

E10–3

	實際數	預算數	差 異
合 計	$260,116	$254,400	$5,716 U

E10–4

1. 甲部門負擔
2. 不適合由甲部門負擔

E10–5

增加：4、5、6

減少：1、2、3

E10–6

32%

E10–7

$90,000

E10–8

1. 16%
2. $10,000
3. $(10,000)
4. $0
5. 略

E10–9

1. 會製造和移轉此零件
2. 會製造和移轉此零件
3. 不會製造和移轉此零件

E10–10

1. $33.0
2. $25.3

【第 11 章】

一、選擇題

1.(B) 2.(B) 3.(A) 4.(B) 5.(D)
6.(D) 7.(D) 8.(A) 9.(C) 10.(D)
11.(A) 12.(B) 13.(B) 14.(B) 15.(D)

二、練習題

E11–1

良好的公司治理必須符合公平性、責任性、課責性、透明性四個原則

E11–2

(A)營運判斷能力

(B)會計及財務分析能力

(C)經營管理能力

E11–3

服務誠信、善盡公司資訊保密之責、正確的財務報導等

E11–4

企業社會責任是企業承諾為社會、經濟、環境做出貢獻，並且改善員工及其家庭、企業所在地的社區與社會的生活品質

E11–5

為了避免某項攸關的風險被忽略，辨識風險與分析風險的兩項工作，最好由不同人分別進行

E11–6

(A)強調風險產生單位與監督單位彼此互相獨立

(B)風險管理的決策過程涵蓋「從上而下」與「由下往上」兩種

(C)不論哪種風險均應詳細釐清前台、中台及後台的職掌，集中控制、分權營運

(D)業務管理部門須定期評估所有營業單位的營業概況，包括不同業務的收支、利潤與風險承擔

E11–7

治理與文化、策略與目標設定、執行、複核與修正、資訊、溝通及報導

【第 12 章】

一、選擇題

1.(A) 2.(C) 3.(A) 4.(D) 5.(C)
6.(D) 7.(D) 8.(B) 9.(B) 10.(C)
11.(B) 12.(C) 13.(A) 14.(C) 15.(D)
16.(B) 17.(A) 18.(B)

二、練習題

E12–1

內控三大目標：營運之效果及效率、報導之可靠性、法令之遵循

E12–2

內控五大要素：控制環境、風險評估、控制作業、資訊與溝通、監督作業

E12–3

內控三種：一般缺失、重大缺失、重大缺陷

E12–4

內控三道防線：直線單位、幕僚單位、內部稽核

E12–5

兩個主要類型：一般準則及作業準則

E12–6

舞弊三角因素包括：(一)壓力、(二)機會、(三)合理化

E12–7

認識你的客戶（Know Your Customer，簡稱KYC）、認識你的交易（Know Your Transaction，簡稱 KYT）、認識你的資料（Know Your Data，簡稱 KYD）

【第 13 章】

一、選擇題

1.(A) 2.(B) 3.(D) 4.(D) 5.(B)
6.(C) 7.(B) 8.(C) 9.(C) 10.(D)
11.(C) 12.(C) 13.(C) 14.(A) 15.(D)
16.(A) 17.(B) 18.(C) 19.(C) 20.(A)
21.(B) 22.(C) 23.(C) 24.(A) 25.(B)
26.(C) 27.(C)

二、練習題

E13–1

1. 不正確
2. 更新：$850,000、不更新：$580,000
3. 應予以更新

E13–2

1. $180
2. (1) $375、(2) $450、(3) $465

E13–3

1. 營業利潤增加 $25,000
2. 營業利潤減少 $37,500

E13–4

1. 產品 P：$150、產品 X：$675
2. P：3,500 單位，X：8,000 單位

E13–5

1. 淨利減少 $45,000
2. 淨利減少 $120,000

E13–6

產品 X 應該再加工

產品 Y 不應該再加工

產品 Z 應該再加工

E13–7

1. 200 個：$600、400 個：$1,000、600 個：$400
2. 訂購 400 個

E13–8

銷售價格差異：$(5,500)（不利）

銷售數量差異：$(4,000)（不利）

變動成本差異：$33,000 有利

【第 14 章】

一、選擇題

1.(D) 2.(A) 3.(A) 4.(C) 5.(C)

6.(B) 7.(A) 8.(A) 9.(B) 10.(C)

11.(C) 12.(A) 13.(B) 14.(D) 15.(B)

16.(D) 17.(B) 18.(D) 19.(D) 20.(D)

二、練習題

E14–1

1. 第一年：110、第二年：121、第三年：133.1
2. 311.25

E14–2

1. 可接受
2. 不接受

E14–3

原始會計報酬率：23.24%、平均會計報酬率：44.69%

E14–4

應該核准

E14–5

1. 10.6 %
2. 不可採用

E14–6

1. 第一年 ：$(252,100) 、第二年到第十年 ：$147,900 / 年
2. 淨現值：$264,663

E14–7

1. $7,002
2. $60,684
3. $13,800

E14–8

1. 淨現值：$8,600
2. $8,570

E14–9

四年

【第 15 章】

一、選擇題

1.(C) 2.(A) 3.(C) 4.(D) 5.(B)

6.(C) 7.(D) 8.(D) 9.(A) 10.(D)

11.(B) 12.(B) 13.(A) 14.(D) 15.(B)

16.(D) 17.(B) 18.(D) 19.(C) 20.(D)

21.(D) 22.(A)

二、練習題

E15–1

⑴個人因素 ⑵資訊特性 ⑶工作因素 ⑷組織設計 ⑸資訊科技

E15–2

知識創造過程，由資料 (data)、資訊 (information)、知識 (knowledge) 組成

E15–3

數位三角 (digital triangle) 的架構，包括經紀人 (agent)、基礎工程 (infrastructure)、應用程式 (application) 三大要素

E15–4

⑴ 法令規範的問題，⑵勞工失業的問題，⑶高額的新系統成本和維護費用

E15–5

區塊鏈運作方式，包括下列三項：「信任」、「透明」、「去中心化」

E15–6

區塊鏈有下列四大構成要素：⑴共享帳簿 ⑵隱私安全 ⑶共識演算法 ⑷智能合約

E15–7

金融科技包括四個主題：金錢與支付、市場、基礎設施、市集

E15–8

第三方支付 (third-party payment) 係指由第三方業者居中於買家與賣家之間，進行收付款作業的交易方式

圖片來源

P.2 上圖：維基百科
P.6 上圖：維基百科
P.7 下圖：Depositphotos
P.9 上圖：Depositphotos
P.12 下圖：Depositphotos
P.13 下圖：Depositphotos
P.14 上圖：ShutterStock
P.19 中圖：Depositphotos
P.21 中圖：Depositphotos
P.22 下圖：Depositphotos
P.24 下圖：ShutterStock
P.26 下圖：經濟部工業局
P.27 下圖：ShutterStock
P.28 下圖：Depositphotos
◆ P.30 上圖：維基百科
P.31 中圖：維基百科
P.40 上圖：台達電子工業股份有限公司
P.47 中圖：Depositphotos
P.48 中圖：Depositphotos
P.48 下圖：Depositphotos
P.50 中圖：Depositphotos
P.53 下圖：行政院環保署
P.55 下圖：Depositphotos
P.59 下圖：聯合報系提供
P.76 下圖：Depositphotos
P.84 上圖：Depositphotos
P.89 上圖：Depositphotos
P.90 上圖：Depositphotos
P.91 下圖：Depositphotos
P.93 下圖：ShutterStock
P.95 下圖：ShutterStock
P.96 上圖：Depositphotos
P.102 中圖：Depositphotos
P.116 上圖：ShutterStock
P.128 上圖：聯合報系提供
P.132 上圖：Depositphotos
P.139 上圖：維基百科
P.154 中圖：Depositphotos
P.155 上圖：Depositphotos
P.156 中圖：ShutterStock
P.160 下圖：Depositphotos
◆ P.174 上圖：ShutterStock
◆ P.175 中圖：ShutterStock
◆ P.177 上圖：ShutterStock
◆ P.190 中圖：Depositphotos
◆ P.194 上圖：Depositphotos
◆ P.210 中圖：維基百科
◆ P.218 上圖：Depositphotos
◆ P.226 下圖：Depositphotos
◆ P.230 中圖：Depositphotos
◆ P.235 上圖：Depositphotos
◆ P.244 上圖：維基百科
◆ P.252 上圖：維基百科
◆ P.259 中圖：維基百科
◆ P.286 上圖：Depositphotos
◆ P.292 上圖：ShutterStock
◆ P.303 中圖：Depositphotos
◆ P.314 上圖：ShutterStock
◆ P.318 下圖：Depositphotos
◆ P.328 上圖：維基百科
◆ P.332 上圖：ShutterStock
◆ P.334 中圖：Depositphotos
◆ P.336 下圖：神腦國際
◆ P.338 下圖：ShutterStock
◆ P.354 中圖：Depositphotos
◆ P.355 中圖：Depositphotos
◆ P.364 上圖：維基百科
◆ P.371 下圖：ShutterStock
◆ P.373 中圖：ShutterStock
◆ P.373 下圖：維基百科
◆ P.375 中圖：ShutterStock
◆ P.376 下圖：Dreamstime
◆ P.387 下圖：ShutterStock
◆ P.390 上圖：Depositphotos
◆ P.412 上圖：維基百科
◆ P.419 上圖：聯合報系提供
◆ P.434 上圖：維基百科
◆ P.445 上圖：行政院主計總處
◆ P.446 上圖：聯合報系提供
◆ P.449 上圖：ShutterStock
◆ P.458 上圖：維基百科
◆ P.464 上圖：Depositphotos

- P.470 中圖：Depositphotos
- P.473 下圖：Depositphotos
- P.478 上圖：Depositphotos
- P.494 上圖：維基百科
- P.498 中圖：浩氏設計有限公司
- P.516 下圖：Depositphotos
- P.536 上圖：維基百科
- P.540 中圖：維基百科
- P.546 中圖：維基百科
- P.551 中圖：聯合報系提供

中英文索引

七劃

八劃

九劃

十劃

十一劃

十二劃

十三劃

十四劃

十五劃

十六劃

十七劃

十八劃

十九劃

二十二劃

二十三劃

Memo

Memo

會計學（上）（下）　林淑玲／著

本書依照國際財務報導準則（IFRS）編寫，以我國最新公報內容及現行法令為依據，並彙總 GAAP、IFRS 與我國會計準則的差異。本書分為上、下兩冊，以深入淺出的方式，上冊介紹會計原則、簿記原理及結帳相關的概念；下冊則延續上冊的會計學基本概念，正式進入個別單元，介紹存貨、現金、應收款項、長期性資產、負債及股東權益，每個單元皆會說明各項目的特性及會計處理方式，並用範例詳細解說。此外，章節後均附有國考歷屆試題及問答題，可為讀者檢視學習成果之用。

商業簿記（上）（下）　盛禮約／著

本書中列舉之範例，相關數字皆以簡明、易於計算為原則，主要用意在使讀者熟悉簿記之原理，增加學習興趣。全書分上、下兩冊，共十八章。各章末皆附會計事務丙級技術士檢定考試之試題，幫助讀者迅速掌握各章重點及加強作答之能力。此外，本書內容簡潔詳盡，讀者詳讀後必能培養日後從事會計工作的基本能力，並奠定研究會計理論的基礎。